AF130977

Niedersachsen

# SPEKTRUM
## PHYSIK 7–10

Gymnasium

Schroedel
*westermann*

# SPEKTRUM
## PHYSIK 7–10 Niedersachsen

**Bearbeitet von**

Thomas Appel, Northeim
Daniel Heß, Hannover
Manfred Klostermann, Vechta
Sigrun Otte-Spille, Hemmingen
Wolfgang Rieger, Bad Düben

**Unter Mitarbeit von**

Jürgen Bissel, Frank Eiselt, Ulrich Fries, Gerhard Glas, Jens Gössing, Norbert Goldenstein, Dagmar Günther, Katja von Jagow, Frank Küchenberg, Michael Langer, Prof.em Dr. Hansjoachim Lechner†, Dietmar Lohmann, Dr. Michael Müller, Georg Peters, Dr. Karl Sarnow, Jürgen M. Schröder, Rainer Serret, Reinhard Stumpf, Kerstin Sube, Petra Ullrich, Michael Voß, Thea Wolf, Gottfried Wolfermann, Martin Zieris

**westermann** GRUPPE

© 2016 Bildungshaus Schulbuchverlage
Westermann Schroedel Diesterweg Schöningh Winklers GmbH,
Georg-Westermann-Allee 66, 38104 Braunschweig
www.westermann.de

Das Werk und seine Teile sind urheberrechtlich geschützt. Jede Nutzung in anderen als den gesetzlich zugelassenen bzw. vertraglich zugestandenen Fällen bedarf der vorherigen schriftlichen Einwilligung des Verlages. Nähere Informationen zur vertraglich gestatteten Anzahl von Kopien finden Sie auf www.schulbuchkopie.de.

Für Verweise (Links) auf Internet-Adressen gilt folgender Haftungshinweis: Trotz sorgfältiger inhaltlicher Kontrolle wird die Haftung für die Inhalte der externen Seiten ausgeschlossen. Für den Inhalt dieser externen Seiten sind ausschließlich deren Betreiber verantwortlich. Sollten Sie daher auf kostenpflichtige, illegale oder anstößige Inhalte treffen, so bedauern wir dies ausdrücklich und bitten Sie, uns umgehend per E-Mail davon in Kenntnis zu setzen, damit beim Nachdruck der Verweis gelöscht wird.

Druck A [4] / Jahr 2021
Alle Drucke der Serie A sind im Unterricht parallel verwendbar.

Redaktion: Bernd Trambauer; Dr. Sebastian Linden
Fotos: Michael Fabian; Markus Mettin; Hans Tegen
Grafik: Liselotte Lüddecke; Karin Mall; Birgit Schlierf; Lithos; Walter-Maria Scheid; newVision! GmbH, Bernhard A. Peter, Pattensen; CMS – Cross Media Solutions GmbH, Würzburg
Umschlaggestaltung: Janssen Kahlert Design & Kommunikation GmbH, Hannover
Satz: CMS – Cross Media Solutions GmbH, Würzburg
Repro/Druck/Bindung: Westermann Druck GmbH, Georg-Westermann-Allee 66, 38104 Braunschweig

ISBN 978-3-507-**86792**-5

## Strukturelemente

### Sachtexte
Sie vermitteln das Fachwissen und die Kompetenzen insbesondere aus den Bereichen der Erkenntnisgewinnung, Kommunikation und Bewertung.

### Werkzeug
Diese Arbeitstechniken und Fertigkeiten ermöglichen eine erfolgreiche Auseinandersetzung mit den physikalischen Inhalten und helfen beim Erwerb prozessbezogener Kompetenzen naturwissenschaftlichen Arbeitens.

### Durchblick
Einzelaspekte werden vertieft oder in größeren Zusammenhängen reflektiert, wodurch Überblickswissen entsteht. Die dabei erworbenen Kompetenzen befähigen zur bewussten Auseinandersetzung mit naturwissenschaftlichen Verfahren und ihren Ergebnissen.

### Grundwissen und Vertiefung
Das **Grundwissen** fasst die wesentlichen Inhalte grafisch zusammen. Lebensweltliche, zur Aufschlüsselung anregende Situationen bilden die Basis von Aufgaben, die das physikalische Wissen aktivieren.
Die **Vertiefung** bietet in Form von projektartigen Aufträgen oder Versuchen und anspruchsvollen Aufgaben die Möglichkeit, die Inhalte der Sachtexte zu erweitern.

### Projekt
Sie fordern selbsttätige Erarbeitung fach- und prozessbezogener Kompetenzen und ermöglichen ergänzend zu den Sachtexten ein kontextgebundenes Lernen.

### Versuche und Aufträge
Damit können wichtige physikalische Inhalte selbstständig erarbeitet werden.

### Pinnwand
Sie bieten Anregungen, die im Unterricht erarbeiteten verbindlichen Inhalte mit außerschulischen Sachverhalten in Verbindung zu bringen, und stellen so Kontexte her.

### Streifzug
Streifzüge enthalten u. a. anwendungsorientierte, oft fächerübergreifende Bezüge, die über die verpflichtenden Inhalte hinausgehen. Sie vertiefen die Inhalte der Sachtexte oder ergänzen sie durch Ausblicke in andere Fächer.

### Basiskonzepte

Jede Sachtextseite ist einem Basiskonzept (*System, Wechselwirkung, Materie* oder *Energie)* zugeordnet.

# Inhalt

# Energie

Unser gesamtes Leben wird durch Energie bestimmt. (Das Wort „Energie" kommt von dem griechischen Wort „energeia", das „Wirksamkeit" bedeutet.) Ohne Energie funktioniert die Wohnungsheizung nicht; eine Fahrt mit dem Auto oder der Bahn ist ohne Energie nicht möglich; CD-Player oder Computer benötigen ebenfalls Energie.

In diesem Kapitel erfährst du, was Physiker unter Energie verstehen, woran ihr Vorhandensein zu erkennen ist und wozu sie nötig ist. Du erkennst, dass sie aufbewahrt werden kann und wie sie von A nach B gelangt – aber auch, warum sie so ein kostbares Gut ist, mit dem wir alle sparsam und sorgfältig umgehen müssen.

■ **Erderwärmung:** Der Energiehunger der Menschheit ist riesengroß. Zu seiner Deckung werden keine Kosten und Mühen gescheut: Riesentanker fahren Erdöl um den halben Globus; Pipelines bringen Erdöl und Erdgas über Tausende von Kilometern von den Förderstätten zu den Raffinerien. Die Nutzung der Energie bringt aber zwangsläufig auch hohe Belastungen und sogar Schäden für unsere Umwelt mit sich. Um die globale Erderwärmung so gering wie möglich zu halten, müssen wir effektiv und die vorhandenen Vorräte schonend mit Energie umgehen. Das bedeutet auch, dass wir unsere Gewohnheiten ändern müssen.

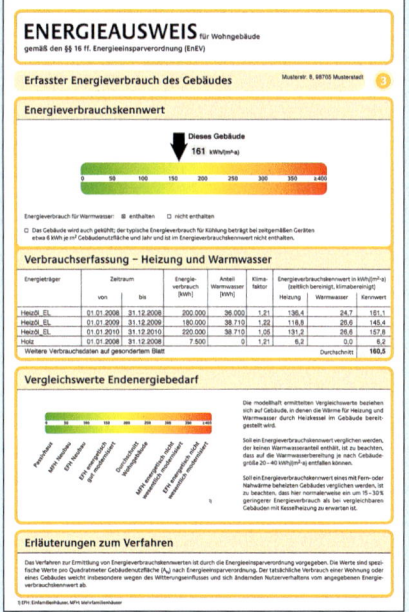

■ **Energiepass für Häuser und Wohnungen:** Energiesparen wird immer wichtiger. Die Isolation eines Hauses kann den Energiebedarf erheblich vermindern. Sie ist also im Zeichen des Energiesparens eine wichtige konstruktive Maßnahme eines Hauses, die im Energiepass bescheinigt wird.

■ **Energie zum Leben:** Menschen, Tiere und Pflanzen brauchen Energie zum Leben. Diese wird mit der Nahrung aufgenommen. Einen Teil dieser Energie setzt ein Mensch auch dann um, wenn er nichts tut, ja sogar im Schlaf. Dies liegt daran, dass die Körpertemperatur fast immer deutlich über der Zimmertemperatur liegt. Pflanzen sind nicht nur Nahrungsquellen, sondern auch Energielieferanten z. B. für Fahrzeuge und elektrischen Strom. Sie benötigen ebenfalls Energie zum Wachsen.

■ **Eine geniale Erfindung?** Diese Anlage löst zumindest einen Teil unserer Energieprobleme – oder doch nicht?

### Vorbereitung

**1** Lies die Texte dieser beiden Seiten durch und betrachte die zugehörigen Bilder. Schreibe zu den einzelnen Themen Fragen auf, die du dazu hast.

**2** Blättere das folgende Kapitel durch, lies die Überschriften und betrachte die Bilder. Notiere neben den Fragen aus **1** die Seitenzahlen, die deiner Meinung nach Antworten zu deinen Fragen liefern könnten.

**3** Überlege und schreibe auf, was du in Experimenten untersuchen möchtest. Vielleicht hast du ja schon Ideen, wie die Versuche aussehen könnten.

## Projekt · Die Welt der Dinge

Das Universum, in dem der Mensch auf der Erde lebt, ist weitgehend leer, sehr leer sogar. Nur ganz vereinzelt findet sich mal ein anfassbares Ding, ein Gegenstand darin: ein Staubkörnchen, ein Planet oder gar eine Sonne mit allem, was diese Himmelskörper beherbergen.

**P1** Eine/r von euch markiert möglichst unauffällig einen festen Punkt mitten auf dem Schulhof. Dann leitet er die andern durch Hinweise zu diesem Punkt.
**a)** Beschreibt, was ihr alles mit angeben müsst, damit der Punkt auch erreicht wird.
**b)** Verallgemeinert euer Ergebnis für alle Gegenstände.

**P2** Jeder Gegenstand schneidet ein Teilstück des Universums aus. Beschreibt die Eigenschaften dieses Teilstückes.

**P3** Zwei Gegenstände sind nie gleichzeitig an einem Ort. Malt euch eine Welt aus, in der das doch so ist.

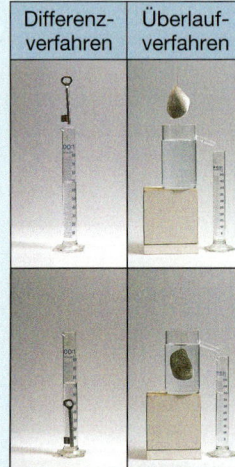

| Differenz-verfahren | Überlauf-verfahren |

**P4** In dem fotografierten Versuch wird für zwei Körper gemessen, wie groß das Teilstück ist, das sie aus dem Universum ausschneiden.
Führt beide Versuche durch und gebt an, wie die in P1–P3 erarbeiteten Eigenschaften von anfassbaren Dingen hier für die Bestimmung ihrer Volumina verwendet wurden.

**P5** Die alle Menschen umgebende Wirklichkeit ist von viel mehr bestimmt als nur von den anfassbaren Dingen eures Lebens. Zählt auf, was eure Wirklichkeit über das Anfassbare hinaus sonst noch bestimmt.

## Projekt · Energiebedarf einer Familie

Den gesamten Tag über ist Energie erforderlich, um unser Leben wie gewohnt zu gestalten. Die Wohnräume sollen warm sein, die Wäsche gewaschen, die Lebensmittel gekühlt, das Auto soll fahren und die elektrischen Geräte sollen arbeiten. Ohne die Wandlung von Energie, die in Trägern wie Öl, Gas, Kohle oder Sonnenstrahlung steckt, in elektrische Energie oder Wärmeenergie wäre unser heutiger Lebensstandard nicht aufrecht zu erhalten.

**P1** Wählt als Beispiel eine eurer Wohnungen aus. Erstellt zu jedem Zimmer eine Übersicht der energiewandelnden Vorrichtungen nach der Energieart, die sie benötigen. Ordnet nach der Größe des Energiebedarfs, wobei auch die Betriebszeit pro Tag berücksichtigt werden sollte.

**P2** Ermittelt die Kosten für den jährlichen Energiebedarf eines Haushalts.
**a)** Lasst euch dazu die Rechnungen für die elektrische Energie und für die Heiz- und Warmwasserkosten erläutern. Schätzt zudem die jährlichen Kosten für das Fahrzeug der Familie ab. Berechnet so die Gesamtkosten für den Energiebedarf für ein Jahr und stellt die Aufteilung der Kosten in einem Diagramm dar.
**b)** Vergleicht anschließend den von euch ermittelten Energiebedarf mit dem **durchschnittlichen Energiebedarf einer deutschen Familie**

**P3** Notiert eine Woche lang in Abständen von 24 Stunden die benötigte Energiemenge am Stromzähler im Haus. Erstellt einen Plan, wie in diesem Haushalt Energiebedarf gesenkt werden kann. Findet heraus, um wie viel Prozent er dadurch gesenkt werden kann, und stellt die Ergebnisse grafisch dar.

**P4** Viele elektrische Geräte im Haushalt verfügen über einen **Elektromotor**, der elektrische Energie in Bewegungsenergie wandelt.
**a)** Erstellt eine Übersicht entsprechender Geräte. Beschreibt, inwiefern sich mithilfe dieser Geräte alltägliche Abläufe vereinfacht haben.
**b)** Findet heraus, welche Geräte dadurch verbessert werden könnten, dass nicht Energie eingesetzt wird, die gar nicht benötigt wird.

## Energie im Haushalt                                                    Projekt

In privaten Haushalten kommen die unterschiedlichsten Geräte zum Einsatz, um den häuslichen Alltag einfacher und komfortabler zu gestalten. Dabei unterstützen und beeinflussen insbesondere elektrische Geräte viele Abläufe und Tätigkeiten.

**P1** Stellt in einem Poster die vielfältigen **Elektrogeräte** eines modernen Haushalts zusammen. Berücksichtigt dabei stets, welche Wirkungen durch die Verwendung des jeweiligen Geräts erzielt werden sollen. Vergleicht die **Watt**-Angaben (W) auf den Typenschildern von elektrischen Kleingeräten wie Föhn, Mixer, Toaster, Wasserkocher, usw.

**P2** Viele elektrisch betriebene Heizgeräte geben in gleichen Zeiten gleich viel Energie ab. Die Betriebszeit kann daher als Vergleichsmaß für die umgesetzte Energie genommen werden.
**a)** Messt mit einer Stoppuhr die notwendige Zeit, um einen halben Liter Wasser auf einem Kochfeld zum Sieden zu bringen. Benutzt zunächst einen kleineren Topf ohne Deckel, anschließend – bei gleicher Wassermenge – einen größeren Topf, der genau auf das Kochfeld passt. Vergleicht und interpretiert die unterschiedlichen Messergebnisse.
**b)** Wählt die kleinste Heizstufe eines Kochfeldes, erwärmt eine kleinere Wassermenge und notiert alle 30 Sekunden die Wassertemperatur. Beschreibt und interpretiert die Messergebnisse.
**c)** Wasser soll um 20 °C erwärmt werden. Untersucht die Heizdauer in Abhängigkeit von der Wassermenge.

**P3** Anstelle von **elektrischer Energie** wird vielfach auch **Erdgas** im Haus verwendet.
**a)** Recherchiert, welche Geräte im Haushalt mit Erdgas betrieben werden können.
**b)** Beschreibt die Energiewandlungen, die in den Geräten jeweils stattfinden.
**c)** Findet heraus, wie die Menge der umgesetzten Energie gemessen wird. Besucht dazu auch Haushalte von Freunden, die Erdgas einsetzen.

**P4** Findet heraus, für welche Geräte laut **EU-Norm** eine **Energie-Effizienzklasse** angegeben werden muss. Sucht zwei Geräte gleicher Bauart, aber unterschiedlicher Effizienzklasse und berechnet den Unterschied in Bezug auf die Energiekosten für 5 Jahre.

## Energieformen und Energiemessung                                      Projekt

Energie spielt in den verschiedensten Lebensbereichen, z. B. im Haushalt, in der Freizeit, im Verkehr und in der Industrie eine wichtige Rolle. Sie ist nicht zu sehen, aber nötig, damit Prozesse überhaupt ablaufen können.

**P1** Beschreibt, inwiefern mithilfe einer **Gangschaltung** am Fahrrad viele Anstiege ohne abzusteigen bewältigbar sind. Erklärt, welcher Zusammenhang zwischen dem kräftiger oder leichter „In-die-Pedale-Treten" – d. h. dem Energieaufwand – und der **Bewegungsenergie** von Fahrrad und Mensch besteht. Erläutert, warum umgekehrt eine Fahrt mit Rückenwind oder bergab nahezu mühelos ist.

**P2** Dem Körper muss täglich durch die Nahrung Energie zugeführt werden. Erkundigt euch nach dem „Nährwert" von Lebensmitteln. Stellt Informationen zusammen, was zu einer gesunden Ernährung gehört. Untersucht und vergleicht, welche Angaben dazu auf den Verpackungen zu finden sind.

**P2** Mit „Energiemessgeräten" kann die **Leistung** oder der **Energiebedarf** von einzelnen elektrischen Geräten direkt gemessen werden.
**a)** Schließt elektronische Geräte wie z. B. CD/DVD-Player, Stereo-Anlage, Radiowecker usw. für eine feste Zeitdauer (10 min oder 30 min) über das Energiemessgerät an die Steckdose an. Bei Geräten mit Akku, etwa beim Handy, kann der Energiebedarf für die Dauer des Ladevorgangs ermittelt werden.
**b)** „Nicht ständig unter Strom stehen, das spart Energie!" Messt und vergleicht den Energiebedarf von Geräten wie z. B. Stereo-Anlage, Fernseher oder Videorecorder im **Standby-Betrieb** und im Normalbetrieb.

# Körper – das Anfassbare der Physik

Das Bild zeigt viele Körper: menschliche Körper, Luftballons aus Gummi und Metall – und das Gas darin, eine Wasserflasche – und das Wasser darin, Pflastersteine und vieles andere.

Körper, das ist das Handgreifliche, das Anfassbare in der Physik. Physiker interessieren sich für die Eigenschaften von Körpern. Welchen Zustand haben sie, wie schwer sind sie? Sind sie bewegt oder in Ruhe? Und schließlich – was ist das eigentlich, ein Körper, den Physiker betrachten?

## „Körper" physikalisch betrachtet

Körper sind nicht nur der Pflasterstein, das ballonartig geformte Messing der „Ballons" am Standbild sondern auch das Gas in dem Gummiballon und das Getränk in der Flasche.

In der Physik wird alles, was einen bestimmbaren Raum einnimmt, als **Körper** bezeichnet. Die Größe des eingenommenen Raumes ist sein **Volumen.** Körper können aus einem einzigen **Stoff** bestehen oder aus vielen verschiedenen. Aber nicht der Stoff ist der Körper, sondern Stoff und eingeschlossener Raum zusammen bilden einen Körper.

So werden in der Physik auch Flüssigkeiten und Gase als Körper bezeichnet, wenn sie einen begrenzten Raum einnehmen. Beispiel: das Getränk in der Flasche, die Gasmenge im Ballon. Sie sind begrenzt durch den Kunststoff der Flasche oder das Gummi des Ballons. Demgegenüber sind „die Luft um uns herum" oder „der Regen, der vom Himmel fällt" keine Körper. Ihnen fehlt die eindeutig bestimmbare Grenze. – Und wenn in einem Raum gar nichts drin ist? Dann ist dies ein leerer Raum, ein **Vakuum,** aber eben kein Körper!

Körper können sehr verschieden sein. Sie lassen sich unterteilen

- nach dem *Stoff:* Zwei gleich aussehende Körper können aus verschiedenen Stoffen bestehen und dadurch sehr unterschiedliche Eigenschaften haben;

- nach der *Form:* Sie können regelmäßig geformt sein wie Würfel, Quader, Kugel …, oder ganz unregelmäßig wie eine Statue, Lebewesen …
- nach dem *Zustand:* Es macht einen Unterschied, ob ein Körper fest, flüssig oder gasförmig ist.
- nach dem *Volumen:* Körper sind groß oder klein.
- nach der *Temperatur:* Körper sind heiß oder kalt.
- nach der *Masse:* Körper sind schwer oder leicht.

Eine Eigenschaft haben alle Körper gemeinsam: Da jeder Körper für sich einen bestimmten Raum einnimmt, können sich nie zwei Körper an dem gleichen Ort befinden.

In dem Raum, den ein Körper einnimmt, kann sich kein zweiter Körper befinden. Deshalb steigt z. B. der Wasserspiegel in der Badewanne, wenn der dicke Mann ins Wasser steigt. Sein Körper verdrängt das Wasser aus der Wanne. In dem Raum, den er einnimmt, kann nur er sein oder das Wasser.

> Ein Körper ist eine begrenzte Menge eines Stoffes.
> - Der Zustand eines Körpers kann fest, flüssig oder gasförmig sein.
> - Körper haben eine Temperatur.
> - Das Volumen des Körpers ist der Raum, den er einnimmt.
> - Körper sind schwer, sie haben eine Masse.
> - Zwei Körper können nicht gleichzeitig an einem Ort sein. Ein Körper verdrängt den anderen.

Huch!

## Aufgaben

1 Gib Beispiele für feste, flüssige, gasförmige Körper.
2 „Körper" und „Stoff" meint zweierlei. Erkläre den Unterschied.
3 Erläutere die Ursache dafür, dass das Wasser in der Abbildung links überläuft.

## Körper und ihre Zustandsformen

**Zentraler Versuch**

Der Kneteklumpen besitzt eine quaderförmige Form. Seine Begrenzungsflächen und damit seine Form und sein Volumen sind genau bestimmbar. Erst wenn er unter Kraftaufwand verformt wird, wird es ein anderer Körper, denn dann hat sich bei gleich bleibendem Volumen seine Form verändert.

Das Wasser im Becherglas bildet einen flüssigen Körper. Es passt sich der Form des Becherglases an. Das Becherglas gibt ihm also seine Form, mit der auch sein Volumen bestimmbar ist. Erst wenn es umgeschüttet wird in einen Zylinder, ist es ein anderer Körper geworden, denn nun hat sich seine Form geändert. Der Körper „Wasser" hat sich der Form des Zylinders angepasst. Sein Volumen ist aber gleich geblieben. Auch viel Kraft auf den Stempel ändert das Volumen nicht.

Das Gas im Luftballon füllt den Raum vollständig aus, den ihm der Luftballon bietet. Damit sind Form und Volumen bestimmbar. Wird der Ballon geöffnet, strömt das Gas heraus; es hat dann keine festen Begrenzungen mehr. Ein Gas bildet nur dann einen Körper, wenn seine Begrenzungen angegeben werden können.
Ist Gas im Zylinder, lassen sich durch Verschieben des Stempels die Form und das Volumen des Körpers „eingeschlossenes Gas" verändern.

|  | fest | flüssig | gasförmig |
|---|---|---|---|
| **Form** | • bestimmte Form | • keine bestimmte Form<br>• Anpassung an Form des Behälters | • keine bestimmte Form<br>• füllt den zur Verfügung stehenden Raum völlig aus. |
| **Volumen** | • bestimmtes Volumen<br>• durch Kraft nicht veränderbar | • bestimmtes Volumen<br>• durch Kraft nicht veränderbar | • kein festes Volumen<br>• durch Kraft veränderbar |

**Aufgaben**

**1** Entscheide, ob Eiswasser in einem Becherglas, in dem noch feste Eisstücke schwimmen, ein Körper ist. Wenn ja, beschreibe, ob dieser Körper fest oder flüssig ist.

**2** Aus einem einzigen Stück Knete lassen sich sehr viele verschiedene Körper formen.
Beschreibe, worin sich diese Körper unterscheiden und worin nicht.

**3** Zähle die Bedingungen auf, unter denen Rauch (ein Gemisch aus verschiedenen Gasen und kleinsten Staubpartikeln) einen Körper bildet.

**4** **a)** Nenne mindestens 10 regelmäßig geformte Körper und 10 unregelmäßig geformte.
**b)** Nenne mindestens 3 Paare von regelmäßig geformten Körpern gleicher Form, bei denen der eine groß, der andere klein ist.

| **Körper** | **Versuche und Aufträge** |
|---|---|

**V1** Besorge dir beim Arzt oder in der Apotheke eine Plastikspritze (ohne Nadel).
**a)** Schiebe den „Kolben" ein Stückchen hinein. Halte die untere Öffnung mit dem Finger zu, drücke den Kolben weiter hinein und lasse ihn dann wieder los. Erkläre deine Beobachtungen.
**b)** Ziehe den Kolben aus der Spritze heraus und fülle die Spritze mit Wasser. Schiebe den Kolben wieder hinein. Wie schaffst du es, dass nur noch Wasser in der Spritze ist? Versuche, indem du die Öffnung wieder zuhältst, die Wassermenge mit dem Kolben zusammenzudrücken. Was stellst du fest?

**V2** Bohre zwei Löcher in den Deckel eines Marmeladenglases. Stecke durch das eine Loch einen Trinkhalm und durch das andere einen Trichter und befestige sie mit Knet- oder Kaugummi so, dass an diesen Stellen keine Luft mehr eindringen kann.
**a)** Halte die Trinkhalmöffnung gut zu und gieße Wasser in den Trichter. Was beobachtest du?
**b)** Gib die Trinkhalmöffnung frei. Beobachte genau. Erkläre deine Beobachtungen.
**c)** Ersetze nun den Trichter durch einen zweiten Trinkhalm und baue dir damit ein „Spritzspiel". Wenn du rechts hinein bläst, spritzt links das Wasser heraus. Erkläre.

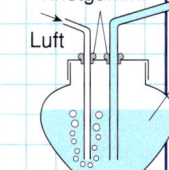

Knetgummi

Luft

Wasser

## Körper haben ein Volumen

**Zentraler Versuch**

Um zu wissen, wie groß der Gepäckraum eines Autos ist, messen die Autohersteller seinen Raum mit Normkoffern oder Normquadern genau aus.

Das funktioniert so nicht, wenn das Fassungsvermögen eines Aquariums bestimmt werden soll. in einem solchen Fall wird das Volumen folgendermaßen ermittelt: Es wird gezählt, wie oft das Wasser eines gefüllten Messbechers in das Aquarium gegossen werden muss, bis es voll ist. Der Becher wird dafür jedes Mal genau bis zum Eichstrich gefüllt.

Besonders einfach ist die Volumenbestimmung, wenn der Messbecher genau einen Liter (1 ℓ) fasst. Der Liter ist das Maß für das Volumen; er ist das **Normvolumen,** so wie das Meter die Normlänge für Längen ist.

Das Volumen des Aquariums wird dann angegeben als ein Vielfaches von 1 Liter: Nachdem 25 bis zum Eichstrich volle Messbecher eingefüllt wurden, passt vom 26. nur noch ein Viertel hinein. Damit steht fest, dass das Aquarium $25\frac{1}{4}\ell$ fasst.

Es werden also nicht nur ganzzahlige Vielfache des Normvolumens verwendet, sondern auch Bruchteile davon.

Für regelmäßige Körper wie Quader und Würfel gibt es ein einfaches Verfahren, das Volumen zu bestimmen: Zunächst werden Länge, Breite und Höhe gemessen. Das Volumen lässt sich dann berechnen, indem Länge, Breite und Höhe miteinander multipliziert werden:

$$V = a \cdot b \cdot c$$

Als Volumeneinheiten ergeben sich dann
$1\,cm^3 = 1\,m\ell,$
$1\,dm^3 = 1\,\ell,$
$1\,m^3 = 1000\,\ell.$

---

### Volumen

Das Formelzeichen ist *V*.
Die Einheit ist 1 ℓ (Liter).

Weitere Einheiten:
Milliliter:  $1\,m\ell = \frac{1}{1000}\,\ell$
Zentiliter:  $1\,c\ell = \frac{1}{100}\,\ell = 10\,m\ell$

---

Das Volumen eines Körpers wird als Vielfache oder Teile des Normvolumens 1 ℓ = 1 dm³ angegeben.

## Körper haben eine Temperatur

„Eiskalt", „lauwarm", „glühend heiß", … . Es gibt eine Menge Wörter in unserer Sprache, mit denen wir zum Ausdruck bringen, wie warm oder kalt ein Körper oder unsere Umgebung ist. Wenn wir genauere Angaben machen wollen, reden wir von „Temperatur", von „Grad" oder „Grad Celsius".

Wenn angegeben werden soll, wie warm oder kalt ein Gegenstand ist, so muss seine **Temperatur** bestimmt werden. Dazu wird ein Messgerät benötigt, ein **Thermometer** (thermos, griech.: warm). Es gibt verschiedene Arten von Thermometern, deren Aufbau und Funktionsweise darauf abgestimmt sind, wozu sie genutzt werden sollen. So lassen sich z. B. die Temperatur im Innern eines Brennofens und die Temperatur der Raumluft nicht mit demselben Thermometer messen.

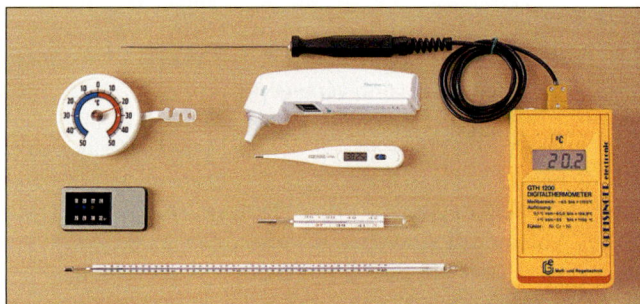

In der Abbildung oben sind verschiedene Thermometer zu sehen, jedes für einen anderen Zweck. Allen gemeinsam sind ein *Messfühler*, mit dem die Temperatur gemessen wird, und eine *Anzeige*, auf der die gemessene Temperatur abgelesen werden kann. Der Messfühler ist leicht erkennbar beim elektronischen Thermometer, beim Fieberthermometer und beim Flüssigkeitsthermometer. Er kann aber auch versteckt im Inneren des Gerätes sein wie beim Fensteraußenthermometer und beim Innenohrfieberthermometer.

Jedes Thermometer hat einen begrenzten Messbereich, in dem es Temperaturen messen kann. Wird das Thermometer bei zu hohen oder zu tiefen Temperaturen verwendet, zeigt es nicht mehr richtig an, es kann sogar zerstört werden.

---

### Temperatur

Das Formelzeichen ist $\vartheta$ (theta).
Die Einheit ist 1 °C (Grad Celsius).

---

Die Temperatur sagt etwas darüber aus, wie warm oder kalt ein Körper ist.
Für zuverlässige, genaue Temperaturangaben wird ein Messgerät, das Thermometer, verwendet.

## Aufgaben

**1** **a)** Betrachte das Foto zur Ausmessung eines PKW-Kofferraumes genau. Erläutere dann den Unterschied beim Ausmessen des Kofferraum-Volumens mithilfe von Normkoffern bzw. Normquadern. Gib auch an, welches der beiden Verfahren du bevorzugen würdest, und begründe deine Entscheidung.
**b)** Berechne die Größe des Kofferraums, wenn 180 solcher Normkörper hineinpassen und jeder Normkörper 20 cm lang, 10 cm breit und 10 cm hoch ist. Gib das Ergebnis in Liter und Kubikmeter an.
**c)** Begründe, warum das Ergebnis nur ein Näherungswert sein kann und entscheide, ob das wirkliche Volumen größer oder kleiner als der Näherungswert ist.

**2** Errechne, wie viele Limonadengläser zu 150 mℓ du aus einer 1 ℓ-Flasche füllen kannst und wie viele Liter Limonade in der Flasche zurückbleiben.

**3** Nenne Gefäße, für deren Volumen du die Untereinheiten des Liters, also Milliliter, Zentiliter oder Hektoliter verwenden würdest.

**4** Alle Gläser in Gastwirtschaften sind mit einem Eichstrich versehen. Erläutere, weshalb es sinnvoll ist, Gläser in Gastwirtschaften mit Eichstrichen zu versehen.

**5** Auch andere Stoffe als Wasser schmelzen oder verdampfen.
**a)** Finde drei Beispiele von Stoffen, von denen du weißt, dass sie schmelzen.
**b)** Gib ihre Schmelztemperaturen an.

**6** Beschreibe, wie du das Volumen folgender Körper bestimmen könntest: ① Kieselstein, ② ein Stück Würfelzucker, ③ Postpaket, ④ Kühlschrank, ⑤ Zahnputzbecher, ⑥ Buchseite, ⑦ Kaffeetasse. Schreibe eine Reihenfolge der einzelnen Schritte auf.

**7** **a)** Informiere dich über folgende Temperaturen (es reichen ungefähre Werte): Körpertemperatur eines Menschen; Temperatur im Kühlschrank, in einem Gefrierschrank, im Ofen beim Pizzabacken; Wassertemperatur in einem Aquarium bzw. im Hallenbad; angenehme Raumtemperatur; Temperatur in einem Brutkasten für Frühgeborene.
**b)** Ordne die Werte der Größe nach auf einer Temperaturskala.
**c)** Nenne Beispiele, bei denen eine genaue Temperaturangabe besonders wichtig ist. Begründe deine Entscheidung.

**8** Die meisten Leute kaufen heute elektronische Digitalthermometer. Früher gab es nur Analogthermometer. Finde die Unterschiede zwischen den beiden Thermometerarten heraus und begründe das Kaufverhalten der Leute.

---

### Was heißt „Messen"? **Durchblick**

Im täglichen Leben geht es nicht ohne Messen. Bevor ein Haus gebaut wird, muss das Grundstück vermessen werden; beim Sportfest werden z. B. die Zeiten beim 60 m-Lauf gestoppt; im Supermarkt werden Lebensmittel abgewogen.

Obwohl die Beispiele sehr unterschiedlich sind, gibt es eine Gemeinsamkeit: In allen Fällen führt ein Vergleich mit einer bekannten *Norm* zu einer Vorstellung über die jeweilige Größe von Länge, Zeit oder Volumen.

Ist z. B. in einem Vermessungsprotokoll vermerkt, dass das Grundstück 22 m lang und 12 m breit ist, kann sich auch jemand, der es nicht kennt, die Größe des Grundstücks vorstellen; er weiß nämlich, wie lang ein Meter ist. Erfährst du, dass ein Schüler für einen 50 m-Sprint 8,2 s benötigt, kannst du sie mit deiner eigenen 50 m-Zeit vergleichen und feststellen, wer der schnellere Läufer ist.

*Messen heißt also immer Vergleichen.* Eine unbekannte Größe (Länge, Zeit, Masse usw.) wird mit einer bekannten Norm verglichen. Das Vergleichsmaß, die Norm, wird als Einheit bezeichnet. Die unbekannte Größe wird dann als Vielfaches oder Teil dieser Einheit angegeben.

Am Beispiel der physikalischen Größe Länge soll das verdeutlicht werden.
Die Stretchlimousine hat eine Länge von 8,5 · 1 m. Kurzschreibweise: 8,5 m.

**Jede gemessene oder berechnete physikalische Größe wird als Produkt aus Zahlenwert und Einheit angegeben.**

Sind die Abmessungen sehr klein oder sehr groß, werden Teile oder Vielfache der Einheit verwendet, um einfachere Zahlenwerte zu bekommen. Dafür gibt es Vorsilben, die jeder Grundeinheit vorangestellt werden können:

| Dezi | Zehntel | | |
|------|---------|------|---------|
| Centi | Hundertstel | Hekto | Hundert |
| Milli | Tausendstel | Kilo | Tausend |
| Mikro | Millionstel | Mega | Million |

**Körper haben Masse**

**Zentraler Versuch**

**Zentraler Versuch**

Die Bowlingkugel in der linken Hand ist viel schwerer als der Fußball in der rechten. Noch schwerer ist die große Steinkugel im oberen Bild. Leichter sind dagegen alle Bälle. Und der Tischtennisball, der ist nun am wenigsten schwer.

Alle betrachteten Kugeln sind Körper. Sie unterscheiden sich nicht nur im Hinblick auf ihr Volumen, sondern sie sind auch unterschiedlich schwer. Auch alle anderen Körper sind mehr oder weniger schwer, die riesige Erde ebenso wie das kleinste Sandkorn.

**Schwer** zu sein ist eine Eigenschaft aller Körper.

> Alle Körper sind schwer.

Die Bowlingkugel zum Rollen zu bringen, ist viel schwieriger als den Fußball wegzurollen. Es kostet schon viel Kraft, sie aus der Ruhe in Bewegung zu versetzen. Beim Fußball geht das viel leichter. Aber auch er muss mit einem kräftigen Schubs fortbewegt werden. Beim Anhalten ist es genauso – die schwere Bowlingkugel aus ihrem Lauf heraus anzuhalten, ist sehr schwierig. Sie rollt von alleine immer weiter. Körper ändern ihre Geschwindigkeit nicht von selbst.

Wenn ein Körper nicht aufgehalten oder angestoßen wird, behält er seine Geschwindigkeit und seine Bewegungsrichtung bei. Er ist **träge.**

> Alle Körper sind träge. Ohne Beeinflussung von außen behalten sie ihren Bewegungszustand bei.

Schwere und Trägheit sind Grundeigenschaften aller Körper. Jeder Körper ist schwer und auch träge. Beides zusammen sind Eigenschaften, die mit dem Begriff der **Masse** beschrieben werden.

> Die Masse eines Körpers gibt an, wie schwer bzw. wie träge er ist.

## Massenbestimmung

„400 g Mehl, 100 g Zucker ..." sind typische Angaben aus Kochbüchern. Der Buchstabe „g" steht für eine mögliche Einheit der Masse, das Gramm. Die festgelegte Basiseinheit ist das Kilogramm (kg).

Zur Bestimmung von Massen, also beim „Wiegen", werden beispielsweise Balkenwaagen verwendet. Auf die eine Waagschale wird der Körper gelegt, dessen Masse bestimmt werden soll. Auf die andere Waagschale werden so lange bekannte Wägestücke gelegt, bis sich die Waage im Gleichgewicht befindet. Dabei werden in der Regel mehrere Wägestücke benötigt, die

in einem Wägesatz zusammengestellt sind.

Im Gleichgewichtsfall befindet sich auf beiden Seiten die gleiche Masse. Die Addition der bekannten Massen auf der einen Waagschale ergibt dann die zu ermittelnde Masse des Körpers auf der anderen Waagschale.

---

### Masse

Das Formelzeichen ist $m$.
Die Einheit ist 1 kg (Kilogramm).

Weitere Einheiten:

Tonne:      1 t   = 1000 kg

Gramm:    1 g   = $\frac{1}{1000}$ kg

Milligramm: 1 mg = $\frac{1}{1000}$ g

              = $\frac{1}{1000\,000}$ kg

---

## Aufgaben

**1** Zwei Kinder sitzen auf einer Wippe im gleichen Abstand zur Mitte. Erläutere die drei Möglichkeiten, in denen sich die Wippe einstellen kann. Ziehe Schlussfolgerungen jeweils bezüglich der Massen der Kinder und begründe deine Folgerungen.

**2** Nenne Beispiele, wo bei verschiedenen Körpern unterschiedliche Trägheit aufgrund unterschiedlicher Massen zu beobachten ist.

**3** Bestimme, welche Wägestücke des Wägesatzes unten zum Einstellen des Gleichgewichts benötigt werden, wenn Körper folgender Massen auf der Balkenwaage liegen: 138 g; 25 g; 69 g; 11 g; 8 g; 113 g.

**4** Kommentiere, warum alle Wägestücke des Wägesatzes unten, die als erste Ziffer eine „2" aufgedruckt haben, doppelt vorhanden sind.

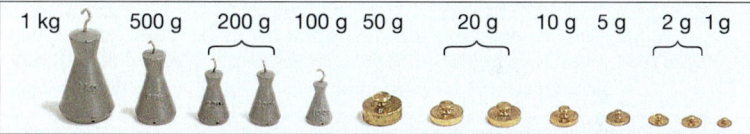

| 1 kg | 500 g | 200 g | 100 g | 50 g | 20 g | 10 g | 5 g | 2 g | 1 g |

---

## Masse                                   Versuche und Aufträge

**V1** Benutze alle Waagen bei euch zu Hause und vergleiche ihre Genauigkeit. Als Körper zum Wiegen kannst du z. B. eine Getränkepackung, ein Glas Wasser, einen Bleistift o. Ä. nehmen. Beachte die Angaben auf der Waage und stelle keinen Körper mit einer für die Waage zu großen Masse darauf!

**V2** Wiege verschiedene Gegenstände mit den Waagen bei euch zu Hause ab (z. B. Schultasche, Koffer, aber auch dich selbst oder deinen Hund).

**V3** Überprüfe die Masseeinteilung für Mehl und für Zucker auf einem Messbecher durch Wiegen.

**V4** Baue dir eine einfache Balkenwaage zum Aufhängen. Du benötigst einen Holzstab, der in der Mitte

und im gleichen Abstand von der Mitte an den Enden eingekerbt wird, festen Zwirn und zwei gleiche Deckel aus Kunststoff als Waagschalen. Die Deckel werden am Rand an drei Punkten durchstochen und mit je drei Fäden an den äußeren Kerben befestigt.
Als Wägestücke nimmst du die Riegel einer Schokoladentafel. Miss zunächst in der Einheit „1 Schoko".
a) Teste nun die Genauigkeit deiner Waage, indem du berechnest, welcher Masse „1 Schoko" entspricht.
b) Wiege dann Gegenstände dir bekannter Masse ab.

**V5** Verkürze bei deiner selbst gebauten Waage den Abstand zwischen der Mitte des Holzstabes und der Aufhängung der Waagschale für die Schokostücke auf die Hälfte. Teste auch diese Waage und beschreibe den Unterschied.

# Energie und Energieformen

Das Wort „Energie" begegnet uns häufig im täglichen Leben. Wir hören die Worte Kernenergie, Energiekrise oder Energiesparen. Energie wird auch zum Arbeiten gebraucht, ob im Berufsleben oder in der Schule.
Auch im Sport ist Energie erforderlich, wenn man gewinnen will. Wir wollen herausfinden, was in der Physik unter diesem Begriff verstanden wird und warum er so große Bedeutung hat.

## Energie begegnet uns in vielen Formen

In allen Bildern oben geht es darum, dass etwas bewirkt wird:

| | |
|---|---|
| Der elektrische Strom bewirkt, dass in der Bestrahlungslampe Licht entsteht. Damit werden die schmerzenden Körperstellen erwärmt. | Bei Stromausfall kann die Infrarotlampe nicht leuchten und es müssen andere Möglichkeiten der Schmerzlinderung gesucht werden. |
| Mit elektrischem Strom wird der Motor des Akkuschraubers betrieben. Hierdurch werden die Schrauben ins Holz gedreht. | Ist der Akku leer, nutzt der Akkuschrauber nichts mehr. Die Schrauben müssen per Hand eingedreht werden oder es muss eine Pause gemacht werden. |
| Bei der Verbrennung der Kerze wird Luft erwärmt. Diese strömt nach oben und bewirkt die Drehung der Pyramide. | Wenn die Kerze heruntergebrannt ist, also kein Wachs mehr vorhanden ist, kann auch die Pyramide nicht mehr angetrieben werden. |
| Die Luftbewegung treibt das Segelboot an und bewirkt damit seine Bewegung. | Bei Windstille kann das Segelboot nicht fahren. |
| Die Energie der Sonne bewirkt eine Erwärmung des Wassers im Schwimmbecken. | Bei dauerhaft bedecktem Himmel bleibt das Wasser unangenehm kühl. |
| Die Lage des Balles oben an einer Schräge bewirkt, dass der Ball hinunterrollt. | Auf einer horizontalen Straße setzt sich der Ball nicht von allein in Bewegung. |

Die beschriebenen Vorgänge sind grundverschieden und haben doch etwas Wichtiges gemeinsam: Sie laufen nicht aus sich selbst heraus und beliebig lange ab, sondern brauchen etwas, was sie antreibt. Dieses „Etwas" ist **Energie.**

Die Energie wird über die Steckdose geliefert, steckt im Akku, in der Kerze, in der erhöhten Lage des Balles oder im Wind. Trotz ihrer ganz verschiedenen Formen ist es doch immer die gleiche Energie. Sie bewirkt die Veränderung von Stoffen und die Änderung von Vorgängen.

Energie ist nötig, damit Vorgänge ablaufen.
Energie wird an ihren Wirkungen erkannt.

## Aufgaben

**1** Auch Kochen ist ohne Energie nicht möglich. Beschreibe anhand des Bildes die Vorgänge, die dabei durch Energie bewirkt werden.

**2** Wer in der Dunkelheit mit dem Fahrrad fährt, muss die Beleuchtung einschalten. Laut Straßenverkehrsordnung muss ein normales Fahrrad einen Dynamo besitzen. Beschreibe, wie eine solche Lichtanlage funktioniert und wie Energie hier wirkt. Welche Rolle spielt dabei der Radfahrer selbst?

**3** Ein Fußball hat nicht das Tor getroffen, sondern eine Scheibe – mit durchschlagender Wirkung. Erläutere, wie Energie hier gewirkt hat.

**4** Beschreibe weitere Vorgänge und erläutere dabei, wie Energie wirkt.

**5** In den beschriebenen Vorgängen treten verschiedene Energieformen auf. Umgangssprachlich gibt es für diese viele verschiedene Begriffe. Auf dem Zettel stehen einige in den Naturwissenschaften übliche Namen für verschiedene Energieformen – leider nicht mehr vollständig lesbar.
**a)** Notiere ihre Namen und ordne den schon beschriebenen Vorgängen – sofern möglich – die auftretenden Energieformen zu.
**b)** Eine dieser Energieformen spielte bisher keine Rolle. Welche?
**c)** Für welche Energieformen hast du noch keine Namen?

Höhen·· ·ergie
P·· ·egungsenergie
L··`·teuergie
··in··ische Energie
Spannenergie

---

## Energie

## Versuche und Aufträge

**V1** Biege Blumendraht zu einer Schlaufe, wie es in der Abbildung gezeigt ist, und befestige sie mit Klebefilm auf einem Styroporbrettchen. Fülle etwas Wasser in ein ausgeblasenes Ei (ein Loch wieder zukleben!) und lege es in die Schlaufe über das brennende Teelicht. (Teelicht weniger als zur Hälfte mit Wachs gefüllt und am besten mit einem zweiten Docht versehen!)
**a)** Kommt dein Dampfboot in Fahrt? Wer treibt es an?
**b)** Welche Energieformen sind beteiligt?

**V2** Blase einen Luftballon etwa zur Hälfte auf und knote ihn zu. Befestige ihn mit Klebefilm auf einem Tisch. Lass auf den Luftballon verschiedene kleine Gegenstände fallen (Radiergummi, kleine Kugel, Münzen). Beobachte den Ballon und die Gegenstände dabei genau und notiere deine Beobachtungen.

**V3** Für die folgenden Versuche brauchst du einen Tacho am Fahrrad. **Mache die Versuche nur auf abgesperrten Plätzen oder Wegen ohne Autoverkehr!**

**a)** Lasse dein Fahrrad aus verschiedenen Geschwindigkeiten zum Stillstand ausrollen und miss die Anhaltestrecke. Notiere die Messwerte in einer Tabelle. Deute die Versuchsergebnisse.
**b)** Lasse dein Rad mit unterschiedlichen Anfangsgeschwindigkeiten einen Hang hinaufrollen und miss die Strecken bis zum Stillstand. Notiere auch hier Geschwindigkeiten und Strecken und deute die Ergebnisse.
**c)** Wiederhole die Versuche mit eingeschaltetem Dynamo. Beschreibe die Unterschiede. Gib eine begründete Vermutung für diese Unterschiede.

## Energieformen

Im Versuch wird das Vorderrad eines Fahrrades durch kräftiges Anstoßen in schnelle Umdrehungen versetzt. Zum Abbremsen drücken wir mit der flachen Hand oder einem Dynamo von oben auf den Reifen. Dabei stellen wir fest, dass unsere Hand warm oder sogar unangenehm heiß wird. Das Vorderrad hat beim Abbremsen die Hand erwärmt oder Licht erzeugt, es hatte also Energie. Weil diese Energie in der Bewegung des Rades steckte, heißt sie **Bewegungsenergie** oder kinetische Energie. Diese Energie haben wir dem Vorderrad beim Anstoßen zugeführt.

Gegenstände, die herunterfallen, können zerbrechen oder an anderen Gegenständen Schaden anrichten. Fallen sie uns auf den Fuß, so ist das meistens sehr schmerzhaft. Woher kommen diese Wirkungen und welchen Einfluss hat das Fallen aus größerer Höhe auf diese Wirkungen? Lassen wir einen Hammer aus unterschiedlichen Höhen auf Nägel fallen, die in einem Styroporklotz stecken, so werden die Nägel umso tiefer in den Klotz getrieben, je größer die Ausgangsposition war. Der Hammer hat Energie, die mit seiner Höhe oder Lage verknüpft ist. Diese Energie heißt **Höhenenergie.**

Löst sich ein Spanngurt von einem Gepäckträger, so schnellt der Gurt kräftig zurück. In ähnlicher Weise verhält sich ein Haushaltsgummi, wenn er beim Überspannen eines Gefäßes reißt. Woher kommt diese Wirkung und welchen Einfluss hat die Dehnung auf diese Wirkung? Drücken wir eine Springfigur weit zusammen und lassen sie los, dann springt die Figur umso höher, je größer die anfängliche Stauchung war. Eine größere Stauchung kann also eine größere Wirkung erzielen. Da die Energie in der Stauchung oder Dehnung der Feder steckt, heißt sie **Spannenergie.**

Die genannten Energieformen kommen auch beim Sport vor: Ein geschossener Fußball hat Bewegungsenergie, ein Skifahrer beim Abfahrtslauf Höhenenergie und der gebogene Stab eines Stabhochspringers Spannenergie.

> Es gibt drei mechanische Energieformen: Jeder sich bewegende Körper besitzt Bewegungsenergie, jeder hochgehobene Körper besitzt Höhenenergie und jeder elastisch verformte Körper besitzt Spannenergie.

## Aufgaben

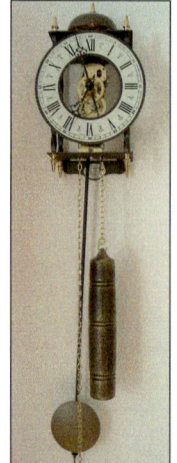

**1** Nenne vier Sportarten, bei denen Spannenergie eine Rolle spielt. Erläutere jeweils, welcher Körper dabei Spannenergie besitzt und welche Energieformen insgesamt auftreten.

**2** Nenne die Energieformen, die beim Skispringen auftreten.

**3** Erläutere, welche Rolle Bewegungsenergie beim Bowling oder Kegeln spielt.

**4** Alte Uhren lassen sich entweder mit einem Schlüssel „aufziehen" oder man muss schwere Gewichte hochheben. Erläutere, wodurch diese Uhren jeweils angetrieben werden.

**5** Schon vor Jahrhunderten gab es Wassermühlen. Diese Mühlen nutzen Energie in derselben Form wie die modernen Windräder (Windgeneratoren). Nenne diese Energieform und erläutere die Unterschiede, die zwischen einem Windrad und einer Wassermühle bestehen.

Häufig treten mehrere Energieformen nacheinander oder auch gleichzeitig auf. Selten sind dabei ausschließlich die mechanischen Energieformen beteiligt. Das wird bereits beim Fahrrad deutlich. Wird der Dynamo an das sich drehende Rad gedrückt, so leuchtet die Lampe. Die Bewegungsenergie des Rades wandelt sich im Dynamo in **elektrische Energie.**
Die Solarzelle zeigt, dass Licht eine Energieform ist. Nur wenn die Solarzelle beleuchtet wird, stellt sie elektrische Energie bereit, die in einem angeschlossenen Stromkreis einen Motor antreibt.

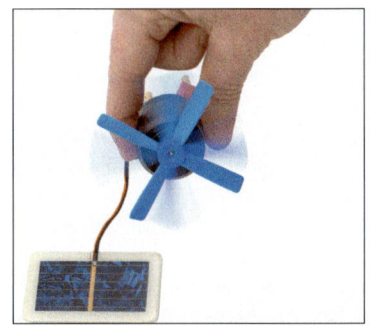

Wird das sich drehende Vorderrad mit der flachen Hand abgebremst, wird diese warm. Die Hand hat Energie aufgenommen. Scheint die Sonne intensiv auf den Sonnenkollektor, erhöht sich die Wassertemperatur. In beiden Fällen nimmt die **innere Energie** der Körper zu.

Jede Lichtquelle benötigt ihrerseits Energie, um **Lichtenergie** abgeben zu können: Bei der Taschenlampe kommt sie aus Batterien oder Akkus, beim Feuerzeug oder einer Campinggaslampe aus der Gasfüllung. In beiden Fällen ist – genauso wie bei einer Kerze – **chemische Energie** die Ausgangsform. Beim Feuerzeug wandelt sich die chemische Energie gleich in Lichtenergie, bei der Taschenlampe zuerst in elektrische Energie und anschließend in Lichtenergie.

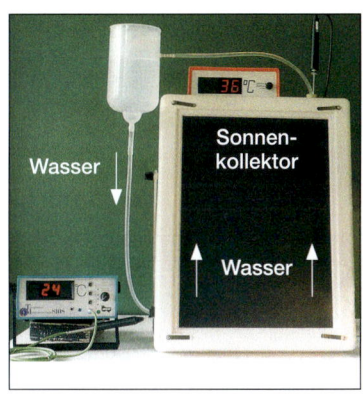

Pflanzen brauchen zum Gedeihen Lichtenergie, sonst verkümmern sie und sterben schließlich ab. Die Lichtenergie wird von den Blättern aufgenommen und in **chemische Energie** gewandelt, die entweder als Stärke oder als Zucker gespeichert wird. Wie viel Energie in den pflanzlichen – und auch in den tierischen – Nahrungsmitteln steckt, wird durch den **Brennwert** angegeben, der bei Lebensmitteln auch *Nährwert* genannt wird. Beide bezeichnen die in einem Körper enthaltene Energie pro Masse des Körpers.

In Kernkraftwerken wird die in Uran gespeicherte **Kernenergie** in elektrische Energie gewandelt.

Vorrichtungen, in denen die Energie von einer Form in eine andere gewandelt wird, heißen **Energiewandler.** Der Dynamo, die Glühlampe und die Solarzelle sind Beispiele für technische Energiewandler, Pflanzen sind natürliche Energiewandler.

> Energie tritt in verschiedenen Formen auf, die sich ineinander wandeln können. Neben den mechanischen Energieformen gibt es unter anderem die Lichtenergie, die Kernenergie, die elektrische, chemische und innere Energie.

**Bei der mittleren Pflanze hat Lichtenergie gefehlt.**

## Aufgaben

**1** Manche Leute lieben es, einen Kamin im Wohnzimmer zu haben. Notiere alle Energieformen, die beim Betrieb eines Kamins eine Rolle spielen.

**2** Notiere alle Energieformen, die bei dem gezeigten Spielzeug auftreten. Nenne weitere (Spiel-)Geräte mit Solarantrieb.

**3** Beim Deichbau muss der Erdwall durch große Eisenträger, die in die Erde gerammt werden, gesichert werden. Erkläre, woher die dazu benutzte Ramme ihre Energie bekommt.

# Energie – ein umfassendes Konzept

## Die Energie ist eine Verwandlungskünstlerin

Es gibt viele Energieformen, die wie im Bild rechts zu einer langen Kette aneinandergereiht werden können:

- Im Rundkolben „Heizkessel" wird durch die heiße Flamme aus Wasser Wasserdampf, der mit hoher Geschwindigkeit auf das Turbinenrad trifft: Aus *innerer Energie wird Bewegungsenergie.*
- Die Turbine treibt den Generator an. Dieser wandelt *Bewegungsenergie in elektrische Energie.*
- Der elektrische Strom lässt die Lampe leuchten: *Aus elektrischer Energie wird Lichtenergie.*
- Die Solarzelle wird von der Lampe beleuchtet: Sie wandelt *Lichtenergie in elektrische Energie.*
- Die elektrische Energie wird dann im Akku gespeichert: *Elektrische Energie wird zu chemischer Energie.*
- Beim Verlassen des Akkus wird die chemische Energie zu elektrischer Energie, die den Motor antreibt: *Chemische Energie wird in elektrische Energie und diese in Bewegungsenergie gewandelt.*
- Durch die Bewegungsenergie wird der Bindfaden aufgerollt und damit das Merksatzschild hochgehoben: *Bewegungsenergie wird zu Höhenenergie.*

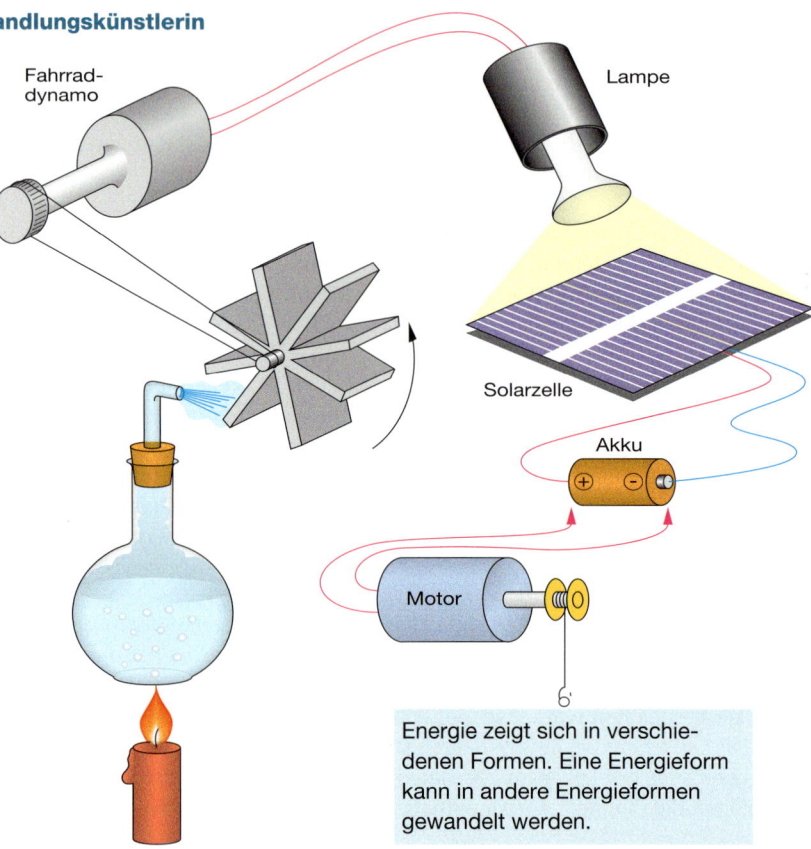

Energie zeigt sich in verschiedenen Formen. Eine Energieform kann in andere Energieformen gewandelt werden.

**Fazit:** Die Energie, die ursprünglich als chemische Energie im Kerzenwachs gesteckt hatte, befindet sich schlussendlich als Höhenenergie im hochgezogenen Merksatz-Schild. Energie kann also auch gespeichert sein.

Wie die Glieder einer Kette sind die Energieformen hintereinander aufgereiht. Es macht daher Sinn, den Weg der Energie von der brennenden Kerze bis zum hochgehobenen Schild als **Energiekette** zu bezeichnen. Zur Deutung physikalischer Vorgänge genügt es meist, nur einen Teil einer Energiekette zu betrachten.

Grafisch lässt sich eine solche Energiekette als **Energiefluss-Diagramm** oder **Energiefluss-Schema** wie in der Abbildung links darstellen. Darin werden die Wandler als graue Kreise gezeichnet, die Energie, die von einem Wandler zu einem anderen unterwegs ist, als Pfeil. Weil die chemische Energie der Kerze bzw. die Höhenenergie des hochgehobenen Schildes Anfang und Ende dieser Kette sind und nicht strömen, sind sie nicht als Pfeil dargestellt, sondern als Rechtecke.

Zur Vereinfachung ist der Akku nur als „Wandler" dargestellt. Genau genommen ist er aber sowohl Wandler (elektrische Energie → chemische Energie, später chemische Energie → elektrische Energie) als auch Speicher von elektrischer Energie, die aber genau genommen als chemische Energie gespeichert ist und nicht elektrisch.

**Energieketten-Diagramm (linke Spalte):**
innere Energie → Heizkessel → Bewegungsenergie → Generator → elektrische Energie → Lampe → Lichtenergie → Solarzelle → elektrische Energie → Akku → elektrische Energie → Motor → Bewegungsenergie → Höhenenergie

## Energie hat viele Namen

- Die Höhenenergie des Wassers im Stausee,
- die Bewegungsenergie eines Läufers,
- die innere Energie einer heißen Herdplatte,
- die elektrische Energie in Überlandleitungen,
- die Lichtenergie einer Lampe,
- die chemische Energie in Nahrungsmitteln, Brennstoffen oder einer Batterie

sind Beispiele dafür, wie sich Energie zeigt. Ist Höhenenergie etwas völlig anderes als die anderen Energien oder gibt es Gemeinsamkeiten?

Der Gedanke an einen Urlaubsreisenden auf dem Weg zu einem entfernten Urlaubsziel hilft, diese Frage zu beantworten:

Der Reisende geht zu Fuß als „Fußreisender" zum Taxi und fährt zum Bahnhof – jetzt ist er „Autoreisender". Dann nimmt er den Zug zum Flughafen – „Zugreisender". Während des Fluges ist er „Flugreisender" und nach der Ankunft fährt er als „Busreisender" zum Hotel. Obwohl der Urlauber dauernd ein anderer Reisender ist, handelt es sich doch während der ganzen Reise immer um denselben Menschen.

Entsprechend verhält es sich mit der Energie:
Es gibt nur „die" Energie. Die unterschiedlichen Bezeichnungen sind nur eine Hilfe, die das Verstehen von Energiewandlungen erleichtern. Es hat sich bewährt, in *Energieformen* zu denken, denn die Form ist oft ein Hinweis auf den Träger bzw. den Speicher der Energie. Dementsprechend wandeln Geräte nicht eine Energie in eine andere Energie, sondern nur eine Form der Energie in eine andere Form. Eigenlich müssten (Energie-) Wandler deshalb Energie*form*wandler heißen, aber das ist ein unschönes Wortungetüm.

Energie kann von einer Form in eine andere gewandelt werden. Sie hat unterschiedliche Namen, ist aber immer nur Energie.

## Aufgaben

**1** Zeichne das Energiefluss-Diagramm für
**a)** einen Windgenerator, **b)** eine Wassermühle,
**c)** einen Kaminofen, **d)** ein Bügeleisen,
**e)** einen Ventilator, **f)** eine Waschmaschine,
**g)** ein Handy, dessen Akku gerade geladen wird.

**2** Manche Leute verwechseln Sonnenkollektoren und Solarzellen. Erkläre den Unterschied unter dem Gesichtspunkt der Energiewandlung.

**3** Beschreibe in Worten die Wandlung der Energie bei folgenden Vorgängen:
**a)** Abschießen eines Pfeils mit dem Sportbogen;
**b)** Springen vom 5 m-Turm im Schwimmbad;
**c)** Dribbeln beim Handball;
**d)** Aufschlag beim Tennis.

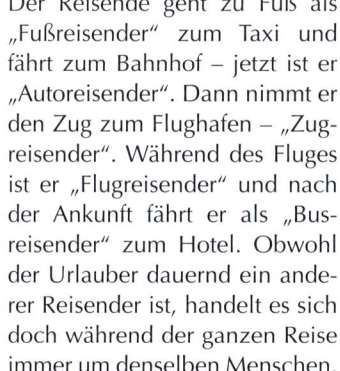

**4 a)** Beschreibe einen Vorgang, zu dem das folgende Energiefluss-Diagramm passt (nenne auch die Energiewandler).
**b)** Gib einen Vorgang an, zu dem dieses Energiefluss-Diagramm in umgekehrter Richtung gehört.

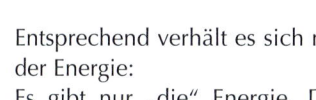

chemische Energie → elektrische Energie → Lichtenergie

**5 a)** Die nebenstehende Abbildung zeigt das Innenleben eines Haarföhns. Zeichne das zugehörige Energiefluss-Diagramm.
**b)** In manchen Restaurants befindet sich am Büffet über dem Braten eine Lampe, die nicht der Beleuchtung dient. Erläutere den Zweck und fertige das zugehörige Energiefluss-Diagramm an.

Heizdrähte

Ventilator

Schalter

**6** Beim Empire-State-Building-Run-Up laufen Athleten so schnell sie können die 320 m hohe Treppe hinauf.
**a)** Beschreibe die Energiewandlungen während des Laufs.
**b)** Begründe, weshalb ein Athlet, der oben angekommen ist und sofort wieder herunterläuft, unten noch erschöpfter ist als er es oben war.

## Eine Einheit für die Energie

Im zentralen Versuch wird einem Tauchsieder elektrische Energie zugeführt, wodurch die Wassertemperatur steigt. Der Tauchsieder befindet sich in einem Topf mit 1ℓ (1 kg) Wasser mit der anfänglichen Temperatur 20 °C. Die zugeführte Energiemenge kann an einem Energiemessgerät abgelesen werden, die Wassertemperatur wird gemessen.
Die Grafik zeigt, dass die Wassertemperatur umso höher wird, je mehr Energie zugeführt worden ist.

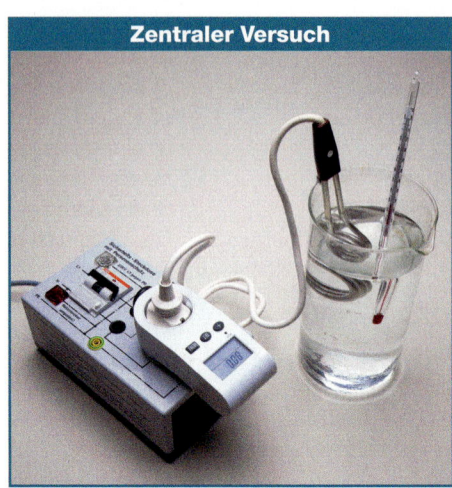

**Zentraler Versuch**

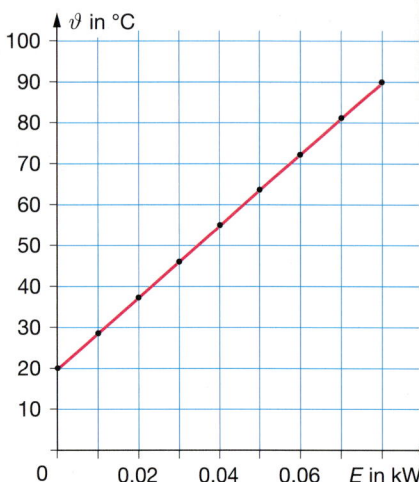

Das Energiemessgerät zeigt die zugeführte Energie in der Einheit kWh an, der Abkürzung für **Kilowattstunde,** eine Einheit speziell für elektrische Energie. Diese Einheit ist sehr groß, denn nur etwa 0,08 kWh bringen den Liter Wasser von 20 °C auf 90 °C. Für viele Anwendungen wurde deshalb eine kleinere Einheit geschaffen, das **Joule J** (gesprochen Dschu:l). Sie ist nach dem englischen Physiker JAMES PRESCOTT JOULE (1818–1889) benannt. Wie klein diese Einheit ist, ist an der Umrechnungsgleichung zu erkennen:
1 kWh = 3,6 Mio J.

---

### Energie

Das Formelzeichen ist E.
Die Einheit ist 1 J (Joule) oder elektrisch 1 kWh (Kilowattstunde).

Weitere Einheiten:
Kilojoule:   1 kJ  =  1 000 J
Megajoule: 1 MJ  =  1 000 kJ
            =  1 000 000 J
Kilowattstunde: 1 kWh = 3,6 MJ

---

Aus den Messwerten lässt sich ableiten, dass 1 J die Energiemenge ist, die zum Erhitzen von 0,24 g Wasser um 1 °C benötigt wird. Umgekehrt werden etwa 4,2 J benötigt, um 1 g Wasser um 1 °C zu erwärmen.

Eine ältere Energieeinheit ist die **Kalorie (cal):** 1 cal ist genau die Energie, die gebraucht wird, um 1 g Wasser um 1 °C zu erwärmen, also 1 cal = 4,2 J. Eine größere Einheit ist die Kilokalorie (kcal): 1 kcal = 1000 cal.
Bei der Angabe der Energiegehalte von Lebensmitteln ist die Kilokalorie immer noch zu finden, obwohl auch bei Lebensmitteln offiziell 1 J die Energieeinheit ist.

> Durch die Zufuhr von 4,2 kJ Energie steigt die Temperatur von 1 kg Wasser um 1 °C.

---

### Rechenbeispiel

Für ein Vollbad werden 200 ℓ Wasser benötigt. Sie kommen mit einer Temperatur von 15 °C ins Haus und müssen auf etwa 40 °C gebracht werden. Berechne die zum Erwärmen des Wassers nötige Energie.

Lösung:  Um 1 ℓ Wasser um 1 °C zu erwärmen, sind etwa 4 kJ nötig.
Um 200 ℓ Wasser um 1 °C zu erwärmen, sind etwa 200 · 4 kJ = 800 kJ nötig.
Um 200 ℓ Wasser um 25 °C zu erwärmen, sind etwa 25 · 800 kJ = 20000 kJ = 20 MJ nötig.

---

### Aufgaben

**1** **a)** Berechne, wie viel Energie nötig ist, um 2 Liter Wasser (für Spaghetti) von 10 °C bis zum Sieden (100 °C) zu erhitzen.
**b)** Eine Portion Spaghetti Bolognese hat einen Nährwert von etwa 2000 kJ. Erläutere, was diese Angabe bedeutet. Berechne, wie viele Liter Wasser von 10 °C du theoretisch mit dieser Energiemenge zum Kochen bringen könntest.
**c)** Informiere dich mithilfe einer Nährwerttabelle o. Ä. über den Energiegehalt von 1 g Fett, 1 g Kohlenhydrate bzw. 1 g Eiweiß.
**2** Beim Duschen verbrauchst du nur etwa 30 ℓ heißes Wasser. Rechne aus, wievielmal teurer ein Wannenbad im Vergleich zu einem Duschbad ist. Gehe wie beim Rechenbeispiel vor.

## Energiemessungen | Versuche und Aufträge

**A1** Miss mithilfe eines haushaltsüblichen Energiemessgeräts die Energie, die
- beim Auftoasten zweier Brötchen,
- beim Erhitzen von 1 Liter Wasser zum Kochen mithilfe eines Wasserkochers,
- beim Kochen von zwei Eiern mithilfe eines Eierkochers,
- beim Kochen einer Kanne Kaffee mithilfe einer Kaffeemaschine,
- beim Bügeln eines Hemdes,
- beim Waschen von 30°- bzw. 60°-Wäsche mit der Waschmaschine

gewandelt wird.

**A2 a)** Miss den Energiebedarf eures Kühlschranks/ Gefrierschranks mithilfe eines Energiemessgeräts.
**b)** Lies eine Woche lang jeden Morgen den Zählerstand des Stromzählers wie auch des Gaszählers so genau wie möglich ab. Ermittle hieraus den durchschnittlichen täglichen Energiebedarf deiner Familie in einer Woche.
*Hinweis:* Der Energiegehalt von Erdgas schwankt etwas; er ist abhängig von der genauen Zusammensetzung des Erdgases. Du kannst für deine Berechnung von 9,50 kWh pro m³ ausgehen.
**c)** Schätze begründet – u. a. durch weitere Messun-

gen ab – wie sich der Bedarf an elektrischer Energie auf die vier Bereiche Licht, Kochen, TV/Computer sowie Kühlen/Gefrieren/Waschen aufteilt und zeichne ein Energiefluss-Diagramm für euren Haushalt.
**d)** Beurteile das Diagramm unter Beachtung der Jahreszeit. Schätze euren Jahresenergiebedarf.

**V3** Mithilfe eines vollständig mit Wasser gefüllten Marmeladenglases, dessen Boden schwarz gefärbt ist, soll untersucht werden, wie viel Energie mit dem Sonnenlicht transportiert wird.
**a)** Schiebe den Fühler eines Digitalthermometers durch ein Loch im Deckel, das mit Knete oder Heißkleber gut abgedichtet worden ist. Umwickle das Glas mit Luftpolsterfolie oder einem Handtuch und lege es bei intensivem Sonnenschein schräg in einen Karton, sodass das Sonnenlicht senkrecht auf den schwarzen Boden des Glases trifft. Miss die Wassertemperatur zu Beginn und nach etwa einer halben Stunde.
**b)** Bestimme mithilfe deiner Messwerte die dem Wasser vom Sonnenlicht zugeführte Energie. Schätze hieraus ab, wie viel Energie das Sonnenlicht in derselben Zeit pro m² geliefert hat.

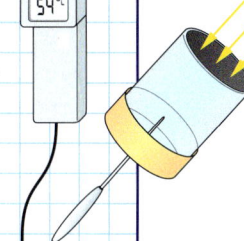

## ENERGIEMENGEN

### Energiegehalt/Brennwert

| Brennstoff | Brennwert je kg |
|---|---|
| Brennholz | 14,5 MJ |
| Braunkohle | 19,5 MJ |
| Steinkohle | 29,7 MJ |
| Benzin | 42,5 MJ |
| Flüssiggas | 46,6 MJ |
| Stadtgas | 16,0 MJ |

| | Brennwert je 100 g | |
|---|---|---|
| Vollkornbrot | 870 kJ | 207 kcal |
| Gouda (45 % Fett i. Tr.) | 1435 kJ | 342 kcal |
| Salami | 1667 kJ | 397 kcal |
| Marmelade | 1119 kJ | 266 kcal |
| Nussaufstrich | 2184 kJ | 520 kcal |
| Margarine | 3024 kJ | 720 kcal |
| Apfel | 209 kJ | 50 kcal |
| Vollmilch | 275 kJ | 65 kcal |
| Cola | 184 kJ | 44 kcal |
| Kartoffelchips | 2281 kJ | 543 kcal |
| Vollmilchschokolade | 2200 kJ | 524 kcal |
| Fruchtgummi | 1423 kJ | 399kcal |
| **täglicher Energiebedarf von Jugendlichen** | | |
| Mädchen 13–15 Jahre | 9200 kJ | 2190 kcal |
| Jungen 13–15 Jahre | 11300 kJ | 2690 kcal |

Im „Stromzähler" des Hausanschlusskastens dreht sich eine horizontal liegende Scheibe mit einer roten Markierung. Der Aufschrift des Zählers ist zu entnehmen, wie oft sich diese Scheibe gedreht haben muss, damit eine Energie von 1 kWh umgesetzt wird.

## Energieströme

Die Energie, die immer an ihren Wirkungen zu erkennen ist, strömt von einem Wandler zu einem anderen. Betrachten wir einige Beispiele:

- Elektrische Energie strömt von einer Quelle (z. B. einer Batterie) zu einem Elektrogerät (z. B. einer Glühlampe). Der Glühdraht der Lampe wandelt die elektrische Energie in Licht und Wärme, die beide in die Umgebung abgestrahlt werden.
- Eine Tasse heiße Schokolade kühlt sich am Anfang viel schneller ab als wenn sie schon fast Zimmertemperatur hat. Die Abgabe der gleichen Menge Energie an die Luft läuft also bei großen Temperaturunterschieden zwischen Schokolade und Zimmerluft viel schneller ab als bei kleinen.
- Die Turbinen in einem Wasserkraftwerk können von viel Wasser mit langsamer Geschwindigkeit durchflossen werden – dann liegen die Kraftwerke als Staustufen in einem träge dahinfließenden Fluss. Sie können aber auch von relativ wenig Wasser mit großer Geschwindigkeit durchflossen werden wie bei den Kraftwerken am Fuße von hoch gelegenen Stauseen. In beiden Fällen wird Höhenenergie in elektrische Energie gewandelt.
- Weht der Wind stärker, so drehen sich die Rotoren eines Windgenerators schneller. Sie nehmen dann mehr Bewegungsenergie auf und können mehr elektrische Energie abgeben.

Wenn Energie strömt, kann also viel oder wenig Energie transportiert werden und der Transport kann schnell oder langsam ablaufen. Es ist daher sinnvoll, eine Größe zu definieren, die angibt, wie groß der Energiestrom von einem Gerät zu einem anderen ist. Diese neue Größe heißt **Energiestromstärke P.** Sie wird berechnet als Quotient aus der insgesamt geflossenen Energie $E$ und der Zeit $t$, die der Vorgang gedauert hat. Da die Größe $P$ äußerst wichtig ist, hat sie eine eigene Einheit, nämlich das **Watt,** benannt nach dem Engländer JAMES WATT (1736–1819). 1 Watt bedeutet, dass in 1 Sekunde 1 J Energie zu einem Wandler hin oder von ihm wegströmt.

---

**Energiestromstärke**

Das Formelzeichen ist $P$.
Die Einheit ist 1 W (Watt) = $1 \frac{J}{s}$.

Weitere Einheiten:
Kilowatt: 1 kW = 1000 W
Megawatt: 1 MW = 1000 kW = 1 Mio W
Milliwatt: 1 mW = $\frac{1}{1000}$ W = 0,001 W

---

Der Energiestrom $P$ zwischen zwei Wandlern ist umso größer, je mehr Energie $E$ übertragen wird und je kürzer die dafür benötigte Zeit $t$ ist:

$$\text{Energiestromstärke} = \frac{\text{Energie}}{\text{Zeit}} \qquad P = \frac{E}{t}$$

---

## Versuche und Aufträge — Energieströme/Wandler

**V1** Fülle ein Wasserglas mit 100 mℓ Wasser. Weil das genaue Volumen wichtig ist, musst du einen Messtrichter verwenden. Stelle das Wasserglas auf einen Rechaud und erwärme es mit einem Teelicht. Miss im Minutenabstand 10 Minuten lang die Wassertemperatur.
**a)** Fertige ein Zeit-Temperaturdiagramm an.
**b)** Berechne die Energiemenge, die aufgrund des Temperaturanstieges in das Wasser geströmt sein muss.
**c)** Berechne daraus die Energiestromstärke.
**d)** Erläutere den Zusammenhang zwischen der Energiestromstärke der Kerzenflamme und der Energiestromstärke im Wasser.

**A2** Berechne die Energiestromstärke, die du im Schnitt an einem Tag, also in 24 Stunden, als Nahrung aufnimmst. Vergleiche mit der Dauerleistung des Menschen ($P$ = 100 W).

**A3** Im Winter muss geheizt werden.
**a)** Finde heraus, wie die Heizung zuhause funktioniert und liste alle Energieströme und Wandler auf. Fertige ein Energiefluss-Diagramm an.
**b)** Lies aus der Heizkostenabrechnung ab, wie viel Energie in Wohnung oder Haus geströmt ist. Berechne daraus den Energiestrom, der der Wohnung im Jahresmittel zugeführt wurde.
**c)** Strömt auch im Sommer Energie in Wohnung oder Haus? Begründe deine Überlegung.
**d)** Fasse deine Recherche schriftlich zusammen.

**A4** Energiesparlampen haben auf der Verpackung zwei Zahlen für die Energiestromstärke aufgedruckt.
**a)** Recherchiere die Bedeutung dieser beiden Werte und präsentiere das Ergebnis deiner Recherche.
**b)** Formuliere eine Überlegung, ob die „Energiesparlampen" nicht besser „Energiestromsparlampen" heißen sollten.

In dem Energiefluss-Diagramm rechts für die Bereitstellung, Übertragung und Nutzung von elektrischer Energie sind noch zwei wichtige Aspekte dargestellt:

● Der Energiepfeil wird umso dicker gezeichnet, je größer der Energiestrom ist.

● Von keinem Gerät wird alle eingesetzte Energie in die Form gewandelt, die dem eigentlichen Zeck dient – es gibt immer Verluste. Diese Verlust-Energie wird als blauer Pfeil gezeichnet.

Die Einheit Watt steht auf allen Elektrogeräten. Allerdings heißt die zugehörige Größe dort nicht Energiestromstärke, sondern **Leistung**. Sie gibt an, wie viel Energie das Gerät in jeder Sekunde von einer Form in eine andere wandelt.

**Rechenbeispiel**

Wie viel Energie wird insgesamt gewandelt, wenn ein Mensch bei einer vierstündigen Radtour im Schnitt eine Leistung von 100 W aufbringt?

Geg: $t = 4$ h;  $P = 100$ W
Ges: $E$
Lösung: Aus $P = \frac{E}{t}$ folgt $E = P \cdot t = 100$ W $\cdot 4$ h $= 400 \frac{J}{s} \cdot$ h
$= 400 \frac{J}{s} \cdot 3600$ s $= 1\,440\,000$ J $= 1{,}44$ MJ

Der Mensch hat insgesamt 1,44 MJ Energie aufgewendet.

| Gerät | Leistung |
|---|---|
| Glühlampe | 20–100 W |
| Energiesparlampe | 7–15 W |
| Computer | 300–500 W |
| Staubsauger | bis 2000 W |
| Durchlauferhitzer | 18 kW |
| PKW | 20–300 kW |
| Mensch (Dauerleistung) | 100 W |
| Großkraftwerk | 1700 MW |

**Aufgaben**

**1** Erläutere den Unterschied zwischen Bewegungsenergie und elektrischer Energie.

**2** Berechne die gewandelte Energie, wenn ein Staubsauger bei maximaler Leistung (1500 W) 8 Minuten lang in Betrieb ist.

**3** Ein Computer hat eine elektrische Energie von 1 MJ gewandelt. Auf dem Typenschild steht $P = 300$ Watt. Berechne die Einschaltdauer.

**4** Schätze aus dem Energiefluss-Schema oben ab, wie viel der ursprünglich vorhandenenen Höhenenergie in die Energieform „Licht" gewandelt wird.

**Was ist eine Pferdestärke?**  **Streifzug**

Wenn sich Autofahrer über ihre Wagen unterhalten, so hast du sicher schon einmal die Aussage gehört: „Mein Auto hat aber über 150 PS." Was meint der Besitzer damit?

„PS" ist eine alte Einheit, die auf den Engländer JAMES WATT (1736–1819) zurückgeht. WATT hatte um 1785 die erste wirklich brauchbare Dampfmaschine erfunden. Damit seine Maschine auch gekauft wurde, musste er nachweisen, dass sie mehr leistete als Zugpferde. Dazu legte er die Einheit 1 PS fest als die Dauerleistung eines Pferdes beim Ziehen von Wagen, Kutschen oder Pflügen. (Ein Pferd kann auf Dauer in 1 s einen Körper von etwa 75 kg um 1 m hoch heben, wozu je Sekunde 750 J nötig sind.) So konnte WATT seinen Kunden nachweisen, dass seine Dampfmaschine 40 Pferde ersetzen konnte.

Ein Pferd kann kurzfristig bis zu 24 PS leisten, etwa beim Pferderennen oder Springreiten. Trainierte Gewichtheber schaffen kurzfristig 3 PS ($\approx$ 2,2 kW), Hochspringer etwa die Hälfte.

# Speicherung von Energie

**An einem heißen Sommertag liefert die Sonne Energie im Überfluss. Ein halbes Jahr später herrscht bitterkalter Winter und die Wohnung muss geheizt werden. Jetzt könnte die im Sommer überschüssige Energie gut verwendet werden.**

**Kann Energie gespeichert und erst später verwendet werden? In welchen Formen kann sie gespeichert werden? Wie lässt sie sich anschließend weiterverwenden?**

## Energiespeicherung

Mit Solarzellen kann die Energie des Sonnenlichts in elektrische Energie gewandelt werden. Dieses Verfahren heißt **Fotovoltaik.**
An einem klaren Sommertag kann genug elektrische Energie gewonnen werden, um damit Kühlschrank, Ventilator oder Fernseher zu betreiben; es bleibt sogar noch elektrische Energie übrig. Sie wird ins Stromnetz abgegeben oder in einem Akkumulator (Akku) gespeichert. Bei der Aufladung des Akkus laufen chemische Vorgänge ab (Stoffumwandlungen); die elektrische Energie wird dabei in chemische Energie gewandelt. In dieser Form kann sie über längere Zeit gespeichert werden.
Dieses Verfahren ist sehr praktisch, aber es funktioniert wirtschaftlich nur, wenn keine allzu großen Energiemengen gespeichert werden müssen wie z. B. für die Akkus von Spielzeug oder Kleingeräten. Für die Raumheizung oder für Großgeräte wie Kühlschränke o. Ä. wären sehr große und sehr viele Akkus notwendig.

Sonnenenergie kann auch direkt zur Erwärmung von Wasser genutzt werden. Diese Energiewandlung geschieht in **Sonnenkollektoren.** Gespeichert wird das warme Wasser und damit die in innere Energie gewandelte Sonnenenergie in einem Wassertank, der im Keller steht und gut isoliert ist. Das warme Wasser wird dann zum Baden oder Duschen genutzt. Der Nachteil ist, dass die Energie nur einige Tage gespeichert werden kann.

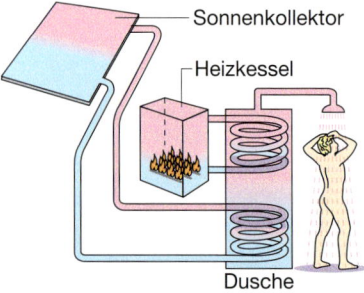

Über einen längeren Zeitraum kann Energie in beliebiger Menge gespeichert werden, wenn Wasser in große Höhe gebracht wird. Ein wassergefüllter Stausee ist ein solcher Energiespeicher. Bei Bedarf stürzt das Wasser zu Tal, wo es Turbinen und Generatoren antreibt und elektrische Energie liefert. Falls überschüssige Energie da ist, kann mit ihr Wasser wieder in den Stausee hochgepumpt werden.

Am einfachsten ist Energie in fester oder flüssiger Form als Holz, Kohle und Kerzenwachs oder Benzin und Heizöl gespeichert. Auf diese Weise ist die Energie über eine sehr lange Zeit speicherbar.
Gasometerkugeln zeigen, dass Energie auch gasförmig gespeichert werden kann. Es gibt auch die Möglichkeit, viel Gas in Stahlflaschen zu pressen. Dann ist das Gas unter einem so hohen Druck, dass es flüssig wird, deshalb *Flüssiggas.*

> Energie kann in ganz unterschiedlichen Formen gespeichert werden.

### Aufgaben

**1** „Eine Wärmflasche ist ein Energiespeicher." Begründe diese Aussage.
**2** Opa erzählt: „Im Winter habe ich immer einen großen Stein in den heißen Backofen und dann in mein Bett gelegt." Erläutere Opas Verfahren der Energiespeicherung.
**3** In einem fahrenden Auto ist Energie gespeichert. Beschreibe, um welche Energie es sich handelt. Erläutere mögliche Wirkungen.

# ENERGIESPEICHER

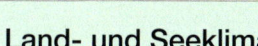

## Land- und Seeklima

An sonnigen Tagen ist die Luft über dem Land viel wärmer als über dem Wasser, denn der Boden erwärmt sich schneller und stärker. Die Warmluft steigt auf, kalte Luft strömt vom Meer nach. Der Wind weht „auflandig" vom Meer auf das Festland.

In klaren Nächten ist es umgekehrt. Nun kühlt sich die Luft über dem Festland stärker ab als die über dem Meer, denn das Meerwasser gibt laufend tagsüber gespeicherte Energie an die Luft ab. Jetzt steigt die Luft über dem Meer nach oben; durch die vom Festland nachströmende Luft wird der Wind „ablandig".

## Sonnenkollektor

Die Sonne bestrahlt die wassergefüllten Rohre. Dabei wandelt sich Lichtenergie in innere Energie des Wassers. Das heiße Wasser wird zum Speicher gepumpt und der Kollektor bezieht von dort kühles Wasser. Damit wird die innere Energie in den Speicher transportiert.

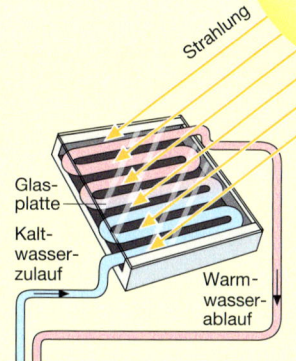

Strahlung

Glas-
platte

Kalt-
wasser-
zulauf

Warm-
wasser-
ablauf

## Ein Speicher für Bewegungsenergie

Ein Fahrradreifen, der sich schnell dreht, kann seine Bewegungsenergie über einen Dynamo an eine Lampe abgeben. In der Bewegung des Rades steckt also Eneregie.

Diese Energie benutzt ein modernes Hybridauto, wenn es abgebremst wird. Statt die Energie einfach an die Bremsen abzugeben, die dabei heiß werden, wird ein Generator zugeschaltet, der die Bewegungsenergie in elektrische Energie wandelt und im Akku speichert.

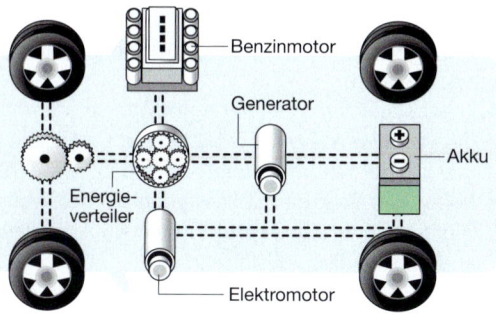

Benzinmotor

Generator

Akku

Energie-
verteiler

Elektromotor

Natürlich braucht auch das Hybridauto einen Motor. Um die gespeicherte Energie nutzen zu können, besitzt es einen Elektromotor. Damit es auch fahren kann, wenn die Batterie leer ist, ist zusätzlich ein normaler Benzinmotor vorhanden. Daher hat das Hybridauto seinen Namen: Hybrid als Vorsilbe bedeutet soviel wie: „aus Teilen zusammengesetztes Ganzes". Die Umschaltvorgänge (Generator als Bremse, Antrieb durch Elektromotor, Antrieb durch Benzinmotor) regelt blitzschnell ein Computer. Der Fahrer merkt davon überhaupt nichts. Außer, dass das Auto viel weniger Benzin verbraucht.

## Wasserspeicher im Keller

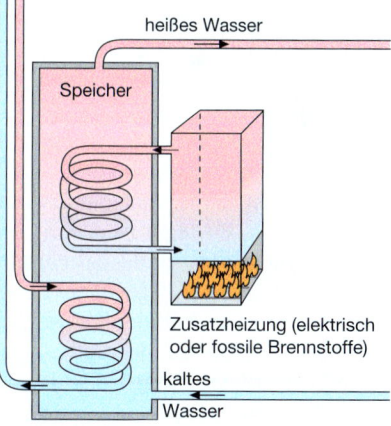

heißes Wasser

Speicher

Zusatzheizung (elektrisch
oder fossile Brennstoffe)

kaltes
Wasser

Das heiße Wasser aus dem Sonnenkollektor erwärmt das Wasser im Wasserspeicher im Keller. Somit dient der Wasserspeicher auch als Energiespeicher für die innere Energie des Wassers. Das heiße Wasser kann dann im Haushalt zum Duschen oder für Hausarbeiten genutzt werden. Falls die Sonne nicht scheint, kann eine Zusatzheizung dazu benutzt werden, mittels Wandlung elektrische Energie oder die innere Energie einer Flamme dem Wasser zuzuführen.

# Energietransport

Die Weihnachtspyramide dreht sich nur, wenn die Kerzen darunter brennen. Elektrogeräte werden an die Steckdose angeschlossen, damit sie eine ganz bestimmte Wirkung erzielen. Herabstürzendes Wasser kann ein Wasserrad oder eine Turbine antreiben und Wirkungen hervorrufen.
Wie gelingt es der Energie, von einem Wandler zu einem anderen zu kommen? Wie wird sie transportiert?

## Energie auf Reisen

Im Bild rechts fließt Wasser aus dem hochgestellten Vorratsgefäß auf das Wasserrad. Dieses wird in Drehung versetzt und kann dadurch das Säckchen heben. Die Ursache für die Drehung des Wasserrades ist die Bewegungsenergie des fließenden Wassers; diese war als Höhenenergie im hochgehobenen Wasser des Vorratsgefäßes gespeichert. Die Höhenenergie des Wassers nützt also erst etwas, wenn sie zum Wasserrad gelangt.

- Die Energie zur Drehung des Wasserrades wird mit dem fließenden Wasser in Form von Bewegungsenergie transportiert.
- Bei der Weihnachtspyramide wird die chemische Energie der Kerze über die Zwischenstufe Kerzenflamme in Bewegungsenergie der aufsteigenden Warmluft gewandelt, die das Flügelrad andreht.
- Bei elektrischen Anlagen fließt der elektrische Strom im Kreis und transportiert elektrische Energie von der Quelle (Kraftwerk oder Batterie) zum Gerät, dem Wandler (Mixer, Lampe, CD-Player).

Transportiert wurde die Energie also von bewegter Luft, bewegtem Wasser und elektrischem Strom. Sie werden daher als **Energieträger** bezeichnet.

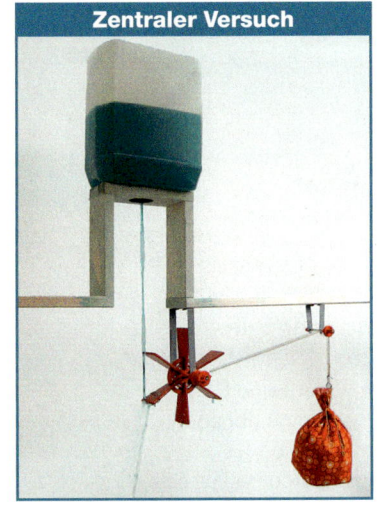

**Zentraler Versuch**

Ein Supertanker transportiert Erdöl, ein Güterzug Kohle und durch Pipelines fließen Öl oder Gas. In allen diesen Stoffen ist Energie gespeichert, die durch die Bewegung des Energiespeichers von einem Ort zu einem anderen transportiert wird. Deshalb werden auch Kohle, Öl und Gas als Energieträger bezeichnet.

Es gibt also zwei verschiedene Formen des Energietransports:
- Elektrischer Strom, strömende Luft oder Wasser sind immer unterwegs und transportieren Energie. Für alle gilt: Ohne Strömung keine Energie.
- Kohle, Öl, Gas, Holz u.Ä. sind eigentlich Energiespeicher, d.h. die Energie ist auch dann noch da, wenn sie sich nicht bewegen.

Die Träger verhalten sich bei Energiewandlungen unterschiedlich:
- Elektrischer Strom, Luftzug und Wasser durchlaufen die Wandler äußerlich unverändert und können immer wieder neu mit Energie „beladen" werden.
- Kohle, Öl, Gas und Holz werden bei der Wandlung (Verbrennung) zu Gas und festen Rückständen, verändern sich also vollständig.

> Energie braucht immer einen Träger – Ausnahme Licht.

### Aufgaben

**1** Beschreibe den Energietransport in einer Zentralheizung und in einer Gasleitung.

# Energie kommt auf vielen Wegen zu uns — Streifzug

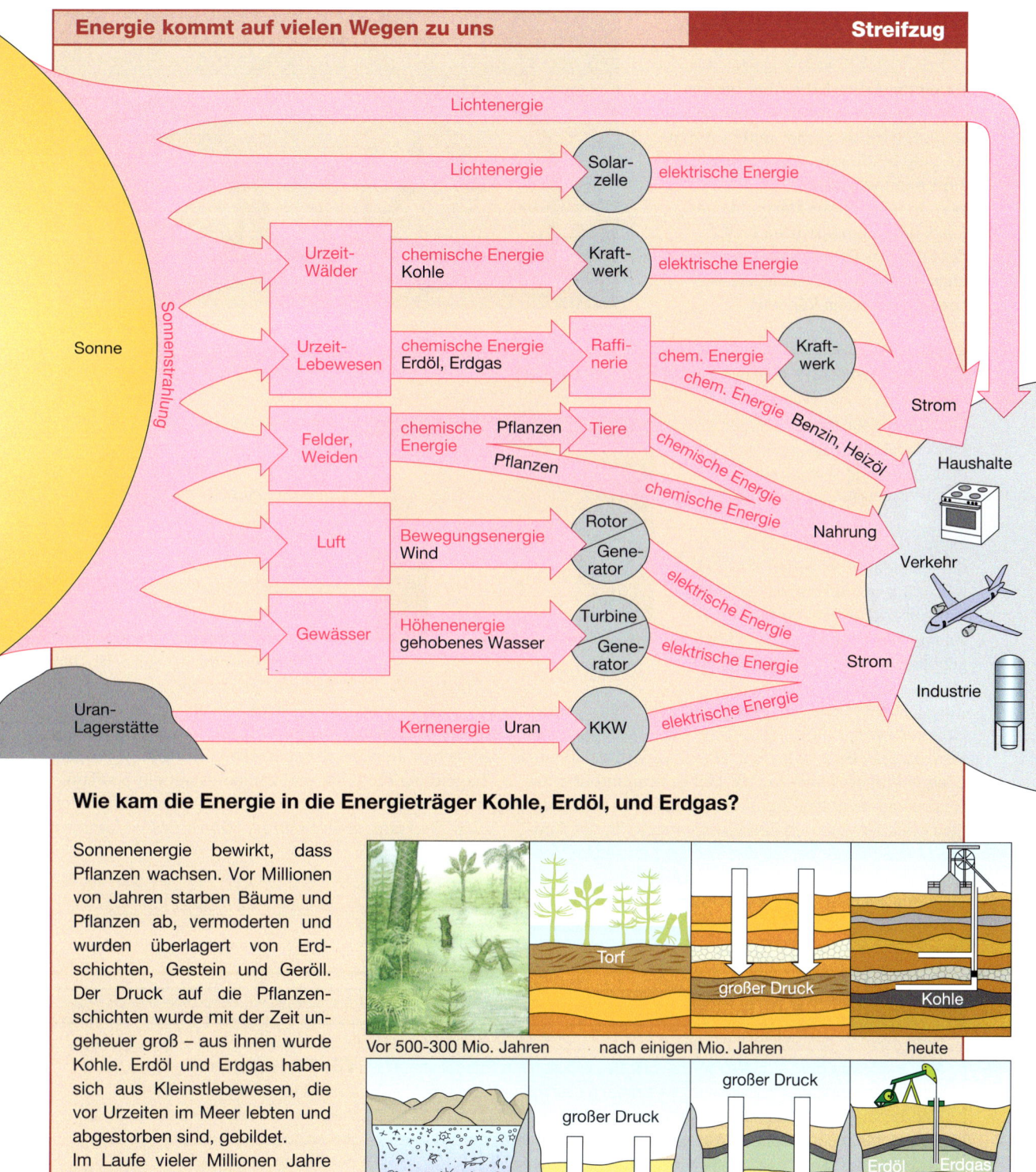

## Wie kam die Energie in die Energieträger Kohle, Erdöl, und Erdgas?

Sonnenenergie bewirkt, dass Pflanzen wachsen. Vor Millionen von Jahren starben Bäume und Pflanzen ab, vermoderten und wurden überlagert von Erdschichten, Gestein und Geröll. Der Druck auf die Pflanzenschichten wurde mit der Zeit ungeheuer groß – aus ihnen wurde Kohle. Erdöl und Erdgas haben sich aus Kleinstlebewesen, die vor Urzeiten im Meer lebten und abgestorben sind, gebildet.

Im Laufe vieler Millionen Jahre entstand so der Energieschatz unserer Erde. All dies aber wäre nicht möglich gewesen ohne die Sonnenenergie.

# Energieerhaltung

Damit die Achterbahn ohne zusätzlichen Antrieb durch den Looping kommt, wird sie vorher mittels Aufzug auf eine bestimmte Höhe gebracht und fährt dann von allein.
Warum muss dieser Startpunkt ein Stück über dem höchsten Punkt des Loopings liegen, damit die Wagen ohne Risiko für die Passagiere den Looping passieren können?

## Energie entsteht nicht – verschwindet nicht

Ein Versuch für mutige Experimentatoren ist im Foto rechts dargestellt. Wird das Wägestück die Uhr berühren oder sogar zerstören?

Nein – das Wägestück schwingt auf der rechten Seite genau so hoch, wie es auf der linken Seite gestartet war – also keine Gefahr für die Uhr, solange das Wägestück nicht höher gehoben wird als die Uhr. Warum?

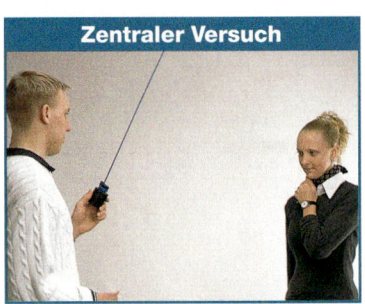

**Zentraler Versuch**

Zuerst, in gehobenem Zustand, besitzt der Pendelkörper Höhenenergie, die sich nach dem Loslassen in Bewegungsenergie wandelt. Dabei wird die Höhenenergie immer kleiner (da die Höhe abnimmt) und die Bewegungsenergie größer. Am tiefsten Punkt besitzt der Pendelkörper nur noch Bewegungsenergie. In der Summe ist die Menge der beiden Energien zu jedem Zeitpunkt gleich.
Dies gilt auch für das Hochschwingen. Jetzt wandelt sich Bewegungsenergie wieder in Höhenenergie. Der Pendelkörper hat auf der rechten Seite nicht mehr Energie als auf der linken, deshalb kann er nur wieder dieselbe Höhe erreichen.

Die mechanischen Energieformen wandeln sich hier also ständig ineinander, ohne dass Energie verschwindet oder dazukommt. Diese Gesetzmäßigkeit, die bei allen Energiewandlungen gilt, ist das „Prinzip von der Erhaltung der Energie".

Dieser *Energieerhaltungssatz* lässt sich gut an einem einfachen Beispiel verdeutlichen: Bringen wir unser Bargeld auf die Bank und zahlen es auf ein Sparkonto ein oder kaufen wir einen Gutschein davon, ändert sich zwar die Form, aber nicht die Menge des verfügbaren Geldes.

> Bei allen Wandlungen bleibt die Energie erhalten.

---

## Versuche und Aufträge    Energieerhaltung

**V1** Realisiere die unten dargestellten Pendelbewegungen. Beobachte, berichte und begründe.

**V2 a)** Untersuche, wie sich ein Pendel verhält, wenn du es einmal auslenkst und dann frei schwingen lässt.
**b)** Was geschieht, wenn du es immer wieder anstößt (wie bei einer Schaukel)?
**c)** Erkläre den Unterschied.

**V3** Halte bei einem Fadenpendel ein Hindernis in den Weg des Fadens, sodass dieser dagegen schlägt, der Pendelkörper auf der anderen Seite aber weiterschwingt. Welche Höhe erreicht er rechts? Erkläre.

Start    Start    Start

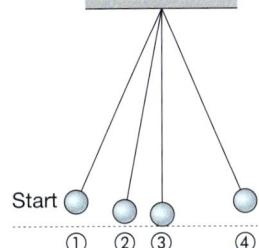

Start ① ② ③ ④

## Energiebilanz

Der Pendelkörper besitzt im Moment der Ruhe im Startpunkt ① nur Höhenenergie. Bei der Abwärtsbewegung wird er immer schneller: Die anfängliche Höhenenergie nimmt ab, die Bewegungsenergie nimmt zu ②. Am tiefsten Punkt ist gar keine Höhenenergie mehr da, sondern nur noch Bewegungsenergie ③. Danach beim Aufstieg geschieht das Umgekehrte. Es findet also ein ständiger Austausch zwischen den beiden Energieformen statt, neue kommt nicht hinzu.

Aber langfristig ist zu beobachten, dass das Pendel immer weniger weit ausschlägt und schließlich zur Ruhe kommt. Denn durch Reibung wird einerseits Energie des Pendelkörpers in innere Energie der Aufhängung gewandelt; andererseits wird Energie an die Umgebungsluft abgegeben. Beide Energien sind für die Pendelschwingung verloren; sie sind *entwertete Energie*, von der es am Ende so viel gibt wie vorher an Höhen- und Bewegungsenergie zusammen.

Solch ein Vorgang des Energiewandels lässt sich in Form von Konten darstellen, vergleichbar mit drei Bankkonten, zwischen denen Geld hin und her überwiesen wird. Dabei gelten zwei Grundsätze:

- **Prinzip der Erhaltung:** Nichts geht zwischen den drei Konten verloren – keine Energie zwischen den Energiekonten, kein Geld zwischen den Bankkonten. Dass aus dem Höhen- und Bewegungsenergiekonto Energie auf das Entwertungskonto fließt, ist vergleichbar der Überweisungsgebühr beim Bankkonto.
- **Nur die Änderungen zwischen den Konten** sind bekannt. Wie hoch die Gesamtenergie des Systems ist, weiß niemand – so wie niemand aus den Überweisungen zwischen zwei Bankkonten darauf schließen kann, wie hoch die Gesamteinlagen dort sind.

> Bei Vorgängen ohne Reibung ist die Summe aus Höhenenergie und Bewegungsenergie stets gleich. Durch Reibung verlieren die beteiligten Körper Energie; es entsteht ein Energiestrom in die Umgebung.

**Position** | **Kontostand für**

|  | Höhenenergie | Bewegungsenergie | entwertete Energie |
|---|---|---|---|
| ① **Start** (maximale Auslenkung) größte Höhenenergie Bewegungsenergie = 0 entwertete Energie = 0 | ▨ | ☐ | ☐ |
| ② **zwischen Position** ① und ③ Höhenenergie nimmt ab Bewegungsenergie nimmt zu entwertete Energie nimmt zu | ▨ | ▨ | ▨ |
| ③ **Tiefpunkt** Höhenenergie = 0 größte Bewegungsenergie entwertete Energie nimmt weiter zu | ☐ | ▨ | ▨ |
| ④ **Umkehrpunkt** Höhenenergie niedriger als bei Position ① Bewegungsenergie = 0 entwertete Energie nimmt weiter zu | ▨ | ☐ | ▨ |

## Aufgaben

**1** „Wenn ich mein Fahrrad bremse, dann ist seine Energie weg." Stimmt das? Begründe.

**2** Beschreibe die Folgen für Natur und Umwelt, die die Nutzung der verschiedenen Energieformen hat.

**3** Energien, die von der Natur immer wieder nachgeliefert werden, heißen *regenerativ*. Nenne solche Energieformen und wäge ab, wie zuverlässig sie uns zur Verfügung stehen.

**4** Ein Fahrrad bleibt nach kurzer Zeit stehen, wenn nicht mehr in die Pedale getreten wird. Begründe, ob der Energieerhaltungssatz noch erfüllt ist.

**5** Zeichne für das obige Energiekonto einen Zwischenstand zwischen Position ③ und ④.

**6 a)** Stelle das Energiekonto für einen Skater in einer Halfpipe für den Fall auf, dass er oben in der Halfpipe startet und sich auspendeln lässt.
**b)** Erweitere das Energiekonto auf den Fall, dass der Skater immer wieder Schwung gibt.

## Energie im Haushalt und im Verkehr

Von den ca. 170 GJ Energie, die eine vierköpfige Familie jährlich benötigt, werden durchschnittlich 64 % auf vielfältige Weise im Haushalt genutzt; die restlichen 36 % entfallen auf den Freizeit- und Berufsverkehr. Pro Einwohner ist der Energiebedarf in den letzten Jahrzehnten auch aufgrund geänderter Lebensumstände ständig gestiegen. Unter den Haushalten in Deutschland gibt es immer mehr Single-Haushalte und in den Familien leben heute meist weniger Kinder als noch vor einigen Jahrzehnten.

Ein sparsamer Einsatz der nur begrenzt verfügbaren Welt-Energie-Ressourcen ist von großer Bedeutung, um eine langfristige Energieversorgung zu gewährleisten. Wie kann jeder Einzelne zur Reduzierung des Energiebedarfs beitragen?

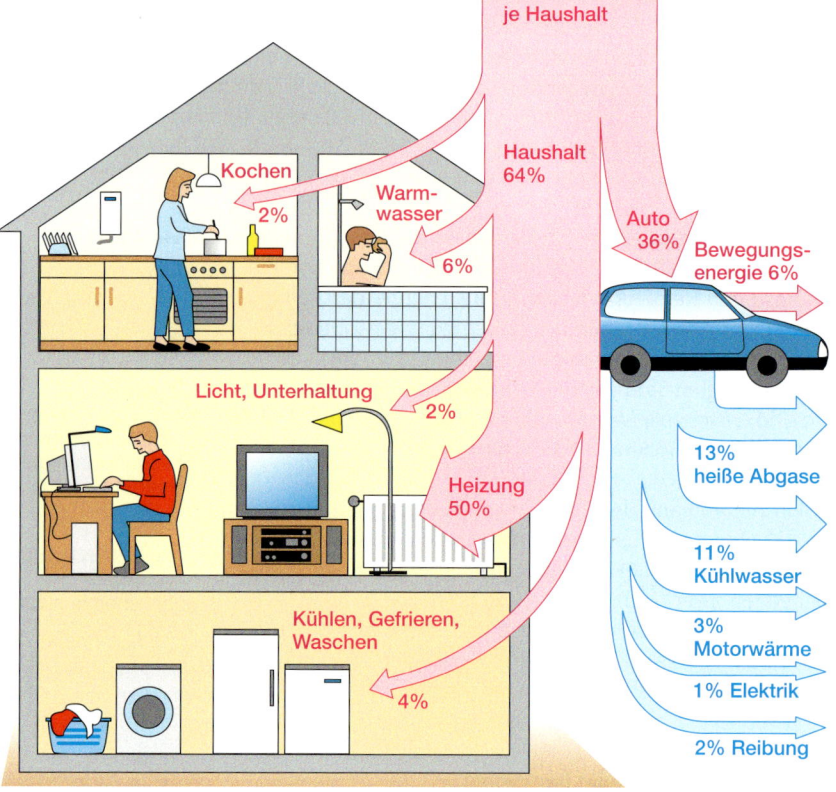

140 GJ je Haushalt

Haushalt 64 %

Kochen 2 %

Warm-wasser 6 %

Auto 36 %

Bewegungs-energie 6 %

Licht, Unterhaltung 2 %

Heizung 50 %

Kühlen, Gefrieren, Waschen 4 %

13 % heiße Abgase

11 % Kühlwasser

3 % Motorwärme

1 % Elektrik

2 % Reibung

## Möglichkeiten zur Reduzierung des Energiebedarfs

### Heizen und Warmwasser

Warmwasserbereitung und Heizen stellen mit über 80 % den größten Posten des Energiebedarfs eines Haushalts dar.

Der Energiebedarf für das Heizen kann gesenkt werden durch eine geeignete Dämmung des Hauses und durch die Verwendung von regenerativen Energien wie z. B. Solarkollektoren. Im Vergleich zum Energiebedarf für das Heizen ist der Energiebedarf für das Erwärmen von Wasser relativ gering.

Die Warmwasserversorgung ist in vielen Fällen in eine Heizungsanlage integriert, sie kann aber auch über einen elektrischen Durchlauferhitzer geschehen. Das Wasser wird in ihm nur dann erwärmt, wenn es auch gebraucht wird.

### Möglichkeiten zur Energieeinsparung
- verbesserte Dämmung der Gebäude
- effizientere Heizungsanlagen
- Solarkollektoren
- Duschen statt Baden
- Wassersparende Armaturen

### Elektrogeräte

Die Anzahl elektrischer Geräte pro Haushalt hat in den letzten Jahrzehnten zugenommen. Allein ihr Stand-By-Betrieb macht zwischen 4 % und 5 % des Energiebedarfs im Bereich Elektrizität aus. Bei Elektrogeräten wie z. B. Kühlschränken ist die Angabe einer Energieeffizienzklasse verbindlich, um Geräte miteinander vergleichen zu können.

Traditionelle Glühlampen gibt es bald nicht mehr zu kaufen, da sie lediglich 5 % der eingesetzten elektrischen Energie in Lichtenergie wandeln, moderne Energiesparlampen dagegen ca. 25 %. Energiesparlampen haben aber auch Nachteile: Ihre Herstellung bzw. Entsorgung ist umweltschädlicher als bei Glühlampen und viele Menschen empfinden ihr Licht als nicht so angenehm.

### Möglichkeiten zur Energieeinsparung
- Stand-By-Betrieb vermeiden
- Licht nicht unnötig eingeschaltet lassen
- energieeffiziente Geräte kaufen
- Energiesparlampen benutzen
- auf die Energieklasse von Geräten achten

## Verkehr

Vom Energiebedarf eines Haushalts entfallen ca. 36% auf die Fortbewegung. In den meisten Fällen dient dazu ein Auto. Während der Fahrt wird nur ein geringer Prozentsatz für die Bewegung des Autos genutzt; die restliche Energie verpufft in den unterschiedlichsten Bereichen und bleibt bis auf geringe Mengen ungenutzt. Wie viel Energie „verlorengeht" ist daran zu ersehen, wie heiß Motor und Auspuffanlage nach langen Autofahrten sind. Genutzt wird ein Teil der entstehenden Wärmeenergie für den Betrieb der Heizung. Technische Anlagen wie z. B. eine Klimaanlage, die Lichtanlage oder ein Navigations-CD-Audio-Gerät benötigen ebenfalls Energie. Noch ungünstiger ist das Verhältnis zwischen eingesetzter und genutzter Energie bei Reisen mit dem Flugzeug. Trotz dieser Tatsache würde heute niemand mehr Fernreisen mit einem Schiff unternehmen, sondern immer mit einem Flugzeug reisen. Die Zeitersparnis ist hier bedeutsamer.

### Möglichkeiten zur Energieeinsparung
- Energiesparend fahren
- Bahn statt Flugzeug benutzen
- Öffentliche Verkehrsmittel benutzen
- Fahrgemeinschaften bilden

---

### Rechenbeispiele

Durch Maßnahmen wurden im Haushalt 5 % des Energiebedarfs eingespart, bei Freizeit und Berufsverkehr 10 %.

**a)** Berechne, wie viel Prozent des Energiebedarfs insgesamt eingespart worden sind, wenn von einer Verteilung 64 % Haushalt und 36 % Verkehr ausgegangen wird.

**b)** Berechne die Ersparnis, wenn bei gleicher Verteilung des Energiebedarfs wie oben 10 % beim Haushalt und 5 % beim Verkehr gespart werden.

**a) Haushalt :**
  5 % von 64 %: $0{,}64 \cdot 0{,}05 = 0{,}032$
  **Freizeit und Berufsverkehr:**
  10 % von 36 %: $0{,}36 \cdot 0{,}10 = 0{,}036$
  **Gesamt:** $0{,}032 + 0{,}036 = 0{,}068$
  Es können insgesamt 6,8 % eingespart werden.

**b) Haushalt:** $0{,}64 \cdot 0{,}10 = 0{,}064$
  **Freizeit und Verkehr:** $0{,}36 \cdot 0{,}05 = 0{,}018$
  **Gesamt:** $0{,}064 + 0{,}018 = 0{,}082$
  Es können insgesamt 8,2 % eingespart werden.

---

Energie im Haushalt wird in Nutzenergie und Abwärme gewandelt. Durch technische Maßnahmen und Ändern der persönlichen Verhaltensweisen besteht die Möglichkeit, den Energiebedarf spürbar zu senken.

---

**Ja, aber ...** Die beschriebenen Möglichkeiten und Maßnahmen zur Reduzierung des Energiebedarfs sind isoliert betrachtet in ihrer Gesamtheit sehr sinnvoll. In vielen Situationen, in denen Energie eingesetzt wird, kommt es aber nicht ausschließlich auf die berechenbaren Energiewandlungen an. So soll eine Lampe nicht nur Licht, sondern auch Gemütlichkeit ausstrahlen. Oder eine Reise soll nicht nur energiesparend, sondern auch schnell sein. Viele solcher Beispiele zeigen, dass im privaten Bereich Grenzen der eigenen wirtschaftlichen Möglichkeiten oder auch die allgemeine Lebensqualität energiesparenden Maßnahmen entgegenstehen.

---

## Aufgaben

**1 a)** Informiere dich, welche der angegebenen Energiesparmaßnahmen in eurem Haushalt bereits umgesetzt sind.
**b)** Erstelle einen Plan mit weiteren Möglichkeiten, wie in eurem Haushalt weitere Energie gespart werden kann.
**c)** Finde Gründe, die eine Maßnahme zum Energiesparen verhindern.

**2** Erstelle ein Plakat zur Vorbereitung einer Pro-Contra-Diskussion über den Einsatz von Energiesparlampen.

**3** Vergleiche den Energiebedarf zwischen Duschen und Baden.

**4** „Statt des Autos sollten öffentliche Verkehrsmittel benutzt werden!" Bereite eine Pro-Contra-Diskussion zu dem Thema vor.

**5** Informiere dich, welche Kosten für einen Mittelklassewagen pro Jahr bei einer Kilometerleistung von 20 000 km entstehen. Schätze zunächst und überlege, aus welchen Faktoren sich die Kosten zusammensetzen.

**6 a)** Informiere dich über Dauer und Preis für die Reise „Braunschweig–Westerland/Sylt" mit Bahn, Auto und Flugzeug.
**b)** Finde Aspekte, welche noch wichtig sein können für die Wahl des Verkehrsmittels.

## Perpetuum mobile – bewegt es sich ewig?          **Streifzug**

„La construction d'un mouvement perpetuel est absolument impossible." (Der Bau einer sich ständig bewegenden Maschine ist absolut unmöglich.) Mit diesen Worten beschloss die Pariser Akademie der Wissenschaften 1775, keine Patentvorschläge für Maschinen mehr zu prüfen, die ein „Perpetuum mobile" sein sollten, also ein Apparat, der sich „ewig bewegt". Damit waren Maschinen gemeint, die aufgrund ausgeklügelter Konstruktionen immerfort laufen sollten, wenn sie einmal in Gang gesetzt waren.

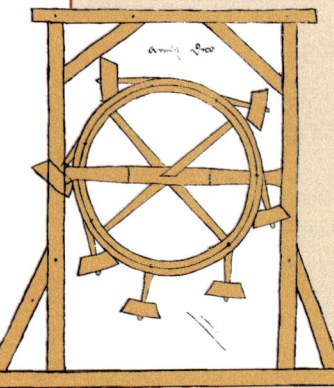

Der älteste bekannte Entwurf einer solchen Maschine stammt aus dem Jahre 1235. Da auf der einen Seite des Rades vier Hämmer waren und auf der anderen nur drei, sollte die schwerere Seite das Rad nach unten ziehen. Am höchsten Punkt klappte jeweils ein Hammer um und machte diese Seite wieder schwerer.

Auch LEONARDO DA VINCI (1425–1519), der geniale Erfinder und Konstrukteur, befasste sich mit Perpetua

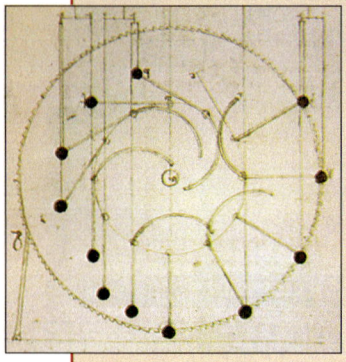

mobilia. Aber bald erkannte er die Unmöglichkeit, eine solche Maschine zu bauen. Anhand der Zeichnung links konnte Leonardo das auch beweisen. Er schrieb dazu: „Oh ihr Spekulanten der ununterbrochenen Bewegung, wie viel geistige Anstrengung habt ihr vergeblich aufgewandt!"

Woran scheiterten alle Konstrukteure? An der Maschine auf dem Bild rechts oben aus dem 17. Jahrhundert soll dies verdeutlicht werden: Sie ist eine Kombination aus Wasserrad und Archimedes'scher Schraube. Auf der rechten Seite treibt das aus dem oberen Becken herabstürzende Wasser ein Rad an. Dieses setzt auf der anderen Seite die Archimedes'sche Schraube in Bewegung, die das Wasser wieder hinaufbefördert, damit es wieder herabfließen und so die ganze Maschine in Bewegung halten kann.

Die Konstruktion scheiterte aber nicht an technischen Unzulänglichkeiten, sondern an den Gesetzen der Physik. Genauso viel Energie, wie das herabfließende Wasser an das Rad abgibt, wird benötigt, um das Wasser wieder hochzuheben – die Energie bleibt gleich. Und dabei ist noch gar nicht berücksichtigt, dass ja auch noch mechanische Energie durch die Reibung der Achsen von Schraube und Wasserrad in den Lagern entwertet wird!

Außerdem sollte dieses Perpetuum mobile aber auch noch Energie abgeben können als Antrieb für die Schleifscheibe. Das heißt aber, dass die Maschine mehr Energie abgibt, als in sie hineingesteckt wird – sie hätte also einen Wirkungsgrad größer als eins – eine eklatante Verletzung des Prinzips der Energieerhaltung. Das folgende Energiefluss-Schema macht das noch einmal deutlich.

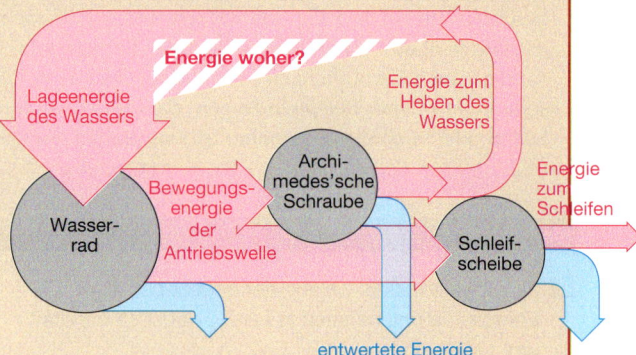

Erst im 19. Jahrhundert setzte sich die Erkenntnis durch, dass die Konstruktion eines Perpetuum mobile unmöglich ist. Trotzdem gibt es bis heute Erfinder, die immer wieder bei den Patentämtern entsprechende Erfindungen einreichen oder in Fernsehshows vorstellen – aber wenn nicht irgendwo versteckte Batterien, Solarzellen oder Ähnliches eingebaut sind, bleiben alle derartigen Maschinen irgendwann stehen!

## Solarzellen helfen sparen

Wenn die meiste Energie in irgendeiner Form von der Sonne kommt, warum dann nicht direkt die Sonnenstrahlung zur Energiewandlung nutzen? Solarzellen ermöglichen eine Wandlung der Lichtenergie der Sonne direkt in elektrische Energie. Der Vorteil dabei ist, dass Solarzellen auch dann Energie liefern, wenn schlechtes Wetter ist. Denn auch bei Regenwetter ist ja Licht vorhanden, wenn auch nicht so viel wie bei Sonnenschein. Deshalb sind Solarzellen eine auch in Deutschland nutzbare Möglichkeit der Wandlung von Licht in Energie.

*Energiesparen beginnt im Kopf*

### Was jeder Einzelne tun kann

- Kühl- bzw Gefrierschranktür nur kurz öffnen
- Licht ausschalten
- Fahrrad statt Auto benutzen
- richtige Kochtöpfe und Pfannen benutzen (passend zur Herdplatte, kleine Menge – kleiner Topf)
- Dusche statt Wannenbad
- kurz, aber kräftig lüften
- nur Elektrogeräte kaufen/nutzen, die wenig Energie brauchen
- Raumtemperatur senken, dafür wärmere Kleidung tragen
- Energiesparlampen verwenden
- Fahrgemeinschaften bilden
...

### Check-up: Gerätenutzung

- Sind die eingesetzten Geräte überhaupt nötig oder sind sie verzichtbar? Z. B. Durchlauferhitzer, Kühlschrank?
- Muss das Gerät dauernd eingeschaltet sein? Z. B. „Stand-by" bei Kopierern, Fernsehern, Druckern?
- Welches Verhalten vergeudet unnötig Energie? Z. B. ein voller Kühlschraänk statt mehrerer halbgefüllter?
- Kann ein Gerät auch außerhalb der Spitzenlastzeit laufen, eventuell sogar nachts? Z. B. Brennöfen?

### Energieverschwendung!

Elektrogeräte im Leerlauf/Stand-by-Betrieb benötigen in Deutschland rund 4% des gesamten Strombedarfs. Davon entfallen auf

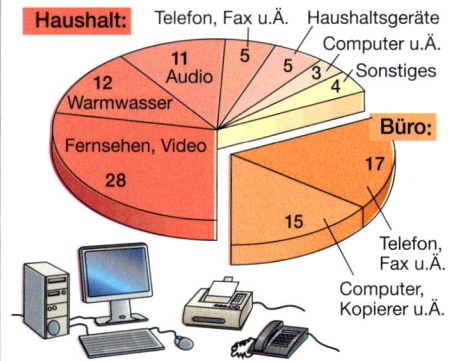

**Haushalt:** Telefon, Fax u.Ä. Haushaltsgeräte Computer u.Ä. Sonstiges

- 11 Audio
- 12 Warmwasser
- 5
- 5
- 3
- 4
- 28 Fernsehen, Video

**Büro:**
- 17 Telefon, Fax u.Ä.
- 15 Computer, Kopierer u.Ä.

## Versuche und Aufträge    Lernzirkel Energiesparen

### Station 1   Energiesparlampen

**Material:** Verschiedene Energiesparlampen und Glühlampen, PC mit Internetanschluss

Die Hersteller von Sparlampen geben stets die Leistung ihrer Sparlampe und einer gleich hell leuchtenden Glühlampe an.

**a)** Finde heraus, welche Energieströme die gleich hell leuchtenden Lampen wandeln. Trage die Ergebnisse von mindestens drei Sparlampen in eine Tabelle ein.

**b)** Ermittle die typische Lebensdauer einer Sparlampe und einer Glühlampe im Internet. Berechne, um wie viel eine Sparlampe preiswerter zu betreiben ist als eine Glühlampe.

### Station 2   Helligkeitsvergleich von Lampen

**Material:** Papier, Speiseöl

**a)** Träufele einen Tropfen Speiseöl vorsichtig in die Mitte eines weißen Blatt Papiers, sodass sich ein Fettfleck von 1–2 cm Durchmesser bildet. Halte das Papier auf unterschiedliche Weise gegen das Licht / ins Licht. Überzeuge dich davon, dass der Fettfleck mal hell, mal dunkel erscheint, manchmal sogar auch verschwindet.

**b)** Deute die Beobachtungen.

**c)** Jemand hält in einem fensterlosen Raum ohne weitere Beleuchtung das Fettfleckpapier in die Mitte zwischen eine Glühlampe und eine laut Hersteller gleich hell leuchtende Sparlampe. Von der Sparlampe her gesehen ist der Fettfleck dunkel erkennbar. Begründe, welches Ergebnis eigentlich zu erwarten gewesen wäre. Erläutere, welche der Lampen du wählen würdest, wenn es dir auf die Helligkeit der Lampe ankommt.

### Station 3   Lampen dimmen

**Material:** Steh- oder Tischlampe mit Touchdimmer, Energiemessgerät, evtl. Lichtmessgerät

**a)** Miss die Energiestromstärke zur Lampe mit dem Energiemessgerät in allen Helligkeitsstufen.

**b)** Vergleiche die Helligkeit der Lampe in allen Helligkeitsstufen nach Augenmaß oder besser mit einem entsprechenden Messgerät.

**c)** Ziehe aus den Versuchen Folgerungen zum Stichwort „Energiesparen".

### Station 9   Energiebedarf eines Haushalts

**Material:** PC mit Internetanschluss

**a)** Informiere dich im Internet über den Energiebedarf eines Haushalts und ersetze entsprechend die Unbekannten x, y, und z im Energiefluss-Diagramm.

**b)** Zeichne außerdem ein eigenes Energiefluss-Diagramm nur für elektrische Geräte (im Haushalt). Wähle dazu sinnvolle Kategorien.

**c)** Begründe, wo sich aufgrund deiner Ergebnisse am meisten Energie sparen lässt. Nenne auch damit verbundene Schwierigkeiten.

Gesamtbedarf eines Haushalts 100 % (ohne Auto)

elektr. Energie x %

warmes Wasser z %

Heizung y %

### Hinweise zur Arbeit in einem

- Ihr arbeitet selbständig in Kleingruppen.
- Eure Lehrerin/euer Lehrer legt fest, ob alle Stationen bearbeitet werden müssen oder ob ihr eine Auswahl treffen könnt.
- Sie/Er informiert euch auch, ob die Reihenfolge der Bearbeitung egal ist oder, ob für die Bearbeitung einer Station eine andere Voraussetzung ist.
- Beachtet genau die Aufgabenstellung und alle Anweisungen.

### Station 4a   Wasser erhitzen 1

**Material:** Kaffeemaschine, Tauchsieder, 2 Becher-gläser mit 500 mℓ Wasser gleicher Temperatur, Thermometer, Energiemessgerät

**a)** Lass 500 mℓ Wasser durch die Kaffeemaschine in die zugehörige Kanne laufen. Miss dabei die benötigte Energie mit dem Energiemessgerät und die Wassertemperatur in der Kanne.

**b)** Erhitze nun die anderen 500 mℓ Wasser mit dem Tauchsieder auf die gleiche Temperatur. Miss auch hier die benötigte Energie.

**c)** Vergleiche und begründe die Ergebnisse.

## Station 8  Swimmingpool

**Material:** 2 Metallplatten (schwarz bzw. metallglänzend) mit Metallröhren auf der Unterseite zum Einschieben von Thermometern auf Styroporkästen, starker Halogenstrahler

**a)** Beleuchte gleichzeitig beide Metallplatten mit dem Strahler und beobachte beide Thermometer.

Beschreibe und deute deine Beobachtungen.
**b)** Erläutere den Verwendungszweck der abgebildeten schwarzen Schläuche bei privaten oder öffentlichen Schwimmbädern.

## Lernzirkel

- Nachdem ihr eine Station bearbeitet habt, bringt ihr alles wieder in den Ausgangszustand und tragt in euren Laufzettel ein, dass ihr die Station bearbeitet habt. Notiert dort auch Fragen oder Probleme.
- Die notwendige Bearbeitungszeit für die einzelnen Stationen ist unterschiedlich. Einige Stationen wird es deshalb mehrfach geben, damit kein Leerlauf entsteht. Ihr teilt euch also die Zeit selbst ein.

## Station 7  Solardusche

**Material:** Solardusche, Digitalthermometer mit dünnem Fühler

**a)** Fülle die Solardusche mit Wasser, miss die Wassertemperatur und verschließe die Solardusche (mit Temperaturfühler). Lege die wassergefüllte Solardusche in die Sonne, beleuchte sie alternativ mit einem starken Halogenstrahler (**Vorsicht:** Sicherheitsabstand einhalten). Wenn du nicht zur ersten Gruppe gehörst, die die Station bearbeitet: Lies die angezeigte Wassertemperatur ab.

**b)** Berechne, wie viel Energie erforderlich ist, um die Wassertemperatur um 5 °C zu erhöhen.
**c)** Lies die Temperatur nach 10 Minuten erneut ab. Beurteile dein Ergebnis.

## Station 6  Waschmaschine/Spülmaschine

**Material:** Informationsmaterial zum Aufbau einer Waschmaschine/ Spülmaschine

**a)** Liste auf, welche elektrischen Teilgeräte eine Waschmaschine bzw. eine Spülmaschine enthält.
**b)** Gib eine begründete Vermutung ab, welche dieser Teile den größten Energiestrom wandeln.
**c)** Erläutere unter energetischen Gesichtpunkten, weshalb
- eine solche Maschine erst bei voller Beladung eingeschaltet werden sollte;
- möglichst niedrige Temperaturen gewählt werden sollten.

## Station 5  Wärmedämmung

**Material:** PC mit Internetanschluss
Ältere Häuser genügen meist nicht den Wärmeschutzverordnungen, nach denen neue Häuser gebaut werden müssen. Entsprechend hoch sind ihre Heizkosten.

**a)** Erläutere, was durch das nebenstehende Infrarotbild dargestellt wird.

**b)** Recherchiere im Internet nach möglichen nachträglichen Wärmedämmmaßnahmen.
**c)** Erläutere zwei solcher Maßnahmen ausführlich.

## Station 4b  Wasser erhitzen 2

**Material:** Kleine Herdplatte mit Topf, Mikrowellengerät, 2 Bechergläser mit 500 mℓ Wasser gleicher Temperatur, Thermometer, Energiemessgerät

**a)** Stelle ein Becherglas in die Mikrowelle und erwärme es für 3 Minuten (600 W-Stufe). Miss dabei die umgesetzte Energie und die Endtemperatur des Wassers.
**b)** Erhitze nun die anderen 500 mℓ Wasser im Topf auf der Herdplatte auf die gleiche Temperatur, miss auch hier die umgesetzte Energie.
**c)** Vergleiche und begründe die Ergebnisse.

## Grundwissen — Energie

# ENERGIE

### Energie und Energiewandlung

**Energie** ist erforderlich, damit Vorgänge ablaufen können. Sie tritt in unterschiedlichen Formen auf, die ineinander gewandelt werden können.

Energie braucht immer einen *Träger* – Ausnahme Lichtenergie.

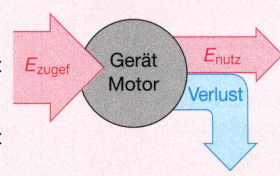

Energieform 1 → Wandler → Energieform 2 → Wandler → Energieform 3 → Wandler → Energieform 4

### Energieerhaltung

Bei allen Energiewandlungen wird nie alle eingesetzte Energie in die Form gewandelt, die gewünscht wird – es treten immer auch *Verluste* auf.
Diese Verlustenergie geht als Energiestrom in die Umgebung und ist für den eigentlichen Zweck nicht mehr nutzbar: *entwertete Energie*.

$E_{zugef}$ → Gerät Motor → $E_{nutz}$ / Verlust

Aber Energie geht nie verloren, sie wandelt nur ihre Form:
**Prinzip von der Erhaltung der Energie.**

### Einheit der Energie

1 J (Joule)
1 kWh = 3,6 Mio J

**SYSTEM**

### Körpereigenschaften

Jeder Körper besteht aus einem oder mehreren Stoffen, hat ein bestimmtes Volumen, eine bestimmte Temperatur und eine Masse.

Die *Temperatur* gibt an, wie heiß oder kalt ein Körper ist. Sie wird in Grad Celsius (°C) angegeben. Messgeräte sind Thermometer.

Die *Masse* ist durch zwei Körpereigenschaften gekennzeichnet:
● Trägheit: Körper widersetzen sich Änderungen ihres Bewegungszustandes.
● Schwere: Körper sind schwer.

Massen werden in Tonnen (t), Kilogramm (kg), Gramm (g) oder Milligramm (mg) angeben und mit Waagen bestimmt.

### Energieformen

● *mechanische*
 – *Bewegungsenergie*
 – *Höhenenergie*
 – *Spannenergie*
● *elektrische*
● *innere*
● *chemische*
● *Lichtenergie*
● *Kernenergie*

Der **Brennwert** gibt an, wie viel chemische Energie in einem Nahrungsmittel oder einem Brennstoff steckt.

### Energieströme

Die **Energiestromstärke $P$** gibt an, wie viel Energie in einer bestimmten Zeit von einem Gerät zu einem anderen strömt. Sie ist so groß wie die **Leistung $P$** des Geräts, d.h. die von dem Gerät in dieser Zeit gewandelte Energie.

Für die Energiestromstärke bzw. Leistung gilt:

$$P = \frac{\text{Energie}}{\text{Zeit}} = \frac{E}{t}.$$

Einheit: 1 W (Watt):
$$1\,\text{W} = 1\,\frac{J}{s}.$$

### Körper

Körper können fest, flüssig oder gasförmig sein.

Jeder Körper hat eine bestimmte Form – auch flüssige oder gasförmige Körper, nämlich die ihres Gefäßes!

Weil jeder Körper einen Raum einnimmt, können nie zwei Körper an demselben Ort sein. Körper verdrängen sich gegenseitig.

# MATERIE

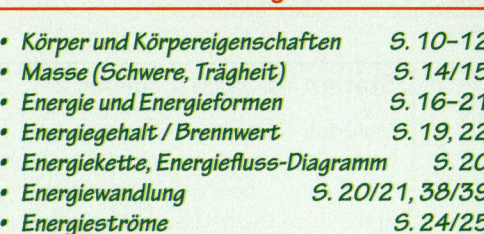
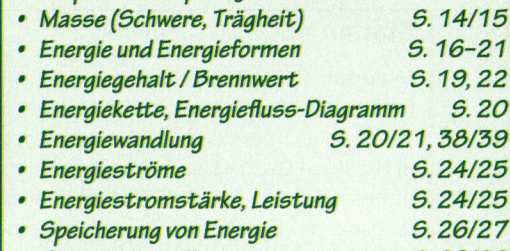

**A1 a)** Fertige mit den Grundbegriffen links Kartei-karten an. Notiere den Begriff auf der Vorderseite und erläutere ihn auf der Rückseite. Anstelle der Kartei-karten kannst du auch eine elektronische Datenbank anlegen.
**b)** Erstelle eine Mindmap für das ganze Kapitel. Die Grundbegriffe auf der Seite links helfen dir dabei.

**A2** Ein Becherglas wird auf eine Wärmeplatte gestellt und mit Wasser gefüllt, bis es überläuft. Dann werden Becherglas und Wasser auf kleinster Stufe erwärmt.
**a)** Beschreibe und notiere deine Beobachtung.
**b)** Begründe, welche der folgenden Größen sich für den Körper „Wasser" im Becherglas ändern und wel-che nicht: Masse, Temperatur, Volumen.

**A3** Übertrage die folgende Tabelle auf ein A4-Blatt in Querformat. (Alle Energieformen, die in den Spalten stehen, sollen auch in den Zeilen stehen.) Jedes leere Feld gehört zu zwei Energieformen, der zugeführten und der abgegebenen Energie. Notiere dort jeweils – wenn möglich – mindestens einen Energiewandler.

| abgegebene Energieform / zugeführte Energieform | elektrische Energie | Lichtenergie | innere Energie | chemische Energie | Bewegungs-energie | Höhen-energie |
|---|---|---|---|---|---|---|
| elektrische Energie | ? | ? | ? | ? | Venti-lator | ? |
| Licht-energie | ? | Spie-gel | ? | ? | ? | ? |

**A4** Auf einem elektrischen Durchlauferhitzer steht die Angabe „15 kW".
**a)** Erläutere die Bedeutung dieser Angabe.
**b)** Berechne die gewandelte Energie, wenn der Durch-lauferhitzer insgesamt 6 Minuten in Betrieb ist.
**c)** Berechne, wie viel Liter Wasser dabei von 10 °C auf 35 °C erhitzt werden können.

**A5** In Schulen sind oft bis zu 30 Schülerinnen und Schüler in einem Klassenraum untergebracht. Jeder Mensch gibt in einer Stunde etwa 200 000 J an Wärme-energie an die Umgebung ab.
**a)** Schätze ab, wie viel Energie 30 Schüler im Verlauf einer Stunde, eines Vormittags, eines Monats und ei-nes Jahres abgeben.
**b)** Erläutere, inwiefern solche Überlegungen für das Energiemanagement eines Schulgebäudes wichtig sind.

**A6** Auf einem Spiel-platz befinden sich fast immer eine Schaukel und eine Rutsche, manchmal auch ein Trampolin.
**a)** Nenne die beiden Energieformen, die bei der Benutzung aller drei Spielgeräte auftreten.
**b)** Beschreibe die Energiewandlungen, die beim Schaukeln stattfinden, nachdem ein Vater seine kleine Tochter aus großer Höhe losgelassen hat. Fertige dazu vereinfachte Skizzen an, die die Schaukel in verschie-denen Positionen zeigen.
Du selbst kannst natürlich alleine schaukeln. Deute die dabei nötigen Beinbewegungen energetisch.
**c)** Bei einer Rutsche landet ein Kind schließlich im Sand oder im Wasser. Was bedeutet das energetisch?
**d)** Die folgenden Zeichnungen zeigen drei Situationen beim Trampolinspringen. Ordne jeder Situation die ent-sprechende Energieform zu und beschreibe (in Text-form) die stattfindenden Energiewandlungen.

**e)** Erstelle ein Energiefluss-Diagramm und ein Energie-konto zum Trampolinspringen für eine Ab- und eine Aufwärtsbewegung. (*Hinweis:* Es gibt vier verschiedene Energieformen!)

**A7 a)** Erläutere anhand von drei Beispielen aus dem Alltag den Energieerhaltungssatz.
**b)** Beschreibe und beurteile die verschiedenen Mög-lichkeiten, Energie zu speichern.

**A8 a)** Stelle das Energiekonto für das Bogenschießen auf: vom Abschuss des Pfeils vom Bogen bis zum Steckenbleiben des Pfeils in der Zielscheibe. Denke auch an die Reibung.
**b)** Fertige auch ein Energieflussdiagramm dazu an.

**A9** Die Energie der Sonne wird seit Urzeiten genutzt, in den letzten hundert Jahren auch technisch. Nenne und erläutere Beispiele und präsentiere die Ergebnisse.

### „Wärmeausbreitung"

Zu kühleren Jahreszeiten müssen Wohnräume beheizt werden. Im gesamten Zimmer spürt ihr den Transport von Energie … es wird warm. Wie aber gelangt diese Energie in einem großen Wohnraum weit ab vom Heizkörper zu euch?

**1** Der dazugehörige physikalische Vorgang heißt *Mitführung* oder **Konvektion**. Informiert euch über den Begriff und erklärt ihn.

**2** Erläutert die Unterschiede der drei Möglichkeiten des Energietransports (**Leitung** der Energie in einem Stoff, **Strahlung** und **Konvektion**).

**3** Findet heraus, wo Konvektion im Haushalt und in der Natur auftritt.

**4** Entwickelt einen Versuch, mit dem ihr euren Mitschülern erläutern könnt, was Konvektion ist.

### Wärmedämmung

Wenn es draußen kalt wird, sorgen Heizungen dafür, dass die Wohnräume trotzdem schön warm sind. Um Energie zu sparen und die Betriebskosten für die Heizungen möglichst gering zu halten, werden Häuser gedämmt, d.h. der **Energietransport** zwischen innen und außen so gut wie möglich unterbrochen.

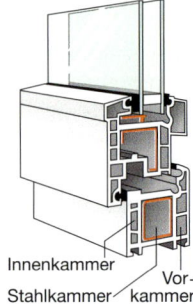

Innenkammer　Vor-
Stahlkammer　kammer

**1** Erkundigt euch, wie eine gute **Wärmedämmung** aufgebaut ist und wie sie funktioniert.

**2** Entwerft einen Versuch zum Testen der Dämmfähigkeit von Materialien und findet heraus, welche Stoffe besonders gut dämmen.

**3** An manche **Dämmstoffe** werden besondere Ansprüche gestellt, z.B. nicht brennbar, … Erstellt eine Übersicht über Einsatzgebiete und Anforderungen.

**4** Findet heraus, was der *u*-Wert (früher: *k*-Wert) angibt.

### Warmwasser-Heizung

Niemand möchte auf den Komfort von fließend warmem Wasser und Heizung im Haushalt verzichten.

**1** Schätzt den Anteil am **Gesamtenergiebedarf** durch Warmwasser pro Person und Jahr in einem eurer **Haushalte**.

**2** Vergleicht den Energiebedarf für Beleuchtung mit dem Energiebedarf für Warmwasser beim morgendlichen Aufenthalt im Badezimmer (geht davon aus, dass die Person auch duscht.)

**3** Besorgt euch Rechnungen für Strom und Gas möglichst mehrerer Haushalte. Vergleicht und beurteilt den Jahresenergiebedarf für elektrische Energie und chemische Energie aus Erdgas.

**4** Berechnet, welchen Unterschied es in den **Energiekosten** eines Haushalts ausmacht, wenn die Temperatur des warmen Wassers von 53 °C auf 48 °C gesenkt wird. Nehmt an, dass der Haushalt seinen Warmwasserbedarf über handelsübliche **Durchlauferhitzer** deckt. Sucht euch alle dafür notwendigen Informationen aus geeigneten Quellen.

### Niedrigenergiehäuser

Beim Bau eines Hauses sollte auf die spätere Energiebilanz des Hauses geachtet werden. Manche Neubauten bekommen sogar besondere Bezeichnungen wie **Niedrigenergiehaus**.

**1** Stellt Informationen über Niedrigenergiehäuser zusammen. Wie wird dieser Begriff festgelegt?

**2** Eine Weiterentwicklung des Niedrigenergiehauses ist das **Passivhaus**. Wie unterscheiden sich beide Hausarten? Erkundigt euch, ob es in eurer Umgebung Niedrigenergie- oder Passivhäuser gibt.

**3** Versucht herauszufinden, wie hoch die **Baukosten** für die verschiedenen Haustypen sind und vergleicht sie miteinader.

**A1** Durch Energiezufuhr ist die innere Energie von 1 kg Eis ohne Temperaturzunahme um 0,092 kWh gestiegen, wodurch alles Eis geschmolzen ist. Berechne, wie hoch die Temperatur steigen würde, wenn dem Wasser von jetzt 0 °C genausoviel Energie zugeführt würde.

**A2** **a)** Berechne die Energie, die nötig ist um 1,2 Liter Wasser für Tee von 15 °C zum Kochen zu bringen.
**b)** Herr Otto erhitzt die 1,2 Liter Wasser in einem Topf auf einer Kochplatte und misst mit einem Energiemessgerät 0,3 kWh. Gib diese Energiemenge in der Einheit J an und erkläre den Unterschied zu a).

**A3** Erstelle die Energiebilanz eines Kindes beim Rutschen auf einer Rutsche für die Positionen ① bis ④ mithilfe des Kontomodells. (Das Kind landet bei ④ im Sand.)

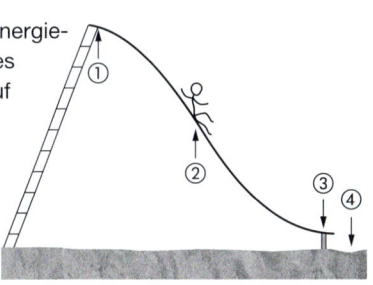

**A4** **a)** Das Netzteil eines Computers hat die Aufschrift $P = 350$ W. Erläutere den Sinn dieser Angabe.
**b)** Der Besitzer des Computers lässt ihn 30 Minuten lang unbeaufsichtigt laufen, um das Mittagessen einzunehmen. Welche Energie wird in diesem Zeitraum ungenutzt gewandelt? Wie lange könnte man mit dieser Energie eine Sparlampe der Leistung (Energiestromstärke) $P = 15$ W betreiben? Erläutere deinen Rechenweg.

**A5** Unten ist ein verkürztes, nicht maßstabgerechtes Energiefluss-Diagramm für ein Wärmekraftwerk dargestellt.
**a)** Berechne die fehlenden Werte. Bestimme daraus die Energieströme in die Umgebung und die insgesamt entwertete Energie.
**b)** Zeichne das Energiefluss-Diagramm maßstabsgetreu.

**A6** Gegen kalte Finger helfen Wärmekissen. Damit ihre Temperatur steigt, muss im Inneren ein Metallplättchen geknickt werden und schon werden sie warm.
Erläutere ihre Funktionsweise und zeichne ein Energiefluss-Diagramm.

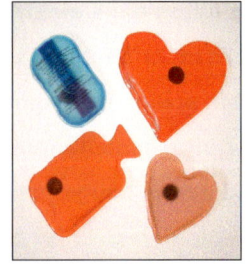

**A7** **a)** Nenne verschiedene Energiespeicher und ordne sie nach ihrer Fähigkeit, möglichst viel Energie zu speichern.
**b)** Moderne Heizungsanlagen nutzen verschiedene Energiequellen und besitzen einen großen Wassertank (ca. 1000 Liter). Erkläre dessen Bedeutung als Energiespeicher. Gehe dabei auch auf die verschiedenen Energiequellen ein.
**c)** Erkläre, warum Energiespeicherung bei zunehmender Nutzung regenerativer Energiequellen wie Sonne und Wind eine immer größere Bedeutung erlangt.

**A8** Wenn ein Haus oder eine Wohnung verkauft oder vermietet werden soll, wird für das Objekt ein Energieausweis benötigt. Für eine bestimmte 70 m² große Wohnung findet sich im Energieausweis die Angabe „Energiebedarf 125 kWh/(a·m²)" (a bedeutet Jahr).
**a)** Erkläre, was diese Angabe bedeutet.
**b)** Berechne den Energiebedarf dieser Wohnung für ein halbes Jahr und beurteile das Ergebnis.

**A9** Rechts sind die Energiefluss-Diagramme zweier Motoren dargestellt. Benenne jeweils die auftretenden Energieformen.
Erläutere die Bedeutung der unterschiedlichen Pfeildicken.

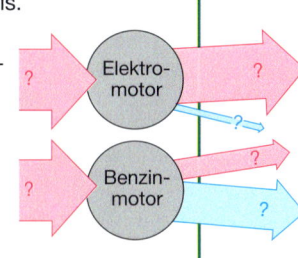

**A10** Erkläre, bei welchen Vorgängen Reibung erwünscht ist, und nenne Beispiele, bei denen Reibung eine lästige Begleiterscheinung ist.

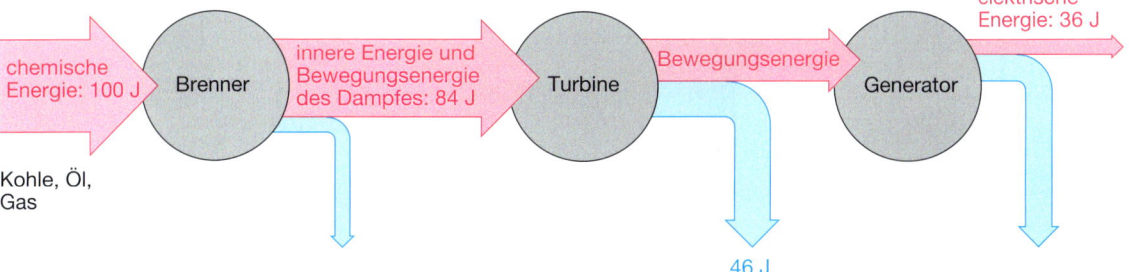

# Strom – Spannung – Widerstand

Ein Alltag ohne elektrischen Strom ist für uns nicht mehr denkbar. LED-Beleuchtung, Geschirrspüler, Smartphone, Computer – all diese Dinge gestalten unseren Alltag angenehm. Und alle benötigen elektrischen Strom, um zu funktionieren. Er ist dafür verantwortlich, wie hell Lampen leuchten, wie laut Musik aus einem Lautsprecher schallt und wie heiß die Heizschlangen in Wasch- und Spülmaschinen werden. Alles kann geregelt werden.

Du erfährst in diesem Kapitel, wie elektrische Ströme von der Spannung der Quelle und dem Widerstand des eingebauten Geräts abhängen, woher der Antrieb für Ströme kommt und wie sie gehemmt werden, was unter den Einheiten „Ampere" und „Volt" zu verstehen ist und wie die zugehörigen Messgeräte zu handhaben sind – aber natürlich auch, wie der Elektronenstrom und der Energiestrom in einem Stromkreis zusammenhängen.

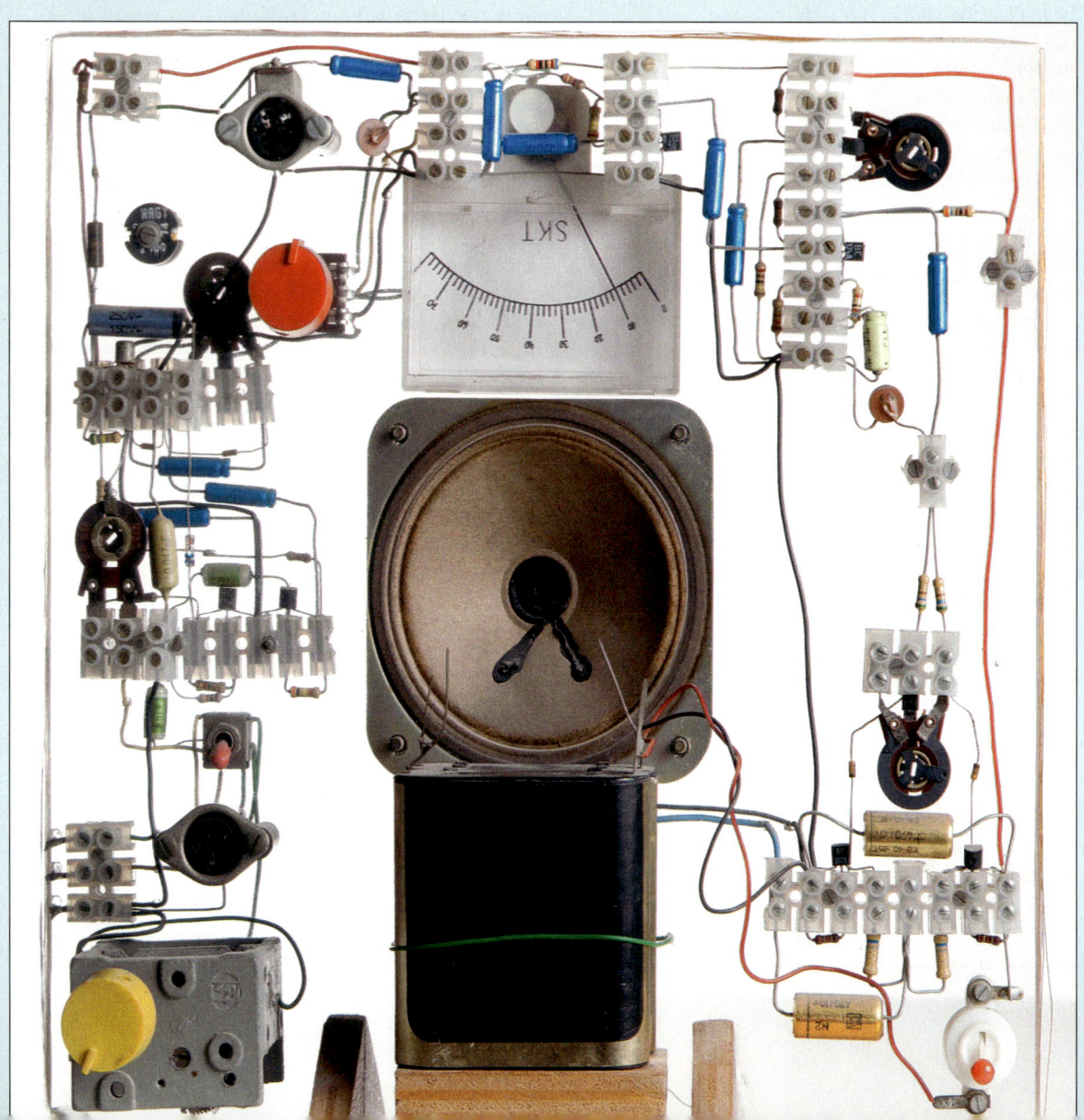

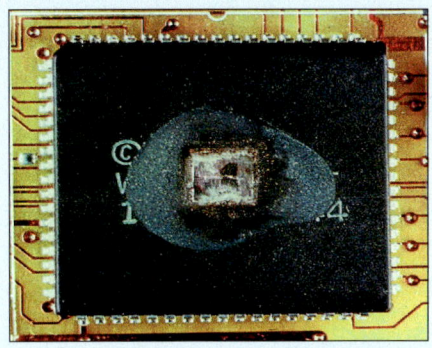

## Blitzeinschlag und die Folgen: 
Im Durchschnitt werden über Deutschland in einem Jahr mehr als 1 Mio Blitze registriert. Die Stromstärke eines Blitzes beträgt etwa 100 kA bei Spitzentemperaturen von 30 000 °C. Auch wenn der Blitz ein Haus nicht direkt trifft, kann über die angeschlossenen Leitungen eine Überspannung entstehen, die elektrische Geräte wie Computer, Telefonanlagen, Fernseher usw. zerstört. Das Bild oben zeigt einen durch Überspannung zerstörten Computerchip.

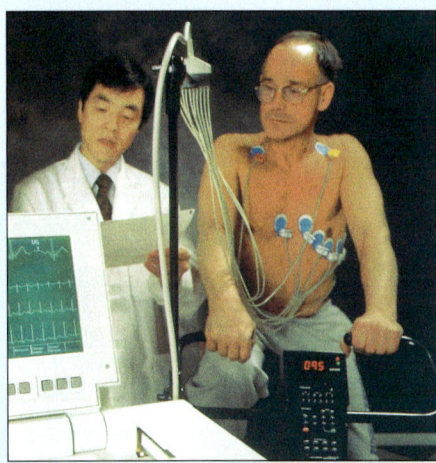

## Elektrischer Strom in der Medizin
Die Messung der elektrischen Signale, die das Herz (EKG) oder Gehirn (EEG) steuern, liefern dem Arzt wichtige Hinweise auf den Gesundheitszustand des Patienten. Weiterhin kann ein kurzzeitiger und wohldosierter elektrischer Strom durch den Körper bei Personen mit Herzkammerflimmern oder mit lebensbedrohlichen Herzrhythmusstörungen eine lebensrettende Wirkung haben (Defibrillation).

## Wie schnell fließen Elektronen? 
Wenn der Schalter in einem Stromkreis geschlossen wird, leuchtet die Glühlampe sofort auf. Aber die Elektronen selbst bewegen sich sehr langsam: Sie legen in einer Stunde nur einen Weg von 12 m zurück. Wenn es nach der Elektronengeschwindigkeit ginge, müsste Jan bei einem Telefongespräch von Hamburg nach München (771 km) über 7 Jahre auf eine Antwort warten, denn so lange bräuchte ein Elektron für diese Strecke! Doch der Strom der Elektronen verhält sich wie das Wasser in einer geschlossenen Anlage mit Pumpe und Turbine. Wenn die Pumpe in Betrieb gesetzt wird, bewegt sie das gesamte Wasser. Die Turbine beginnt zeitgleich sich zu drehen. Deshalb hören wir beim Telefonieren den Anrufer fast zeitgleich sprechen.

## Leitungen: 
Zuleitungen von Haushaltsgeräten, Unterputzkabel im Haus und Erdkabel bestehen aus Kupfer, Überlandleitungen meist aus Aluminium. Heizleiter, die z. B. in Toastern und Boilern verwendet werden, dagegen aus bestimmten Metalllegierungen, die einen besonders hohen Widerstand haben. Das verwendete Material ist also abhängig von der jeweiligen Einsatzart. Sicherheitsaspekte erfordern häufig Isolierungen und ggf. zusätzliche Schutzvorrichtungen.

Fernleitung

Erdkabel

Unterputz

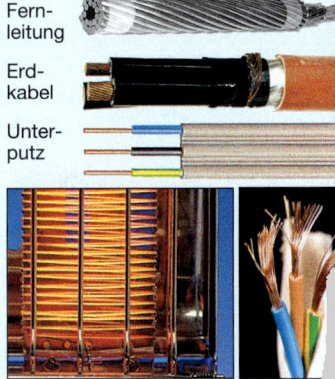

## Vorbereitung

1. Lies die Texte dieser beiden Seiten durch und betrachte die zugehörigen Bilder. Schreibe zu den einzelnen Themen Fragen auf, die du dazu hast.
2. Blättere das folgende Kapitel durch, lies die Überschriften und betrachte die Bilder. Notiere neben den Fragen aus 1 die Seitenzahlen, die deiner Meinung nach Antworten zu deinen Fragen liefern könnten.
3. Überlege und schreibe auf, was du in Experimenten untersuchen möchtest. Vielleicht hast du ja schon Ideen, wie die Versuche aussehen könnten.
4. Studiere die im Vorwissen „Der elektrische Stromkreis" auf Seite 44 dargestellten Zusammenhänge. Schreibe dazu die wichtigsten Begriffe zusammen mit einer kurzen Erklärung auf.

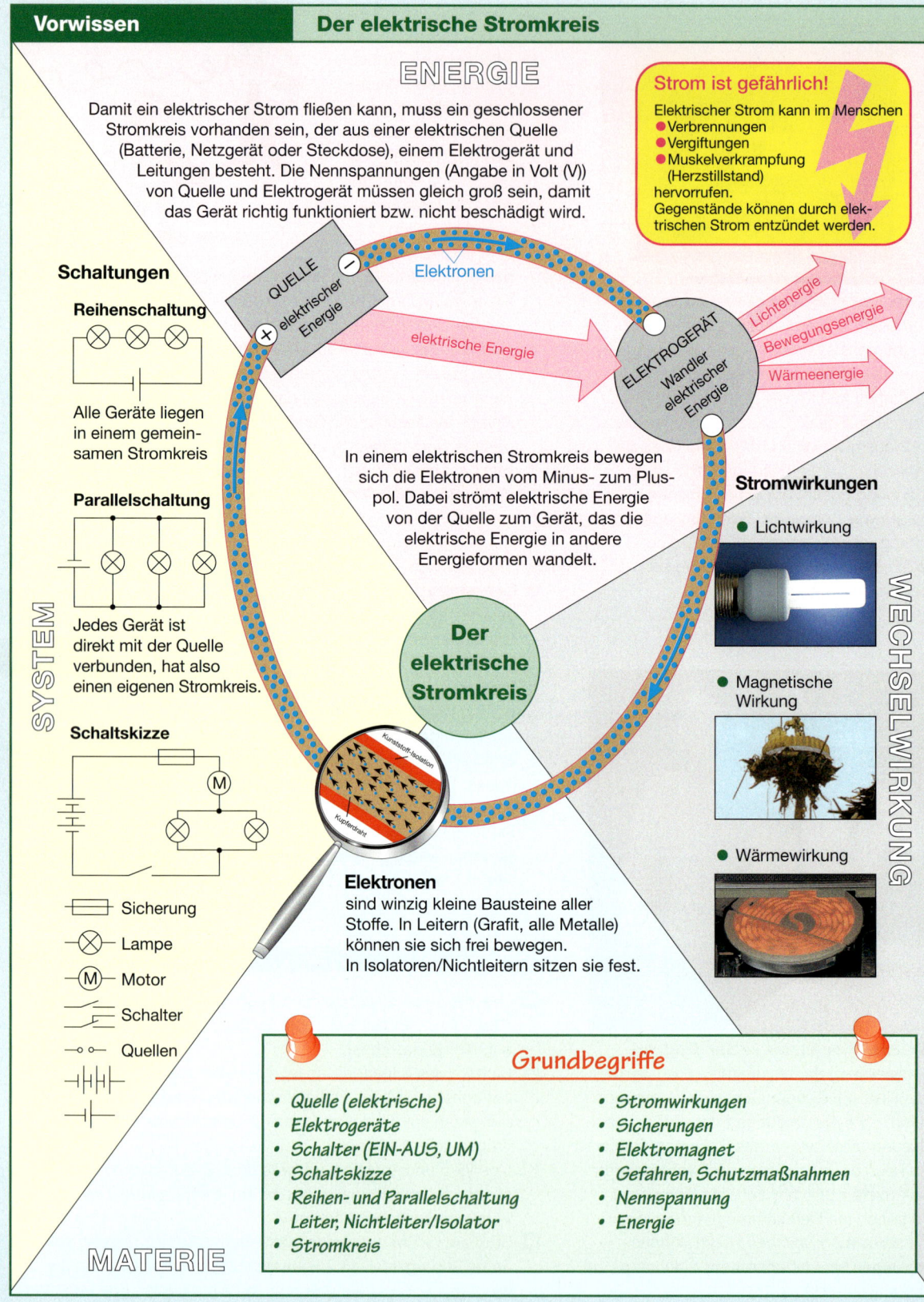

**Vorwissen** — **Der elektrische Stromkreis**

## ENERGIE

Damit ein elektrischer Strom fließen kann, muss ein geschlossener Stromkreis vorhanden sein, der aus einer elektrischen Quelle (Batterie, Netzgerät oder Steckdose), einem Elektrogerät und Leitungen besteht. Die Nennspannungen (Angabe in Volt (V)) von Quelle und Elektrogerät müssen gleich groß sein, damit das Gerät richtig funktioniert bzw. nicht beschädigt wird.

**Strom ist gefährlich!**
Elektrischer Strom kann im Menschen
- Verbrennungen
- Vergiftungen
- Muskelverkrampfung (Herzstillstand)

hervorrufen.
Gegenstände können durch elektrischen Strom entzündet werden.

**Schaltungen**

**Reihenschaltung**

Alle Geräte liegen in einem gemeinsamen Stromkreis

**Parallelschaltung**

Jedes Gerät ist direkt mit der Quelle verbunden, hat also einen eigenen Stromkreis.

**Schaltskizze**

— Sicherung
— Lampe
— Motor
— Schalter
— Quellen

**SYSTEM**

**MATERIE**

QUELLE
elektrischer Energie
(–) (+)

Elektronen

elektrische Energie

ELEKTROGERÄT
Wandler elektrischer Energie

Lichtenergie
Bewegungsenergie
Wärmeenergie

In einem elektrischen Stromkreis bewegen sich die Elektronen vom Minus- zum Pluspol. Dabei strömt elektrische Energie von der Quelle zum Gerät, das die elektrische Energie in andere Energieformen wandelt.

**Der elektrische Stromkreis**

Kunststoff-Isolation
Kupferdraht

**Elektronen**
sind winzig kleine Bausteine aller Stoffe. In Leitern (Grafit, alle Metalle) können sie sich frei bewegen. In Isolatoren/Nichtleitern sitzen sie fest.

**Stromwirkungen**

- Lichtwirkung
- Magnetische Wirkung
- Wärmewirkung

**WECHSELWIRKUNG**

**Grundbegriffe**

- Quelle (elektrische)
- Elektrogeräte
- Schalter (EIN-AUS, UM)
- Schaltskizze
- Reihen- und Parallelschaltung
- Leiter, Nichtleiter/Isolator
- Stromkreis

- Stromwirkungen
- Sicherungen
- Elektromagnet
- Gefahren, Schutzmaßnahmen
- Nennspannung
- Energie

## Sicherheit im Haushalt Projekt

Viele elektrische Geräte im Haushalt machen das tägliche Leben komfortabel. Die Nutzung der energiewandelnden Wirkung des elektrischen Stroms in den unterschiedlichsten Zusammenhängen nimmt uns eine Vielzahl von Tätigkeiten ab. Trotz all dieser positiven Aspekte ist die Nutzung des elektrischen Stroms auch mit Risiken und Gefahren verbunden, die aber durch spezielle Maßnahmen minimiert werden.

**P1** Untersucht zusammen mit einem Erwachsenen euren Sicherungskasten zuhause, listet die einzelnen Bestandteile auf und informiert euch über deren Zweck und Funktionsweise. Bereitet einen kleinen Vortrag zu diesem Gebiet vor.

**P2** Elektrischer Strom kann, wenn er durch den menschlichen Körper fließt, sehr gefährlich sein.
**a)** Fertigt eine Übersicht an, welche die Wirkung des Stromes auf den menschlichen Körper (physiologische Wirkung) in Abhängigkeit von der Stromstärke, dem Stromweg und sonstigen wichtigen Faktoren zeigt.

**b)** Ergründet, wie im Haushalt versucht wird, die Gefahr eines „Stromschlages" technisch zu vermeiden.
**c)** Stellt Regeln für den Gebrauch elektrischer Geräte auf.

**P3 a)** Erkundigt euch, wie Häuser mit elektrischem Strom versorgt werden.
**b)** Baut ein Modellhaus aus Pappe, Klingeldraht und Fahrradlämpchen. Veranschaulicht an diesem Haus mithilfe eines „Pappmenschen" die Gefahrenquellen. (Wenn ein elektrischer Strom durch die Leitung fließt, zeigt eine eingebaute Lampe den Stromfluss und damit die Gefahr an.)
**c)** Erläutert auch andere Gefahren und Sicherheitsmaßnahmen am Modell.

Kupferstreifen

Kupferstreifen

## Messgeräte für elektrische Ströme Projekt

Ein Glühlampe zeigt an, dass in einem Stromkreis Strom fließt. Leuchtet sie heller, fließt ein stärkerer Strom. Aber nicht immer ist eine Glühlampe empfindlich genug, um schwache Ströme anzuzeigen. Eventuel ist der Strom zu stark, sie brennt durch. Ein weiterer Nachteil: An der Lampe lässt sich keine Skala anbringen.

**P1 a)** Besorgt euch ein kleines Türscharnier aus Stahl für den Möbelbau, eine kleine Spule (mit ca. 400 Windungen) aus der Physiksammlung und ein Netzgerät, das eine regelbare Gleichspannung (bis 12 V) liefert.
**b)** Recherchiert im Internet, wie ein **Dreheiseninstrument** funktioniert. Baut ein solches Gerät mit euren Materialien nach. (*Achtung:* Netzgerät nur kurzzeitig einschalten.)

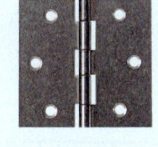

**P2 a)** Recherchiert im Internet, aus welchen zwei wesentlichen Bauteilen ein **Drehspulinstrument** besteht. Plant einen Versuch, bei dem ihr mit Hilfe eines (lackierten) Kupferdrahtes und eines Hufeisenmagneten ein Modell für ein Drehspulinstrument herstellt.
**b)** Untersucht die Funktionsweise mithilfe eines Modells aus der Physiksammlung.

**P3** Die Abbildung zeigt das Modell eines **Hitzdrahtinstruments**. Baut es nach und prüft, wie sich die Lage des Wägestücks ändert, wenn nur eine, zwei oder alle drei Lampen angeschlossen sind.

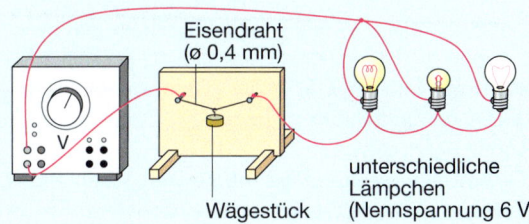

Eisendraht (ø 0,4 mm)

Wägestück

unterschiedliche Lämpchen (Nennspannung 6 V)

**P4** Erstellt ein Plakat auf dem ihr Aufbau und Wirkungsweise der verschiedenen Messgeräte gegenüberstellt. Welche sind für starke, welche für geringe Ströme geeignet? Wie kann eine Skala angebracht werden? Welche reagieren auch auf Umpolung?

# Stromkreise übertragen Energie

Ob in der Mikrowelle, dem Toaster, der Küchenmaschine oder einem beliebigen anderen Elektrogerät
– überall wird elektrische Energie aus der Steckdose
oder einer Batterie bezogen und in eine andere
Energieform gewandelt.
In welche Formen kann elektrische Energie gewandelt
werden? Gibt es auch andere Formen der Energieübertragung, die ähnlich ablaufen wie die Übertragung elektrischer Energie? Wodurch wird elektrische Energie überhaupt transportiert?

## Der Wasserstromkreis als Modell für den elektrischen Stromkreis

Im linken Aufbau des zentralen Versuchs wird durch die Pumpe Wasser im
Kreis bewegt. (Die Pumpe selbst wird durch die elektrische Bohrmaschine
angetrieben.) Das ausfließende Wasser treibt ein Schaufelrad an, welches
durch seine Drehung den kleinen Sack hochhebt. Unterhalb des Schaufel-
rades wird das Wasser wieder zur Pumpe zurückgeleitet. Das Wasser voll-
führt also einen Kreislauf von der Pumpe über das Schaufelrad zurück zur
Pumpe. Zweck dieses Wasserkreislaufs ist das Hochheben des Säckchens.

Im rechten Foto zieht ein Elektromotor das Säckchen hoch. Damit
dies möglich ist, muss ein geschlossener Stromkreis vorhanden sein.
Nur wenn dieser geschlossen ist,
hebt der Motor die Last. Es ist also
der elektrische Strom, der Strom
der Elektronen, der die Energie der
Batterie zum Säckchen überträgt.

Die Batterie gibt ihre chemische
Energie für den Antrieb der Elek-
tronenströmung ab. Dabei verliert
sie Energie. Der Motor wandelt die
aufgenommene elektrische Energie
in Bewegunsenergie und schließlich in Höhenenergie des Säckchens.
Die Energie der Batterie ist also
durch den Kreisstrom der Elektronen auf das Säckchen übertragen
worden.

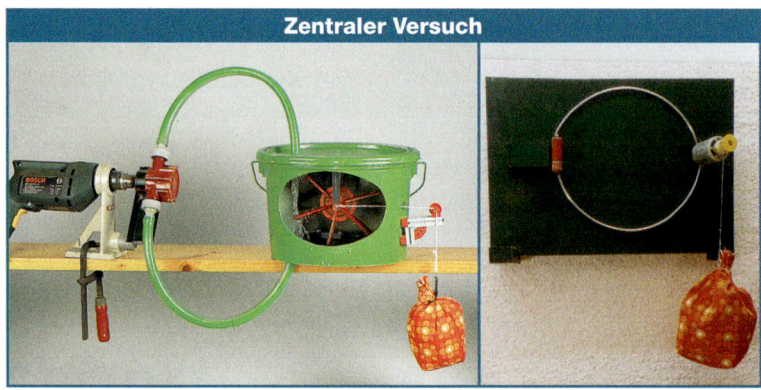

**Zentraler Versuch**

Wie lässt sich dieser Vorgang mit Energiebegriffen beschreiben?

- Elektrische Energie wird in der Bohrmaschine in Bewegungsenergie des
  Motors gewandelt. Diese Energie wird durch die Achse vom Motor zur
  Pumpe übertragen.
- Die Bewegungsenergie des rotierenden Schaufelrads der Pumpe wird in
  Bewegungsenergie des Wassers gewandelt und vom strömenden Wasser
  auf das Schaufelrad übertragen.
- Die Bewegungsenergie des Schaufelrads im Eimer wird in Bewegungs-
  energie des Fadens gewandelt, die beim Hochheben auf das Säckchen
  übertragen wird, das dadurch Höhenenergie bekommt.

Die Energie der Bohrmaschine wurde also von dem strömenden Wasser auf
den kleinen Sack übertragen.

Führt nur eine Leitung von der
Quelle zum Motor, dann ist eine
Energieübertragung nicht möglich,
weil jetzt ja Quelle und Motor nicht
in einem geschlossenen Stromkreis
liegen, die Elektronen also nicht im
Kreis strömen können.

> Im elektrischen Stromkreis über-
> trägt der Kreislauf der Elektronen
> die elektrische Energie von der
> Quelle zum Gerät.

## Geräte – Wandler elektrischer Energie

Mithilfe eines Föhns werden nasse Haare schnell wieder trocken. Die Zimmerluft wird durch eine Heizspirale erwärmt. Der Elektronenstrom hat den Draht erhitzt. Der Ventilator, der die erwärmte Luft auf die Haare bläst, wird vom gleichen Elektronenstrom angetrieben. Die elektrische Energie aus der Steckdose wird im Ventilator in Bewegungsenergie und im Heizdraht in innere Energie der erwärmten Luft gewandelt.

Auch in einem Toaster oder einer Glühlampe wird die elektrische Energie in Wärme und Licht gewandelt. Während aber bei einem Toaster die Wärme gewollt und die Aussendung von Licht ein ungewollter Nebeneffekt ist, ist das bei der Glühlampe genau umgekehrt. In beiden Geräten wird elektrische Energie gewandelt. Da dies auch in allen anderen elektrischen Geräten geschieht, werden sie *Energiewandler* oder kurz *Wandler* genannt; die gängige Bezeichnung „Verbraucher" ist falsch, denn sie verbrauchen ja nichts.

> Elektrogeräte (Föhn, Toaster, Lampen, Motoren) sind Energiewandler. Sie wandeln elektrische Energie in andere Energieformen: Bewegungsenergie, innere Energie oder Lichtenergie.

### Aufgaben

**1** Zeichne für den Wasserkreislauf aus Bohrmaschine/ Pumpe und Schaufelrad das Energiefluss-Schema entsprechend dem Schema für den elektrischen Stromkreis.

**2** Eine Steckdose ist die Quelle elektrischer Energie im Zimmer. Zeichne und beschrifte für eine Tischlampe das Stromkreis-Energie-Schema von der Steckdose zur Lampe.

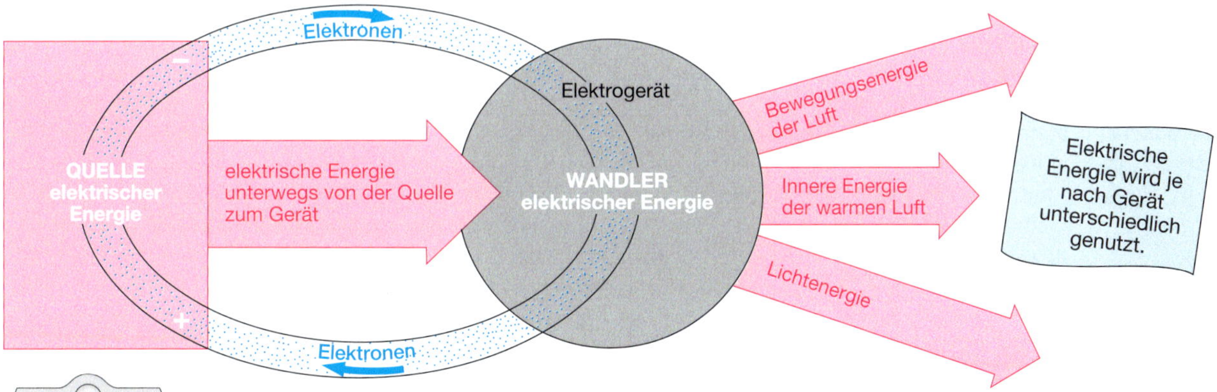

Elektronen

QUELLE
elektrischer
Energie

elektrische Energie
unterwegs von der Quelle
zum Gerät

Elektrogerät

WANDLER
elektrischer Energie

Bewegungsenergie
der Luft

Innere Energie
der warmen Luft

Lichtenergie

Elektrische Energie wird je nach Gerät unterschiedlich genutzt.

Elektronen

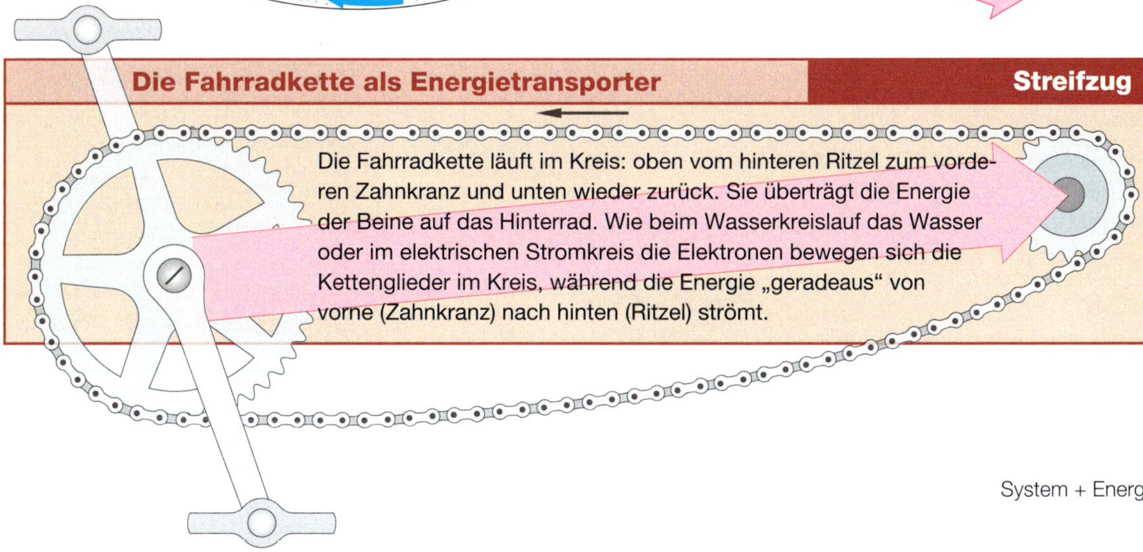

## Die Fahrradkette als Energietransporter    Streifzug

Die Fahrradkette läuft im Kreis: oben vom hinteren Ritzel zum vorderen Zahnkranz und unten wieder zurück. Sie überträgt die Energie der Beine auf das Hinterrad. Wie beim Wasserkreislauf das Wasser oder im elektrischen Stromkreis die Elektronen bewegen sich die Kettenglieder im Kreis, während die Energie „geradeaus" von vorne (Zahnkranz) nach hinten (Ritzel) strömt.

# Die elektrische Ladung

Du hast sicher schon einmal an der Türklinke einen „Schlag"
bekommen. Beim Ausziehen eines Pullovers hörst du oft ein
Knistern. Im Dunkeln können dabei kleine Blitze beobachtet
werden. Mithilfe einer geriebenen Folie lässt sich eine neue
Frisur zulegen.
Was steckt hinter diesen alltäglichen Erscheinungen? Welche
Ursachen haben sie? Sind Elektronen mit im Spiel, obwohl
keine Stromkreise zu sehen sind? Welche Eigenschaft der
Körper zeigt sich hier?

## Elektrische Kräfte

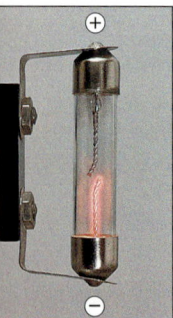

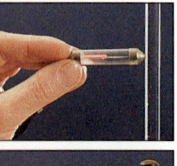

Eine Glimmlampe ist ein
Gerät, das das Fließen
auch von nur ganz weni-
gen Elektronen anzeigt:
Werden mit einer Glimm-
lampe die Pole einer elektrischen Quelle berührt, so
leuchtet immer der Teil der
Glimmlampe, der den ne-
gativen Pol der Quelle berührt.

Wird ein mit einem
Seidentuch geriebener
Glasstab oder ein mit
einem Stück Fell gerie-
bener Kunststoffstab mit
einer Glimmlampe be-
rührt, so leuchtet die
Glimmlampe an entge-
gengesetzten Enden auf.
Beim geriebenen Glasstab
leuchtet wie am Minuspol
der Quelle das abgewandte Ende
der Glimmlampe auf, beim Kunststoffstab das zugewandte. Der
Glasstab gibt also Elektronen ab,
der Kunststoffstab dagegen nimmt
Elektronen auf.
Wird der Stab ein zweites Mal an
der gleichen Stelle berührt, so ist
kein Aufblitzen mehr zu sehen.

Diese Beobachtung lässt sich so erklären:
Durch das Reiben des Glasstabes
mit dem Seidentuch werden Elektronen vom Glasstab an das Seiden-

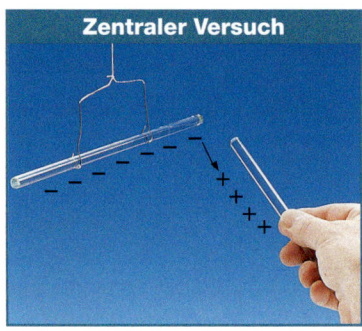

**Zentraler Versuch**

tuch abgegeben. Das Tuch hat danach mehr Elektronen als im Normalzustand, der Glasstab weniger
– das Tuch hat *Elektronenüberschuss,* der Glasstab *Elektronenmangel.* Solche Körper werden
**geladen** genannt. Der mit Elektronen beladene Körper wird als negativ $\ominus$ geladen bezeichnet, der mit
Elektronenmangel als positiv $\oplus$ geladen.

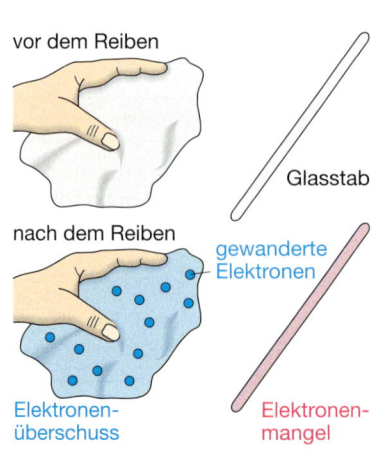

vor dem Reiben

Glasstab

nach dem Reiben

gewanderte
Elektronen

Elektronen-
überschuss

Elektronen-
mangel

Welche Eigenschaften haben geladene Körper? Das zeigt ein mit Elektronen aufgeladener, frei beweglicher Kunststoffstab. Er wird
● von einem zweiten negativ
geladenen Kunststoffstab abgestoßen;
● von einem positiv geladenen
Glasstab angezogen.

Geladene Körper üben also Kräfte
aufeinander aus, auch ohne sich zu
berühren. Dies zeigt, dass die geladenen Körper unterschiedliche
Qualitäten oder Eigenschaften haben, die durch eine neue physikalische Größe beschrieben werden
müssen.
Werden unterschiedlich geladene
Körper wieder zusammen gebracht,
so beeinflussen sie sich danach
nicht mehr. Die Körper sind elektrisch **neutral.**

> Körper sind negativ geladen,
> wenn sie zusätzliche Elektronen
> aufgenommen haben
> (Elektronenüberschuss).
> Körper sind positiv geladen,
> wenn sie Elektronen abgegeben
> haben (Elektronenmangel).
> Nicht geladene Körper sind
> elektrisch neutral.
> Gleich geladene Körper stoßen
> sich ab, verschieden geladene
> Körper ziehen sich an.

# Eine Einheit für die Ladung

Wird eine Metallkugel mithilfe eines geriebenen und dadurch geladenen Kunststoffstabes aufgeladen und berührt sie dann eine zweite, ungeladene Metallkugel, so stoßen sich beide Kugeln ab. Wie ist das zu verstehen?

- Die eine Kugel wurde durch den Stab aufgeladen. Die Elektronen haben sich im Metall der Oberfläche gleichmäßig verteilt.
- Die zweite Kugel hat bei der Berührung Elektronen übernommen, die sich im Metall frei bewegen können.

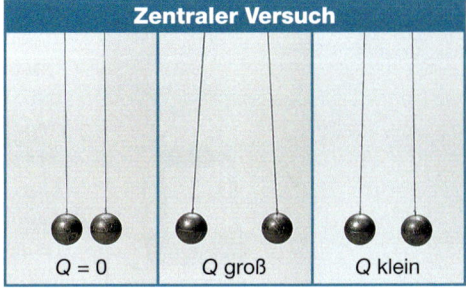

**Zentraler Versuch**

$Q = 0$  |  $Q$ groß  |  $Q$ klein

- Beide Kugeln sind nun gleich geladen und stoßen sich ab.

Wird die erste Kugel mehrmals nacheinander mit einer ungeladenen Kugel berührt, so wird die abstoßende Wirkung geringer. Die Ladung der Ausgangskugel wird immer kleiner, da die Anzahl der Elektronen bei jeder Berührung abnimmt. Schließlich ist sie so klein, dass keine Kraftwirkung mehr erkennbar ist. Die Kraftwirkung geladener Körper aufeinander wird offensichtlich von der Anzahl „überschüssiger" Elektronen bestimmt.

Die Kraftwirkung hängt auch vom Abstand der beiden Kugeln ab: Werden zwei gleich geladene Kugeln nah zueinander gebracht, so stoßen sie sich stark ab. Werden sie voneinander entfernt, wird die Abstoßung geringer.

---

**Ladung**

Das Formelzeichen ist $Q$.
Die Einheit ist 1 C (Coulomb).

---

Die Eigenschaft von Körpern, mehr oder weniger geladen zu sein, wird mit einer neuen Größe, der elektrischen **Ladung Q,** beschrieben. Ihre Einheit ist das **Coulomb (C)**, benannt nach dem französischen Physiker CHARLES AUGUSTE DE COULOMB (1736–1806), der viele Erkenntnisse über elektrische Ladungen und Kräfte gewonnen hat.

Die elektrische Ladung ist eine Eigenschaft der Körper.

## Das Elektroskop

Die abstoßende Wirkung gleich geladener Körper wird bei einem Elektroskop zum Vergleich ihrer Ladung genutzt.

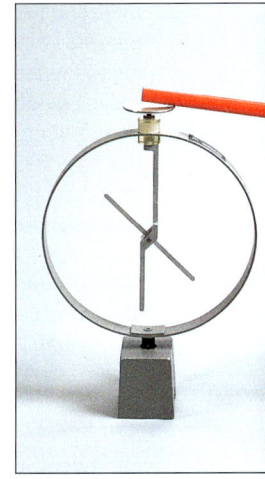

Wird am oberen Ende des Metallstabes ein geladener Kunststoffstab entlanggestreift, so dreht sich der bewegliche Metallstab aus der Ruhelage. Das kommt daher, dass sich die Elektronen gleichmäßig auf Stab und Halterung verteilt haben. Beide sind danach negativ geladen. Deshalb stoßen sie sich ab. Je größer die Ladung des entlangstreifenden Körpers ist, desto größer ist auch der Ausschlag.

Mit einem Elektroskop können nur die Ladungen von Körpern verglichen werden. Eine Messung ist nicht möglich, da es nicht in Coulomb geeicht werden kann. Unabhängig davon, ob der Körper positiv oder negativ geladen ist, zeigt das Elektroskop bei gleicher Größe der Ladung einen gleich großen Ausschlag. Es zeigt nicht an, ob es sich um eine positive oder eine negative Ladung handelt.

---

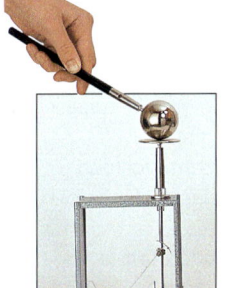

## Aufgaben

1 Erläutere, wie festgestellt werden kann, ob ein Körper elektrisch geladen ist.

2 Links ist eine andere Form eines Elektroskops dargestellt. Erkläre seine Funktionsweise.

3 Erkläre, wie sich herausfinden lässt, ob ein Elektroskop positiv oder negativ geladen ist.

4 Wenn eine Metallplatte elektrisch geladen werden soll, muss sie mithilfe eines elektrisch nicht leitenden Stoffes gehalten werden, z. B. mit einem Holzgriff oder Kunststoffgriff. Begründe, warum das bei einer Glasplatte oder einer Kunststoffplatte nicht nötig ist.

5 Zwei Metallkugeln hängen an Seidenfäden und berühren sich. Die eine Kugel wird negativ geladen.
**a)** Beschreibe die Beobachtung.
**b)** Erkläre die Beobachtung.

## Ladungen entstehen nicht – verschwinden nicht

Im zentralen Versuch pendelt eine Metallkugel zwischen zwei unterschiedlich geladenen Platten hin und her. Das Pendeln wird im Laufe der Zeit immer langsamer. Der Ausschlag der beiden Elektroskope nimmt ab; das zeigt, dass beide Platten immer weniger stark geladen sind.

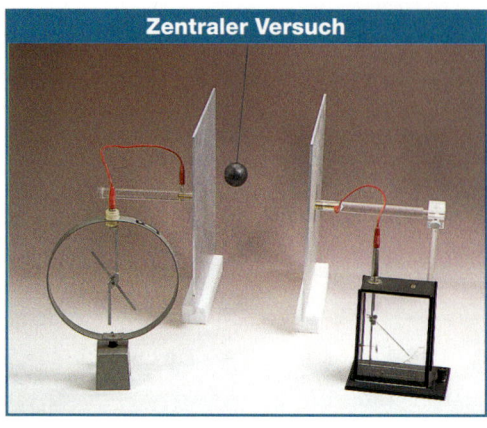

**Zentraler Versuch**

Die Kugel nimmt beim Berühren der negativ geladenen Platte Elektronen auf und gibt sie an die positiv geladene Platte ab. Sie gibt sogar mehr Elektronen ab als sie zuvor aufgenommen hatte. Deshalb ist sie positiv geladen und wird von der negativ geladenen Platte wieder angezogen. Die Kugel schwingt zurück und nimmt beim Berühren der negativ geladenen Platte wieder Elektronen auf. Das geht so lange weiter, bis fast alle überschüssigen Elektronen von der negativen Platte abgeführt sind. Der Ladungsausgleich wird durch die Kugel portionsweise vorgenommen.

Der Elektronenübergang von einem Körper zu einem anderen zeigt sich an der Abgabe bzw. Aufnahme von Ladung zwischen beiden Körpern. In dem Maß, in dem sich die Ladung eines Körpers erhöht, verringert sich die Ladung des anderen mitbeteiligten Körpers. Die Elektroskope zeigen an, dass genau die Ladung, die an der negativ geladenen Platte verschwunden ist, an der positiv geladenen ankommt. Die Summe der Ladung beider Körper bleibt gleich. Ladung verschwindet nicht, so wie sie nicht entsteht. Sie kann aber getrennt werden.

> Verändert ein Körper seine Ladung, so werden Elektronen und damit Ladung abgegeben oder aufgenommen.
> Die abgegebene Ladung eines Körpers ist gleich der aufgenommenen des anderen Körpers. Ladung kann nur getrennt, nicht erzeugt oder vernichtet werden. Sie bleibt stets erhalten.

### Luft und Erde als Leiter

Oft lässt sich das Überspringen von Funken zwischen zwei geladenen Körpern beobachten. Werden die Körper danach auf ihren Ladungszustand überprüft, so sind sie elektrisch neutral. Es hat über die Luft ein Ladungsausgleich stattgefunden. Die Luft wird hierbei für kurze Zeit zu einem Leiter.

Ein Ladungsausgleich findet auch dann statt, wenn sich eine Flamme, Feuchtigkeit (also fein verteiltes Wasser oder Wasserdampf) zwischen geladenen Körpern befindet oder der Abstand zwischen diesen sehr klein ist.

Eine Entladung erfolgt auch, wenn eine metallische Leitung zur Erde vorhanden ist oder der geladene Körper mit der Hand berührt wird und über die Füße eine Verbindung zur Erde geschaffen wird. Die Erde hat nämlich die erstaunliche Eigenschaft, beliebig viele Elektronen aufnehmen und abgeben zu können.

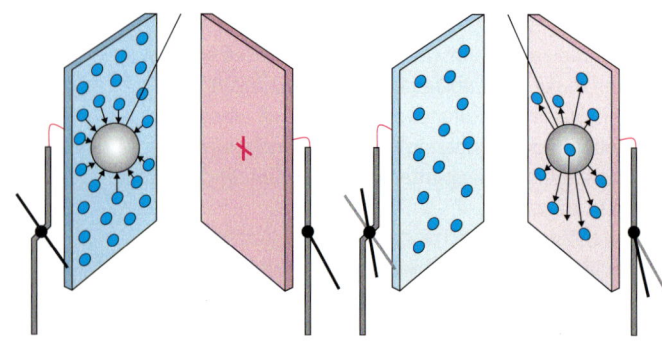

### Aufgaben

**1** Erkläre, warum es beim Berühren eines geladenen Metallkörpers mit einer Glimmlampe nur ein kurzes Aufblitzen und kein Dauerleuchten gibt.

**2** **a)** Eine Kunststoff-Folie wird mit einem Wolltuch gerieben. Beschreibe die Veränderungen der beiden Körper.
**b)** Erkläre die Aufladung nicht leitender Körper durch Reiben mit einem anderen Körper.

**3** Beschreibe, wann ein Körper elektrisch positiv und wann er elektrisch negativ geladen ist.

## Der Bandgenerator | Streifzug

Mit einem Bandgenerator können Körper sehr stark aufgeladen werden. So funktioniert das Gerät:

Im unteren Teil streift ein Endlosband aus Gummi an einer Kunststoffrolle vorbei, die sich dadurch positiv auflädt. Ihr gegenüber befindet sich eine geerdete Metallschneide, aus der Elektronen auf das Band übergehen. Ein Metallrechen nimmt am oberen Ende die vom Band hochtransportierten Elektronen ab und leitet sie zu einer Metallkugel. Durch die Elektronenabgabe wird dieser Bandteil positiv geladen. Er zieht deshalb unten aus der Metallschneide weitere Elektronen an. Durch das Drehen des Bandes wird die Ladung auf der Kugel oben immer größer.

Das Mädchen steht auf einer Styroporplatte, weshalb sie vom Boden (Erde) isoliert ist. Über Hand und Arm wird ihr ganzer Körper vom Bandgenerator negativ aufgeladen – auch jedes einzelne Haar. Wegen der Abstoßungskräfte sträuben sich die Haare.

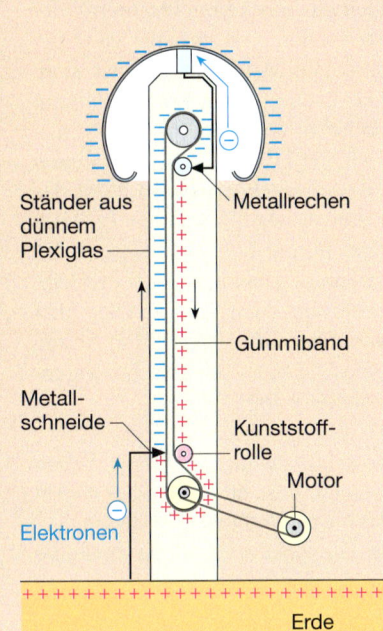

Ständer aus dünnem Plexiglas — Metallrechen

Metallschneide — Gummiband

Kunststoffrolle

Motor

Elektronen

Erde

## Elektrische Ladung | Versuche und Aufträge

**V1 a)** Reibe einen aufgeblasenen Luftballon an einem Wollpullover und bringe ihn danach an den Ärmel. Beschreibe und erkläre deine Beobachtung.
**b)** Reibe zwei Luftballons, die jeweils an Fäden befestigt sind, an einem Pullover. Hänge dann beide nebeneinander auf. Beobachte und erkläre.
**c)** Vergleiche die Ergebnisse von a) und b).

**V2 a)** Sicher hast du schon bemerkt, dass Papier an einer Folie auch ohne Klebstoff „klebt". Das kannst du auch erreichen, indem du eine auf Papier liegende Folie mit einem Wolltuch reibst. Ziehe dann die Folie vom Papier ab und hänge Papier und Folie nebeneinander auf. Beobachte.

**b)** Lege zwei Folienstreifen nebeneinander auf das Papier und reibe sie mit einem Wolltuch. Ziehe dann beide Streifen ab und hänge sie nebeneinander auf. Beobachte.
**c)** Vergleiche die Ergebnisse von a) und b) und erkläre sie.

**V3** Schneide eine Zeitungsseite wie einen Kamm in schmale Streifen, sodass die Streifen etwa 15 cm lang sind. Lege die Zeitung dann auf eine trockene, kunststoffbeschichtete Tischplatte. Streiche mit einem Stück Fell fest über die Zeitung. Sie muss fest an der Tischplatte kleben. (Gegebenenfalls Fell und Zeitung auf der Heizung zu trocknen.) Ziehe die Zeitung von der Tischplatte ab. Wie verhalten sich die Zeitungsstreifen, wenn du die Zeitung hochhältst? Erkläre.

**V4** Baue das Elektroskop entsprechend der Abbildung rechts nach. Überprüfe damit verschiedene Körper auf ihre elektrische Ladung, z. B. eine mit einer Kleiderbürste geriebene Postkarte, eine Zeitungsseite, einen am Pullover geriebenen Füllfederhalter, einen Kamm aus Kunststoff, eine mit einem Seidentuch geriebene Glasplatte.

Schraube
Lamettafaden
Marmeladenglas

**V5** Nimm eine Dose aus durchsichtigem Kunststoff, säubere und trockne sie. Lege Prüfteilchen wie Papierschnitzel, Holundermark, Watteteilchen, Teeblätter in die Dose und verschließe sie. Reibe dann mit der trockenen Hand über den Deckel. Beobachte und erkläre.

## Atombau und Ladung

Jeder Körper besteht aus winzig kleinen Teilchen – Atomen oder Molekülen – die in einer ganz bestimmten Weise angeordnet sind. Die Ladung eines Körpers kommt dadurch zustande, dass von den Teilchen Elektronen aufgenommen oder abgegeben werden. Weil das Elektron negativ geladen ist, fehlt dem Körper bei Abgabe von Elektronen negative Ladung – er bleibt positiv geladen zurück. Dies lässt vermuten, dass auch die **Atome** eines Körpers elektrische Eigenschaften haben.

Forschungen in der Physik haben gezeigt, dass die Atome aus einem *Kern* und einer *Hülle* bestehen.
- Die Elektronen bilden die Hülle des Atoms.
- Entsprechend der Anzahl der Elektronen ist die Hülle mehr oder weniger negativ geladen.
- Da das Atom aber nach außen neutral ist, muss der Atomkern eine gleich große positive Ladung haben.

Besteht die Hülle z. B. aus sieben Elektronen, so hat der Atomkern eine positive Ladung, die siebenmal entgegengesetzt so groß ist wie die Ladung eines Elektrons. Jede elektrische Ladung ist ein Vielfaches der Ladung eines Elektrons. Weil es keine kleinere Ladung als die des Elektrons gibt, wird die Ladung des Elektrons **Elementarladung** genannt.

Mit dieser Vorstellung vom Atombau können die Beobachtungen der Experimente erklärt werden:
- Durch Reiben eines Glasstabes mit einem Tuch werden einige Elektronen aus den Hüllen der sich an der Oberfläche befindenden Atome herausgelöst. Diese gehen auf das Tuch über und lagern sich dort in den Atomhüllen zusätzlich an. Damit hat der Glasstab insgesamt weniger Elektronen als vorher, das Tuch mehr. Was der Glasstab an (negativer) Ladung abgibt, bekommt das Tuch dazu. Beide haben eine gleich große, aber entgegengesetzte Ladung.
- In Metallen sind nicht alle Elektronen fest an ihr Atom gebunden, einige können sich frei zwischen den Atomen bewegen. Daher sind Metalle gute elektrische Leiter. Berührt eine Metallkugel den negativen Pol einer elektrischen Quelle, so fließen Elektronen auf das Metall. Dadurch wird die Anzahl der Elektronen erhöht. Die vorher elektrisch neutrale Kugel ist jetzt negativ geladen.

In beiden Fällen – Kugel und Glasstab – wird die Zahl der *Elektronen* des Körpers verändert, die Zahl der Atome (und damit auch der Atomkerne) bleibt gleich. Überwiegt die negative Ladung der Elektronen, ist der Stab negativ geladen; überwiegt die positive Ladung der Atomkerne, ist er positiv geladen.

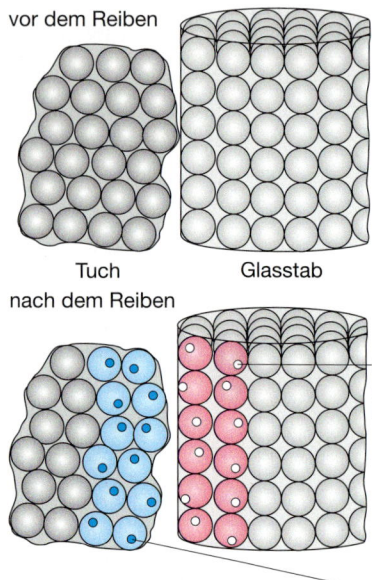

vor dem Reiben

Tuch          Glasstab

nach dem Reiben

fehlende Hüllen-Elektron

zusätzliches Hüllen-Elektron

Jedes neutrale Atom kann ein, zwei oder mehr Elektronen in seine Hülle aufnehmen oder abgeben. Es wird dadurch zu einem einfach, zweifach oder mehrfach negativ oder positiv geladenen Atom. Solche positiv oder negativ geladenen Atome heißen **Ionen.**

> Atome bestehen aus einem Kern mit positiver Ladung und aus einer Hülle, die von negativ geladenen Elektronen gebildet wird. Bei einem neutralen Atom sind die positive Ladung des Kerns und die negative Ladung der Hülle entgegengesetzt gleich groß.

### Aufgaben

**1** Ein neutrales Atom hat in seiner Hülle acht Elektronen. Bestimme die Ladung des Kerns.

**2** Ein neutrales Atom nimmt ein weiteres Elektron in seiner Hülle auf. Bestimme die Ladung des Atoms.

**3** Eine Metallkugel ist positiv geladen worden. Erläutere,
**a)** wie sich die Anzahl der Elektronen der Kugel geändert hat,
**b)** wie die Ladung der Atomkerne.

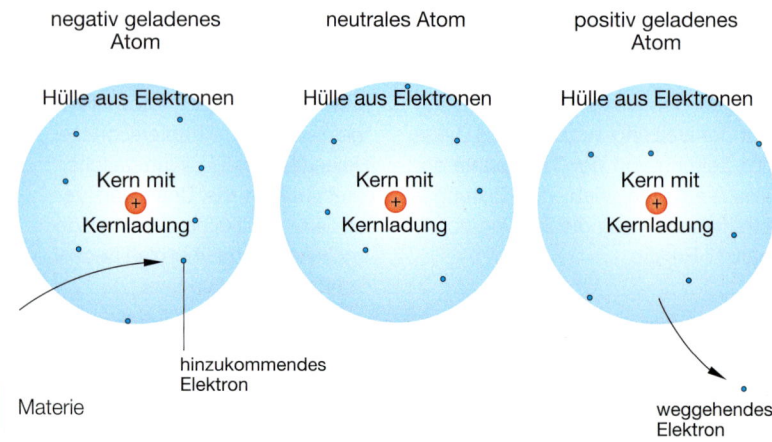

negativ geladenes Atom

Hülle aus Elektronen

Kern mit
+
Kernladung

hinzukommendes Elektron

neutrales Atom

Hülle aus Elektronen

Kern mit
+
Kernladung

positiv geladenes Atom

Hülle aus Elektronen

Kern mit
+
Kernladung

weggehendes Elektron

## „Geisterhafte" Bewegungen durch elektrische Kräfte      **Streifzug**

### Influenz

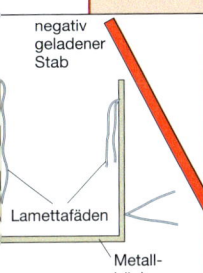

negativ geladener Stab

Lamettafäden

Metall-büchse

Streifen aus Aluminiumfolie werden, wie in der Skizze dargestellt, an einer Metalldose befestigt. Wird der Dose ein geladener Kunststoffstab genähert, so spreizt sich der Faden auf „geisterhafte" Weise ab, obwohl der Stab die Dose nicht berührt und somit keine Ladung von dem Stab auf die Dose übergegangen sein kann. Ein nichtgeladener Stab verursacht keine Bewegung des Fadens.

Da die Wirkung durch einen geladenen Körper hervorgerufen wird, müssen elektrische Kräfte die Ursache der Bewegung sein. Dose und Faden stoßen sich ab. Daher müssen sie gleichnamige Ladungen tragen, obwohl keine Ladung zu- oder abgeführt wurde. Die Dose und der Aluminiumfaden bestehen aus Metall. Darin liegt des Rätsels Lösung. Elektronen sind in Metallen frei beweglich. Wird z. B. der negativ geladene Kunststoffstab der Metalldose genähert, so werden die Elektronen im Metall abgestoßen und bewegen sich von dem Stab weg. Dadurch gelangen sie in den Teil der Dose, der sich auf der anderen Seite des Stabes befindet. Daher gibt es dann dort einen Elektronen-

überschuss sowohl in diesem Teil der Dose als auch im Aluminiumfaden. Beide sind jetzt negativ geladen und stoßen sich daher ab. Der dem Stab zugewandte Teil der Dose ist positiv geladen, da die Elektronen dort fehlen. Wird der Stab wieder entfernt, fließen die Elektronen wieder zurück. Dann ist jeder Teil der Dose und des Aluminiumfadens wieder neutral.

Diese Form der Ladungstrennung durch berührungsloses Verschieben der Elektronen in einem Leiter heißt **Influenz.** Mithilfe der Influenz können Körper auch aufgeladen werden. Wird den zwei Metallkugeln eine negativ geladenen Folie genähert (Bild rechts), so strömen Elektronen auf die Kugel, die der Folie abgewandt ist. Werden die Kugeln in Anwesenheit der Folie getrennt, so ist die eine negativ und die andere positiv geladen.

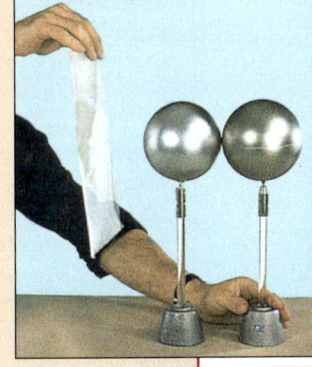

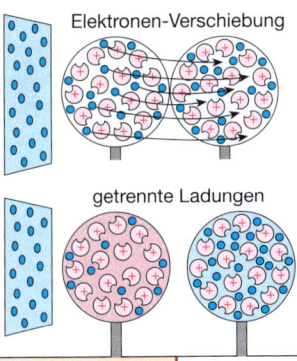

Elektronen-Verschiebung

getrennte Ladungen

### Polarisation

Bei Nichtleitern (Isolatoren) sind die Elektronen nicht frei beweglich. So behält ein geladener Kunststoffstab seine Ladung, auch wenn er an einem Ende angefasst wird. Wird ein geladener Kunststoffstab über Papierschnipsel gehalten, so werden auch diese von ihm angezogen, obwohl es keine frei beweglichen Elektronen im Papier gibt.

Die Vorgänge im Papier lassen sich aber mit folgender **Modellvorstellung** verstehen: Das Papier besteht aus länglichen Teilchen, die an einem Ende positiv und am anderen Ende negativ geladen sind. Da sie zwei Pole besitzen, werden sie *Dipole* (Zweipole) genannt. In Anwesenheit einer geladenen Folie bewirken die elektrischen Kräfte, dass sich die Dipole ausrichten. Dieses Phänomen ist vergleichbar mit einem Stück Eisen, das sich in der Nähe eines Magneten befindet. Die magnetischen Kräfte bewirken, dass sich die Elementarmagnete ausrichten, da sie einen Nord- und einen Südpol besitzen. Das Stück Eisen wird selbst zu einem Magneten, sodass Magnet und Eisenstück sich anziehen. Im elektrischen Fall

besitzt der Isolator elektrische Dipole, die sich in Anwesenheit eines elektrisch geladenen Körpers ausrichten. Es kommt zur Anziehung.

Allerdings muss bei Modellvorstellungen immer beachtet werden, dass sie bestimmte Sachverhalte erklären können, andere aber nicht. So führt zum Beispiel die fortwährende Teilung eines Magneten zu den Atomen – die als Stabmagnete gedachten Elementarmagnete gibt es nicht; aber das Modell erklärt die Anziehung bzw. die Magnetisierung von Eisen einleuchtend. Im Gegensatz dazu gibt es die elektrischen Dipole in Wirklichkeit und nicht nur als Modell wie die Elementarmagnete.

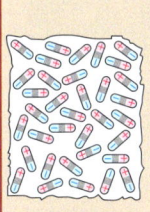

ohne Folie: keine Anziehung

mit negativer Folie: Anziehung

## Streifzug  Homo electrificatus

STEPHEN GRAY, ein englischer Sonderling, beschäftigte sich um 1729 mit elektrischen Versuchen. Dabei entdeckte er, dass es Stoffe gibt, durch welche sich der elektrische Strom ausbreiten kann, und andere, welche seine Ausbreitung verhindern.

So fand er, dass Flüssigkeiten wie Seifenlauge und Wasser den elektrischen Strom leiten. Wenn der Mensch ein „wässriges Wesen" ist, so dachte er,

muss sich auch im Menschen „Elektrizität", also Elektronen weiterleiten lassen. Dies führte er seinen Zuschauern auf besondere Art vor: Er hängte einen kleinen Jungen waagerecht auf, sodass der Knabe bäuchlings in isolierenden Seilen hing. Darunter streute er allerlei kleine Krümel. Wenn er einen geladenen Stab oder eine geladene Glasröhre an den Fußsohlen des Knaben abstreifte, dann flitzten die Krümel dem Jungen ins Gesicht und an die Hände. Auch Funken konnte er aus seiner Nase ziehen.

Mit solchen Experimenten ließen sich in jener Zeit die Damen und Herren in den vornehmen Salons unterhalten. Dies trug aber auch dazu bei, elektrische Erscheinungen bei vielen Leuten bekannt zu machen, die kaum Interesse an der Physik hatten.

### Früher lebten Wissenschaftler gefährlich!

Schon sehr früh wurden Blitze mit der „Elektrizität" in Verbindung gebracht. Hier ist besonders der amerikanische Drucker und Staatsmann BENJAMIN FRANKLIN (1706–1790) zu nennen, der sich auch mit der Untersuchung elektrischer Erscheinungen einen Namen gemacht hat. „Elektriziät" wurde durch Reiben von Glas- oder Schwefelkugeln „gewonnen" und in entsprechenden Gefäßen „gesammelt".

FRANKLIN wies nach, dass auch der Blitz aus dieser „Elektrizität" besteht. Dazu musste er den Blitz in das Gefäß hineinleiten. Er nutze einen Drachen, der an einer leitenden Schnur hing, die in das Gefäß hineinführte. So konnte er die „Elektrizität" des Blitzes einsammeln.

Wie gefährlich dies war, mussten sehr tragisch G. W. RICHMANN, ein namhafter, aus Deutschland stammender Physiker und sein Assistent bei Experimenten in St. Petersburg 1753 erfahren. Sie näherten sich während eines Gewitters einem durch das Labor führenden isolierten Blitzableiter und wurden prompt durch einen Blitz getötet.

## Blitz und Blitzschutz

Der Blitz war schon immer ein Naturschauspiel besonderer Art. Wie entstehen Blitze?

Durch die Bewegung von aufsteigenden Wassertröpfchen und herunterfallenden Hagelkörnern erfolgt eine Ladungstrennung in den Gewitterwolken. Eine sehr häufig anzutreffende Verteilung der Ladung ist im Bild unten dargestellt. Die große Ladung der Gewitterwolken erzeugt am Erdboden eine ebenso große, entgegengesetzte Ladung. Wie bei einem Funken kann nun der Ladungsausgleich durch die Luft erfolgen: Es entsteht ein Kanal in der Luft, in welchem sich Elektronen und andere geladene Teilchen von der Gewitterwolke zur Erde bewegen. Durch den Strom wird die Luft so heiß, dass sie Licht aussendet. Der Ladungsausgleich zwischen Erde und Wolke dauert nur 0,000 04 s, während ein Blitz etwa 0,1–0,2 s leuchtet.

Trifft ein Blitz einen Menschen, ein Tier oder eine Pflanze, so werden sie durch die großen elektrischen Ströme verbrannt, getötet bzw. zerstört. Dabei können Temperaturen bis zu 30 000 °C auftreten.

### Blitzableiter

Wird dem Blitz ein besonders einfacher Weg zur Erde in Form eines dicken Drahtes angeboten, so kann der Ladungsausgleich gefahrlos erfolgen. Bei kleineren Häusern genügt ein Draht auf dem Dachfirst und eine Spitze am Schornstein; große Gebäude werden von einem „Drahtkäfig" umspannt.

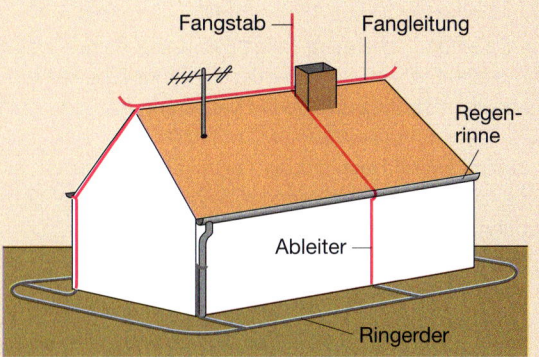

Fangstab — Fangleitung — Regenrinne — Ableiter — Ringerder

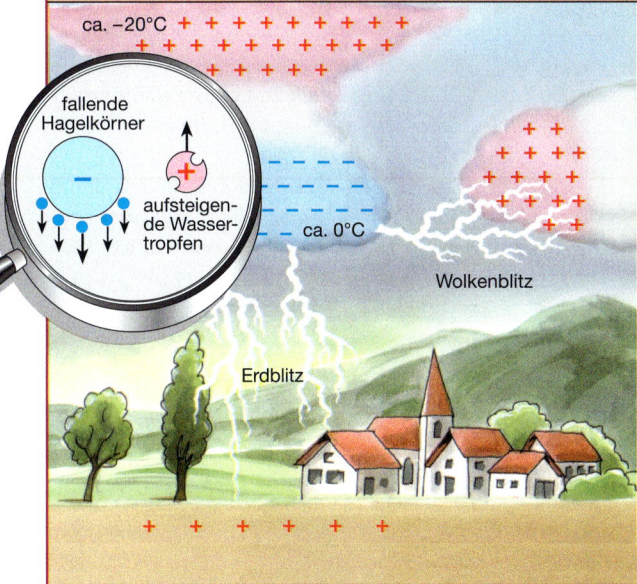

fallende Hagelkörner — aufsteigende Wassertropfen — ca. −20°C — ca. 0°C — Wolkenblitz — Erdblitz

### Schutzmaßnahmen

Befindest du dich bei Gewitter im Haus, solltest du dich von Wasserhähnen fern halten, da die zwangsläufig geerdeten Wasserleitungen vom Blitz auch als „Bahn" genutzt werden können.

Beim Aufenthalt im Freien während eines Gewitters sind folgende Vorsichtsmaßnahmen zu beachten:
- Weit entfernt halten von metallischen Türmen, Fahnenstangen usw.
- Nie unter einen Baum stellen (auch nicht unter Buchen!).
- Auf freiem Feld oder Wiesen nicht aufrecht gehen oder stehen. Besser sich hinlegen oder hinducken mit geschlossenen Beinen, möglichst in eine Mulde.
- Vom Fahrrad absteigen und das Rad zur Seite legen.
- Alle metallischen Gegenstände wie Schirme, Kameras etc. von sich entfernen.
- Nicht von außen an ein Auto anlehnen. Im Inneren des Autos ist man durch die metallische Karosserie geschützt.
- Nicht im See baden.
- Wenn möglich sehr nassen Untergrund meiden.

# Die elektrische Stromstärke

Je nach der gewählten Kochstufe glühen die Heizspiralen im Ceranfeld hellgelb oder dunkelrot. Über die Kochstufe wird die Stromstärke für die Kochplatten eingestellt. Unterschiedlich starke elektrische Ströme haben also unterschiedlich große Wirkungen. Welche Möglichkeiten gibt es, die Stromstärke zu messen? Wie kann die Stärke des elektrischen Stroms im Elektronenbild veranschaulicht werden?

## Fließende Elektronen im Stromkreis

Das folgende Experiment liefert Hinweise darauf, dass die Vorstellung sich bewegender Elektronen bei einem elektrischen Strom sinnvoll und vernünftig ist.

In einem Experiment werden zwei Glimmlampen in Reihe geschaltet. Der Stromkreis wird zwischen den beiden Glimmlampen unterbrochen.
**1.** Wird die Glimmlampe ① mit einer isolierten Metallkugel berührt, so leuchtet sie an der der Kugel abgewandten Seite auf.
**2.** Wird nun mit dieser Kugel die Glimmlampe ② berührt, so leuchtet diese an der der Kugel zugewandten Seite kurz auf. Dieser Vorgang kann laufend wiederholt werden; dabei zeigt sich:

⚡ **Lehrerversuch** ⚡

- je schneller dies geschieht, desto häufiger leuchten die Glimmlampen auf;
- je größer die Kugel, umso heller leuchten die Glimmlampen.

Wie kann diese Beobachtung erklärt werden?

Das Aufblitzen der Glimmlampe zeigt einen Stromfluss, also die Bewegung von Elektronen, an. Im 1. Fall müssen sich Elektronen zur Kugel bewegt haben; somit müssen sich mehr Elektronen auf der Kugel befinden als vorher. Die Kugel ist *geladen* worden. Die mit Elektronen beladene Kugel kann Elektronen wieder abgeben, wenn sie an das andere Ende des offenen Stromkreises gehalten wird (2. Fall). Das kurze Aufleuchten zeigt dies an. Ein erneutes Berühren mit derselben Kugel ruft kein weiteres Aufblitzen hervor. Es stehen offensichtlich keine „überschüssigen" Elektronen mehr zur Verfügung, die einen Stromfluss bewirken könnten. Die Kugel ist *entladen.*

Eine größere Kugel nimmt mehr Elektronen auf. Das stärkere Aufleuchten der Glimmlampen zeigt es an. Die Kugel kann „mehr" oder „weniger" geladen werden. Auf diese Weise können bei einer Bewegung mehr oder weniger Elektronen übertragen werden.

Der unterbrochene Stromkreis wurde durch „manuellen" Transport der Elektronen „geschlossen". Werden die beiden Glimmlampen durch einen Draht verbunden, leuchten beide ohne Unterbrechung. Im geschlossenen Stromkreis werden laufend Elektronen vom Minus- zum Pluspol verschoben. Es fließt ein gleichmäßiger, ununterbrochener elektrischer Strom.

Die aufgestellte Vermutung über die Elektronenbewegung bei elektrischem Stromfluss erweist sich als anwendbar. Die Richtung von ⊖ nach ⊕ ist damit bestätigt worden.

**Elektrischer Strom ist tatsächlich die Bewegung von Elektronen.**

> Die Wirkungen des elektrischen Stromes werden durch die Bewegung der Elektronen in den Drähten der Elektrogeräte hervorgerufen.

## Eine Einheit für die elektrische Stromstärke

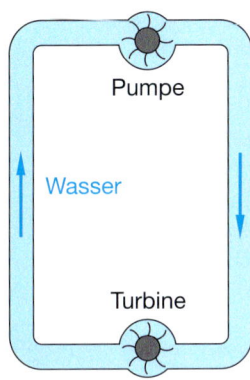

Pumpe

Wasser

Turbine

Da sich das Strömen der Elektronen nicht beobachten lässt, hilft es häufig, sich dieses mithilfe von fließendem Wasser vorzustellen:
Die Pumpe treibt das Wasser durch die Röhren wie eine elektrische Quelle die Elektronen durch die leitenden Verbindungsdrähte. Die Wirkung des Wassers kann an der sich drehenden Turbine beobachtet werden. Im elektrischen Fall führt der Stromfluss durch ein Gerät zu einer beobachtbaren Wirkung. Die Wassermenge im Kreislauf ändert sich nicht. Es gibt keine Anhäufungen, keine Verdünnungen, aber auch keine Staus.

---

**Elektrische Stromstärke**

Das Formelzeichen ist $I = \frac{Q}{t}$.
Die Einheit ist 1 A (Ampere): $1\,A = 1\,\frac{C}{s}$.

Weitere Einheiten:
Milliampere:  $1\,mA = \frac{1}{1000}\,A$
Mikroampere:  $1\,\mu A = \frac{1}{1\,000\,000}\,A$

---

Die Messung der Stromstärke kann damit auf eine Ladungs- und Zeitmessung zurückgeführt werden: Die elektrische Stromstärke ist definiert als Quotient aus der durch die fließenden Elektronen transportierten Ladung $Q$ und der Dauer $t$ des Stromflusses:
$I = \frac{Q}{t}$.

Wie viel Wasser strömt, kann beim Füllen eines Gefäßes verdeutlicht werden: Je geringer der Wasserhahn aufgedreht ist, desto länger dauert das Füllen. Aus der Füllmenge und der dafür benötigten Zeit kann die Wasserstromstärke ermittelt werden z. B. als Liter pro Sekunde. Weil in 1 ℓ Wasser 15 Quadrillionen Wasserteilchen enthalten sind, bedeutet $1\,\frac{\ell}{s}$ auch 15 Quadrillionen Teilchen je Sekunde.

**Zentraler Versuch**

0,1 ℓ in 1 s     0,3 ℓ in 1 s

> Die elektrische Stromstärke gibt an, wie viele Elektronen in einer bestimmten Zeit an einer Stelle des Stromkreises vorbeiströmen.

Im elektrischen Stromkreis fließen Elektronen, die von der Quelle in Bewegung gesetzt werden. Eine entsprechende Wirkung, z. B. das Aufleuchten einer Lampe, kann sofort nach Schließen des Stromkreises wahrgenommen werden.
Eine Möglichkeit zur Bestimmung der Größe der **elektrischen Stromstärke** wäre das Zählen der Elektronen, die in einer bestimmten Zeit an einer Stelle des Stromkreises vorbeiströmen. Werden viele Elektronen in einer Sekunde durch einen Querschnitt des Leiters geschoben, ist die Stromstärke groß; sind es nur wenige, ist sie klein.

Einzelne Elektronen rufen bei ihrer Bewegung im elektrischen Stromkreis keine wahrnehmbare Wirkung hervor. Erst die Bewegung von sehr vielen Elektronen führt zu beobachtbaren Wirkungen. Deshalb sind es sehr große Portionen von Elektronen, die die Wirkungen des elektrischen Stromes hervorrufen. Wenn 6 240 000 000 000 000 000 (das sind 6,24 Trillionen) Elektronen in jeder Sekunde an einer Stelle des Stromkreises vorbeifließen, ist das eine Stromstärke von **1 Ampere (1 A).** Das ist die Stromstärke, die etwa bei einem Haartrockner bei Stufe 1 auftritt. Die Einheit Ampere ist nach dem französischen Physiker André Marie Ampère (1775–1836) benannt.

### Aufgaben

1. Berechne, wie viele Elektronen bei einer Stromstärke von 0,5 A in jeder Sekunde vorbeiströmen.
2. 12,48 Trillionen Elektronen fließen pro Sekunde. Bestimme die gemessene Stromstärke.
3. Vergleiche, wie sich die Stromstärken unterscheiden,
   a) wenn 12 Trillionen Elektronen in zwei Sekunden
   b) wenn 18 Trillionen Elektronen in drei Sekunden
   durch einen Draht fließen.
4. An einem Strommessgerät werden 36 mA abgelesen. Rechne um in A.
5. Erläutere die Aufschrift (6 V | 0,5 A) auf einem Fahrradlämpchen.
6. Ein Durchlauferhitzer für ein Waschbecken liefert 1,8 ℓ Warmwasser pro Minute. Gib die Wasserstromstärke in der Einheit $\frac{\ell}{s}$ an.

## Messung der elektrischen Stromstärke

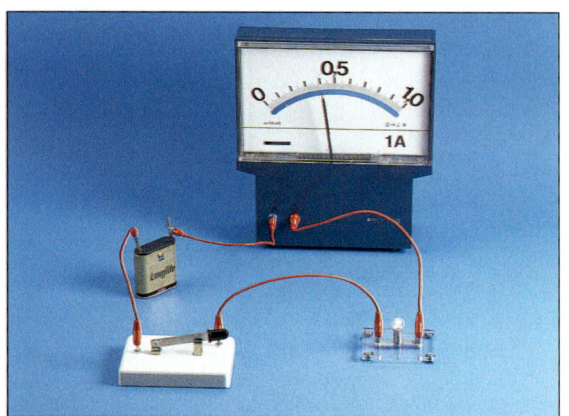

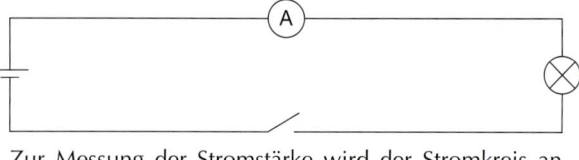

Zur Messung der Stromstärke wird der Stromkreis an einer Stelle „aufgetrennt" und die entstehende Lücke mit dem Messgerät geschlossen. So fließen alle Elektronen auch durch das Messgerät und können dort registriert werden. Die Stromstärke im Stromkreis kann dann am Messgerät abgelesen werden.

> Elektrische Strommessgeräte werden immer mit den Geräten im Stromkreis in Reihe geschaltet.

In der Praxis haben sich Messgeräte mit verschiedenen Messbereichen und Anzeigen bewährt:
- *Analog anzeigende Geräte* haben einen Zeiger und oft mehrere Skalen. Je nach dem eingestellten Messbereich muss eine Umrechnung des angezeigten Skalenwertes in den tatsächlichen Messwert erfolgen.
- Bei *digital anzeigenden Geräten* wird der gemessene Wert als Zahl in einem Display ausgegeben.

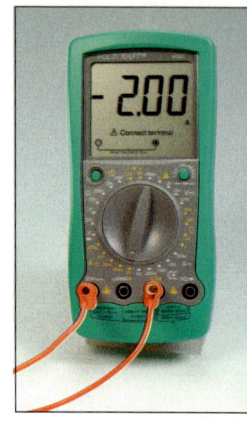

### Aufgaben

**1** **a)** Bestimme die angezeigte Stromstärke bei dem analogen Messgerät unten. Achte auf den eingestellten Messbereich.
**b)** Gib die Stromstärke (bei gleicher Zeigerstellung) an, wenn der Messbereich auf 100 mA bzw. 3 A eingestellt wäre.
**c)** Gib an, in welchem Messbereich ein Strom der Stärke 0,12 A gemessen werden sollte.
**d)** Erläutere die Verwendung der roten Skalen.
**e)** Begründe, weshalb immer zunächst der höchste Messbereich eingestellt werden sollte.

---

### Werkzeug — Umgang mit dem Strommessgerät

- Schaltzeichen: —(A)—
- Schalte den Strom aus, bevor du ein Messgerät anschließt.
- Schalte das Messgerät nie allein in einen Stromkreis, sondern nur in Reihe mit einem Gerät.
- Die ⊕ Buchse (rot) muss an den Pluspol angeschlossen werden.
- Wähle bei einem Vielfachmessgerät die richtige Einstellung: A – für Gleichstrom, A ~ für Wechselstrom.
- Stelle zuerst immer den höchsten Messbereich ein, wenn du keine Abschätzung hast, wie groß der Messwert etwa sein könnte.
  Verringere den Messbereich dann so lange, bis ein gut ablesbarer Messwert zu beobachten ist.
- Entferne das Messgerät aus dem Stromkreis erst dann, wenn der Strom wieder ausgeschaltet ist.

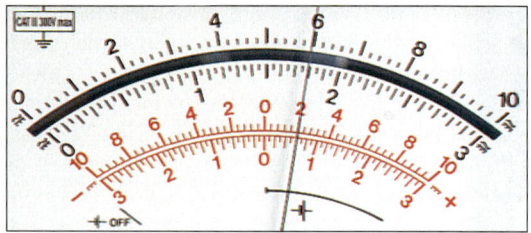

- Bei analogen Messgeräten immer senkrecht auf den Zeiger schauen und den abgelesenen Skalenwert unter Beachtung des Messbereichs richtig umrechnen.

## Beispiele für Stromstärken

Stromstärken können sehr unterschiedlich sein. In den Nervenbahnen des Menschen fließen nur Bruchteile von Milliampere, während bei Gewitterblitzen elektrische Ströme von 20 000 A und mehr fließen können. Die Gefährdung des Menschen hängt sehr von der Zeit ab, die ein elektrischer Strom durch den Körper fließt und davon, welche Organe direkt in der leitenden Verbindung liegen.

Nebenstehende Tabelle gibt Auskunft, welche Geräte welche Stromstärke benötigen.

Stromstärken über ca. 10 mA sind schmerzhaft. Überschreiten sie 50 mA sind sie gesundheitsschädlich oder sogar tödlich.

| Gerät | Stromstärke |
|---|---|
| LED | 0,003 bis 0,35 A |
| Mobiltelefon | 0,02 bis 0,05 A |
| Fahrradlampe | 0,1 bis 0,5 A |
| Sparlampe | 0,03 bis 0,1 A |
| Glühlampe | 0,1 bis 5 A |
| Kühlschrank | 0,07 bis 0,2 A |
| Föhn, Staubsauger | 1 bis 6 A |
| Geschirrspüler Waschmaschine | 10 bis 16 A |
| Straßenbahn | 100 bis 400 A |
| Anlasserstrom beim Pkw | 350 A |
| Aluminiumherstellung | 10 000 A |
| Gewitterblitz | 20 000 A |
| Elektro-Schmelzofen (Edelstahlherstellung) | bis 100 000 A |

## Stromstärken in Computern

Die Prozessoren moderner Computer steuern ihren Strombedarf je nach angeforderter Rechenleistung. Das spart Stromkosten und vermindert das Aufheizen des Bauteils.

Die Stromänderungen erfolgen dabei im Millisekunden-Takt. Aus diesem Grund sind rund um den Prozessor Hochleistungskondensatoren angebracht, die die benötigten elektrischen Ladungen in diesen kurzen Zeiträumen zur Verfügung stellen können. Dabei werden Stromstärken um 100 A im Prozessor erreicht!

## Elektrodenschweißen – heiß muss es werden!

Beim Schweißen muss es heiß werden, schnell und auf den Punkt genau. Das zu schweißende Werkstück soll schließlich an der Schweißstelle so stark erhitzt werden, dass das Eisen dort schmilzt und sich die beiden Teile dauerhaft und fest miteinander verbinden.

Beim Elektrodenschweißen wird dieses Ziel dadurch erreicht, dass die Wärmewirkung eines Stromes hoher elektrischer Stromstärke auf eine kleine Stelle konzentriert wird. Schon einfache Heimwerkergeräte liefern Stromstärken von 160 A bis 250 A. Solch starke Ströme fließen durch Elektrode und Werkstück, denn dieses ist über ein Kabel mit einer Zwinge Teil des Stromkreises. An der Berührungsstelle entstehen Temperaturen von mehr als 4000 °C, die sowohl die Elektrodenspitze als auch das Eisen des Werkstückes zum Schmelzen bringen und die Naht damit dauerhaft verbinden.

## Stromstärken in Stromkreisen

Die Messung der Stromstärke in einem Stromkreis mit nur einer einzigen Glühlampe (6 V | 0,1 A) zeigt, dass der Elektronenstrom immer gleich groß ist – egal wo gemessen wird: Vor und hinter der Lampe zeigen die Strommesser die Stromstärke $I_1 = I_2 = 0,1$ A an.

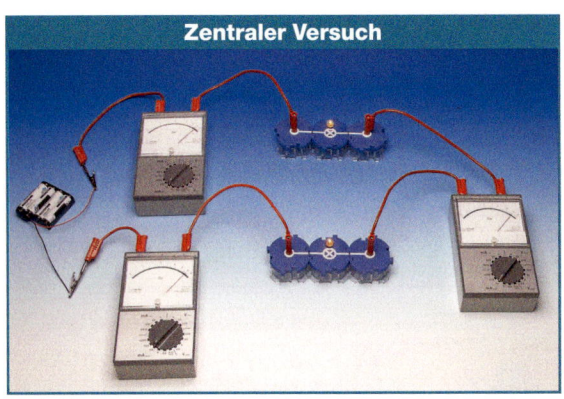

### Reihenschaltung

**Zentraler Versuch**

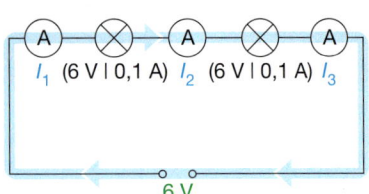

Ein Vergleich der Helligkeit der Lampen in einer Reihenschaltung von zwei gleichen Glühlampen (6 V | 0,1 A) mit der Helligkeit einer einzelnen Lampe bei gleicher Spannung zeigt: Die Lampen leuchten jetzt schwächer. Die elektrische Stromstärke muss geringer sein als bei der einzelnen Lampe, aber trotzdem an allen Stellen – vor der Lampe ①, zwischen der Lampe ① und der Lampe ②, nach der Lampe ② – gleich groß. An allen drei Messgeräten wird 0,05 A abgelesen.

Daraus kann geschlossen werden, dass an allen Stellen des Stromkreises gleich viel Elektronen pro Sekunde vorbeifließen. Es gehen keine Elektronen verloren. Werden mehrere Lampen hintereinander geschaltet, so zeigen die Messinstrumente – bei gleicher Nennspannung der Quelle – eine geringere Stromstärke an als bei nur einer Lampe, der Elektronenstrom wird also schwächer.

> In einer Reihenschaltung ist die elektrische Stromstärke an allen Stellen gleich groß: $I_1 = I_2 = I_3 = \dots$

### Parallelschaltung

**Zentraler Versuch**

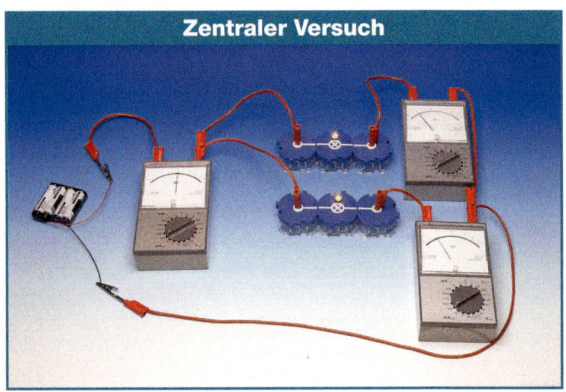

Werden die beiden Lampen parallel an die Batterie angeschlossen, so leuchten beide genau so hell wie die einzelne Lampe. Die Stromstärke müsste jeweils 0,1 A betragen. Dies zeigen auch die beiden Messgeräte an.

Die Stromstärke vor der Verzweigung muss so groß sein wie die Stromstärken in den beiden Zweigen zusammen, da sich der Elektronenstrom am Ver- 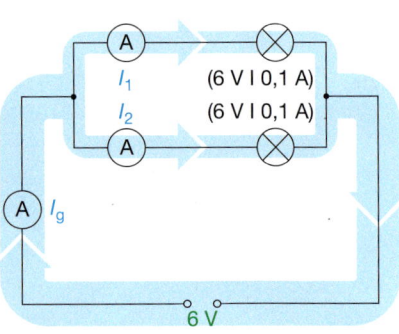 zweigungspunkt (*Knoten*) teilt und keine Elektronen verloren gehen. Die Stromstärke nach der Vereinigung müsste die Summe aus den beiden Teilströmen sein, da die Elektronenströme an diesem Knotenpunkt wieder zusammenkommen und gemeinsam weiterfließen. Tatsächlich werden davor und dahinter 0,2 A gemessen.

> **Knotenregel:** In einer Parallelschaltung ist die Stromstärke vor und nach den Knoten (Verzweigungen), die Gesamtstromstärke $I_g$ gleich der Summe der Teilstromstärken $I_1$ und $I_2$: $I_g = I_1 + I_2 + \dots$

Welche Stromstärken werden gemessen, wenn unterschiedliche Lampen oder Geräte parallel liegen – gilt also auch dann $I_g = I_1 + I_2 + \ldots$?
Eine Parallelschaltung mit zwei unterschiedlichen Lampen und einem kleinen Ventilator bestätigt diese Vermutung.

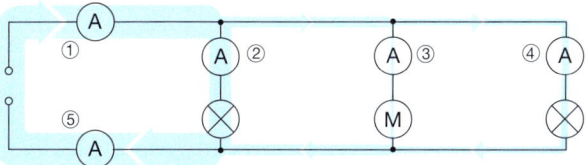

Bei Teilstromstärken von 0,3 A, 0,05 A und 0,1 A (Messgeräte ② bis ④) wird eine Gesamtstromstärke von 0,45 A gemessen und zwar wiederum vor und hinter den Verzweigungspunkten (Knoten). Die Gesamtstromstärke ist gleich der Summe der Teilstromstärken.

Die Stromstärke in den einzelnen Zweigen ist dabei geräteabhängig und unabhängig davon, ob zwei, drei oder mehr Geräte parallel geschaltet sind. Werden z. B. nur der Ventilator und die rechte Lampe parallel geschaltet, so betragen die Teilströme wie zuvor 0,05 A und 0,1 A; die Gesamtstromstärke ist die Summe dieser Werte, also 0,15 A.

Durch Parallelschalten von Elektrogeräten wird die Gesamtstromstärke in der Zuleitung zur Parallelschaltung also vergrößert. Das muss beim Betrieb von mehreren Geräten an einer Steckdose beachtet werden.

> Die Knotenregel gilt für beliebige Teilstromstärken.

### Rechenbeispiel

An den Strommessgeräten werden die angegebenen Stromstärken gemessen. Bestimme die Stromstärke, die vom Messgerät ③ ($I_3$) angezeigt wird.

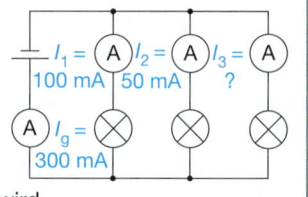

Lösung:
Bei Parallelschaltung gilt $I_g = I_1 + I_2 + I_3$.
Da $I_g$, $I_1$ und $I_2$ bekannt sind, ist die Formel nach $I_3$ umzustellen: $I_g - I_1 - I_2 = I_3$
$I_3 = 300\,\text{mA} - 100\,\text{mA} - 50\,\text{mA} = 150\,\text{mA}$

Das Messgerät zeigt eine Stromstärke von 150 mA an.

## Aufgaben

**1** Die Bilder zeigen Knotenpunkte von Strömungen. Erläutere an allen drei Beispielen die Knotenregel $I_g = I_1 + I_2 + I_3 + \ldots$
Beginne: „Wenn am Knoten kein Stau entstehen soll, …"

**2** Eine Küchenmaschine (0,4 A) und eine Kaffeemaschine (2,5 A) sind parallel geschaltet.
a) Berechne die Gesamtstromstärke, wenn beide an einer Mehrfach-Steckdose betrieben werden.
b) Fertige eine Schaltskizze an.

**3** Messgerät ① zeigt $I_1 = 2\,\text{A}$ an, Messgerät ② $I_2 = 1,5\,\text{A}$. Ermittle die Anzeige von Messgerät ③.

**4** a) Autoscheinwerfer sind parallel geschaltet. Ein Autofahrer bemerkt es selten sofort, wenn einer der Autoscheinwerfer ausgefallen ist. Erkläre dies.
b) Beurteile auch aus Sicht der Verkehrssicherheit den Vorschlag, die Autoscheinwerfer in Reihe zu schalten.

**5** Eine elektrische Weihnachtsbaumbeleuchtung besteht aus zwölf in Reihe geschalteten Kerzen. Durch die erste Kerze fließt ein Strom von 0,1 A. Begründe, ob durch die elfte Kerze mehr, weniger oder gleich viele Elektronen pro Sekunde fließen im Vergleich zur ersten Kerze.

**6** Bei einer Wohnzimmerbeleuchtung sind vier Halogenlampen mittels eines Schienensystems parallel geschaltet. Die Gesamtstromstärke beträgt 10 A. Bestimme die Stromstärke durch eine einzelne Lampe.

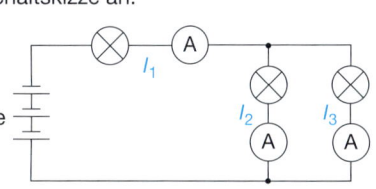

## Versuche und Aufträge    Elektrische Stromstärke

**V1** Schließe auf unterschiedliche Weise an eine elektrische Quelle nacheinander bis zu drei gleiche Glühlampen an.
**a)** Beobachte.
**b)** Erkläre deine Beobachtung.
**c)** Miss an sinnvollen Stellen die Stromstärken und begründe das Ergebnis mit der Knotenregel.

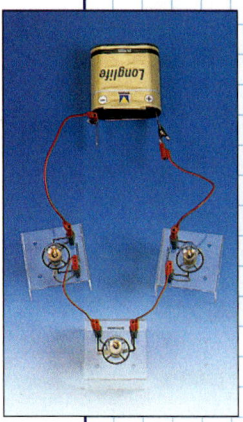
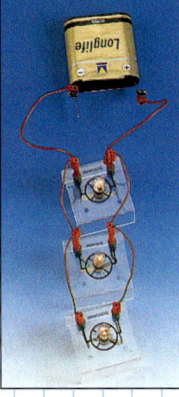

**V2** Untersuche die Glühlampen, die in einer Fahrradbeleuchtung Verwendung finden.

**a)** Schließe die Lampen einzeln und in Reihe an eine Batterie an. Beobachte die Helligkeit.
**b)** Für die Scheinwerferlampe wird eine Stromstärke von 0,3 A und für die Rücklichtlampe von 0,1 A angegeben. Welche Gesamtstromstärke muss von dem Dynamo geliefert werden, wenn beide Lampen mit voller Helligkeit leuchten sollen?
**c)** Baue die Schaltung b) nach und beobachte wieder die Helligkeit.

**V3** Baue die folgende Schaltung auf.

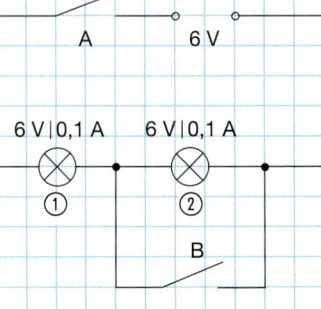

**a)** Überlege, wie die Helligkeit der Lampen ① und ② beim Schließen des Schalters A sein wird. Begründe.
**b)** Überprüfe durch Messen mit einem Strommessgerät.
**c)** Ändert sich die Helligkeit, wenn zusätzlich der Schalter B geschlossen wird? Begründe. Überprüfe.

## Streifzug    Parallelschaltung im Haushalt

Die Schaltung der Steckdosen und Lampen in den Haushalten sind Parallelschaltungen. Wenn also viele elektrische Geräte angeschlossen sind, können in den gemeinsamen Zuleitungen sehr hohe Stromstärken auftreten. Bekannt ist aber auch, dass bei großen Stromstärken die Wärmeentwicklung in den Leitungen beträchtlich sein kann. Um Brände zu vermeiden, werden die Hausanlagen mit Sicherungen versehen, die bei Überschreiten der zulässigen elektrischen Stromstärke den Stromkreis unterbrechen. Vor einigen Jahrzehnten genügte eine Absicherung mit 6 A. So waren auch die Leitungen ausgelegt, d.h. relativ dünne Leitungen reichten aus. Heute benötigen Geräte wie Waschmaschinen oder Herde große Stromstärken. Sie haben daher einen eigenen Stromkreis und sind in der Regel mit 16 A abgesichert. Deshalb sind in jeder Wohnung mehrere Stromkreise installiert, die einzeln abgesichert sind.

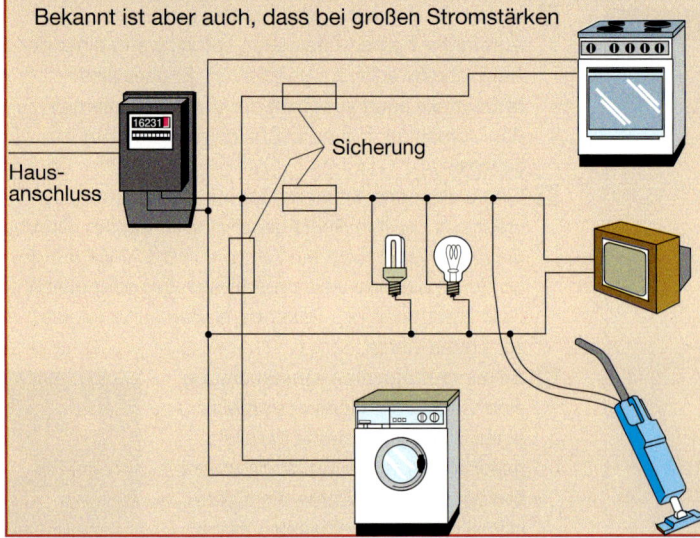

## Stromkreise im Haushalt

Die elektrische Energie kommt meist über ein Erdkabel von der nächsten Netzstation ins Haus. Die erste Station im Haus ist der **Hausanschlusskasten.** Er enthält die Hauptsicherung, die *Panzersicherung,* für das gesamte Haus. Von dort aus führen Leitungen zu den **Abzweigkästen,** die die Stromkreise für jeden einzelnen Haushalt trennen. Diese Abzweigkästen sind mit Plomben versiegelt, damit nicht in die Energieversorgung einer anderen Familie eingegriffen werden kann. Vom Abzweigkasten gehen Leitungen zur **Zählertafel** im jeweiligen Haushalt. Der Zähler zeigt an, wie viel elektrische Energie von diesem Haushalt dem Netz entnommen wurde; dies ist die Grundlage für die Stromrechnung.

Von der Zählertafel führen mehrere Leitungen zur **Unterverteilung.** Hier befinden sich die Sicherungen für die verschiedenen Stromkreise der Wohnung. Da der Bedarf an elektrischer Energie in den verschiedenen Räumen der Wohnung unterschiedlich ist, sind verschiedene Stromkreise geschaltet. In den meisten Wohnungen werden beispielsweise Herd und Waschmaschine in jeweils eigene Kreise gelegt, da diese Elektrogeräte einen sehr hohen Energiebedarf haben; manche Herde haben sogar getrennte Stromkreise für Herdplatten und Backrohr.

Die Leitungen für die weitere Verteilung der elektrischen Energie gehen vom Sicherungskasten zu **Abzweigdosen** und von dort zur letzten Station, den Steckdosen oder den Anschlüssen für Lampen und andere fest installierte Geräte.

Der Vorteil dieser getrennten Kreise ist, dass bei einem Fehler in einem Elektrogerät, der ein Ansprechen der Sicherung zur Folge hat, nur die Energiezufuhr in diesem speziellen Kreis unterbrochen wird, während alle anderen Räume weiterhin mit elektrischer Energie versorgt werden.

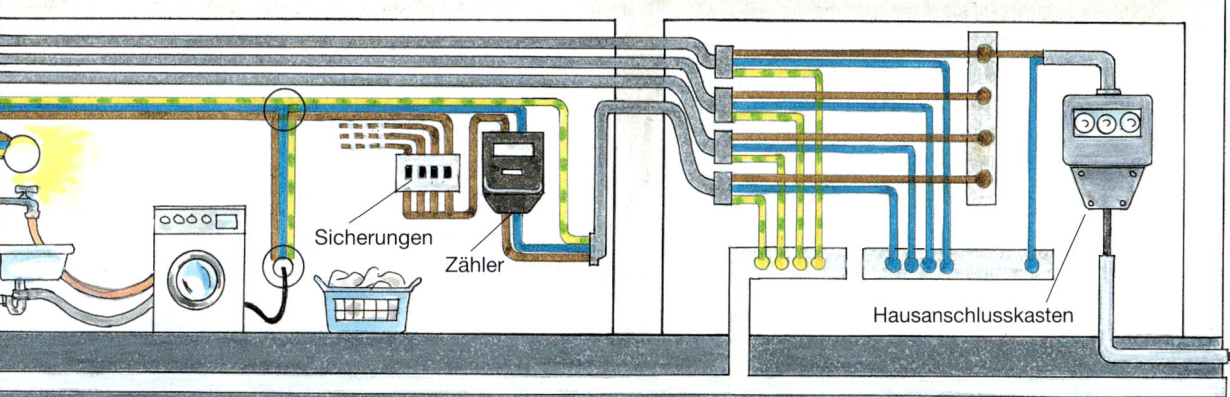

Verteilerdose

Verteilerdose

Sicherungen

Zähler

Hausanschlusskasten

zur Netzstation

# Die elektrische Spannung

**Für den Betrieb von Taschenlampen oder Mobiltelefonen sind Batterien oder Akkus notwendig. Die Geräte benötigen unterschiedliche Batterietypen, die sich in ihrer Spannung und der Bauform unterscheiden: Während Batterien häufig eine Spannung von 1,2 Volt und die Akkus von Mobiltelefonen 3,8 Volt haben, besitzt eine Autobatterie eine Spannung von 12 Volt und die Steckdosen 230 Volt.**
**Was bedeutet eine unterschiedlich hohe Spannung?**

## Die Spannung – der Antrieb der Elektronen im Stromkreis

Das Ansinnen der Personen auf den Bildern ist in allen Fällen gleich: Das Gefährt soll bewegt werden. Dabei unterscheiden sich aber jeweils die Bedingungen.

Im oberen Bild kann der leicht rollende Einkaufswagen leicht von dem Mann geschoben werden.
Das Auto im mittleren Bild dagegen ist nicht so leicht in Bewegung zu versetzen. Trotz des gleichen „Antriebs" bewegt es sich nur langsam.
Im unteren Bild ist die Hemmung durch das Auto so groß, dass es das Kind nicht schafft, es zu bewegen.

Der Antrieb der Fahrzeuge durch die Personen führt zu unterschiedlichen Geschwindigkeiten, da Hemmung und Antrieb unterschiedlich stark gegeneinander wirken. Damit eine Bewegung zustande kommt, müssen Antrieb und Hemmung zueinander passen.

**Zentraler Versuch**

Die Bilder auf der rechten Seite zeigen einen einfachen Stromkreis aus einer Batterie, zwei Kabeln und einer angeschlossenen Glühlampe.
Im oberen Bild leuchtet das angeschlossene Lämpchen hell auf. Die Glühlampe in der Mitte leuchtet bei gleicher Batterie deutlich schwächer und unten im Bild schafft es die schwache Batterie nicht, die Lampe überhaupt zum Leuchten zu bringen.

Die Situationen in den Stromkreisen sind ähnlich denen beim Schieben der Fahrzeuge: Damit im elektrischen Stromkreis Elektronen fließen können, benötigen sie einen Antrieb, der durch eine Batterie oder ein Netzteil erzeugt wird. Die angeschlossene Lampe hemmt den Fluss der Elektronen, sodass bei ungünstiger Wahl von Batterie und Lampe kein oder kaum ein Elektronenstrom zustande kommt. Im elektrischen Stromkreis gilt ebenfalls, dass Antrieb und Hemmung aufeinander abgestimmt sein müssen.

Der Antrieb im elektrischen Stromkreis heißt **Spannung.** Je größer die Spannung ist, desto stärker können die Elektronen angetrieben werden. Die Spannung wird in der Einheit **1 Volt (1 V)** angegeben. Der Antrieb einer Blockbatterie mit 9 V ist sechs Mal so groß wie der einer Monozelle mit einer Spannung von 1,5 V.

---

### Spannung

Das Formelzeichen ist $U$.
Die Einheit ist 1 V (Volt).

Weitere Einheiten:

Millivolt: $1\text{ mV} = \frac{1}{1000}\text{ V}$
Kilovolt: $1\text{ kV} = 1000\text{ V}$
Megavolt: $1\text{ MV} = 1000\text{ kV}$
$\qquad\qquad\quad = 1\,000\,000\text{ V}$

---

| Spannungen in Natur und Umwelt | |
|---|---:|
| Blitz | 10 000 000 V |
| Hochspannungsleitungen | 380 000 V |
| Zitteraal | 500 V |
| Haushaltssteckdose | 230 V |
| Autobatterie | 12 V |
| MP3-Player | 3 V |
| Reizleitung bei Nerven | 50 mV |

---

Damit in einem Stromkreis ein elektrischer Strom fließen kann, ist ein Antrieb für die Elektronen notwendig, eine Spannung. Diese Spannung wird von der elektrischen Quelle zur Verfügung gestellt.

# Batterien

Batterien sind elektrische Quellen, bei denen die Spannung zwischen den Polen mittels einer chemischer Reaktion entsteht. Das so etwas möglich ist, entdeckte Luigi GALVANI (1737–1798) am Ende des 18. Jahrhunderts. Ihm zu Ehren wurden die Vorläufer unserer heutigen Batterien galvanische Elemente genannt. Endgültig geklärt wurden die Vorgänge durch seinen Landsmann Alessandro VOLTA (1745–1827). In Würdigung seiner Verdienste wurde die Einheit der Spannung Volt genannt. Er machte im Prinzip den oben dargestellten Versuch:

**Zentraler Versuch**

Kupfer — Zink

Werden eine Zink- und eine Kupferplatte in eine leitende Flüssigkeit (Elektrolyt) getaucht und z. B. ein Lämpchen angeschlossen, so beginnt es zu leuchten. Offensichtlich fließt ein elektrischer Strom.

Beim Kontakt der beiden Metalle mit dem Elektrolyt entstehen durch chemische Reaktionen an einer Platte Elektronenmangel und an der anderen Elektronenüberschuss. Dadurch bilden sich Plus- und Minuspol dieser „Batterie". Wie groß die Spannung zwischen den beiden Polen ist, hängt von den verwendeten Materialien ab. 1911 wurde eine bestimmte Kombinationen von Elektroden als „Normalelement" ausgewählt und die zwischen ihnen entstehende Spannung als Einheitswert 1 Volt festgelegt – eine Festlegung, die bis 1990 galt.

## Reihenschaltung

Die handelsüblichen Einfachbatterien (Monozellen) besitzen eine Nennspannung von 1,5 V. Sie unterscheiden sich lediglich durch ihre äußere Form. Wird zum Betrieb eines elektrischen Geräts aber eine größere Spannung benötigt, so werden die Monozellen derart hintereinander geschaltet, dass der Pluspol der ersten mit dem Minuspol der zweiten Batterie verbunden wird und deren Pluspol mit dem Minuspol der dritten usw. So durchfließen die Elektronen jede Zelle und gelangen dann erst in

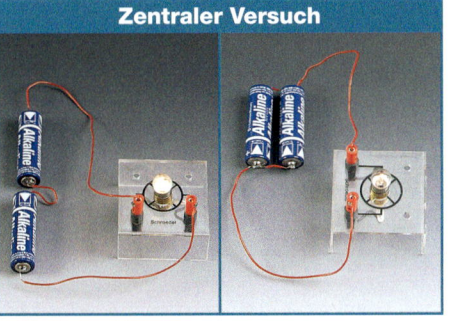

**Zentraler Versuch**

den angeschlossenen Stromkreis. Dabei werden sie von jeder Zelle erneut angetrieben. Bei sechs hintereinander geschalteten Zellen erhalten sie den sechsfachen Antrieb im Vergleich zu einer Zelle. Die Gesamtspannung beträgt dann 6 · 1,5 V = 9 V. In einem 9 V-Block werden die Zellen direkt hintereinandergeschaltet und dann in Kunststoff-Folie gewickelt.

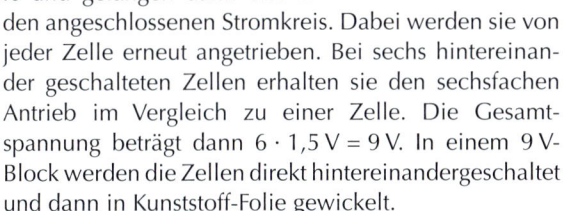

Die Gesamtspannung bei einer Reihenschaltung von Monozellen ist die Summe der Einzelspannungen.

## Parallelschaltung

Bei einer Parallelschaltung von Monozellen fließen die Elektronen jeweils nur aus einer Zelle heraus. Sie erhalten dadurch auch nur den Antrieb dieser einen Zelle.

Dennoch kann eine Parallelschaltung von Batterien Sinn machen: Um ein Elektrogerät zu betreiben, ist ein bestimmter Elektronenstrom nötig. Bei einer Parallelschaltung muss jede der Monozellen nur einen Teil der insgesamt benötigten Elektronen liefern. Deshalb können sie den Antrieb für die Elektronen über längere Zeit aufrecht erhalten.

Parallel geschaltetete Monozellen haben die gleiche Spannung wie eine Monozelle.

Die Erzeugung elektrischer Spannungen durch chemische Prozesse ist nur eine von mehreren Möglichkeiten. Es gibt auch andere elektrische Quellen (E-Werk, Solarzellen), die die Spannungen durch andere Mechanismen erzeugen.

## Aufgaben

**1** Begründe, was geschieht, wenn eine 3,5 V-Lampe an
 **a)** eine 1,5 V Monozelle
 **b)** eine 9 V Blockbatterie
angeschlossen wird.

**2** In das Batteriefach eines CD-Players werden vier Monozellen eingelegt, eine davon falsch herum.
 **a)** Erkläre, warum der CD-Player nicht funktioniert.
 **b)** Gib die Gesamtspannung an den Buchsen an.

## Messung der elektrischen Spannung

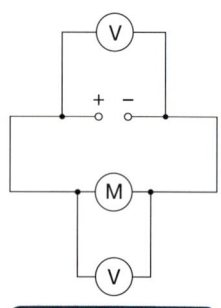

Die Spannung einer elektrischen Quelle kann mit einem Spannungsmessgerät gemessen werden. Dazu wird es parallel zur elektrischen Quelle geschaltet.
Um zu prüfen, mit welcher Spannung ein Gerät betrieben wird, muss das Spannungsmessgerät parallel zum Gerät angeschlossen werden.
Die Spannung wird also immer „über" der Quelle oder dem Gerät gemessen..

Es gibt verschiedene Messgeräte. Nach der Anzeige werden analog (über eine Skala) und digital (in Ziffern) anzeigende Geräte unterschieden. Bei Analoggeräten mit mehreren Messbereichen muss der abgelesene Wert wie bei der Messung der Stromstärke noch mit einem Faktor multipliziert werden, der vom eingestellten Messbereich abhängt.

> Spannungsmessgeräte werden immer parallel zum Gerät bzw. zur elektrischen Quelle geschaltet.

### Aufgaben

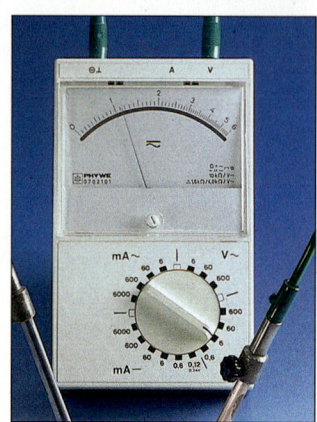

**1** **a)** Notiere die angezeigten Spannungen.
**b)** Begründe, warum es wichtig ist, immer zuerst den größten Messbereich einzustellen.
**c)** Mit beiden Geräten soll eine Spannung angezeigt werden, die nur ein Zehntel der jetzt angezeigten Spannung ist. Schreibe auf, wie du vorgehst.
**d)** Zeichne, wie die im digital anzeigenden Gerät gemessene Spannung von dem analogen Gerät angezeigt würde und umgekehrt. (Drehknopf und Anzeige beachten)

### Werkzeug — Umgang mit dem Spannungsmessgerät

Da die Spannung immer parallel zum Gerät bzw. zur Quelle gemessen wird, muss der Stromkreis für eine Spannungsmessung nicht unterbrochen werden.
- Schaltzeichen für ein Spannungsmessgerät: —Ⓥ—
- Erkunde, ob Gleich- oder Wechselspannung anliegt, und stelle den entsprechenden Bereich ein. (V= bzw. V~).
- Wähle bei einer unbekannten Spannung den höchsten Messbereich.
- Verbinde bei einer Gleichspannung die ⊕-Pole (rote Buchse am Messgerät) von Quelle und Gerät miteinander und dann die ⊖-Pole (schwarze Buchse bzw. COM-Anschluss).
- Verringere den Messbereich so lange, bis ein gut ablesbarer Messwert zu beobachten ist.
- Bei analogen Messgeräten immer senkrecht auf den Zeiger und die Skala schauen. Führe eine Umrechnung vom angezeigten Skalenwert in den tatsächlichen Messwert durch.

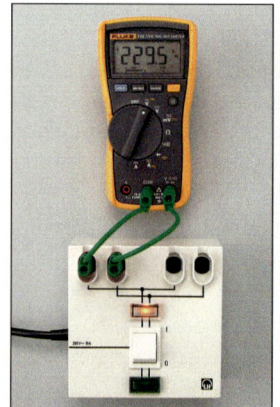

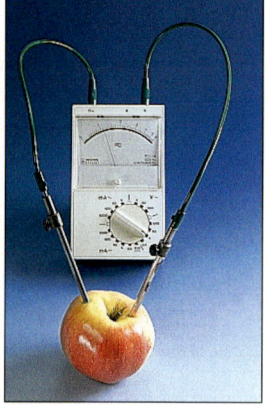

- Viele Messgeräte besitzen für den größten Strom-Messbereich eine eigene Buchse, im Bild oben z. B. 10 A. Beim Umschalten des Messbereichs muss das Anschlusskabel umgesteckt werden.

## Von der Volta-Säule zur Brennstoffzelle | Streifzug

Die erste Batterie wurde von ALESSANDRO VOLTA (1745–1827) gebaut. Er griff dabei auf eine Entdeckung LUIGI GALVANIS (1737–1798) zurück. Auf verschiedene Weisen brachte dieser zwei unterschiedliche Metalle mit tierischem Gewebe zusammen. Ihm fiel auf, dass die Glieder der toten Tiere zu zucken begannen. Chemische Stoffe in den Nerven und Muskeln lösen bei Berührung mit zwei unterschiedlichen Metallen elektrochemische Reaktionen aus. Aus diesen Erkenntnissen entstand die erste elektrische Zelle, das **galvanische Element.** VOLTA benutzte bei seiner Entwicklung der ersten Batterie drei Scheiben aus Zink, Pappe bzw. Leder und Kupfer. Die Pappe war mit einer Salzlösung getränkt. Kupfer ist edler als Zink, nimmt daher Elektronen auf und wird zu einem negativ geladenen Atom, einem Ion. Die negativ geladenen Kupferionen aus der Lösung scheiden sich ab.

Alle heute gängigen Zellen oder Batterien haben im Prinzip den gleichen Aufbau wie die Voltasäule. Je nach Verwendungszweck werden allerdings unterschiedliche Elektrodenmaterialien und Elektrolyte verwendet.

### Brennstoffzellen

Während heutzutage fast die gesamte elektrische Energie auf dem Umweg über mechanische Energie (Turbinen) gewonnen wird, müssen in Satelliten andere Energiequellen eingesetzt werden. Neben Batterien werden Brennstoffzellen verwendet.

In ihnen kann chemische Energie mit einem hohen Wirkungsgrad direkt in elektrische Energie gewandelt werden. Dabei läuft die Reaktion zwischen Wasserstoff und Sauerstoff, die eigentlich explosionsartig erfolgt (Knallgasreaktion), kontrolliert ab. Mit Einsetzen der Reaktion steht die elektrische Energie ohne zeitliche Verzögerung zur Verfügung.

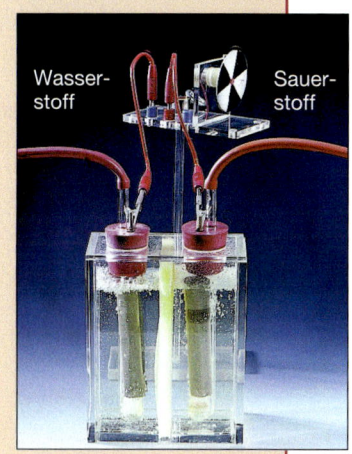

Wasserstoff   Sauerstoff

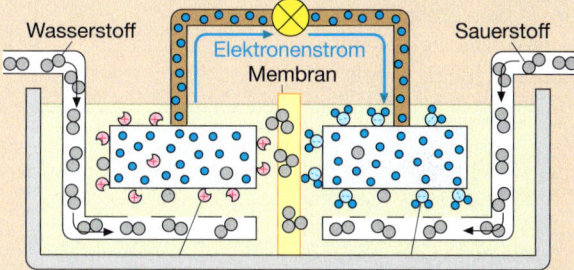

Wasserstoff   Elektronenstrom   Membran   Sauerstoff

Wasserstoffatome geben ein Elektron ab:

Sauerstoffatome nehmen zwei Elektronen auf:

Wasserstoff- und Sauerstoffionen verbinden sich zu Wasser:

| | Zink–Kohle | Alkali–Mangan | Zink–Silberoxid | Lithium | Nickel–Metallhydrid-Akku |
|---|---|---|---|---|---|
| **Spannung** | 1,5 V | 1,5 V | 1,55 V | 3 V | 1,2 V |
| **Minuspol** | Zink | Zink | Zink | Lithium | Cadmium |
| **Pluspol** | Kohle | Mangandioxid | Silberoxid | Mangandioxid | Nickelhydroxid |
| **Elektrolyt** | Ammoniumchlorid | Kalilauge | Kalilauge | Lithiumverbindung in organisch. Lösungsmittel | Kalilauge |
| **Eigenschaften** | Spannung sinkt bei Belastung allmählich ab; preiswert | auslaufsicher; hohe Leistung; langlebig; teuer | Spannung bleibt sehr lange konstant; sehr langlebig; teuer | sehr lange lagerfähig; Spannung bleibt sehr lange konstant; teuer | wieder aufladbar; erspart hunderte von Monozellen; umweltgefährdend wegen Schwermetallen |
| **Verwendung** | Radios, Taschenlampen, Spielzeug | Blitzgeräte, Kameras, Cassettenrecorder | Hörgeräte, Rechner, Kameras, Uhren | Rechner, Herzschrittmacher | Videokameras, Werkzeug, Blitzgeräte |

# Spannungen in Stromkreisen

### Verzweigter Stromkreis (Parallelschaltung)

Am Beispiel zweier Glühlampen wurde gezeigt, dass die elektrische Stromstärke bei einer Parallelschaltung vor und nach der Verzweigung (dem Knoten) gleich ist. Mit einem weiteren Versuch lassen sich auch die Spannungsverhältnisse untersuchen.

Im Foto links sind an eine elektrische Quelle von 4,5 V
① eine 4 V-Lampe angeschlossen;
② zwei gleiche 4 V-Lampen parallel angeschlossen.

Im Fall ② leuchten die beiden Lampen genauso hell wie die Vergleichslampe ①. Wie kommt das?

Wird die Parallelschaltung wie in der Schaltskizze unten dargestellt, lässt sich erkennen, dass jede Lampe gewissermaßen einzeln an die elektrische Quelle angeschlossen ist. Damit ist für jede Lampe die Spannung, die die Quelle für sie bereitstellt, genau so groß wie ihre Nennspannung. Beide Lampen leuchten gleich hell.

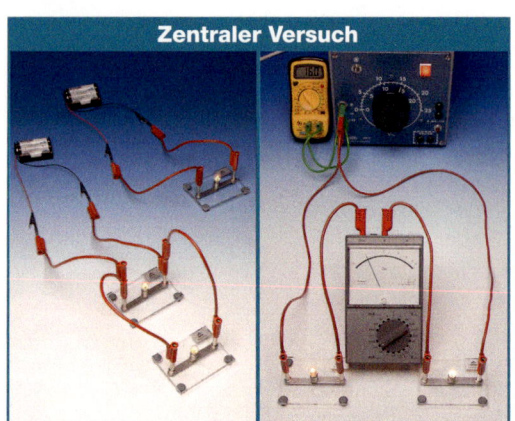

**Zentraler Versuch**

### Unverzweigter Stromkreis (Reihenschaltung)

Der Stromkreis rechts im Foto besteht aus einem Netzgerät als regelbarer Quelle und zwei in Reihe geschalteten Lampen (12 V | 0,1 A) und (4 V | 0,1 A). Die Spannung der Quelle wird so eingestellt, dass die Stromstärke 0,1 A beträgt. Die Helligkeit der Lampen entspricht so der Helligkeit, die sie haben, wenn sie einzeln an 12 V bzw. 4 V angeschlossen sind. Die Stromstärke in dieser Reihenschaltung ist überall gleich, also auch in den beiden Lampen – und die Spannung?

Ein Messgerät zeigt, dass die Spannung der Quelle, die *Quellenspannung,* 16 V beträgt, die kleine Lampe hat aber nur eine Nennspannung von 4 V. An 16 V müsste sie durchbrennen! Sie leuchtet aber so, als ob sie an einer 4 V-Quelle angeschlossen wäre. Wird die Spannung nacheinander über jeder der beiden Lampen gemessen, zeigt das Messgerät einmal 12 V und einmal 4 V an. Erstaunlicherweise ist die Summe dieser *Teilspannungen* gleich der Quellenspannung, denn die Werte 12 V und 4 V addiert ergeben genau 16 V.

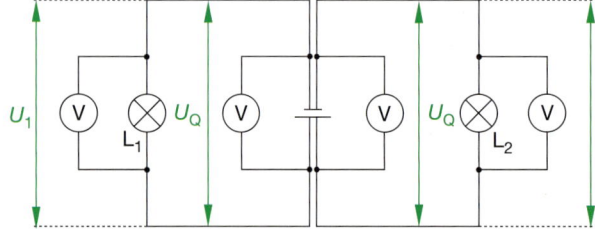

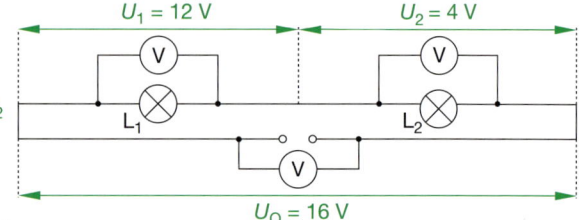

Die Überprüfung mit dem Spannungsmessgerät zeigt die Richtigkeit dieser Überlegung. An beiden Geräten wird eine Spannung von 4,5 V gemessen.

Im verzweigten Stromkreis ist die Spannung an der Quelle und an den parallel geschalteten Geräten immer gleich, unabhängig wie viele Geräte angeschaltet sind:
$$U_Q = U_1 = U_2 = U_3 = ...$$

> Im verzweigten Stromkreis (Parallelschaltung) ist die Spannung an allen Geräten genau so groß wie die Spannung an der elektrischen Quelle.

Die Spannung der Quelle ist immer so groß wie die Summe der Teilspannungen, die über den Geräten gemessen werden können:
$$U_Q = U_1 + U_2 + U_3 + ...$$

Die gefundene Gesetzmäßigkeit heißt aus historischen Gründen „Maschenregel".

> **Maschenregel:** Im unverzweigten Stromkreis (Reihenschaltung) teilt sich die Spannung der elektrischen Quelle auf die einzelnen Geräte auf.
> Die Summe der Spannungen über den Geräten ist genau so groß wie die Spannung der Quelle.

Im zentralen Versuch für die Reihenschaltung werden andere Lampen eingebaut und unterschiedliche Spannungen der Quelle eingestellt:

Zwei Lampen (6 V | 0,1 A) und (4 V | 0,1 A) werden an eine Quellenspannung von 6 V angeschlossen. Die Messgeräte zeigen $U_1 = 3{,}6$ V und $U_2 = 2{,}4$ V an. Wird die Quellenspannung dann auf 10 V vergrößert, erhöht sich $U_1$ auf 6 V und $U_2$ auf 4 V. Bei zwei gleichen Lampen, die an 6 V angeschlossen werden, ergeben sich gleiche Teilspannungen von 3 V.

Die Summe der Teilspannungen entspricht in allen Fällen der Spannung der Quelle.

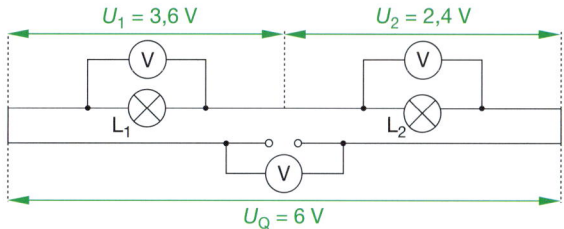

Die Größe der Teilspannungen in einer Reihenschaltung hängt von den verwendeten Geräten ab; ihre Summe entspricht stets der Quellenspannung.

## Aufgaben

**1** Hier ist ein Spannungsmessgerät falsch eingezeichnet! Welches? Begründe deine Anrwort.

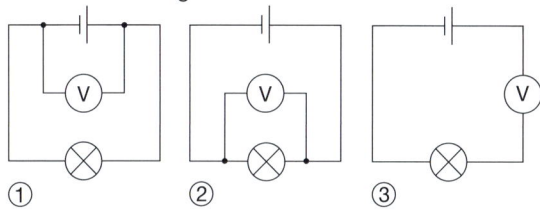

**2** Eine Weihnachtsbaum-Lichterkette für den Anschluss an 230 V besteht aus zwölf gleichen elektrischen Kerzen. Berechne die Spannung über jeder Kerze, wenn sie in Reihe geschaltet sind.

**3** Die Spannung einer elektrischen Quelle beträgt 36 V. Es sollen drei gleiche Lampen mit einer Nennspannung von 12 V angeschlossen werden.
a) Skizziere die Schaltung.
b) Begründe deine Schaltung.
c) Mache eine begründete Aussage zur Helligkeit, mit der die Lampen leuchten.

**4** Zeichne in den folgenden Schaltungen Messgeräte ein, um die Spannungen sinnvoll zu messen.

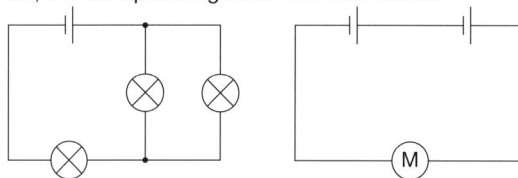

**5** a) Entwickle Schaltungen mit zwei Lampen, die mit „normaler" Helligkeit leuchten. Du hast:
• zwei Monozellen mit je 1,5 V;
• mehrere gleiche 1,5 V-Lampen;
• mehrere gleiche 3 V-Lampen.
b) Beschreibe auch die Vorteile und Nachteile der Schaltungen im Vergleich.
c) Zwei gleiche Lampen sind in Reihe geschaltet. Beurteile, ob es sinnvoll ist, eine gleiche dritte Lampe parallel zu beiden zu schalten.

**6** In den folgenden Schaltungen werden Stromstärke und Spannung gleichzeitig gemessen.
a) Finde die „richtigen" Schaltungen heraus. Begründe deine Aussage.
b) Ordne den Messgeräten zu, von welchen Lampen sie die Spannung oder die Stromstärke messen.
c) Bei manchen Schaltungen sind die Messgeräte falsch eingezeichnet. Korrigiere die Fehler.

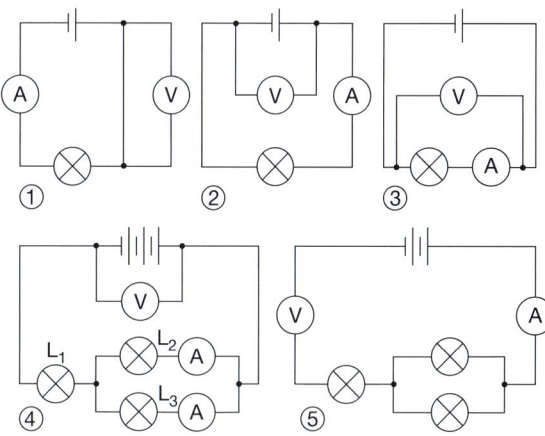

**7** a) Bestimme die fehlenden Spannungen.
b) Begründe deine Aussagen.

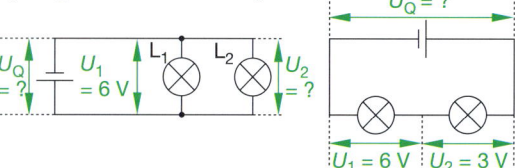

**8** Zwei gleiche Lampen $L_1$ und $L_2$ (6 V | 0,1 A) und eine weitere Lampe $L_3$ (12 V | 0,1 A) werden in Reihe an eine Quelle mit 20 V angeschlossen. Begründe, ob die folgenden Aussagen richtig sind.
① Die Summe aller Teilspannungen beträgt 24 V.
② Alle Teilspannungen sind unterschiedlich groß.
③ Die Spannung an $L_3$ ist kleiner als 12 V.

## Durchblick — Quellenspannung und Teilspannungen

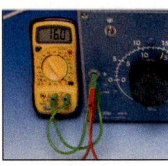
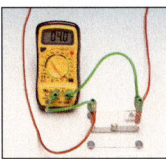

Damit in einem Stromkreis ein elektrischer Strom fließt, ist ein Antrieb für die Elektronen notwendig, eine Spannung. Sie wird von der elektrischen Quelle geliefert *(Quellenspannung)*. Werden nun mehrere Geräte in Reihe an eine Quelle angeschlossen, so führt der Stromfluss durch die Geräte zu messbaren Teilspannungen an diesen Geräten.

Eine Spannung über einem Gerät, das selbst keine elektrische Quelle ist, wird nur dann angezeigt, wenn tatsächlich Strom fließt, während zwischen den Anschlüssen der Quelle die Spannung unabhängig von einem tatsächlich vorhandenen Strom ist.

Die Teilspannungen, die über den Geräten gemessen werden können, sind keine absoluten Werte, sondern abhängig von den Geräten selbst und der angelegten Quellenspannung. Diese Abhängigkeiten werden später noch genauer untersucht.

## Versuche und Aufträge — Spannungsmessung

**Vorsicht! Nicht an Netzstromkreise anschließen!**

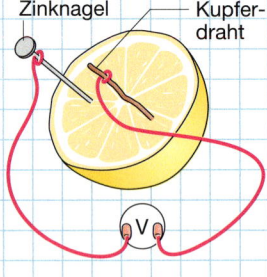

Zinknagel — Kupferdraht

**V1 Zitronenbatterie:**
In eine Zitrone werden ein Zinknagel und ein Kupferdraht oder eine 5 Cent-Münze so gesteckt, dass sie sich nicht berühren.
**a)** Miss die Spannung zwischen den beiden Metallteilen.
**b)** Schalte mehrere solcher Batterien in Reihe, miss die Spannung und versuche, ein Gerät (Leuchtdiode, alter Taschenrechner o. Ä.) mit dieser elektrischen Quelle zu betreiben.

**V2** Eine Glühlampe wird an drei gleiche, parallel geschaltete elektrische Quellen angeschlossen.
**a)** Zeichne die Schaltskizze.
**b)** Baue die Schaltung auf.
**c)** Miss jeweils die Spannung der elektrischen Quellen und die Spannung an der Lampe. Zeichne die Messgeräte in die Schaltskizze ein.
**d)** Miss die Stromstärke durch die einzelnen elektrischen Quellen und durch die Lampe. Zeichne die Messgeräte in die Schaltskizze ein.
**e)** Fasse deine Ergebnisse zusammen.
**f)** Statt dreier paralleler Spannungsquellen sollen nacheinander ein, zwei bzw. drei in Reihe geschaltet werden. Wiederhole dann jeweils die Aufgaben a) – e).

**V3** Ein Motor wird an einer elektrische Quelle betrieben, die aus zwei Solarzellen besteht.
**a)** Skizziere die möglichen Schaltungen.
**b)** Beschreibe deine Beobachtungen bei den unterschiedlich geschalteten Solarzellen.
**c)** Beschreibe deine Beobachtungen bei unterschiedlicher Beleuchtung.
**d)** Erkläre deine Beobachtungen.
**e)** Überprüfe deine Erklärungen durch Messung der Stromstärke und der Spannungen.

**V4** Besorge dir eine (6 V | 5 A)-Glühampe („Optiklampe") und eine (6 V | 0,4 A)-Fahrradglühlampe.
**a)** Prüfe durch einzelnen Anschluss der Glühlampen an eine 6 V-Wechselstromquelle die Funktionstüchtigkeit der Lampen und kontrolliere die Stromstärke mit einem Messgerät. (Achte auf die richtige Einstellung des Messgerätes!)
**b)** Erläutere, welche Gesamtstromstärke bei Parallelschaltung beider Lampen zu erwarten ist. Überprüfe deine Vorhersage durch eine Messung.
**c)** Schalte beide Lampen in Reihen und beschreibe deine Beobachtung.
**d)** Miss in c) die Spannungen an den Lampen. Deute deine Ergebnisse.

## Spannung längs eines Leiters

Auf den vorherigen Seiten wurden die Teilspannungen an Geräten am Beispiel von Glühlampen untersucht und mit der Quellenspannung verglichen. Welche Rolle spielen dabei die Leitungen?

In einem Stromkreis aus einer Quelle und einem $(6\,V\,|\,0{,}4\,A)$-Lämpchen wird zunächst die Quellenspannung und dann nacheinander die Spannungen zwischen den Punkten A und B, B und C sowie C und D möglichst genau gemessen:

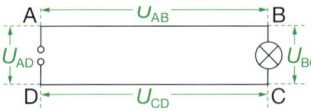

$U_{AD} = 6{,}08\,V$, $U_{AB} = 0{,}04\,V$, $U_{BC} = 6{,}00\,V$, $U_{CD} = 0{,}04\,V$
Die Spannung $U_{BC}$ über der Lampe ist also etwas geringer als die Quellenspannung $U_{AD}$; die Spannungen über den Leitern sind zwar sehr klein, aber nicht null. Die Maschenregel wird nicht verletzt, denn Glühlampe und Verbindungskabel bilden eine Reihenschaltung, in der die Summe aller Teilspannungen so groß ist wie die Quellenspannung.
Dann wird ein dicker Eisendraht anstelle der Glühlampe eingeschaltet. Krokodilklemmen ermöglichen verschiebbare Abgriffe längs des Drahtes. Zwischen den Punkten B und C ist die Spannung $U_{BC}$ wieder fast so groß wie die Quellenspannung $U_{AD}$; zwischen zwei beliebigen Punkten ① und ② längs des Leiters ist die Spannung um so größer, je größer der Abstand der Punkte ① und ② ist. Werden die Anschlüsse des Messgerätes am selben Punkt des Leiters angeschlossen, ist die Spannung null.

Die Spannungsverhältnisse im Eisendraht-Stromkreis lassen sich sehr übersichtlich darstellen, wenn jeweils die Größe der Spannung zwischen dem Punkt D (gewählter Nullpunkt) und den anderen Punkten über dem Schaltbild des Stromkreises aufgetragen wird:
Beim Punkt A beträgt die Spannung 5 V und nimmt dann auf 0 V bei D ab. Physiker sprechen daher vom *Spannungsabfall* über einem Draht oder Gerät.

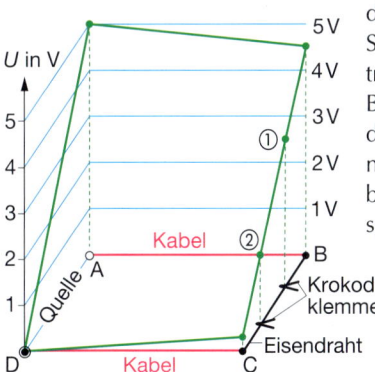

**Zentraler Versuch**

Wie lassen sich diese Beobachtungen deuten? Die Quellenspannung ist die Ursache für den Elektronenstrom durch Kabel und Lampe bzw. Eisendraht; durch diesen Strom wird Energie übertragen. Die Quellenspannung bestimmt dabei die *maximal übertragbare* Energie. In der Lampe wird elektrische Energie in Lichtenergie und innere Energie gewandelt; auch in den Anschlussleitungen bzw. dem Drahtstück wird elektrische Energie in innere Energie der Drähte gewandelt und schließlich an die Umgebung abgegeben. Diese Energiebeträge sind die *tatsächlich übertragene* Energie.
Die am Gerät (Lampe) bzw. am Eisendraht gemessene Spannung ist ein Maß für die übertragene Energie.

> Zwischen zwei beliebigen Punkten eines Leiters ist eine Spannung messbar. Diese Spannung ist ein Maß für die zwischen diesen Punkten übertragene Energie. Die Quellenspannung bestimmt die insgesamt übertragbare Energie.

### Spannungsteiler — Streifzug

Radios haben zur Lautstärkeeinstellung oder zur Klangregulierung häufig Drehknöpfe. Hinter ihnen verbergen sich stufenlos verstellbare **Spannungsteiler.** Sie bestehen meist aus einem kreisförmigen Metallblech. Durch das Drehen wird die Länge des Blechs zwischen AS und SB verändert. Dadurch ändern sich auch die Spannungen zwischen den Abgriffen AS und SB. Die volle Quellenspannung liegt zwischen den Klemmen AB. Zwischen A und S lässt sich ein beliebiger Teil davon abgreifen.

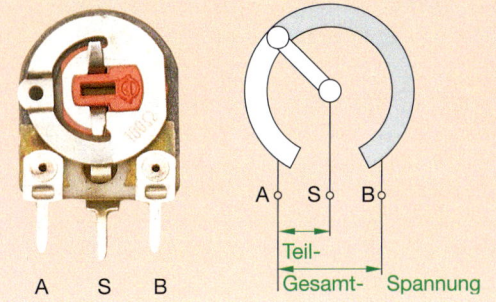

## Streifzug — Elektrische Quellen in Natur und Medizin

### Elektrische Fische

Im Mittelmeer und im Atlantischen Ozean lebt ein „elektrischer Fisch", der schwarze Zitterrochen. Schwarze Zitterrochen können elektrische Spannungen von 70−220 V erzeugen. Das reicht aus, um andere Fische zu töten oder Menschen zu gefährden. Insgesamt gibt es etwa 200 verschiedene elektrische Fische. Wie erzeugen die Fische die Spannung?

Die elektrischen Organe sind aus scheibenförmigen, umgewandelten Muskelzellen aufgebaut. Dabei handelt es sich nur um eine Erweiterung der normalen Muskelfunktion. Jedesmal, wenn ein Reiz eine Nervenbahn durchläuft und einen Muskel in Bewegung setzt, ist dies ein elektrischer Vorgang, bei dem ein ganz schwacher Strom mitwirkt. Bei elektrischen Fischen haben manche Muskeln die Fähigkeit des Zusammenziehens verloren.

Die elektrische „Entladung" geschieht unter Kontrolle des Gehirns und hat wegen der guten Isolierung der Nerven keine Wirkung auf den Fisch selbst.

Obwohl der schwarze Zitterrochen einer der größten Rochen ist (1,8 m Länge), hat er nur ein kleines Maul und sehr kleine Zähne. Er wäre ohne seine elektrischen Fähigkeiten kaum ein erfolgreicher Raubfisch.

Wie beim Zitterrochen wird auch beim Zitteraal, der nur in Südamerika heimisch ist, durch die zu elektrischen Organen umgebildeten Muskeln Spannung erzeugt. Im Gegensatz zu anderen Vertretern elektrischer Fische kann der Zitteraal eine Spannung bis zu 500 V erzeugen. Er kann aber auch elektrische Reize mit geringen Spannungen produzieren, die ihm helfen, sich in den trüben Gewässern des Amazonas ohne Sicht zu orientieren.

### Elektrotherapie

Bevor die Menschen überhaupt verstanden haben, dass es elektrische Ströme gibt, wussten sie bereits, dass die Berührung gewisser Fische ein Kribbeln auf der Haut und sogar ein Zusammenziehen der Gliedmaßen hervorrufen kann.

Da elektrische Fische für den Verkauf gefangen wurden, erlitten die Fischer häufig „elektrische Schläge". Die Römer glaubten, dass Zitterrochen eine giftige Substanz absondern, die das Blut gerinnen lässt. Sie verwendeten den Zitterrochen zur Behandlung von Gicht und Kopfschmerzen, indem sie den Fisch gegen die entsprechenden Körperteile drückten.

Die Wirkung elektrischer Ströme auf die Muskulatur wird heutzutage in der Medizin genutzt. Der Herzschlag wird normalerweise von einem Gewebestück in der rechten Herzkammer gesteuert. Das Strom leitende Gewebe, das das Zusammenziehen des Herzmuskels veranlasst, kann defekt sein, was zu Herzrhythmusstörungen oder Herzversagen führt. In solchen Fällen hilft ein **Herzschrittmacher.** Er wird in die Brust eingesetzt und gibt über eine Elektrode elektrische Impulse, deren Takt eingestellt werden kann, an das Herz ab. Das Herz schlägt dann in diesem Rhythmus.

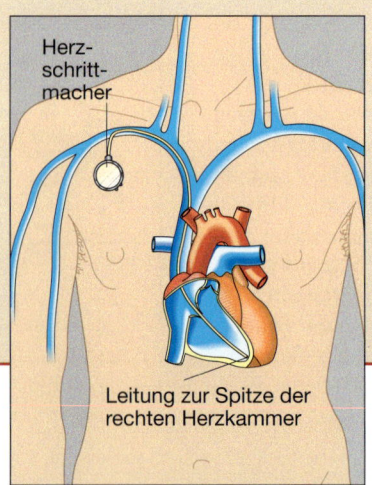

Herz-schritt-macher

Leitung zur Spitze der rechten Herzkammer

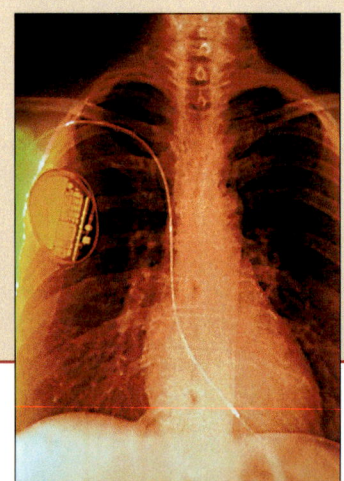

## Der Mund als Batterie

Wenn sich zwei verschiedene Metalle berühren, so gehen einige Elektronen aus dem einen Metall in das andere über. Dadurch erhält ein Metall Elektronenüberschuss und wird zu einem Minuspol, das andere Metall hat Elektronenmangel und wird zu einem Pluspol. Zwischen beiden Polen entsteht eine Spannung, die Kontaktspanung.

Eine schmerzliche Begegnung mit der Kontaktspannung erleben Menschen mit plombierten Zähnen oder Goldzähnen, wenn diese mit anderen Metallen, z. B. einem Silberlöffel oder dem Aluminium der Verpackung von Schokolade in Berührung kommen. Die Nerven in den Zähnen reagieren auf diese Kontaktspannung und melden einen stechenden Schmerz an das Gehirn.

## Das Thermoelement

Werden zwei verschiedene Metalldrähte z. B. aus Kupfer und Konstanten zusammengelötet oder fest miteinander verdrillt, so entsteht zwischen ihren freien Enden eine Kontaktspannung. Ein angeschlossener Spannungsmesser zeigt, dass diese Spannung umso größer wird, je höher die Temperatur der Kontaktstelle gemacht wird: Je Grad Temperaturerhöhung etwa 0,06 mV. (Bei anderen Metallkombinationen ergeben sich andere Zahlenwerte.) Ein solches **Thermoelement** lässt sich technisch nutzen:

• **Temperaturmessung**: Dazu wird ein Thermoelement auf die zu messende Temperatur gebracht, während ein zweites, in Reihe geschaltetes Thermoelement auf einer bekannten Temperatur (z. B. der eines Eis-Wasser-Gemisches) gehalten wird. Aus dem bekannten Zusammenhang zwischen Spannung und Temperatur kann der Temperaturunterschied zwischen den beiden Kontaktstellen ermittelt werden oder ein angeschlossenes Messgerät wird gleich mit einer Temperaturskala versehen.

• Durch Reihen- bzw. Parallelschalten vieler Thermoelemente entsteht ein **Thermogenerator**, der Wärmeeergie in elektrische Energie wandelt. Mit ihm kann z. B. ein Kleinmotor betrieben werden.

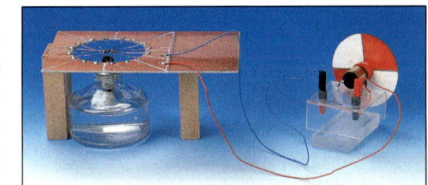

## Teure elektrische Energie

Die Menge der elektrischen Energie, die im Haushalt in andere Formen gewandelt wird, wird in kWh (Kilowattstunden) gemessen. Dabei beträgt der Preis für eine kWh aus dem Festnetz etwa 20 Cent. Um den Preis der elektrischen Energie aus Batterien grob abzuschätzen, wird überlegt, wie viele Batterien für eine Kilowattstunde benötigt werden. Die Spannung zwischen den Polen der Steckdose beträgt ca. 240 V, d. h. es müssen 160 Batterien der Spannung 1,5 V (AA-Batterien) in Reihe geschaltet werden, um diese Spannung zu erreichen. Um 1 kWh Energie aus dem Netz zu bekommen, fließt eine Stunde lang eine Stromstärke von ca. 4 A. Wird bei den Batterien von einer Kapazität von 2 000 mAh ausgegangen, so müssten jeweils 2 parallel geschaltet werden. Das macht also insgesamt 320 Batterien des Typs AA. Die wirkliche Anzahl ist aber noch wesentlich größer, da selbst bei Kurzschluss keine Batterie eine Stromstärke von 2 A liefern kann. Ausgehend von einem Preis von 50 Cent pro Batterie ergibt sich damit ein Preis von 160 Euro. Das ist das 800-Fache des Preises aus dem Festnetz!

Schon gewusst? Strom aus der Steckdose ist viel preiswerter als Strom aus Batterien!

## Kapazität von Batterien

Die Kapazität einer Batterie bzw. Akkus gibt an, wie lange die Batterie eine bestimmte elektrische Stromstärke aufrechterhalten kann, bis sie „leer" ist. Sie wird in mAh (Milliamperestunden) angegeben. Die Einheit besteht aus dem Produkt aus einer Stromstärkeeinheit und einer Zeiteinheit. Eine Kapazität von 2400 mAh bedeutet, dass die Batterie ungefähr 4 Stunden lang eine Stromstärke von 600 mA bzw. 20 Stunden lang eine Stromstärke von 12 mA aufrecht erhalten kann. Ist die Batterie „leer", so sinkt die Spannung und damit die Stromstärke, und das angeschlossene Gerät kann nicht mehr betrieben werden. Damit liefert die Kapazität beispielsweise einen Hinweis darauf, wie viele Fotos mit einer Digitalkamera gemacht werden können. Unten sind die Entladekurven für unterschiedliche Batterietypen dargestellt.

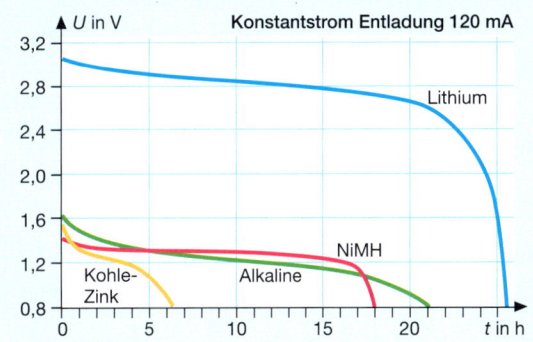

Konstantstrom Entladung 120 mA

# Der elektrische Widerstand

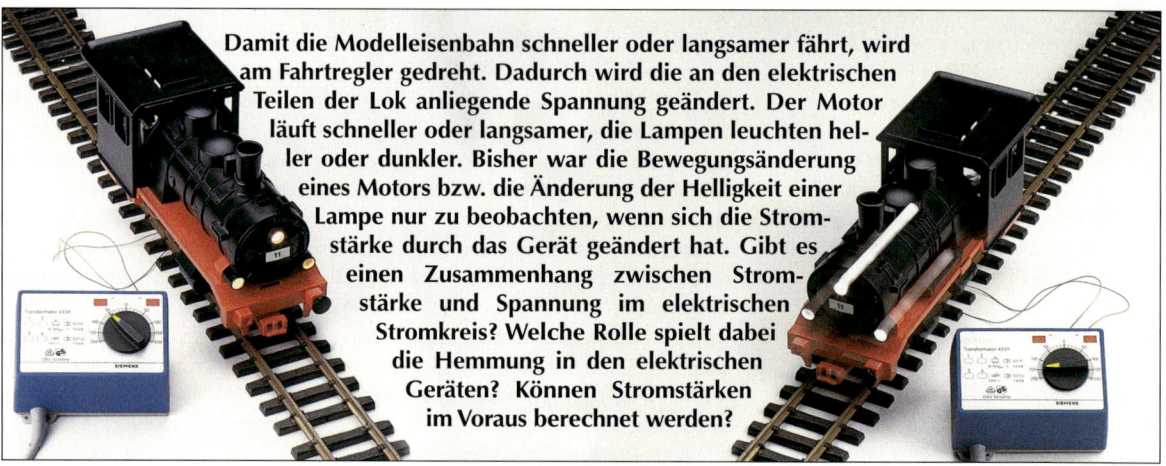

Damit die Modelleisenbahn schneller oder langsamer fährt, wird am Fahrtregler gedreht. Dadurch wird die an den elektrischen Teilen der Lok anliegende Spannung geändert. Der Motor läuft schneller oder langsamer, die Lampen leuchten heller oder dunkler. Bisher war die Bewegungsänderung eines Motors bzw. die Änderung der Helligkeit einer Lampe nur zu beobachten, wenn sich die Stromstärke durch das Gerät geändert hat. Gibt es einen Zusammenhang zwischen Stromstärke und Spannung im elektrischen Stromkreis? Welche Rolle spielt dabei die Hemmung in den elektrischen Geräten? Können Stromstärken im Voraus berechnet werden?

## Kennlinien elektrischer Geräte

Elektrische Geräte sind in der Regel so gebaut, dass sie bei einer bestimmten Spannung, der Nennspannung, ihrem Zweck entsprechend funktionieren. Da die Spannung nicht in allen Ländern 230 V beträgt, können Reisende z. B. ihren Föhn nicht immer ohne weiteres benutzen. Es gibt auch Geräte, die für geringere Spannungen gebaut sind, z. B. der Türgong, die Modelleisenbahn, der Autostaubsauger, das Blitzlicht des Fotoapparates. Durch Netzgeräte oder Batterien werden die notwendigen Spannungen von z. B. 6 V, 12 V, 18 V zur Verfügung gestellt.

Das jeweilige Gerät arbeitet nur dann einwandfrei, wenn die richtige Stromstärke vorhanden ist. Sie stellt sich ein im Wechselspiel zwischen dem Antrieb, den die Elektronen durch die Quelle erhalten, und der Hemmung durch das Gerät. Zwischen der Spannung der Quelle und der Stromstärke besteht also bei einem vorgegebenen elektrischen Bauteil oder Elektrogerät ein Zusammenhang. (Bauteile sind Elemente, aus denen die Elektrogeräte zusammengesetzt sind, also z. B. Spulen, Lämpchen, Schalter.)

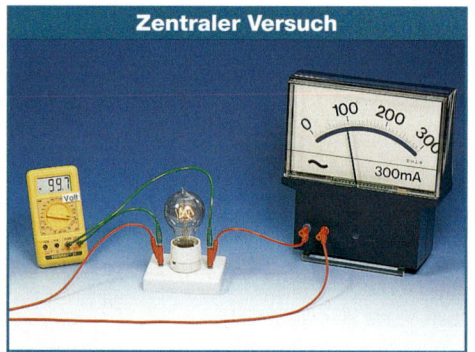

**Zentraler Versuch**

Zur Untersuchung dieses Zusammenhangs bei zwei Lampen muss die Stromstärke in Abhängigkeit von der Spannung gemessen werden. Die Spannung lässt sich durch

Reihenschaltung mehrerer Batterien oder durch Verwendung eines regelbaren Netzgerätes verändern.

Die Messwerte (Spannung|Stromstärke) ergeben ein Diagramm, die **Kennlinie** des betreffenden Bauteils. Sie gibt Auskunft über dessen elektrisches Verhalten in verschiedenen Betriebszuständen. Weil jede Messung mit Ablese- und anderen Fehlern behaftet ist, liegen die Messpunkte nicht exakt auf der gezeichneten Ideallinie.

| Lampe mit | Kohlefaden | Metallfaden |
|---|---|---|
| U | I | I |
| 0 V | 0,00 A | 0,00 A |
| 30 V | 0,08 A | 0,16 A |
| 60 V | 0,16 A | 0,23 A |
| 90 V | 0,28 A | 0,27 A |
| 120 V | 0,38 A | 0,31 A |
| 150 V | 0,49 A | 0,36 A |
| 180 V | 0,62 A | 0,39 A |

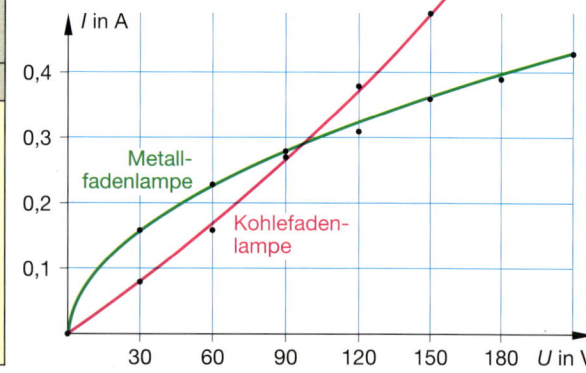

Die Kennlinien der beiden Lampen verlaufen sehr unterschiedlich:

- *Metallfadenlampe* (meist noch im Haushalt verwendet): Wird die Spannung von 0 V auf 30 V vergrößert, so ändert sich die Stromstärke um $\Delta I = 0{,}16$ A. Bei Änderung der Spannung von 30 V auf 60 V ändert sich die Stromstärke um $\Delta I = 0{,}07$ A, bei Änderung von 150 V auf 180 V ist $\Delta I = 0{,}03$ A.
  Bei gleichen Spannungsänderungen $\Delta U$ ist die Stromstärkeänderung $\Delta I$ bei geringen Spannungen also größer als bei höheren Spannungen. Die Kennlinie wird mit größer werdender Spannung immer flacher.

- *Kohlefadenlampe:* Eine Änderung der Spannung von 0 V auf 30 V bewirkt ein $\Delta I = 0{,}08$ A, eine Änderung von 30 V auf 60 V ein $\Delta I = 0{,}08$ A, eine Änderung von 150 V auf 180 V ein $\Delta I = 0{,}13$ A.
  Bei niedrigen Spannungen wächst $I$ also weniger stark als bei höheren Spannungen. Die Kennlinie wird mit größer werdender Spannung immer steiler.

Die Kennlinie ermöglicht Aussagen darüber, welche Spannung z. B. für den Motor in der Grafik rechts benötigt wird, wenn die Stromstärke

einen vorgegebenen Wert annehmen soll. Mit ihrer Hilfe können auch Wertepaare ermittelt werden, die vorher nicht gemessen wurden.

Für CD-Player oder Computer-Festplatten ist die richtige Drehzahl sehr wichtig. Dazu muss der Motor mit einer ganz bestimmten Stromstärke betrieben werden, die von der am Motor anliegenden Spannung abhängt. Auch die Geschwindigkeit von Straßenbahnen oder E-Loks wird durch Verändern der Spannung am Motor geregelt.

Die magnetische Kraft eines Elektromagneten hängt von der Stromstärke ab, mit der er betrieben wird. Aus der Kennlinie lässt sich ermitteln, welche Spannungen für bestimmte Kräfte nötig sind.

**Rechenbeispiel**

Bestimme die Stromstärke bei der Kohlefadenlampe, wenn eine Spannung von 130 V anliegt.
- In der Kennlinie wird auf der waagrechten $U$-Achse der Wert $U = 130$ V aufgesucht.
- Von dort wird eine Parallele zur senkrechten $I$-Achse bis zur Kennlinie gezogen.
- Von diesem Schnittpunkt wird eine Parallele zur $U$-Achse gezeichnet. Ihr Schnittpunkt mit der $I$-Achse ergibt den gesuchten Wert $I = 0{,}41$ A.

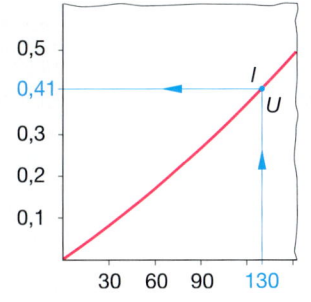

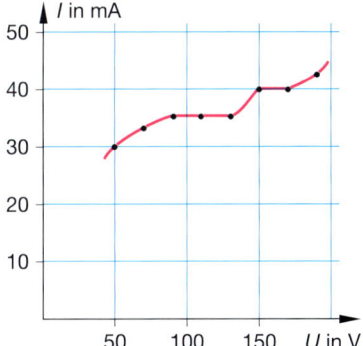

Die Kennlinie erlaubt Aussagen über das Verhalten von Bauteilen oder Elektrogeräten in unterschiedlichen Betriebszuständen, weil es für jedes Bauteil oder Gerät einen ganz bestimmten Zusammenhang zwischen Spannung und Stromstärke gibt.

**Aufgaben**

**1** Übertrage die Tabelle in dein Heft. Lies die fehlenden Werte aus der Grafik ab

| U | I |
|---|---|
| 100 V | 0,1 A |
| 110 V | ? |
| 120 V | 0,25 A |
| 130 V | ? |
| ? | 0,40 A |
| 150 V | 0,47 A |
| ? | 0,55 A |

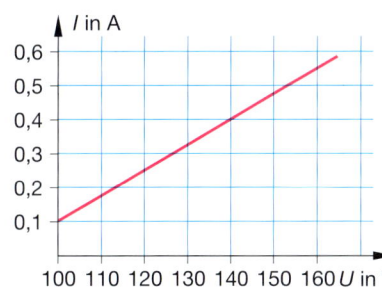

**2** Bei einem Wasserkocher wurden folgende Spannungen und Stromstärken gemessen. Zeichne die Kennlinie und erläutere sie.

| U | 20 V | 40 V | 60 V | 80 V | 100 V | 120 V | 160 V | 215 V |
|---|---|---|---|---|---|---|---|---|
| I | 0,14 A | 0,26 A | 0,40 A | 0,54 A | 0,68 A | 0,8 A | 1,08 A | 1,4 A |

**3** Für eine Leuchtdiode wurden die in der Tabelle angegebenen $U$-$I$-Werte gemessen.
**a)** Zeichne die Kennlinie der Diode.
**b)** Interpretiere die Kennlinie.

| U | 1,7 V | 1,8 V | 1,9 V | 2,0 V | 2,1 V | 2,2 V | 2,3 V |
|---|---|---|---|---|---|---|---|
| I | 0 mA | 0,5 mA | 5 mA | 10 mA | 20 mA | 30 mA | 50 mA |

## Das Ohm'sche Gesetz

Eine genaue Betrachtung der Kennlinien von Metallfaden- und Kohlefadenlampe zeigt, dass keine einen linearen Verlauf hat. Bestenfalls der obere Teil der Kennlinie der Metallfadenlampe ließe sich als linear bezeichnen. Gibt es keine Stoffe, die einen mathematisch einfach zu erfassenden Zusammenhang zwischen Spannung und Stromstärke haben?

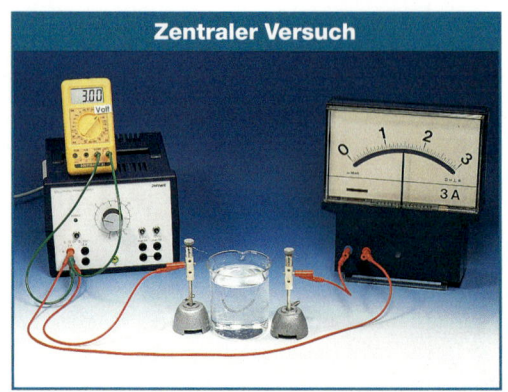

Zentraler Versuch

wissenschaftlichen Abhandlungen dargestellt. Ihm zu Ehren wird dieser Zusammenhang **Ohm'sches Gesetz** genannt. Es kann in drei Formen angegeben werden:

- $U$ n-fach $\Rightarrow$ $I$ n-fach
- $\frac{U}{I}$ = konstant
- In einem $U$-$I$-Diagramm liegen alle Messpunkte auf einer Ursprungsgeraden.

Die Tabelle zeigt Messwerte für verschiedene Drähte. Sie kann auf dreierlei Weise ausgewertet werden:

- Die Stromstärke beim Konstantandraht und beim Eisendraht in Wasser steigt im gleichen Maße wie die Spannung. Wird die Spannung verdoppelt, verdoppelt sich auch die Stromstärke; wird die Spannung verdreifacht, verdreifacht sich auch die Stromstärke. *Allgemein:* Wird die Spannung auf das n-Fache vergrößert, erhöht sich auch die Stromstärke auf das n-Fache – ein Kennzeichen für die Proportionalität $I \sim U$.
- Die Quotienten aus zusammengehörigen Werten für Spannung und Stromstärke haben für Konstantan immer etwa den gleichen Wert $7{,}1\,\frac{V}{A}$. Diese *Quotientengleichheit* $\frac{U}{I}$ = konstant ist ein weiteres Kennzeichen dafür, dass $I$ und $U$ proportional sind.
- Die grafische Darstellung der Messwerte ist für Konstantan und Eisen in Wasser eine *Ursprungsgerade* – ebenfalls ein Zeichen für die Proportionalität zwischen $I$ und $U$.

Die Proportionalität zwischen Spannung und Stromstärke hat Georg Simon Ohm (1789–1854) 1826 durch viele Experimente an verschiedenen Drähten erkannt und in

|  | U | I | $\frac{U}{I}$ |
|---|---|---|---|
| Konstantan 1 m lang 0,3 mm Ø | 0,5 V | 0,071 A | $7{,}0\,\frac{V}{A}$ |
|  | 1,0 V | 0,14 A | $7{,}1\,\frac{V}{A}$ |
|  | 2,0 V | 0,28 A | $7{,}1\,\frac{V}{A}$ |
|  | 3,0 V | 0,42 A | $7{,}1\,\frac{V}{A}$ |
|  | 4,0 V | 0,56 A | $7{,}1\,\frac{V}{A}$ |
| Eisen in Luft 1 m lang 0,3 mm Ø | 0,5 V | 0,23 A | $2{,}2\,\frac{V}{A}$ |
|  | 1,0 V | 0,42 A | $2{,}4\,\frac{V}{A}$ |
|  | 2,0 V | 0,70 A | $2{,}9\,\frac{V}{A}$ |
|  | 3,0 V | 0,90 A | $3{,}3\,\frac{V}{A}$ |
|  | 4,0 V | 1,10 A | $3{,}6\,\frac{V}{A}$ |
| Eisen in Wasser 1 m lang 0,3 mm Ø | 0,5 V | 0,23 A | $2{,}2\,\frac{V}{A}$ |
|  | 1,0 V | 0,49 A | $2{,}0\,\frac{V}{A}$ |
|  | 2,0 V | 0,98 A | $2{,}0\,\frac{V}{A}$ |
|  | 3,0 V | 1,50 A | $2{,}0\,\frac{V}{A}$ |
|  | 4,0 V | 2,00 A | $2{,}0\,\frac{V}{A}$ |

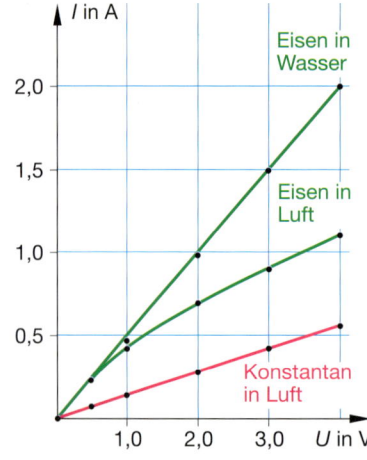

Die Kennlinien der Kohle- und der Metallfadenlampe verlaufen im Bereich oberhalb von etwa 90 V nahezu linear, aber es sind keine Ursprungsgeraden; also sind Spannung und Stromstärke nicht proportional, das Ohm'sche Gesetz gilt nicht für die Lampen.

Worauf das Abflachen der Metallfaden-Kennlinie zurückzuführen ist, zeigt ein Vergleich der Kennlinien für Eisen in destilliertem Wasser und in Luft: Durch den Elektronenfluss wird der Eisendraht erwärmt; seine innere Energie wird an das Wasser abgeben. Dadurch bleibt die Draht-Temperatur nahezu konstant, es besteht Proportionalität zwischen $I$ und $U$. An Luft wird die Energie nicht so gut abgegeben; die Draht-Temperatur steigt, das Ohm'sche Gesetz gilt nicht.

Für Metalle gilt die Proportionalität zwischen Spannung und Stromstärke also nur, wenn ihre Temperatur konstant bleibt. Konstantan und einige andere Stoffe machen eine Ausnahme. Für sie gilt das Ohm'sche Gesetz immer.

> Für Metalldrähte gilt:
> Bei konstanter Temperatur ist die elektrische Stromstärke $I$ der angelegten Spannung $U$ proportional: $I \sim U$.

# Der elektrische Widerstand

Werden verschiedene Bauteile immer an die gleiche elektrische Quelle angeschlossen, so ergeben sich in der Regel unterschiedliche Stromstärken. Der Fluss der Elektronen wird in den verschiedenen Bauteilen also unterschiedlich stark gehemmt.

Diese Eigenschaft von Bauteilen oder Geräten, den Elektronenstrom zu hemmen, wird mit einer neuen physikalischen Größe beschrieben, dem **elektrischen Widerstand** mit dem Formelzeichen **R.** Lässt sich der Widerstand eines Bauteils oder Gerätes messen oder gar berechnen?

> ### Elektrischer Widerstand
>
> Das Formelzeichen ist $R$.
> Die Einheit ist 1 Ω (Ohm): $1\,\Omega = 1\,\frac{V}{A}$.
>
> Weitere Einheiten:
> Milliohm:  $1\,m\Omega = \frac{1}{1000}\,\Omega$
> Kiloohm:   $1\,k\Omega = 1\,000\,\Omega$

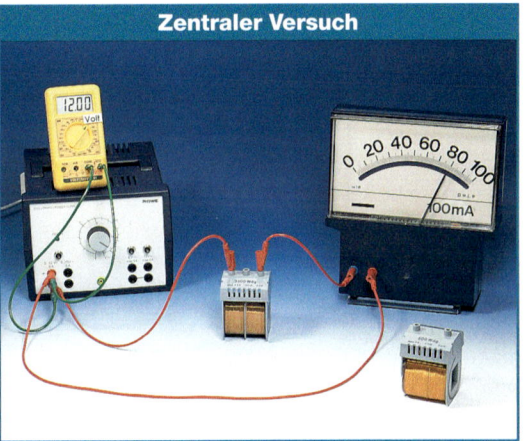

**Zentraler Versuch**

Werden zwei verschiedene Spulen nacheinander an die gleiche Quelle angeschlossen, so ergibt sich z. B. für Spule ① $I = 1{,}5$ A, für Spule ② $I = 80$ mA. Der Elektronenstrom wird also in Spule ② deutlich stärker gehemmt als in Spule ①, der Widerstand von Spule ② ist somit größer als der von Spule ①. *Je kleiner die Stromstärke I bei gleicher Spannung U ist, desto größer ist der Widerstand des Bauteils.*

Möglicherweise könnte durch Erhöhen der Spannung $U$ auch in Spule ② eine Stromstärke wie in der Spule ① aufrechterhalten werden. Das heißt: *Je größer die Spannung U ist, die gebraucht wird, um einen Elektronenstrom vorgegebener Stärke aufrecht zu erhalten, desto größer ist der Widerstand* Es ist daher sinnvoll, den Widerstand $R$ eines Gerätes durch den Quotienten aus angelegter Spannung $U$ und gemessener Stromstärke $I$ festzulegen:

$$R = \frac{U}{I} \quad \text{mit der Einheit} \quad \frac{1\,V}{1\,A} = 1\,\frac{V}{A} = 1\,\Omega.$$

Die Einheit des elektrischen Widerstandes wird OHM zu Ehren **Ohm** genannt und mit dem griechischen Buchstaben Ω (Omega) abgekürzt.

Mit dieser neuen Größe $R$ vereinfacht sich das Ohm'sche Gesetz zu einer der bekanntesten Gleichungen der Physik:

$$\frac{U}{I} = R \quad \text{oder} \quad U = R \cdot I \quad \text{mit} \quad R = \text{konstant.}$$

Diese Gleichungen reichen aus, um das Verhalten von Bauteilen, für die das Ohm'sche Gesetz gilt, zu beschreiben; Kennlinien sind nicht nötig.

Anders sieht das bei der Metallfadenlampe bzw. bei der Kohlefadenlampe aus, deren Kennlinien auf Seite 74 dargestellt sind: Beim Metallfaden nimmt die Stromstärke in geringerem Maße zu wie die Spannung; der Widerstand wird mit zunehmender Stromstärke größer. Beim Kohlefaden ist es umgekehrt: Hier nimmt die Stromstärke in größerem Maße zu wie die Spannung, der Widerstand wird mit zunehmender Stromstärke geringer.

> Die physikalische Größe elektrischer Widerstand gibt an, wie stark der Elektronenstrom von einem Bauteil gehemmt wird.

## Aufgaben

**1** Ein Bauteil genügt dem Ohm'schen Gesetz. Bei einer Spannung von 20 V wird eine Stromstärke von 100 mA gemessen. Berechne die Stromstärke, die beim Anlegen einer Spannung von 60 V gemessen wird.

**2** Begründe, welche Bauteile mit den folgenden Kennlinien das Ohm'sche Gesetz erfüllen.

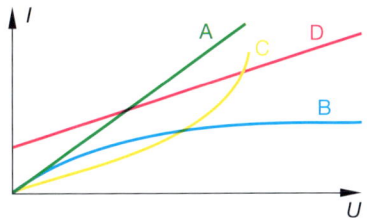

**3** Bei einem Tischventilator (Betriebsspannung 230 V) wird eine Stromstärke von 80 mA gemessen. Berechne seinen Widerstand.

**4** Für drei Bauteile wurden folgende Werte gemessen.

| U | 2 V | 5 V | 10 V | 12 V | 17 V |
|---|-----|-----|------|------|------|
| I | 0,15 mA | 0,25 mA | 0,32 mA | 0,34 mA | 0,41 mA |

| U | 1 V | 2 V | 3 V | 4 V | 5 V |
|---|-----|-----|-----|-----|-----|
| I | 0,25 mA | 0,55 mA | 0,8 mA | 1,1 mA | 1,3 mA |

| U | 2 V | 4 V | 6 V | 8 V | 15 V |
|---|-----|-----|-----|-----|------|
| I | 0,04 mA | 0,15 mA | 0,38 mA | 0,65 mA | 2,15 mA |

**a)** Zeichne die U-I-Kennlinien.
**b)** Begründe, für welches Bauteil das Ohm'sche Gesetz gilt.
**c)** Beschreibe, wie sich der Widerstand der Bauteile bei steigender Spannung ändert.

## Werkzeug | Von der Proportionalität zur Formel

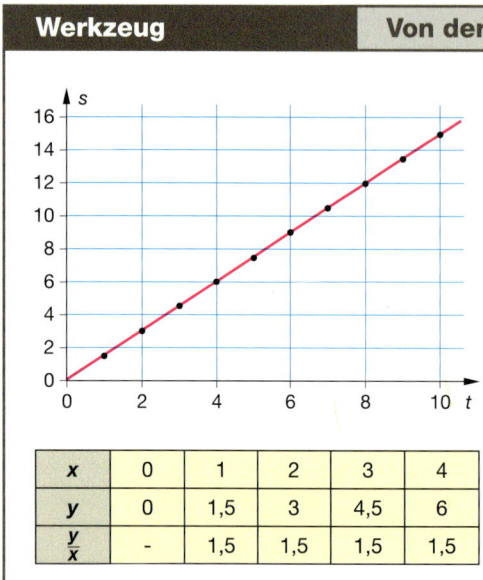

| $x$ | 0 | 1 | 2 | 3 | 4 |
|---|---|---|---|---|---|
| $y$ | 0 | 1,5 | 3 | 4,5 | 6 |
| $\frac{y}{x}$ | - | 1,5 | 1,5 | 1,5 | 1,5 |

1. Ergibt der Graph zweier Größen $x$ und $y$ eine Ursprungsgerade, so sind die beiden Größen zueinander direkt proportional: $x \sim y$ (gelesen: $x$ direkt proportional $y$)
2. Proportionalität kann auch an den Werten in einer Wertetabelle erkannt werden: Verdoppelt sich der $y$-Wert bei der Verdopplung des $x$-Wertes, so ist dies ein Hinweis auf die Proportionalität von $x$ und $y$. Ergeben die Quotienten $\frac{y}{x}$ immer den gleichen Wert (Quotientengleichheit), so liegt Proportionalität vor.
3. Der konstante Quotient $\frac{y}{x}$ heißt Proportionalitätsfaktor. Er wird üblicherweise mit $k$ bezeichnet.
4. Mithilfe des Proportionalitätsfaktors $k$ kann die Gleichung $\frac{y}{x} = k$ geschrieben werden. Durch Umformungen ergibt sich unmittelbar die Gleichung $y = k \cdot x$.
5. Tabellenkalkulationsprogramme helfen, die Überprüfung auf Quotientengleichheit sehr einfach durchzuführen.

## Geoelektrik

Experten wollen wissen, wie der Erdboden unter uns beschaffen ist, z. B. wenn Energie aus tieferen Schichten gewonnen werden soll. Dazu stecken sie lange Metallstäbe in den Boden und schicken einen elektrischen Strom einer bekannten Stärke $I$ hindurch. Zwischen zwei weiteren Metallstäben, die zwischen den stromführenden Stäben stehen, wird eine Spannung $U$ gemessen. Aus beiden Messungen und einem Faktor $k$, der die Geometrie der Anordnung berücksichtigt, kann dann der Widerstand der Bodenschicht aus $R = k \cdot U / I$ berechnet werden.

Weil bekannt ist, wie gut oder schlecht unterschiedliche Erdschichten den Strom leiten, kann aus dem errechneten Widerstand auf die geologische Struktur unter der Messstelle geschlossen werden.

Vögel können problemlos auf den nicht isolierten Kabeln von Hochspannungsleitungen sitzen, da ihr Widerstand wesentlich höher ist als der des Kabelstücks zwischen ihren Krallen. Der Strom, der durch die Körper fließt, ist so gering, dass es nicht gefährlich ist.

# ELEKTRISCHER WIDERSTAND

In elektrischen Schaltungen z. B. für Radios, für Fernseher, aber auch beim Experimentieren werden Leiter benötigt, deren elektrischer Widerstand einen fest vorgegebenen Wert hat. Solche Leiter oder spezielle Bauteile heißen Widerstände. Damit ist das Bauteil und nicht die physikalische Größe gemeint. Es gibt verschiedene technische Ausführungen:

**Drahtwiderstand:**
Diese Widerstände werden aus Drähten aus Speziallegierungen (Konstantan, Manganin, Nickelin) hergestellt.

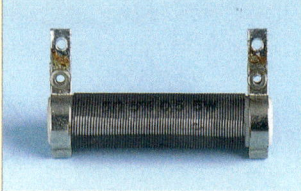

**Schichtwiderstände:** Leitfähige Schichten aus Kohle, Chrom-Nickel-Legierungen, Gold, Platin oder Zinnoxyd sind auf ein Keramikröhrchen aufgebracht. Einkerbungen zwingen die Elektronen, spiralförmig um das Röhrchen herumzulaufen, weshalb sie einen viel längeren Weg zurücklegen müssen. Nach außen werden Widerstände durch eine Lackschicht oder Glasur geschützt (siehe A4).

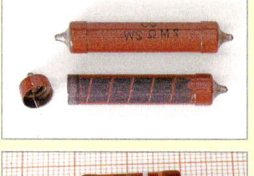
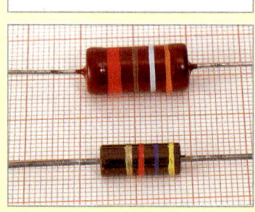

## Widerstände          Versuche und Aufträge

**V1** Bleistiftminen leiten elektrischen Strom.
**a)** Überlege dir einen Versuchsaufbau zur Messung der Kennlinie einer Bleistiftmine und führe die Messung durch. (**Vorsicht:** Der Stromfluss erwärmt die Bleistiftmine; baue den Versuch deshalb auf einer feuerfesten Unterlage auf!)
**b)** Beurteile anhand der Kennlinie, ob für die Bleistiftmine das Ohm'sche Gesetz gilt.
**c)** Formuliere eine Aussage zur Größe des Widerstandes der Bleistiftmine bei zunehmender Stromstärke.

**V2** In einem Stromkreis sind ein Eisendraht und ein Strommessgerät eingebaut. Wird der Stromkreis geschlossen, so schlägt der Zeiger zunächst weit aus und geht dann erst langsam auf den Endwert zurück.
**a)** Führe den Versuch durch und erkläre.
**b)** Wie verhält sich der Zeiger bei einem Konstantandraht? Stelle zunächst eine Vermutung auf, prüfe dann im Experiment.
**c)** Erkläre mithilfe von a), warum Glühlampen fast immer beim Einschalten, aber nicht im laufenden Betrieb durchbrennen.

**V3** Der elektrische Widerstand von Glühlampen soll in Abhängigkeit von der Stromstärke untersucht werden. Nutze drei verschiedene Lampen mit gleicher Nennspannung, aber unterschiedlicher Helligkeit. Als Messgeräte stehen Strom- und Spannungsmessgeräte zur Verfügung.
**a)** Entwickle und begründe eine geeignete Versuchsanordnung.
**b)** Miss für jede Lampe $U$ und $I$ (Tabelle!) und berechne $R$ in Abhängigkeit von $I$. Zeichne jeweils das zugehörige $I$-$R$-Diagramm.
**c)** Beschreibe den Verlauf der Graphen. Erkläre.
**d)** Nimm Stellung zu der folgenden Aufgabe in einem Physikbuch: „Der Widerstand einer Glühlampe beträgt $17{,}5\,\Omega$. Berechne die Stromstärke durch das Lämpchen bei einer Spannung von 2 V."

**A4** In elektrischen Schaltungen sind die Widerstände oft so klein, dass eine lesbare Beschriftung unmöglich ist. Deshalb gibt es einen Farbcode.
**a)** Informiere dich über die Bedeutung der einzelnen Farben und der Ringe.
**b)** Bestimme die Größe des Widerstands mit der Farbreihenfolge: grün – gelb – blau – gold.
**c)** Zeichne den Farbcode für einen $220\,\Omega$-Widerstand mit einer Genauigkeit von 5 % auf.

**V5** Es soll die Abhängigkeit des elektrischen Widerstands von der Konzentration einer Salzlösung untersucht werden. Dazu stehen Strom- und Spannungsmessgeräte zur Verfügung.
**a)** Skizziere und begründe eine geeignete Versuchsanordnung. Beschreibe die erforderliche Versuchsdurchführung.
**b)** Beginne mit destilliertem Wasser und erhöhe dann die Salzkonzentration durch portionsweises Zugeben von Kochsalz. (Umrühren nicht vergessen.) Bestimme für jede Konzentrationsstufe den Widerstand.
**c)** Stelle die Messergebnisse in einem geeigneten Diagramm dar und deute das Versuchsergebnis.
**d)** Neben dem Begriff „Widerstand" gibt es die „Leitfähigkeit". Überlege dir eine sinnvolle Definition; wie könnte sie mit dem „Widerstand" zusammenhängen?

**A6** Multimeter zur Strom- und Spannungsmessung haben auch Messbereiche zur direkten Widerstandsmessung.
Überlege und beschreibe, wie damit eine Widerstandsmessung funktionieren kann.
(*Hinweis:* Ein solches Messgerät hat immer eine Batterie.)

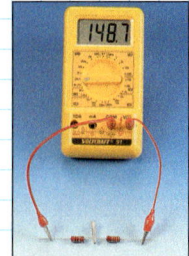

**V7 a)** Untersuche mithilfe mehrerer Messreihen, welchen Einfluss das Material, die Länge $l$ und der Durchmesser $d$ auf den Widerstand eines Drahts haben. Dokumentiere dein Vorgehen sorgfältig. (Achte darauf, dass du jeweils nur eine Größe veränderst, während die beiden anderen gleich bleiben.)
**b)** Informiere dich über den Begriff „spezifischer Widerstand".

**V8** Der menschliche Körper ist ein vergleichsweise guter elektrischer Leiter.
**a)** Der Widerstand des Körperinneren beträgt ca. $100\,\Omega$, der Hautwiderstand ca. $500\,\Omega$. Erkläre die Unterschiede. Begründe, dass der Hautwiderstand keine fixe Größe sein kann.
**b)** Aus einem Lexikon: „Körperwiderstand für den Stromweg Hand–Hand ca. $1000\,\Omega$." Gib eine begründete Vermutung für diesen Wert.
**c)** Entwickle eine Schaltung, mit der mithilfe einer 9 V-Block-Batterie der Widerstand in b) experimentell überprüft werden kann. Führe die Messung nach Rücksprache mit der Lehrkraft durch. Beurteile dein Messergebnis.

# Der Zusammenhang zwischen Stromstärke, Spannung und Widerstand

In jedem elektrischen Stromkreis ist die elektrische Quelle der Antrieb für die Bewegung der Elektronen, ein Elektrogerät dagegen hemmt die Elektronen. Aus dieser Elektronenbewegung erwachsen dann die Wirkungen des elektrischen Stroms. Wie aber beeinflussen die Spannung der Quelle und der elektrische Widerstand des Geräts die Stromstärke?

- Der Einfluss der Spannung auf die Stromstärke (bei ein und demselben Gerät) kann entsprechend dem oberen Bild bestimmt werden.
  Die obere Messreihe zeigt: Je größer die Spannung $U$ der elektrischen Quelle in diesem Stromkreis ist, desto größer ist die entstehende elektrische Stromstärke $I$.

- Der Einfluss des Widerstands kann wie im unteren Bild ermittelt werden. (Die Spannung der Quelle wird zu Beginn eingestellt und bleibt dann unverändert.)

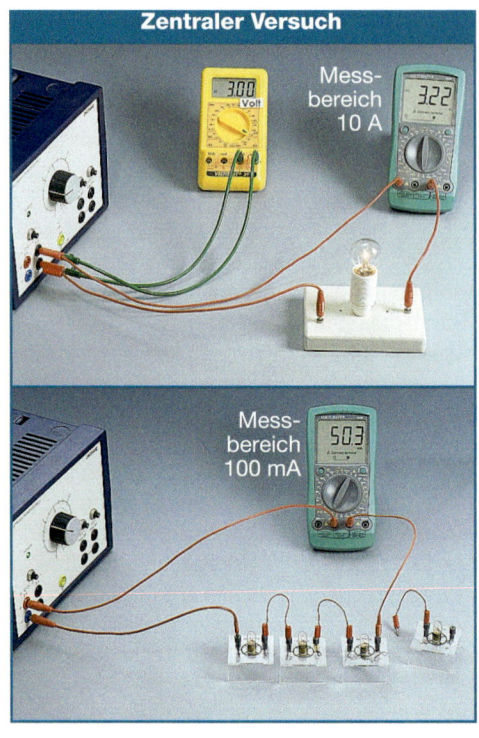

**Zentraler Versuch**

Messbereich 10 A

Messbereich 100 mA

Als Elektrogerät wird zunächst eine Glühlampe verwendet und die zugehörige Stromstärke gemessen. Um Elektrogeräte mit größeren Widerständen zu simulieren, werden nacheinander weitere baugleiche Lampen in Reihe geschaltet. Die untere Messreihe zeigt: Je mehr Lampen in Reihe geschaltet werden, je größer also der Widerstand $R$ im Stromkreis ist, desto kleiner ist die sich einstellende Stromstärke $I$ (bei gleicher Spannung $U$).

Werden die Größen Spannung und Widerstand in einem Stromkreis verändert, dann stellt sich die Stromstärke immer von selbst auf einen ganz bestimmten Wert ein. Stromkreise sind also gekennzeichnet durch die Spannung der Quelle und den Widerstand des eingeschalteten Geräts. Liegen mehrere Geräte in Reihe im Stromkreis, dann bewirkt der Strom durch die Geräte Teilspannungen in ihnen, deren Summe so groß ist wie die Nennspannung der Quelle.

| Stromstärke und Spannung (die Lampe ist der Widerstand im Kreis) | | | | | | |
|---|---|---|---|---|---|---|
| $U$ | 0 | 1,0 V | 2,0 V | 3,0 V | 4,0 V | 5,0 V |
| $I$ | 0 | 1,71 A | 2,74 A | 3,22 A | 3,63 A | 3,85 A |

| Stromstärke und Widerstand (Spannung konstant = 4 V) | | | | |
|---|---|---|---|---|
| Glühlampen | 1 | 2 | 3 | 4 |
| $I$ | 88 mA | 62 mA | 50 mA | 43 mA |

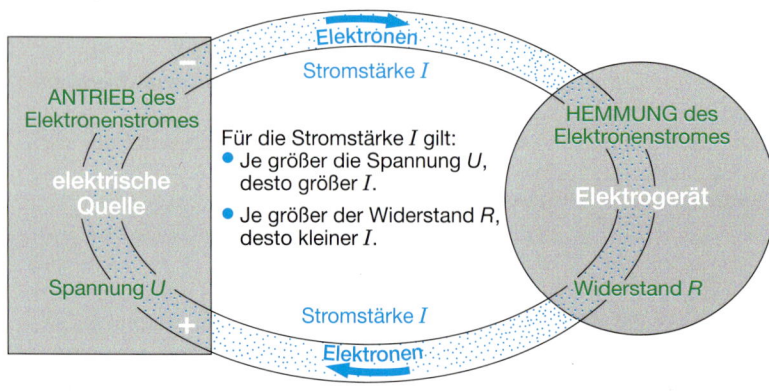

Elektronen

Stromstärke $I$

ANTRIEB des Elektronenstromes

elektrische Quelle

Spannung $U$

Für die Stromstärke $I$ gilt:
- Je größer die Spannung $U$, desto größer $I$.
- Je größer der Widerstand $R$, desto kleiner $I$.

HEMMUNG des Elektronenstromes

Elektrogerät

Widerstand $R$

Stromstärke $I$

Elektronen

> Im Zusammenspiel von Antrieb durch die Quelle (Spannung $U$) und Hemmung durch Geräte (mit dem Widerstand $R$) stellt sich in jedem Stromkreis eine ganz bestimmte Stromstärke $I$ ein.

**Aufgaben**

**1** Bei einer Taschenlampe beträgt die Stromstärke im Lämpchen 150 mA. Fließt ein Strom von 20 mA durch einen Menschen, besteht Lebensgefahr.
Die Pole einer Taschenlampenbatterie aber können trotzdem gefahrlos in die Hand genommen werden. Begründe.

## Spannung ist mehr als Antrieb **Durchblick**

Im Merksatz links steht: *Im Zusammenspiel von Antrieb durch die Quelle (Spannung U) und Hemmung durch Geräte (mit dem Widerstand R) stellt sich in jedem Stromkreis eine ganz bestimmte Stromstärke I ein.* Gehemmt werden kann ein Strom aber nur durch eine seiner Ursache (der Quellenspannung) entgegengesetzte, physikalisch gleichwertige Größe – also wieder eine Spannung und nicht durch eine das Bauteil oder das Gerät charakterisierende Größe wie den Widerstand!

Bei der Reihenschaltung von Lämpchen im Stromkreis (Seite 68/69) konnten an den Lämpchen Teilspannungen gemessen werden. Dies ist insofern erstaunlich, als die Lämpchen ja keine elektrischen Quellen (charakterisiert durch eine Quellenspannung $U$) sind und von daher zwischen den Anschlüssen auch keine Spannungen gemessen werden dürften. Ein weiteres – zunächst verblüffendes – Phänomen zeigt sich, wenn die Versuchsanordnung etwas geändert wird, so dass sich die Lämpchen nun im Stromkreis „neben" der elektrischen Quelle befinden. Die Spannungsmessgeräte werden alle im gleichen Sinn geschaltet, d. h. der Eingang für den Pluspol ist rechts und der Eingang für den Minuspol links.

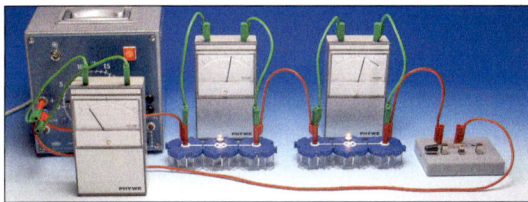

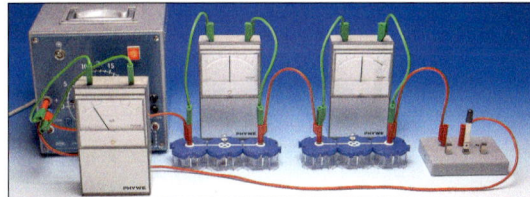

Der Versuch hat drei Ergebnisse:
* Die Summe der Teilspannungen ist genau so groß wie die Quellenspannung $U_0$ – das ist nichts Neues.
* Weil die Messgeräte alle gleich über Quelle und Lampen angeschlosssen sind, sagt die Zeigerstellung etwas aus über die Richtung, in die die Spannung die Elektronen treibt: Die Teilspannungen über den Lämpchen haben eine zur Quellenspannung entgegengesetzte Richtung. Daher heißen diese Spannungen auch *Gegenspannungen*. Mithilfe der Gleichung $U = R \cdot I$ kann berechnet wer-

den, wie groß die Gegenspannung in einem Gerät ist: Fließt durch eine Lampe mit dem Widerstand $R = 60\,\Omega$ ein Strom der Stärke $I = 0{,}05\,A$, so wird über dem Gerät eine Spannung $U = 60\,\Omega \cdot 0{,}05\,A = 3\,V$ gemessen.
* Sobald der Schalter S geöffnet wird, gehen die Zeiger der Messgeräte über den Lämpchen auf null zurück – die Spannungen „brechen zusammen". Nicht so die Quellenspannung, die konstant bleibt. Das bedeutet: Die Stromstärke $I$ ist die Ursache für die Teilspannungen $U_1$ und $U_2$ über den Lämpchen. Ist nämlich $I = 0$, dann ist auch $U_1 = U_2 = 0$.

Der Versuch bestätigt eine andere Formulierung der bekannten *Maschenregel*:
**Die Summe aller Spannungen bei einem Umlauf durch eine Masche (= geschlossener Stromkreis) ist null.**

Das Entstehen der Gegenspannungen ist vergleichbar mit den Verhältnissen beim Radfahren: Mit der Kraft der Beine (= Antrieb) werden Rad und Fahrer in Bewegung gesetzt. Die Bewegung ihrerseits ruft einen geschwindigkeitsabhängigen Luftwiderstand (= Hemmung) hervor, der die Bewegung bremst. Im Zusammenspiel von Antrieb ($\triangleq$ Quellenspannung) und Luftwiderstand ($\triangleq$ Gegenspannung) stellt sich eine bestimmte Geschwindigkeit ($\triangleq$ Stromstärke) ein.

Fahrt aufnehmen durch die Kraft der Beine

Kraft gegen die Bewegung, hervorgerufen durch den Luftwiderstand

Die Bewegung hat also mit dem Luftwiderstand eine Kraft gegen die Bewegungsrichtung hervorgerufen, so wie die Bewegung der Elektronen (Strom) eine Gegenspannung im Gerät hervorruft.

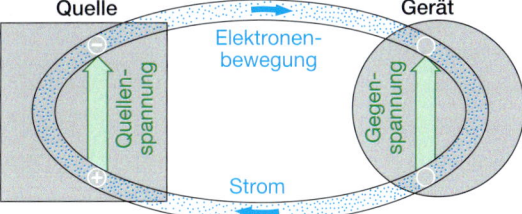

Antrieb der Elektronen durch die Quellenspannung ergibt einen Elektronenstrom

Gegenspannung im Gerät hemmt ihre Ursache, den Elektronenstrom

## Widerstände in Parallel- und Reihenschaltungen

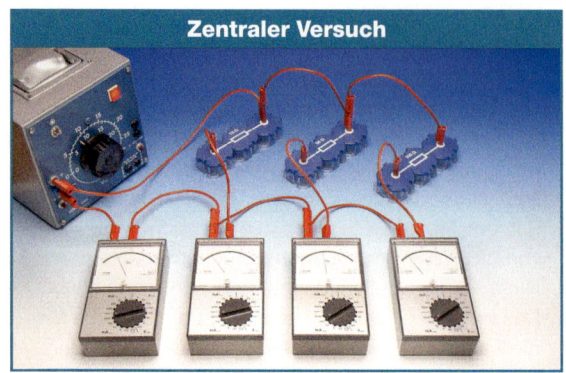

Zentraler Versuch

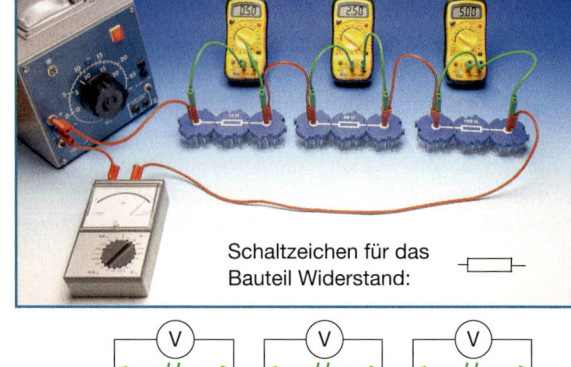

Zentraler Versuch

Schaltzeichen für das Bauteil Widerstand:

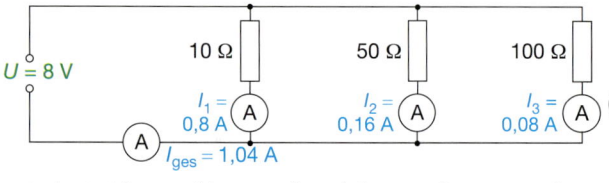

$U = 8\,V$

10 Ω  50 Ω  100 Ω

$I_1 = 0{,}8\,A$ (A)  $I_2 = 0{,}16\,A$ (A)  $I_3 = 0{,}08\,A$ (A)

(A) $I_{ges} = 1{,}04\,A$

$U_1$  $U_2$  $U_3$

10 Ω  50 Ω  100 Ω

$U_Q = 8\,V$  $I = 0{,}05\,A$

(A)

Jeder Widerstand hemmt den Elektronenfluss. Je größer der Widerstand eines Bauteils ist, desto geringer ist bei gleicher Spannung die Stromstärke durch dieses Bauteil. Die Messwerte zeigen, dass der Widerstand $R$ und die zugehörige Teilstromstärke $I$ antiproportional zueinander sind, weil in einer Parallelschaltung an jedem Widerstand dieselbe Spannung, nämlich die Quellenspannung anliegt. Die Teilstromstärken addieren sich zur Gesamtstromstärke: $I_1 + I_2 + I_3 = 0{,}8\,A + 0{,}16\,A + 0{,}08\,A = 1{,}04\,A = I_{ges}$. Das ist die *Knotenregel*.

Die Gesamtstromstärke ist größer als jede einzelne Teilstromstärke. Deshalb muss der Gesamtwiderstand der Parallelschaltung kleiner sein als jeder einzelne Widerstand.

Für den Gesamtwiderstand der Parallelschaltung im Beispiel folgt:

$$R_{ges} = \frac{U}{I_{ges}} = \frac{8\,V}{1{,}04\,A} = 7{,}7\;\Omega$$

In einer Parallelschaltung verhalten sich die Teilströme umgekehrt wie die Widerstände: $I$ und $R$ sind antiproportional zueinander.

Die Messwerte bei der Reihenschaltung zeigen, dass die Spannung $U_R$ an einem Bauteil proportional zum Widerstand $R$ dieses Bauteils ist: $U_1 = 0{,}5\,V$, $U_2 = 2{,}5\,V$, $U_3 = 5\,V$. Dies ist verständlich: Bei einem größeren Widerstand ist für die Aufrechterhaltung derselben Elektronenstromstärke eine größere Energiestromstärke nötig als bei einem kleineren Widerstand. Alle Teilspannungen addieren sich zur angelegten Quellenspannung: $U_1 + U_2 + U_3 = 0{,}5\,V + 2{,}5\,V + 5\,V = 8\,V = U_Q$. Das ist die schon bekannte *Maschenregel*.

Die Gesamtspannung teilt sich im Verhältnis der Einzelwiderstände auf die verschiedenen Geräte auf. Der Gesamtwiderstand einer Reihenschaltung ergibt sich als Summe der Einzelwiderstände.

Für den Gesamtwiderstand der Reihenschaltung im Beispiel folgt:

$$R_{ges} = \frac{U_Q}{I} = \frac{8\,V}{0{,}05\,A} = 160\;\Omega = 10\;\Omega + 50\;\Omega + 100\;\Omega$$

In einer Reihenschaltung ist jede Teilspannung $U_R$ proportional zum Widerstand $R$: Am $k$-fachen Widerstand wird auch die $k$-fache Spannung gemessen.

Im Haushalt würde es wenig Sinn machen, mehrere Elektrogeräte in Reihe zu schalten. Die zur Verfügung stehende Netzspannung von 230 V würde sich entsprechend den Widerständen der Geräte aufteilen und jedes Gerät bekäme eine zu geringe Spannung. Die Geräte würden nicht funktionieren – ganz abgesehen davon, dass alle in Betrieb sein müssten, da sonst der Stromkreis unterbrochen wäre. Alle Steckdosen und Lampenanschlüsse in einem Haus sind deshalb parallelgeschaltet. Reihenschaltungen von elektrischen Bauteilen gibt es innerhalb von Elektrogeräten, Reihenschaltungen von Geräten dagegen sind selten; Beispiele sind LED-Lichterschnüre oder Weihnachtsbaum-Lichterketten.

## Aufgaben

**1 a)** Bestimme die Anzeige aller Messgeräte und den Wert des nicht angegebenen Widerstandes (mit Begründung).
**b)** Welche Spannung ist angelegt? Begründe.

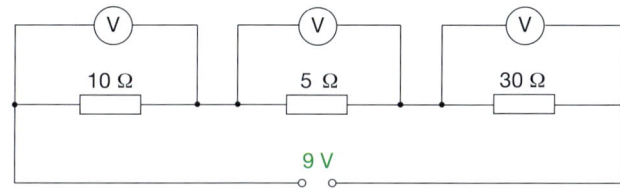

**2** Gib an, welche Spannungen die Messgeräte anzeigen. Begründe.

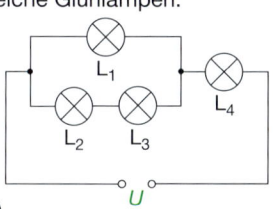

**3** $L_1$, $L_2$, $L_3$ und $L_4$ sind vier völlig gleiche Glühlampen. Die Spannung $U$ wird langsam erhöht. Beschreibe und begründe, in welcher Reihenfolge die Lampen dabei durchbrennen. (Falls $L_4$ durchbrennen sollte, wird sie durch ein Kabel überbrückt, da sonst kein Strom fließt.)

**4** Sicherungen im Haushalt unterbrechen den Stromkreis bei 16 A oder 25 A. In einer Küche sollen ein Warmwasserspeicher (2 kW), eine Geschirrspülmaschine (2700 W) und eine Mikrowelle mit Grill (1950 W) zusätzlich zu weiteren Elektrokleingeräten angeschlossen werden. Beschreibe die erforderliche Elektroinstallation.

## Rechenbeispiel

**1.** Messgerät ① zeigt $I_1 = 0{,}4$ A an. Ermittle die Anzeigen der beiden anderen Messgeräte. Begründe.

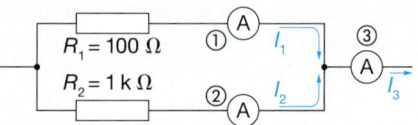

Lösung: Widerstand $R_2$ (1 kΩ) ist zehnmal so groß wie Widerstand $R_1$ (100 Ω). Deshalb ist der Teilstrom durch $R_2$ nur ein Zehntel des Stromes durch $R_1$, also $I_2 = 0{,}04$ A. Für $I_3$ folgt: $I_3 = I_1 + I_2 = 0{,}44$ A.

**2.** Die Spannung der Quelle beträgt $U_Q = 6$ V. Berechne die Anzeigen der beiden Spannungsmessgeräte.

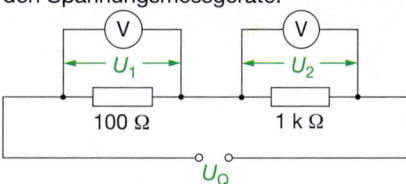

Lösung: Am 10-fachen Widerstand wird auch die 10-fache Spannung gemessen. Die Summe der Teilspannungen ist so groß wie die Quellenspannung. Aus $U_Q = U_1 + U_2 = U_1 + 10\,U_1 = 6$ V folgt $U_1 = 6$ V/11 $\approx 0{,}55$ V und $U_2 \approx 5{,}5$ V.

---

## Parallel- und Reihenschaltungen | Versuche und Aufträge

**V1** Schalte mindestens drei gleiche Glühlampen in Reihe an ein Netzgerät. Erhöhe die Spannung soweit, dass die Lampen mit mittlerer Stärke leuchten. Überbrücke dann eine Lampe mithilfe eines Kabels. Beschreibe und erkläre deine Beobachtung.

**V2** Schließe eine (6 V | 2,4 W)-Vorderlicht- und eine (6 V | 0,6 W)-Rücklicht-Fahrradlampe in Reihe an einen Dynamo oder ein 6 V-Netzgerät. Miss auch die Teilspannung an jeder Glühlampe. Beschreibe und erkläre deine Beobachtungen.

**V3** Verdrille die Enden dreier gleich langer und gleich dicker Drähte aus Kupfer, Eisen und Konstantan derart, dass du eine Reihenschaltung dieser Drähte erhältst. Schließe sie an eine elektrische Quelle an und miss nacheinander die Spannung zwischen den Enden jedes Drahtes sowie die Quellenspannung. Du kannst zusätzlich in der Mitte jedes Drahtes ein Wachskügelchen befestigen. Beschreibe und erkläre deine Beobachtungen.

**V4** Verbinde mehrere lange Kabel zu einer möglichst langen Anschlussleitung für eine 6 V-Lampe. Regele die Stromquelle so, dass du an der Lampe eine Spannung von 6 V misst. Miss nun auch die Spannung der Quelle. Beschreibe und erkläre die Messergebnisse.

**Durchblick** | **Wasserstromkreis – elektrischer Stromkreis**

## Eine Analogie mit Grenzen

Die Vorgänge in einem elektrischen Stromkreis sind nicht sichtbar, da die Bewegung der Elektronen in den Leitern auch mit dem besten Mikroskop nicht direkt beobachtet werden kann. Das Fließen der Elektronen in den Leitungen eines Stromkreises ist vergleichbar mit dem Strömen von Wasser in den Rohren eines Wasserkreises. Mithilfe dieser Analogie lassen sich Phänomene im elektrischen Stromkreis verständlich darstellen.

| Wasserstromkreis | Elektrischer Stromkreis |
|---|---|
| 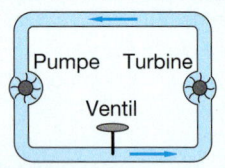 Wird das Ventil geöffnet, so fließt das Wasser durch die Rohrleitungen im Kreis und bringt dabei die Turbine zum Laufen. |  Wird der Schalter geschlossen, so fließen Elektronen vom Minuspol der Quelle (Elektronenüberschuss) zum Pluspol und bringen dabei die Lampe zum Leuchten. |
| **Antrieb:** Der Wasserkreislauf wird durch die Pumpe angetrieben. Je größer die Drehgeschwindigkeit der Pumpe ist, desto mehr Wasser pumpt sie im Kreis herum. | **Spannung:** Die Spannung zwischen den Polen der Batterie treibt die Elektronen durch den Stromkreis. Die Elektronen werden um so stärker angetrieben, je höher die Spannung ist. |
| **Strömungswiderstand:** Die Turbine, aber auch das Wasserrohr selbst hemmen den Wasserfluss. Jedes Teil hat einen bestimmten Widerstand. Zusammen mit der Pumpe bestimmen Turbine und Rohr die Wasserstromstärke. | **Elektrischer Widerstand:** Die Lampe, aber auch der Zuleitungsdraht selbst hemmen den Elektronenfluss. Jedes Teil hat einen bestimmten Widerstand. Zusammen mit der Quelle bestimmen Lampe und Zuleitung die elektrische Stromstärke. |
| **Wasserstromstärke:** Die Stromstärke gibt die Anzahl der Wassermoleküle an, die sich pro Zeiteinheit an einer Stelle des Rohrsystems vorbeibewegen. Es bietet sich an, das Volumen des Wassers als Maß für diese Anzahl zu verwenden: $I = \frac{V}{t}$, Einheit: $1 \frac{\ell}{s}$ | **Elektrische Stromstärke:** Sie gibt die Gesamtladung der Elektronen an, die sich pro Zeiteinheit an einer Stelle des Kreises vorbei bewegen: $I = \frac{Q}{t}$, Einheit: $1\,A = 1\frac{C}{s}$ |
| **Insel im Strom:** 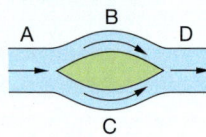 Die Wassermenge, die an der Stelle A vorbeifließt, teilt sich auf in die Wassermengen, die an B und C vorbeifließen. Es gilt: $I_A = I_D = I_B + I_C$ | **Parallelschaltung:** 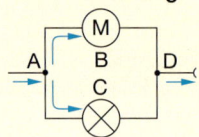 Der Elektronenstrom an der Stelle A verteilt sich auf die Elektronenströme durch die Geräte B und C. Es gilt: $I_A = I_D = I_B + I_C$ |

**Grenzen der Analogie**

| Unterbrochene Leitung: | Unterbrochene Leitung: |
|---|---|
|  Wasser fließt aus einem aufgeschnittenen Rohr heraus. | 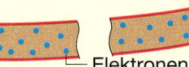 Elektronen fließen nicht aus einem durchgeschnittenen Kabel heraus. |

**Der Wasserstromkreis und der elektrische Stromkreis haben viele Gemeinsamkeiten, sodass die analoge Betrachtungsweise viele Gesetzmäßigkeiten im Stromkreis verständlicher macht. Zudem werden durch die Übertragung neue Fragen aufgeworfen, die noch untersucht werden müssen.**
**Allerdings hat die Analogie auch Grenzen, wie das unterschiedliche Verhalten von Wasser und Elektronen bei unterbrochener Leitung zeigt.**

## Widerstände in Anwendungen | Versuche und Aufträge

**V1** Informiere dich über Heckscheiben-Heizungen von Personenkraftwagen.
**a)** Besonderheiten, Unterschiede?
**b)** Erläutere das Funktionsprinzip.
**c)** Skizziere und beschreibe mit möglichst einfachen Mitteln ein vergleichbares physikalisches Experiment. Worauf kommt es dabei an?

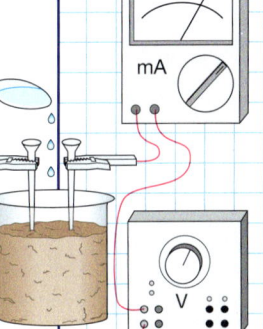

**V2** Untersuche die Leitfähigkeit von Erde.
**a)** Fülle dazu ein Becherglas zunächst mit möglichst trockener Erde. Erläutere die links dargestellte Versuchsanordnung.
**b)** Erstelle eine Messreihe, wobei der Erde fortgesetzt annähernd gleiche kleine Wassermengen (z. B. jeweils 1 Esslöffel) zugegeben werden.
**c)** Erläutere und deute die Messreihe.

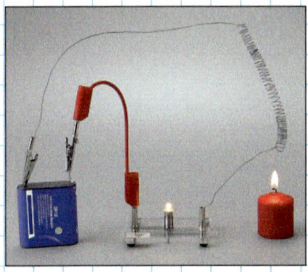

**V3** Ein Glühlämpchen ist in Reihe mit einer Drahtwendel aus Eisen an eine Batterie angeschlossen.
**a)** Untersuche und beschreibe was geschieht, wenn du die Wendel mit einer brennenden Kerze erhitzt.
**b)** Miss die Stromstärke vor, während und nach dem Erhitzen. Erkläre die Beobachtung aus a).
**c)** Anstelle der Drahtwendel aus Eisen soll eine Bleistiftmine verwendet werden. Welche Beobachtung erwartest du, wenn sie vorsichtig mit der Kerzenflamme erwärmt wird? Begründe.
**d)** Erläutere, worauf bei der Durchführung des Experimentes in c) zu achten ist.
**e)** Nenne mögliche technische Anwendungen der beiden Versuchsvarianten.

**A4** Historisch bedeutsam waren Kohlekörnermikrofone. Sie wurden bis etwa 1970 standardmäßig in Telefonen verwendet.
**a)** Informiere dich über Aufbau und Funktionsweise eines solchen Mikrofons.
**b)** Entwirf eine Versuchsanordnung, mit der das Funktionsprinzip gezeigt werden kann.

**V5** Der abgebildete Schiebewiderstand mit der Aufschrift $100\,\Omega$ besitzt drei

Anschlüsse. Untersuche und erkläre, wie mit ihm ein beliebiger Widerstand zwischen 0 und $100\,\Omega$ eingestellt werden kann.

**V6** Zur sehr genauen Messung unbekannter Widerstände wurde früher die Wheatstone-Brücke benutzt. Die Skizze rechts

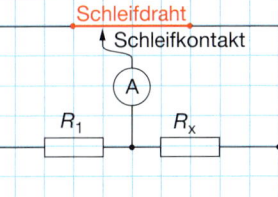

zeigt eine mögliche Schaltung. Der Widerstand $R_1$ sei genau bekannt. Zur Bestimmung des unbekannten Widerstands $R_x$ wird der Schleifkontakt so eingestellt, dass der „Brückenstrom" genau 0 A beträgt.
**a)** Zeichne die Schaltskizze neu, wobei du den Schleifdraht durch Widerstandsymbole ersetzt.
**b)** Gib eine Formel zur Berechnung des unbekannten Widerstands $R_x$ an und begründe sie.

**V7** In Haushalten werden stets alle Elektrogeräte parallel geschaltet. Nimm stellvertretend für Elektrogeräte übliche Widerstände aus der Physiksammlung.

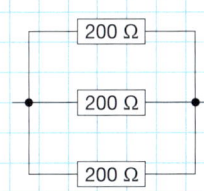

**a)** Schalte zwei, drei bzw. vier gleich große Widerstände parallel zueinander und finde durch geeignete Messungen heraus, wie der Gesamtwiderstand der Schaltung von der Anzahl der Widerstände abhängt.
**b)** Schalte nun verschieden große Widerstände parallel zueinander und ermittelt auch hier den Gesamtwiderstand durch geeignete Messungen. Informiere dich mithilfe einer Formelsammlung über die Berechnung des Gesamtwiderstands (auch **Ersatzwiderstand** genannt) einer Parallelschaltung. Überprüfe deine Ergebnisse mithilfe der Formel.
**c)** Untersuche die Abhängigkeit des Gesamtwiderstands einer Reihenschaltung gleichartiger Glühlampen von der Anzahl der Glühlampen und erkläre dein Ergebnis. (*Tipp:* Denke an die *U-I*-Kennlinie einer Glühlampe.)
**d)** Erforsche mithilfe von mindestens drei gleichgroßen Widerständen auch Kombinationen aus Reihen- und Parallelschaltungen.

## Werkzeug — Auswertung von Messergebnissen

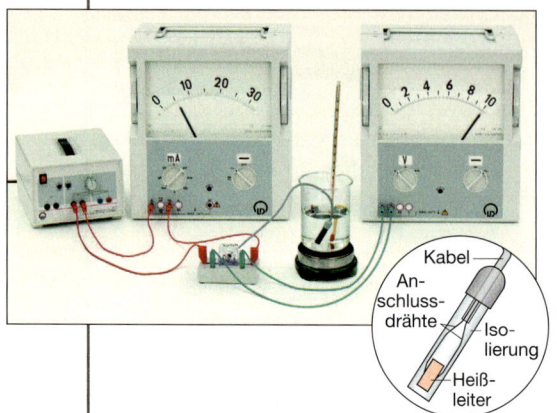

In einem Versuch soll die Abhängigkeit des Widerstandes von der Temperatur für einen temperaturabhängigen Widerstand (Heißleiter) untersucht werden. Dazu wird der Heißleiter im Wasserbad erhitzt. Neben seiner Temperatur werden gleichzeitig die an ihm anliegende Spannung und die Stromstärke gemessen.

Die Auswertung dieses Versuches wird nun auf drei verschiedenen Wegen vorgenommen:
- mit „Papier und Stift" (und einem Taschenrechner)
- mit einem Tabellenkalkulationsprogramm
- mit automatischer Messwerterfassung

### Mit Papier und Stift

Die in der Tabelle rechts angegebenen Werte wurden ermittelt.
Die Widerstände für jede Messung werden mit der Gleichung $R = \frac{U}{I}$ berechnet.
Zum Schluss muss noch das Temperatur-Widerstands-Diagramm gezeichnet werden.

| $\vartheta$ | $U$ | $I$ | $R$ |
|---|---|---|---|
| 25 °C | 10 V | 2,5 mA | 5,0 kΩ |
| 30°C | 10 V | 2,6 mA | 3,8 kΩ |
| 35 °C | 10 V | 3,2 mA | 3,1 kΩ |
| 40 °C | 10 V | 4,0 mA | 2,5 kΩ |
| 45 °C | 10 V | 5,0 mA | 2,0 kΩ |
| 50 °C | 10 V | 6,2 mA | 1,6 kΩ |
| Messgrößen | | | berechnet |

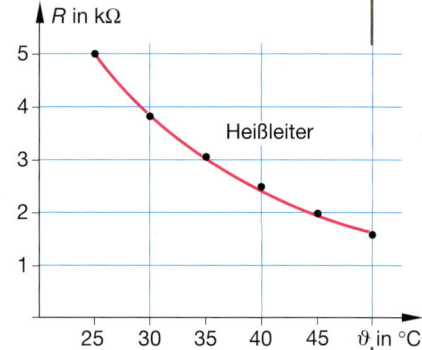

### Mit dem Tabellenkalkulationsprogramm

Die Messwerte werden mit den Messgeräten ermittelt und in die drei Spalten für Temperatur, Spannung und Stromstärke eingegeben. Durch Eingeben der Formel für den Widerstand berechnet der Computer die Widerstände automatisch für die 4. Spalte. Nun kann vom Rechner das Diagramm gezeichnet werden.
Dieses Verfahren spart also den Aufwand für die einzelnen Rechnungen und die Diagrammzeichnung.

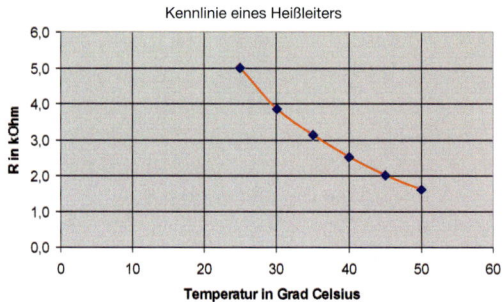

### Mit automatischer Messwerterfassung

Noch schneller wird das Versuchsergebnis dargestellt, wenn zur Messwerterfassung und -auswertung ein Computer mit einem entsprechenden Programm verwendet werden kann. Sensoren liefern jetzt die Messwerte an eine dem Computer vorgeschaltete spezielle Schnittstelle, die die analogen Messwerte in für den Computer verständliche digitale Signale umwandelt.
Das Diagramm wird bei entsprechender Einstellung des Programms sofort angezeigt. Ein Ausdruck von Messwerten und Diagramm ist meist ebenfalls möglich.

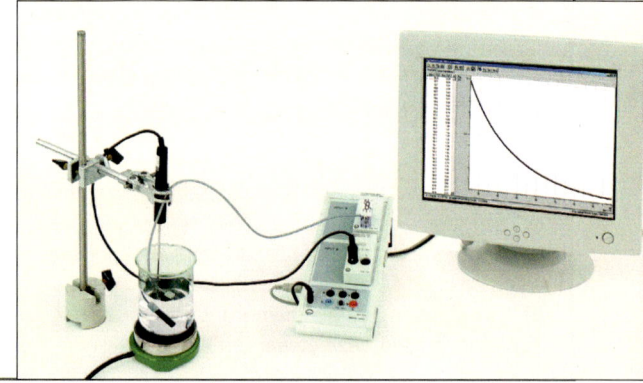

## Supraleitung Streifzug

Aus der Zunahme des elektrischen Widerstands bei Temperaturerhöhung des Leiters lässt sich umgekehrt schließen, dass der Widerstand bei Abkühlung immer geringer werden sollte. 1908 gelang HEIKE KAMMER-LINGH-ONNES in Leiden (Holland) die Verflüssigung von Helium bei −270,55 °C (Normaldruck). Damit konnte untersucht werden, wie groß der elektrische Widerstand bei sehr tiefen Temperaturen ist. Die erwartete Abnahme des Widerstands mit sinkender Temperatur wurde beobachtet. Aber 1911 fand ONNES etwas Besonderes: Bei Quecksilber sank der Widerstand bei −268,8 °C sprunghaft auf null. ONNES taufte diese Erscheinung **Supraleitung,** die Temperatur **Sprungtemperatur.** Bei anderen Stoffen tritt Supraleitung bei anderen Sprungtemperaturen auf. 1986 gelang es dem Deutschen BEDNORZ und dem Schweizer MÜLLER, die Supraleitung an keramischen Stoffen bei Temperaturen über −196 °C nachzuweisen. Beide erhielten 1987 dafür den Nobelpreis. Bisheriger Rekord 1999: −140 °C.
Supraleitende Stoffe mit einer Sprungtemperatur oberhalb −196 °C sind deshalb interessant, weil −195,75 °C die Siedetemperatur von flüssigem Stickstoff ist. Derartige Stoffe könnten mit flüssigem Stick-

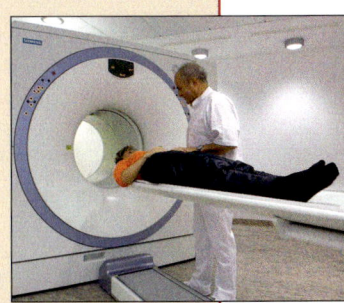

stoff unter ihre Sprungtemperatur gekühlt, also supraleitend gemacht werden. Allerdings lassen sich diese supraleitenden keramischen Stoffe nicht zu Drähten üblicher Form und Elastizität verarbeiten.

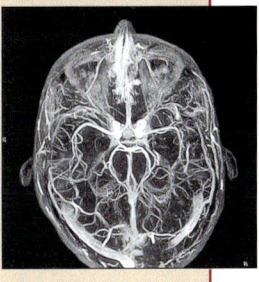

Aber durch die Entwicklung leistungsfähiger Heliumverflüssiger mit geringem Raumbedarf finden supraleitende Magnete zur Erzeugung starker Magnetfelder immer weitere Verbreitung. Denn die Leistungsfähigkeit von supraleitenden Elektromagneten ist immens, weil ja die Bewegung der Elektronen nicht mehr behindert wird. Supraleitende Magnete finden in der medizinischen Diagnostik, z. B. bei Kernspintomografen zur Untersuchung des Gehirns, Verwendung. Aber auch die großen Beschleuniger zur Untersuchung atomarer Prozesse, z. B. beim DESY in Hamburg, wären ohne supraleitende Magnete nicht denkbar.

## Kontrolle des Körperfetts

Das richtige Gewicht ist eine wesentliche Voraussetzung für die Gesundheit. Dabei spielt das im Körper angelegte Fett eine besondere Rolle: Es darf nicht zu viel, aber auch nicht zu wenig sein bezogen auf das Gesamtgewicht eines Menschen. Bei Fettleibigkeit können Krankheiten entstehen oder einen komplizierten Verlauf nehmen. So sind Erkrankungen der Herzkranzgefäße, des Herz-Kreislauf-Systems (hoher Blutdruck) und Zuckerkrankheit (Diabetes) davon abhängig, wo und wie viel Fett im Körper angelagert ist.

Die Menge des Körperfetts wird bestimmt durch Messung der Hautfaltendicke, durch Unterwassermessungen und durch Röntgenuntersuchungen. Dies sind sehr aufwändige Methoden. Eine einfache Bestimmung des Körperfettgehalts basiert auf der Messung des elektrischen Widerstands des Körpers. Denn Fett leitet den elektrischen Strom nur sehr schlecht, das gut durchblutete Muskelgewebe dagegen recht gut.

Zur Messung steigt der Mensch auf eine Waage, die sein Gewicht misst. Gleichzeitig wird durch Elektroden ein Strom

durch den Körper geschickt. Elektronisch wird daraus der Widerstand des Körpers bestimmt. Ein eingebauter Computer verarbeitet beide Messwerte und die vorher eingegebenen Angaben über Geschlecht, Alter und Größe und errechnet daraus den Körperfettanteil.

# Elektronenstrom und Energiestrom

Ob Handy, Laptop, Lampe oder Kühlschrank – alle diese Geräte benötigen zu ihrem Betrieb elektrische Energie. Von welchen Größen ist der Energiestrom abhängig, der von einem Akku oder von der Steckdose ins Gerät fließt? Was bedeuten Angaben wie „40 W" bzw. „100 kWh pro Jahr"? Was wird eigentlich mit der „Stromrechnung" bezahlt?

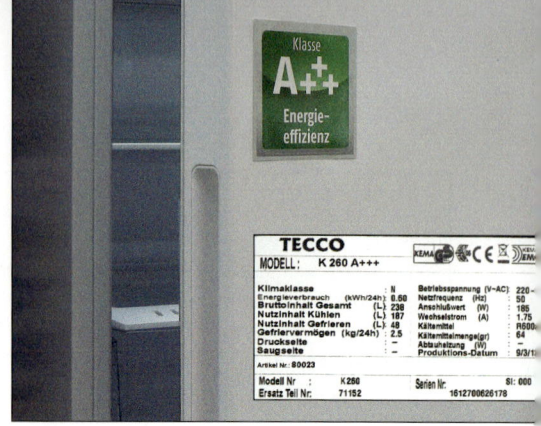

## Elektrische Energiestromstärke

Unabhängig von der Energieart, die strömt, beschreibt die Energiestromstärke $P$, wie viel Energie pro Sekunde übertragen bzw. gewandelt wird. Sie wird in der Einheit 1 W (Watt) gemessen: $1\ \text{W} = 1\ \frac{\text{J}}{\text{s}}$.
Wie hängt die elektrische Energiestromstärke $P$ mit den elektrischen Größen $I$ und $U$ zusammen?

Glühlampen sind geeignet, Energieströme zu vergleichen. Die Helligkeit einer Lampe wird dabei als Maß für die Stärke des Energiestroms aufgefasst, den die Lampe aus der zufließenden elektrischen Energie in Lichtenergie (und innere Energie des Glühdrahts, die als „Verlust" in die Umgebung abgegeben wird) wandelt. Durch Helligkeitsvergleiche lassen sich dann Rückschlüsse auf die Energiestromstärken ziehen.

### Parallelschaltung $U$ = konstant

①, ② Zwei verschiedene Lampen mit der gleichen Nennspannung 6 V leuchten unterschiedlich hell: Zur größeren Energiestromstärke (größere Helligkeit der rechten Lampe ②) gehört die größere elektrische Stromstärke $I$.

③ Zwei gleiche, parallel geschaltete Lampen leuchten an derselben Quelle genauso hell wie eine allein. Der Energiestrom von der Quelle zu den beiden Lampen ist damit doppelt so groß wie bei einer Lampe. Doppelt so groß ist auch die elektrische Stromstärke $I$ in der Zuleitung, nämlich 0,8 A (bei gleicher Spannung von 6 V). Eine dritte Lampe verdreifachte die Energiestromstärke $P$ und die Stromstärke $I$. Es gilt also:
$P \sim I$ wenn $U$ = konstant.

### Reihenschaltung $I$ = konstant

Die beiden gleichen Glühlampen werden in Reihe geschaltet. Sollen dabei beide so hell leuchten wie eine Lampe allein, muss die Spannung auf den doppelten Wert 12 V erhöht werden. Dann fließt durch jede Lampe ein Strom von 0,4 A. Die Quelle liefert insgesamt die doppelte Energiestromstärke. Soll noch eine dritte Lampe – in Reihe geschaltet – gleich hell leuchten, müssen 18 V anliegen. Es gilt also:
$P \sim U$ wenn $I$ = konstant.

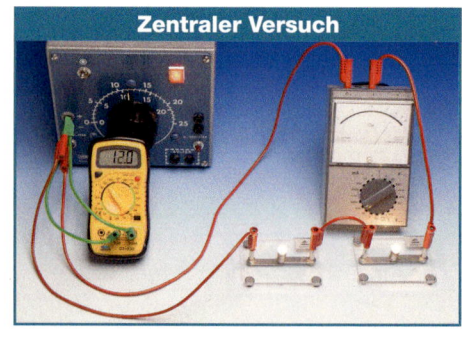

**Zentraler Versuch**

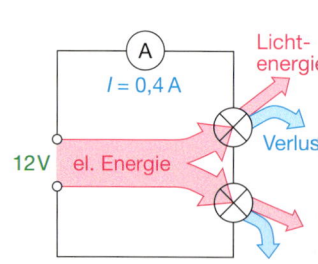

Die beiden gefundenen Proportionalitäten lassen sich zu einer zusammenfassen:
$P \sim U \cdot I$.
Also gibt es eine Proportionalitätskonstante $k$, sodass gilt $P = k \cdot U \cdot I$. Die Einheiten Watt, Volt und Ampere sind so festgelegt worden, dass $1\,W = 1\,V \cdot 1\,A$ gilt und die dimensionslose Konstante $k$ den Wert 1 hat. Damit ergibt sich $P$ zu
**$P = U \cdot I$.**

Wird eine 40 W-Glühlampe an 230 V angeschlossen, so zeigt ein Stromstärkemessgerät nur knapp 0,2 A, also eine deutlich geringere Stromstärke als im zentralen Versuch. Trotzdem ist die Energiestromstärke erheblich höher. Der Unterschied liegt in der Spannung $U$ der benutzten Quellen.

Die elektrische Quelle ist der Antrieb für den Elektronenstrom. Eine Quelle mit höherer Spannung treibt die Elektronen im Stromkreis stärker an. Bei doppelter Spannung transportiert ein Elektronenstrom gleicher Größe auch doppelt so viel Energie. Dadurch können im zentralen Versuch zwei in Reihe geschaltete Lampen hell zum Leuchten gebracht werden, obgleich sich die elektrische Stromstärke nicht geändert hat.

> Die Energiestromstärke $P$ der in einem Stromkreis transportierten Energie ist durch das Produkt aus der Spannung $U$ der Quelle und der im Stromkreis vorhandenen Stromstärke $I$ bestimmt: $P = U \cdot I$.

**Energiestromstärke**

Das Formelzeichen ist $P$.
Die Einheit ist 1 Watt (Watt):
$1\,W = 1\,VA = 1\,\frac{J}{s}$

Weitere Einheiten:
Kilowatt: $1\,kW = 1000\,W$
Megawatt: $1\,MW = 1000\,kW$
$= 1\,Mio\,W$

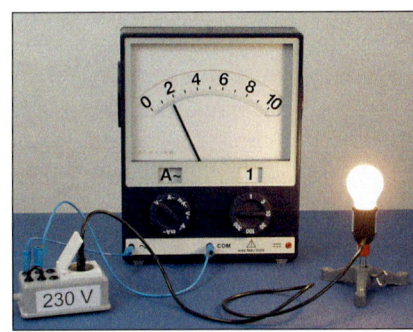

### Rechenbeispiel

Eine Steckdose ist mit 16 A abgesichert. An die Steckdose soll eine Dreifach-Steckerleiste und an diese ein Heizlüfter (2000 W), ein Bügeleisen (1700 W) und eine Stehlampe (300 W) angeschlossen werden. Beurteile, ob dies sinnvoll ist.

**Lösung:**
Da alle Geräte parallel geschaltet sind, addieren sich die Teilstromstärken zur Gesamtstromstärke. Diese darf 16 A aber nicht übersteigen. Aus $P = U \cdot I$ folgt die Stromstärke durch jedes einzelne Gerät:

Heizlüfter: $I_1 = \frac{P_1}{U} = \frac{2000\,W}{230\,V} = 8,7\,A$

Bügeleisen: $I_2 = \frac{P_2}{U} = \frac{1700\,W}{230\,V} = 7,4\,A$

Stehlampe: $I_3 = \frac{P_3}{U} = \frac{300\,W}{230\,V} = 1,3\,A$

Alle zusammen: $I_g = I_1 + I_2 + I_3 = 17,4\,A$

Alternativ kann folgendermaßen gerechnet werden:
Die Energiestromstärke aller drei Geräte beträgt zusammen $P = P_1 + P_2 + P_3 = 4000\,W$.
Mit $I = \frac{P}{U}$ folgt $I = \frac{4000\,W}{230\,V} = 17,4\,A$.

Die drei Geräte können nicht gleichzeitig betrieben werden. Es können höchstens Heizlüfter und Stehlampe oder Bügeleisen und Stehlampe gleichzeitig betrieben werden.

### Aufgaben

**1** Berechne jeweils die elektrische Stromstärke, die sich bei Betrieb einer 11 W-Energiesparlampe bzw. eines 1000 W-Toasters einstellt.

**2** Normale 230 V-Steckdosen im Haushalt sind häufig durch 16 A-Sicherungen abgesichert.
a) Beurteile, ob ein 5,7 kW-Durchlauferhitzer an eine solche Steckdose angeschlossen werden darf.
b) Berechne, welche Energiestromstärke eine solche Steckdose im Höchstfall liefern kann.

**3** Vier gleiche Glühlampen (12 V | 0,5 A) sind in Reihe geschaltet und leuchten normal hell. Berechne die Stromstärke der dabei transportierten Energie. Begründe.

**4** Ein Tauchsieder trägt die Aufschrift 230 V | 300 W, ein zweiter Tauchsieder, der sich über den Zigarettenanzünder an die Batterie eines Autos anschließen lässt, die Angabe 12 V | 150 W. Erkläre anhand dieser Geräte, dass Angaben wie 230 V | $x$ A bzw. 12 V | $y$ A für elektrische Geräte nicht immer hilfreich sind.

**5** In einer Küche sollen ein Warmwasserspeicher (2 kW), eine Geschirrspülmaschine (2700 W) und eine Mikrowelle mit Grill (1950 W) zusätzlich zu weiteren Elektrokleingeräten angeschlossen werden. Beschreibe die erforderliche Elektroinstallation. Die Stromkreise können über 16 A- oder 25 A-Sicherungen abgesichert sein.

## Elektrische Energie

Die Energiestromstärke $P$ gibt die in der Zeit $t$ geflossene oder gewandelte Energie an: $P = \frac{E}{t}$.
Wird diese Formel nach $E$ umgestellt und $P = U \cdot I$ eingesetzt, ergibt sich $\boldsymbol{E = P \cdot t = U \cdot I \cdot t}$.
Für die Einheit gilt:
$1\,J = 1\,Ws = 1\,V \cdot 1\,A \cdot 1\,s = 1\,VAs$.

Der Versuch bestätigt die Formel für $E$. Nach drei Minuten zeigt das Energiemessgerät 0,05 kWh an. Mithilfe der Formel und der Umrechnung $3\,\text{min} = \frac{3}{60}\,h$ folgt für die umgesetzte Energie:
$E = 230\,V \cdot 4,35\,A \cdot 3\,\text{min}$
$\quad = 50\,Wh = 0,05\,kWh$

| Für die elektrische Energie, die in einem Gerät in der Zeit $t$ gewandelt wird, gilt: $E = U \cdot I \cdot t$. |

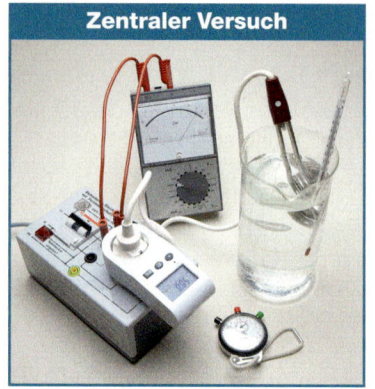

**Zentraler Versuch**

Aus $E = U \cdot I \cdot t$ folgt durch Umstellen und Umformen
$$U = \frac{E}{I \cdot t} = \frac{E}{Q}.$$
Die Formel $U = \frac{E}{Q}$ bedeutet:

| Die Spannung $U$ gibt an, wie viel Energie $E$ pro Ladung $Q$ eine Quelle zur Verfügung stellt: $U = \frac{E}{Q}$. |

| **Elektrische Energie** |
| Das Formelzeichen ist $E$. Die Einheit ist 1 J (Joule) bzw. 1 kWh (Kilowattstunde). Es gilt: $1\,J = 1\,Ws = 1\,VAs$ $1\,kWh = 1\,kW \cdot 1\,h = 1000\,W \cdot 3600\,s$ $\quad = 3,6\,\text{Mio}\,J$ |

### Aufgaben

**1 a)** Berechne (in J und kWh), wie viel Energie in einer halbstündigen Fahrradfahrt in Vorder- und Rücklicht ( (6 V|0,5 A) bzw. (6 V|0,1 A)) gewandelt wird.
**b)** Berechne, wie lange jeweils eine Fahrradlampe (6 V|0,5 A) und eine Energiesparlampe (230 V|11 W) leuchten müssten, bis in ihnen eine Energie von insgesamt 1 kWh gewandelt wurde.

---

### Durchblick — Spannung – neu verstanden

Im Merksatz oben steht: Die Spannung gibt an, wie viel Energie pro Ladung eine Quelle zur Verfügung stellt:

$U = \frac{E}{Q}$; als Einheit ergibt sich daraus $\boldsymbol{1\,V = \frac{1\,J}{1\,C}}$.

Die elektrische Spannung gibt an, welcher Energiebetrag pro Ladungsmenge auf Abruf verfügbar ist. Diese Energie muss irgendwann einmal in die Quelle hineingesteckt worden sein. Diese gespeicherte Energie kann von Elektrogeräten in andere Energieformen gewandelt werden.

In einem Stromkreis wird ständig Energie von der Quelle zum Nutzer/Gerät transportiert. Dieser Transport von elektrischer Energie ist an das Fließen von Elektronen, also an das Verschieben von Ladung gebunden. Für die in der Zeit $t$ transportierte Ladung $Q$, also für die Stromstärke, gilt $I = Q/t$. Die Stromstärke $I$ ist also eine zeitabhängige Größe, während die Spannung $U = E/Q$ eine zeitunabhängige Größe ist.

Durch Einsetzen von $Q = I \cdot t$ und Umformen ergibt sich jedoch eine andere Sichtweise:

$$U = \frac{E}{Q} = \frac{E}{I \cdot t} = \frac{1}{I} \cdot \frac{E}{t}.$$

Das kann so interpretiert werden: Die elektrische Spannung gibt an, welcher Energiestrom in einem Stromkreis von einem Elektronenstrom bewirkt wird. Damit ist die Spannung keine zeitunabhängige Eigenschaft der Quelle mehr, sondern ein Maß für einen Energiestrom, also eine Eigenschaft des Stromkreises.

Damit gibt es also zwei Deutungsmöglichkeiten für den Begriff „Spannung" – einen *statischen* (zeitlich unveränderlichen), der die Spannung als Eigenschaft der Quelle beschreibt, und einen *dynamischen* (zeitlich veränderlichen), der die Spannung als Eigenschaft des Stromkreises beschreibt:

- *statisch* $\boldsymbol{U = \frac{E}{Q}}$: **Die Spannung gibt an, welchen Energiebetrag eine Quelle pro Ladung zur Verfügung stellt.**
- *dynamisch* $\boldsymbol{U = \frac{E}{t} \cdot \frac{1}{I}}$. **Die Spannung gibt an, welcher Energiestrom in einem Stromkreis von einem Elektronenstrom hervorgerufen wird.**

## „Stromrechnung" Streifzug

Der umgangssprachliche Begriff „Stromrechnung" ist nicht ganz exakt, da der Kunde keinen Strom kauft. Auch die elektrische Ladung behält der Kunde nicht; sie fließt in einem geschlossenen Stromkreis dahin zurück, wo sie herkam. Was bezahlt der Kunde also, wenn er seine „Stromrechnung" begleicht?

Der Kunde bezahlt bei seinem Energieversorgungsunternehmen (EVU) die gelieferte elektrische Energie. Ein „Stromzähler" (besser „Energiezähler") misst die dem Haushalt gelieferte elektrische Energie (in kWh) und zeigt den „Verbrauch" auf dem Zählwerk an. (Natürlich wird die elektrische Energie nicht „verbraucht" und verschwindet spurlos, sondern wird in andere Energieformen gewandelt.)

Die Rechnung des EVU hat im Prinzip folgenden Aufbau:

### Jahresrechnung 2014

Rechnungsdatum: 15.01.2015
Kundennummer: 012.345.678901.2

Marlis Muster
Energiepfad 4
34999 Stromdorf

Bankverbindung
IBAN DE 07 1234 5678 9012 3456 78
BIC SPKHDE0WXYZ

### Verbrauchsermittlung: Zählernummer 951357

| Zählerstände | | Verbrauch | |
|---|---|---|---|
| Ablesung | Stand | kWh | Tage |
| 02.01.14 | 16365 | | |
| 31.01.14 | 16793 | 428 | 29 |
| 02.01.15 | 20636 | 3843 | 336 |

Der „Verbrauch" wird über die Differenz der Zählerstände berechnet.
Daneben erfolgt die Berechnung des Abrechnungszeitraums in Tagen.
Dies ist wichtig, falls sich im Abrechnungszeitraum Änderunen in den Tarifen ergeben oder Sonderabgaben dazukommen.

### Abrechnung

| Abrechnungszeitraum | | Verbrauch | Tarif | Arbeitspreis | Arbeitsbetrag | Bereitstellung |
|---|---|---|---|---|---|---|
| von | bis | kWh | | Cent/kWh | € | €/Jahr |
| 02.01.14 | 02.01.15 | 4271 | Haushalt 1 | 23,30 | 995,14 | 58,51 |

Summe                            1053,65 €
Umsatzsteuer 19%              200,19 €
**zu zahlender Betrag:**  1253,84 €

Ihre Abschlagszahlung für 2014 betrug monatlich    94,00 €
Jahresvorauszahlung                                                1128,00 €

Unsere Restforderung                                                125,84 €
Dieser Betrag wird am 31.01.2015 abgebucht

Monatliche Abschlagszahlung ab Januar 2015         105 €

Der errechnete „Verbrauch" wird mit dem tarifabhängigen Arbeitspreis multipliziert; das ergibt den Arbeitsbetrag. Der Bereitstellungspreis ist der Mietpreis für den zur Verfügung gestellten Stromzähler.
Der Arbeitspreis enthält eine Stromsteuer von 2,05 Cent (pro kWh) sowie Netzentgelte für die Nutzung der Stromleitungen und Umlagen gemäß dem Erneuerbare-Energie-Gesetz (EEG).
Arbeitspreis und Bereitstellungspreis werden addiert und ergeben mit der Umsatzsteuer den zu zahlenden Betrag.

Die monatliche Abschlagszahlung ist $\frac{1}{12}$ des zu zahlenden Betrages des Vorjahres.
Der Kunde bezahlt monatlich einen festgelegten Betrag, der ihm am Ende gutgeschrieben wird.
Im Normalfall entsteht eine Restforderung, die vom Konto des Kunden abgebucht wird.
Aus dem zu zahlenden Betrag wird dann wieder die monatliche Vorauszahlung für das kommende Jahr ermittelt. Diese Vorauszahlung wird dann monatlich vom Konto abgebucht.

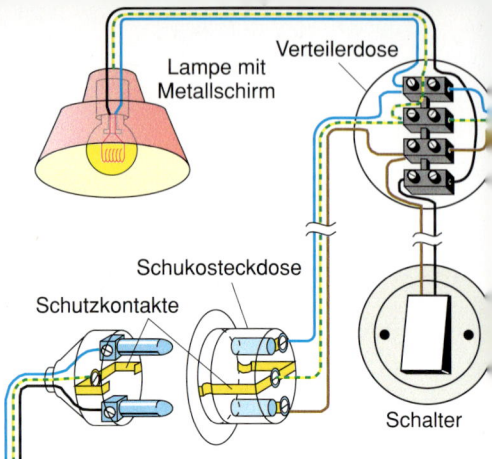

# Gefahren und Schutzmaßnahmen

**Der bedenkenlose Umgang mit elektrischem Strom birgt Gefahren. Für die Elektrizitätsanlage in einem Haus gibt es zahlreiche Vorschriften, die ein Elektriker zu beachten hat. Alle ausgedehnten metallischen Leiter (Heizungsrohre, Wasserleitungsrohre, Gasrohre, Dachrinne, Badewanne, Duschwanne etc.) müssen mit der Hauserdung verbunden sein. Ebenso unterliegen elektrische Geräte gesetzlichen Schutzvorschriften. Wie funktioniert das Haushaltsstromnetz und wie verlaufen die Stromkreise?**

## Erdschluss und Schutzerdung

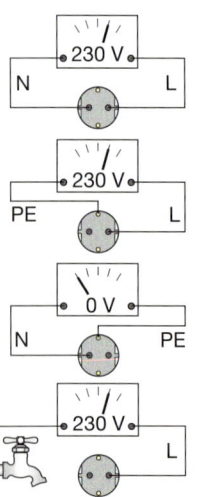

Die genaue Überprüfung der Anschlüsse einer Steckdose mithilfe eines Spannungsmessgerätes (nur durch einen Fachmann) zeigt, dass immer nur bei Verbindung mit einer Leitung bzw. einem Pol der Steckdose eine Spannung von 230 V gemessen wird. Diese Leitung heißt L-Leiter (engl. leader, braune oder schwarze Ummantelung). Zwischen den anderen Leitern, dem N-Leiter (Null-Leiter, blaue Ummantelung) und dem Schutzleiter (PE, engl. protection earth, gelbgrüne Ummantelung), liegt keine Spannung – ebenso nicht zwischen einer Wasserleitung und N-Leiter oder PE. Denn die Wasserleitung ist in der Erde verlegt, der PE-Leiter ist am Hausanschluss mit einem in der Erde verlegten nichtisolierten „Ring-Erder" verbunden, der N-Leiter ist in der Trafostation „geerdet" und damit mit den Wasserrohren leitend verbunden. Deshalb kann zwischen ihnen keine Spannung liegen, wohl aber zwischen den drei geerdeten Leitern und dem L-Leiter.

Elektrische Großgeräte (Waschmaschine, Herd, PC) haben metallische Gehäuse, sind also nicht schutzisoliert. Berührt ein Mensch ein solches Elektrogerät, dessen L-Kabel Kontakt mit dem metallischen Gehäuse hat, dann wird ein Stromkreis über den Körper und die Erde geschlossen. Ein solcher **Erdschluss** ist – ohne Vorhandensein eines Schutzleiters – lebensgefährlich, denn die Stromstärke ist für den Menschen zu hoch, aber für die Sicherung zu klein: sie spricht nicht an.

Der Schutzleiter und die **Schutzkontakte** in den Schukosteckern und -dosen haben die Aufgabe, einen solchen Erdschluss durch Isolationsschäden in den Geräten unschädlich zu machen. Die Zuleitungskabel der Geräte sind deshalb genauso wie das Haushaltsnetz dreiadrig: Metallische Gehäuseteile sind über Schutzleiter und Schutzkontakte direkt mit der Erde verbunden. Im Falle einer Berührung des L-Leiters mit dem Gehäuse kommt es zu einem Kurzschluss und die Sicherung unterbricht sofort den Stromkreis. Deshalb darf jedes Elektrogerät, das nicht schutzisoliert werden kann, nur über einen Schuko-Stecker an eine Schuko-Steckdose angeschlossen werden.

Die Schuko-Steckdose und der Schuko-Stecker mit den dreiadrigen Kabelverbindungen verhindern in den meisten Fällen einen Erdschluss über den Menschen.

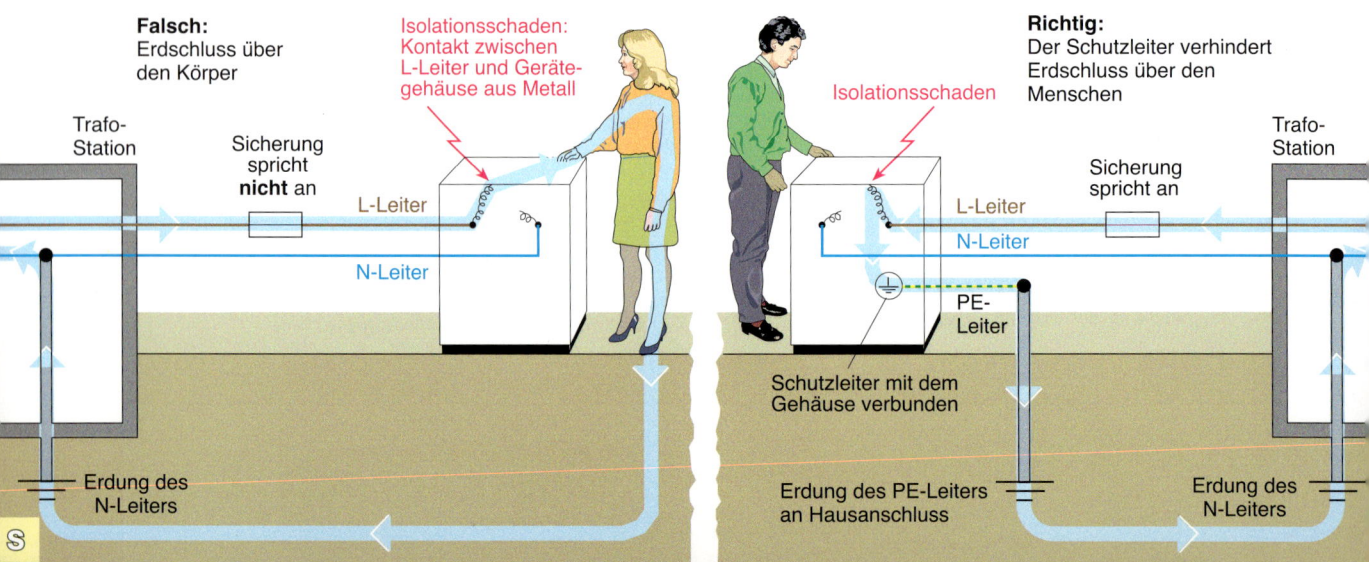

**Falsch:** Erdschluss über den Körper

Isolationsschaden: Kontakt zwischen L-Leiter und Gerätegehäuse aus Metall

Trafo-Station

Sicherung spricht **nicht** an

L-Leiter

N-Leiter

**Richtig:** Der Schutzleiter verhindert Erdschluss über den Menschen

Isolationsschaden

Trafo-Station

Sicherung spricht an

L-Leiter

N-Leiter

PE-Leiter

Schutzleiter mit dem Gehäuse verbunden

Erdung des N-Leiters

Erdung des PE-Leiters an Hausanschluss

Erdung des N-Leiters

Verteilerdose

Lampe mit Metallschirm

Schukosteckdose

Schutzkontakte

Schalter

## Sicherheit im Haushalt | Streifzug

### Der FI-Schalter – technische Lösung für optimalen Schutz

Trotz einwandfreiem Drei-Leiter-System mit Schuko-steckdosen kam es früher besonders in den Feucht-räumen zu tödlichen Unfällen.

Beispielhafte Situation: Beim Aufdrehen eines Was-serhahns und gleichzeitigem Abstützen auf eine Waschmaschine bekam der bedienende Mensch ei-nen Stromschlag, obwohl die Maschine über einen Schuko-Stecker ans Netz angeschlossen war.

Warum war der Stromkreis nicht über den Schutz-kontakt durch die Sicherung unterbrochen worden?

se und Erde lag eine Spannung von 230 V. Da die Ma-schine auf Kunststoffrollen stand, ergab sich zwi-schen dem Gehäuse und dem gefliesten Boden ein Widerstand von 730 Ω. So floss zwar ein Strom zur Erde, die Stromstärke betrug aber nur $\frac{230\,\text{V}}{730\,\Omega}$ = 0,315 A. Von so einer geringen Stromstärke wird eine 16 A-Sicherung natürlich nicht ausgelöst.

Im Körper des Menschen floss über den Stromweg Gehäuse–Hand–Herz–Hand– Wasserleitung (Gesamt-widerstand ≈ 3,0 kΩ) bei 230 V ein Strom von $\frac{230\,\text{V}}{3000\,\Omega}$ = 76,7 mA – lebensgefährlich viel!

Um derartige Unfälle zu vermeiden, muss bei einem Erdschluss in sehr kurzer Zeit (< 0,2 s) der Stromkreis unterbrochen werden, damit der Herzschlag nicht aus dem Takt kommt. Der **FI-Schalter** (F steht für Fehler, I für Strom(stärke)) leistet das:

Kunststoffrollen

gefliester Boden

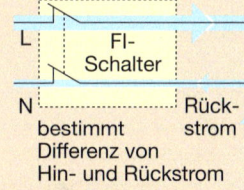

bestimmt Differenz von Hin- und Rückstrom

Hin-strom

Fehler-strom

Erde

Genaue Untersuchungen erga-ben, dass die Waschmaschine fehlerhaft verkabelt war:

Der Schutzleiter der Wasch-maschine war an einen Pol-stecker angeschlossen, da-für ein Kabel des Motors an den Schutzkontakt. Beim Anschluss der Maschine über den Schuko-Stecker wurde das Gehäuse über den Schutz-leiter mit dem spannungsführenden Leiter (L) verbunden – zwischen Metallgehäu-

Durch den FI-Schalter werden der Hin- und der Rückstrom durch L- und N-Leiter gemes-sen. Tritt ein **Erdschluss** auf, so kommt es zu einer Verzweigung. Der Rückstrom ist um den Erd-schlussstrom geringer als der Hinstrom. Diese Differenz wird vom FI-Schalter erfasst; bei mehr als 20 – 30 mA werden in weniger als 0,2 s Hin- und Rück-leitung des Geräts vom Netz getrennt.

### Eurostecker

Elektrokleingeräte wie Radio, Ra-sierapparat oder das Ladegerät für ein Handy, deren Gehäuse aus nichtleitenden Stoffen be-stehen und somit gegenüber elektrischem Strom isoliert sind, müssen nicht mit einem Schuko-Stecker ausgestattet sein. Der bei diesen Geräten verwendete Eurostecker kann wegen der Iso-lierung des Gehäuses auf einen

Schutzkontakt verzichten. In den meisten europäischen Ländern pas-sen die Stecker in die Steckdosen, da innerhalb der EU gemeinsame Standards gelten. Der Kauf von Ad-aptern, wie er noch vor Jahrzehnten nötig war, um eigene Elektrogeräte im Ausland betreiben zu können, entfällt. Vor einer Reise in Nicht-EU-Länder ist es allerdings ratsam, sich zu erkundigen, ob der Anschluss

von Elektrokleingeräten an die im Reiseland vorhandenen Steckdosen möglich ist.

## Streifzug — Wirkungen des elektrischen Stroms auf den Menschen

Wenn der menschliche Körper Teil eines Stromkreises ist, kann dies schreckliche Folgen haben: Verbrennungen oder Schock bis hin zum Tod.
Was geschieht im menschlichen Körper, wenn er Teil eines elektrischen Stromkreises wird?

Körperflüssigkeiten sind gute elektrische Leiter. Besonders gut leitet die Haut den elektrischen Strom, wenn sie feucht ist. Ist der menschliche Körper Teil eines Stromkreises, so kann das zu Verbrennungen der Haut, zu einem krampfartigen Zusammenziehen der Muskeln und zur Störung des Nervensystems führen. Bei hohen Stromstärken kommt es zu

- Herzkammerflimmern;
- Verkrampfungen der Brustmuskulatur, was zum Erstickungstod führen kann;
- Verbrennungen der inneren Organe, was zu Nierenversagen führen kann;
- schweren Verletzungen durch ruckartige Bewegungen beim Erschrecken.

Die häufigste Todesursache ist auf das Auftreten von *Herzkammerflimmern* zurückzuführen. Bei dieser Störung des Herzleitungssystems kommt der geordnete Rhythmus der Herztätigkeit, die kräftige Kontraktion der Herzkammern, aus dem Takt. Der Blutdruck sinkt ab und die Blutzirkulation kommt zum Erliegen. Schon nach wenigen Minuten sterben empfindliche Körperstellen durch den auftretenden Sauerstoffmangel ab.

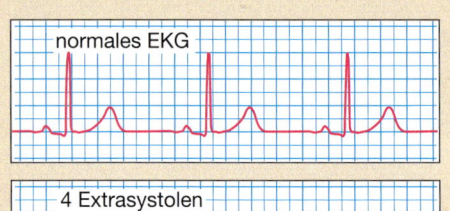

normales EKG

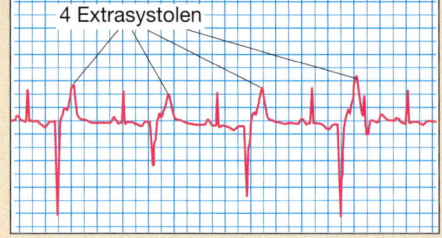

4 Extrasystolen

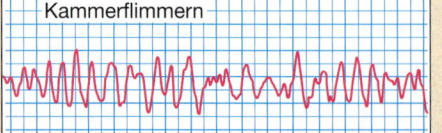

Kammerflimmern

Die Wirkung des elektrischen Stroms ist abhängig von der Größe der Stromstärke durch den Menschen und der Zeit ihres Einwirkens.

- Stromstärken bis etwa **20 mA** haben auch bei längerer Einwirkung keine negativen Folgen, allerdings besteht Verletzungsgefahr durch Stürze – ausgelöst durch Muskelverkrampfungen.
- Stromstärken von **20–80 mA** führen zu Herzunregelmäßigkeiten, erhöhtem Blutdruck, kurzzeitigem Herzstillstand. Bei längerer Einwirkungszeit von Stromstärken über **50 mA** kann Bewusstlosigkeit auftreten.
- Stromstärken über **80 mA** lösen Herzkammerflimmern aus (meist mit Todesfolge), falls die Einwirkungszeit länger als eine Herzperiode dauert.

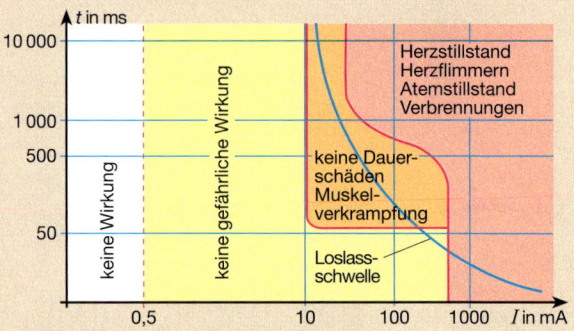

Für die notwendigen Schutzmaßnahmen zur Vermeidung von Stromunfällen sind zwei Gesichtspunkte zu beachten:

- die Größe der auslösenden Stromstärke
- die Ansprechzeit des Trennschalters

### Was muss bei einem Stromunfall beachtet werden?

**In der Schule:**
1. Den dafür vorgesehenen roten Notausschalter (Pilzdruckschalter) betätigen, um den Stromkreis zu unterbrechen.
2. Den Verunglückten nicht berühren, solange der Stromkreis nicht sicher unterbrochen ist
3. Sofort Hilfe holen
4. Erste-Hilfe-Maßnahmen einleiten

**Im Haushalt:**
1. Den Stromkreis, in dem sich der Geschädigte befindet, mithilfe der Sicherung ausschalten
2. Sofort Hilfe rufen: Notruf 112
3. Erste-Hilfe-Maßnahmen einleiten, z.B. Herzdruckmassage und Atemspende
Erkundige dich, wo in eurem Haushalt der Sicherungskasten ist und welche der Sicherungen zu welchem Stromkreis gehört.

## Die Väter der Elektrik | Streifzug

**GEORG SIMON OHM**
(1789–1854)
deutscher
Physiker

**ALESSANDRO VOLTA**
(1745–1827)
italienischer
Naturwissen-
schaftler

**ANDRÉ AMPÈRE**
(1775–1836)
französischer
Physiker und
Mathematiker

Ohm nahm mit 22 Jahren sein Studium in seiner Geburtsstadt Erlangen auf. Mit seiner Arbeit über „Licht und Farben" erwarb er 1811 den Doktortitel und arbeitete als Lehrer in Bamberg und in Köln. Seine Neugier galt dem Zusammenhang von elektrischen Größen. Im Jahr 1821 gelang es OHM, der neben seinem Lehramt wissenschaftlich experimentierte, einen Zusammenhang von Spannung, Stromstärke und Widerstand zu formulieren. Trotz vieler Veröffentlichungen der Ergebnisse seiner Arbeit fand OHM keine wissenschaftliche Anerkennung.

Erst im Jahr 1833, OHM war zu diesem Zeitpunkt schon 43 Jahre alt, bekam er eine Professur für Physik in Nürnberg. König Ludwig I. von Bayern berief ihn zum Ministerialreferenten für das Telegrafenwesen. 1848 wurde OHM Professor für Physik an der Universität München. Diese Anerkennung beflügelte seine wissenschaftliche Arbeit. An der Universität waren seine Vorlesungen überfüllt. Er schrieb für seine Studenten das Lehrbuch „Grundzüge der Physik als Copendium für meine Vorlesung".

OHM starb am 6. Juli 1854. Seine wohl größte Auszeichnung wurde ihm posthum verliehen: Der Kongress der Elektrotechniker benannte nach ihm die Einheit des elektrischen Widerstandes „Ohm" (Ω).

VOLTA besuchte die städtische Jesuitenschule in Como. Er studierte zunächst Philosophie und dann Naturwissenschaften. Schon als Schüler trat er mit Physikern in Briefwechsel und veröffentlichte 1769 und 1771 seine ersten wissenschaftlichen Arbeiten. VOLTA forschte hauptsächlich in der Elektrizitätslehre. 1774 wurde er Physiklehrer am Gymnasium in Como. Im darauf folgenden Jahr erfand er den Elektrophor, eine Metallplatte mit isoliertem Griff, die in der Lage ist, die von einem negativ geladenen Gegenstand an der Plattenunterseite erzeugte positive Ladung zu speichern.

1779 wurde er zum Professor für Physik an die Universität Pavia berufen, wo für ihn ein neuer Vorlesungssaal, die Aula Voltiana, gebaut wurde. 1791 wurde Volta in die Londoner Royal Scociety aufgenommen. 1792 hörte er von den Froschschenkelexperimenten des LUIGI GALVANI (1737–1798) und fand hier sein künftiges Arbeitsgebiet. Schon in seinen ersten Publikationen 1792 beseitigte VOLTA unrichtige Vorstellungen GALVANIS und gab klare Bedingungen für das Zustandekommen einer galvanischen Aktion. Um 1794 entwickelte VOLTA den ersten Vorgänger einer Batterie.

Er starb am 5. März 1827. Ihm zu Ehren wird die Einheit der Spannung „Volt" (V) genannt.

AMPÈREs Kindheit wurde von der Französischen Revolution stark überschattet. Sein Vater starb unter der Guillotine. Als Achtzehnjähriger befasste er sich mit den Lehrbüchern des Mathematikers LEONHARD EULER und der Mechanik von JOSEPH-LOUIS LAGRANGE. Er wandte sich zunächst der Botanik, der Metaphysik und der Psychologie zu, ehe er Mathematik und Physik studierte. Im Jahre 1802 verfasste AMPÈRE ein mathematisches Werk zur Spieltheorie.

AMPÈRE hatte eine Professur an der Pariser École Polytechnique und im Collège de France. Er konnte 1820 in Versuchen nachweisen, dass zwei stromdurchflossene Leiter eine Anziehungskraft aufeinander ausüben, wenn in beiden Leitern die Stromrichtung gleich ist, und dass sie eine Abstoßungskraft aufeinander ausüben, wenn die Stromrichtung entgegengesetzt ist. AMPÈRE konstruierte ein Gerät zur Messung des Stroms, das er Galvanometer nannte. Er erkannte, dass die fließende Elektrizität die eigentliche Ursache des Magnetismus ist. AMPÈRE erklärte den Begriff der elektrischen Spannung und des elektrischen Stromes und setzte die Stromrichtung fest.

1836 starb AMPÈRE. Zu seinen Ehren ist die Einheit des elektrischen Stromes mit „Ampere" (A) bezeichnet worden.

$$R = U : I$$
$$1\,\Omega = 1\,V : 1\,A$$

## Grundwissen — Strom – Spannung – Widerstand

SYSTEM

### Größen des Stromkreises

Messgerät: parallel zu Quelle oder Gerät

Die **Spannung $U$** (in V) ist ein Maß für die Größe des Antriebs, den die Quelle den Elektronen gibt.

Die **Stromstärke $I$** (in A) ist ein Maß für die pro Zeitdauer $\Delta t$ geflossene Anzahl an Elektronen bzw. Ladungen: $I = \dfrac{Q}{t}$

Messgerät: in Reihe zu Quelle und Gerät

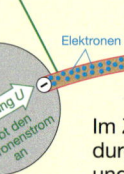

QUELLE — Spannung $U$ treibt den Elektronenstrom an

Elektronen

Im Zusammenspiel von Antrieb durch die Quelle (Spannung $U$) und Hemmung durch die Geräte (Widerstand $R$) stellt sich eine ganz bestimmte **Stromstärke $I$** ein:

$$I = \frac{1}{R} \cdot U.$$

Stromstärke $I$

ELEKTROGERÄT — Gegenspannung hemmt den Elektronenstrom

Der Strom durch ein Gerät (**Widerstand $R$** in $\Omega$) bewirkt eine Spannung, die der Quellenspannung entgegen gerichtet ist. Sie hemmt den Elektronenstrom.

### Schaltungen

**Parallelschaltung**

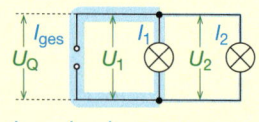

$I_{ges} = I_1 + I_2$
$U_Q = U_1 = U_2$

**Knotenregel:** Im verzweigten Stromkreis entspricht die Stromstärke vor und nach einem Knoten der Summe der Teilstromstärken.

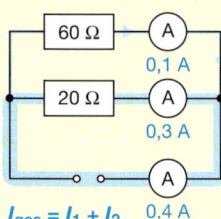

| 60 Ω | (A) 0,1 A |
| 20 Ω | (A) 0,3 A |
| | (A) 0,4 A |

$I_{ges} = I_1 + I_2$

Jede *Teilstromstärke* $I_R$ ist um so größer, je kleiner der Widerstand ist: $R$ und $I$ sind antiproportional.

**Reihenschaltung**

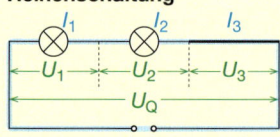

$U_Q = U_1 + U_2 + U_3$
$I_{ges} = I_1 = I_2 = I_3$

**Maschenregel:** Im unverzweigten Stromkreis ist die Summe der Teilspannungen über den Geräten so groß wie die Quellenspannung.

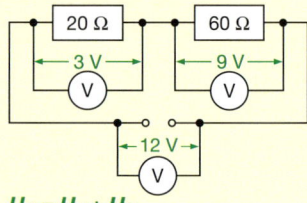

| 20 Ω | 60 Ω |
| 3 V | 9 V |
| (V) | (V) |

12 V

$U_Q = U_1 + U_2$

Jede *Teilspannung* $U_R$ ist proportional zum Widerstand $R$: Am $k$-fachen Widerstand wird auch die $k$-fache Spannung gemessen.

### Quellenspannung – Teilspannungen

Die Spannung der Quelle und die Widerstände der Geräte und der Zuleitungen bestimmen in einer Reihenschaltung die Größe der Teilspannungen über den Geräten. Die Summe der Teilspannungen entspricht der Quellenspannung.

**Gefahren und Schutzmaßnahmen**

- Nur mit Spannungen bis 25 V experimentieren!
- Stromstärken bis etwa 10 mA durch den menschlichen Körper sind ungefährlich, Stromstärken über 50 mA meist tödlich.
- Im Haushalt sorgen geerdete Null- und Schutzleiter sowie Sicherungen für Sicherheit für den Menschen und Schutz vor Bränden.

### Atombau und Ladung

Körper bestehen aus Atomen oder Molekülen, die aus Atomen zusammengesetzt sind.

Atome bestehen aus einem Atomkern mit positiver **Ladung** und einer Hülle, die von den negativ geladenen Elektronen gebildet wird. Die positive Ladung des Kerns und die negative Ladung der Hülle sind gleich groß, das Atom ist nach außen elektrisch neutral.

Es gilt ein **Erhaltungssatz:** Ladungen entstehen nicht und verschwinden nicht; sie können aber verschoben werden.

Elektronenmangel

Elektronenüberschuss

neutrales Atom

positives Ion

negatives Ion

# ENERGIE

## Energieübertragung durch Stromkreise

A

Stromstärke *I*

QUELLE
elektrischer
Energie

Spannung *U*
treibt den
Elektrostrom an

elektrische Energie

ELEKTRO-
GERÄT
Wandler
elektrischer
Energie

Lichtenergie

Bewegungsenergie

innere Energie

Elektronen

Die **Spannung *U*** gibt
an, wie viel Energie pro
Ladung eine Quelle
zur Verfügung stellt:

$U = \dfrac{E}{Q}$.

In Elektrogeräten wird
elektrische Energie in
andere Energieformen
gewandelt.
Die **Energiestrom-
stärke *P*** (in W) gibt an,
wie viel Energie vom
Elektronenstrom
transportiert wird.

Es gilt: **$P = U \cdot I$.**

**Einheit:**
$1\,\text{W} = 1\,\text{VA} = 1\,\dfrac{\text{J}}{\text{s}}$

**Elektrische Energie** wird vom Elektronenstrom
von der Quelle zum Gerät transportiert. Je höher
die Spannung *U* der Quelle, je größer die
Stromstärke *I* im Kreis und je länger die
Zeit *t* ist, desto größer ist die insgesamt
übertragene Energie *E*: **$E = U \cdot I \cdot t$.**

**Einheit:**
$1\,\text{J} = 1\,\text{Ws} = 1\,\text{VAs}$
$1\,\text{kWh} = 3{,}6\,\text{Mio J}$

## Energie und Spannung
Die Quellenspannung bestimmt
die insgesamt übertragbare Energie.
Die Teilspannung zwischen zwei
Punkten ist ein Maß für die zwischen
diesen Punkten gewandelte bzw.
dorthin übertragene Energie.

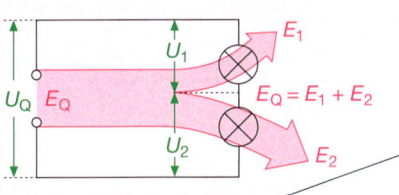

$U_Q$  $E_Q$  $U_1$  $E_1$

$E_Q = E_1 + E_2$

$U_2$  $E_2$

## Elektrische Kräfte
– – ← → + +

Gleich geladene Körper stoßen
sich ab, ungleich geladene Körper
ziehen sich an.

# WECHSELWIRKUNG

## Widerstand

Der Widerstand gibt an, wie stark der
Elektronenstrom von dem betreffenden Gerät
gehemmt wird.

Der Widerstand hängt von der Temperatur des Leiters ab:
Er wird bei Metallen mit zunehmender Temperatur größer,
bei Kohle kleiner.

Der Widerstand wird als Quotient aus der Spannung *U* und der
Stromstärke *I* berechnet: **$R = \dfrac{U}{I}$.**
Die Einheit ist $1\,\Omega = 1\,\dfrac{\text{V}}{\text{A}}$.
Das Schaltzeichen für das Bauteil Widerstand ist –▭–.

Wenn die Temperatur von Metalldrähten konstant bleibt, gilt das
**Ohm'sche Gesetz *I* ~ *U*,**
das auch als Gleichung geschrieben werden kann:
**$U = R \cdot I$** (mit *R* = konstant).

Für jedes Bauteil bzw. Gerät gibt
es eine spezifische Kennlinie,
die den Zusammenhang zwischen
*U* und *I* zeigt.

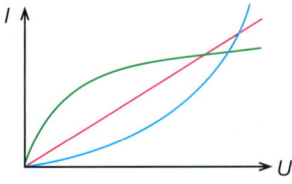

*I*

*U*

# MATERIE

## Grundwissen | Strom – Spannung – Widerstand

**A1 a)** Fertige mit den Grundbegriffen der Seite 96/97 Karteikarten an. Notiere den Begriff auf der Vorderseite und erläutere ihn auf der Rückseite, eventuell mit sonstigen Besonderheiten. Anstelle der Karteikarten kannst du auch eine elektronische Datenbank anlegen.
**b)** Erstelle eine Mindmap für das ganze Kapitel. Die Grundbegriffe helfen dir dabei.

**A2** Nicht jede der folgenden drei Zeichnungen zeigt die richtige Vorstellung vom Elektronenstrom in Metallen. Entscheide für jede Zeichnung, ob die Darstellung richtig ist. begründe deine Aussagen jeweils.

①      ②      ③

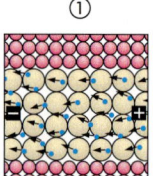 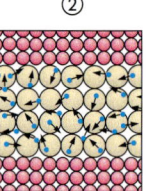 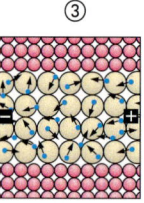

**A3** Zwei aufgeblasene Luftballons wurden an einem Wollpullover gerieben. Werden die beiden Ballons nebeneinander aufgehängt, so stoßen sie sich ab. Werden die geriebenen Luftballons an den Pullover gebracht, so bleiben sie an ihm „kleben".
**a)** Gib eine Erklärung für diese Beobachtungen.
**b)** Begründe, dass „Kleben" das falsche Wort für diesen Sachverhalt ist.
**c)** Erläutere mithilfe der Elektronenvorstellung: Beim Reiben eines Glasstabs mit einem Wolltuch wird der Glasstab positiv geladen.

**A4** Ein elektrisch neutrales Atom hat in seiner Hülle 6 Elektronen.
**a)** Gib die Ladung des Atomkerns an.
**b)** Es werden 2 Elektronen aus der Hülle entfernt. Gib an, welche Ladung das Atom jetzt hat und begründe deine Antwort.

**A5** Max kauft in einem Bastelgeschäft eine 230 V-Lichterkette mit 20 Lampen und eine weitere mit 30 Lampen. Er möchte gleich noch eine Ersatzglühlampe mitnehmen. Die Verkäuferin fragt: „Für welche?". Max schaut sie verwundert an. Erläutere.

**A6** Wandle zuerst in die in Klammern angegebene Einheit um. Runde dann auf zwei geltende Ziffern.
**a)** 32,5 mA (A);    4670 V (kV)    35 W (kW)
**b)** 0,0685 kV (V);    9,5 A (mA )    1,5 kWh (J)
**c)** 0,255 mA (A);    230 V (kV)    45 000 J (kWh)

**A7** Ein Elektriker misst an einer Verteilerdose die Stromstärken der zu- und abgehenden Kabel. Am zugehenden Kabel misst er 9,7 A, am abgehenden Kabel zur Steckdose, an die ein Heizgerät angeschlossen ist, 8,7 A und in dem Kabel zur Deckenleuchte 0,9 A.
**a)** Er misst auch die elektrische Stromstärke am Abgangskabel für die zweite Steckdose, an der das Radio angeschlossen ist. Berechne die Stromstärke.
**b)** Fertige eine Schaltskizze für diese Verteilerdose und die angeschlossenen Geräte an. Kennzeichne in deiner Skizze die unterschiedlichen Stromstärken durch unterschiedlich dicke farbliche Unterlegungen unter die Kabel.
**c)** Erläutere anhand dieses Beispiels die Knotenregel.

**A8 a)** Begründe, weshalb unterschiedliche Geräte, die die gleiche Nennspannung haben, stets parallel an eine Spannungsquelle angeschlossen werden können.
**b)** Erläutere am Beispiel eines (6 V|0,5 A)- und eines (6 V|0,1 A)-Lämpchens, weshalb es nicht sinnvoll (eventuell sogar schädigend) ist, die ungleichen Lämpchen in Reihe zu schalten.

**A9 a)** Vergleiche Elektronenstromstärke und Energiestromstärke beim Betrieb einer (230 V|11 W)-Energiesparlampe und einer (6 V|5 A)-Optiklampe.
**b)** Erläutere in diesem Zusammenhang den Begriff „Spannung".

**A10** Drei gleiche Fahrradglühlampen (6 V|2,4 W) werden ① alle in Reihe bzw. ② alle parallel an ein regelbares Netzgerät angeschlossen und zwar so, dass jeweils alle drei Lämpchen mit normaler Helligkeit leuchten.
**a)** Fertige jeweils eine Schaltskizze an.
**b)** Gib an und begründe, auf welche Spannung das Netzgerät jeweils eingestellt werden muss.
**c)** Berechne für beide Stromkreise, welche (Gesamt-)Stromstärke sich einstellt und wie viel elektrische Energie (in J) jeweils pro Sekunde in dem Stromkreis gewandelt wird.
**d)** Die Spannungen der Quellen und die Gesamtstromstärken sollen gemessen werden. Zeichne die Messgeräte mit in die Schaltskizzen aus a) und erläutere wesentliche Unterschiede bei der Strom- und Spannungsmessung.

**A11** Entscheide begründet, ob die folgende Aussage richtig ist: Elektronenstromstärke und Energiestromstärke sind stets zueinander proportional.

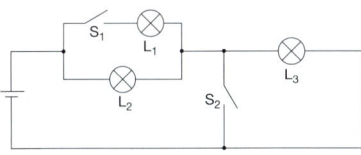

**A12** Drei gleiche Lampen sind wie in der Abbildung geschaltet. Die Quellenspannung entspricht der Nennspannung jeder Lampe.

**a)** Lege eine Tabelle nach folgendem Schema an und fülle sie aus.

| Schalterstellungen | Welche Lampen leuchten mit welcher Helligkeit? Begründe. |
|---|---|
| $S_1$ auf, $S_2$ auf | |
| $S_1$ zu, $S_2$ auf | |
| $S_1$ zu, $S_2$ zu | |
| $S_1$ auf, $S_2$ zu | |

Vergleiche dabei die Helligkeit der Lampen, mit der Helligkeit einer Lampe, wenn sie einzeln an die Quelle angeschlossen ist. Begründe ausführlich.

**b)** Zeichne einen dritten Schalter so ein, dass bei einer bestimmten Schalterstellung ein Kurzschluss auftritt. Begründe.

**c)** Es gibt eine weitere Schaltung der drei Lampen, so dass eine Mischung aus Parallel- und Reihenschaltung vorliegt. Fertige eine Schaltskizze an (ohne Schalter). Beschreibe und begründe, mit welcher Helligkeit die Lampen leuchten werden.

**A13** Bei einem Tischventilator wurden folgende Elektronenstromstärken in Abhängigkeit von der anliegenden Spannung gemessen.

| $U$ | 50 V | 90 V | 130 V | 170 V | 215 V | 230 V |
|---|---|---|---|---|---|---|
| $I$ | 0,30 A | 0,60 A | 0,84 A | 1,11 A | 1,40 A | 1,75 A |

**a)** Beschreibe die Energiewandlungen und nenne den eigentlichen Energiewandler.
**b)** Zeichne und deute die $U$-$I$-Kennlinie.
**c)** Bestimme Widerstand und Energiestromstärke bei 110 V.

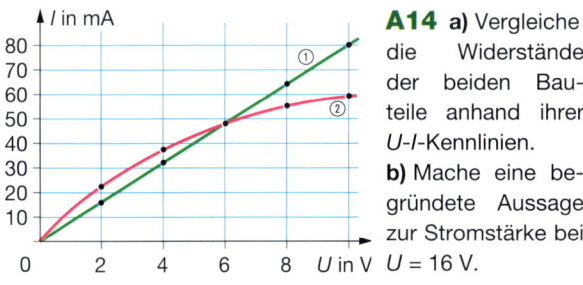

**A14 a)** Vergleiche die Widerstände der beiden Bauteile anhand ihrer $U$-$I$-Kennlinien.
**b)** Mache eine begründete Aussage zur Stromstärke bei $U$ = 16 V.

**A15** Bestimme begründet die Anzeige aller vier Messgeräte in der Schaltung rechts ($U$ = 12 V).

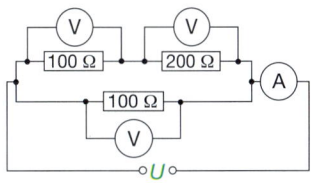

**A16** Zum Aufbau eines Stromkreises stehen Batterien mit 4,5 V und 9 V Nennspannung sowie Glühlämpchen mit 50 Ω und 75 Ω zur Verfügung.
**a)** Welches Glühlämpchen muss mit welcher Batterie betrieben werden, damit die Stromstärke möglichst groß bzw. klein wird? Begründe ohne zu rechnen mit den Begriffen „Antrieb" und „Hemmung".
**b)** Berechne die jeweils auftretenden Stromstärken.

**A17 a)** Nimm begründet Stellung zu folgender Aussage: Der Widerstand einer (6 V | 0,4 A)-Glühlampe beträgt stets 15 Ω.
**b)** Erläutere dabei auch den Zusammenhang zum Ohm'schen Gesetz.

**A18** Bei einer Taschenlampe beträgt die Stromstärke durch das Lämpchen 200 mA. Fließt ein Strom von 30 mA durch einen Menschen, besteht Lebensgefahr. Erkläre, warum es trotzdem gefahrlos möglich ist, die Pole einer Taschenlampenbatterie anzufassen.

| Taschenlampe | ca. 60 Ω |
|---|---|
| **Mensch bei trockener Haut** | ca. 1000 Ω |
| **Mensch bei nasser Haut** | ca. 750 Ω |

**A19 a)** Nenne Geräte im Haushalt bzw. in der Schule, die eine Schutzleitung mit Schuko-Stecker bzw. keine solche haben.
**b)** Erläutere Unterschiede im Bau bzw. in der Konstruktion der Geräte, die die unterschiedlichen Zuleitungen begründen.

**A20** Zwei Widerstände $R_1$ = 20 Ω und $R_2$ = 40 Ω werden nacheinander erst einzeln, dann parallel und schließlich in Reihe an eine Quelle mit der Spannung 6 V angeschlossen.
**a)** Fertige Schaltskizzen an und berechne jeweils die Elektronenstromstärke.
**b)** Entscheide ohne Rechnung, aber mit Begründung, in welcher der vier Schaltungen die Energiestromstärke am kleinsten bzw. am größten ist.
**c)** Berechne die Energiestromstärke für die Parallelschaltung.

## Staubfilter

Staub ist eine Umweltbelastung, die bei Menschen unter anderem Asthma auslösen kann. Deshalb werden Abgase von Industrieanlagen (z.B. Kraftwerke) durch **elektrostatische Staubfilter** von Staub gereinigt.

**1** Informiert euch über Aufbau und Wirkungsweise eines elektrostatischen Staubfilters.

**2** Ein Modellversuch zur elektrostatischen Staubfilterung kann mithilfe eines elektrisch geladenen Kunststoffstabes an einem Wasserstrahl demonstriert werden.

**a)** Ladet einen Kunststoffstab durch Reibung und nähert diesen einem dünnen Wasserstrahl. Dokumentiert eure Beobachtung.

**b)** Wiederholt den Versuch mit einem Stab, der die entgegengesetzte Ladung trägt. Vergewissert euch, dass der Stab auch bestimmt entgegengesetzt geladen ist.

**c)** Begründet eure Versuchsergebnisse genau. (*Hinweis:* Wasser ist ein **Dipol**.)

**3** Überlegt, wie ihr mithilfe eines verzinkten Regenfallrohres einen Staubfilter selbst bauen könnt.

**4** Vergleicht den nebenstehenden Haushalts-Staubwischer mit einem elektrostatischen Staubfilter.

**5** Fertigt ein Plakat rund um den Staubfilter an, das auch eure Experimente umfasst.

## Veränderliche Widerstände

Ein Widerstand mit veränderlichem Abgriff lässt sich leicht mithilfe eines Konstantandrahtes bauen.

**1** Schaltet einen solchen Widerstand in Reihe mit einer Glühlampe. Untersucht und begründet die Wirkungsweise dieses Widerstandes.

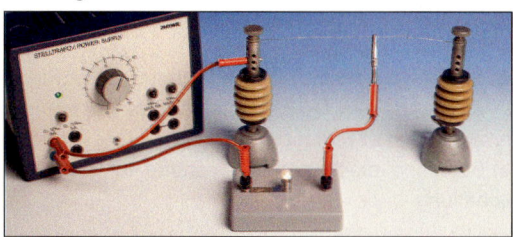

**2** Schaltet nun euren Widerstand parallel zum Netzgerät und die Glühlampe zwischen Mittenanschluss und rechtem oder linken Anschluss des Drahtes. Untersucht die Wirkungsweise dieser Schaltung, **Potentiometer** genannt.

**3** Vergleicht die beiden Schaltungen. Überlegt euch Anwendungsbeispiele.

**4** Steuert die Drehzahl eines Kleinmotors mit dieser Potentiometerschaltung. Verwendet den Motor eines Ventilators oder eines Spielzeugautos.

## Batterien und Akkus

In Batterien wird Energie in Form von chemischer Energie gespeichert. Akkus können nach Gebrauch sogar wieder mit Energie geladen werden.

**1** Ihr benötigt: mehrere Kartoffeln, mehrere 5 Ct-Münzen und Zink-Unterlegscheiben, eine rote Leuchtdiode (LED), Kabel mit Krokodilklemmen, ein Küchenmesser.

**a)** Präpariert jede Kartoffel wie abgebildet. Schließt die LED zunächst an eine „Kartoffelzelle" an. Achtet dabei auf den richtigen Anschluss der LED.

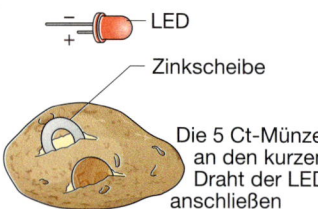

LED

Zinkscheibe

Die 5 Ct-Münze an den kurzen Draht der LED anschließen

**b)** Bildet dann Reihenschaltungen bzw. Parallelschaltungen mehrerer Kartoffelzellen und prüft die Wirkung der verschiedenen Kartoffelbatterien auf die LED. Erklärt eure Beobachtungen.

**c)** Vergleicht die Kartoffelbatterie mit ALESSANDRO VOLTAS galvanischem Element (S. 67)

**2** Verschafft euch eine Übersicht über die häufigsten **Batterie- und Akku-Typen**. Klärt insbesondere, welche Besonderheiten es bei jedem Typ gibt und wo die jeweiligen Vor- und Nachteile liegen.

**3** Baut selber Batterien mit Hilfe von Platten aus verschiedenen Metallen, die in einer säurehaltigen Flüssigkeit stehen. Überzeugt euch mithilfe einer LED bzw. Glühlampe, dass Strom fließt, und messt die von eurer Batterie gelieferte Spannung.

**A1** Eine Stahlstricknadel lässt sich sowohl magnetisieren als auch negativ aufladen.
**a)** Beschreibe mögliche Maßnahmen, die zum Magnetisieren bzw. Aufladen der Stricknadel führen und wie sich die Magnetisierung bzw. Aufladung experimentell nachweisen lässt.
Begründe, weshalb beim Aufladen die Stricknadel z. B. mit einer Plastikwäscheklammer gehalten werden muss.
**b)** Erläutere die Vorgänge im Innern der Stricknadel, die zur Magnetisierung bzw. zur Aufladung führen.
**c)** Nenne wesentliche Unterschiede zwischen magnetisierten Körpern und geladenen Körpern

**A2** Die Nennspannung eines elektrischen Bauteils entspricht häufig nicht der vom Netzteil oder der Batterie zu Verfügung gestellten Spannung. Mithilfe eines Widerstandes geeigneter Größe kann das Bauteil dennoch an die vorhandene Spannungsquelle angeschlossen werden. Gerät und Widerstand werden dabei in Reihe geschaltet.
**a)** Fertige für eine (6 V | 0,4 A)-Lampe, für die nur eine 9 V-Blockbatterie zur Verfügung steht, eine entsprechende Schaltskizze an und berechne die Größe des erforderlichen Widerstandes. Erläutere deine Rechnung.
**b)** Ein Elektromotor mit der Aufschrift (16 V | 0,1 A) soll mit einer 24 V-Quelle betrieben werden. Berechne auch hier den erforderlichen Widerstand.
**c)** Ein wie in a) oder b) verwendeter Widerstand wird häufig als „Vorwiderstand" bezeichnet. Beurteile diese Namensgebung.

**A3** **a)** Ein Widerstand ($R = 150\,\Omega$) wird zunächst an eine Spannung von 12 V, dann an eine Spannung von 24 V angeschlossen. Berechne jeweils die Energiestromstärke und beurteile das Ergebnis.
**b)** Weise die Gültigkeit der folgenden Formeln für ein Bauteil mit dem Widerstand $R$ nach. Nenne auch die Voraussetzungen, unter der sie gelten.
$P = R \cdot I^2$   bzw.   $P = U^2/R$

**A4** Im Prospekt für eine moderne, energieeffiziente Geschirrspülmaschine wird ein jährlicher Energiebedarf von 237 kWh angegeben. Dabei werden wöchentlich fünf Spülgänge im Eco-Modus (Zeitdauer 150 min) zugrunde gelegt.
**a)** Berechne den Energiebedarf pro Spülgang sowie die durchschnittliche Energiestromstärke und die durchschnittliche elektrische Stromstärke.

**b)** Die Geräteleistung wird mit 2 400 W angegeben. Erkläre den Unterschied zu dem in a) berechneten Wert.

**A5** Akkus speichern elektrische Energie in Form von chemischer Energie. Ihre „Kapazität" wird in der Einheit 1 Ah angegeben. Ein Akku der Kapazität 1 Ah kann 1 Stunde lang einen Strom der Stärke 1 A fließen lassen, alternativ 2 Stunden lang einen Strom der Stärke 0,5 A usw.
**a)** Berechne die Energie (in J und kWh), die ein Akku (1,2 V | 2100 mAh) gespeichert hat, wenn er voll aufgeladen ist.
**b)** Eine Taschenlampe wird mit zwei Akkus aus Aufgabe a) betrieben. Berechne, wie lange eine Glühlampe (2,4 V | 0,2 A) damit leuchten kann.
**c)** Berechne, wie lange es dauert, einen Handy-Akku (5 V | 1200 mAh) mithilfe einer kleinen Solarzelle zu laden, wenn diese (bei einer Spannung von 5 V) eine Energiestromstärke von 0,4 W liefert. Beurteile dein Ergebnis.

**A6** Das Foto rechts zeigt zwei Glühlampen (4 V | 0,4 W) bzw. (230 V | 25 W), die in Reihe an 230 V angeschlossen sind. Beide Lampen leuchten normal hell, obgleich die kleine Glüh-

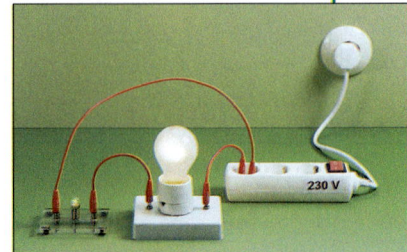

lampe doch gar nicht an 230 V angeschlossen werden dürfte.
**a)** Zeige, dass beide Lampen (etwa) für dieselbe Stromstärke ausgelegt sind.
**b)** Im Versuch wird die Spannung an beiden Lampen gemessen, für die kleine 4 V, für die große 226 V. Erkläre.

**A7** Das Herz eines Menschen hat eine durchschnittliche Leistung von 1,5 W.
**a)** Berechne die Energiemenge, die dem Herz mindestens zugeführt werden muss, damit es 80 Jahre schlagen kann.
**b)** Vergleiche diese Energiemenge mit der, die ein Wäschetrockner bei einem Durchlauf benötigt.

**A8** **a)** Auf einem „Stromzähler" steht 600 U/kWh. Erläutere diese Angabe.
**b)** Berechne die elektrische Leistung eines angeschlossenen Elektrogeräts, wenn die Scheibe des Stromzählers in drei Minuten 10 Umdrehungen macht.
**c)** Beurteile, ob du sicher sagen kannst, dass die in b) berechnete Leistung die Leistung des Elektrogeräts ist.

Autos, Busse, Straßenbahnen, Motorräder, Fahrräder und Fußgänger und vieles mehr prägen das Bild einer Stadt. Vögel und Insekten fliegen in der Luft umher, Flugzeuge starten und landen und durchkreuzen den Himmel. Überall sind Bewegungen zu sehen – bei manchen ändert sich die Geschwindigkeit nicht, bei manchen wird beschleunigt oder abgebremst (z. B. bei Ampeln). Zu schnell fahrende Autos gefährden andere Verkehrsteilnehmer.

Daher gelten beispielsweise in der Nähe von Schulen oder Kindergärten und in Wohngebieten Geschwindigkeitsbeschränkungen.

In diesem Kapitel lernst du, wie Geschwindigkeiten und ihre Veränderungen auch ohne Tacho – nur mit Bandmaß und Stoppuhr – gemessen werden können und welche nützlichen Darstellungsformen es für Bewegungen gibt.

■ **Autounfall:** Ein kurzer Moment der Unaufmerksamkeit oder zu hohe Geschwindigkeit führen schnell zu einem Unfall, der neben erheblichen Blechschaden natürlich auch Menschen schädigen kann. Wenn die Polizei im Nachhinein den Unfallhergang rekonstruieren muss, sind die Bremsspuren ein erster Hinweis. Die Länge der sichtbaren Bremsspur und der Schaden am PKW können Aufschluss auf die vor dem Zusammenstoß gefahrene Geschwindigkeit geben.
Wie groß ist der Bremsweg bei einer bestimmten Geschwindigkeit? Wovon hängt er ab?

### ■ Geschwindigkeitskontrolle im Straßenverkehr:

An einigen Straßen befinden sich automatische Geschwindigkeits-Überwachungsanlagen. Einige davon erstellen bei Überschreitung der zulässigen Geschwindigkeit ein Foto des Autofahrers, andere zeigen ihm „nur" die momentan gefahrene Geschwindigkeit an, sodass er selbst überprüfen kann, ob er sich regelgerecht verhält. Oft werden auch Geschwindigkeitskontrollen von der Polizei durchgeführt, wozu Laserpistolen eingesetzt werden.

### ■ Geschwindigkeiten und Beschleunigungen

| | | | |
|---|---|---|---|
| Weinbergschnecke | 0,003 km/h | Schneeflocke | 0,2 m/s |
| Fliege | 8 km/h | Regentropfen | 6 m/s |
| Biene | 29 km/h | Wachstum Haar | 0,3 mm/d |
| Hai | 36 km/h | | |
| Hase | 65 km/h | | |
| Schwertfisch | 90 km/h | | |
| Gepard | 120 km/h | | |
| Wanderfalke | 180 km/h | | |
| ICE | 280 km/h | | |
| Verkehrsflugzeug | 1 000 km/h | | |
| Satellit | 28 500 km/h | | |

Manche Beschleunigungen in Natur und Technik sind einfach atemberaubend. Hier sind einige aufgeführt. Zum Vergleich: Ein Personenwagen benötigt ca. 10 s, um von 0 auf 100 $\frac{km}{h}$ zu beschleunigen.

| | Von 0 auf 100 $\frac{km}{h}$ |
|---|---|
| Tennisball | 0,003 s |
| Schleudersitz | 0,19 s |
| Startende Rakete | 0,46 s |
| Gepard | 2,53 s |

Eine der schnellsten bekannten Bewegungen im Tierreich ist der Ausstoß der Nesselkapseln bei Feuerquallen: In 700 Nanosekunden (= 0,000 000 7 s) von 0 auf 125 $\frac{km}{h}$ !

### ■ Transrapid:

Der Transrapid Shanghai ist ein Hochgeschwindigkeitszug auf der 30 km langen Strecke von einem Außenbezirk Shanghais (VR China) zum Flughafen Pudong.

Er benötigt für die 30 km lange Strecke 8 Minuten. Nach $3\frac{1}{2}$ Minuten (zurückgelegte Strecke: 12,5 km) ist die Betriebsgeschwindigkeit von 430 $\frac{km}{h}$ erreicht. Sie wird für 50 Sekunden gehalten, bevor die Verzögerungsphase (wiederum 12,5 km) beginnt. 2003 erzielte der Transrapid in Shanghai mit 501 $\frac{km}{h}$ einen neuen Rekord als schnellste kommerzielle Magnetschwebebahn. 2004 wurde der Regelbetrieb als fahrplanmäßig schnellstes spurgebundenes Fahrzeug der Welt aufgenommen.

### Vorbereitung

**1** Lies die Texte dieser beiden Seiten durch und betrachte die zugehörigen Bilder. Schreibe zu den einzelnen Themen Fragen auf, die du dazu hast.

**2** Blättere das folgende Kapitel durch, lies die Überschriften und betrachte die Bilder. Notiere neben den Fragen aus **1** die Seitenzahlen, die deiner Meinung nach Antworten zu deinen Fragen liefern könnten.

**3** Überlege und schreibe auf, was du in Experimenten untersuchen möchtest. Vielleicht hast du ja schon Ideen, wie die Versuche aussehen könnten.

## Projekt — Geschwindigkeitsmessung

**P1** Immer öfter werden in Städten Geschwindigkeitsmessungen durchgeführt, die der Information der Autofahrer dienen.
**a)** Überlegt, was diese Anlagen bewirken sollen.
**b)** Führt Befragungen durch, um herauszufinden, ob Autofahrer auch so verantwortungsbewusst sind und sich danach richten.

**P2** **a)** Entwickelt ein Verfahren, mit dem ihr die Geschwindigkeit von Fahrzeugen mit Bandmaß und Stoppuhr oder mit einer Digital- bzw. Videokamera messen könnt.
Notiert die gefahrenen Geschwindigkeiten und erstellt eine Tabelle mit verschiedenen Geschwindigkeitsintervallen, z. B. $60-55\,\frac{km}{h}$, $55-50\,\frac{km}{h}$, $50-45\,\frac{km}{h}$, $45-40\,\frac{km}{h}$, ...
**b)** Stellt die Ergebnisse mithilfe von geeigneten Diagrammen dar.
**b)** Führt eine Langzeitstudie durch und schreibt einen Zeitungsartikel darüber.

## Projekt — Bremswege

**P1** Sucht einen geeigneten Platz (z. B. den Schulhof), an dem ihr ungefährdet Geschwindigkeiten und Bremswege für Fahrräder messen könnt.
**a)** Entwickelt ein Verfahren, mit dem ihr die gefahrene Geschwindigkeit $v$ mit Bandmaß und Stoppuhr oder mit einer Digital- oder Videokamera messen könnt, falls das Fahrrad keinen Tacho hat.
**b)** Wenn der Radfahrer den Beginn der Bremsstrecke erreicht hat, bremst er seine Fahrt so stark wie möglich ab. Die Längen der Bremswege $s$ werden gemessen und in eine Tabelle (wie rechts) eingetragen.
**c)** Entwickelt aus der Tabelle ein aussagekräftiges Diagramm. Setzt die Bremswege auch in Beziehung zu den ungefähren Massen („Kilos") der Fahrräder (samt Fahrer).

**P2** Beantwortet folgende Fragen:
**a)** Wie lässt sich eine einheitliche Bremswirkung bei allen Versuchen verwirklichen?
**b)** Welche Rolle spielt es, wie schwer Fahrrad plus Fahrer sind?
**c)** Aus den Messungen ergibt sich die Geschwindigkeit in $\frac{m}{s}$. Wie lässt sich das in $\frac{km}{h}$ umrechnen?

**P3** Präsentiert eure Ergebnisse vor der Klasse und formuliert Merkregeln.

| $v$ in $\frac{m}{s}$ | 2 | 3 | 4 | 5 | 6 | 7 |
|---|---|---|---|---|---|---|
| $v$ in $\frac{km}{h}$ | | | | | | |
| $s$ in m | | | | | | |

## Projekt — Grafische Darstellung von Bewegungen

**P1** Es gibt im täglichen Leben viele Situationen, die mit „Bewegung" und „Geschwindigkeit" zu tun haben, aber meistens völlig unbeobachtet oder unbewusst ablaufen.
**a)** Überlegt euch solche möglichst interessanten Situationen und macht Voraussagen über die Ergebnisse, die ihr erwartet.
**b)** Führt zu solchen Situationen geeignete Versuchsreihen durch und stellt die Ergebnisse in entsprechenden Diagrammen dar.

**P2** **a)** Recherchiert, was ein **grafischer Fahrplan** ist.
**b)** Erstellt einen grafischen Fahrplan für die Verkehrsmittel, die ihr auf eurem Schulweg verwendet.

## Bewegungen in Sport, Alltag und Natur — Projekt

Für die folgenden Versuchsreihen benötigt ihr Stoppuhren und eine Videokamera. Die Auswertung der aufgezeichneten Bewegungsabläufe könnt ihr am Fernseher oder am Computer mit einer geeigneten Software durchführen. Auch im Fernsehen gibt es viele Sendungen mit „messbaren" Bewegungen, die auswertbar sind.

**Videoanalyse:** Mithilfe spezieller Programme lassen sich Videoaufnahmen von Bewegungen nachträglich mathematisch und physikalisch analysieren, indem die Bilder des beobachteten Bewegungsablaufs in Einzelschritten markiert werden. Solche Programme habt ihr möglicherweise in der Schule oder ihr findet sie auch kostenfrei im Internet.

**P1** Untersucht unterschiedliche Bewegungsabläufe
**a)** von verschiedenen Fahrzeugen;
**b)** von Tieren (Vögel, Hunde, usw.);
**c)** von Sportlern in verschiedenen Sportarten.

**P2** Stellt eure Ergebnisse in geeigneter Form (Bildfolgen, PowerPoint usw.) dar.

## Windgeschwindigkeiten — Projekt

Die **Beaufortskala** ist eine Skala, mit der Winde nach ihrer Geschwindigkeit in verschiedene **Windstärken** eingestuft werden.

| Windstärke | Bezeichnung | Ereignis | Geschwindigkeit bis |
|---|---|---|---|
| 0 | Stille | Rauch steigt senkrecht auf | unter 1 $\frac{km}{h}$ |
| 1 | Leiser Zug | Rauchablenkung sichtbar | 5 $\frac{km}{h}$ |
| 2 | Leichte Brise | im Gesicht spürbar | 11 $\frac{km}{h}$ |
| 3 | Schwache Brise | dünne Zweige bewegen sich | 19 $\frac{km}{h}$ |
| 4 | Mäßiger Wind | loses Papier fliegt | 28 $\frac{km}{h}$ |
| 5 | Frischer Wind | größere Zweige bewegen sich | 38 $\frac{km}{h}$ |
| 6 | Starker Wind | starke Äste bewegen sich | 49 $\frac{km}{h}$ |
| 7 | Steifer Wind | ganze Bäume bewegen sich | 61 $\frac{km}{h}$ |
| 8 | Stürmischer Wind | Autos geraten ins Schleudern | 74 $\frac{km}{h}$ |
| 9 | Sturm | leichte Beschädigungen | 88 $\frac{km}{h}$ |
| 10 | Schwerer Sturm | entwurzelte Bäume | 102 $\frac{km}{h}$ |
| 11 | Orkanartiger Sturm | schwere Zerstörungen | 117 $\frac{km}{h}$ |
| 12 | Orkan | Verwüstungen | über 117 $\frac{km}{h}$ |

**P1 a)** Professionell werden Windgeschwindigkeiten mit dem unten fotografierten Gerät **(Anemometer)** gemessen.
Informiert Euch über die Wirkungsweise dieses Gerätes.

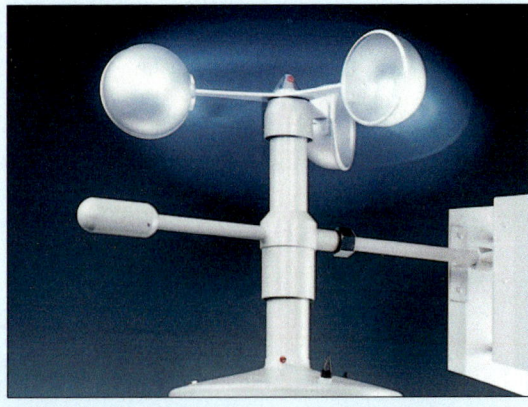

**b)** Sucht im Internet Bauanleitungen für einen Windgeschwindigkeitsmesser, baut ihn auf und messt dann Windgeschwindigkeiten bei verschiedenen Wetterlagen. Überprüft so die Angaben der Tabelle links.
Um genauer auswerten zu können, müsst ihr möglicherweise die Drehbewegungen eures Windrades mit einer Videokamera aufzeichnen. *Hinweis:* Jedes der Windräder dreht sich auf einer Kreisbahn mit dem Umfang $U = 2 \times 3{,}14 \times$ Radius des Windrades.

# Bewegungen

**Drei-Zwei-Eins – Go! Go! Go!**
**Ein Bobschlitten führt eine sehr komplizierte Bewegung aus.**
**Am Start wird er von den Sportlern hin- und hergeschoben.**
**Nach dem Start fährt er einen geraden Abschnitt, bevor**
**er in eine der vielen Kurven rast. Dabei erreicht er**
**eine Geschwindigkeit bis zu 150 $\frac{km}{h}$! Nach etwa einer**
**Minute ist die Fahrt vorbei.**
**Wie wird eine solche Bewegung beschrieben? Woher ist bekannt,**
**wie schnell die Bobfahrer waren?**

Start

Länge 1220 m
Kurven 15
Höhenunterschied 114 m

Start 2  Rodel Damen
Rodel Doppel

Kreisel

Labyrinth

Ziel

Auslauf

## Geradlinige Bewegung

Bei einer geradlinigen Bewegung hat der Weg, den der Körper zurücklegt, die Form einer Geraden. Bei dieser Bewegung ändert sich also die Richtung nicht, in die sich der Körper bewegt.
Der Bob bewegt sich geradlinig. Das macht beispielsweise auch ein Intercity, der durch einen geraden Streckenabschnitt fährt.

## Krummlinige Bewegung

Wenn der Bob durch die Kurve donnert, ändert sich ständig seine Richtung. Seine Bewegung ist nicht geradlinig, sondern krumm.
Ein besonderer Fall der krummlinigen Bewegungen ist die **Kreisbewegung**, die z.B. der Sitz eines Kettenkarussells oder (näherungsweise) der Mond ausführt. Auch unsere Erde bewegt sich auf einer ähnlichen Bahn um die Sonne.

## Hin- und Herbewegung

Das Kennzeichen einer Hin- und Herbewegung ist, dass der Körper ständig zwischen zwei Punkten hin- und herpendelt (wie der Bob unmittelbar vor dem Start). Der Weg, den der Körper dabei zurücklegt, kann gerade oder krumm sein.
Auch ein Uhrpendel oder eine Kinderschaukel führen eine solche Bewegung aus. Sie wird auch **Schwingung** genannt.

> Es gibt drei Bewegungsarten: geradlinige Bewegungen, krummlinige Bewegungen und Schwingungen.

## Aufgaben

**1 a)** Beobachte in deiner Umwelt Bewegungen und teile sie in geradlinige Bewegungen, krummlinige Bewegungen und Schwingungen ein.
**b)** Nenne auch Bewegungen, die sich nicht eindeutig in diese drei Gruppen einordnen lassen.

**2** Beim Bau von Autobahnen und Gleisen für Intercity-Züge werden die Kurven besonders großzügig geplant. Erläutere, warum dort auf scharfe Kurven verzichtet werden muss.

**3** Beschreibe die Bewegung
**a)** einer Fähre über den Fluss,
**b)** eines Busses zwischen zwei Haltestellen,
**c)** einer Straßenbahn in der Wendeschleife.

**4** Gib Strecken oder Längen an, die man am besten
**a)** in Metern,
**b)** in Millimetern,
**c)** in Kilometern,
**d)** in Mikrometern (1 µm = $\frac{1}{1000}$ mm) angibt.

**5** Berechne, wie viele Stunden, Minuten bzw. Sekunden ein Jahr hat.

## Beschreibung von Bewegungen

Zwischen dem Ort, an dem sich der Wagen auf dem oberen Bild befindet, und dem Ort, an dem er später ist, liegt eine bestimmte Strecke. Diese Strecke heißt in der Physik **Weg.** Er hat das Formelzeichen *s* und wird in der **Einheit Meter** angegeben.

Die physikalische Größe Weg gibt an, welche Strecke ein Körper insgesamt zurückgelegt hat. Geht jemand zur Schule und wieder zurück, so ist er am Ende wieder am Startort, hat aber eine Strecke von z. B. zwei Kilometern zurückgelegt. Der Weg zur Schule hin oder auch der Weg zurück ist dann ein Wegabschnitt. Dieser wird mit $\Delta s$ bezeichnet.

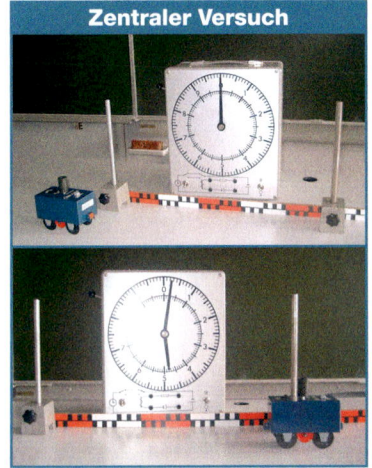

**Zentraler Versuch**

Für den Weg vom Anfangspunkt zum Endpunkt hat der Wagen im Versuch eine bestimmte Zeit benötigt, die von der Uhr angezeigt wird. Zur physikalischen Beschreibung der Bewegung wird also neben der zurückgelegten Strecke auch die dazu benötigte Zeit gebraucht.

Zuerst kannten die Menschen die Zeiteinheiten Tag, Monat und Jahr. Diese waren durch natürliche Vorgänge bestimmt. Als eine genauere Zeiteinteilung notwendig wurde, wurde der Tag in Stunden, Minuten und Sekunden geteilt.

Heute müssen noch viel kürzere Zeiten bzw. Zeitabschnitte gemessen werden. Daher kamen im Laufe der Zeit auch Unterteilungen der **Zeiteinheit Sekunde** dazu: Zehntel- und Hundertstelsekunden werden im Sport verwendet; die moderne Physik benötigt noch viel kleinere Zeiteinheiten. Diese kleinsten Zeiteinheiten (Milliardstel Sekunden und noch kleiner) können nur noch mit ganz speziellen Uhren – sogenannten *Atomuhren* – gemessen werden.

Nach diesen Uhren werden z. B. auch in Deutschland sämtliche Funkuhren beim Übergang von der Sommer- zur Winterzeit gestellt. Solche Atomuhren stehen z. B. in der Physikalisch-Technischen Bundesanstalt (PTB) in Braunschweig.

---

**Weg**

Das Formelzeichen ist *s*, für einen Wegabschnitt $\Delta s$. Die Einheit ist 1 m.

Weitere Einheiten:

Mikrometer: $1\ \mu m\ = \frac{1}{1\,000\,000}$ m

Millimeter:  $1\ mm = \frac{1}{1\,000}$ m

Zentimeter: $1\ cm\ = \frac{1}{100}$ m

Dezimeter:  $1\ dm\ = \frac{1}{10}$ m

Kilometer:  $1\ km\ = 1000$ m

---

**Zeit**

Das Formelzeichen ist *t*, für einen Zeitabschnitt $\Delta t$. Die Einheit ist 1 s.

Weitere Einheiten:

Mikrosekunde: $1\ \mu s\ = \frac{1}{1\,000\,000}$ s

Millisekunde:  $1\ ms = \frac{1}{1\,000}$ s

Minute:  1 min = 60 s

Stunde:  1 h   = 60 min = 3600 s

Tag:   1 d   = 24 h

Jahr:   1 a   = 365 d

---

> Jede Bewegung wird beschrieben durch die Form des zurückgelegten Weges, die Länge des Weges und die dazu benötigte Zeit.

---

| **Bewegungen** | | **Versuche und Aufträge** |
| --- | --- | --- |

**V1** Führe die folgenden Versuche mit einem Ball aus und beschreibe jeweils die Bewegung des Balles:
**a)** Der Ball wird gegen eine Hauswand geworfen und kommt zu dir zurück.
**b)** Der Ball wird hochgeworfen und von dir wieder aufgefangen.

**c)** Der Ball wird aus einer bestimmten Höhe einfach fallen gelassen und fällt zu Boden.
**d)** Ein Freund oder eine Freundin von dir wirft dir den Ball zu, sodass du ihn fangen kannst.

**V2** Stelle dich mit deinem Fahrrad auf eine Anhöhe und lasse dich die Straße hinunterfahren. Beschreibe die Bewegung des Rades.

**V3** Beobachte die Bewegung eines Skateboardfahrers in der Halfpipe. Beschreibe die Bewegung so genau wie möglich.

## Die Geschwindigkeit

Bei jeder Bewegung wird ein Weg zurückgelegt, wofür eine bestimmte Zeit benötigt wird. Wenn die Strecke in einer kurzen Zeit zurückgelegt wird, ist der Körper schnell; braucht er für dieselbe Strecke lange, dann ist er langsam. Physikalisch beschreibt dies die Größe **Geschwindigkeit.**
Die Geschwindigkeit eines PKW kann direkt am Tachometer abgelesen werden. Wenn der Tacho $60\,\frac{km}{h}$ anzeigt, bedeutet es, dass das Fahrzeug mit dieser Geschwindigkeit 60 km in einer Stunde zurücklegen würde – falls es solange mit dieser Geschwindigkeit fährt.

Die Geschwindigkeit kann auch über eine Messung von zurückgelegter Strecke und dazu benötigter Zeit ermittelt werden. Wenn die Lok im Foto oben in 5 s eine Strecke von 50 cm fährt, würde sie in einer Minute das 12-Fache, also $12 \cdot 0,5\,m = 6,0\,m$, fahren und in einer Stunde das 60-Fache davon, also $60 \cdot 6,0\,m = 360\,m = 0,36\,km$. Die Lok hat also eine Geschwindigkeit von $0,36\,\frac{km}{h}$.

---

**Geschwindigkeit**

Das Formelzeichen ist $v$.
Die Einheit ist $\frac{m}{s}$ oder $\frac{km}{h}$.

---

In einem ersten Versuch fährt die Lok langsam, in einem zweiten schnell; die zurückgelegten Wege werden wieder im Sekundentakt markiert. (Bei $t = 0\,s$ soll der Weg $s = 0\,cm$ sein). Die Tabelle zeigt die Messwerte. Bei beiden Bewegungen werden jeweils in der Zeitspanne von 1 s gleich lange Strecken zurückgelegt: Bei der ersten Bewegung jeweils 10 cm, bei der zweiten jeweils 13 cm. Eine Bewegung, bei der in gleichen Zeiten gleiche Strecken zurückgelegt werden, heißt **gleichförmig**.

Werden die Messwerte von Zeit und Weg für die Bewegung der Lok in ein Diagramm eintragen, so ergibt sich das **Zeit-Weg-Diagramm** dieser Bewegung. Bei beiden

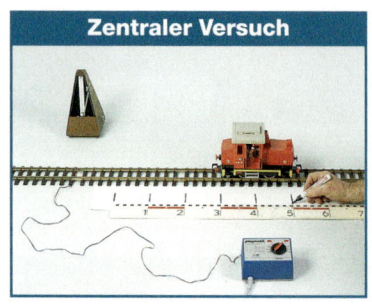

**Zentraler Versuch**

Bewegungen liegen die Messpunkte auf Ursprungsgeraden. Aus dem Diagramm lässt sich ablesen: In der doppelten Zeit wird der doppelte Weg zurückgelegt, in der dreifachen Zeit der dreifache Weg usw. Der rechte Teil der Tabelle bestätigt, dass der Quotient aus Weg und Zeit bei jeder Bewegung konstant ist. Dieser Quotient $\frac{\Delta s}{\Delta t}$ ist bei der schnelleren Bewegung größer. Er ist deshalb ein Maß für die Geschwindigkeit $v$. Im Zeit-Weg-Diagramm gehört zur schnelleren Bewegung, also zur größeren Geschwindigkeit, die steilere Gerade.

Zur Berechnung der Geschwindigkeit können aber auch zwei beliebige Zeitpunkte $t_1$ und $t_2$ und die zugehörigen Strecken $s_1$ und $s_2$ verwendet werden. $v$ ergibt sich dann als Quotient aus dem Wegunterschied $s_2 - s_1 = \Delta s$ und der Zeitspanne $t_2 - t_1 = \Delta t$ zu
$$v = \frac{s_2 - s_1}{t_2 - t_1} = \frac{\Delta s}{\Delta t}.$$

---

Bei gleichförmigen Bewegungen werden in gleichen Zeitabständen gleiche Strecken zurückgelegt.
Der Quotient aus zurückgelegtem Weg $\Delta s$ und dafür benötigter Zeit $\Delta t$ ist die Geschwindigkeit $v$: $v = \frac{\Delta s}{\Delta t}$.

---

**Rechenbeispiel**

1. Ein PKW darf innerorts höchstens mit einer Geschwindigkeit von $50\,\frac{km}{h}$ fahren. Gib diese Geschwindigkeit in $\frac{m}{s}$ an.
$$v = 50\,\frac{km}{h} = 50 \cdot \frac{1000\,m}{3600\,s} = 14\,\frac{m}{s}$$

2. Ein Radfahrer benötigt für 400 m genau 2,0 min. Berechne seine Geschwindigkeit in $\frac{km}{h}$.
$$v = \frac{\Delta s}{\Delta t} = \frac{400\,m}{2,0\,min} = 200\,\frac{m}{min} = 200 \cdot \frac{0,001\,km}{1/60\,h} = 12\,\frac{km}{h}$$

---

| Lok | langsam | schnell | langsam | schnell |
|---|---|---|---|---|
| $t$ | $s$ | $s$ | $\frac{\Delta s}{\Delta t}$ | $\frac{\Delta s}{\Delta t}$ |
| 0 s | 0 cm | 0 cm | – | – |
| 1,0 s | 10 cm | 13 cm | $10\,\frac{cm}{s}$ | $13\,\frac{cm}{s}$ |
| 2,0 s | 20 cm | 26 cm | $10\,\frac{cm}{s}$ | $13\,\frac{cm}{s}$ |
| 3,0 s | 30 cm | 39 cm | $10\,\frac{cm}{s}$ | $13\,\frac{cm}{s}$ |
| 4,0 s | 40 cm | 52 cm | $10\,\frac{cm}{s}$ | $13\,\frac{cm}{s}$ |
| 5,0 s | 50 cm | 65 cm | $10\,\frac{cm}{s}$ | $13\,\frac{cm}{s}$ |

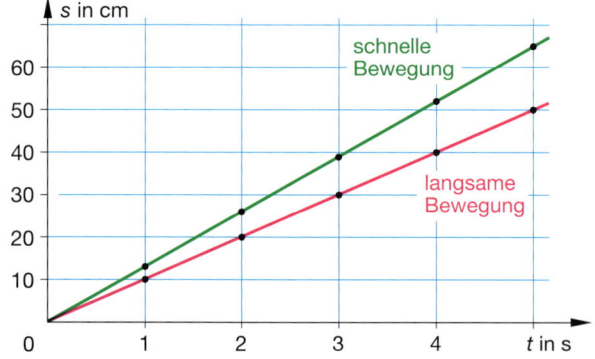

## Aufgaben

**1** Ein Fahrzeug fährt mit einer Geschwindigkeit von $20 \frac{m}{s}$.
**a)** Berechne, welche Strecke das Auto in 14 s zurücklegt.
**b)** Berechne, wie lange das Fahrzeug braucht, um eine Strecke von 1000 m zurückzulegen.
**c)** Zeichne das *t-s*-Diagramm.

**2** **a)** Bestimme aus dem rechts dargestellten *t-s*-Diagramm die Geschwindigkeit der Fahrzeuge ① und ②.
**b)** Beschreibe die Bewegung von Fahrzeug ③.
**c)** Bestimme näherungsweise den Zeitpunkt, an dem die Fahrzeuge ① und ③ bzw. ② und ③ die gleiche Geschwindigkeit haben.
**d)** Ermittle, wann Fahrzeug ③ das Fahrzeug ② einholt, wenn sie sich auf gleicher Strecke bewegen.

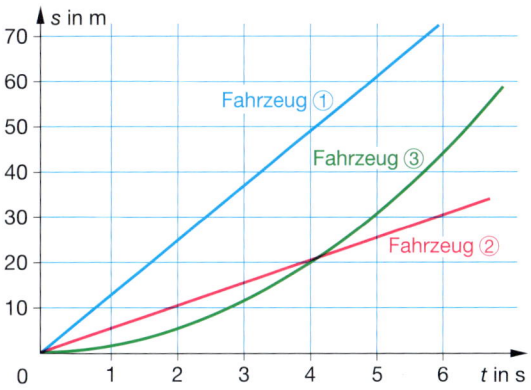

**3** Bei einer Autofahrt zeigt der Tacho eine konstante Geschwindigkeit $v = 54 \frac{km}{h}$ an. Außerhalb des Fahrzeugs wird gemessen, wie lange es für verschiedene Streckenabschnitte braucht. Die Streckenabschnitte liegen hintereinander, der Anfang des ersten Abschnittes kann als Wegmarke 0 gesetzt werden. Es ergeben sich die folgenden Messwerte:

| $s$ | 150 m | 300 m | 750 m | 450 m | 1,2 km |
|-----|-------|-------|-------|-------|--------|
| $t$ | 10 s | 20 s | 50 s | 30 s | 80 s |

**a)** Zeichne ein Zeit-Weg-Diagramm der Bewegung. Untersuche, ob das Fahrzeug tatsächlich mit konstanter Geschwindigkeit fährt.
**b)** Stimmt die Anzeige auf dem Tachometer des Fahrzeugs?

**4** Ein Fahrzeug bewegt sich gleichförmig mit einer Geschwindigkeit von $72 \frac{km}{h}$. Der Umfang der Reifen dieses Fahrzeugs beträgt 1,8 m. Während einer Umdrehung der Räder dreht sich die Tachowelle des Fahrzeugs achtmal. Berechne die Anzahl der Umdrehungen der Tachowelle in einer Sekunde.

**5** Die Entfernung eines Gewitters kann mit der folgenden Faustregel abgeschätzt werden:
Nach dem Beobachten eines Blitzes wird im Sekundentakt gezählt, bis der Donner zu hören ist. Dann wird die Sekundenzahl durch 3 dividiert; das Ergebnis ist die Entfernung des Gewitters in Kilometern. Erläutere den physikalischen Hintergrund dieser Faustregel.

**6** Licht bewegt sich mit einer Geschwindigkeit von $300\,000 \frac{km}{s}$.
Es benötigt von der Erde zum Mond 1,3 s. Berechne daraus die Entfernung Erde–Mond.
**b)** Die Erde hat am Äquator einen Umfang von 42 000 km. Berechne die Geschwindigkeit, mit der ein Punkt des Äquators umläuft.
**c)** Berechne die Geschwindigkeit, mit der sich die Erde um die Sonne bewegt, wenn die Umlaufbahn etwa 961 000 000 km lang ist.

---

| Geschwindigkeit | Versuche und Aufträge |
|---|---|

**V1** Richte zusammen mit deinen Klassenkameraden eine Mess-Strecke von 50 Metern auf dem Schulhof ein. Alle 10 Meter sollte ein mit einer Stoppuhr ausgerüsteter Mitschüler stehen. Nimm 5 Meter Anlauf vor der Startlinie und versuche dann, die Strecke möglichst gleichförmig zu durchlaufen. Deine Mitschüler stoppen die Zeit, die du brauchst, um von der Startlinie zum jeweiligen Messpunkt zu gelangen. Fertigt ein Zeit-Weg-Diagramm und ein Zeit-Geschwindigkeits-Diagramm deines Laufes an und untersucht, ob dir eine gleichförmige Bewegung gelungen ist. Berechnet deine Geschwindigkeit.

**V2** Lasst innerhalb des Physik-Fachraumes einen Messwagen und ein Spielzeugauto mit Friktionsmotor (Motor mit Schwungrad) eine Mess-Strecke durchfahren, die in einzelne Abschnitte der Länge 1 Meter eingeteilt ist. Stoppt die Zeiten bis zum Erreichen des jeweiligen Messpunktes und fertigt Zeit-Weg-Diagramme der Bewegungen an. Vergleicht die Bewegungen.
Wiederholt den Versuch mit einer rollenden Kugel und mit einem Spielzeugauto ohne Antrieb.

## Von der Durchschittsgeschwindigkeit zur Momentangeschwindigkeit

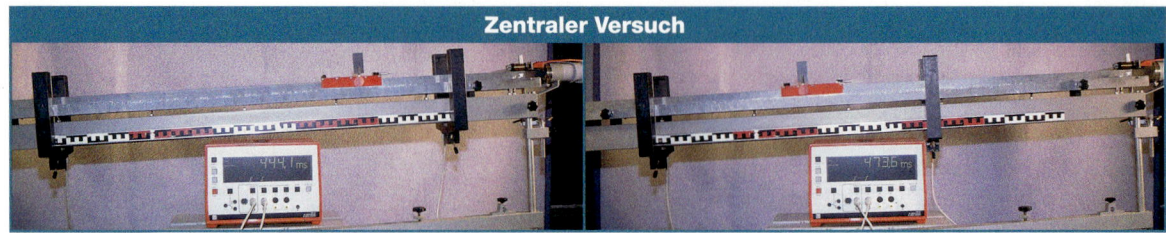

**Zentraler Versuch**

Für die 15,6 km lange Strecke von Delmenhorst nach Bremen benötigt ein PKW 17 Minuten. Nach der Formel für die Geschwindigkeit errechnet sich daraus

$$v = \frac{15{,}6 \text{ km}}{17 \text{ min}} = \frac{15{,}6 \text{ km}}{\frac{17}{60} \text{ h}} = 55{,}1 \, \frac{\text{km}}{\text{h}}.$$

Was sagt dieser Wert über die Bewegung aus?

Es ist klar, dass der PKW nicht die ganzen 17 Minuten mit dieser Geschwindigkeit gefahren ist: Mal musste er bei Rot vor einer Ampel halten, mal konnte der Fahrer auf einer Bundesstraße mit einer deutlich höheren Geschwindigkeit fahren. Der berechnete Wert ist also nur ein Durchschnittswert und sagt über die Geschwindigkeit in einem bestimmten Moment überhaupt nichts aus. Die meisten Bewegungen im Alltag sind solche **ungleichförmigen** Bewegungen (z.B. das Anfahren oder das Abbremsen eines Fahrzeugs).

> **Durchschnittsgeschwindigkeit**
>
> $\bar{v} = \frac{\Delta s}{\Delta t}$ mit großem $\Delta s$ bzw. $\Delta t$ heißt Durchschnittsgeschwindigkeit. Sie ist unabhängig von der Geschwindigkeit auf einzelnen Teilstrecken.

Das hat aber Konsequenzen für die *t-s*-Diagramme und vor allem für die Messung von Geschwindigkeiten. Die *t-s*-Diagramme sind im Regelfall keine Geraden mehr. Wenn die Geschwindigkeit eines Körpers mithilfe einer Strecken- und Zeitmessung bestimmt werden soll, muss Folgendes beachtet werden:

Das Zeit-Weg-Diagramm einer gleichförmigen Bewegung ist eine Gerade. Deshalb ist es bei einer solchen Bewegung im Prinzip egal, wie lang die Messstrecke (und damit die dazugehörige Zeit) ist, der Quotient $\frac{\Delta s}{\Delta t}$ ist immer gleich.

Bei ungleichförmigen Bewegungen aber gilt: Je länger eine Messstrecke ist, desto mehr Zeit vergeht, in der der Körper seine Geschwindigkeit ändern kann. Daher muss die Messstrecke (und somit das Zeitintervall) so klein wie möglich gewählt werden. Dazu werden häufig Lichtschranken benutzt, die die Zeit messen, in der ein Körper den Lichtstrahl zwischen Sender und Empfänger unterbricht (**Dunkelzeitmessung**).

**Tachometer** oder die Fahrtenschreiber in LKW zeigen die Momentangeschwindigkeit an. Bei ihnen wird keine Zeit gemessen. Die Geschwindigkeit wird dadurch ermittelt, dass die Anzahl der Umdrehungen eines Rades in einer Sekunde gezählt und mit dem Umfang des Rades multipliziert wird.

> **Momentangeschwindigkeit**
>
> $v = \frac{\Delta s}{\Delta t}$ mit möglichst kleinem $\Delta s$ bzw. $\Delta t$ heißt Momentangeschwindigkeit.

Die Momentangeschwindigkeit gibt an, wie schnell sich ein Körper zu einem bestimmten Zeitpunkt bewegt.

---

## Versuche und Aufträge — Durchschnitts- und Momentangeschwindigkeit

**V1 a)** Stellt euch in Zweiergruppen entlang einer Messstrecke (50 m) auf. Die Abstände zwischen den Mitgliedern einer Gruppe (A, B, C) werden gemessen. Ein Mitschüler fährt mit seinem Rad die Strecke entlang. Gruppenmitglied ① gibt in dem Moment, in dem der Radfahrer vorbeikommt, Mitglied ② das Signal, die Stoppuhr zu starten. Abgestoppt wird die Zeit, die der Fahrer für die jeweilige Messstrecke braucht.
**b)** Vergleicht eure Ergebnisse.
**c)** Überlegt, ob es sich bei der Fahrt um eine gleichförmige Bewegung gehandelt hat.

**V2** Stellt euch etwa alle 10 m entlang eines Bahnsteigs auf. Messt jeweils die Zeit, bis die bremsende Lok an euch vorbeigefahren ist und vergleicht die Zeiten. Welche Durchschnittsgeschwindigkeiten ergeben sich? Meldet Euch vorher bei der Aufsicht und sagt, was ihr vorhabt.

## Aufgaben

**1** Ein Radfahrer fährt eine insgesamt 30 Kilometer lange Bergstrecke. Zuerst muss er 12 Kilometer bergauf fahren, was mit einer Geschwindigkeit von 10 $\frac{km}{h}$ geschieht. Dann fährt er den Rest bergab mit einer Geschwindigkeit von 40 $\frac{km}{h}$. Berechne seine Durchschnittsgeschwindigkeit.

**2** Ein LKW-Rad hat einen Umfang von 2,40 m. Während einer Fahrt dreht sich das Rad 3-mal in der Sekunde. Berechne die Geschwindigkeit, die der Tacho anzeigt.

**3** Für ein Fahrzeug wurden folgende Messwerte ermittelt:

| $t$ | 0 | 0,5 s | 1,9 s | 1,99 s | 2,0 s |
|---|---|---|---|---|---|
| $s$ | 10 m | 15 m | 24 m | 39,83 m | 40 m |

**a)** Bestimme möglichst genau die Momentangeschwindigkeit zur Zeit $t = 2$ s.
**b)** Begründe deine Antwort.

**4** Das folgende $t$-$s$-Diagramm zeigt die Bewegung eines Körpers. Schreibe zu dem Diagramm eine Geschichte.

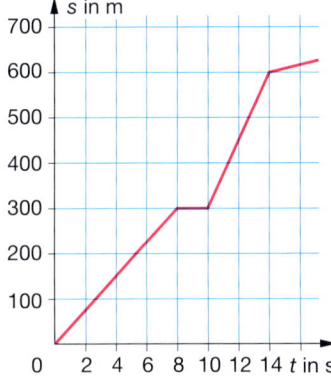

**5** Erstelle ein $t$-$s$-Diagramm und ein $t$-$v$-Diagramm der folgenden Bewegung eines Fahrzeugs:
① Das Fahrzeug bewegt sich 10 Minuten mit der konstanten Geschwindigkeit $v = 60 \frac{km}{h}$.
② Dann erhöht es seine Geschwindigkeit und fährt 5 Minuten mit 80 $\frac{km}{h}$.
③ Anschließend macht der Fahrer eine Pause von 7 Minuten.
④ Im Anschluss fährt er eine Strecke von 30 km mit der konstanten Geschwindigkeit $v = 60 \frac{km}{h}$.
⑤ Die letzten 10 Kilometer kann er noch einmal schneller mit $v = 70 \frac{km}{h}$ fahren.

---

## Bewegung ist relativ · Streifzug

Nena und Marius sitzen in Zügen, die auf nebeneinander liegenden Gleisen stehen, und warten auf die Abfahrt. Sie schauen aus dem Fenster und beobachten sich gegenseitig

① Nena fährt noch nicht. Marius Zug fährt gerade ab.

② Nenas Zug fährt nach links, der von Marius gleichzeitig nach rechts ab.

③ Nenas und Marius Züge setzen sich gleichzeitig gleich schnell in dieselbe Richtung in Bewegung.

**Die unterschiedlichen Deutungen kommen dadurch zustande, dass es verschiedene Sichtweisen darüber gibt, wer sich in Ruhe und wer sich in Bewegung befindet.**
**Bewegung ist deshalb keine absolute Größe. Sie erfolgt immer nur relativ zwischen zwei Körpern.**

## Werkzeug — Erstellen und Interpretieren von Diagrammen

Peter und Simone fahren mit ihren Fahrrädern ins Schwimmbad. Diese Bewegung kann in einem *t-s*-Diagramm dargestellt werden. Angenommen Peter fährt mit der Geschwindigkeit $v = 18 \frac{km}{h} = 300 \frac{m}{min}$, dann legt er in 1 Minute 300 m, in 2 Minuten 600 m und in 3 Minuten 900 m zurück. Im *t-s*-Diagramm können die Wertepaare (1 min | 300 m), (2 min | 600 m), (3 min | 900 m) eingetragen werden, die alle auf einer Ursprungsgeraden liegen.

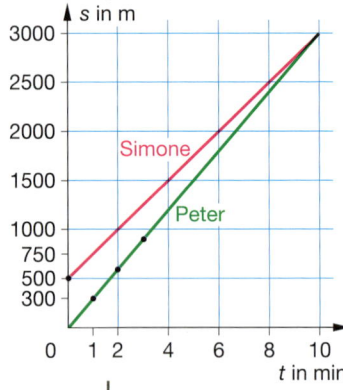

Aus diesem Diagramm können bestimmte Sachverhalte abgelesen werden:

- Peter braucht z. B. 10 min bis zum Schwimmbad, da es 3 km entfernt ist.
- Simone wohnt nur 2,5 km vom Schwimmbad entfernt. Sie fährt zur gleichen Zeit wie Peter mit der Geschwindigkeit $v = 250 \frac{m}{min}$ los. Da sie 500 m Vorsprung hat, beginnt die Gerade, die ihre Bewegung beschreibt, im Punkt (0 min | 500 m). Weil sie langsamer als Peter ist, ist die Gerade zu ihrer Bewegung weniger steil. Es ist aber zu erkennen, dass sich die Geraden im Punkt (10 min | 3000 m) schneiden. Die beiden treffen sich also nach 10 Minuten am Schwimmbad.

Nach dem Verlassen des Schwimmbades schiebt Peter sein Fahrrad mit der Geschwindigkeit $v = 100 \frac{m}{min}$ nach Hause, weil Simone noch nicht am Ausgang ist. Sie fährt 3 Minuten später mit $v = 400 \frac{m}{min}$ hinter ihm her. Wann und wo trifft sie Peter?
Die Frage lässt sich mithilfe eines *t-s*-Diagramms für beide Bewegungen beantworten:

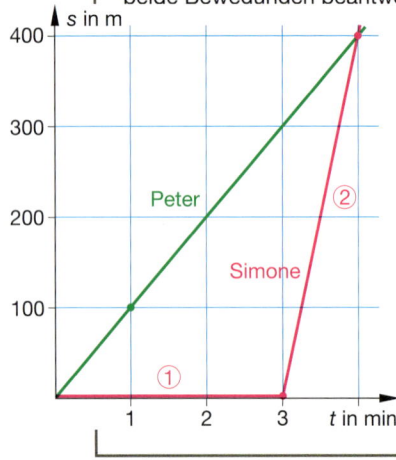

- Peters Bewegung ist eine Ursprungsgerade durch (1 min | 100 m).
- Simones Bewegung hat zwei Abschnitte: Im Bereich ① bewegt sie sich nicht, steht also bis zum Zeitpunkt $t = 3$ min. Dann bewegt sie sich im Bereich ② mit der Geschwindigkeit $v = 400 \frac{m}{min}$. Sie ist erkennbar schneller als Peter.

- Aus dem Schnittpunkt der beiden Geraden kann abgelesen werden, wann und wo sich die beiden treffen: Nach 4 Minuten sind beide 400 m vom Schwimmbad entfernt.

Peters Bruder David fährt mit der Geschwindigkeit $v = 500 \frac{m}{min}$ genau in dem Moment in Richtung Schwimmbad, als Peter vom Schwimmbad aus mit seinem Fahrrad nach Hause losläuft. Die beiden werden sich unterwegs treffen müssen. Die Frage ist auch hier nur wann und wo.
Zur Lösung soll wieder ein *t-s*-Diagramm benutzt werden, in dem beide Bewegungen dargestellt sind.

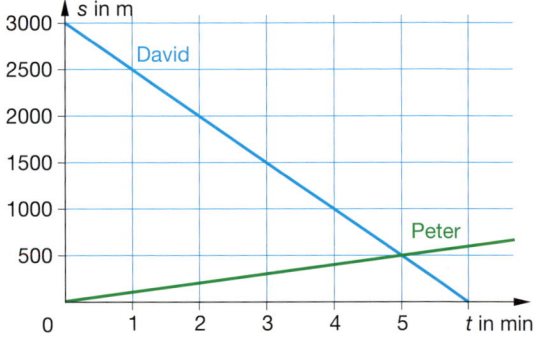

Peters Bewegung wird durch eine Ursprungsgerade dargestellt. Davids Bewegung sieht anders aus. Er startet genauso wie Peter zur Zeit $t = 0$ min. Da er da noch zuhause ist, befindet er sich bei $s = 3000$ m. Also ist (0 min | 3000 m) ein Punkt auf der Geraden, die Davids Bewegung beschreibt. Da er im Vergleich zu Peter in die entgegengesetzte Richtung fährt, beschreibt eine fallende Gerade seine Bewegung. Die beiden treffen sich nach 5 Minuten 500 m vom Schwimmbad entfernt.

**Gleichförmige Bewegungen können mithilfe eines *t-s*-Diagramms dargestellt werden:**
- **Je steiler die Gerade verläuft, desto größer ist die Geschwindigkeit des Körpers.**
- **Schneiden sich die Geraden zweier Bewegungen, so befinden sich die Körper zu diesem Zeitpunkt am selben Ort.**
- **Bewegt sich ein Körper rückwärts, so wird dies durch eine fallende Gerade im *t-s*-Diagramm erkennbar.**
- **Laufen die Geraden nicht durch den Ursprung, beginnt die Bewegung nicht zur Zeit $t = 0$ s oder nicht am Ort $x = 0$ m.**

## Messen – Darstellen – Interpretieren
**Werkzeug**

### Messen

| Zeit $t$ | Strecke $s$ |
|---|---|
| 0 | 0 |
| 2,2 s | 10 m |
| 4,0 s | 20 m |
| 5,7 s | 30 m |
| 8,2 s | 40 m |
| 9,8 s | 50 m |
| 12,3 s | 60 m |

Niklas fährt auf seinem Fahrrad eine gerade Straße entlang. Freunde wollen den Bewegungsablauf untersuchen. Sie stellen sich dazu an der Staße auf und stoppen bei fliegendem Start die Zeit, bis Niklas an ihnen vorbeifährt. Es ergibt sich nebenstehende Messwerttabelle.

### Messen

In einem weiteren Versuch wird ein Papierkegel in Luft fallen gelassen. In Zeitabständen von 0,1 s wird er durch ein Stroboskop beleuchtet. Die durchfallene Gesamtstrecke kann mithilfe des Lineals abgelesen und anschließend in eine Messwerttabelle eingetragen werden.

| Zeit $t$ | Strecke $s$ |
|---|---|
| 0 | 0 |
| 0,1 s | 3,5 cm |
| 0,2 s | 11,5 cm |
| 0,3 s | 22,5 cm |
| 0,5 s | 53 cm |
| 0,6 s | 69,5 cm |
| 0,7 s | 87 cm |
| 0,8 s | 105 cm |
| 0,9 s | 123 cm |

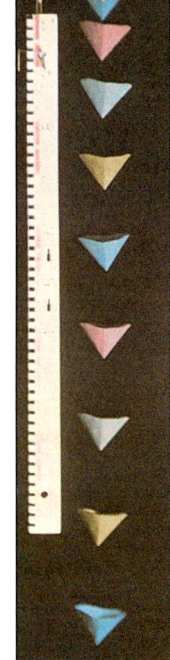

### Darstellen

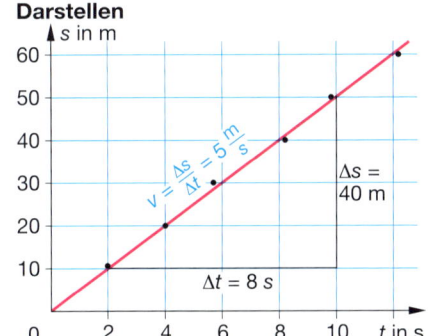

Die Punkte liegen zwar nicht exakt auf einer Geraden, aber es lässt sich durch sie eine **Ausgleichsgerade** zeichnen. Es ist aber darauf zu achten, dass der Abstand jedes einzelnen Punktes zur Ausgleichsgeraden nicht zu groß wird und einzelne Punkte oberhalb, andere unterhalb der Geraden liegen. Dieses Verfahren ist sinnvoll, weil bei der gewählten Messmethode von Messfehlern auszugehen ist. Darum ist es zulässig, von den tatsächlichen Werten abzuweichen, um eine Gerade durch die Messpunkte legen zu können.

### Darstellen

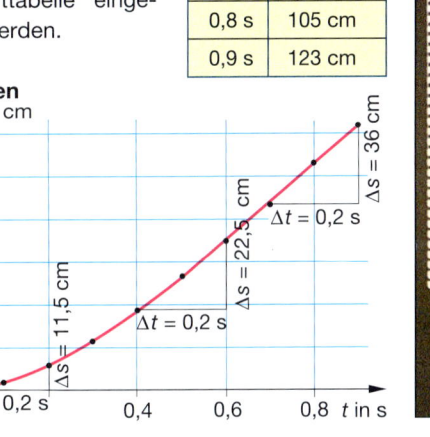

Die Messpunkte liegen offensichtlich nicht auf einer Geraden. Denn es ist nicht möglich, eine Ausgleichsgerade durch die Messpunkte und durch den Nullpunkt zu legen – der aber unbedingt darauf liegen müsste – ohne dass sich die Lage der anderen Punkte deutlich „verschlechtern" würde. Da der Trichter weiter fällt, könnten weitere Messpunkte aufgenommen werden; sie würden aber den Verlauf der Ausgleichsgeraden verändern. Dies ist aber nicht zulässig, weil der Verlauf dieser Geraden für jeden Bewegungsabschnitt gleich sein muss.
Außerdem spricht gegen eine Ausgleichsgerade die Tatsache, dass die Geschwindigkeit $\Delta v = \Delta s / \Delta t$ in den einzelnen Abschnitten von $\frac{11,5 \text{ cm}}{0,2 \text{ s}} = 57,5 \frac{\text{cm}}{\text{s}}$ über $\Delta v = \frac{22,5 \text{ cm}}{0,2 \text{ s}} = 112,5 \frac{\text{cm}}{\text{s}}$ auf $\Delta v = \frac{36 \text{ cm}}{0,2 \text{ s}} = 180 \frac{\text{cm}}{\text{s}}$ zunimmt und dann konstant bleibt. Es muss also eine Kurve durch die Messpunkte gelegt werden.

### Interpretieren
Aus dem Diagramm ist erkennbar, dass Niklas gleichförmig gefahren ist.
Die Steigung der Ausgleichsgeraden gibt die Geschwindigkeit des Fahrrades an.

### Interpretieren
Im ersten Bewegungsabschnitt wird die Kurve steiler, also wird die Geschwindigkeit größer. Im zweiten Teil geht sie in eine Gerade über. Deshalb bewegt sich in diesem Teil der Trichter gleichförmig.

**Bei beliebigen Messkurven muss genau geprüft werden, ob das Einzeichnen einer Ausgleichsgeraden zu Widersprüchen führt. Sonst ist eine „glatte" Kurve durch die Messpunkte zu zeichnen.
Es muss aber überlegt werden, ob sich durch Teilbereiche eine Ausgleichsgerade zeichnen lässt.**

# Die Beschleunigung

Der Countdown läuft: „4 – 3 – 2 – 1 – Ignition!"

Lift off: Feuerspeiend und unter ohrenbetäubendem Getöse erhebt sich der gewaltige Körper der Rakete von der Startrampe. Erst langsam und träge, dann immer schneller; nach 120 Sekunden fliegt sie mit 4650 $\frac{km}{h}$; nach 8 Minuten hat das Shuttle die Erdumlaufbahn in 270 km Höhe erreicht.

Wenn das Shuttle nach erfolgreichem Flug zur Erde zurückkehrt, tritt es mit 25 898 $\frac{km}{h}$ in die Erdatmosphäre ein. Der Luftwiderstand bremst das Shuttle und bringt die Unterseite zum Glühen. 32 Sekunden vor der Landung werden die Landeklappen bei 546 $\frac{km}{h}$ ausgefahren; beim Aufsetzen auf den Boden hat das Shuttle immer noch eine Geschwindigkeit von 346 $\frac{km}{h}$ und wird von Bremsschirmen und Radbremsen zum Stehen gebracht.

Eine startende Rakete wird schneller. Dabei nimmt ihre Geschwindigkeit aber nicht gleichmäßig zu, sondern zu Beginn etwas weniger, später mehr, schließlich wieder weniger. Etwas Ähnliches geschieht, wenn ein vor einer Ampel stehendes Auto bei Grün losfährt oder wenn ein Radfahrer aus dem Stand heraus anfährt. Dieser Vorgang des Schnellerwerdens eines Körpers, also der Veränderung seiner Geschwindigkeit, heißt in der Physik **Beschleunigung.**

Eine Beschleunigung kann aber nicht nur dazu führen, dass ein Körper schneller wird (positive Beschleunigung), er kann auch langsamer werden (negative Beschleunigung); dann heißt die Bewegung auch *verzögert.* Beim Auto- oder Radfahren geschieht das immer, wenn gebremst wird.

Eine typische beschleunigte Bewegung ist das Fallen eines Körpers. Bei doppelter Fallhöhe ist die Fallzeit nicht doppelt so groß, sondern nur etwa 1,4-fach, bei dreifacher Fallhöhe nicht dreifach, sondern 1,7-fach; der Körper muss also schneller geworden sein. Seine höchste Geschwindigkeit erreicht er im Moment des Aufpralls. Auch die Bewegung eines Körpers auf einer schiefen Ebene, z. B. die Bewegung eines Radfahrers auf einer abschüssigen Straße, ist eine beschleunigte Bewegung.

Beschleunigungen werden nicht direkt angezeigt, allerdings gibt es Möglichkeiten, sie indirekt zu bestimmen. Dabei wird – wie im zentralen Versuch – die Geschwindigkeit des beschleunigten Körpers gemessen und gleichzeitig die Zeit, die er gebraucht hat, um diese Geschwindigkeit zu erreichen.

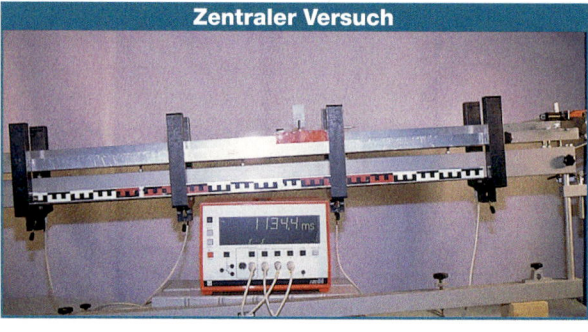

Zentraler Versuch

> Veränderungen der Geschwindigkeit eines Körpers werden in der Physik als Beschleunigung bezeichnet. Eine Beschleunigung kann positiv (Körper wird schneller) oder negativ (Körper wird langsamer) sein.

Die im zentralen Versuch ermittelten Werte für die Geschwindigkeit $v$ und die dafür benötigte Zeit $t$ werden für verschiedene Neigungswinkel $\alpha$ der schiefen Ebene in ein Koordinatensystem eingetragen. Es ergibt sich das Diagramm rechts: Die Messpunkte für jeden Messdurchgang liegen jeweils auf einer Geraden. Bei einem größeren Neigungswinkel $\alpha$ der schiefen Ebene erreicht der Messwagen nach gleicher Zeit $t$ eine höhere Geschwindigkeit $v$. Folglich verläuft die zugehörige Gerade steiler.

Die Steigung der Geraden $\frac{\Delta v}{\Delta t} = \frac{v_1 - v_2}{t_1 - t_2}$ ist eine geeignete Größe, die Änderung der Geschwindigkeit des Messwagens zu beschreiben. Dieser Quotient wird daher in der Physik zur Berechnung der Beschleunigung $a$ (aus dem Englischen: *acceleration*) benutzt. Die **Einheit der Beschleunigung** ergibt sich zu $1\,\frac{m/s}{s} = 1\,\frac{m}{s^2}$.

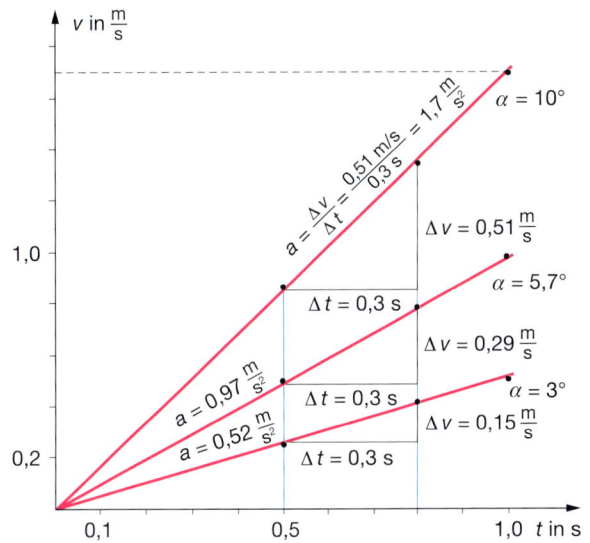

> **Beschleunigung**
>
> Das Formelzeichen ist $a$.
> Die Einheit ist $1\,\frac{m}{s^2}$.

Im Versuch war die Beschleunigung offenbar immer konstant. Alle derartigen Bewegungen heißen **gleichmäßig beschleunigt.** Die Zeit-Geschwindigkeits-Diagramme solcher Bewegungen sind Ursprungsgeraden, sofern es sich um eine beschleunigte Bewegung aus dem Stand heraus handelt. Bei verzögerten Bewegungen ist das Diagramm eine fallende Gerade.

Bei nicht konstanter Beschleunigung sind auch die Diagramme keine Geraden mehr. Oft ist es aber möglich, mit konstanten Beschleunigungen als Durchschnittswerten zu arbeiten. Wird etwa angegeben, dass ein Auto von $0\,\frac{km}{h}$ auf $100\,\frac{km}{h}$ in $11{,}2$ s beschleunigt, so ist seine durchschnittliche Beschleunigung

$$a = \frac{\Delta v}{\Delta t} = \frac{27{,}8\,\frac{m}{s}}{11{,}2\,\text{s}} = 2{,}49\,\frac{m}{s^2}.$$

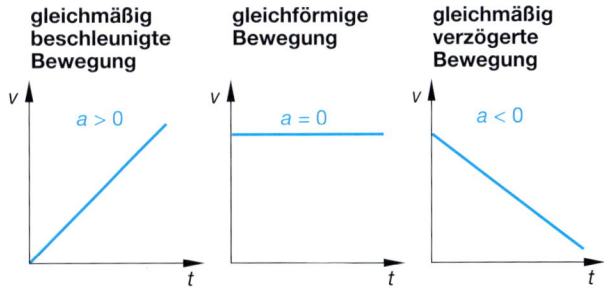

Die Beschleunigung $a$ eines Körpers wird berechnet als Quotient aus der Geschwindigkeitsänderung $\Delta v$ und der dafür benötigten Zeit $\Delta t$: $a = \frac{\Delta v}{\Delta t}$.

## Aufgaben

**1** Ein Radfahrer beschleunigt aus dem Stand heraus innerhalb von 15 Sekunden auf $20\,\frac{km}{h}$. Berechne seine Beschleunigung, wenn sie als konstant angenommen wird.

**2 a)** Zeichne das $t$-$v$-Diagramm eines anfahrenden Autos, das innerhalb von 12 Sekunden aus dem Stand gleichmäßig auf $72\,\frac{km}{h}$ beschleunigt. Lies aus dem Diagramm die Geschwindigkeit des Autos nach 4 (8, 10) Sekunden ab.
**b)** Ein zweites Auto beschleunigt in der gleichen Zeit von $36\,\frac{km}{h}$ auf $64{,}8\,\frac{km}{h}$. Zeichne das zugehörige Diagramm in das gleiche Koordinatensystem ein. Ermittle aus dem Diagramm den Zeitpunkt, ab dem das erste Auto eine größere Geschwindigkeit hat als das zweite.

**3** Die Bewegung zweier Fahrzeuge wird durch das $t$-$v$-Diagramm unten wiedergegeben:
**a)** Schreibe zu jedem der beiden Diagramme eine kurze Geschichte.
**b)** Ermittle die Beschleunigungen in den einzelnen Phasen der Bewegungen und fertige ein Zeit-Beschleunigungs-Diagramm der Bewegungen an.

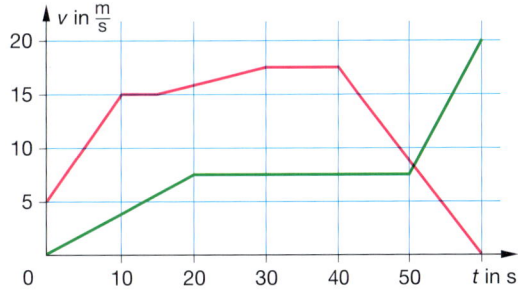

Wechselwirkung $\boxed{W}$

## Bewegungsgleichungen

### Geradlinig gleichförmige Bewegungen

Bei den $t$-$s$-Diagrammen der gleichförmigen Bewegung ergaben sich – wenn die Streckenmessung zum Zeitpunkt $t = 0$ begann – immer Ursprungsgeraden. Ursprungsgeraden sind Graphen, die zu proportionalen Zusammenhängen gehören. Das bedeutet, dass bei einer gleichförmigen Bewegung der zurückgelegte Weg $s$ proportional zur dazu benötigten Zeit $t$ ist: $s \sim t$.
Die Proportionalitätskonstante $\frac{s}{t}$ ist nichts anderes als die Geschwindigkeit $v$ der Bewegung, denn wegen der gleichbleibenden Steigung gilt: $\frac{s}{t} = \frac{\Delta s}{\Delta t} = v$.

Daraus ergeben sich folgende Gesetze:
**Zeit-Weg-Gesetz** $\quad\quad\quad\quad s = v \cdot t$
**Zeit-Geschwindigkeit-Gesetz:** $v = \text{konstant}$
**Zeit-Beschleunigung-Gesetz:** $a = 0$
Diese Gleichungen erlauben eine vollständige Beschreibung der gleichförmigen Bewegung.

Auch wenn sie im Alltag eine untergeordnete Rolle spielen, sind gleichförmige Bewegungen in der Physik doch sehr wichtig:
- Die Ausbreitung des Schalls in Luft ist eine gleichförmige Bewegung mit einer Geschwindigkeit von ca. $330 \, \frac{m}{s}$.
- Auch die Ausbreitung des Lichtes ist eine gleichförmige Bewegung – mit der unvorstellbaren Geschwindigkeit von $299\,792\,458 \, \frac{m}{s}$, also ca. $300\,000 \, \frac{km}{s}$.

> Bei der gleichförmigen Bewegung ist der zurückgelegte Weg $s$ proportional zur Zeit $t$. Die Proportionalitätskonstante ist die Geschwindigkeit $v$.
> Zeit-Weg-Gesetz: $s = v \cdot t$
> Zeit-Geschwindigkeit-Gesetz: $v = \text{konstant}$
> Zeit-Beschleunigung-Gesetz: $a = 0$

### Gleichmäßig beschleunigte Bewegungen

Auch bei der gleichmäßig beschleunigten Bewegung aus dem Stand heraus ergibt sich unmittelbar aus den $t$-$v$-Diagrammen, die ebenfalls Ursprungsgeraden sind, dass die Geschwindigkeit $v$ proportional zu der Zeit $t$ ist, in der diese Geschwindigkeit erreicht wird: $v \sim t$.
Die Proportionalitätskonstante ist hier die Beschleunigung $a$, da wegen der Proportionalität gilt: $\frac{v}{t} = \frac{\Delta v}{\Delta t} = a$.

Daraus ergeben sich folgende Gesetze:
**Zeit-Geschwindigkeit-Gesetz:** $\quad v = a \cdot t$
**Zeit-Beschleunigung-Gesetz:** $\quad a = \text{konstant} \neq 0$

Die Gleichungen erlauben – zusammen mit dem Zeit-Weg-Gesetz, das später hergeleitet wird – eine vollständige Beschreibung der gleichmäßig beschleunigten Bewegung aus dem Stand.

Gleichmäßig beschleunigte Bewegungen spielen im Alltag wie die gleichförmige Bewegung eine eher untergeordnete Rolle und sind dennoch für die Physik sehr wichtig:
- Eine Fallbewegung (senkrechter Fall) ist bei Vernachlässigung des Luftwiderstandes eine gleichmäßig beschleunigte Bewegung mit $a \approx 10 \, \frac{m}{s^2}$.
- Bewegungen mit sich ändernden Beschleunigungen können mithilfe einer durchschnittlichen Beschleunigung näherungsweise beschrieben werden.

> Bei der gleichmäßig beschleunigten Bewegung ist die Geschwindigkeit $v$ proportional zur Zeit $t$. Die Proportionalitätskonstante ist die Beschleunigung $a$.
> Zeit-Geschwindigkeit-Gesetz: $v = a \cdot t$
> Zeit-Beschleunigung-Gesetz: $a = \text{konstant} \neq 0$

### Aufgaben

**1** Ein Fahrzeug bewegt sich gleichförmig mit einer Geschwindigkeit $v = 72 \, \frac{km}{h}$.
**a)** Berechne die Strecke, die das Fahrzeug in ① 20 Minuten, ② 2,4 Stunden, ③ 3 Stunden 24 Minuten zurücklegt.
**b)** Ein zweites Fahrzeug legt in 45 Minuten eine Strecke von 55 Kilometern zurück. Ist dieses Fahrzeug schneller oder langsamer als das erste?

**2** Innerhalb von drei Minuten erreicht eine Rakete eine Geschwindigkeit von Mach 3 (dreifache Schallgeschwindigkeit). Berechne die durchschnittliche Beschleunigung der Rakete.

**3** Ein Stein fällt von einem 50 m hohen Turm. Die Tabelle gibt in etwa die Geschwindigkeit $v$ des Steins und die Fallstrecke $s$ nach der Zeit $t$ wieder:
**a)** Berechne die Strecke, die der Stein ① in der zweiten und ② in der dritten Sekunde zurücklegt.
**b)** Zeichne ein $t$-$v$-und ein $t$-$s$-Diagramm.
**c)** Bestimme die Beschleunigung $a$ des Steines aus dem $t$-$v$-Diagramm.

| $t$ | $v$ | $s$ |
|---|---|---|
| 0,5 s | $5 \, \frac{m}{s}$ | 1,25 m |
| 1,0 s | $10 \, \frac{m}{s}$ | 5 m |
| 1,5 s | $15 \, \frac{m}{s}$ | 11,25 m |
| 2,0 s | $20 \, \frac{m}{s}$ | 20 m |
| 2,5 s | $25 \, \frac{m}{s}$ | 31,25 m |
| 3,0 s | $30 \, \frac{m}{s}$ | 45 m |

## Die verräterische Bremsspur

„Aber ich bin wirklich nur 50 gefahren!" Solche Beteuerungen nach einem Unfall hört die Polizei nicht selten. Und doch werden immer wieder Fahrer der Falschaussage bezichtigt. Wie werden sie überführt, auch wenn es keine Zeugen gab?

Bei einer Vollbremsung blockieren häufig die Räder von Autos ohne ABS. Durch den Abrieb des Reifens auf der Straße bildet sich eine Bremsspur vom Beginn des Bremsvorgangs bis zum Stillstand des Fahrzeugs.

Da jeder PKW-Typ entsprechend seiner Masse und der Kraft seiner Bremsen eine ganz spezielle Bremsverzögerung hat, die der Hersteller angeben muss, kann aus dem Bremsweg (Länge der Bremsspur) und der Verzögerung die Mindestgeschwindigkeit des Fahrzeugs berechnet werden. Und dann zeigt sich, ob der Fahrer die Höchstgeschwindigkeit eingehalten hat … .

Bei Fahrzeugen mit ABS funktioniert dieses Verfahren zum Leidwesen der Polizei nicht mehr, weil die Räder von Autos mit ABS nicht mehr blockieren und folglich auch keine Bremsspur hinterlassen.

### Beschleunigungen aus dem Stand

| | |
|---|---|
| Güterzug | $0{,}08 \frac{m}{s^2}$ |
| Personenzug | $0{,}12 \frac{m}{s^2}$ |
| S-Bahn | $0{,}55 \frac{m}{s^2}$ |
| Straßenbahn | $1{,}2 \frac{m}{s^2}$ |
| Kleinwagen | $2{,}3 \frac{m}{s^2}$ |
| Mittelklassewagen | $3{,}5 \frac{m}{s^2}$ |

### Verzögerungen beim Abbremsen

| Reifen auf | trocken | nass |
|---|---|---|
| Beton | $6{,}5 \frac{m}{s^2}$ | $3{,}5 \frac{m}{s^2}$ |
| Asphalt | $6{,}0 \frac{m}{s^2}$ | $2{,}5 \frac{m}{s^2}$ |
| Kopfstein | $6{,}0 \frac{m}{s^2}$ | $3{,}0 \frac{m}{s^2}$ |
| Feldweg | $5{,}0 \frac{m}{s^2}$ | $2{,}0 \frac{m}{s^2}$ |
| vereiste Fahrbahn | $0{,}6 \frac{m}{s^2} - 1{,}2 \frac{m}{s^2}$ | |

## Rekordsprung aus der Stratosphäre
**Felix Baumgartner übertrifft als erster frei fallender Mensch die Schallgeschwindigkeit**

Am 14. Oktober 2012 gelang es dem österreichischem Extremsportler Felix Baumgartner, als erster Mensch im freien Fall schneller als der Schall zu sein.

Nachdem Baumgartner in 38 969,4 m Höhe die Druckkapsel seines Ballons verlassen hatte, beschleunigte er 25,2 Sekunden lang nahezu ungebremst ohne Stabilisierungsfallschirm, da in dieser Höhe der Luftwiderstand praktisch nicht existiert. Dabei erreichte er eine Geschwindigkeit von ca. 900 $\frac{km}{h}$. Erst dann begann der Luftwiderstand, seine Beschleunigung zu verringern; seine Geschwindigkeit nahm aber weiter zu. Nach 34 Sekunden hatte er in einer Höhe von 33 446 m die Schallgeschwindigkeit (1115 $\frac{km}{h}$) erreicht, 16 Sekunden später die Höchstgeschwindigkeit von 1 357,6 $\frac{km}{h}$.

Erst dann wirkte der anwachsende Luftwiderstand als Bremse. 64 Sekunden nach Baumgartners Absprung sank seine Geschwindigkeit aufgrund des nun ständig größer werdenden Luftwiderstands auf 1043 $\frac{km}{h}$ und verringerte sich dann immer weiter. Nach 180 Sekunden betrug sie in 7 619,3 m Höhe „nur noch" 285 $\frac{km}{h}$. 80 Sekunden später öffnete Baumgartner in 1585 m Höhe bei einer Geschwindigkeit von 191,5 $\frac{km}{h}$ seinen Fallschirm, an dem er etwa 5 Minuten später sicher in der Wüste von New Mexico landete.

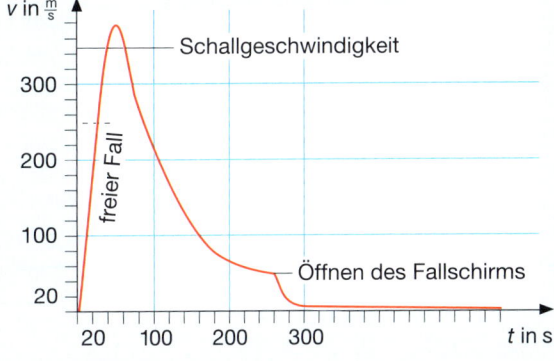

## Versuche und Aufträge | Messen wie die Fledermäuse – das CBR

Das Messerfassungssystem CBR (Calculator Based Ranger) kann zusammen mit einem programmierbaren Taschenrechner benutzt werden. Das zugehörige Programm kann per Tastendruck auf den Rechner geladen werden.

Das Messverfahren des CBR beruht auf einem von den Fledermäusen kopierten Prinzip: Das Gerät sendet Ultraschallsignale aus, die auf das Hindernis (den bewegten Körper) treffen und von diesem reflektiert werden. Diese reflektierten Signale werden dann von dem Empfänger im CBR erfasst.

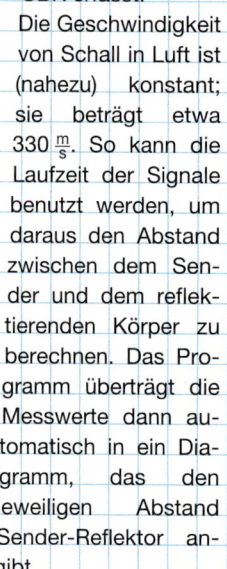

Die Geschwindigkeit von Schall in Luft ist (nahezu) konstant; sie beträgt etwa 330 $\frac{m}{s}$. So kann die Laufzeit der Signale benutzt werden, um daraus den Abstand zwischen dem Sender und dem reflektierenden Körper zu berechnen. Das Programm überträgt die Messwerte dann automatisch in ein Diagramm, das den jeweiligen Abstand Sender-Reflektor angibt.

Allerdings darf die Laufzeit der Signale nicht zu kurz sein, denn dann ergeben sie Fehlmessungen. Daher wird ein Mindestabstand zwischen Messsystem und dem bewegten Körper gefordert. Er beträgt etwa 50 Zentimeter.

Übrigens: Auch die modernen Messgeräte der Polizei zum Ermitteln von Verkehrssündern arbeiten mit Signalen, die von bewegten Körpern reflektiert werden. Anders als beim CBR wird hierbei jedoch nicht die Laufzeit der Signale selbst berechnet, sondern meistens die durch die Bewegung des Autos geänderte Zwischenzeit zwischen zwei Signalen zur Umrechnung genutzt.

### V1 Hüpfender Ball

Verbinde ein CBR (Calculator Based Ranger) mit dem Eingang deines Taschenrechners und übertrage das Programm auf deinen Taschenrechner. Montiere das CBR anschließend an das Ende einer langen Stativstange, sodass der Sensor nach unten zeigt. Halte einen Ball etwa 50 cm unterhalb des Sensors fest und starte deine Messung. Lass den Ball los, sodass er senkrecht nach unten fällt.

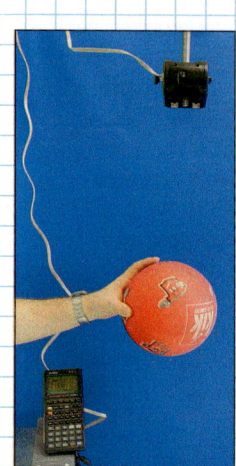

**a)** Betrachte das vom Rechner gezeichnete Diagramm und beschreibe es.
**b)** Bestimme die Zeitpunkte, in denen der Ball auf den Boden prallt und die Zeitpunkte, in denen der Ball jeweils seine größte Höhe über dem Erdboden erreicht.
**c)** Schätze anhand des gegebenen Diagramms die Höhen ab, die der Ball bei jedem Hochhüpfen erreicht.
**d)** Entwickle aus dem gegebenen Diagramm ein *t-s*-Diagramm.

### V2 Gerollter Ball

Richte den Sensor eines CBR parallel zum Fußboden aus. In einem Abstand von 5 Metern legst du einen Ball hin. Starte die Messung und rolle den Ball in Richtung des Sensors. Ein Mitschüler fängt den Ball etwa 50 cm vor dem Sensor ab.
**a)** Beschreibe das von deinem Rechner gezeichnete Diagramm. Welche Art von Bewegung liegt vor?
**b)** Schreibe das angezeigte Diagramm in ein *t-s*-Diagramm um (*s* = 0 m am Startpunkt des Balles).

## Beschleunigungen | Versuche und Aufträge

**V1** Markiere auf dem Schulhof eine Strecke von insgesamt 50 Metern. Alle 10 Meter wird ein Streckenposten mit Stoppuhr postiert, der Beginn der Strecke und ihr Ende wird jeweils deutlich sichtbar gekennzeichnet. Am Ende der Strecke steht ein zusätzlicher Posten.

Der Versuch ist in mehrere Phasen unterteilt:
① Beschleunige das Rad aus dem Stillstand auf den ersten 20 Metern der Strecke. Lies die Endgeschwindigkeit auf dem Tacho ab.
② Durchfahre danach mit gleich bleibender Geschwindigkeit die restliche Messstrecke. Die Streckenposten stoppen jeweils die Zeit, die du brauchst, um die Strecke vom Anfangspunkt bis zu ihnen zurückzulegen.
③ Nach Erreichen des Endes der Strecke bremse dein Fahrrad bis zum Stillstand ab. Der zusätzliche Posten misst die Bremszeit und anschließend die Strecke, die bis zum Stillstand benötigt wurde.

**a)** Tragt die gemessenen Werte für $s = 10$ m, 20 m, 30 m, 40 m, 50 m und die Endmarke (50 m + Bremsstrecke) zunächst in eine Tabelle ein und zeichnet dazu ein $t$-$s$-Diagramm.
**b)** Bestimmt mithilfe der Tachometeranzeige die durchschnittliche Beschleunigung auf den ersten 20 Metern der Teststrecke. Berechnet anschließend die durchschnittliche Bremsbeschleunigung.
**c)** Überprüft anhand der gemessenen Daten, ob die Geschwindigkeit auf den letzten 30 Metern tatsächlich konstant war.
**d)** Entwickelt ein $t$-$v$-Diagramm der Bewegung.
**e)** Wiederholt den Versuch mehrmals mit jeweils anderen Fahrer/innen und wertet auch diese Fahrten grafisch und rechnerisch aus.

**V2** Für das folgende Experiment werden benötigt:
• eine Schnur aus einem leichten Material (ca. 3,50 m lang)
• 7 gleiche Münzen
• Klebestreifen
• eine Schere
• eine Blechplatte
• eine Stehleiter

Die Münzen werden mithilfe des Klebebandes an der Schnur in gleichen Abständen befestigt; die erste Münze unmittelbar am Anfang der Schnur. Dann wird die Schnur so weit hochgehoben (Leiter benutzen), bis die unterste Münze gerade noch die auf dem Boden liegende Blechplatte berührt. Nach dem Loslassen fallen die an der Schnur befestigten Münzen mit deutlich hörbarem Geräusch auf die Platte. (Der Versuch sollte in einem hohen Raum oder zumindest an einer windgeschützten Stelle im Freien stattfinden.)

**a)** Protokolliert den Versuch und seine Durchführung. Achtet bei der Durchführung des Versuches auf den Zeittakt, mit dem die Münzen auf das Blech fallen.
**b)** Ist der Zeittakt deutlich unregelmäßig, so verschiebt die Münzen an der Schnur so lange, bis alle Münzen in gleichmäßigem Takt auf das Blech fallen.
**c)** Messt die Abstände zwischen den einzelnen Münzen, wenn diese (nach Gehör) im gleichen Zeittakt auf das Blech fallen. Ermittelt dazu einen (rechnerischen) Zusammenhang zwischen Fallstrecke und Zeit.

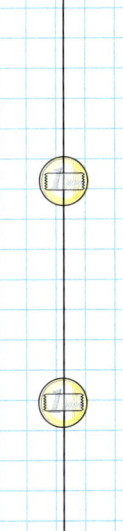

## Streifzug — Geschwindigkeit im Straßenverkehr

Fast jeden Tag stehen in den Zeitungen Berichte über Verkehrsunfälle mit Personenschäden. Manchmal ist der Fahrer des PKW oder LKW schuld, weil er sich nicht verkehrsgerecht verhalten oder sich nicht auf das Verkehrsgeschehen konzentriert hat. Manchmal sind aber auch Fußgänger oder Radfahrer schuld, weil sie die Situation falsch eingeschätzt haben.

Welche Tatsachen sollte der Fahrer eines PKW oder eines LKW beim Fahren berücksichtigen und welche ein Fußgänger oder ein Fahrradfahrer? Warum gibt es in geschlossenen Ortschaften so unterschiedliche Geschwindigkeitsbeschränkungen für Fahrzeuge?

### Kind gerettet– Auto kaputt!

**Hannover:** In der Kaiserstraße sprang ein Kind, das seinem Ball nachlief, vor ein Auto. Nur der Tatsache, dass der Fahrer die zulässige Höchstgeschwindigkeit eingehalten hatte und reaktionsschnell bremste, ist es zu verdanken, dass das Fahrzeug gerade noch rechtzeitig zum Stehen kam. Durch die Vollbremsung fuhr ein zweites Fahrzeug, das den Sicherheitsabstand nicht eingehalten hatte, auf das erste Fahrzeug auf. Es entstand erheblicher Sachschaden.

### Aus der Sicht des Fahrzeugführers

Immer wieder kommt es vor, dass Fußgänger plötzlich zwischen zwei geparkten Autos auf die Straße laufen, um sie zu überqueren, oder spielende Kinder einem auf die Straße kullernden Ball hinterherlaufen, ohne auf den Verkehr zu achten.

All das muss der Fahrzeugführer während der Fahrt im Auge behalten und bedenken, dass er zwischen Erkennen der Gefahrensituation und Bremsen einen bestimmten Weg zurückgelegt hat.

### Aus der Sicht des Fußgängers / Fahrradfahrers

Nach der Schule ganz schnell nach Hause, schnell über die Straße, weil die Straßenbahn oder der Bus sonst losfahren. Doch dabei muss unbedingt auf den Verkehr geachtet werden!

Wenn ein Fußgänger eine befahrene Straße überqueren will oder ein Radfahrer über eine Kreuzung ohne Ampeln fahren will, müssen sie abschätzen, ob ein herannahendes Fahrzeug weit genug entfernt ist, damit sie die Straße noch gefahrlos überqueren können.

---

### Rechenbeispiel

Ein Autofahrer fährt mit einer Geschwindigkeit von $50\,\frac{km}{h}$ anstelle der erlaubten Geschwindigkeit von $30\,\frac{km}{h}$ . Berechne die Verlängerung (in Meter) seiner Fahrstrecke, wenn er eine Reaktionszeit von 1,5 s hatte.

Geg.: erlaubt: $v_1 = 30\,\frac{km}{h} = 8{,}3\,\frac{m}{s}$

gefahren: $v_2 = 50\,\frac{km}{h} = 13{,}9\,\frac{m}{s}$

Reaktionszeit: $t = 1{,}5\,s$

Ges.: Streckenunterschied $s_2 - s_1$

Lösung: Das Fahrzeug legt in 1,5 s folgende Strecken zurück:

$s_2 = v_2 \cdot t = 13{,}9\,\frac{m}{s} \cdot 1{,}5\,s = 20{,}85\,m$

$s_1 = v_1 \cdot t = 8{,}3\,\frac{m}{s} \cdot 1{,}5\,s = 12{,}45\,m$

$s_2 - s_1 = 8{,}4\,m$

In der Reaktionszeit von 1,5 s legt das Auto 8,4 m mehr Wegstrecke zurück.

---

### Rechenbeispiel

Ein Fußgänger, der mit $5\,\frac{km}{h}$ geht, möchte eine 8 m breite Straße überqueren. Berechne die Entfernung, die ein Fahrzeug, das sich mit $60\,\frac{km}{h}$ nähert, mindestens haben muss, damit der Fußgänger die andere Straßenseite erreicht hat, bevor das Auto seinen Weg kreuzt.

Geg.: Fußgänger $v_1 = 5\,\frac{km}{h} = 1{,}4\,\frac{m}{s};\quad s_1 = 8\,m$

Fahrzeug $v_2 = 60\,\frac{km}{h} = 16{,}7\,\frac{m}{s}$

Straßenbreite $b = 8\,m$

Ges.: Entfernung $s$

Lösung: Der Fußgänger benötigt für das Überqueren der Straße

$t = \frac{b}{v} = \frac{8\,m}{1{,}4\,\frac{m}{s}} = 5{,}7\,s$

Das Fahrzeug fährt in dieser Zeit

$s = v_2 \cdot t = 16{,}7\,\frac{m}{s} \cdot 5{,}7\,s = 95{,}19\,m$

Das Fahrzeug muss fast 100 Meter entfernt sein!

# Der Anhalteweg eines Fahrzeugs

Eine Gefahr in acht Metern Entfernung zu erkennen ist das Eine – das Fahrzeug auch rechtzeitig zum Stehen zu bringen das Andere. Wie lang ist der Weg, den das Fahrzeug vom Erkennen der Gefahr bis zum völligen Stillstand zurücklegt, und wovon ist er abhängig?

## Der Reaktionsweg $s_R$

Selbst wenn ein aufmerksamer Fahrer ein Hindernis bemerkt, dauert es noch eine gewisse Zeit, bis er schließlich reagiert und die Bremse betätigt. Diese Zeitdauer ist die **Reaktionszeit $t_R$.** Sie liegt normalerweise im Bereich von einer Sekunde, kann aber auch länger sein, wenn der Fahrer unaufmerksam oder ermüdet ist. Alkohol verlängert die Reaktionszeit erheblich!

In der Reaktionszeit bewegt sich das Fahrzeug mit seiner ursprünglichen Geschwindigkeit weiter. Die Länge des dabei zurückgelegten **Reaktionsweges $s_R$** lässt sich also mit $s_R = v \cdot t_R$ berechnen:
Bei einer Geschwindigkeit von $50 \frac{km}{h} = 13,9 \frac{m}{s}$ und einer Reaktionszeit von 1 s beträgt $s_R$ etwa $13,4 \frac{m}{s} \cdot 1 s \approx 14$ m.
Für eine schnelle Überschlagsrechnung gibt es eine
**Faustformel Reaktionsweg:**
$s_R$ = Tachoanzeige · 3 : 10.
Für $50 \frac{km}{h}$ wären das $\frac{50 \cdot 3}{10} = 15$ (m).

## Der Bremsweg $s_B$

Durch das Betätigen des Bremspedals führt das Fahrzeug eine verzögerte Bewegung aus, die sich nicht mehr mit unseren Gleichungen für die gleichförmige Bewegung berechnen lässt, denn die Geschwindigkeit des Fahrzeuges nimmt ja ab. Wie schnell das Abbremsen geschieht und wie lang die Strecke bis zum Stillstand ist, hängt vom Fahrzeugtyp und von den Fahrbahnverhältnissen ab.
Es gibt aber eine **Faustformel für den Bremsweg,** die für die meisten Bremsvorgänge gilt:
$s_B$ = (Tachoanzeige : 10)$^2$
Für $50 \frac{km}{h}$ wären das $(50 : 10)^2 = (5)^2 = 25$ (m).

## Der Anhalteweg $s_A$

Die Summe von Reaktionsweg und Bremsweg ergibt den Anhalteweg vom Erkennen der Notwendigkeit zum Bremsen bis zum Stillstand des Fahrzeugs:
$s_A = s_R + s_B$.
Er ist bei $50 \frac{km}{h}$ 40 Meter lang.

Auch Radfahrer und Fußgänger können viel zur Sicherheit im Straßenverkehr beitragen.

**Verantwortungsbewusstes Überqueren der Straße:**
Wenn keine Ampeln in der Nähe sind, dann muss auf ausreichende Entfernung zu den ankommenden Fahrzeugen geachtet werden. Der Fußgänger sollte einkalkulieren, dass er bei normalem Gehtempo für 1 m Fahrbahnbreite etwa 1 s benötigt. Wenn er dann die erlaubte Höchstgeschwindigkeit durch 3 teilt und mit der Zeit für die Straßenüberquerung multipliziert, kennt er die Strecke, die das Auto entfernt sein sollte – vorausgesetzt der Fahrer hält sich an die Geschwindigkeitsbegrenzung.

**Vorsicht bei unübersichtlichen Situationen:**
Besondere Aufmerksamkeit erfordert das Betreten der Fahrbahn, wenn Büsche die Sicht einschränken oder man zwischen parkenden Fahrzeugen auf die Fahrbahn tritt, weil dadurch die Fahrer die Gefahr zu spät bemerken und nicht mehr rechtzeitig bremsen könnten.

**Vorsicht bei schlechten Fahrbahnverhältnissen:**
Bei nasser, rutschiger Straße oder sogar Glatteis ist der Bremsweg erheblich länger.

Anhalteweg $s_A = s_R + s_B$
Reaktionsweg $s_R$    Bremsweg $s_B$

# Warum „Tempo 30"?

Im Regelfall werden diese Schilder in Wohngebieten angebracht. Hier parken oft viele Autos am Straßenrand. Bäume und Sträucher behindern die Sicht. Menschen sind unterwegs, betreten zwischen den Autos die Fahrbahn, nutzen die Straße als Gehweg. Kinder spielen selbstvergessen und ohne auf den Verkehr zu achten; oft genug laufen sie einem Ball hinterher, der auf die Fahrbahn kullert. All das sollte der Fahrzeugführer im Auge behalten!

Sobald er eine solche Situation erkennt, muss er rechtzeitig reagieren. Bei einer Geschwindigkeit von $v = 30 \frac{km}{h} = 8,3 \frac{m}{s}$ legt das Auto in jeder Sekunde einen Weg von über acht Metern zurück – das ist etwa die Strecke von zwei hintereinander geparkten Autos, hinter denen unaufmerksame Kinder auf die Fahrbahn treten könnten! Bei höheren Geschwindigkeiten vergrößert sich entsprechend die Strecke, die der Fahrer im Auge behalten muss – was aber oft nicht ausreichend zu gewährleisten ist. Deshalb „Tempo 30".

## Grundwissen — Bewegungen

### Bewegungen

Bewegungen können geradlinig, krummlinig oder Schwingungen sein.
Sie werden durch den zurückgelegten Weg **s** und die dafür benötigte Zeit **t** beschrieben.

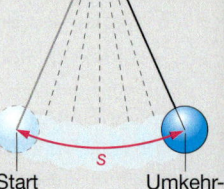

Start          Start          Start          Umkehr-punkt

### Geschwindigkeit

Der Quotient aus zurückgelegtem Weg $\Delta s$ und dafür benötigter Zeit $\Delta t$ ist die Geschwindigkeit $v$ des Körpers:

$$v = \frac{\Delta s}{\Delta t}.$$

Einheiten sind $1\,\frac{m}{s}$ oder $1\,\frac{km}{h}$.

Für die Umrechnung gilt

$$\frac{m}{s} \xrightarrow{\times 3,6} \frac{km}{h} \quad \text{oder} \quad \mathbf{x}\,\frac{m}{s} = (\mathbf{x} \cdot 3,6)\,\frac{km}{h}$$

$$\frac{km}{h} \xrightarrow{: 3,6} \frac{m}{s} \quad \text{oder} \quad \mathbf{x}\,\frac{km}{h} = (\mathbf{x} : 3,6)\,\frac{m}{s}$$

- Durchschnittsgeschwindigkeit ist die mittlere Geschwindigkeit für die Gesamtstrecke $s$ während der Gesamtzeit $t$: $\overline{v} = \frac{s}{t}$.
- Momentangeschwindigkeit wird mit Tachometern direkt gemessen oder angenähert durch die Messung der Zeitspannen $\Delta t$ für möglichst kurze Wegstrecken $\Delta s$: $v = \frac{\Delta s}{\Delta t}$.

### Beschleunigung

Der Quotient aus Geschwindigkeits-änderung $\Delta v$ und dafür benötigter Zeit $\Delta t$ ist die Beschleunigung $a$ des Körpers:

$$a = \frac{\Delta v}{\Delta t}.$$

Die Einheit ist $1\,\frac{m}{s^2}$.

### Darstellung von Bewegungen

Bewegungen werden durch *Diagramme* oder durch *Bewegungsgleichungen* dargestellt. Sie können

- **gleichförmig** sein, dann werden in gleichen Zeit-abschnitten $\Delta t$ gleiche Wegstrecken $\Delta s$ zurück-gelegt. Die Geschwindigkeit ist konstant.

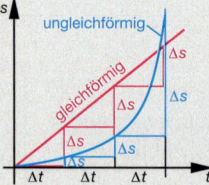

Zeit-Weg-Gesetz: $s = v \cdot t$
Zeit-Geschwindigkeit-Gesetz: $v = $ konstant
Zeit-Beschleunigung-Gesetz: $a = 0$

- **ungleichförmig** sein, dann werden in gleichen Zeitab-schnitten unterschiedliche Wegstrecken zurückgelegt. Ist in gleichen Zeitabschnitten $\Delta t$ die Geschwindigkeits-änderung $\Delta v$ immer gleich, ist die Bewegung *gleichmäßig beschleunigt*.

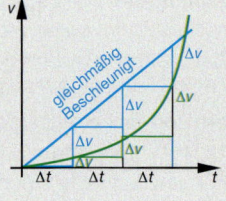

Zeit-Geschwindigkeit-Gesetz: $v = a \cdot t$
Zeit-Beschleunigung-Gesetz: $a = $ konstant $\neq 0$

*WECHSELWIRKUNG*

*SYSTEM*

### Zeit-Weg-Diagramm

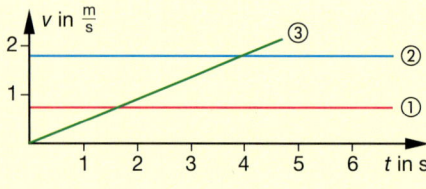

Bewegung ① gleichförmig

Bewegung ② gleichförmig schneller als ①

Bewegung ③ gleichmäßig beschleunigt

### Zeit-Geschwindigkeit-Diagramm

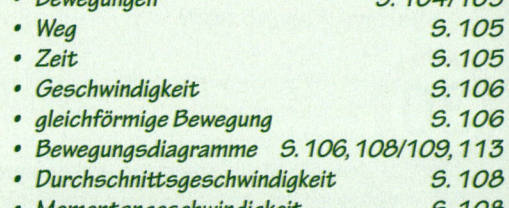

**A1 a)** Fertige mit den Grundbegriffen auf der linken Seite Karteikarten an. Notiere den Begriff auf der Vorderseite und erläutere ihn auf der Rückseite, eventuell mit sonstigen Besonderheiten. Anstelle der Karteikarten kannst du auch eine elektronische Datenbank anlegen.
**b)** Erstelle eine Mindmap für das ganze Kapitel. Die Grundbegriffe links helfen dir dabei.

**A2** Martin ist mit dem Fahrrad unterwegs.
**a)** Die ersten 5 Kilometer fährt er in 20 Minuten. Berechne seine (durchschnittliche) Geschwindigkeit.
**b)** Danach fährt Martin eine Viertelstunde mit einer Geschwindigkeit von 20 $\frac{km}{h}$. Berechne die Strecke, die er dabei zurücklegt.
**c)** Die letzten 5 Kilometer fährt er mit einer Geschwindigkeit von 25 $\frac{km}{h}$. Berechne die dafür benötigte Zeit.
**d)** Zeichne für die gesamte Fahrt ein $t$-$s$-Diagramm und gibt Martins Durchschnittsgeschwindigkeit an.

**A3** Ein PKW beschleunigt mit 2,8 $\frac{m}{s^2}$.
**a)** Berechne die Geschwindigkeit, die er erreicht, wenn er aus dem Stand heraus 4 Sekunden beschleunigt.
**b)** Gib die Geschwindigkeit an, die der Tacho anzeigt, wenn der Wagen mit einer Anfangsgeschwindigkeit von 50 $\frac{km}{h}$ ebenfalls 4 Sekunden beschleunigt wird.
**c)** Frau Meier beschleunigt ihr Auto 4 Sekunden lang, fährt dann 4 Sekunden mit konstanter Geschwindigkeit weiter und beschleunigt anschließend wieder 4 Sekunden lang. Zeichne ein $t$-$v$-Diagramm, das diesen Bewegungsablauf veranschaulicht.

| s | t |
|------|--------|
| 3 m | 2 ms |
| 5 m | 3,3 ms |
| 10 m | 6,7 ms |
| 15 m | 10 ms |
| 25 m | 16,6 ms |

**A4** Die Schallgeschwindigkeit in festen Körpern ist anders als die in Luft. Bei einer Versuchsreihe zur Ausbreitung des Schalls in Stahl wurden für vorgegebene Strecken *s* die links angegebenen Laufzeiten *t* gemessen.
Ermittle mithilfe dieser Messreihe einen Wert für die Schallgeschwindigkeit in Stahl.

**A5** Christian und Malte sind beide sehr gute 1000 m-Läufer. Christian schafft die 1000 m in 4 min 30 s; Malte braucht dafür 4 min 50 s. Beide wollen gegeneinander antreten. Großzügig gewährt Christian Malte 100 m Vorsprung.
**a)** Erläutere, ob Christian unter diesen Bedingungen den Lauf gewinnen kann.
**b)** Berechne den größtmöglichen Vorsprung, den Christian gewähren kann, ohne den Lauf zu verlieren.

**A6** Erfinde zu den beiden Diagrammen jeweils eine Geschichte.

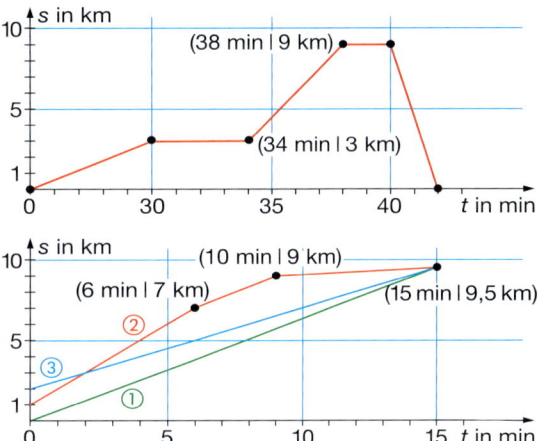

**A7** Das folgende $t$-$v$-Diagramm zeigt die Bewegung eines Fahrzeugs.

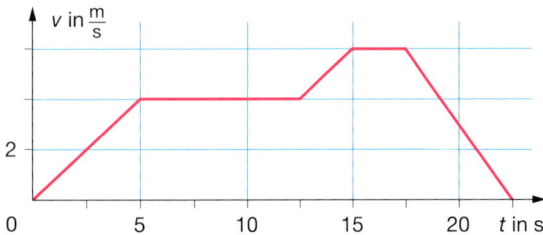

**a)** Beschreibe diese Bewegung in Worten.
**b)** Berechne die Beschleunigungen, die in den verschiedenen Phasen der Bewegung auftreten.
**c)** Bestimme die Länge der Streckenabschnitte, die in Phasen gleichförmiger Bewegung zurückgelegt werden.

**A8** Ein Körper beschleunigt 10 Sekunden lang mit $a = 0,6 \frac{m}{s^2}$. Anschließend bewegt er sich 20 Sekunden lang gleichförmig, um danach innerhalb von 5 Sekunden die Geschwindigkeit auf 10 $\frac{m}{s}$ zu erhöhen. Nach weiteren 15 Sekunden mit gleichförmiger Bewegung bremst er innerhalb von 5 Sekunden bis zum Stillstand ab.
**a)** Berechne für die erste Phase der Bewegung die erreichte Endgeschwindigkeit.
**b)** Bestimme für die dritte und die letzte Phase der Bewegung jeweils die Beschleunigungen.
**c)** Fertige ein $t$-$a$-und ein $t$-$v$-Diagramm dieser Bewegung an!
**d)** Berechne die Strecken, die der Körper in den Phasen der gleichförmigen Bewegung zurücklegt.

**Vertiefung** **Bewegungen**

## Geschwindigkeiten und Beschleunigungen in der Weltraumfahrt

Viele Jahre leistete das **Space-Shuttle** wertvolle Dienste als „Lastenesel" der amerikanischen Raumfahrt beim Aufbau der internationalen Raumstation ISS. Wie bei allen Raumfahrzeugen waren die Start-und Landephase die spannendsten (und gefährlichsten) Abschnitte des Fluges.

**1 a)** Recherchiert den Ablauf des Startes eines solchen Space-Shuttles. Erstellt ein Plakat, das die Flugbahn während dieser Phase, die erreichten Geschwindigkeiten und die auftretenden Beschleunigungen darstellt.
**b)** Für die Landung muss das Shuttle von ca. 28000 $\frac{km}{h}$ bis zum Stillstand abbremsen. Dazu werden unterschiedlichste Techniken genutzt. Stellt diese Techniken in geeigneter Form dar und entwickelt ein $t$-$v$-Diagramm der Landephase.

**2** Vergleicht die Startphase eines Shuttles mit dem Start einer Rakete. Beschreibt und begründet die wesentlichen Unterschiede.

## Vergleichen von Bewegungen

Was Ausdauer, Schnelligkeit und Beschleunigung angeht, so übersteigen die Leistungen vieler Tiere die der Menschen bei weitem.

**1** Informiert euch im Internet darüber, welche Leistungen verschiedene Tierarten in Bezug auf **Höchstgeschwindigkeit** und **Ausdauer** erreichen können und vergleicht diese mit den **menschlichen Höchstleistungen.**

**2** Entwickelt vergleichende $t$-$a$- und $t$-$v$-Diagramme, etwa für einen 100 m-Läufer im Vergleich zum Geparden.
Dazu könnt ihr auch ein eigenes Experiment durchführen, indem ihr den 100 m-Lauf eines Klassenkameraden auswertet.

**3** Weitet den obigen Vergleich auf andere Säugetierarten und andere Bewegungsarten (z. B. Schwimmen) aus. Erstellt eine Wandzeitung, auf der ihr eure Ergebnisse darstellt.

## Vom Diagramm zum Bewegungsablauf

**1** Analysiert das rechts abgebildete $t$-$v$-Diagramm einer Bewegung. Benennt dazu die Zeitintervalle, in denen die Beschleunigung besonders groß ist und die Intervalle, in denen die Beschleunigung gering ist. Entwickelt aus dem $t$-$v$-Diagramm ein schlüssiges $t$-$a$-Diagramm.

**2 a)** Überlegt euch, in welchen Abschnitten der unten dargestellten Diagramme beschleunigte Bewegungen vorliegen.
**b)** Beschreibt die jeweilige Situation und ordnet jedem Diagramm eine Disziplin aus der Leichtathletik zu.

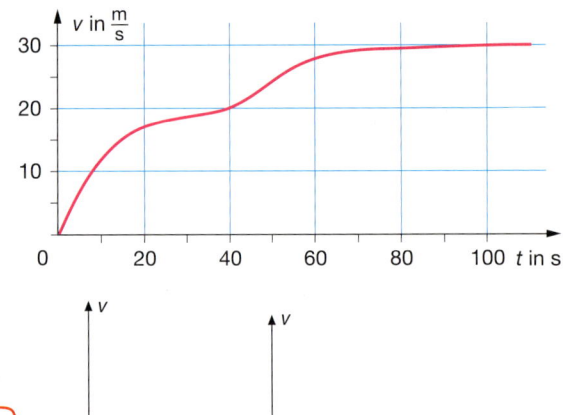

**A1** Für die 187 Kilometer lange Autobahnstrecke zwischen Hannover und Oldenburg rechnet ein Geschäftsmann mit einer Fahrzeit von 1 Stunde und 40 Minuten.
**a)** Berechne die durchschnittliche Geschwindigkeit des Fahrzeugs.
**b)** Durch einen Stau auf der Autobahn verzögert sich die Fahrt. Innerhalb der ersten 60 Minuten legt der Geschäftsmann lediglich 62 Kilometer zurück.
Bestimme, um wie viel $\frac{km}{h}$ das Fahrzeug langsamer als vorausberechnet war.
**c)** Berechne, wie schnell der Geschäftsmann durchschnittlich auf dem Rest der Strecke fahren müsste, um seine eingeplante Zeit einzuhalten.

**A2** Paul startet um 8 Uhr zu einer Wanderung von Mesmersiel zum 15 km entfernten Bensersiel. Er geht mit einer Durchschnittsgeschwindigkeit von 5 $\frac{km}{h}$. Nach 45 Minuten macht er für 15 Minuten eine Rast und geht dann mit der gleichen Geschwindigkeit weiter. Um 8:30 Uhr verlässt Paula Bensersiel mit einer Geschwindigkeit von 3 $\frac{km}{h}$ in Richtung Mesmersiel. Pauls Bruder Karl startet um 9 Uhr von Mesmersiel und hofft, Paul 5 km vor Bensersiel einzuholen.
**a)** Zeichne die Bewegungsgraphen für Paul, Paula und Karl in ein geeignetes *t*-*s*-Diagramm.
**b)** Ermittle aus dem Diagramm, wo und wann sich Paul und Paula treffen.
**c)** Bestimme aus dem Diagramm die Geschwindigkeit, mit der Karl sich bewegen muss.
**d)** Ermittle, wie sich die Zeiten, Treffpunkte und Geschwindigkeiten verändern, wenn Paul keine Pause macht.

**A3** Die beschleunigte Bewegung eines Fahrzeugs wird durch das folgende *t*-*a*-Diagramm wiedergegeben:

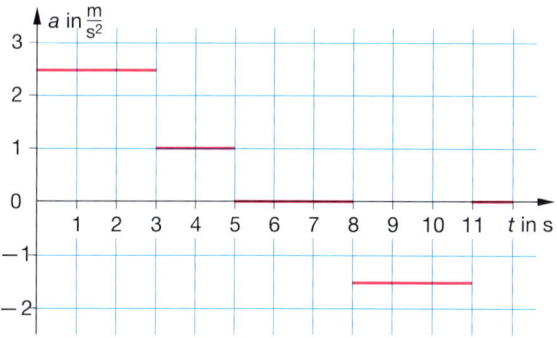

**a)** Entwickle aus dem *t*-*a*-Diagramm ein *t*-*v*-Diagramm der Bewegung.

**b)** Ermittle die notwendige Verzögerung (Bremsbeschleunigung), damit das Fahrzeug von seiner Endgeschwindigkeit innerhalb von 9,5 s bis zum Stillstand abbremsen kann.

**A4** Das *t*-*v*-Diagramm rechts zeigt die Bewegung eines Körpers während 10 Minuten.
**a)** Berechne die Strecken, die der Körper im Zeitraum
① von 0 bis 4 Minuten,
② von 4 bis 7 Minuten
③ von 7 bis 10 Minuten
zurücklegt.
**b)** Zeichne das zugehörige *t*-*s*-Diagramm.

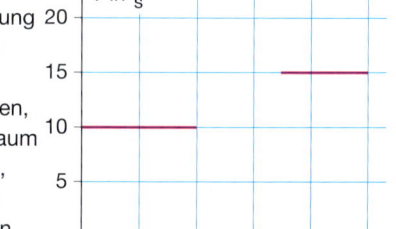

**A5** Das folgende *t*-*s*-Diagramm ist der „grafische Fahrplan" zweier Züge, die zwischen A-Stadt und B-Stadt verkehren.

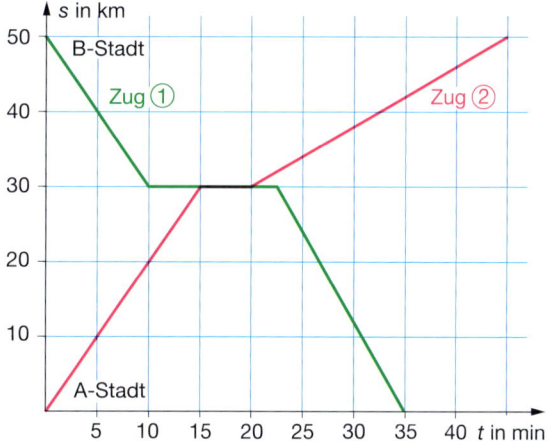

**a)** Beschreibe die Bewegung der beiden Züge mit Worten.
**b)** Berechne die Geschwindigkeiten des Zuges ① (grüner Graph) auf den einzelnen Teilstrecken der Verbindung. Berechne zusätzlich die Durchschnittsgeschwindigkeit des Zuges ① zwischen Abfahrtsort A-Stadt und Zielort B-Stadt.
**c)** Bestimme die Durchschnittsgeschwindigkeit von Zug ② (roter Graph) auf der letzten Teilstrecke.
Stelle fest, welcher der beiden Züge insgesamt die größere Durchschnittsgeschwindigkeit hatte. Erläutere, wie du dabei ohne Rechnung auskommst.
**d)** Zug ② fährt 5 Minuten verspätet aus A-Stadt ab. Berechne die Geschwindigkeit, mit der er nun fahren muss, um pünktlich den Zwischenhalt zu erreichen.

# Kräfte

Mit vereinten Kräften, aber dennoch scheinbar mühelos lassen die vier Mädchen jeweils mit nur ein paar Fingern unter dem Tisch ihren Klassenkameraden zum Geburtstag hochleben.

In diesem Kapitel lernst du, was in der Physik unter „Kraft" zu verstehen ist, welche Wirkungen Kräfte haben, wie mehrere Kräfte sich gegenseitig beeinflussen, wie Kräfte gemessen werden können und welche besonderen Kräfte es gibt. Abschließend wird untersucht, wie die Wirkung mehrerer Kräfte auf einen Körper vorhergesagt werden kann.

### ■ Meister im Gewichtheben

Ameisen sind ein wichtiger Bestandteil unseres Ökosystems. Die Arbeiterinnen schleppen unter anderem auch Baumaterial zum Nest. Dabei transportieren sie das Sechs- bis Siebenfache, manche Arten sogar das 40-Fache ihres eigenen Körpergewichtes.
Würde ein Kind (30 kg) etwas Vergleichbares leisten wollen, müsste es ein Pferd heben.

### ■ **Autounfall:** Ein Unfall mit dem Auto kann schlimme Folgen haben! Welche Kräfte wirken hier? Warum sind sie so zerstörerisch? Wie können sich Insassen vor den Folgen des Crashes schützen?

### ■ Schwere Last leicht getragen

Am 20. Juli 1969 betrat der erste Mensch den Mond. Dabei trug er einen Raumanzug, der mit dem lebensnotwendigen Rucksack eine Masse von mehr als 80 kg hatte. Und dennoch konnten die Astronauten damit große Sprünge machen. Offensichtlich wirken auf dem Mond geringere Kräfte als auf der Erde. Woher kommt das?

### Vorbereitung

**1** Lies die Texte dieser beiden Seiten durch und betrachte die zugehörigen Bilder. Schreibe zu den einzelnen Themen Fragen auf, die du dazu hast.

**2** Blättere das folgende Kapitel durch, lies die Überschriften und betrachte die Bilder. Notiere neben den Fragen aus **1** die Seitenzahlen, die deiner Meinung nach Antworten zu deinen Fragen liefern könnten.

**3** Überlege und schreibe auf, was du in Experimenten untersuchen möchtest. Vielleicht hast du ja schon Ideen, wie die Versuche aussehen könnten.

**4** Studiere die im Vorwissen „Körper und Bewegungen" auf Seite 128 dargestellten Zusammenhänge. Schreibe dazu die wichtigsten Begriffe zusammen mit einer kurzen Erklärung auf.

## Bewegungen

Bewegungen können geradlinig, krummlinig oder Schwingungen sein.
Sie werden durch den zurückgelegten Weg **s** und die dafür benötigte Zeit **t** beschrieben.

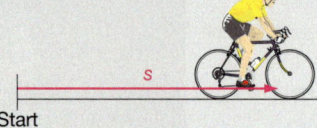
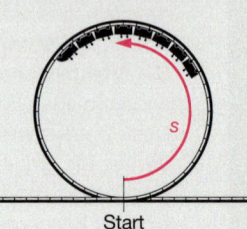
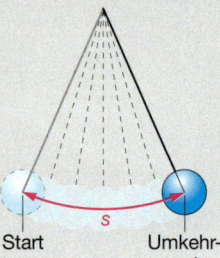

Start    Start    Start    Umkehr-punkt

Bewegungen können

- **gleichförmig** sein, dann werden in gleichen Zeitabschnitten $\Delta t$ gleiche Wegstrecken $\Delta s$ zurückgelegt. Die Geschwindigkeit ist konstant.
  Der Quotient aus zurückgelegtem Weg $\Delta s$ und dafür benötigter Zeit $\Delta t$ ist die Geschwindigkeit $v$ des Körpers:

  $v = \frac{\Delta s}{\Delta t}$.

  Einheiten sind $1\,\frac{m}{s}$ oder $1\,\frac{km}{h}$.

- **ungleichförmig** sein, dann werden zu verschiedenen Zeitabschnitten unterschiedliche Wegstrecken zurückgelegt.
  Der Quotient aus Geschwindigkeitsänderung $\Delta v$ und dafür benötigter Zeit $\Delta t$ ist die Beschleunigung $a$ des Körpers:

  $a = \frac{\Delta v}{\Delta t}$.

  Die Einheit ist $1\,\frac{m}{s^2}$.

**WECHSELWIRKUNG**

## Masse

Die Masse ist durch zwei Körpereigenschaften gekennzeichnet:

- **Trägheit:** Körper widersetzen sich Änderungen ihres Bewegungszustandes.
- **Schwere:** Körper sind schwer.

Massen werden in Tonnen (t), Kilogramm (kg), Gramm (g) oder Milligramm (mg) angeben und mit Waagen bestimmt.

**SYSTEM**

Auf die zweite Waagschale einer Balkenwaage (Apothekerwaage) werden so viele Wägestücke aus einem Wägesatz gelegt, dass die Waage im Gleichgewicht ist.

## Körper

Jeder Körper besteht aus einem oder mehreren Stoffen, hat ein bestimmtes Volumen und eine Masse. Körper können fest, flüssig oder gasförmig sein.

Jeder Körper hat eine bestimmte Form – auch flüssige oder gasförmige Körper, nämlich die ihres Gefäßes!

Weil jeder Körper einen Raum einnimmt, können nie zwei Körper an demselben Ort sein. Körper verdrängen sich gegenseitig.

Der Körper „Mensch" verdrängt den Körper „Wasser".

### Grundbegriffe

- *Körpereigenschaften*
- *Zustandsformen*
- *Masse*
- *Bewegungen*
- *Geschwindigkeit*
- *Beschleunigung*

**MATERIE**

## Schneller – Höher – Weiter

In vielen Sportarten spielen Bewegungsabläufe und der Einsatz von Kräften eine große Rolle.

**P1 a)** Informiert euch darüber, welche Techniken in der Leichtathletik beim Kugelstoßen, Hammerwerfen, usw. angewandt werden. Achtet hierbei besonders auf die Begriffe **Kraft** und **Geschwindigkeit**.

**b)** Stellt die Ergebnisse in geeigneter Form (z. B. auf Plakaten mithilfe von Bildfolgen) dar.

**P2** Für die folgenden Versuchsreihen benötigt ihr Stoppuhren und eine Videokamera. Die Auswertung von Bewegungsabläufen kann am besten mit geeigneter Computer-Software durchgeführt werden. Hilfreich ist es, am Körper in der Nähe der Hüfte einen Markierungspunkt zu befestigen.

**a)** Nehmt nun verschiedene Messreihen bei unterschiedlichen Sportarten (z. B. beim Weitsprung) auf. Wählt auch mehrere Versuchspersonen aus.

**b)** Stellt die Messwerte in geeigneten Diagrammen dar. Geht in eurer Auswertung auf die Frage ein, wie sich Geschwindigkeiten geändert bzw. welche Kräfte gewirkt haben.

## Kräfte im Brückenbau

Erste Überlieferungen von Brückenbauten stammen aus der altassyrischen Zeit (um 1800 v. Chr.). Die Brücken ermöglichten es den Karawanen, Flüsse und Schluchten zu überqueren. Seit dieser Zeit hat sich der **Brückenbau** sehr gewandelt. Immer schwerere Lasten müssen transportiert werden und stellen damit immer größere Ansprüche an die auf die Brücke wirkenden Kräfte.

**P1** Es gibt unterschiedliche Typen von Brücken: Balken-, Bogen-, Hänge- und Schrägseilbrücken.

**a)** Sucht in eurer Nähe Brücken, die ihr einem der oben genannten Typen zuordnen könnt.

**b)** Beschreibt, welche Kräfte an den einzelnen Brückentypen wo auftreten.

**c)** Begründet, warum sich im Laufe der Jahrhunderte die Brückenformen so deutlich verändert haben.

**d)** Recherchiert im Internet nach Brücken der einzelnen Typen in Deutschland.

**P2 a)** Baut eine Brücke aus Bauklötzen.

**b)** Baut diese Brücke von LEONARDO DA VINCI (1452–1519) nach.

**c)** Überlegt, wie mit möglichst wenig Material eine stabile und tragfähige Brücke gebaut werden kann.

**d)** Schreibt in eurer Klasse einen Wettbewerb mit dem Titel „Bau einer möglichst stabilen Brücke aus Zeichenpapier" aus und wertet die Ergebnisse mit einer Jury aus.

## „Kraft" in der Sprache

In der deutschen Sprache gibt es sehr viele (laut Internet etwa 485) zusammengesetzte Wörter, die das Wort „Kraft" am Anfang oder in der Mitte oder am Ende des Wortes haben. Viele dieser Wörter haben mit dem physikalischen Begriff „Kraft" nichts zu tun. Warum enthalten sie dann das Wort „Kraft"?

**P1 a)** Sammelt möglichst viele Wörter, die den Begriff „Kraft" enthalten und ordnet sie danach, ob sie einen möglichen physikalischen Hintergrund besitzen oder nicht.

**b)** Erläutert Eure Aufstellung angemessen.

**P2** Sucht nach Adjektiven, die „Kraft" zum Ausdruck bringen, und ordnet sie physikalischen Größen zu.

# Kräfte und ihre Wirkungen

Beim Tennis ist der Ball ständig in Bewegung: Er wird schneller oder langsamer oder in eine andere Richtung umgelenkt – aber nur, wenn ein Schläger oder Spieler ihn berührt und seine Muskelkraft einwirkt. Gleichzeitig fällt der Ball nach unten. Diese Beeinflussung des Balls durch die Spieler wird in der Physik mithilfe des Begriffs „Kraft" beschrieben. Woran ist zu erkennen, dass Kräfte ausgeübt werden? Welche Kräfte gibt es?

## Bewegungsänderungen

- Um beim Fußballspielen einen ruhenden Ball in Bewegung zu versetzen, müssen die Spieler gegen ihn treten. Sie stoßen dabei den Ball mit der Kraft ihrer Muskeln weg. Der Ball wird dadurch schneller. Soll der Ball zurückgeschossen werden, so muss er zuerst abgebremst und anschließend wieder beschleunigt werden.
  **Kräfte können die Bewegung eines Körpers beschleunigen oder verzögern.**
- Ein scharf geschossener Ball bewegt sich geradeaus. Um seine Richtung zu ändern, muss er seitlich getroffen werden – dann rollt oder fliegt er in eine andere Richtung.
  **Zur Änderung der Bewegungsrichtung sind Kräfte notwendig.**
- Mit einer Kraft kann die Bewegungsrichtung des Balls geändert werden. Will ein Mensch aber seinen eigenen Bewegungszustand ändern, z. B. vom Boden aufstehen, so kann er sich nicht an den eigenen Haaren hochziehen, sondern muss sich vom Boden abdrücken.

**Kräfte können nur von einem Körper auf einen anderen ausgeübt werden.**
Oder
**Kein Körper kann eine Kraft auf sich selbst ausüben.**

## Formänderungen

- Nicht jede Kraft, die auf einen auf dem Boden liegenden Ball einwirkt, führt zu einer Bewegungsänderung. Setzt sich ein Kind auf den Ball, wirkt eine Kraft von oben – der Ball setzt sich nicht in Bewegung. Aber Folgen hat die Krafteinwirkung schon: Der Ball wird zusammengedrückt.
  **Kräfte können Körper verformen.**

Dabei hängt es von den Eigenschaften der Körper ab, ob diese Verformung zurückgeht oder bestehen bleibt, wenn die Kraft nicht mehr wirkt. Wenn der Fußball seine anfängliche Form wieder annimmt, sobald die Kraft nicht mehr auf ihn wirkt, liegt eine **elastische** Verformung vor. Eine Knetkugel dagegen behält eine veränderte Form bei, wenn die Kraft nicht mehr auf sie wirkt. Diese Verformung wird als **plastisch** bezeichnet.

Kräfte können
- Körper beschleunigen und verzögern,
- die Bewegungsrichtung von Körpern ändern,
- Körper zeitweilig (elastisch) oder dauerhaft (plastisch) verformen,
Kräfte wirken nur zwischen verschiedenen Körpern.

### Aufgaben

1 Beschreibe Situationen, in denen beim Weitsprung, Sprint, Skifahren eine Bewegungsänderung hervorgerufen wird.
2 Erläutere Beispiele für Verformungen aus Industrie und Haushalt.
3 Beschreibe die Formänderung
  a) beim Spannen eines Bogens,
  b) beim Biegen eines Eisendrahts,
  c) beim Ziehen an einem Strumpf,
  d) beim Ziehen an einem dünnen Wollfaden.
4 Nenne Beispiele, bei denen zwischen Körpern Kräfte wirken, ohne dass sich die Körper berühren.

## Energieänderungen

Im Inneren einer Hüpfstange befinden sich mehrere Federn. Berührt der Junge mit seiner Hüpfstange den Boden, werden die Federn zusammengedrückt bzw. gestaucht. Sie werden also verformt. Es muss daher eine Kraft gewirkt haben. Die Federn sind jetzt gespannt und besitzen daher mehr Spannenergie als zuvor. Durch die Kraft, die die Stauchung verursacht hat, ist den Federn Energie zugeführt worden. Ihr Energiegehalt hat sich verändert. Wenn sich die gestauchten Federn entspannen, üben sie eine Kraft auf den oberen Teil der Hüpfstange aus – der Junge wird mit ihr nach oben katapultiert. Die Federn geben der Stange und dem Jungen also zunächst Bewegungs- und schließlich Höhenenergie.

Beim Eishockey wird der Puck durch den Spieler je nach Situation abgebremst bzw. beschleunigt. Dabei ändert sich jeweils die Geschwindigkeit des Pucks und damit seine Bewegungsenergie. Dabei ist die Beschleunigung und damit die Änderung der Bewegungsenergie des Pucks um so größer, je länger der „Schiebeweg" des Schlägers oder je größer die vom Schläger ausgeübte Kraft ist. Auch hier hat eine Kraft die Bewegungsenergie eines Körpers verändert.

Auch Gewichtheber und Gewichtheberinnen üben Kräfte aus. Sie wuchten die Hantel hoch und vergrößern so deren Höhenenergie. Je höher sie die Hantel heben, desto größer ist die Energieänderung. Auch hier gilt der eben beschriebene Zusammenhang zwischen Wegstrecke, längs derer die Kraft wirkt, und der Energieänderung.

> Kräfte können die Ursache für Energieänderungen von Körpern sein, an denen sie wirken. Dabei gilt: Je länger die Strecke ist, auf der die Kraft wirkt, desto größer ist die Energieänderung.

## Beispiele für Kräfte

Beim Volleyballspiel wird der Ball durch die Kraft der Spieler beschleunigt, verzögert, verformt und seine Richtung geändert.

Beim Radfahren bremst die Luft die Bewegung. Nur durch ständiges Treten bleibt die Geschwindigkeit erhalten.

Der Stabhochspringer verformt beim Absprung den Stab. Nach der Krafteinwirkung geht der Stab in seinen alten Zustand zurück.

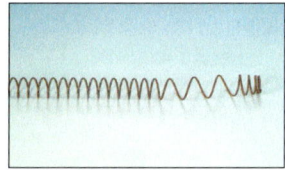

Ist die einwirkende Kraft zu groß, wird die Verformung plastisch. Die Feder geht nicht in den Ursprungszustand zurück, sondern wird zerstört.

Elastische Verformungen sind bei vielen Körpern zu beobachten. Überschreitet allerdings die einwirkende Kraft bestimmte Grenzen, dann verformt sich der Körper plastisch (was beim Verformen von Stahlblechen genutzt wird) oder er wird zerstört (die Fensterscheibe …).

### Aufgaben

**1 a)** Beschreibe je drei Beispiele für plastische und elastische Formänderungen in deiner Umgebung.
**b)** Erläutere die Energieänderungen, die durch die Kräfte bewirkt wurden.
**2** Die Energie einer gespannten Feder macht sich erst dann bemerkbar, wenn sich die Feder entspannt.
**a)** Erläutere, wo diese Energie vorher war.
**b)** Vergleiche die Energie, die in einer gespannten Feder steckt, mit der Energie eines hochgehobenen Körpers.
**3 a)** Beim Handball wird dem Ball bei jedem Wurf Energie zugeführt. Nenne die beiden Größen, von denen die übertragene Energie abhängt. Formuliere dazu zwei Je-Desto-Sätze.
**b)** Erläutere, ob sich bei einer Richtungsänderung die Energie das Balls ändert.

## ... und wenn keine Kräfte wirken?

Im Linienbus ist fester Halt beim Anfahren, beim Abbremsen oder in einer Kurve wichtig, um nicht umzu-
fallen. Aber was zwingt Körper zu diesem Verhalten?
Wieso sind keine Wirkungen zu spüren, wenn der Bus
mit gleichbleibender Geschwindigkeit geradeaus fährt?

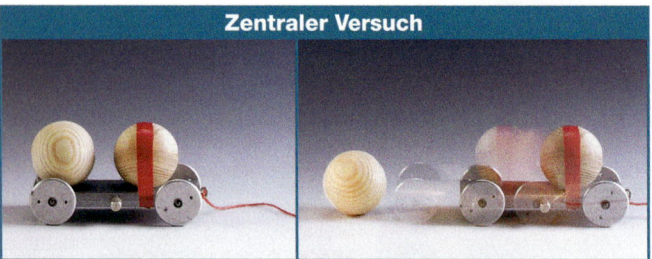

**Zentraler Versuch**

- Im Foto fällt die Kugel hinten vom Wagen, wenn er
  angeschoben wird. Um einen Körper in Bewegung
  zu versetzen, ist eine Kraft erforderlich. Diese Kraft
  wirkt aber nicht auf die Kugel, weil sie nur lose auf
  dem Wagen liegt. Sie bleibt an ihrem Platz in
  Ruhe, während der Wagen unter ihr weg-
  fährt. Die zweite Kugel verhält sich
  anders: Da sie am Wagen befestigt ist, wird die beschleunigende Kraft auf sie übertragen.
- Auch zum Anhalten ist eine Kraft
  nötig. Diesmal rollt die lose
  Kugel nach vorn entsprechend der
  Bewegung, die sie hatte: Sie bewegt
  sich weiter geradeaus, während der Wagen
  und die an ihm befestigte Kugel stehen bleiben.
- Bei Kurvenfahrten hat die Kraft, welche die Richtungsänderung des Wagens bewirkt, keinen Einfluss
  auf die lose Kugel. Da sie sich weiter geradeaus bewegt, rollt sie seitlich vom Wagen herunter.

Die Eigenschaft jedes Körpers, in Ruhe oder in gerad-
liniger Bewegung zu bleiben, wird als seine **Trägheit**
bezeichnet. Darum setzt sich ein Körper gar nicht erst
in Bewegung oder bewegt sich mit konstanter Geschwindigkeit weiter, wenn keine Kräfte auf ihn wirken.
Das gilt natürlich nur, wenn keine Reibungskräfte vorhanden sind.

> **Trägheitsgesetz:**
> Ein Körper bleibt in Ruhe oder geradliniger Bewegung
> mit konstanter Geschwindigkeit, solange er nicht
> durch Kräfte gezwungen wird, seinen Bewegungs-
> zustand zu ändern. Reibungskräfte verzögern jeden
> bewegten Körper.

## Ein Körper – zwei Kräfte

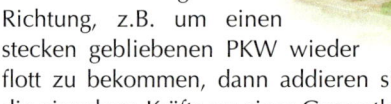

Sehr oft wirken mehrere
Kräfte auf einen Körper
ein. Dann können ver-
schiedene Fälle unter-
schieden werden: Zie-
hen oder drücken meh-
rere Leute in die gleiche
Richtung, z.B. um einen
stecken gebliebenen PKW wieder
flott zu bekommen, dann addieren sich
die einzelnen Kräfte zu einer Gesamtkraft.

Ziehen zwei Mannschaften entgegengesetzt an einem
Seil, dann wird wohl die gewinnen, die die größere
Kraft aufbringen kann. Der kleine „Kraftüberschuss",
den das stärkere Team gegenüber dem anderen hat, beschleunigt das Seil und damit die Markierung in seiner
Mitte. Hier wirken zwei Kräfte entgegengesetzt. Was
übrig bleibt, also die Differenz der beiden, hat die
gleiche Richtung wie die stärkere Kraft.

Und wenn beide Mannschaften gleich stark sind, also
zwei gleich große Kräfte entgegengesetzt auf denselben
Körper wirken? Dann kommt es zum „Unentschieden":
Der Körper verhält sich so, als ob keine Kraft angreift –
er bleibt in Ruhe. Dieser Zustand wird als **Kräftegleichgewicht** bezeichnet.

### Aufgaben

**1** **a)** Suche weitere Beispiele, bei denen zwei Kräfte in
dieselbe Richtung bzw. in entgegengesetzte Richtung auf denselben Körper wirken.
**b)** Skizziere die Situation und zeichne jeweils die
Kräfte ein.

**2** Erkläre, was mit folgenden Aussagen gemeint ist:
„Das Gleichgewicht halten" bzw. „Aus dem Gleichgewicht kommen".

**3** Die Mädchen im Foto auf S. 126 halten den Jungen
samt Tisch im Gleichgewicht. Skizziere das Bild und
zeichne die Richtung aller auftretenden Kräfte ein.

## Gut festgemacht

„Gurtmuffel" sind doppelt dumm dran: Zum einen riskieren sie eine Geldstrafe, zum anderen ihr Leben. Denn schon bei einer Geschwindigkeit von 50 $\frac{km}{h}$ entspricht ihr Aufprall auf das Lenkrad bei einem Frontalzusammenstoß einem Fall aus 10 m Höhe. Bei 100 $\frac{km}{h}$ wären das sogar rund 40 Meter! Die Kräfte, die bei einem Aufprall mit 100 $\frac{km}{h}$ auftreten, sind so groß, als wollte man gleichzeitig 20 Menschen in die Höhe stemmen!

Ohne **Sicherheitsgurt** würde unser Körper wegen seiner Trägheit mit dieser Geschwindigkeit auf das Lenkrad treffen und es verformen; das Lenkrad aber würde zurückwirken und seinerseits den Brustkorb des Fahrers verformen. Quetschungen und Brüche wären die Folge von Zusammenstößen, wenn nicht durch den etwas dehnbaren Gurt der Mensch ebenfalls abgebremst werden würde, weil er durch Gurt und Sitz fest mit dem Auto verbunden ist.

Voraussetzung ist allerdings ein richtig angelegter, straff sitzender Gurt, der über drei Punkte des Körpers führt: links und rechts am Becken, einmal an der Schulter. Ein zu lockerer Gurt kann auch schwere Verletzungen verursachen, wenn der Körper mit seiner hohen Geschwindigkeit plötzlich gegen den Gurt knallt.

Für Kinder gibt es spezielle Sitze, damit der für sie viel zu weite und zu hoch liegende Erwachsenengurt ihren Körper richtig festhalten kann.

## Gut abgefedert

Eine weitere wirksame Sicherheitsmaßnahme ist der **Airbag:** Ein großer Ballon, der sich zusammengefaltet im Lenkrad, beim Beifahrersitz hinter dem Armaturenbrett oder in den seitlichen Türen befindet und bei einem Aufprall in einer Zehntelsekunde mit Luft gefüllt wird.

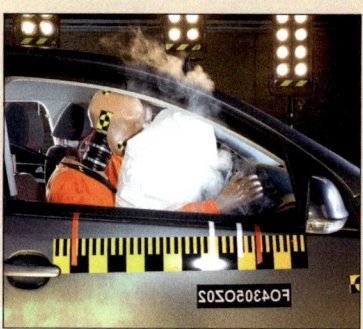

Durch mechanische oder elektrische Signale wird eine kleine Sprengladung zur Zündung gebracht und der Airbag mit 35 bis 70 Litern Luft gefüllt. Die Insassen des PKW können so nicht mehr gegen Lenkrad oder Armaturenbrett geschleudert werden und sich verletzen, da sie durch das Luftkissen sanft abgebremst werden.

## Gut behütet

2012 starben in Deutschland bei Fahrradunfällen 406 Menschen. Viele von ihnen könnten noch am Leben sein, wenn sie einen Helm getragen hätten. Was bewirkt ein solcher Helm und wie ist er aufgebaut?

Eine harte Außenschale dient der größeren Haltbarkeit des Helms und schützt den Kopf und die weiche Innenschale des Helms vor spitzen Gegenständen. Die zwischen den beiden Schalen liegende Dämmschicht soll harte Aufpralle abfedern. Sie besteht aus Hartschaum.

Die Dämmschicht darf nicht zu weich sein, weil sonst der Kopf bis zur Hartschale durchschlägt. Aber auch eine zu harte Schicht kann den Kopf nicht schützen. Nur ein Material, das sanft abbremst, ist wirklich hilfreich.

Ein Riemen sorgt dafür, dass der Helm immer in der richtigen Position bleibt und nicht vom Kopf rutscht. Fahrradhelme sollen sorgfältig aufgesetzt und festgeschnallt werden. Sie müssen in der Größe passen, sonst schützen sie nicht.

# Kraftmessung

Clara und Johannes ziehen mit aller Kraft am Fitnessband. Johannes kann das Band deutlich weiter dehnen als Clara.

Kann das Dehnen des Fitnessbandes ein Maß für die Stärke einer Person sein? Offensichtlich ist Johannes stärker als Clara, doch lässt sich hiermit auch ermitteln, wie groß die Kraft ist, mit der beide am Fitnessband gezogen haben?

Um diese Frage beantworten zu können, sind ein Messverfahren und eine Einheit für die physikalische Größe „Kraft" nötig.

---

| **Kraft** |
| --- |
| Das Formelzeichen ist $F$. |
| Die Einheit ist 1 N (Newton). |
| |
| Weitere Einheiten: |
| Millinewton:  $1\ mN = \frac{1}{1000}\ N$ |
| Kilonewton:  $1\ kN = 1000\ N$ |
| Meganewton: $1\ MN = 1000\ kN$ |

## Wie groß ist eine Kraft?

Kräfte werden in der Einheit **Newton (1 N)** angegeben – nach dem Physiker Isaac Newton (1643–1727), der um 1700 grundlegende Theorien und mathematische Methoden für die Mechanik und die Optik entwickelt hat.

Eine Kraft von 1 N ist nicht sehr groß. Sie ist beispielsweise nötig, um eine 100 g-Tafel Schokolade anzuheben.

Zur Messung einer Kraft wird ihre verformende Wirkung auf andere Körper genutzt. Bei einem Fitnessband dehnt eine größere Kraft das Band stärker als eine kleinere Kraft. Dies ist auch bei Stahlfedern der Fall.

---

## Zentraler Versuch

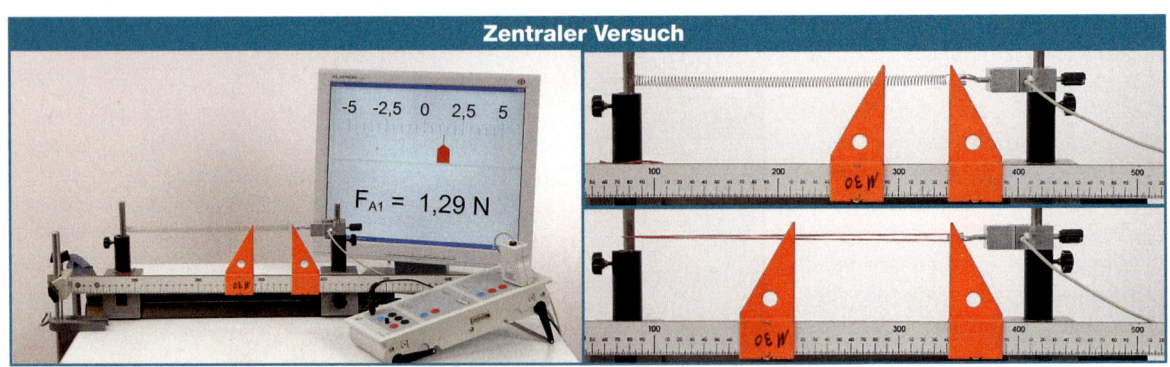

---

| **Gummiband** | | |
| --- | --- | --- |
| $F$ | $s$ | $\frac{s}{F}$ |
| 2,0 N | 1,0 cm | $0,5\ \frac{cm}{N}$ |
| 3,0 N | 2,5 cm | $0,83\ \frac{cm}{N}$ |
| 3,9 N | 5,0 cm | $1,28\ \frac{cm}{N}$ |
| 5,5 N | 10 cm | $1,82\ \frac{cm}{N}$ |
| 7,5 N | 15 cm | $2,0\ \frac{cm}{N}$ |
| 10 N | 20 cm | $2,0\ \frac{cm}{N}$ |

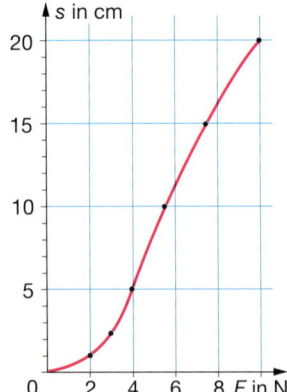

| **Stahlfedern** | | |
| --- | --- | --- |
| $F$ | $s$ | $\frac{s}{F}$ |
| 3,0 N | 1,0 cm | $0,33\ \frac{cm}{N}$ |
| 6,0 N | 2,0 cm | $0,33\ \frac{cm}{N}$ |
| 9,0 N | 3,0 cm | $0,33\ \frac{cm}{N}$ |
| 5,0 N | 1,0 cm | $0,2\ \frac{cm}{N}$ |
| 10,0 N | 2,0 cm | $0,2\ \frac{cm}{N}$ |
| 15,0 N | 3,0 cm | $0,2\ \frac{cm}{N}$ |

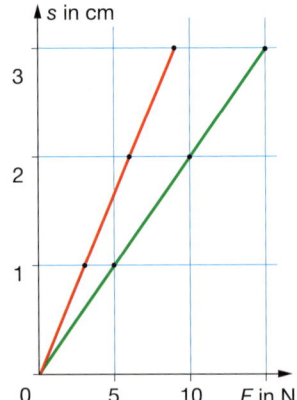

Die Quotienten $s/F$ sind beim Gummiband nicht gleich, das $F$-$s$-Diagramm ergibt keine Ursprungsgerade: Um das Gummiband von 5 cm auf 10 cm zu dehnen, ist nicht die doppelte Kraft notwendig wie zum Dehnen von 0 auf 5 cm.

Die Schraubenfedern dagegen zeigen über einen weiten Bereich eine lineare Ausdehnung: Doppelte Kraft führt bei ihnen zu einer doppelten Dehnung. Ihre $F$-$s$-Graphen sind *Ursprungsgeraden*. Aus den Ursprungsgeraden bzw. der Quotientengleichheit von $s/F$ kann die direkte Proportionalität der Größen $F$ und $s$ gefolgert werden: **$F \sim s$**.

Aus diesen Ergebnissen folgt, dass Gummibänder nicht zur Messung von Kräften geeignet sind. Gummi ist zwar ein elastischer Stoff, aber die entstehende Skala ist nicht linear und damit auch nicht leicht zu handhaben. Die Linearität ist aber eine wichtige Voraussetzung für Messgeräte, weil sich bei analogen linearen Skalen Zwischenwerte einfach und genau ablesen lassen. Die Stahlfedern nehmen – anders als die Gummibänder – nach der Dehnung wieder ihre ursprüngliche Länge an. Erst bei langem Gebrauch oder Überdehnung verlieren sie diese Eigenschaft. Deshalb können sie in einfachen Kraftmessern verwendet werden.

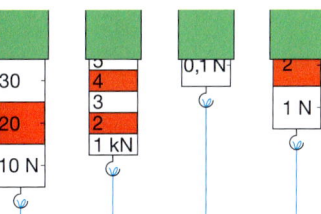

Stellschraube zur Nullpunktseinstellung

Hier wird abgelesen

### Der Federkraftmesser

Wichtig bei der Arbeit mit einem Federkraftmesser sind folgende Punkte:
- Einen geeigneten Kraftmesser auswählen.
- Vor der Messung den Nullpunkt exakt einstellen. Dazu muss sich der Kraftmesser in der gleichen Position befinden wie bei der Messung.
- Den aufgedruckten Messbereich nicht überschreiten.

## Das Hooke'sche Gesetz

Um aus der direkten Proportionalität der Größen $F$ und $s$ eine Formel zu erhalten, wird als Proportionalitätsfaktor die **Federkonstante $D$** eingeführt. Dadurch entsteht die Formel

**$F = D \cdot s$.**

Dieser Zusammenhang wurde bereits 1655 vom englischen Naturforscher ROBERT HOOKE (1635–1703) gefunden und nach ihm als *Hooke'sches Gesetz* benannt.

Für $D = \frac{F}{s}$ ergibt sich die Einheit $1\,\frac{N}{m}$. Die Federkonstante $D$ gibt also an, welche Kraft nötig ist, um eine Feder um einen Meter zu dehnen. Analoges gilt auch für das Stauchen einer Feder. Im Versuch war also eine Kraft von 3 N nötig, um die erste Feder um einen Zentimeter zu dehnen. Für die zweite Feder errechnet sich eine Federkonstante von $5{,}0\,\frac{N}{cm}$. Es waren also 5,0 N nötig, um diese Feder um einen Zentimeter zu dehnen. Die Federkonstante sagt also etwas aus über die *Härte einer Feder*: Je größer $D$ ist, desto härter ist die Feder.

> **Hooke'sches Gesetz:** Für die Kraft $F$, die eine elastisch verformbare Feder (mit der Federkonstante $D$) um die Strecke $s$ dehnt oder staucht, gilt $F = D \cdot s$.

| **Rechenbeispiel** |
| --- |
| Eine 4,0 cm lange Kugelschreiberfeder ($D = 360\,\frac{N}{m}$) wird um 1,4 cm gedehnt. Berechne die Kraft, die auf die Feder wirkt. |
| Geg.: $\quad s = 1{,}4$ cm; $\quad D = 360\,\frac{N}{m}$ |
| Ges.: $\quad F$ |
| Lösung: $F = D \cdot s = 360\,\frac{N}{m} \cdot 0{,}014\ \text{m} = 5{,}0$ N |
| Zum Dehnen der Feder ist eine Kraft von 5,0 N nötig. |

---

### Aufgaben

**1** Lies die Federkraftmesser im Bild unten ab.

**2** **a)** Rechne in N um: 4 kN; 0,73 MN; 3076 kN; 765 mN.
**b)** Rechne in kN um: 0,64 N; 400 MN; 645 N; 0,53 MN.

**3** Berechne, wie viele Menschen (Schubkraft jeweils ca. 500 N) nötig sind, um dieselbe Schubkraft zu erreichen wie
**a)** ein PKW-Motor (5 kN),
**b)** eine Lok (0,2 MN).

**4** Ein Schwingsessel hängt im leeren Zustand 40 cm über dem Boden. Mit Kind wird die Feder mit einer Kraft von 450 N gedehnt, der Abstand zwischen Boden und Sessel verringert sich auf 25 cm.
**a)** Berechne die Federkonstante der Sesselfeder.
**b)** Prüfe, ob sich der Vater mit in den Sessel setzen kann, ohne dass der Boden berührt wird, wenn durch ihn die Feder zusätzlich mit 900 N belastet wird.

30
20
10 N

5
4
3
2
1 kN

0,1 N

2
1 N

## Versuche und Aufträge — Dehnung von Federn und Drähten

**V1** Einfache Modellflugzeuge werden oft von verdrillten Gummibändern angetrieben. Wie verhalten sich solche Gummis unter Belastung? Gilt bei verdrillten Gummibändern das Hooke'sche Gesetz?

Befestige ein Gummiband so wie im Bild links an einem Nagel oder einer Türklinke und verdrille es. Am unteren Ende des Gummibandes hängt das Unterteil einer Milchverpackung. Die Bücher sollen dabei verhindern, dass sich die Verdrillung auflöst. Als Last können z. B. verschiedene Steine oder Gegenstände aus dem Haushalt verwendet werden. Der Phantasie sind dabei keine Grenzen gesetzt. Auch Wasser eignet sich (100 mℓ Wasser haben eine Masse von 100 g und entsprechen einer Krafteinwirkung von 1 N). Lege dann folgende Tabelle an:

| Masse m | Kraft F | Dehnung s |
|---------|---------|-----------|
| ? | ? | ? |
| ? | ? | ? |

Miss die Dehnung des Gummibandes für verschiedene Kräfte. Trage die Messwerte in die Tabelle und in ein F-s-Diagramm ein. Beantworte dann die Anfangsfragen.
*Hinweis:* Die menschlichen Muskeln verhalten sich ganz ähnlich wie verdrillte Gummibänder.

**V2** Untersuche das Dehnungsverhalten eines dünnen Kupferdrahtes. Besorge dir dafür einen etwa 2 m langen Kupferdraht (Modellbau, Baumarkt, Physiksammlung, …) und baue damit den rechts dargestellten Versuch auf. Belaste den Draht durch schrittweises Auflegen von Wägestücken und untersuche die Verlängerung des Drahtes. Mit dem Messzeiger lassen sich auch kleinste Verlängerungen des Drahtes bestimmen.
Welche Aussage lässt sich über die Verlängerung des Drahtes treffen?

**V3** „Schaltungen von Federn"
Bei technischen Anwendungen kommen Federn meistens nicht alleine vor.
**a)** Besorge dir mehrere Federn (die Federn können, aber müssen nicht gleich sein,) und bestimme ihre Federkonstante.

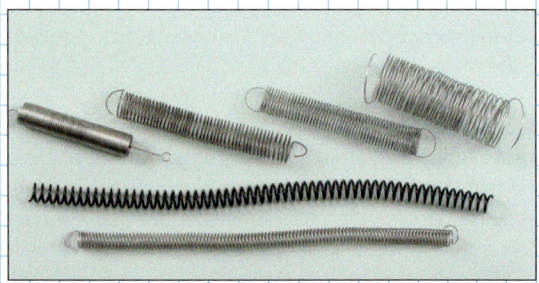

**b)** Kombiniere die verschiedenen Federn zu einer „Reihen-" bzw. „Parallelschaltung" und ermittle die Federkonstante der neu entstandenen Anordnung.
**c)** Formuliere einen Merksatz für das Verhalten von Federn bei der Reihen- bzw. Parallelschaltung.
**d)** Versuche, mit deinen bisherigen Erkenntnissen die Gesamtverlängerung der Federkombinationen zu bestimmen.

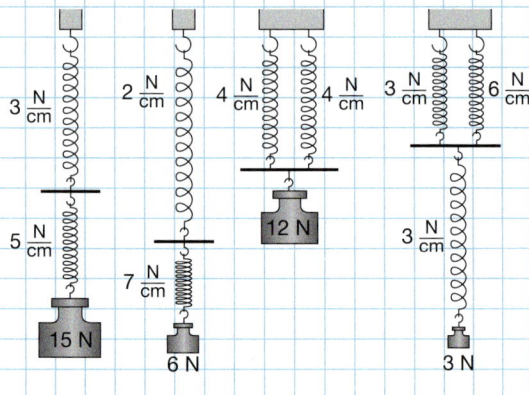

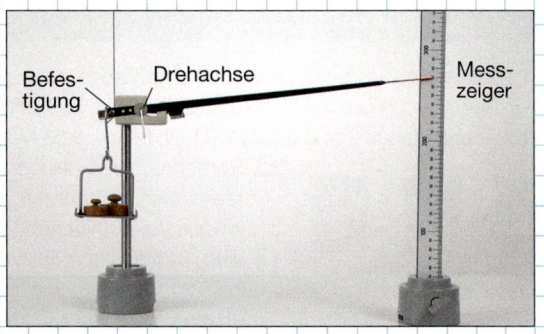

## Kennzeichen von Kräften

Wovon hängt es ab, welche Folgen ein und dieselbe einwirkende Kraft auf einen Körper hat? Die Abbildung unten zeigt Beispiele:

- **Von der Größe:** Durch eine kleine Kraft wird der leere Saftkarton weniger zusammengedrückt als durch eine große.

- **Vom Angriffspunkt,** also der Stelle, an der die Kraft einwirkt: Bei derselben Kraft wird der Saftkarton einmal geschoben, wenn die Kraft unten angreift; greift sie dagegen oben an, dann kippt er um.

- **Von der Richtung:** Wirkt die Kraft von oben, wird der Karton verformt; wirkt sie dagegen seitlich ein, dann wird er beschleunigt.

Die Wirkung einer Kraft ist abhängig
- von ihrer Größe,
- von ihrer Richtung,
- von ihrem Angriffspunkt.

## Kraftdarstellung durch Pfeile

Wenn die Masse eines Kartoffelsacks angegeben werden soll, dann werden der Zahlenwert und die Einheit dieser Größe angeben, z.B. 10 kg. Damit ist die physikalische Größe Masse (Formelzeichen $m$) vollständig erfasst. Für die Beschreibung einer Kraft reicht die Angabe $F = 3$ N aber noch nicht aus, da sie nichts über Richtung und Angriffspunkt aussagt. Deshalb werden Kräfte als Pfeile dargestellt, um die Richtung der jeweiligen Kraft deutlich zu machen. Das Pfeilende (Angriffspunkt) liegt meist an der Stelle, an der die Kraft jeweils am Körper angreift.
Die Länge des Pfeils gibt die Größe der Kraft an. Sie lässt sich mit einem entsprechenden Maßstab (z.B. 1 cm $\triangleq$ 2 N) sogar zahlenmäßig erfassen. In unserem Beispiel gehört zu einer Pfeillänge von 6,3 cm eine Kraft von 12,6 N.

$F = 12,6$ N

Maßstab
1 cm $\triangleq$ 2 N

Angriffspunkt

Kräfte werden durch Pfeile dargestellt.

| Größe | Angriffspunkt | Richtung |
|---|---|---|

Apfel-saft · Apfel-saft · Apfel-saft · Apfel-saft · Apfel-saft · Apfel-saft

## Aufgaben

**1** Beschreibe, was mit dem Schwamm passiert, wenn nacheinander die Kräfte $F_1$, $F_2$, $F_3$ und $F_4$ auf ihn wirken.

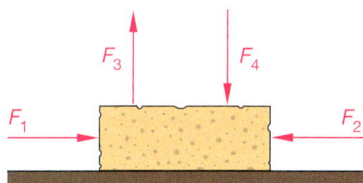

**2** Zeichne folgende Kräfte in dein Heft: 0,8 mN; 1,5 N; 108 kN; 83 MN. Benutze jeweils einen geeigneten Maßstab dazu.

**3** **a)** Gib an, in welche Richtung die Muskelkraft wirkt, wenn du einen Einkaufskorb anhebst bzw. dein Fahrrad schiebst, mit dem Fahrrad bergauf fährst oder einen waagerecht geworfenen Ball auffängst.
**b)** Fertige jeweils eine Skizze an und zeichne die Kraftpfeile ein.

**4** **a)** Ein Kunstspringer steht zunächst in der Mitte des Brettes, dann am Ende. Skizziere die Verformungen und vergleiche.
**b)** Zeichne, wie sich das Ergebnis bei einer leichteren Springerin ändert. Erkläre die Veränderung.

**5** Erläutere weitere Beispiele, bei denen die Wirkung einer Kraft von ihrer Größe, ihrer Richtung oder ihrem Angriffspunkt abhängt.

# Besondere Kräfte

Bungeespringen – ein tolles Erlebnis: drei bis fünf Sekunden im freien Fall in die Tiefe, gesichert und abgebremst durch ein starkes Gummiseil!

Bekanntlich fallen alle Körper nach unten, wenn sie nicht festgehalten werden.
Was aber setzt diese Körper in Bewegung? Welche Kraft ist dafür verantwortlich? Wer übt sie auf die fallenden Körper aus?

## Die Gewichtskraft

Der menschliche Körper, die Eisenkörper im Bild rechts und die Bungeespringerin – sie alle sind schwer, weil sie von der Erde angezogen werden. Die stets wirkende Kraft, die die Erde auf alle Körper ausübt, heißt **Erdanziehungskraft** oder *Schwerkraft*. Sobald Körper angehoben oder hochgehoben werden sollen, muss diese Erdanziehungskraft überwunden werden. Die Kraft, mit der ein Körper dabei an der Hand zieht bzw. auf sie drückt, ist die **Gewichtskraft**.

Die Eisenkörper im Bild rechts drücken mit ihrer Gewichtskraft auf das Brett. Dies ist an der Wirkung, dem Durchbiegen des Brettes zu erkennen. Die verschiedenen Eisenkörper wurden im Experiment jeweils auf das gleiche Brett gestellt. Das Brett biegt sich durch die Einwirkung der Gewichtskraft umso stärker durch, je größer der Eisenkörper ist. Jeder weiß aus Erfahrung, dass der größere Eisenkörper auch der schwerere ist, also die größere Gewichtskraft hat.

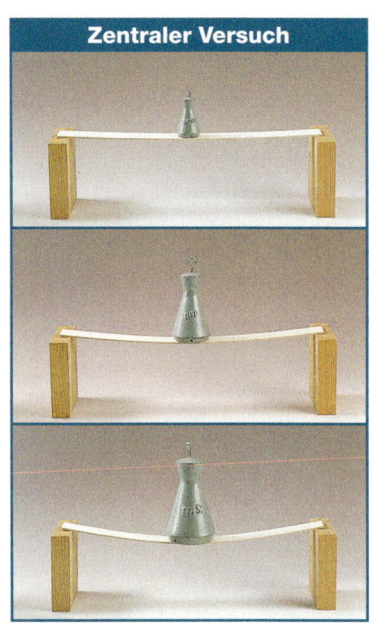

**Zentraler Versuch**

Die Zeichnung unten zeigt, dass die Angriffspunkte von Erdanziehungs- und Gewichtskraft verschieden sind: Die Erdanziehungskraft greift am Apfel an, die Gewichtskraft am Aufhänge- oder Auflagepunkt.

> Jeder Körper drückt mit seiner Gewichtskraft auf seine Unterlage bzw. zieht mit ihr an seiner Aufhängung.

$F_G$: Hängt der Apfel am Ast oder liegt er auf dem Boden, so übt der Apfel eine Kraft auf den Ast bzw. Boden aus. Der Angriffspunkt der Gewichtskraft liegt im Berührungspunkt von Apfel und Ast bzw. Boden.

$F_E$: Die Erde übt zu jedem Zeitpunkt, auch beim Fallen, eine anziehende Kraft auf den Apfel aus. Der Angriffspunkt der Erdanziehungskraft wird in die Mitte des Apfels gezeichnet.

$F_E$ und $F_G$ sind stets gleich groß und zum Erdmittelpunkt hin gerichtet.

### Schwerelos??

Ein Sprung vom Sprungturm im Schwimmbad ist immer ein herrliches Erlebnis für den, der es wirklich wagt abzuspringen. Was ist der Grund für das Empfinden des Losgelöstseins, der Befreiung von der Erdenschwere?

Der Federkraftmesser zeigt die Gewichtskraft des Wägestücks an, weil dieses mit seiner Gewichtskraft an ihm zieht. Wird der Kraftmesser losgelassen, so fällt er gemeinsam mit dem Wägestück zu Boden. Beim Fallen zeigt er nichts mehr an, denn jetzt gibt es keine Gewichtskraft mehr, die seine Feder dehnen könnte. Die Erdanziehungskraft dagegen ist nach wie vor da und beschleunigt beide Körper gleichermaßen nach unten.

Das ist es, was das Turmspringen so unbeschwert macht: Der Springer spürt keine Wirkungen seiner Gewichtskraft mehr, er fühlt sich „schwerelos"!

So ergeht es auch Weltraumfahrern. Auf sie und ihr Raumschiff wirkt gleichermaßen die Erdanziehungskraft und zieht sie zur Erde hin. Sie stürzen nur deshalb nicht auf die Erde, weil sie eine große Geschwindigkeit parallel zur Erdoberfläche haben, wodurch sie auf einer Kreisbahn fliegen.

NEWTON hat das mit dem waagrechten Abschuss einer Kanonenkugel verdeutlicht: Wenn sie mit der richtigen Geschwindigkeit abgeschossen wird, dann fällt sie zwar dauernd nach unten, trifft aber – weil sie sich vorwärts bewegt hat – die Erde nicht, sondern fliegt oder „fällt" ganz um die Erde herum (roter Pfeil bzw. Kreis).

Aber „schwerelos" sind alle diese Körper nicht, denn die Erdanziehungskraft wirkt gleichwohl auf sie.

**Zentraler Versuch**

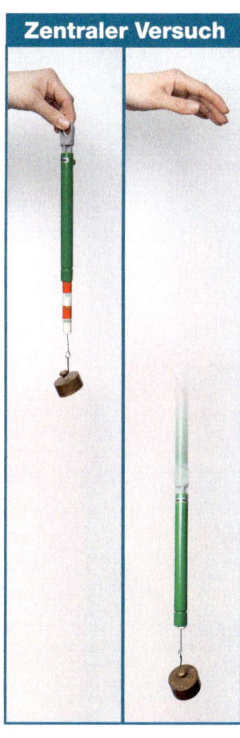

### Eine Kraft, die nur nach unten wirkt

Unser Körper ist an die Wirkung der Erdanziehungskraft gewöhnt. Die Richtung dieser Kraft empfinden wir als „unten", auf die Erdoberfläche zu. Da die Gewichtskraft eine Folge der Erdanziehungskraft ist, stimmen die Richtungen beider Kräfte überein. Die Gewichtskraft ist also auch „nach unten" gerichtet.

Wird die Richtung der Gewichtskraft von außerhalb der Erde betrachtet, so ist zu sehen: Die Gewichtskraft hat an den unterschiedlichen Punkten der Erde jeweils eine andere Richtung. Aber die Richtungen der verschiedenen Gewichtskräfte weisen eine Gemeinsamkeit auf: Sie zeigen alle – unabhängig vom Ort – auf den Erdmittelpunkt, also überall auf der Erde „nach unten".

Für alle Orte auf der Erdoberfläche gilt: Die Gewichtskraft ist stets zum Erdmittelpunkt hin gerichtet.

### Aufgaben

**1** Nenne jeweils fünf Beispiele, in denen ein Körper durch seine Gewichtskraft an einer Aufhängung zieht bzw. auf seine Unterlage drückt.

**2** Australien liegt auf der Erdkugel „unter uns". Erkläre, warum die Australier nicht von der Erde abfallen.

**3** Erläutere, welchen Winkel ein Faden, an dem ein Körper hängt, mit einer Wasseroberfläche bildet. Zähle Beispiele auf, in denen dies genutzt wird.

**4** **a)** Begründe, warum Erdanziehungskraft und Gewichtskraft nicht das Gleiche sind.
**b)** Nenne Erscheinungen, die mit den physikalischen Größen ① „Erdanziehungskraft" bzw. ② „Gewichtskraft" beschrieben werden.

**5** Finde einen physikalisch richtigen Ausdruck für „Schwerelosigkeit" und begründe.

## Masse und Gewichtskraft

Bei den Exkursionen auf dem Mond hatten die Astronauten einen großen Rucksack auf dem Rücken. In ihm befanden sich alle Geräte, die für sie zum Leben notwendig waren. Die Rucksäcke waren schwer. Ihre Masse betrug etwa 80 kg. Und trotzdem waren die Astronauten in der Lage, auf dem Mond mit dem Gepäck noch große Sprünge zu machen. Warum geht das auf dem Mond, nicht aber auf der Erde?

Wenn der Rucksack auf dem Mond auf eine Balkenwaage gestellt würde, ergäbe der Massenvergleich wieder 80 kg. Die Masse des Rucksacks ist die gleiche wie auf der Erde. Anders verhält es sich mit der Gewichtskraft: Im zentralen Versuch werden die Gewichtskräfte und die Massen unterschiedlicher Körper bestimmt. Es zeigt sich, dass Gewichtskraft $F_G$ und Masse $m$ proportional sind: $\boldsymbol{F_G \sim m}$.

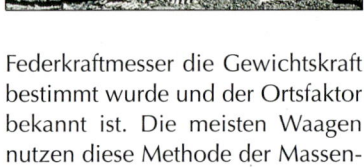

Der Quotient $F_G/m$ ist für jeden Ort konstant. Er wird mit $g$ bezeichnet und wegen seiner Ortsabhängigkeit **Ortsfaktor** genannt. Sein Wert nimmt von $9{,}78 \frac{N}{kg}$ am Äquator zu den Polen auf $9{,}83 \frac{N}{kg}$ zu. In Deutschland wird der einheitliche Wert $9{,}81 \frac{N}{kg}$ verwendet; für Überschlagsrechnungen reichen $10 \frac{N}{kg}$. Mithilfe des Ortsfaktors $g$ wird aus der Proportionalität $F_G \sim m$ die Gleichung $\boldsymbol{F_G = m \cdot g}$.

Mithilfe dieser Gleichung kann die Masse berechnet werden, wenn mit einem

### Zentraler Versuch

Federkraftmesser die Gewichtskraft bestimmt wurde und der Ortsfaktor bekannt ist. Die meisten Waagen nutzen diese Methode der Massenbestimmung.

Auch die Anziehungskraft der Erde $F_E$ auf einen Körper ist zu dessen Masse proportional, weil die Erdanziehung ja die Ursache für die Gewichtskraft des Körpers ist. Die betragsmäßige Übereinstimmung von Gewichtskraft und Erdanziehungskraft gilt aber nur, wenn nicht weitere Kräfte (z. B. durch den Auftrieb in Wasser) an einem Körper angreifen. In allen Fällen, in denen diese Kräfte sehr klein sind im Vergleich zu $F_E$, dürfen sie vernachlässigt und Erdanziehungskraft und Gewichtskraft gleichgesetzt werden: $\boldsymbol{F_G \approx F_E = m \cdot g}$.

Auf dem Mond beträgt der Ortsfaktor nur etwa $\frac{1}{6}$ des Erdwertes. Daher konnten sich die Astronauten auf ihm so leicht bewegen, weil sie vom Mond viel weniger stark angezogen wurden als von der Erde.

> Die Masse eines Körpers ist vom Ort unabhängig, die Gewichtskraft dagegen ist ortsabhängig.
>
> Die Gewichtskraft wird berechnet als Produkt aus der Masse $m$ und dem Ortsfaktor $g$: $F_G = m \cdot g$.

### Rechenbeispiel

**1.** Berechne die Kraft, mit der du einen Spaten in die Erde drückst, wenn du dich darauf stellst.

Geg.:  $m = 45$ kg; $g = 9{,}81 \frac{N}{kg}$
Ges.:   $F_G$

Lösung: $F_G = m \cdot g$
$\quad\quad\quad F_G = 45 \text{ kg} \cdot 9{,}81 \frac{N}{kg}$
$\quad\quad\quad F_G = 441{,}45$ N

Deine Gewichtskraft beträgt rund 440 N. Mit ihr drückst du den Spaten in den Boden.

**2.** Bestimme die Masse einer Schultasche.

Geg.: $F_G = 65{,}5$ N; $g = 9{,}81 \frac{N}{kg}$
Ges.: $m$

Lösung:
Aus $F_G = m \cdot g$ folgt
$\quad m = \dfrac{F_G}{g} = \dfrac{65{,}5 \text{ N}}{9{,}81 \frac{N}{kg}}$
$\quad m = 6{,}68$ kg

Die Schultasche hat eine Masse von rund 6,7 kg.

## Aufgaben

1. Berechne für folgende Massen die zugehörigen Gewichtskräfte:
1 Stück Butter (250 g);
1 Tafel Schokolade (100 g);
LKW (7,5 t); Gewichtheber (120 kg); Schülerin (42 kg).

2. Berechne die Massen der Körper, die folgende Gewichtskräfte haben: PKW (12 kN); 1 Tüte Mehl (9,8 N); Blauwal (1,3 MN).

3. Begründe, warum zum Start gleicher Raumsonden vom Mond aus viel weniger Treibstoff notwendig wäre als zum Start von der Erde.

4. Erkläre, warum zwei Körper gleicher Masse auch auf dem Mond die gleiche Gewichtskraft haben.

5. Für den bemannten Flug zum Mars ist eine Raumstation im Orbit um die Erde als Montage- und Startbasis geplant. Erörtere die Vorteile, die diese Basis im Vergleich zum Start von der Erde aus bietet.

6. Berechne den Fehler (in Prozent), wenn du dich mit einer für Deutschland geeichten Personenwaage am Äquator bzw. am Pol wiegst. Werte dein Ergebnis.

# Einfache Waagen

Sackwaage, Küchenwaage oder die Kofferwaage unten zum Test auf Übergepäck sind Beispiele für **Federwaagen**. Sie arbeiten nach dem gleichen Prinzip wie ein Federkraftmesser, nur dass ihre Skalen schon in g oder kg geeicht sind. Die modernen elektronischen Waagen haben keine Federn mehr, sondern Messstreifen, die verbogen werden. Die Verbiegung wird in elektrische Signale umgewandelt und für die Anzeige weiter verarbeitet.

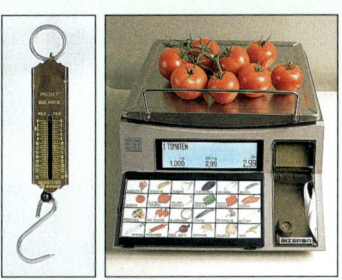

Der Stab der **Laufgewichtswaage** unten hat zwei ungleich lange Arme, von denen der längere (der mit dem Laufgewicht) mit einer Gramm- oder Kilogramm-Skala versehen ist.

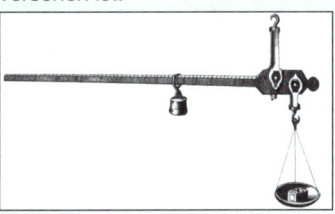

Solche einfachen, in der Hand zu haltenden Waagen gibt es seit Jahrhunderten. Heute finden sie sich noch auf Märkten.

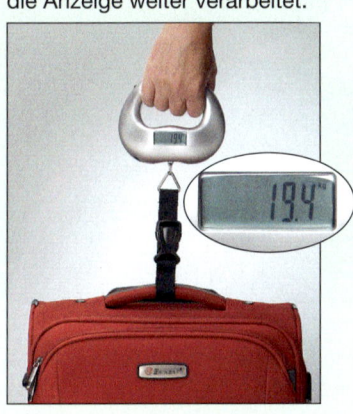

## Wie genau nehmen wir es mit Zahlen? — Streifzug

Beim Nachrechnen von Rechenbeispiel 2 zeigt sich, dass der Taschenrechner das Ergebnis 6,6768603 kg ausgibt.

Anders als in der Mathematik muss aber in der Physik stets beachtet werden, dass die Größen Messwerte und somit fehlerbehaftet sind. Ein Ergebnis genauer anzugeben als die Werte, aus denen es gewonnen wurde, ist nicht sinnvoll.

Am Beispiel dieser Aufgabe wird dies deutlich:
- Der Federkraftmesser hat als kleinste Skaleneinteilung 1 N. Der abgelesene Wert 65,5 N ist nicht der wirkliche Wert; die tatsächliche Gewichtskraft liegt im Intervall zwischen 65,0 N und 66,0 N.
- Die gegebenen Größen $F_G$ bzw. $g$ hatten drei Stellen. Das Ergebnis der Division 65,5 : 9,81 ist dann sinnvollerweise nur dreistellig: 6,68 kg.

$66,0 : 9,81 =$

$6.7278287$

$65,0 : 9,81 =$

$6.625891$

Als allgemeine Regel gilt:
**Das Ergebnis darf nur mit so vielen Stellen angegeben werden, wie bei den gegebenen Größen höchstens vorhanden sind.**

# Wechselwirkungskräfte

Bei einer Bootspartie lässt sich das Boot beim Losfahren vom Steg wegdrücken. Treffen sich zwei Boote, können sie sich gegenseitig wegschieben.

Bei diesen Beispielen sind immer zwei Partner beim Wirken der Kraft beteiligt. Um das Boot in Bewegung zu setzen, ist der Steg oder das zweite Boot erforderlich. Das Boot kann keine Kraft auf sich selbst ausüben. Da bei einer Kraftwirkung immer zwei Körper beteiligt sind, stellt sich die Frage, wer denn eine Kraft ausübt. Ein einfacher Versuch soll dies erläutern.

Zwei etwa gleich schwere Mädchen stehen auf Rollerskates und sind mit einem Seil verbunden. Jede von beiden soll die andere zu sich heranziehen. Es gelingt ohne Probleme – beide treffen sich in der Mitte. Das eine Mädchen hat eine Kraft auf das andere ausgeübt und umgekehrt.

Die wirkenden Kräfte sind gleich groß, aber entgegengesetzt gerichtet und greifen an verschiedenen Körpern an. So ist es immer: Jede Kraft hat eine weitere Kraft als Partner – eine Kraft alleine gibt es nicht.

**Zentraler Versuch**

Wenn jemand vor einer Wand steht und mit seinen Armen gegen diese drückt, d. h. seine Kraft gegen die Wand wirkt, übt umgekehrt die Wand eine entgegengesetzt gerichtete Kraft auf die Person aus. Es tritt eine Wechselwirkung zwischen der Wand und der Person auf. Da die Wand fest mit der Erde verbunden ist, kann die Person sie nicht wegschieben. Aus diesem Grund bewegt sich nur die Person nach hinten.

Auch beim Radfahren wirken immer zwei Kräfte. Um beim Anfahren das Fahrrad zu beschleunigen, wird über die Pedale und die Kette eine Kraft auf das Hinterrad ausgeübt. Gleichzeitig übt aber die Straße auf das Hinterrad eine gleich große Wechselwirkungskraft aus, die das Fahrrad in Bewegung setzt.

Beim Bremsen ist es genauso. Auch hier übt das Rad eine Kraft auf die Straße aus. Aber erst die Gegenkraft der Straße auf das Rad verlangsamt es. Auch hier entsteht wieder eine Wechselwirkung zwischen dem Fahrrad und der Straße. Damit lässt sich dann einfach begründen, warum bei Glatteis weder ein Beschleunigen noch ein Abbremsen möglich ist. Die Straße kann nicht die erforderliche Gegenkraft aufbringen. Darum dreht das Rad beim Anfahren durch und rutscht beim Abbremsen einfach weiter.

Auch bei einem Magnet und einer Metallkugel gibt es zu der Kraft des Magneten eine Gegenkraft der Metallkugel. Wird die Kugel festgehalten, bewegt sich der Magnet auf die Kugel zu. Die Gegenkraft zur Magnetkraft auf die Kugel setzt den Magnet in Bewegung.

> Kräfte treten immer zwischen mindestens zwei Körpern auf, die gegenseitig aufeinander einwirken.
> Übt ein Körper eine Kraft auf einen anderen Körper aus, so übt dieser gleichzeitig eine gleich große, aber entgegengesetzt gerichtete Wechselwirkungskraft auf den ersten Körper aus.

### Der Kraftbegriff in der Umgangssprache

Bei der Verwendung des Begriffs „Kraft" ist Vorsicht geboten, denn in der Umgangssprache wird „Kraft" oft falsch benutzt.

Der Satz „Ich stoße mich vom Ufer ab", den ein Bootsfahrer sagen könnte, ist unsinnig. Es würde bedeuten, dass jemand auf sich selbst eine Kraft ausüben kann, aber genau das geht ja nicht. Es muss richtig heißen. „Ich übe auf das Ufer eine Kraft aus. Durch die Gegenkraft des Ufers auf mich werde ich in Bewegung gesetzt."

Elektrizitätswerke werden umgangssprachlich auch oft als „Kraftwerke" bezeichnet. Sie haben aber nichts mit dem physikalischen Kraftbegriff zu tun. Sie üben auf den elektrischen Strom keinerlei Kräfte aus, sondern übertragen elektrische Energie. Ähnliches gilt für Begriffe wie „Atomkraft", „Sonnenkraft", usw.

## Wechselwirkungskräfte und Gleichgewichtskräfte — **Durchblick**

Wechselwirkungskräfte  Gleichgewichtskräfte

Ein Wägestück hängt an einem Faden an einer Stativstange.

- Aufgrund der Gewichtskraft des Wägestücks wirkt durch den Faden die nach unten gerichtete Kraft $F_G$ auf den Stativstab.
- Umgekehrt übt das Stativ über den Faden eine Kraft $F_S$ auf das Wägestück aus, die so groß ist wie $F_G$, aber dieser entgegengerichtet ist.

Hier treten Wechselwirkungskräfte auf: Der Körper Stativ und der Körper Wägestück stehen über die ausgeübten Kräfte in Wechselwirkung miteinander

**Wechselwirkungskräfte werden von zwei Körpern auf den jeweils anderen ausgeübt. Sie sind in ihren Beträgen gleich groß und in ihren Richtungen genau entgegengesetzt.**

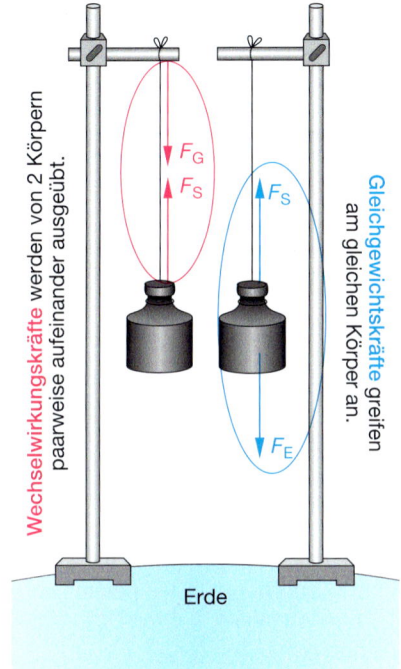

Wechselwirkungskräfte werden von 2 Körpern paarweise aufeinander ausgeübt.

Gleichgewichtskräfte greifen am gleichen Körper an.

Erde

An dem Wägestück greifen zwei Kräfte an:
- Die Erdanziehungskraft $F_E$;
- die Kraft $F_S$, die das Stativ über den Faden auf das Wägestück ausübt.

Die beiden Kräfte sind gleich groß, entgegengesetzt gerichtet und greifen beide am Wägestück an. Die wirkende Gesamtkraft ist null. Darum befindet sich das Wägestück im Kräftegleichgewicht und bleibt in Ruhe.
Dies gilt auch für mehr als zwei Kräfte, wenn sie alle zusammen die Gesamtkraft null ergeben.

**Wenn zwei gleich große Kräfte an einem Körper in entgegengesetzten Richtungen angreifen, befindet sich dieser Körper im Kräftegleichgewicht.**

## Aufgaben

**1** Erkläre die Funktion von Startblöcken beim Sprint in der Leichtathletik. Vergleiche dies mit dem Versuch, auf Glatteis schnell loszulaufen.

**2** Du siehst auf dem Bild eine Turnerin, während sie auf dem Balken balanciert.
**a)** Fertige eine Skizze der Turnerin an und zeichne alle Wechselwirkungskräfte ein. Denke dabei daran, dass Kräfte auf die Turnerin, den Balken und die Erde wirken.
**b)** Gibt es auch Kraftpaare, die keine Wechselwirkungskräfte sind? Benenne sie.

**3** Überlege dir Beispiele für Kraftpaare. Entscheide jeweils, ob es sich bei deinen gefundenen Beispielen um Wechselwirkungskräfte oder um Gleichgewichtskräfte handelt.

**4 a)** Du willst von einem Ruderboot, das nicht festgebunden ist, ans Ufer springen. Erkläre, was passiert.
**b)** Überlege dir die Unterschiede, wenn das Boot festgemacht ist.
**c)** Nun das umgekehrte Problem: Du steigst vom Steg ins Boot. Erkläre, was geschehen kann.

**5** Beim Armdrücken und Fingerhakeln sind die Kräfte der jeweiligen Hände im Gleichgewicht. Zeichne für beide Fälle die zugehörigen Kraftpfeile.

**6** Auf dem Foto auf S. 126 heben die vier Mädchen den Jungen ($m = 40$ kg) und den Tisch ($m = 10$ kg) gemeinsam hoch. Es herrscht Kräftegleichgewicht.
**a)** Berechne den Kraftaufwand jedes Mädchens.
**b)** Erläutere, was geschehen würde, wenn jeweils zwei der vier Mädchen eine größere Kraft senkrecht nach oben ausüben würden.
**c)** Nimm Stellung zu der Aussage: „Je höher die Mädchen den Jungen heben wollen, desto größer ist ihr Kraftaufwand."

## Reibungskräfte

Curling, das elegante Spiel mit den schweren Steinen auf glattem Eis ist das Spiel mit der unvermeidlichen Reibung. Sie zu beeinflussen ist der Zweck des Wischens mit den Besen vor dem gleitenden Stein. Seine genaue Platzierung ist die Kunst, die Reibung so genau wie möglich einzuschätzen und danach die Kraft zu bemessen, mit der der Stein angeschoben wird.

Durch die Kraft, die den Stein anstößt, wird ihm Bewegungsenergie zugeführt. Sie geht auf dem Weg zum Zielkreis offenbar verloren. – Nach dem Prinzip der Energieerhaltung müsste sich der Stein doch auf der waagerechten Eisfläche endlos mit gleicher Geschwindigkeit geradeaus weiterbewegen. Das macht er aber nicht. Er kommt, wie jeder bewegte Körper auf Erden, schließlich zur Ruhe.

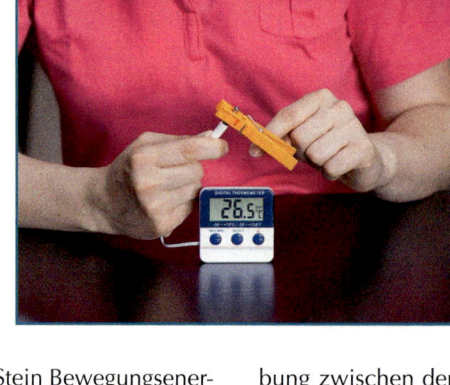

**Zentraler Versuch**

Am Curlingstein zeigen sich sehr schön die zwei Gesichter der Reibung: Mal stört sie sehr, ein andermal wird sie gebraucht! Am Anfang soll der Stein gut gleiten, da stört die Reibung nur. Am Ende soll Reibung ihn aber zum Stehen bringen, da ist sie dann sehr erwünscht.

Und das Wischen? Es glättet die immer noch irgendwie raue Oberfläche des Eises und erzeugt – wieder durch Reibung zwischen dem Besen und dem Eis – eine höhere Temperatur auf dem Eis, die es kurzzeitig schmelzen lässt. Das entstehende Wasser wirkt als Schmiermittel.

Wenn es eine Kraft war, die dem Stein Bewegungsenergie verliehen hatte, dann muss es auch eine Kraft geben, die ihm diese Energie wieder nimmt. Es ist die **Reibungskraft**. Sie baut sich bei jeder Bewegung zwischen dem bewegten Körper und der ruhenden Umgebung auf. Die Richtung der Reibungskraft ist der Bewegungsrichtung entgegengesetzt. Deshalb kommt der Curlingstein zur Ruhe, das Fahrrad ohne Weitertreten zum Stehen …. – Doch wo ist die Bewegungsenergie des Steines geblieben?

Reibung ist kein „Energievernichter", sie wandelt die Energie nur! Aus der Bewegungsenergie wird innere Energie, wie durch Temperaturmessungen mit empfindlichen Thermometern nachgewiesen werden kann (siehe ZV). Diese innere Energie lässt sich nicht weiter nutzen, denn der allergrößte Teil strömt „nutzlos" in die Umgebung. Durch Reibung wird also Energie entwertet. Beim Bremsen von Fahrzeugen wird deutlich, wie viel Energie dabei gewandelt und entwertet wird.

> Bei Reibungsvorgängen wird aus Bewegungsenergie innere Energie der aneinander reibenden Körper. Diese Energie strömt dann in die Umgebung. In vielen Fällen ist die Energie dann entwertet.

### Aufgaben

**1** Beschreibe die Wandlung der Energieformen beim
  **a)** Bremsen eines Fahrzeugs auf gerader Straße;
  **b)** Glattschleifen eines Brettes mit Sandpapier.

**2** Gib Beispiele an, bei denen Reibung und Luftwiderstand einen Körper zum Stillstand bringen. Erläutere jeweils Möglichkeiten, die Reibung bzw. den Luftwiderstand zu verringern.

**3** **a)** Finde mindestens je ein Beispiel erwünschter und unerwünschter Reibung.
  **b)** Gib technische Maßnahmen an, wie Reibung möglichst klein gehalten bzw. wie sie verstärkt werden kann.

**4** **a)** Zeichne auf, wie zwei Oberflächen unter dem Mikroskop aussehen, wenn sie aneinander reiben.
  **b)** Wo sich Achsen drehen, wird häufig ein Schmiermittel wie Öl oder Fett eingesetzt. Erläutere im Mikrobild den Sinn dieser Maßnahme.

## Alle Körper ziehen einander an

Die Erdanziehungskraft wirkt nicht nur auf Personen, die auf dem Boden stehen. Sie wirkt genauso, wenn sie sich in einem Flugzeug in der Luft befinden. Mit zunehmender Höhe nimmt die Kraftwirkung durch die Erde zwar ab, sie wirkt aber unendlich weit – auch im Weltall. Sie heißt verallgemeinert **Gravitationskraft**.

Da jeder Planet eine Masse hat, wirken zwischen allen Himmelskörpern Gravitationskräfte. Die Sonne mit ihrer unvorstellbar großen Masse von $2 \cdot 10^{30}$ kg =
  2 000 000 000 000 000 000 000 000 000 000 kg
übt die stärkste Kraft in unserem Planetensystem auf alle Körper aus. Eine Kraft von $3,5 \cdot 10^{22}$ N ist dafür verantwortlich, dass unsere Erde auf ihrer Bahn um die Sonne gehalten wird.

Sich gegenseitig anzuziehen ist aber keine besondere Eigenschaft der Sonne bzw. der Planeten. Die Ursache für die Anziehungskraft ist einzig und allein die Masse. Daher ziehen sich alle Körper gegenseitig an, denn jeder Körper besitzt eine Masse.

Im Vergleich zur Masse von Himmelskörpern sind die Massen von Gegenständen auf der Erde aber verschwindend klein. Deshalb sind die hier auftretenden Anziehungskräfte extrem gering.
Zwischen einer Person und einem Schiff mit einer Masse von 100 000 t beträgt die Anziehungskraft weniger als ein tausendstel Newton. Selbst die Anziehungskraft zwischen zwei solchen Riesenschiffen, die unmittelbar nebeneinander liegen, übersteigt noch nicht die Muskelkraft eines Menschen.
So wie jede Person von der Erde angezogen wird, zieht sie selbst auch andere Personen an beziehungsweise wird von diesen angezogen. Allerdings sind die Anziehungskräfte so gering, dass sie nicht wahrgenommen werden.

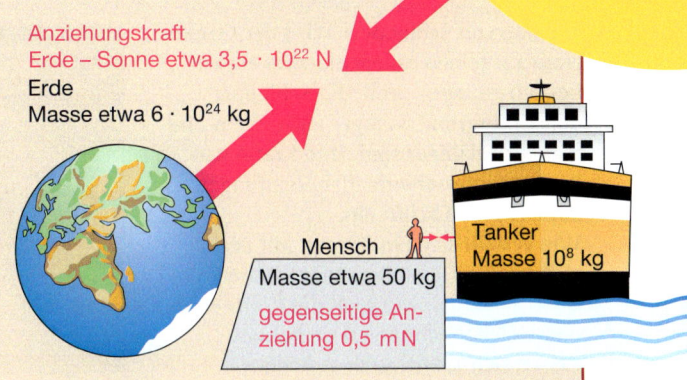

Sonne
Masse etwa $2 \cdot 10^{30}$ kg

Anziehungskraft
Erde – Sonne etwa $3,5 \cdot 10^{22}$ N
Erde
Masse etwa $6 \cdot 10^{24}$ kg

Mensch
Masse etwa 50 kg
gegenseitige Anziehung 0,5 m N

Tanker
Masse $10^8$ kg

### Wie groß ist die Gravitationskraft?

Als Ursache für diese Anziehungskraft zwischen zwei Körpern erkannte NEWTON die Masse der beiden Körper. Auf ihn geht auch die Bezeichnung **Gravitationskraft** zurück. In den Jahren zwischen 1670 und 1680 leitete NEWTON aus den Gesetzen der Planetenbewegungen um die Sonne das allgemeine Gravitationsgesetz theoretisch her. Demzufolge ist die Gravitationskraft proportional zur Masse $m_1$ und $m_2$ der beteiligten Körper und nimmt mit wachsendem Abstand $r$ zwischen ihnen immer mehr ab.

Die mathematische Formulierung des Gravitationsgesetzes lautet:

$$F_{\text{grav}} = \gamma \cdot \frac{m_1 \cdot m_2}{r^2}.$$

Die Gravitationskonstante $\gamma$, die NEWTON in der Gleichung als Proportionalitätsfaktor brauchte, war ihm vom Wert her aber nicht bekannt. Diese Konstante $\gamma$ zu bestimmen ist sehr schwierig, da selbst die zwischen zwei schweren Körpern wirkenden Gravitationskräfte äußerst klein sind.

Es ist das Verdienst von HENRY CAVENDISH (1731–1810), diese Naturkonstante 1798 experimentell ermittelt zu haben. Mit seiner Gravitationsdrehwaage bestimmte er die Anziehungskraft zwischen zwei großen und zwei kleinen Bleikugeln aus der Verdrillung eines Metallfadens. Da die Massen und der Abstand bekannt waren, konnte er den Wert der Gravitationskonstante erstmals bestimmen:

$$\gamma = 6,67 \cdot 10^{-11} \, \frac{N \cdot m^2}{kg^2}.$$

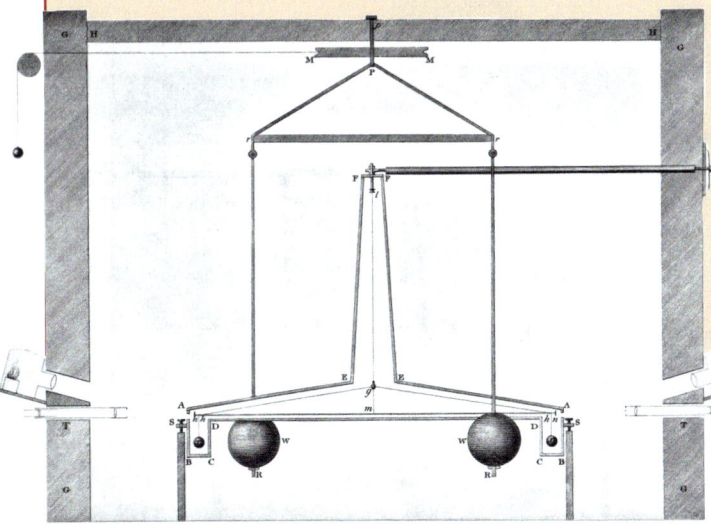

# Zusammensetzen und Zerlegen von Kräften

Mithilfe von Schleppern wird der Ozeanriese auf seinen Anlegeplatz im Hafenbecken gezogen, weil die Schlepper den Untergrund weniger aufwirbeln und manövrierfähiger sind. Ihre Kräfte wirken aus unterschiedlichen Richtungen auf das große Schiff ein.

Wie verhält sich ein Körper, auf den mehrere Kräfte einwirken? Welche Rolle spielt es dabei, wie groß die Kräfte sind und welche Richtungen sie haben? Lassen sich Kräfte auch aufteilen?

## Zwei Kräfte – eine Wirkung

Im Bild rechts teilt sich die Gewichtskraft des Wägestücks auf zwei Federkraftmesser auf. Jeder Kraftmesser zeigt den Anteil seiner Kraft an, die zum Festhalten des Körpers erforderlich ist. Die Summe aller drei Kräfte ist null. Es herrscht Kräftegleichgewicht.

Natürlich würde auch nur eine einzige Kraft zum Halten des Wägestücks ausreichen, die die Wirkung seiner Gewichtskraft aufhebt, sodass es in Ruhe bleibt. Die zwei Kräfte lassen sich also gedanklich durch eine einzige Kraft mit derselben Wirkung ersetzen, der **Ersatzkraft** $F_{Ers}$.

Eine Abänderung des Versuchs zeigt, dass andere Kräfte die gleiche Wirkung haben können. In den beiden unteren Bildern halten die Kraftmesser den Knotenpunkt ebenfalls im Gleichgewicht. Sie bringen daher die gleiche Ersatzkraft auf.

Der dritte Kraftmesser, an dem das Wägestück hängt, zeigt die Gegenkraft zur Ersatzkraft. An ihm lassen sich Größe und Richtung der Ersatzkraft ablesen.

**Zentraler Versuch**

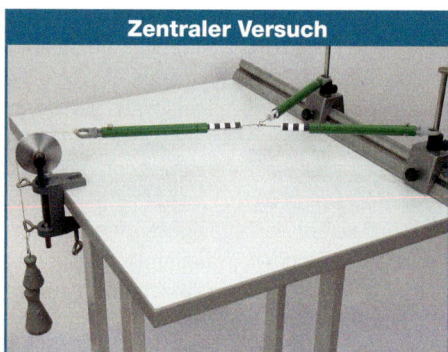

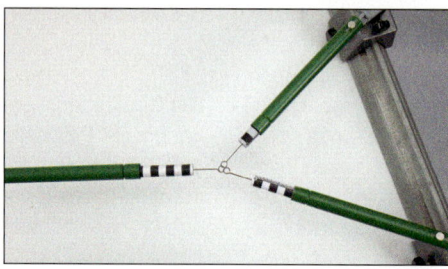

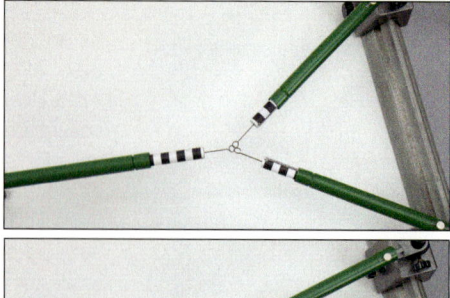

Lassen sich Größe und Richtung der Ersatzkraft auch ohne Versuch, also nur mathematisch bestimmen?

Sicher ist:
- Die *Richtung* der Ersatzkraft liegt zwischen den Richtungen der Einzelkräfte.
- Die *Größe* der Ersatzkraft ist größer als null, aber höchstens so groß wie die Summe der beiden Einzelkräfte.

Die genaue Ermittlung von Größe und Richtung der Ersatzkraft erfolgt durch **Kräfteaddition** in einem *Kräfteparallelogramm,* wie es das Werkzeug rechts zeigt.

Auf diese Weise lassen sich auch mehrere Kräfte schrittweise zu einer Ersatzkraft zusammensetzen. Die Reihenfolge, in der die Kräfte addiert werden, spielt keine Rolle.

> Die Wirkung mehrerer Kräfte auf einen Körper kann durch eine einzige Kraft (Ersatzkraft) beschrieben werden.

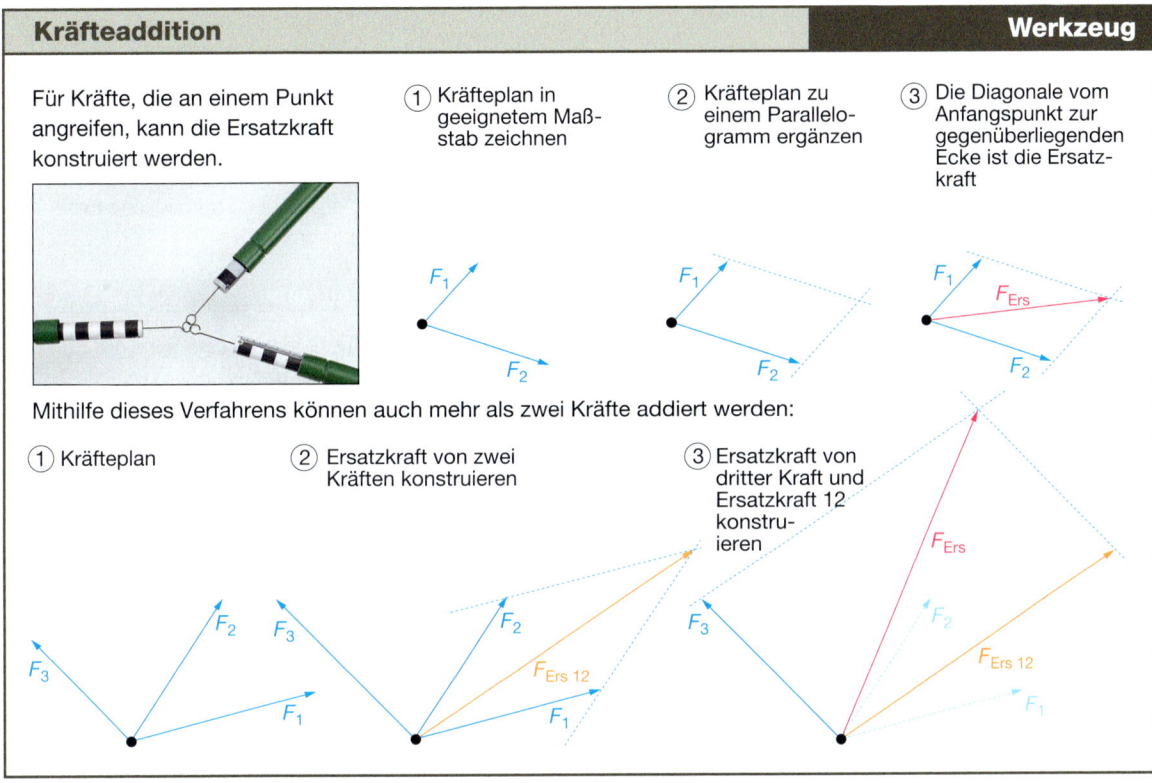

## Kräfteaddition | Werkzeug

Für Kräfte, die an einem Punkt angreifen, kann die Ersatzkraft konstruiert werden.

① Kräfteplan in geeignetem Maßstab zeichnen

② Kräfteplan zu einem Parallelogramm ergänzen

③ Die Diagonale vom Anfangspunkt zur gegenüberliegenden Ecke ist die Ersatzkraft

Mithilfe dieses Verfahrens können auch mehr als zwei Kräfte addiert werden:

① Kräfteplan

② Ersatzkraft von zwei Kräften konstruieren

③ Ersatzkraft von dritter Kraft und Ersatzkraft 12 konstruieren

### Aufgaben

**1** Suche weitere Beispiele, in denen zwei Kräfte auf denselben Körper wirken. Ordne sie den verschiedenen Fällen zu. Zeichne das Kräfteparallelogramm und ermittle die Ersatzkraft.

**2** Die Kräfte $F_1$ = 30 N und $F_2$ = 50 N bilden einen Winkel von 0°, 30°, 45°, 90°, 120° und 180°.
**a)** Ermittle jeweils die Ersatzkraft und bestimme, wann sie am kleinsten, wann am größten ist.
**b)** $F_3$ ist 40 N. Konstruiere die Ersatzkraft, wenn zwischen den drei Kräften jeweils ein Winkel von 45° ist.

**3** Erläutere den Ausdruck „Das Gleichgewicht halten".

**4** Setze das Abschleppen eines Ozeanriesen mit je zwei Schleppern in Kräfteparallelogramme um.
**a)** Unterscheide die Fälle ① beliebige, ② gleiche und ③ entgegengesetzte Richtung.
**b)** Gib an, welche Wirkung der jeweilige Fall auf die Bewegung des Ozeanriesen hat.

**5** Beim Hundeschlittenfahren zieht bei der Fächeranspannung (Fan Hitch) jeder Hund an einer eigenen Leine. Bestimme die Gesamtkraft des Gespanns für den Fall, dass jeder Hund mit einer Kraft von 500 N zieht.

### Versuche und Aufträge

**V1** Befestigt an einem schweren Getränkekasten o. Ä. an einer Stelle zwei Seile. Haltet die Seile so, dass sie Winkel von 0°, 30°, 90° und 180° bilden.
**a)** Versucht jeweils, die Kiste zu ziehen, und vergleicht die dazu nötigen Kräfte.
**b)** Stellt den Versuch mittels Kraftpfeilen dar und ermittelt die Ersatzkräfte.

**V2** Ein Leiterwagen wird an der Deichsel zurückgeschoben. Bestimme welchen Winkel die Deichsel zum Untergrund bilden muss, damit das Schieben besonders einfach bzw. ziemlich schwer ist. Erkläre.

**V3** Besorge dir drei gleiche Schraubenfedern. Verbinde sie an einem Ende und befestige bei einer Feder das andere Ende an einem Nagel in der Wand. Diese Feder zeigt die Ersatzkraft an.
**a)** Spanne die beiden anderen Federn mit beliebigem Winkel. Miss den Winkel und die Verlängerungen der Federn. Trage die Werte in eine Tabelle ein.
**b)** Zeichne die Situation mit Kraftpfeilen.

# Eine Kraft – mehrere Komponenten

Zwei oder mehr Kräfte lassen sich zu einer Ersatzkraft zusammensetzen. Lässt sich auch eine Kraft in Teilkräfte zerlegen – zum Beispiel wenn die Kraft ermittelt werden soll, mit der ein Gepäckwagen an einer Schräge festgehalten werden muss, damit er nicht wegrollt.

Wenn ein Körper nach unten fällt, dann wird er aufgrund der Anziehungskraft der Erde immer schneller. Auf einer geneigten Ebene erhöht er ebenfalls beim Herabrollen seine Geschwindigkeit, allerdings nicht so stark wie beim Fallen. Offensichtlich wirkt auch hier eine beschleunigende Kraft in Bewegungsrichtung. Die Anziehungskraft der Erde $F_E$ wirkt aber senkrecht nach unten!

Wenn die Größen der Teilkräfte, der *Komponenten* der Kraft, bestimmt werden sollen, müssen die Richtungen bekannt sein, in welche diese Komponenten wirken. Die Geraden, welche die Kraftrichtungen angeben, heißen **Wirkungslinien.** Sie sind durch die jeweilige Situation vorgegeben. Im Foto verläuft die Wirkungslinie parallel zur geneigten Ebene, weil der Wagen nur in dieser Richtung rollen kann.

Nur ein bestimmter Anteil, nämlich die Komponente der Anziehungskraft parallel zur Oberfläche der geneigten Ebene, bewirkt die Geschwindigkeitserhöhung. Es ist die **Hangabtriebskraft $F_H$.** Wird die Anziehungskraft als Ersatzkraft aufgefasst, dann muss wegen der Kräfte-

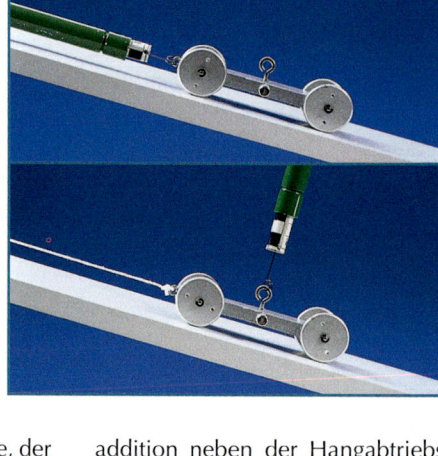

**Zentraler Versuch**

addition neben der Hangabtriebskraft noch eine zweite Kraft vorhanden sein. Diese zweite Komponente ergibt sich aus der Verbindung der Spitzen von $F_E$ und $F_H$. Diese Komponente heißt **Normalkraft $F_N$** und ist senkrecht zur Unterlage gerichtet. Nur so kann sie keine weitere Beschleunigung oder Verzögerung des Wagens bewirken, sondern ihn nur auf die Unterlage drücken und Reibung verursachen.

> Eine Kraft lässt sich in Komponenten entlang von Wirkungslinien zerlegen. Die Zusammensetzung der Komponenten ergibt die ursprüngliche Kraft.

## Aufgaben

**1** Gegeben sind geneigte Ebenen mit den Neigungswinkeln 20°, 40° und 60°.
**a)** Ermittle die Hangabtriebskraft und die Normalkraft für einen Körper, der mit $F_E$ = 50 N angezogen wird. Vergleiche die Kräfte.
**b)** Formuliere eine allgemeine Aussage.

**2** Skizziere die Kräfte $F_H$ und $F_N$, wenn eine geneigte Ebene senkrecht bzw. parallel zur Erdoberfläche verläuft. Erläutere.

**3** In der Mitte einer Wäscheleine hängt ein Wäschestück. Konstruiere die Verteilung der Gewichtskraft des Wäschestücks auf die beiden Teile der Leine, wenn diese
**a)** straff gespannt ist (Winkel 170°),
**b)** stark durchhängt (50°).
**c)** Übertrage deine Erkenntnisse auf das Verlegen von schweren Freilandleitungen für die Stromversorgung.

**4** Erkläre das Ziehen eines Bollerwagens bei unterschiedlichen Deichselstellungen mithilfe von Skizzen, welche die Kraftzerlegung zeigen.

**5** Zeichne die Wirkungslinien der Kraftkomponenten
**a)** bei einer Stehleiter,
**b)** bei einer Leiter, die an einen Baum gelehnt ist.

---

| **Werkzeug** | **Kräftezerlegung** |
|---|---|
| | ① Wirkungslinien einzeichnen |
| | ② Parallelogramm zeichnen mit ursprünglicher Kraft als Diagonale |

$F_E$   $F_H$   $F_N$   $F_E$

## Beispiele für Wirkungslinien

Wirkungslinien verlaufen immer entlang von Seilen, Stützmauern, Streben, Armen, Deichseln usw. oder senkrecht dazu, sind also durch die jeweilige Anordnung vorgegeben.

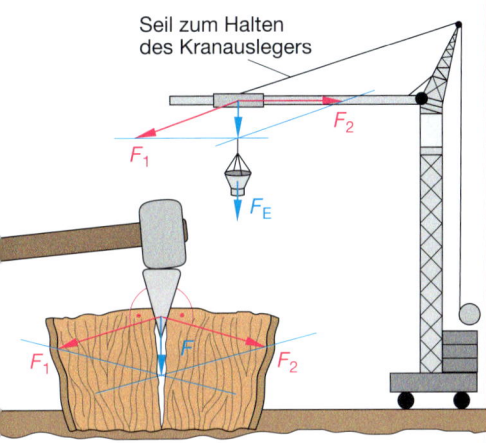

Seil zum Halten des Kranauslegers

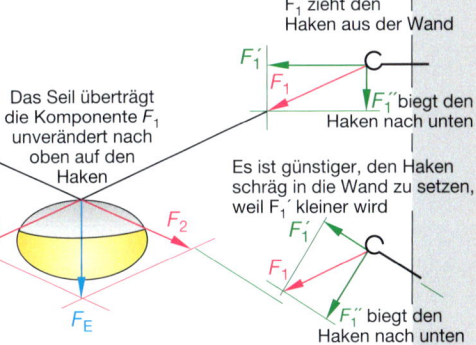

Das Seil überträgt die Komponente $F_1$ unverändert nach oben auf den Haken

$F_1'$ zieht den Haken aus der Wand

$F_1''$ biegt den Haken nach unten

Es ist günstiger, den Haken schräg in die Wand zu setzen, weil $F_1'$ kleiner wird

$F_1''$ biegt den Haken nach unten

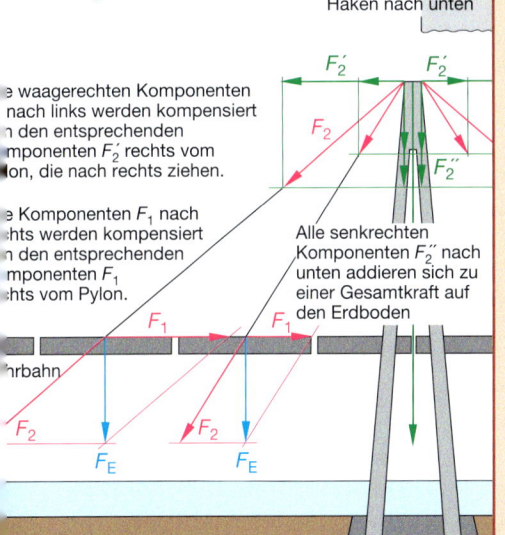

e waagerechten Komponenten nach links werden kompensiert n den entsprechenden mponenten $F_2'$ rechts vom on, die nach rechts ziehen.

e Komponenten $F_1$ nach hts werden kompensiert n den entsprechenden mponenten $F_1$ hts vom Pylon.

Alle senkrechten Komponenten $F_2''$ nach unten addieren sich zu einer Gesamtkraft auf den Erdboden

Betonfundament

---

### Segeln gegen den Wind

Der Wind weht meist nur aus einer Richtung – und trotzdem kann mit einem Segelboot (fast) jeder gewünschte Kurs gesteuert werden. Wichtig ist dabei die Stellung des Segels und die Richtung der Kiellinie des Schiffes.

In der vereinfachten Darstellung wird die Kraft des Windes auf das Segel in zwei Komponenten zerlegt:

- Die eine ($F_1$) verläuft parallel zum Segel, sie hat für die Bewegung des Bootes keine Bedeutung.
- Entscheidend ist die Wirkung von $F_2$ senkrecht zum Segel, denn sie bestimmt die Bewegungsrichtung des Segels.

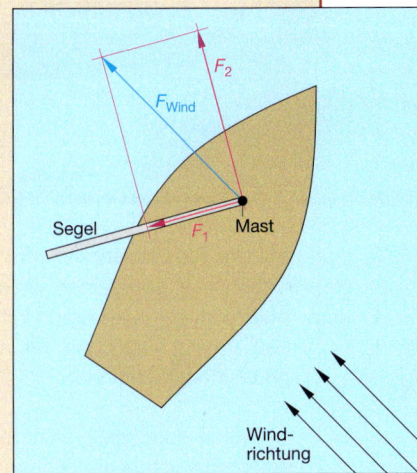

Wird der Winkel zwischen Wind und Segel verändert, dann ändert sich damit auch $F_2$. In diese Richtung würde sich das Segel und durch die Kraftübertragung mittels Mast und Seilen auch das Boot bewegen.

Einen entscheidenden Einfluss auf die Fahrtrichtung des Bootes hat jedoch die Stellung des Kieles, also die Kiellinie des Schiffes, denn nur in diese Richtung kann es leicht vorangleiten. $F_2$ wird durch den Kiel nochmals in zwei rechtwinklige Komponenten zerlegt:

- $F_3$ wirkt senkrecht zur Kiellinie. In diese Richtung kann sich das Schiff nicht bewegen, weil der lange und tiefe Kiel auf den großen Widerstand des Wassers trifft.
- $F_4$ wirkt parallel zur Kiellinie – und das ist die Kraft, die letztendlich das Segelboot vorantreibt.

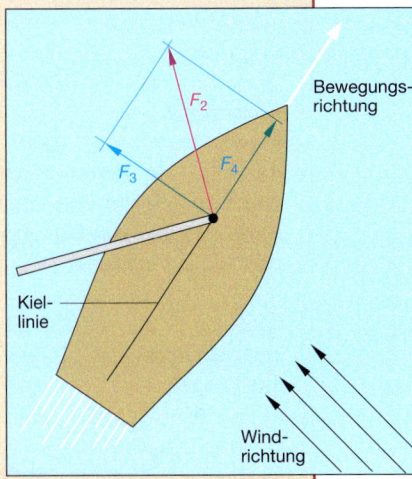

Bei einer bestimmten Stellung von Segel und Kiel kann das Boot sogar „gegen den Wind" segeln, d. h. mit dem kleinstmöglichen Winkel von 22° zwischen Wind und Fahrtrichtung. Um dabei ein anvisiertes Ziel zu erreichen, muss der Skipper einen Zick-Zack-Kurs einschlagen – er „kreuzt" mit seinem Boot **gegen den** Wind.

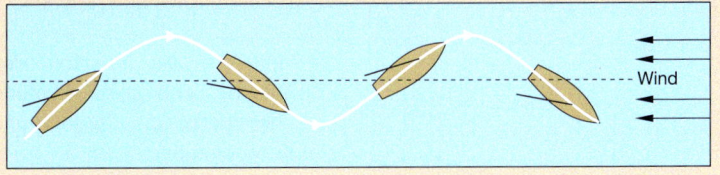

## Werkzeug — Dynamische Geometriesoftware

Geometrische Konstruktionen werden immer öfter mit dem Computer durchgeführt. Verwendung findet dabei unter anderem Dynamische Geometriesoftware (DGS). Diese Programme ermöglichen die Erstellung von beweglichen Zeichnungen, in denen nachträglich Punkte bzw. Objekte verändert werden können.

**Kräfteaddition**

**Kräftezerlegung**

Mithilfe von Schleppern wird der Ozeanriese auf seinen Anlegeplatz gezogen. Ihre Kräfte wirken aus unterschiedlichen Richtungen auf das Schiff ein.

① Wähle einen geeigneten Maßstab und zeichne die gegebenen Kräfte ein.

Konstruiere jeweils eine Parallele zu jedem Kraftpfeil durch die Spitze des anderen Pfeils. Ermittle den Schnittpunkt der beiden Parallelen.

② Zeichne die Ersatzkraft ein und bestimme ihre Länge.

**9,9 cm**

Rechne sie mithilfe des Maßstabes in eine Kraft um.

③ Variiere den Winkel und beobachte die Veränderung der Ersatzkraft.

**12,9 cm**
**9,9 cm**

Der Artist drückt das Seil an einem Punkt nach unten. Die Wirkung seiner Gewichtskraft kann durch zwei Zugkräfte auf die Seilstücke ersetzt werden.

① Übertrage die Situation in die DGS-Software. Markiere wichtige Punkte (Angriffspunkte von Kräften, …). Achte darauf, dass der Angriffspunkt der Last verschiebbar ist.
*Tipp:* Lege den Angriffspunkt der Last auf eine Ellipse mit den Haltepunkten als Brennpunkte der Ellipse. Damit erreichst du, dass sich die Gesamtlänge der „Brücke" nicht verändert.

② Zeichne die Wirkungslinien der wirkenden Kräfte. Denke daran, dass die Gewichtskraft stets senkrecht nach unten wirkt. Zeichne die Gewichtskraft entlang ihrer Wirkungslinie ein.

③ Zeichne Parallelen zu den Wirkungslinien und dann die Kraftkomponenten ein. Miss jeweils ihre Länge. Lege einen geeigneten Maßstab fest und verändere den Gewichtskraftpfeil entsprechend.

④ Verändere die Position des „Seilläufers" und die Belastung und beobachte die Veränderung der Komponenten.

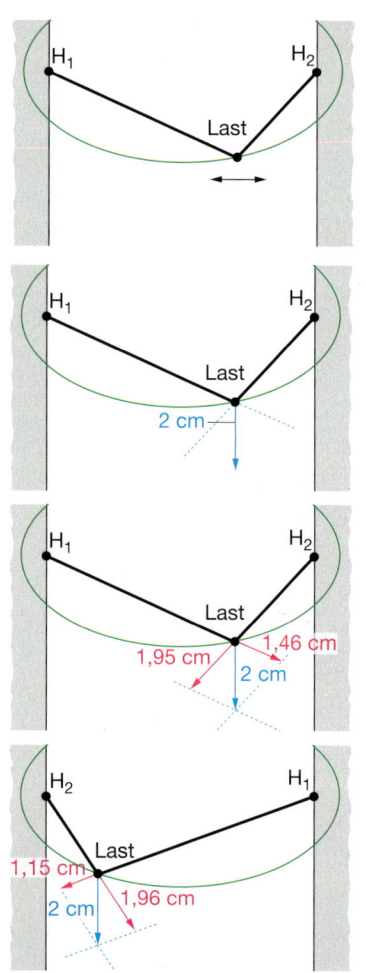

## Vom Fragen zum Wissen

### oder **Wie Naturwissenschaftler arbeiten**

Physiker forschen so ähnlich, wie du dir im Unterricht neues Wissen erarbeitest. Dabei greifen Fragen und Vermuten, Versuchen und Erkennen sowie Kritisieren und wieder Fragen in ganz bestimmter Weise ineinander.
In der Protokollführung ist dieser Weg bereits angelegt.

**Die Aufgabe**
– *Formulieren und aufschreiben, was untersucht werden soll.*

**Die Planung und Vorbereitung**
– Zuerst eine <u>Vermutung</u> über das mögliche Versuchsergebnis aufschreiben (auch als Frage möglich).
– Die zu untersuchenden Größen festlegen.
– Die nötigen Geräte bereitstellen.
– Anfertigen einer <u>Zeichnung</u> des Versuches unter Verwendung der Vorgaben (Foto im Buch, Zeichnung auf einem Arbeitsblatt, Wandtafel …).

**Die Durchführung**
– Kurz, eventuell auch stichwortartig, aufschreiben, was <u>getan</u> wurde.

**Die Beobachtung/Die Auswertung**
– Übersichtlich aufschreiben, was du <u>gesehen oder gemessen</u> hast.
– Dabei beschränken auf die für die Aufgabenstellung wichtigen Dinge.
– Eine Tabelle, eine Skizze oder ein Diagramm sind hilfreich.

**Das Ergebnis**
– Das Versuchsergebnis <u>vergleichen</u> mit der Vermutung, die vor Beginn des Versuches angestellt wurde.
– Formulieren des Ergebnisses.
– Evtl. eine Erklärung dazu schreiben.

**Die Fehlerbetrachtung**
– Sich vergewissern, was bei der Durchführung des Versuches <u>hätte besser gemacht werden können</u>.
– Überlegen, was zu Fehlern geführt haben könnte, <u>die nicht zu vermeiden waren</u>.

Am Anfang steht etwas
**Interessantes, Fragwürdiges**
aus Natur oder Technik, das mich neugierig macht.

Daraus entsteht eine **Vermutung,** die ich als **Frage** formuliere.

Ich überlege mir, wie ich aus der Natur selbst oder aus der Technik die Antwort bekommen kann.

Durch ein Experiment stelle ich die Natur so nach, dass ich besser hinschauen kann, um eine Antwort auf meine Frage zu bekommen.
Der **Versuch**
wird dadurch zu einer **Frage an die Natur/Technik.**

Die sehr genaue **Beobachtung, Auswertung und Darstellung**
führen zu einem Ergebnis, mit dem ich die **Vermutung überprüfen** kann.

War die Vermutung *richtig,* formuliere ich einen **Satz** oder ein **Gesetz**
als Antwort auf die anfangs gestellte Frage.

Vorher denke ich in einer **Fehlerbetrachtung**
darüber nach, welche Fehler sich eingeschlichen haben könnten.

Bestätigt sich die Vermutung nicht, so setzt ein **erneutes Fragen nach prüfendem Nachdenken**
ein.
Dies geschieht auch dann, wenn mich die Ergebnisse eines Versuches neugierig gemacht haben auf weiteres Wissen.

*Dann geht alles von vorne los!*

Lassen sich Kräfte mit Gummibändern messen? Verhalten sich Gummi und Stahl gleich?

**Zentraler Versuch**

Die Quotienten $s/F$ sind bei der Feder gleich, beim Gummiband nicht; das $F$-$s$-Diagramm ist keine Ursprungsgerade

Für elstische Stahlfedern gilt das Hooke'sche Gesetz: $F = D \cdot s$

Die Feder darf nicht überdehnt werden. Das Hooke'sche Gesetz gilt deshalb nur, solange die Feder nicht überdehnt wird.

Wie lässt sich ein Kraftmesser bauen? Wie wird seine Skala festgelegt?

## ARISTOTELES

(384–322 v. Chr.; griechischer Philosoph und Universalgelehrter) Geboren im makedonischen Stagira, ging ARISTOTELES 367 v. Chr. nach Athen, um an der berühmten, um 387 v. Chr. gegründeten Akademie des griechischen Philosophen PLATON zu studieren. Später gründete er eine eigene Schule in Athen, das Lykeion.

ARISTOTELES widmete sich den Gepflogenheiten seiner Zeit folgend vor allem der Philosophie. Diese sollte seiner Auffassung nach an die Alltagssprache anknüpfen und Begriffe entwickeln, mit denen sich die Dinge und ihre Bewegungen angemessen beschreiben lassen. Bei seinen Naturbeobachtungen kam ARISTOTELES zu dem Schluss, dass überall eine „wunderbare Zweckmäßigkeit" zu erkennen ist.

OHNE KRAFT KEINE BEWEGUNG

ARISTOTELES analysierte mechanische Bewegungen durch Beobachtung von Alltagsvorgängen. So verallgemeinerte er aus der Beobachtung, dass ein Vogel herabstürzte, wenn er die Flügel unbeweglich an den Körper legte, und ein Bauernwagen stehen blieb, wenn die Pferde nicht mehr zogen: Eine Bewegung hört auf, wenn die Kraft nicht mehr wirkt.

Demnach war für ARISTOTELES eine gleichförmige Bewegung nur dann möglich, wenn eine Kraft dauernd einwirkte. Mit dieser in sich geschlossenen Theorie konnten trotz dieses grundlegenden Fehlers viele mechanische Bewegungen erklärt werden.

## GALILEO GALILEI

(1564–1642; italienischer Mathematiker, Physiker und Astronom) GALILEI war Professor für Mathematik in Pisa und Padua und ab 1610 Hofmathematiker in Florenz. Durch das Eintreten für die Lehre des KOPERNIKUS kam er in Konflikt mit der Kirche und wurde 1633 durch die Inquisition zu unbefristeter Haft verurteilt, die er in seinem Haus bis zu seinem Tod verbüßte.

Durch die Einführung des Experiments mit Messwerten wurde GALILEI der Begründer der modernen Naturwissenschaft. Sein Interesse galt vor allem den Fallbewegungen von Körpern. Das größte Problem war dabei, die sehr kurzen Fallzeiten zu messen.
Er löste das Problem, indem er von der Überlegung ausging, dass ein Körper, der auf einer sehr steilen Ebene abrollt, sich fast genauso verhält wie ein fallender Körper. Da bei einer Verringerung der Neigung der Ebene stets nur der gesamte Vorgang langsamer, aber in gleicher Weise ablief, untersuchte er die Bewegung von Kugeln, die auf einer geneigten Ebene abrollten. Für die Zeitmessung benutzte er einen Wasserbehälter, der unten ein kleines Loch hatte. Das während des Herunterrollens der Kugel ausgelaufene Wasser wurde gewogen und diente als Maß für die verstrichene Zeit.

GALILEIs Erkenntnis, dass alle Körper gleich schnell fallen und nur die Luftreibung bei Körpern kleiner Masse, aber großer Angriffsfläche die Geschwindigkeit stark verzögert, wurde so nach vielen Experimenten auf der geneigten Ebene durch die Gesetze für den freien Fall ergänzt.
Nun war es möglich, Bewegungen exakt zu beschreiben und zu berechnen.

## SIR ISAAC NEWTON

(1643–1727;
englischer Mathematiker, Physiker und Astronom)

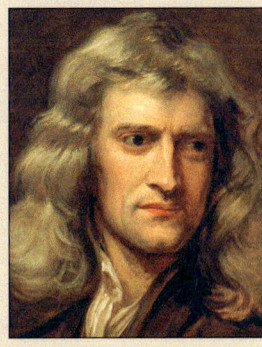

NEWTON gehört zu den bedeutendsten Naturwissenschaftlern der Menschheit. Grundlegende Ideen zu verschiedenen Gebieten der Physik (Dynamik, Optik, Himmelsmechanik) und Mathematik (Differentialrechnung) kennzeichnen sein Wirken. Das von ihm geschriebene Buch „Mathematische Prinzipien der Naturwissenschaft" begründete unser heutiges naturwissenschaftliches Weltbild. Es galt mehr als 200 Jahre als das Standardwerk der Physik. In ihm sind die drei wichtigsten Gesetz der Mechanik verankert:

- Trägheitsgesetz: „Jeder Körper beharrt in seinem Zustand der Ruhe oder der gleichförmigen Bewegung, wenn er nicht durch einwirkende Kräfte gezwungen wird, seinen Zustand zu ändern."
- Grundgesetz der Mechanik: „Die Änderung der Bewegung ist der Einwirkung der bewegenden Kraft proportional und geschieht nach der Richtung derjenigen geraden Linie, nach welcher jene Kraft wirkt."
- Wechselwirkungsgesetz: „Die Wirkung ist stets der Gegenwirkung gleich, oder die Wirkungen zweier Körper aufeinander sind stets gleich und von entgegengesetzter Richtung."

NEWTON entdeckte als erster, dass bei jeder Wechselwirkung zwischen zwei Körpern gleich große Kräfte auftreten, es also eine grundsätzliche Symmetrie zwischen der verursachenden Bewegung („actio") und der Reaktion darauf („reactio") gibt.

Beispiel: Ein schwerer Medizinball rollt auf einer schiefen Ebene abwärts und soll angehalten werden. Um seinen Bewegungszustand zu ändern, muss eine Kraft auf ihn ausgeübt werden (1. Gesetz). Die auf den Ball einwirkende Kraft verändert seinen Bewegungszustand (2. Gesetz). Bis der Ball zum Stillstand gebracht wird, drückt er mit einer gleich großen Kraft gegen die Person wie diese gegen den Ball (3. Gesetz).

Mit seinem Grundgesetz der Mechanik, dem Trägheitsgesetz und dem Wechselwirkungsgesetz leitete NEWTON eine neue Epoche in der Physik ein – jetzt konnten Bewegungen nicht mehr nur beschrieben, sondern die Ursachen für Bewegungen konnten genannt werden.

## ALBERT EINSTEIN

(1879–1955;
deutsch-amerikanischer Physiker)

Nach dem Studium an der TH Zürich und einer Anstellung im Patentamt Bern war EINSTEIN fast 20 Jahre lang Professor an der Universität in Berlin. 1921 erhielt er den Nobelpreis für Physik. 1933 emigrierte er wegen des Nazi-Terrors und wurde 1940 amerikanischer Staatsbürger.

Mit der speziellen und der allgemeinen Relativitätstheorie lieferte er einen Wissenschaftsbeitrag, der eine völlig neue Sichtweise auf die Physik darstellte. Später beschäftigte er sich mit einer neuen Gravitations- und einer einheitlichen Feldtheorie.

EINSTEIN ging in der Relativitätstheorie davon aus, dass die Lichtgeschwindigkeit als größte mögliche Geschwindigkeit feststeht, die zudem im Vakuum überall gleich ist.

Eine Folgerung daraus ist, dass die klassische Addition von Geschwindigkeiten für sehr schnelle Körper nicht mehr gilt: Wenn auf einem Wagen, der Lichtgeschwindigkeit hat, eine Lampe in Fahrtrichtung strahlt, so hat das abgestrahlte Licht nicht die doppelte, sondern ebenfalls nur Lichtgeschwindigkeit. Strahlt sie entgegen der Fahrtrichtung, so bleibt das Licht nicht stehen, sondern hat für jeden Beobachter – ob mitfahrend oder außerhalb ruhend – ebenfalls Lichtgeschwindigkeit.

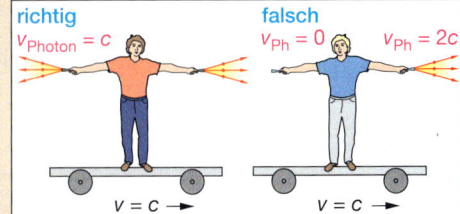

Weiterhin gilt, dass Körper mit einer messbaren (Ruhe-) Masse niemals Lichtgeschwindigkeit erreichen können, da die Masse von Körpern mit ihrer Geschwindigkeit anwächst und in der Nähe der Lichtgeschwindigkeit unendlich groß werden würde.

Die klassische Mechanik ist in den Gesetzen der Relativitätstheorie enthalten. Die Gesetze der Mechanik können für den Grenzfall kleiner Geschwindigkeiten aus den allgemeinen Gesetzen der Relativitätstheorie abgeleitet werden.

## Grundwissen — Kräfte

**Kräfte** beschreiben die Wechselwirkung von zwei oder mehreren Körpern aufeinander. Eine Kraft wird immer von einem Körper (oder mehreren) auf einen anderen ausgeübt. Sie ist charakterisiert durch Angriffspunkt, Größe und Richtung.

Verzögern

Verformung

Richtungs-
änderung

Beschleunigen

**Wirkungen von Kräften** sind
- Änderungen des Bewegungs-zustands eines Körpers, also seiner Geschwindigkeit und/oder seiner Richtung;
- Änderungen der Form eines Körpers;
- Änderungen der Energie, die der Körper vorher hatte.

### Besondere Kräfte

Die Erde übt auf jeden Körper die **Erdanziehungskraft $F_E = m \cdot g$** aus, wobei $g$ der *Ortsfaktor* $g = 9{,}81\frac{N}{kg}$ ist.

$F_G$

$F_E$

Wegen der Erdanziehung drückt jeder Körper auf seine Unterlage oder zieht an seiner Aufhängung mit seiner **Gewichtskraft $F_G \approx F_E$.**

Erdanziehungskraft und Gewichtskraft sind beide zum Erdmittelpunkt hin gerichtet.

**Wechselwirkungskräfte:** Auf jeden Körper, der eine Kraft auf einen anderen Körper ausübt, wirkt der andere Körper mit einer gleich großen Kraft in entgegengesetzter Richtung zurück.

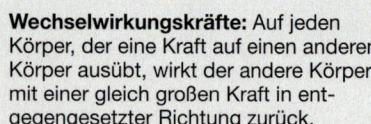

Wechselwirkungskräfte

$F_G$ zieht Stativ nach unten

$F_s$ zieht Wagestück nach oben

$F_E$ zieht den Körper zum Erd-mittelpunkt

Erde

**Reibungskräfte** sind bei Bewegungen unvermeidlich. Sie bremsen den sich bewegenden Körper ab.

Bei Reibungsvorgängen wird aus Bewegungsenergie innere Energie der aneinander reibenden Körper. Diese Energie strömt in die Umgebung und ist dann entwertet.

### Messung mit Federkraftmessern

Die Einheit ist das Newton (1 N).

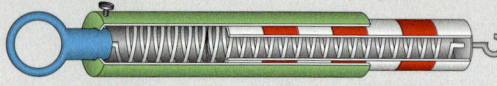

Für Metallfedern gilt das **Hooke'sche Gesetz:** $F = D \cdot s$ wobei $D$ die Federkonstante (Einheit $1\frac{N}{m}$) ist.

**Darstellung** durch Pfeile mit

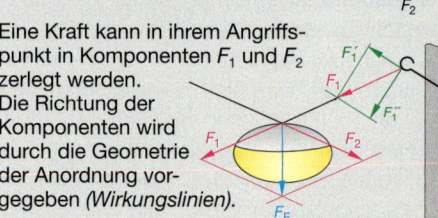

Angriffspunkt

Pfeilrichtung = Richtung der Kraft

Pfeillänge = Größe der Kraft

### Zusammensetzen und Zerlegen von Kräften

Die Wirkung mehrer Kräfte auf einen Körper kann durch eine **Ersatzkraft $F_{Ers}$** beschrieben werden.

$F_1$  $F_{Ers}$  $F_2$

Eine Kraft kann in ihrem Angriffs-punkt in Komponenten $F_1$ und $F_2$ zerlegt werden. Die Richtung der Komponenten wird durch die Geometrie der Anordnung vor-gegeben *(Wirkungslinien)*.

$F_1'$  $F_1$  $F_1''$  $F_1$  $F_2$  $F_E$

Ein Körper befindet sich im **Kräftegleichgewicht,** wenn die Ersatzkraft aller auf ihn einwirkenden Kräfte null ist.

$F_{Ers1}$  $F_{Ers2}$

### Trägheit

Ein Körper behält seinen Bewegungszustand (Ruhe oder geradlinige Bewegung mit konstanter Geschwin-digkeit) bei, solange keine Kräfte auf ihn wirken.

WECHSELWIRKUNG

### Grundbegriffe

**A1 a)** Fertige mit den Grundbegriffen links Kartei-karten an. Notiere den Begriff auf der Vorderseite und erläutere ihn auf der Rückseite, eventuell mit sonstigen Besonderheiten. Anstelle der Karteikarten kannst du auch eine elektronische Datenbank anlegen.
**b)** Erstelle eine Mindmap für das ganze Kapitel. Die Grundbegriffe links helfen dir dabei.

**A2** Ein Ball wird mit Muskelkraft vielfältig bewegt.
**a)** Beschreibe alle möglichen Wirkungen.
**b)** Der Ball wird zum Tor gedribbelt und abgeschos-sen. Beschreibe die einwirkenden Kräfte und ihre Rich-tungen.

**A3 a)** Erstelle eine Übersicht für die Wirkungen einer Kraft. Nenne Beispiele dafür, dass die Wirkung einer Kraft nicht nur von ihrer Größe, sondern auch von ihrer Richtung abhängt.
**b)** Welche Winkel müssen Kraftrichtung und Bewe-gungsrichtung jeweils zueinander haben, damit ein Ball beschleunigt oder verzögert oder aus seiner Bewegungsrichtung abgelenkt werden kann?
**c)** Beschreibe die dargestellten Formänderungen. Begründe.

$F = 0$
$F = 10\,\text{N}$
$F = 20\,\text{N}$
$F = 30\,\text{N}$

| F | $s_1$ | $s_2$ |
|---|---|---|
| 0 | 0 | 0 |
| 1,0 N | 5,0 mm | 2,5 mm |
| 2,0 N | 9,8 mm | 4,5 mm |
| 3,0 N | 15,2 mm | 6,8 mm |
| 5,0 N | 25,0 mm | 12,0 mm |
| 10,0 N | 49,5 mm | 27,0 mm |
| 15,0 N | 75,0 mm | 45,0 mm |
| 30,0 N | 151,0 mm | 230,0 mm |
| 50,0 N | 248,5 mm | 360,0 mm |
| 100,0 N | 500,0 mm | 500,0 mm |

**A4 a)** Übertrage die Werte der beiden Mess-reihen aus der Tabelle links in ein geeignetes Koordinatensystem und entscheide begründet, welche der beiden Mess-reihen die einer Metall-feder sein können.
**b)** Gib eine mögliche Federkonstante an.

**A5** Eine Feder kann mit 50 N belastet werden. Sie wird zunächst mit 5 N und dann mit 10 N belastet. Dabei er-gibt sich eine Länge von 160 mm bzw. 200 mm.
Bestimme
**a)** die Ausgangslänge der Feder (also die Länge ohne Belastung),
**b)** die Länge der Feder bei einer Belastung von 8 N.

**A6** Eine Feder wurde durch eine Kraft von 0,5 N um 6 cm gedehnt. Berechne die Dehnung der Feder bei einer Belastung mit 0,15 N.

**A7 a)** Beschreibe den Bau eines Federkraftmessers.
**b)** Erläutere, was bei der Messung mit einem Feder-kraftmesser alles zu beachten ist.
**c)** Vergleiche die beiden Graphen.
**d)** Lies jeweils zwei Wertepaare ab und berechne die Feder-konstante. Vergleiche.

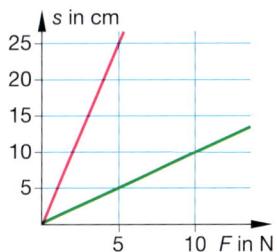

**A8** Gegeben sind die Kräfte $F_1 = F_2 = 10\,\text{N}$.
**a)** Ermittle die Ersatzkraft $F_{\text{Ers}}$ für Winkel $0° < \alpha < 180°$ in Zehn-Grad-Schritten.
**b)** Beschreibe den Zusammenhang zwischen $\alpha$ und $F_{\text{Ers}}$. Erstelle dazu ein $\alpha$-$F_{\text{Ers}}$-Diagramm.
**c)** Bestimme den Winkel, bei dem $F_{\text{Ers}} = F_1 = F_2$ ist.

**A9** Zwei Spannseile ziehen an der Feder ($D = 500\,\frac{\text{N}}{\text{m}}$). Bestimme die Deh-nung der Feder durch Konstruktion.

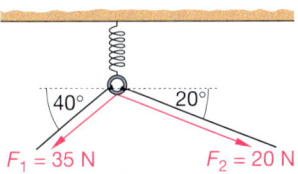

$F_1 = 35\,\text{N}$    $F_2 = 20\,\text{N}$

**A10** Ein Maler der Masse $m = 80\,\text{kg}$ steht auf einer gleichschenkligen Leiter. Die beiden Schenkel der Leiter schließen dabei einen Winkel von $\alpha = 40°$ ein.
**a)** Bestimme, wie sich die Gewichtskraft auf die beiden Schenkel der Leiter ver-teilt.
**b)** Erläutere die Veränderung der Teilkräf-te bei einer Verkleinerung des Winkels.
**c)** Erläutere, warum der Winkel $\alpha$ trotz-dem nicht zu spitz gewählt werden sollte.

**A11** Durch Paddeln kann ein Boot im Wasser leicht fortbewegt werden.
**a)** Erkläre mithilfe einer Skizze das Vorankommen.
**b)** Begründe, warum der gleiche Effekt eintritt, wenn Steine aus dem Boot geworfen werden und in welche Richtung sie geworfen werden müssen.

**A12** Schreibe eine kurze Geschichte über eine Welt, in der das Wechselwirkungsgesetzt nicht gilt.

## Hebel, Flaschenzüge und Maschinen

Mit einem Hebebaum können z.B. Einsatzkräfte der Feuerwehr bei Rettungseinsätzen schnell und effektiv Lasten anheben.

**1** Recherchiert die Einsatzmöglichkeiten eines **Hebebaums.**

**2** Baut einen Modell-Hebebaum auf und untersucht an ihm die Kräfteverhältnisse.

**3** Beschreibt den mechanischen Vorteil, den die Einsatzkräfte der Feuerwehr durch den Einsatz eines solchen Hebebaums besitzen.

**4** Erstellt eine Arbeitsanweisung für den sicheren Einsatz eines Hebebaums.

**5** Findet weitere Einsatzmöglichkeiten von **Hebeln** und Erstellt ein Plakat dazu.

Die Erfindung des **Flaschenzuges** wird Ingenieuren des 9. Jahrhunderts v. Chr. zugeschrieben.

**1** Findet unterschiedliche Anordnungen von Flaschenzügen. Baut einen Flaschenzug auf und untersucht das Verhältnis zwischen Zugkraft und Hubkraft.

**2** Informiert euch über die **Goldene Regel der Mechanik**. Gilt sie auch bei einem Flaschenzug?

**3** Untersucht einen **Differentialflaschenzug** und bestimmt das Verhältnis von Zugkraft und Hubkraft.

**4** Findet weitere ungewöhnliche oder spezielle Flaschenzüge und erklärt ihre Wirkung.

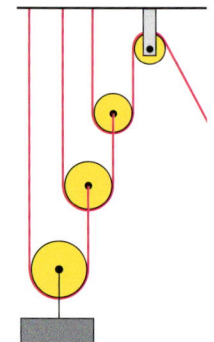

Seit Urzeiten ist der Mensch damit beschäftigt, **Maschinen** zu entwickeln, die Kräfte sparen, Dinge bewegen und Arbeiten schneller vorantreiben.

**1** Katalogisiert unterschiedliche historische Maschinen. Benennt dabei ihren Erfinder, ihre Anwendungsbereiche und das erste Einsatzjahr. Gebt an, ob diese Maschinen auch heute noch eingesetzt werden oder wie sie weiterentwickelt wurden.

**2** Erklärt die Funktionsweise dieser historischen Maschinen mithilfe einer geeigneten Skizze. Zeichnet dazu jeweils auch die wirkenden Kräfte ein.

## Reibung

Informiert euch über die verschiedenen **Reifentypen von Fahrrädern** und ihre Eigenschaften bzw. Einsatzmöglichkeiten.

**1** Untersucht das Verhalten der verschiedenen Reifen. Be- 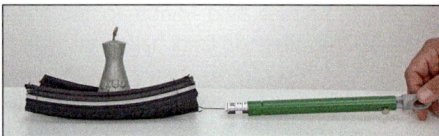 stimmt dazu jeweils die **Haftkraft** bzw. die **Gleitreibungskraft** in Abhängigkeit von der Gewichtskraft (Anpresskraft) des Reifens.

**2** Untersucht in einem Experiment den Einfluss des Straßenbelages auf die Gleitreibungskraft.

**3** Erstellt Handzettel, auf denen ihr Tipps für das Verhalten von Radfahrern bei Regenwetter gebt. Verteilt sie an Schulkameraden und Eltern.

## Bionik

In der Bionik beschäftigen sich Wissenschaftler damit, Phänomene aus der Natur technisch anzuwenden. In Düsentriebwerken wird das **Rückstoßprinzip** angewandt, das auch Quallen für die Fortbewegung nutzen.

**1** **a)** Sucht im Internet nach einem geeigneten Video zur Fortbewegung von **Quallen** und analysiert es.
**b)** Erläutert das Prinzip der Quallenbewegung.

**2** **Achtung: Feuergefahr !**
**a)** Recherchiert im Internet die Bauanleitungen für eine **Streichholzrakete**, baut sie nach und startet sie.
**b)** Beschreibt die Vorgänge bei Start und Flug einer solchen Rakete. Erläutert ihre Wirkungsweise.

**3** Baut ein Fahrzeug, dass durch das Rückstoßprinzip angetrieben wird. Dokumentiert eure Überlegungen und euer Vorgehen in einer geeigneten Form.

**4** Findet weitere Beispiele für die Anwendung der Bionik und erstellt dazu eine Präsentation.

**A1** An eine Spiralfeder wird ein Körper der Masse $m =$ 100 g angehängt; sie dehnt sich dadurch um 15 cm. Eine zweite, gleichlange Feder dehnt sich bei Anhängen des gleichen Körpers um 10 cm. Beide Federn werden nun parallel nebeneinander aufgehängt und der Körper mit einer Stange (Gewichtskraft vernachlässigbar) daran befestigt. Berechne, um welche Strecke der Körper die Federkombination nach unten zieht.

**A2** Bei der Dehnung einer Feder mit der Ausgangslänge $l = 50$ mm wurden folgende Werte gemessen.

| F | l | s |
|---|---|---|
| 0 N | 50 mm | ? |
| 1 N | 58 mm | ? |
| 2 N | 70 mm | ? |
| 3 N | 74 mm | ? |
| 4 N | 82 mm | ? |
| 5 N | 90 mm | ? |
| 6 N | 102 mm | ? |
| 7 N | 125 mm | ? |

**a)** Vervollständige die Tabelle.
**b)** Zeichne ein F-s-Diagramm und beschreibe den Kurvenverlauf.
**c)** Ein Wert wurde falsch gemessen. Ermittle ihn und begründe deine Entscheidung.
**d)** Bestimme die Belastung, die eine Verlängerung um 30 mm hervorruft. Bestimme die Federlänge bei einer Belastung von 4,5 N.
**e)** Deute das „Abknicken" des Graphen.

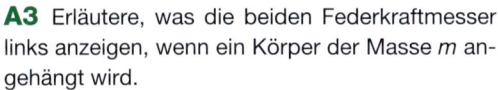

**A3** Erläutere, was die beiden Federkraftmesser links anzeigen, wenn ein Körper der Masse $m$ angehängt wird.

**A4** Die an die Federkraftmesser in den beiden Bildern unten angehängten Massen haben jeweils eine Gewichtskraft von 10 N.
Beschreibe den Aufbau der Anordnungen und gib die Verhältnisse der angreifenden Kräfte an.

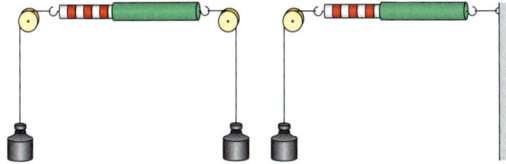

**A5** **a)** Berechne deine Gewichtskraft zuhause, am Pol, am Äquator und auf dem Mond.
**b)** Erläutere die Veränderung der Anzeige einer Briefwaage während der verschiedenen Phasen einer Fahrstuhlfahrt.
**c)** Du führst den Versuch in b) mit einer Balkenwaage durch. Was erwartest du? Begründe.
**d)** Astronauten, die im Raumschiff die Erde umkreisen, sehen keine Wirkungen ihrer Gewichtskraft. Wirkt auf sie keine Erdanziehungskraft mehr?

**A6** Werden mehr als drei Kräfte mithilfe eines Kräfteparallelogramms addiert, so wird dieses Verfahren schnell sehr aufwendig und unübersichtlich. In einem solchen Fall kann eine sogenannte *Vektoraddition* durchgeführt werden. Dazu wird der Anfang des zweiten Pfeils so parallel verschoben, dass er an der Spitze des ersten Pfeils ansetzt usw.
Addiere fünf selbstgewählte Kräfte mithilfe des Kräfteparallelogramms bzw. der Vektoraddition.

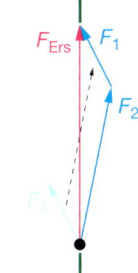

**A7** Sonnensegel werden meist durch Abspannseile und Aufstellstangen gesichert. Im Bild rechts sind die entsprechenden Maße angegeben. Am Wandhaken wirkt dabei eine horizontale Kraft von 800 N.
Bestimme jeweils die Kräfte, mit denen die Stange auf den Boden drückt bzw. das Spannseil an der Stange zieht.

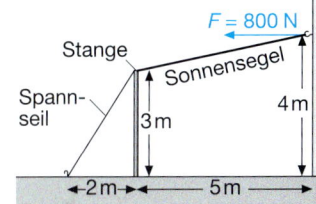

**A8** Reibungskräfte hemmen eine Bewegung. Sie ermöglichen aber auch das Laufen bzw. die Bewegung eines Autos. Erläutere den scheinbaren Widerspruch.

**A9** Zwei gleichartige Ringmagnete stoßen sich gegenseitig ab.
**a)** Plane ein Experiment, mit dem die Anziehungskräfte der Magnete gezeigt werden können.
**b)** Formuliere dazu auch eine mögliche Beobachtung.
**c)** Erläutere mögliche Veränderungen des Versuchsausgangs bei der Verwendung verschieden starker Ringmagnete.

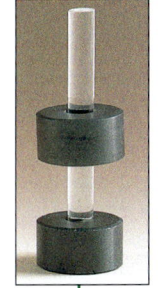

**A10** Ein Eiskunstlaufpaar steht sich gegenüber und stößt sich voneinander ab. Danach bewegt sich der Partner mit $3 \frac{m}{s}$ nach hinten. Entwickele eine begründete Vermutung über die Geschwindigkeit der Partnerin.

**A11** **a)** Erläutere, wer beim Bremsen eines PKW eigentlich auf wen Kräfte ausübt.
**b)** Während der gleichförmigen Bewegung eines PKW treten verschiedene Kräfte auf. Erläutere anhand einer Skizze die auftretenden Kräfte. Unterscheide dabei zwischen Wechselwirkungs- und Gleichgewichtskräften.
**c)** Angenommen, auf einen PKW könnten keinerlei Kräfte ausgeübt werden – kommentiere.

# Energie und Energieerhaltung

Bricht ein Vulkan aus, werden leichtere Lava-
brocken in die Höhe geschleudert, größere
Lavamassen fließen den Vulkan herab. Stürzt
die Lava dabei ins Meer, so erhitzt sie das
Wasser bis es siedet und verdampft. Die Lava
kühlt sich dabei ab und erstarrt.

In diesem Kapitel lernst du, wie die Energie
eines hochgeschleuderten Körpers berechnet
wird. Du erfährst, welcher Zusammenhang
zwischen der Geschwindigkeit und der Bewegungsenergie eines Körpers bestehen, welche
physikalischen Größen die Energie im Innern
eines Körpers bestimmen und unter welchen
Voraussetzungen Körper schmelzen, verdampfen oder erstarren.

■ **Auto fällt vom Kran:** Autoverbände oder die Polizei veranstalten immer wieder einen spektakulären Versuch: Mithilfe eines Krans wird ein PKW 10 m über den Boden gehoben und dann fallen gelassen. Die Wucht des Aufpralls entspricht einem Frontalzusammenstoß mit einer Geschwindigkeit von etwa 50 $\frac{km}{h}$.
Gibt es Formeln für die hierbei beteiligten Energieformen Höhenenergie und Bewegungsenergie, mit denen sich ein Zusammenhang zwischen Höhe und Geschwindigkeit herstellen lässt? Was hat das Prinzip von der Erhaltung der Energie damit zu tun?

■ **Schmelzen von Alu:** Aluminium ist ein Metall, das in vielen Bereichen unseres Lebens Einzug gehalten hat – ob es die Felgen am Auto oder große Teile des Motors sind oder die Pfannen in der Küche. Warum wird oft Aluminium und nicht Stahl oder Eisen verwendet? Gegenstände aus Aluminium sind deutlich leichter als solche aus Eisen oder Stahl; außerdem hat Aluminium eine deutlich niedrigere Schmelztemperatur. Zum Gießen von geformten Körpern ist bei Aluminium daher weniger Energie nötig.

■ **Wassertürme wollen hoch hinaus:** Wassertürme werden heute noch verwendet, um Städte mit Wasser zu versorgen. In Zeiten geringen Wasserverbrauches werden die Türme, die höher als die angeschlossenen Verbraucher liegen, mittels Pumpen gefüllt. Die dadurch gewonnene Höhenenergie wird in Zeiten eines Spitzenverbrauchs von Trinkwasser genutzt, um den Wasserdruck überall konstant zu halten: Die Türme leeren sich.

■ **Stein oder Wasser?** Früher wurden oft Wärmesteine ins Bett gelegt, damit es dort nicht so kalt war. Heute werden eher Wasser gefüllte Wärmflaschen verwendet. Ob das energetisch günstiger ist? Zumindest ist es weniger laut, wenn die „Wärmflasche" aus dem Bett fällt und die Anzahl der „blauen Flecken" wird durch sie wohl auch reduziert.

## Vorbereitung

**1** Lies die Texte dieser beiden Seiten durch und betrachte die zugehörigen Bilder. Schreibe zu den einzelnen Themen Fragen auf, die du dazu hast.

**2** Blättere das folgende Kapitel durch, lies die Überschriften und betrachte die Bilder. Notiere neben den Fragen aus **1** die Seitenzahlen, die deiner Meinung nach Antworten zu deinen Fragen liefern könnten.

**3** Überlege und schreibe auf, was du in Experimenten untersuchen möchtest. Vielleicht hast du ja schon Ideen, wie die Versuche aussehen könnten.

**4** Studiere die im Vorwissen „Energie" auf Seite 8 dargestellten Zusammenhänge. Schreibe dazu die wichtigsten Begriffe zusammen mit einer kurzen Erklärung auf.

- Energie ist erforderlich, damit Vorgänge ablaufen können.
- Energie tritt in unterschiedlichen Formen, auf die ineinander gewandelt werden können.
- Bei einer Energiewandlung wird meist ein Teil der Energie an die Umgebung abgegeben und ist nicht mehr nutzbar.
- Energie geht nie verloren, sie wandelt nur ihre Form.

**wichtige Energieformen:**
Höhenenergie
Bewegungsenergie
elektrische Energie
innere Energie
Lichtenergie

**Energieflussdiagramme:**

**ENERGIE**

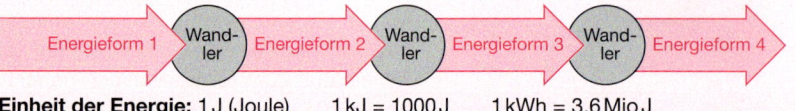

**Einheit der Energie:** 1 J (Joule)    1 kJ = 1000 J    1 kWh = 3,6 Mio J

**Elektrische Stromkreise** haben den Zweck, Energie von einer Quelle zu einem Gerät zu übertragen. Für diesen Energiestrom ist ein **Träger** nötig. Das ist der Kreislauf der strömenden Elektronen bzw. der fließenden Ladung.
Die **Spannung $U$** (in V) ist ein Maß für die Größe des Antriebs, den die Quelle den Elektronen gibt. Die Spannung gibt an, wie viel Energie pro Ladung eine Quelle zur Verfügung stellt.
Die **Stromstärke $I$** (in A) ist ein Maß für die pro Zeitdauer $t$ geflossene Anzahl an Elektronen bzw. Ladungen.

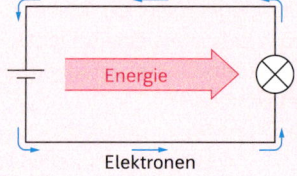

Wie viel Energie strömt, wird durch die **Energiestromstärke $P$** ausgedrückt:

$$\text{Energiestromstärke} = \frac{\text{Energie}}{\text{Zeit}} \text{ oder } P = \frac{E}{t}.$$

Die Einheit ist $1\,\text{Watt} = 1\,\text{W} = 1\,\frac{\text{J}}{\text{s}}$.
Bei Elektrogeräten wir die Energiestromstärke als **Leistung** bezeichnet.

**WECHSELWIRKUNG**

Bewegungen sind gleichförmig, wenn in gleichen Zeitabschnitten $\Delta t$ gleiche Wegstrecken $\Delta s$ zurückgelegt werden.
Die **Geschwindigkeit** ist bei gleichförmigen Bewegungen konstant. Der Quotient aus zurückgelegtem Weg $\Delta s$ und dafür benötigter Zeit $\Delta t$ ist die Geschwindigkeit $v$ des Körpers: $v = \frac{\Delta s}{\Delta t}$.
Einheiten sind $1\,\frac{\text{m}}{\text{s}}$ oder $1\,\frac{\text{km}}{\text{h}}$.

Die Erde übt auf jeden Körper die **Erdanziehungskraft** $F_E = m \cdot g$ aus, wobei $g$ der Ortsfaktor ist: $g = 9{,}81\,\frac{\text{N}}{\text{kg}}$.

**Reibungskräfte** sind bei Bewegungen unvermeidlich. Sie bremsen den sich bewegenden Körper ab. Dabei wird Energie und die Umwelt abgegeben.

**Festkörper**
Die Teilchen liegen dicht an dicht und halten sich gegenseitig auf ihren Plätzen fest; sie können nur ein wenig hin und her zittern.

**Flüssigkeit**
Die Teilchen hängen nur locker aneinander und können ihre Plätze tauschen; sie liegen so dicht beieinander wie im Festkörper.

**Luft/Gase**
Die Teilchen sind nicht miteinander verbunden, sondern völlig frei beweglich.

Am absoluten Nullpunkt sind alle Teilchen völlig in Ruhe. Das ist der Nullpunkt der Kelvin-Skala. Tiefere Temperaturen gibt es nicht.

**Materie**

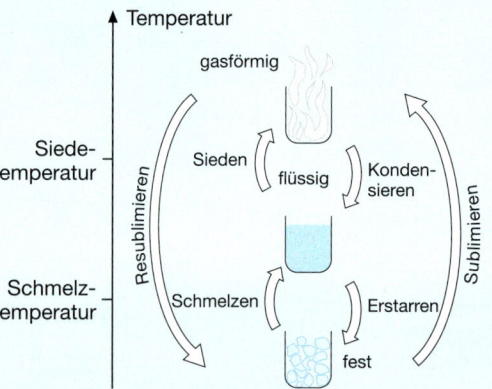

## Mechanische Energieformen Projekt

Die mechanischen Energieformen und ihre Wandlungen bestimmten früher viele Prozesse des täglichen Lebens und tun es auch heute noch. Hierbei können der Spaß, wie bei Spielzeug oder in Vergnügungsparks, aber auch die Bewältigung von Tätigkeiten im Alltag im Vordergrund stehen.

**P1 a)** Erstellt eine Übersicht von Kinderspielzeug, dessen Funktion auf der Wandlung von mechanischen Energieformen beruht. Ergänzt die Vorschläge „Auto mit Friktionsmotor", „Flugzeug mit Gummimotor" um eigene Beispiele.
**b)** Erklärt, welche Energieformen ineinander gewandelt werden.

**P2** Auf Volksfesten und in den zahlreichen Vergnügungsparks gibt es Attraktionen, die auf dem physikalischen Prozess der Energiewandlung beruhen.
**a)** Ergänzt die bekanntesten Attraktionen „Achterbahn" und „Wildwasserbahn" um eigene Beispiele. Beschreibt die Wandlungsprozesse.
**b)** Fotografiert eine Achterbahn aus großer Distanz und die Wagen in einzelnen Abschnitten der Bahn.

Nutzt die Fotos, um die Situationen hinsichtlich der Bewegungen und mechanischen Energieformen zu beschreiben.

**P3 a)** Vor der Erfindung des Elektromotors wurden viele Maschinen mechanisch angetrieben. Erkundigt euch zum Beispiel im Internet oder in einem Museum, wie diese Antriebe aufgebaut waren. Was geschah dabei aus energetischer Sicht?
**b)** Auf vielen Baustellen wird die Energiewandlung bei Maschinen genutzt. Beschreibt die mechanische Energiewandlungen auf einer Baustelle z. B. in Form eines Plakats.

## Gebäude heizen Projekt

**P1** Abgesehen von wenigen Sommermonaten, müssen die meisten Gebäude ständig mehr oder weniger beheizt werden. Außerdem muss Warmwasser bereitgestellt werden.
**a)** Erkundigt euch, wie groß die Menge des benötigten **Brennstoffs** für euer Haus (eure Wohnung oder eure Schule) im letzten Jahr war. Recherchiert die aktuellen Preise und berechnet die Heizkosten für ein Jahr.
**b)** Ermittelt mithilfe des **Heizwerts** des Brennstoffs (die Heizwerte können einem Tafelwerk entnommen werden) die Menge der durch den Brennstoff gelieferten Energie. Wählt eine anschauliche Zahlendarstellung.
**c)** Moderne Gas- und Ölheizungen nutzen den sogenannten **Brennwerteffekt**. Recherchiert, was darunter zu verstehen ist und stellt den Sachverhalt verständlich dar.

**P2 a)** In Mehrfamilienhäusern muss für jede Wohnung die von der Zentralheizung gelieferte Energie gesondert festgestellt werden. Dazu befinden sich an jedem Heizkörper einer Wohnung kleine Geräte, die **Heizkostenverteiler** genannt werden. An ihnen wird nur eine dimensionslose Zahl abgelesen.

Recherchiert, welche Modelle es gibt und nach welchem Prinzip sie funktionieren.
**b)** Findet durch Messungen heraus, wie die **Temperaturverteilung** auf verschiedenen Heizkörpern ist. Fertigt dann farbige Zeichnungen der Temperaturverteilung an und tragt darin eure Messwerte ein. Vergleicht die von euch ermittelten Temperaturverteilungen mit den Empfehlungen von Fachleuten.

# Energie und Leistung

**Große Wassermengen, die in der Höhe gestaut oder in die Höhe gepumpt wurden, speichern Energie – Höhenenergie. Diese Energie kann nach der Wandlung in Bewegungsenergie im Kraftwerk zur Gewinnung elektrischer Energie genutzt werden. Gibt es Formeln, mit denen Energiemengen berechnet und somit verglichen werden können?**

## Höhenenergie

Hat ein Körper Energie, kann er etwas bewegen, anheben, verformen oder andere Wirkungen hervorrufen. Aus der Größe dieser Wirkung lässt sich auf die Größe der Energie des Körpers schließen. Wird ein Haus auf sumpfigem Grund gebaut, werden Pfähle in die Erde getrieben, um die nötige Festigkeit für das Fundament zu schaffen. Diese Arbeit erledigt eine Pfahlramme, bei der ein schwerer Klotz immer wieder auf den Pfahl herunterfällt und ihn so in den Boden treibt. Wie lässt sich seine **Energie** berechnen?

Ein fallender Tonnenfuß treibt Nägel in einen Styroporklotz. Aus ihrer Eindringtiefe lässt sich schließen, wie groß die Energie des Tonnenfußes vor dem Auftreffen war: Wegen des Energieerhaltungssatzes ist diese Energie genau so groß wie die Energie, die der Tonnenfuß vor dem Fallen in der Höhe $h$ hatte; sie wird als seine **Höhenenergie** bezeichnet:
① und ②: Je größer die Höhe $h$ ist, aus der der Körper fällt, desto weiter wird der Nagel in das Styropor hineingetrieben. Bei doppelter Höhe geht der Nagel auch etwa doppelt so tief hinein; also ist die Höhenenergie in diesem Fall auch doppelt so groß gewesen. Es gilt also $E_{\text{Höhe}} \sim h$.
③ Je größer die Masse $m$ des Körpers ist, desto tiefer dringt der Nagel ein. Fallen zwei Tonnenfüße mit insgesamt doppelter Masse $m$ aus der ursprünglichen Höhe, so hatten sie die doppelte Höhenenergie. Also gilt $E_{\text{Höhe}} \sim m$. Diese beiden Proportionalitäten können zu einer zusammengefasst werden:
$E_{\text{Höhe}} \sim m \cdot h$.

Eine theoretische Überlegung führt zu einer weiteren Proportionalität. $E_{\text{Höhe}}$ muss auch proportional zum Ortsfaktor $g$ sein, denn ohne die Anziehungskraft durch die Erde oder den Mond gibt es auch keine Höhenenergie. Zusammengefasst:

$$E_{\text{Höhe}} = m \cdot g \cdot h = F_E \cdot h.$$

Als Einheit für die Energie ergibt sich 1 N·m; abgekürzt **1 Nm = 1 J = 1 Joule,** benannt nach dem Engländer JAMES PRESCOTT JOULE (1818–1898), der bahnbrechende Veröffentlichungen zu Energie und Energiewandlungen machte.

Die Höhe $h$ ist dabei kein absoluter Wert. Im Versuch wurde die Höhe zur Styroporoberfläche betrachtet. Es könnte aber auch die Höhe zur Tischplatte oder zum Fußboden betrachtet werden: relevant ist nur die Höhendifferenz $\Delta h$.

Wird ein Körper mit der Masse $m$ um die Höhe $\Delta h$ gehoben, dann ändert sich seine Höhenenergie um
$\Delta E_{\text{Höhe}} = m \cdot g \cdot \Delta h.$

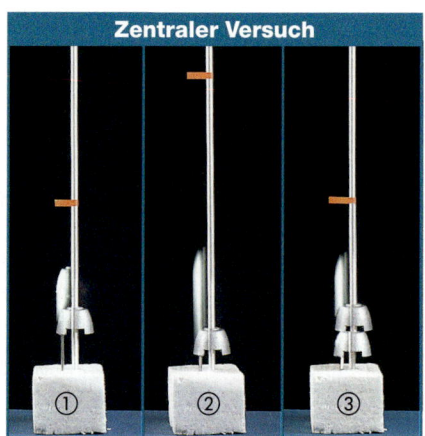

**Zentraler Versuch**

① ② ③

---

**Durchblick**  **Der Nullpunkt bestimmt $\Delta E$**

Hat ein Körper (Masse $m$), der von einem Tisch (Höhe $h_1$) aus um eine Strecke $h$ senkrecht nach oben gehoben wird am Ende tatsächlich die Höhenenergie $E_{\text{Höhe}} = m \cdot g \cdot h$?
Ja und nein, lautet die Antwort. Es hängt davon ab, wo die Nulllage, d. h. der Ort mit der Höhe $h_0 = 0$, definiert wird:
Ist der Fußboden die Nulllage, so ergibt sich für die Höhenenergie nach dem Anheben $E_{\text{Höhe}} = m \cdot g \cdot (h_1 + h)$;
ist die Tischfläche die Nulllage, ergibt sich $E_{\text{Höhe}} = m \cdot g \cdot h$.
Für die Festlegung des Nullpunkts gibt es eine einfache Regel: „Die Nulllage ist dort, wo das Heben beginnt."

## Mechanische Energie und Arbeit

Ein Körper bekommt Höhenenergie, wenn er gegen die Erdanziehungskraftkraft $F_E$ um eine Strecke $\Delta h$ gehoben wird:

$$\Delta E_{\text{Höhe}} = F_E \cdot \Delta h.$$

Fällt nun der Körper aus der Höhe $h$ nach unten, so ist nach dem Energieerhaltungssatz seine Bewegungsenergie im tiefsten Punkt genauso groß wie seine anfängliche Höhenenergie:

$$E_{\text{Bew}} = \Delta E_{\text{Höhe}} = F_E \cdot \Delta h.$$

Dies lässt sich auch so interpretieren: Wenn ein Körper fällt, wirkt auf ihn längs der Strecke $\Delta s$ $(= \Delta h)$ die Erdanziehungskraft $F$ $(= F_E)$. Dadurch bekommt er Bewegungsenergie. Für den Energiezuwachs gilt

$$\Delta E_{\text{Bew}} = F \cdot \Delta s.$$

Analog gilt für Reibungsvorgänge: Wird ein Körper durch eine Kraft $F$ (entgegengesetzt gleich der Reibungskraft $F_{\text{Reib}}$) längs der Strecke $\Delta s$ verschoben, so ist dafür Energie nötig:

$$E_{\text{Reib}} = F_{\text{Reib}} \cdot \Delta s.$$

Generell gilt: Wird ein Körper mit einer konstanten Kraft $F$ längs einer Strecke $\Delta s$ bewegt, so ändert sich seine Energie $E$ um

$$\Delta E = F \cdot \Delta s.$$

$\Delta E$ ist die Energie, die einem Körper zugeführt werden muss, um den Weg $\Delta s$ gegen eine Kraft $F$ zurückzulegen. Sie wird auch als **Arbeit $W$** bezeichnet.

**Aber Achtung:** Die Gleichung $\Delta E = F \cdot \Delta s$ darf nur angewandt werden, wenn $F$ und $\Delta s$ die gleiche Richtung haben. Bei Bewegungen parallel zur Erdoberfläche darf für $F$ z.B. nicht die Gewichtskraft $F_G$ eingesetzt werden, denn die steht ja senkrecht auf der Verschiebungsstrecke $\Delta s$.

Ein Beispiel dafür, dass nur die Kraft in Richtung der Verschiebungsstrecke $\Delta s$ verwendet werden darf, ist die schiefe Ebene:

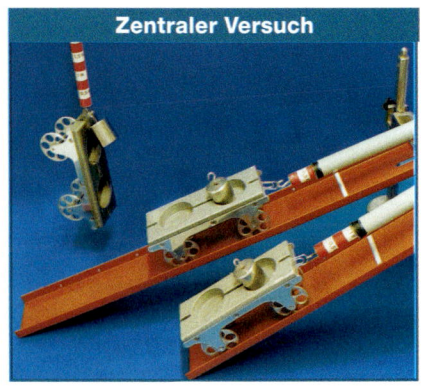
**Zentraler Versuch**

- Wird der Wagen senkrecht um die Höhe $\Delta h$ nach oben „gezogen" (gehoben), so ist die Zugkraft $F_{\text{Zug}}$ so groß wie die Gewichtskraft $F_G$. Der Wagen bekommt durch das Hochheben die Höhenenergie $E_{\text{Höhe}} = F_{\text{Zug}} \cdot \Delta h$
- Ist die schiefe Ebene doppelt so lang wie die Hubhöhe, so ist als Zugkraft $F_{\text{Zug}}$ nur noch die Hälfte der Gewichtskraft nötig, bei dreifacher Länge nur noch $\frac{1}{3}$ usw.

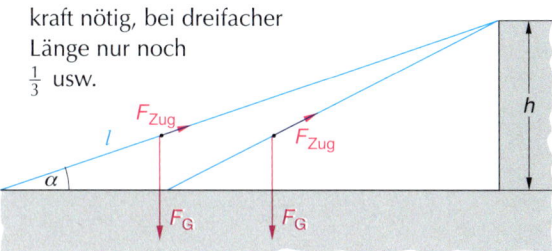

Das ist aber nicht weiter verwunderlich, denn in allen Fällen wird der Wagen ja auf dieselbe Höhe gebracht, bekommt also die gleiche Höhenenergie.

> Wird ein Körper durch eine Kraft $F$ längs einer Strecke $\Delta s$ bewegt, so ändert sich seine Energie um $\Delta E = F \cdot \Delta s$.

### Rechenbeispiel

Der Rammklotz einer Pfahlramme mit der Masse 450 kg fällt aus einer Höhe von 3,90 m herab. Berechne seine Höhenenergie vor dem Herabfallen.

Geg.: $m = 450$ kg; $\Delta h = 3,90$ m; $g = 9,81\ \frac{N}{kg}$

Ges.: $E_{\text{Höhe}}$

Lösung:
$$\begin{aligned} E_{\text{Höhe}} &= m \cdot g \cdot \Delta h \\ &= 450\ \text{kg} \cdot 9,81\ \tfrac{N}{kg} \cdot 3,90\ \text{m} \\ &= 17\,216,55\ \text{Nm} = 17\,217\ \text{J} = 17,2\ \text{kJ} \end{aligned}$$

Die Höhenenergie des Rammklotzes betrug 17,2 kJ.

### Aufgaben

**1** Berechne die Höhe, auf die ein gefüllter 10 ℓ-Wassereimer gehoben werden müsste, damit er genauso viel Energie hat wie der Rammklotz im Rechenbeispiel. (Masse des Eimers 360 g)

**2** In einem Pumpspeicherwerk beträgt der Höhenunterschied zwischen dem Speicherbecken und den Turbinen 90 m. Bestimme die Höhenenergie der 3,8 Mio. m³ Wasser im Speicherbecken, die unten in elektrische Energie gewandelt wird.

**3** Gib die Änderung der Höhenenergie eines Körpers an, wenn sich seine Höhe verdreifacht und seine Masse verdoppelt.

## Bewegungsenergie

**Zentraler Versuch**

Um den Zusammenhang zwischen Bewegungsenergie und Geschwindigkeit herauszufinden, fährt ein Wagen gegen ein bewegliches Hindernis. Der Weg, auf dem der Wagen abgebremst wird, entspricht der Verschiebungsstrecke $\Delta s$ des Hindernisses. Die zum Verschieben nötige Energie kommt aus der Bewegungsenergie des Wagens. Sie berechnet sich aus $E_{Reib} = F_{Reib} \cdot \Delta s$. Die Reibungskraft kann mit einem Federkraftmesser bestimmt werden. Die Geschwindigkeit des Wagens wird variiert und gemessen.

- Wird die Aufprallgeschwindigkeit verdoppelt bzw. verdreifacht, so vervierfacht bzw. verneunfacht sich der Bremsweg in etwa. Die Bewegungsenergie des Wagens ist proportional zum Quadrat der Geschwindigkeit:
  $$E_{Bew} \sim v^2.$$
- Natürlich spielt auch die Masse des Wagens eine Rolle: Je größer seine Masse, desto länger der Bremsweg, desto größer also seine Bewegungsenergie. Genaue Messungen wie in der Tabelle unten zeigen, dass gilt:
  $$E_{Bew} \sim m.$$

Beide Proportionalitäten lassen sich zu einer zusammenfassen:
$$E_{Bew} \sim m \cdot v^2.$$

| $m$ | $v$ | $\Delta s$ | $m \cdot v^2$ | $F_{Reib} \cdot \Delta s$ |
|---|---|---|---|---|
| 50 g | 0,30 $\frac{m}{s}$ | 0,023 m | 0,005 kg $\frac{m^2}{s^2}$ | 0,003 J |
| 50 g | 0,63 $\frac{m}{s}$ | 0,079 m | 0,020 kg $\frac{m^2}{s^2}$ | 0,010 J |
| 50 g | 0,91 $\frac{m}{s}$ | 0,180 m | 0,041 kg $\frac{m^2}{s^2}$ | 0,023 J |
| 100 g | 0,30 $\frac{m}{s}$ | 0,038 m | 0,009 kg $\frac{m^2}{s^2}$ | 0,005 J |
| 100 g | 0,63 $\frac{m}{s}$ | 0,154 m | 0,040 kg $\frac{m^2}{s^2}$ | 0,020 J |
| 100 g | 0,91 $\frac{m}{s}$ | 0,343 m | 0,083 kg $\frac{m^2}{s^2}$ | 0,045 J |
| 150 g | 0,30 $\frac{m}{s}$ | 0,058 m | 0,014 kg $\frac{m^2}{s^2}$ | 0,008 J |
| 150 g | 0,63 $\frac{m}{s}$ | 0,236 m | 0,060 kg $\frac{m^2}{s^2}$ | 0,031 J |
| 150 g | 0,91 $\frac{m}{s}$ | 0,521 m | 0,124 kg $\frac{m^2}{s^2}$ | 0,068 J |

$F_{Reib} = 0,13$ N

Für eine Gleichung fehlt noch der Proportionalitätsfaktor. Er ergibt sich bei einer proportionalen Zuordnung aus der Quotientengleichheit

$$\frac{F_{Reib} \cdot \Delta s}{m \cdot v^2} = \text{konstant}.$$

Es ergibt sich aus allen Messwerten etwa der Wert $\frac{1}{2}$. Seine Einheit müsste $\frac{J}{kg \cdot m^2/s^2}$ sein, damit die Gleichung auch von den Einheiten her stimmt.

Das Newton ist international nicht als Basiseinheit wie Meter oder Sekunde festgelegt, sondern aus anderen Basiseinheiten zusammengesetzt:
$$1 \text{ N} = 1 \frac{kg \cdot m}{s^2}.$$
Damit kürzen sich sämtliche Einheiten im Proportionalitätsfaktor heraus, sodass nur noch $\frac{1}{2}$ übrig bleibt. Es gilt also:
$$E_{Bew} = \frac{1}{2} m \cdot v^2.$$

> Ein Körper der Masse $m$, der sich mit der Geschwindigkeit $v$ bewegt, hat die Bewegungsenergie $E_{Bew} = \frac{1}{2} m \cdot v^2$.

### Rechenbeispiel

Im Straßenverkehr kann es durch eine kurzzeitige Unachtsamkeit zu einem Unfall kommen. Deshalb werden Crashtests gemacht. Dabei fährt ein Fahrzeug mit 50 $\frac{km}{h}$ vor einen Betonklotz. Berechne die Höhe, aus der das Fahrzeug fallen müsste, um beim Aufprall die gleiche Energie zu haben.

Geg.: $v = 50 \frac{km}{h}$

Ges.: Fallhöhe $h$

Lösung: Es gilt $E_{Bew} = E_{Höhe}$, also
$$\frac{1}{2} m \cdot v^2 = m \cdot g \cdot h$$
Die Masse $m$ kürzt sich heraus:
$$\frac{1}{2} v^2 = g \cdot h$$
Nach $h$ umformen und Werte einsetzen:
$$h = \frac{(50 \frac{km}{h})^2}{2 \cdot 9,81 \frac{m}{s^2}} = \frac{(50 \cdot \frac{1000\,m}{3600\,s})^2}{2 \cdot 9,81 \frac{m}{s^2}}$$
$$= 9,83 \text{ m}$$

Der Aufprall mit 50 $\frac{km}{h}$ entspricht dem Fall aus fast 10 m Höhe.

### Aufgaben

**1** Berechne die Energie, die beim Abbremsen
① eines Pkw (Masse 1000 kg) von 70 $\frac{km}{h}$ auf 50 $\frac{km}{h}$,
② eines Formel-1-Fahrzeugs (Mindestmasse 620 kg) von 300 $\frac{km}{h}$ auf 80 $\frac{km}{h}$,
③ eines ICE (Masse 400 t) von 300 $\frac{km}{h}$ bis zum Stillstand
als Abwärme in Bremsbeläge und Bremsscheiben geht.

**2** Ein Pkw fährt mit der Geschwindigkeit $v_1 = 80 \frac{km}{h}$.
**a)** Erläutere, wie sich die Bewegungsenergie eines Körpers bei doppelter bzw. dreifacher Geschwindigkeit ändert.
**b)** Berechne die Geschwindigkeit, auf die der Fahrer beschleunigen muss, damit die Bewegungsenergie des Pkws verdoppelt wird.

# Sicherheit im Straßenverkehr

Die Gefahren im Straßenverkehr – besonders die Gefahren, die bei hohen Geschwindigkeiten auftreten – werden von vielen Verkehrsteilnehmern häufig unterschätzt. Entscheidend für die Unfallfolgen ist nämlich in erster Linie die Bewegungsenergie eines Fahrzeugs.
Eine Zone mit einer Geschwindigkeitsbegrenzung auf 30 km/h wird von manchen Autofahrern eher als Ärgernis denn als Notwendigkeit angesehen.

Dabei zeigt die Formel für die Berechnung der Bewegungsenergie $E_{Bew} = \frac{1}{2}\, m \cdot v^2$, dass diese Energie quadratisch von der Geschwindigkeit abhängt.
Eine vergleichende Rechnung kann das verdeutlichen: Der Aufprall mit einer Geschwindigkeit von 30 km/h (8,33 m/s) entspricht einem Fall aus einer Höhe von etwa 3,5 m. Dagegen würde der Aufprall mit der innerorts festgelegten Geschwindigkeit von 50 km/h (13,9 m/s) einem Fall aus einer Höhe von 9,8 m, also fast dem Dreifachen entsprechen.

Deshalb gibt es neben den Verkehrsregelungen eine Reihe von Sicherheitseinrichtungen, die das Verletzungsrisiko von Verkehrsteilnehmern mindern sollen. Viele dieser Einrichtungen sind inzwischen auch gesetzlich vorgeschrieben.

In Deutschland besteht seit vielen Jahrzehnten die Pflicht, **Sicherheitsgurte** anzulegen, auch in LKWs und nun auch in Reisebussen. Die Gurte sorgen dafür, dass die Fahrzeuginsassen bei einem Frontalaufprall nicht durch ihre Trägheit nach vorne geschleudert und erst durch die Verformung des Bauteils, auf das sie aufprallen, abgebremst werden.
Bei einem Aufprall mit 54 km/h (15 m/s) und einer Verformung des Armaturenbrettes um 10 cm würde der Oberkörper eines Fahrers (m = 30 kg) mit der Energie $E_{Bew} = 3375$ Nm auf das Brett prallen. Somit wirkt eine Kraft $F = \frac{E}{s} \Rightarrow F = 33{,}75$ kN auf den Oberkörper, das entspricht der Gewichtskraft eines Körpers der Masse 3,4 Tonnen.

Die Gurte sorgen dafür, dass die Insassen straff mit dem Fahrzeug verbunden bleiben, sodass der Bremsweg der Länge der **Knautschzone** des Fahrzeugs entspricht. Zusätzlich dehnen sich die gestrafften Gurte und zehren einen Teil der Bewegungsenergie auf. Wird dadurch der Bremsweg etwa auf einen Meter verlängert (d. h. verzehnfacht sich der Bremsweg), verringert sich die Kraft auf ein Zehntel, d. h. auf etwa 3,4 kN. Dies entspricht zwar immer noch etwa der 10-fachen Gewichtskraft des Oberkörpers, bedeutet aber dennoch eine spürbare Verbesserung.

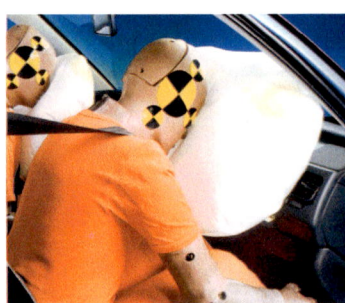

Bei Unfällen mit hohen Geschwindigkeiten können sich aber auch Sicherheitsgurte soweit dehnen, dass ein Autofahrer auf das Armaturenbrett oder das Lenkrad prallt. Um lebensgefährliche Verletzungen zu vermeiden, werden deshalb in allen Automodellen **Airbags** eingebaut, die sich bei einem Aufprall in kürzester Zeit aufblasen und so zusammen mit den Gurten einen Teil der Bewegungsenergie auffangen.

Zweiradfahrer haben aber keine Gurte, keine Knautschzone und keinen Airbag. Daher können sie nur dafür Sorge tragen, ihren Körper und vor allen Dingen ihren Kopf vor den Folgen eines Aufpralls auf die Straße oder auf ein Hindernis bestmöglich zu schützen. Für Fahrer motorbetriebener Zweiräder ist ein Schutzhelm gesetzlich vorgeschrieben, für Radfahrer ist er empfohlen, aber noch keine gesetzliche Pflicht.

> Entscheidend für Unfallfolgen ist die Bewegungsenergie eines Fahrzeugs.
> Durch Sicherheitseinrichtungen wie Sicherheitsgurte, Knautschzonen, Airbags und Schutzhelme kann das Verletzungsrisiko vermindert werden.

## Aufgaben

**1** **a)** Bestimme die Energie, mit der ein Fahrzeug mit der Masse m = 1,1 t bei einer Geschwindigkeit von 60 km/h (120 km/h) auf ein Hindernis prallt.
**b)** Berechne, welche Kraft auf den Oberkörper eines Fahrers (m = 35 kg) wirken würde, wenn dieser durch die Verformung des Lenkrads um 5 cm abgebremst würde.
**c)** Führe die Rechnung für den Fall durch, dass der Bremsweg 1 m beträgt und durch die Gurtstraffung 20 % der Bewegungsenergie aufgezehrt würden.

## Energieerhaltung

Mit den entwickelten Formeln für die einzelnen Energieformen lässt sich prüfen, ob der Energieerhaltungssatz gilt.

### Freier Fall

- Jeder Körper, der zunächst ruht und dann fällt, hat zu Beginn des Falles im Punkt A nur Höhenenergie $E_A = m \cdot g \cdot h$.
- Während des Fallens verringert sich die Höhenenergie, der Körper gewinnt Bewegungsenergie. (Von Reibung und Anfangsgeschwindigkeit wird abgesehen – deshalb „freier" Fall!) Der Körper besitzt jetzt Höhen- und Bewegungsenergie, die von der aktuellen Höhe $h_B$ und der Momentangeschwindigkeit $v_B$ abhängen: $E = m \cdot g \cdot h_B + \frac{1}{2} \cdot m \cdot v_B^2$.
- Unmittelbar bevor der Körper im Punkt C am Boden auftrifft, ist seine ganze Höhenenergie gewandelt und er besitzt maximale Bewegungsenergie $E_B = \frac{1}{2} m \cdot v_C^2$.

Im Versuch fällt eine Kugel der Masse 50 g aus einer Höhe von 50 cm (Punkt A).

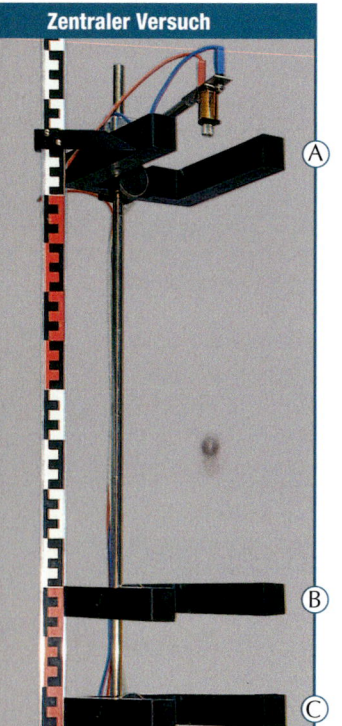

**Zentraler Versuch**

Mithilfe der Verdunklungszeit einer Lichtschranke und des Kugeldurchmessers kann die Geschwindigkeit berechnet werden.

Mithilfe von Lichtschranken wird die Geschwindigkeit der Kugel 10 cm über dem Boden (Punkt B) und kurz vor dem Auftreffen am Boden (Punkt C) ermittelt:
$v_B = 2{,}79 \frac{m}{s}$,
$v_C = 3{,}13 \frac{m}{s}$.
Daraus lassen sich die Energien an den einzelnen Punkten berechnen (siehe Kasten unten). Ein Vergleich der Energiewerte $E_A$, $E_B$ und $E_C$ zeigt:
Die Kugel hat – wie vom Energieerhaltungssatz gefordert – zu Beginn, während und am Ende des Falls gleich viel Energie (Reibung vernachlässigt).

$E_A = 0{,}05\,\text{kg} \cdot 9{,}81 \frac{N}{kg} \cdot 0{,}5\,\text{m}$
$\quad = 0{,}245\,\text{J}$

$E_B = 0{,}05\,\text{kg} \cdot 9{,}81 \frac{N}{kg} \cdot 0{,}1\,\text{m}$
$\qquad + \frac{1}{2} \cdot 0{,}05\,\text{kg} \cdot (2{,}79 \frac{m}{s})^2$
$\quad = 0{,}244\,\text{J}$

$E_C = \frac{1}{2} \cdot 0{,}05\,\text{kg} \cdot (3{,}12 \frac{m}{s})^2$
$\quad = 0{,}243\,\text{J}$

### Pendel

Jeder Körper, der schwingt, hat in seinem tiefsten Punkt (Punkt B) nur Bewegungsenergie und in seinen Umkehrpunkten (A und C) nur Höhenenergie. Auf dem Weg nach unten wird die Höhenenergie zu Bewegungsenergie, auf dem Weg nach oben umgekehrt. Gäbe es keine Reibung, würde der Körper immer zwischen den beiden Umkehrpunkten hin- und herschwingen und die Energie zwischen den beiden Formen kontinuierlich wechseln.
Wird ein Pendel aus verschiedenen Höhen $h$ losgelassen, kann seine Durchgangsgeschwindigkeit $v$ im tiefsten Punkt mithilfe einer Lichtschranke gemessen und mit den aus der Energieerhaltung berechneten Werten verglichen werden.

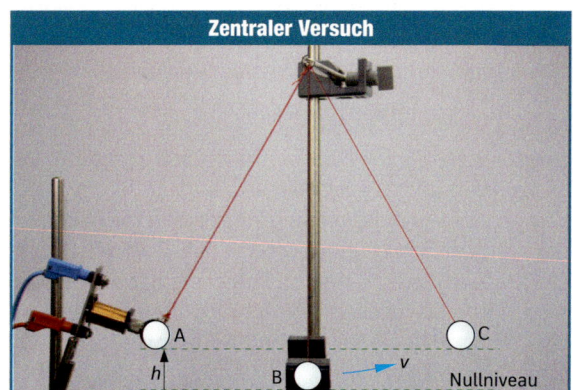

**Zentraler Versuch**

Aus der Energiebilanz $E_A = E_B$ folgt mithilfe der Formeln für die Höhen- und Bewegungsenergie:
$$m \cdot g \cdot h = \frac{1}{2} \cdot m \cdot v^2$$
$$2\,g \cdot h = v^2$$

Die Tabelle zeigt den Vergleich zwischen den gemessenen und den berechneten Geschwindigkeiten

| $h$ | 5,0 cm | 7,5 cm | 10 cm |
|---|---|---|---|
| $v_{\text{gemessen}}$ | $0{,}99 \frac{m}{s}$ | $1{,}2 \frac{m}{s}$ | $1{,}3 \frac{m}{s}$ |
| $v_{\text{berechnet}}$ | $0{,}99 \frac{m}{s}$ | $1{,}2 \frac{m}{s}$ | $1{,}4 \frac{m}{s}$ |

Für kleine Auslenkungen werden obige Überlegungen gut bestätigt. Bei größeren Auslenkungen muss die Luftreibung und die Reibung der Pendelschnur am Aufhängepunkt berücksichtigt werden.

Unter Vernachlässigung der Reibung kann der Energieerhaltungssatz experimentell bestätigt werden: Die Summe aller auftretenden Energien ist stets konstant. Mithilfe des Energieerhaltungssatzes lassen sich Energiebilanzen aufstellen.

## Energiebilanzen Werkzeug

Energie geht nie verloren, sondern wird nur in andere Formen gewandelt. Für einen Körper muss somit zu jedem Zeitpunkt die Summe all seiner Energien konstant sein, solange keine Energie zu- oder abgeführt wird. Dabei können sich die einzelnen Energieanteile durchaus verändern. **Energiebilanzen** sind geeignet, Größen zu ermitteln, deren experimentelle Ermittlung schwierig oder möglicherweise fehlerbehaftet ist. Das gelingt folgendermaßen:

① Analyse der Energieformen zu bestimmten Zeitpunkten:
Zeitpunkt A: $E_{\text{Gesamt, A}} = E_{\text{Bew, A}} + E_{\text{Höhe, A}}$
Zeitpunkt B: $E_{\text{Gesamt, B}} = E_{\text{Bew, B}} + E_{\text{Höhe, B}}$

② Die Gesamtenergien zu verschiedenen Zeitpunkten sind gleich, wenn in dem System keine Energie z. B. durch Reibung als innere Energie „verloren" geht. Dann lässt sich eine Energiebilanz aufstellen:

$$E_A = E_B$$
$$E_{\text{Bew, A}} + E_{\text{Höhe, A}} = E_{\text{Bew, B}} + E_{\text{Höhe, B}}$$

Das Beispiel Fadenpendel zeigt, wie durch eine Energiebilanz aus der Starthöhe $h$ in fünf Schritten die Maximalgeschwindigkeit ermittelt werden kann, die sonst nur mit beträchtlichem Aufwand bestimmt werden könnte.
Die Zahl der durchzuführenden Schritte kann im Einzelfall unterschiedlich sein.

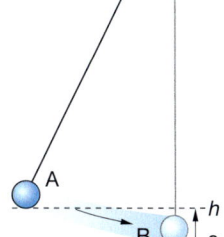

**1. Schritt:**
Festlegung eines geeigneten Nullniveaus für die Höhenenergie: Nullniveau im tiefsten Punkt:
$h = 0 \Rightarrow E_{\text{Höhe, B}} = 0$

**2. Schritt:**
Berücksichtigung der Besonderheit im Umkehrpunkt Momentangeschwindigkeit betrachten
$v = 0 \Rightarrow E_{\text{Bew, A}} = 0$

**3. Schritt:**
Weitere Reduktion der Energiebilanz:
$E_{\text{Höhe, A}} = E_{\text{Bew, B}}$

**4. Schritt:**
Einsetzen der bekannten Formeln
$m \cdot g \cdot h = \frac{1}{2} m \cdot v^2$

**5. Schritt:**
Durchführung der algebraischen Umformung
$m \cdot g \cdot h = \frac{1}{2} m \cdot v^2 \quad |:m \quad |\cdot 2$
$v^2 = 2 \cdot g \cdot h \quad |\sqrt{}$
$v = \sqrt{2 \cdot g \cdot h}$

## Aufgaben

**1** Mit einer Leuchtpistole können Segler im Notfall Leuchtkugeln abschießen.
**a)** Berechne, wie hoch diese Leuchtkugeln steigen können, wenn sie mit einer Geschwindigkeit von 150 km/h senkrecht nach oben abgeschossen werden.
**b)** Wie ändert sich das Ergebnis, wenn davon ausgegangen werden kann, dass 5 % ihrer ursprünglichen Energie durch Luftreibung in innere Energie der Luft gewandelt werden.
**2** Peter ($m = 45$ kg) klettert im Schwimmbad auf die unterschiedlichen Sprungbretter und springt ohne Anlauf aus 1 m, 3 m und 5 m ins Wasser.
**a)** Berechne seine Energie auf den Sprungbrettern.
**b)** Er springt vom 5-m-Brett. Berechne, in welcher Höhe er eine Geschwindigkeit von 5 m/s besitzt.
**c)** Berechne die maximale Auftreffgeschwindigkeit auf der Wasseroberfläche nach dem Sprung aus 5 m Höhe.

**d)** Ändert sich aus physikalischer Sicht etwas, wenn er vor dem Absprung auf dem Brett „federt"?
**3** **a)** Recherchiere, wie hoch Partikel, die von einem Vulkan herausgeschleudert werden, steigen können.
**b)** Schätze ab, mit welcher Geschwindigkeit diese Partikel aus dem Vulkan herausgeschleudert wurden.
**4** Auf dem Oktoberfest ist ein 15 m hoher Fünferlooping aufgebaut. Die Wagen werden zu Beginn der Fahrt auf eine Höhe von 20 m gezogen und fahren anschließend in den Looping ein.
**a)** Beschreibe die Veränderungen von Bewegungs-, Höhen- und Gesamtenergie der Wagen während der Fahrt.
**b)** Bestimme die Geschwindigkeiten der Wagen im tiefsten und im höchsten Loopingpunkt (ohne Reibung).
**c)** Die letzte Loopingschleife ist wesentlich kleiner als die erste. Erläutere, welcher physikalische Grund sich dahinter verbirgt.

# Mechanische Energiestromstärke, Leistung

233 m lang, 147 m hoch und gebaut aus 2,3 Mio. Steinquadern! Über 20 Jahre benötigten vor 4500 Jahren die Bauarbeiter, um die Cheops-Pyramide in Gizeh (Ägypten) zu errichten. Welch eine Leistung! Der Begriff „Leistung" wird aber auch verwendet, um die „Stärke" eines Motors, einer Herdplatte oder einer Lampe anzugeben. Was wird in der Physik unter der „Leistung" verstanden? Wie kann sie gemessen werden? Welche Einheit hat sie?

Wenn nach dem Musikunterricht Pause ist, sollen die Schultaschen zuvor noch ins Klassenzimmer im 2. Stock getragen werden. Einige Schüler sprinten die Treppe hinauf, andere hingegen nehmen gemütlich eine Treppenstufe nach der anderen. Jeder Schüler überträgt durch das Hinauftragen Energie auf seine Schultasche. Die Menge der übertragenen Energie ist bei gleich schweren Schultaschen jeweils gleich, denn sie haben am Ende in beiden Fällen die gleiche Höhenenergie.

Und doch gibt es Unterschiede: Während die schlendernde Schülerin zum Hochtragen eine Minute benötigt, schafft es der sprintende Schüler leicht außer Puste in zwanzig Sekunden. Er überträgt also die Energie auf die Schultasche in einer kürzeren Zeit. Dieser *Energiestrom* ist umso größer, je mehr Energie übertragen wird und je kürzer die dazu benötigte Zeit ist. Die Größe **Energiestromstärke** wird in der Physik auch als **Leistung** bezeichnet, mit dem Buchstaben *P* abgekürzt (von Engl.: *power*) und durch den Quotienten aus übertragener Energie und dafür benötigter Zeit berechnet:

$$P = \frac{\Delta E}{\Delta t}.$$

Als Einheit für die Energiestromstärke ergibt sich daraus $1\,\frac{J}{s}$. Sie wird nach dem Erfinder der Dampfmaschine JAMES WATT (1736–1819) benannt und mit W abgekürzt. Das Watt ist somit eine zusammengesetzte Einheit:

$$1\,W = 1\,\frac{J}{s} = 1\,\frac{Nm}{s}.$$

| Energiestromstärke |
| --- |
| Die Einheit ist 1 W (Watt). Das Formelzeichen ist *P*. |
| Weitere Einheiten:<br>Kilowatt: 1 kW = 1 000 W<br>Megawatt: 1 MW = 1 000 kW<br>= 1 000 000 W |

Die Energiestromstärke 1 W liegt vor, wenn in einer Sekunde eine Energie von 1 J übertragen wird.

Die Energiestromstärke von Pkw wird auch heute immer noch von vielen Leuten in der alten Einheit Pferdestärke (PS) angegeben. Für die Umrechnung gilt:

1 PS = 735 W = 0,735 kW.

**Zentraler Versuch**

Die Energiestromstärke (Leistung) *P* ist die in einer bestimmtem Zeit Δ*t* übertragene Energiemenge Δ*E*:
$$P = \frac{\Delta E}{\Delta t}.$$

| Gerät | Leistung |
| --- | --- |
| Halogenlampe | 10 W–50 W |
| LED-Lampe | 2 W–15 W |
| Desktop-PC | 90 W–150 W |
| Staubsauger | bis 2000 W |
| Motorroller | 3–5 kW |
| Leichtkraftrad | bis 11 kW |
| Durchlauferhitzer | 18 kW |
| Pkw | 20 kW–300 kW |
| Mensch (Dauerleistung) | 75 W |
| Mensch (Höchstleistung) | 2 kW |
| Großkraftwerk | 1700 MW |

## Aufgaben

**1** Lea (47 kg) und Vanessa (53 kg) klettern an der Stange hoch. Beide schlagen nach 7,0 s in 5,0 m Höhe an. Der Sportlehrer meint, beide hätten dieselbe Leistung erbracht, und gibt beiden dieselbe Note.

**2** Ein mit 10 ℓ Wasser gefüllter Eimer hat eine Masse von etwa 10 kg. Berechne, wie viele solcher Eimer in der Minute um 1 m angehoben werden müssten, um eine Energiestromstärke von 1 PS zu erbringen.

**3** Suche Beispiele für die Verwendung der Worte „Leistung" und „geleistet" in der Alltagssprache und überlege, ob es sich um die Energiestromstärke aus der Physik handelt.

## Was leistet ein Mensch? Streifzug

Der menschliche Erfindergeist ist zu gewaltigen Leistungen fähig. Wird dagegen die körperliche Leistungsfähigkeit des Menschen betrachtet, dann ist das Resultat eher dürftig: Die Dauerleistung beträgt etwa 75 Watt, das entspricht der Energieaufnahme eines Laptops! In besonderen Situationen, z. B. in Lebensgefahr, kann der Körper erhebliche Reserven mobilisieren und seine Leistung kurzfristig auf über 1 Kilowatt steigern – das entspricht einer voll aufgedrehten Herdplatte!

Durch intensives körperliches Training und entsprechende Ernährung lässt sich die Leistungsfähigkeit erhöhen. Wenn ein untrainierter Mensch eine Dauerleistung von 100 Watt erbringen soll, kann sein Herzschlag auf bis zu 180 Schlägen pro Minute ansteigen (im Ruhezustand sind es ca. 70 Schläge pro Minute). Ein sehr gut trainierter Sportler erreicht diese Herzfrequenz erst bei einer Belastung von 400 Watt. Das beste Alter für körperliche Höchstleistungen liegt bei etwa 25 Jahren; aber auch ältere Menschen können durch Training ihr Leistungsvermögen erheblich verbessern.

Angesichts der geringen Leistungsfähigkeit des menschlichen Körpers ist es immer wieder erstaunlich, zu welchen Ergebnissen Sportler fähig sind. In einem der härtesten Wettkämpfe der Welt, dem Triathlon, wird der „Iron Man" (Eisenmann) gesucht. Das ganze Jahr über trainieren die Sportlerinnen und Sportler für diesen Wettkampf. Die Besten schaffen es, in einer Zeit unter zehn Stunden 3,8 km zu schwimmen, 180 km mit dem Rad zu fahren und 42 km zu laufen.

Da Frauen meist kleiner und leichter sind als Männer, ein kleineres Herz und damit eine geringere Sauerstoffaufnahme besitzen, können sie oft nicht dieselben Spitzenresultate erreichen wie männliche Sportler. Werden diese Unterschiede allerdings berücksichtigt, so ist ihre Leistung der Leistung der Männer ebenbürtig, im Ausdauerbereich sogar oft überlegen. In Nepal arbeiten zierliche Frauen als Trägerinnen: Sie schleppen Gepäck, z. B. zwei schwere Seesäcke von 15 kg, am Tag acht Stunden lang über einen Höhenunterschied von 2000 Metern! Und auch der „Iron Man" in der Schweiz war 1997 eine Frau.

| Grundumsatz 5900 kJ–7100 kJ | leichte Arbeit Grundumsatz + 4000 kJ pro Tag | schwere Arbeit Grundumsatz + 600 kJ–1000 kJ pro Stunde | Bergsteigen 35000 kJ pro Tag |

Damit der Mensch rennen, springen, werfen, aber auch auf geistigem Gebiet tätig sein kann, braucht er Energie. Die nimmt er mit der Nahrung auf; sie ist die Quelle aller seiner Leistungen. Verspürt ein Mensch Hunger, bekommt er signalisiert, dass er Energie zuführen soll. Eine erwachsene Frau benötigt bei mittelschwerer Arbeit etwa 10000 kJ täglich, ein Mann 12000 kJ, Jugendliche im Alter von 14 Jahren etwa ebenso viel. Ein Zuviel an zugeführter Energie speichert der Körper in Form von Fett, das in den Fettzellen gelagert wird. Damit legt er sich Reserven an für schlechte Zeiten, falls zu wenig Nahrung zur Verfügung stehen sollte.

### Die richtige Zusammensetzung der Nahrung

50 % Kohlehydrate (17 kJ/g)

30 % Fett (40 kJ/g)

Ballaststoffe Vitamine Mineralstoffe

20 % Eiweiß (17 kJ/g)

## Elektrische Energiestromstärke, Leistung

Rechts ist das Energieflussdiagramm für einen Wasserkocher gezeichnet. Dieses Diagramm soll nun unter zwei Gesichtspunkten untersucht werden: Zunächst wird der linke Teil betrachtet, also das Strömen von Energie zum Gerät, im zweiten Schritt dann die Energiewandlung durch das Gerät.

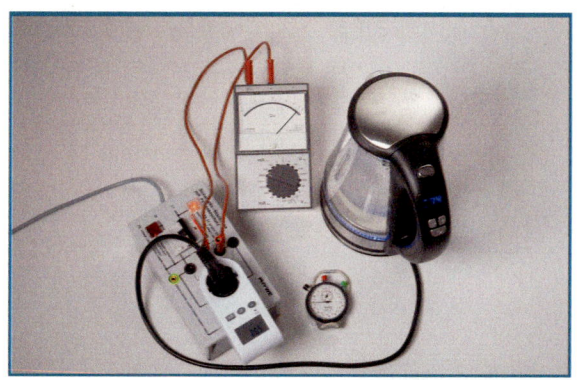

① Von der Batterie aus strömt Energie mittels des Stromkreises zum Wasserkocher. Fließt in der Zeit $\Delta t$ die Energiemenge $\Delta E$ durch den Stromkreis, so kann der Quotient $\Delta E/\Delta t$ als **Energiestromstärke** aufgefasst werden. Diese Größe bezieht sich nicht auf den Tauchsieder, sondern auf den Stromkreis.

② Es gibt unterschiedliche Wasserkocher: Der eine erwärmt Wasser schneller als ein anderer. In ihm wird deshalb in der kürzeren Zeit $\Delta t$ eine größere Energiemenge $\Delta E$ in Wärmeenergie gewandelt. Der Quotient $\Delta E/\Delta t$ gibt also die **Energiewandlungsrate** des Wasserkochers an; sie kennzeichnet den Wasserkocher. Diese Größe $\Delta E/\Delta t$ wird auch als **Leistung $P$** bezeichnet.

> Die Leistung $P$ kann als Energiestromstärke oder als Energiewandlungsrate aufgefasst werden.
> In jedem Fall gilt: $P = \frac{\Delta E}{\Delta t}$.

Wird die Formel $P = \Delta E/\Delta t$ nach $\Delta E$ umgeformt und der aus der Elektrik bekannte Zusammenhang $P = U \cdot I$ eingesetzt, ergibt sich $\Delta E = P \cdot \Delta t = U \cdot I \cdot \Delta t$ für die in der Zeit $\Delta t$ geströmte bzw. gewandelte Energie, einfacher formuliert: $E = U \cdot I \cdot t$.
Für die Einheit gilt:

$$1\,J = 1\,Ws = 1\,V \cdot 1\,A \cdot 1\,s = 1\,VAs$$

Der Versuch bestätigt die Formel für $E$: Das Stromstärkemessgerät zeigt 7,8 A, das Energiemessgerät nach drei Minuten 0,09 kWh an. Mithilfe der Formel und der Umrechnung 3 min = 3/60 h folgt für die umgesetzte Energie:

$$E = 230\,V \cdot 7{,}8\,A \cdot 3/60\,h = 90\,Wh = 0{,}09\,kWh$$

Im Haushalt wird die insgesamt gewandelte elektrische Energie mit einem Drehstromzähler (Bild rechts) gemessen.

> Für die elektrische Energie, die in einem Gerät in der Zeit $t$ gewandelt wird, gilt: $E = U \cdot I \cdot t$.

### Elektrische Energie

Das Formelzeichen ist E. Die Einheit ist 1 J (Joule) oder elektrisch 1 kWh (Kilowattstunde).

Es gilt:
$1\,J = 1\,Ws = 1\,VAs$

$1\,kWh = 1\,kW \cdot 1\,h$
$\qquad = 1000\,W \cdot 3600\,s$
$\qquad = 3{,}6\,Mio\,J$

### Aufgaben

**1** Ein Fernsehgerät hat eine Leistung von 90 W. Berechne die Stromstärke bei laufendem Betrieb sowie die innerhalb eines Jahres gewandelte Energie, wenn das Gerät durchschnittlich 3 Stunden pro Tag in Betrieb ist.

**2** Bei einem Schulfest werden an einem Stand 4 h lang pausenlos Waffeln mit drei Waffeleisen mit je 1000 W gebacken.

**a)** Berechne die dabei gewandelte elektrische Energie.
**b)** Prüfe, ob die Geräte an einer mit 16 A gesicherten Mehrfachsteckdose betrieben werden dürfen.

**3** Bei Kühl- und Gefrierschränken schaltet sich der Kompressor thermostatgeregelt immer nur zeitweise ein, um zu kühlen. Zu einem Gefriergerät finden sich folgende Angaben: Stromstärke = 0,7 A, Jahresenergieverbrauch = 288 kWh. Berechne aus diesen Angaben, wie viele Stunden der Kompressor durchschnittlich täglich in Betrieb sein wird.

**4** Ein Kaffeeautomat hat im Standby eine Leistung von 5 W und wird nur von 20 Uhr bis 7 Uhr ganz ausgeschaltet. Berechne den Mindestenergiebedarf.

## Energiesparen zuhause

Auch wenn elektrische Energie für den Einzelnen nicht teurer ist als andere Energieformen, ist es trotzdem absolut sinnvoll, mit ihr sparsam umzugehen, denn elektrische Energie lässt sich in Kraftwerken großtechnisch nur gewinnen, wenn etwa die dreifache Menge an chemischer Energie (als Kohle, Erdöl oder Erdgas) eingesetzt wird. Bei der Wandlung in elektrische Energie gehen ja etwa 60 % der eingesetzten chemischen Energie als Abwärme nutzlos in die Umwelt, sie werden entwertet. Jede vom „Verbraucher" nicht benötigte Kilowattstunde „Strom" spart etwa 10 MJ Energie (0,3–0,5 t Kohle) bei den Kraftwerken!

In unseren Haushalten gibt es viele versteckte „Energieverschwender", die leicht übersehen werden, die aber merkliche Mengen an Energie „fressen". Um sie ausfindig zu machen, können in Elektrofachgeschäften, Geschäftsstellen der EVU oder Verbraucherzentralen Messgeräte für die Energiestromstärke von Elektrogeräten, sogenannte **Leistungsmesser** oder „Wattmeter" gegen geringe Gebühr ausgeliehen oder gekauft werden. Damit lassen sich die „heimlichen Stromfresser" im Haushalt schnell ausfindig machen. In erster Linie sind das Elektrogeräte mit Stand-by-Schaltungen, die Energie wandeln, obwohl sie nicht in Betrieb sind. Dazu gehören Stereoanlagen, Fernseher, Videorecorder und Computer.

### Wie kann jeder von uns Energie sparen?

- **Bei der Beleuchtung sparen ohne auf Helligkeit zu verzichten:** Leuchtstoffröhren oder LED-Lampen benötigen bei gleicher Lichtabgabe nur ein Fünftel an elektrischer Energie im Vergleich zu Glühlampen. Letztere dürfen deshalb – von Ausnahmen abgesehen – nicht mehr verkauft werden.
- **Effiziente Geräte sinnvoll einsetzen:** Wasch- und Spülmaschinen erwärmen bei jedem Gang etwa 20 ℓ Wasser auf bis zu 95 °C. Dazu sind rund 7 MJ Energie nötig – sinnvollerweise werden derartige Geräte also möglichst voll beladen. Weitere Energieeinsparungen ergeben sich durch niedrigere Wasch- bzw. Spültemperatur. Bei Kühl- und Gefriergeräten wirken sich eine gute Wärmedämmung und möglichst seltenes und dann nur kurzzeitiges Öffnen energiesparend aus.

  Alle modernen Elektro-Großgeräte sind in **Effizienzklassen** eingeteilt, die Auskunft über ihre Energieeinspar-Möglichkeiten geben.

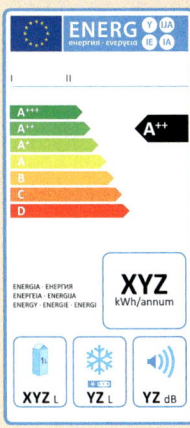

- **Stand-by-Betrieb von Geräten vermeiden:** Während es für neue Elektrogeräte mittlerweile strenge Vorschriften für die Leistung im Stand-by-Betrieb gibt (seit 2010 höchstens 2 W), gibt es in Haushalten und Büros noch viele alte Geräte mit einem hohen Stand-by-Bedarf. Wenn ein solches Gerät nicht vollständig ausgeschaltet werden kann, sollte bei Nichtgebrauch der Stecker gezogen oder eine schaltbare Steckdosenleiste benutzt werden.

## Energiedienstleistungen

Energie wird nicht um ihrer selbst willen genutzt, sondern sie wird stets für bestimmte Zwecke eingesetzt. Die Energie soll gute Dienste leisten. Daher wird von **Energiedienstleistungen** gesprochen.

Eine Kanne Kaffee kann zum Beispiel auf einer beheizten Warmhalteplatte abgestellt werden. Dieselbe Energiedienstleistung (nämlich Kaffee mit angenehmer Trinktemperatur) wird aber auch erhalten, wenn eine Isolierkanne verwendet oder ein Teelicht untergestellt wird. Beim Einsatz elektrischer Energie sollte stets überlegt werden, ob die gewünschte Energiedienstleistung nicht auch auf andere Weise erbracht werden kann. Elektrische Energie ist die wertvollste Energieform und kann nur mit relativ großen „Verlusten" aus anderen Energieformen gewandelt werden.

## Versuche und Aufträge    Mechanische und elektrische Energie ...

**V1** Baue mit einem Brett und einem höhenverstellbaren Experimentiertisch eine schiefe Ebene auf dem Tisch auf. Lege an das Ende der schiefen Ebene einen etwa 70 cm langen Streifen Teppichboden. Schaffe mithilfe eines kleinen Pappstückchens, das du am Brett festklebst, einen glatten Übergang zwischen Brett und Teppich. Außerdem benötigst du ein Spielzeugauto oder einen Experimentierwagen sowie einen geeigneten Kraftmesser.

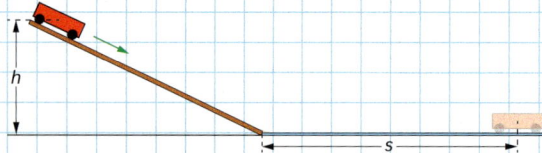

**a)** Der Wagen soll an der oberen Kante der schiefen Ebene losgelassen werden. Formuliere Vermutungen zum Zusammenhang zwischen dem Neigungswinkel der schiefen Ebene und der Strecke $s$, die der Wagen auf dem Teppich zurücklegt.
**b)** Miss für drei verschiedene Neigungswinkel die Ausgangshöhe $h$ des Wagens und die Länge der Auslaufstrecke $s$. Berechne die Höhenenergie, die der Wagen jeweils am Startpunkt besitzt.
**c)** Ziehe den Wagen mithilfe eines Kraftmessers mit konstanter Geschwindigkeit über den Teppich und lies die erforderliche Kraft ab. Bestätige mithilfe deiner Ergebnisse aus b) den Energieerhaltungssatz.

**V2** Fertige aus einem Ball (z. B. einem Tennisball) und einer Schnur ein Fadenpendel. Befestige es an einer Aufhängung, die sich beim Schwingen nicht mitbewegt.
**a)** Lenke das Pendel so aus, dass es sich direkt vor deiner Nase befindet und lasse es los. (Deine Position darfst du nicht verändern.) Erläutere, ob du gefahrlos stehen bleiben kannst.
**b)** Lasse das Pendel nun einmal schwingen und markiere in geeigneter Form die maximal erreichte Höhe. Formuliere eine Vermutung zur Veränderung der maximalen Pendelhöhe des Balls, wenn ein Stock an unterschiedlichen Positionen (siehe Abbildung) in die Pendelbahn gehalten wird. Überprüfe deine Vermutungen im Experiment und erkläre das Ergebnis.

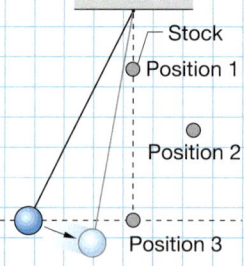

**V3**

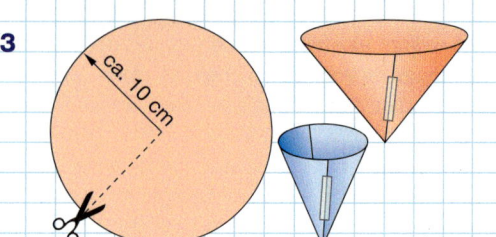

Schneide aus Papier drei Kreise mit gleichem Radius (ca. 10 cm) aus. Schneide zwei der Kreise bis zum Mittelpunkt ein und fertige durch Zusammendrehen zwei unterschiedlich spitze Kegel. Schneide die überlappenden Teile *nicht* ab, sondern klebe sie außen mit Klebefilm fest. Klebe auf den dritten Kreis ein gleich großes Stück Klebefilm und zerknülle es dann zu einer Papierkugel.
**a)** Vergleiche die Höhenenergien, wenn du beide Kegel gleichzeitig aus derselben Höhe fallen lässt.
**b)** Lasse nun zunächst beide Kegel gleichzeitig aus derselben Höhe fallen, anschließend den spitzeren Kegel und die Papierkugel ebenfalls aus derselben Höhe. Notiere deine Beobachtungen und deute sie in Bezug auf den Energieerhaltungssatz und die Energieentwertung.

**V4** **a)** Lasse einen kleinen Ball (z. B. Tischtennisball, Gummiball, Tennisball, Flummi o. Ä.) aus einer Höhe von 1,5 m entlang eines Maßstabes nach unten fallen. Ermittle die Höhen, die der Ball beim ersten, zweiten, dritten, vierten Hochspringen wieder erreicht. Genauere Werte sind mit der Serienbildfunktion einer Digitalkamera zu erhalten.
**b)** Berechne die Geschwindigkeit, die der Ball beim ersten Mal kurz vor Auftreffen auf den Boden besitzt.
b) Im Moment der Bodenberührung sind Höhen- und Bewegungsenergie des Balles null. Erkläre, evtl. mit Unterstützung der aufgenommenen Serienfotos, weshalb der Ball dennoch Energie besitzt.
**c)** Berechne anhand der Messwerte, welcher Anteil der Energie von Sprung zu Sprung entwertet wird. Gib hierfür eine Erklärung.
**d)** Wiederhole den Versuch mit Bällen anderer Größe bzw. Masse. Deute deine Ergebnisse.

**A5** In elastischen Schraubenfedern kann Energie gespeichert werden: Spannenergie.
**a)** Stelle eine Vermutung auf, von welchen Größen die in einer solchen Feder gespeicherte Energie abhängen wird. Recherchiere dann die zugehörige Formel für die Spannenergie.
**b)** Plane ein Experiment, mit dem du diese Formel experimentell überprüfen kannst.

## ... und Energieerhaltung

**A6 a)** Erstelle eine Tabelle aller Geräte in eurer Küche (in eurem Wohnzimmer; in deinem Zimmer), die elektrische Energie wandeln. Notiere die auf den jeweiligen Geräten angegebene elektrische Leistung.
**b)** Schätze die Zeit ab, die diese Geräte täglich in Gebrauch sind und ermittle mithilfe dieser Daten die elektrische Energie, die an jedem Tag gewandelt wird. Vergleiche dein Ergebnis mit der „Stromrechnung", die am Ende eines jeden Jahres vom Energieversorger erstellt wird.

**A7 a)** Erkundige dich über die Energiemengen, die verschiedene Wasserkraftwerke (Speicherkraftwerke) als elektrische Energie zur Verfügung stellen können. Vergleiche die gespeicherten Wassermassen und die Höhenunterschiede der einzelnen Kraftwerke.

**b)** Erstelle eine Übersicht, in welchen europäischen Ländern große Mengen elektrischer Energie durch Wasserkraftwerke gewonnen werden.

**V8** An der Decke eines Raumes hängt ein Fadenpendel, bestehend aus einem Faden der Länge 2 m und einem Pendelkörper mit einer veränderbaren Masse $m$. Das Pendel wird bei gestrafftem Faden zur Seite hin ausgelenkt und dabei um die Höhe $h$ angehoben und dann losgelassen. Mithilfe einer Lichtschranke wird die Geschwindigkeit des Pendels beim Durchgang durch seine Ruhelage gemessen.

**a)** Miss für verschiedene Hubhöhen $h$ die jeweilige Durchgangsgeschwindigkeit des Fadenpendels. Werte die erhaltenen Messdaten graphisch und rechnerisch aus.
**b)** Wiederhole die Messungen mit unterschiedlichen Massen des Pendelkörpers. Erläutere mithilfe des Energieerhaltungsprinzips die dabei gemessenen Werte.

**V9 a)** Baue den Versuch wie im Foto auf. Lasse vom Motor das Massestück vom Boden bis auf eine vorgegebene Höhe hochziehen. Miss während des Vorgangs Stromstärke und Spannung sowie die Zeit, die der Motor braucht, um das Massestück hochzuziehen.

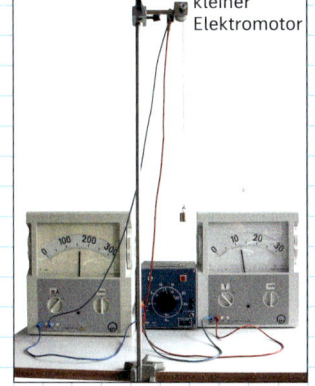

kleiner Elektromotor

**b)** Vergleiche mithilfe der gewonnen Messwerte die gewandelte elektrische Energie und die „gewonnene Höhenenergie". Berechne den Wirkungsgrad deines „Lastenaufzugs".

**c)** Das Foto links zeigt einen realen Lastenaufzug. Schätze Stromstärke und Motorleistung.

*Technische Daten:*
max. Hubhöhe: 20,3 m
max. Hubgewicht: 250 kg
Der Motor arbeitet bei 230 V und weist eine Fördergeschwindigkeit von $34\,\frac{m}{min}$ auf.

**V10 a)** Baue dir mithilfe biegsamer Plastikschienen aus dem Baumarkt drei unterschiedlich geformte nebeneinanderliegende Kugelbahnen wie in der Abbildung gezeigt.

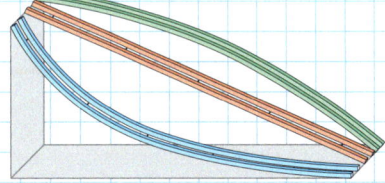

**a)** Lasse auf zwei verschiedenen Bahnen zwei gleiche Kugeln zeitgleich von oben losrollen. Notiere deine Beobachtungen bezüglich der Laufzeit. Gib mögliche Erklärungen für deine Beobachtungen.
**b)** Mache eine begründete Vorhersage bezüglich der Geschwindigkeiten der Kugeln, mit denen die Kugeln das Bahnende erreichen. Prüfe deine Vorhersage mithilfe geeigneter Versuchsgeräte

# Temperatur und innere Energie

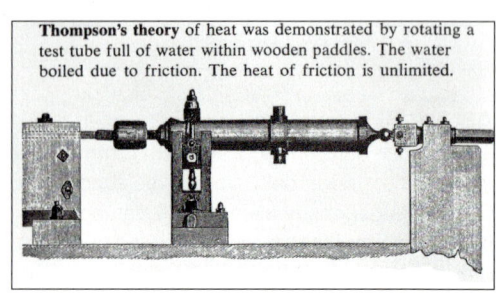

Thompson's theory of heat was demonstrated by rotating a test tube full of water within wooden paddles. The water boiled due to friction. The heat of friction is unlimited.

Erst 1797 konnte das Geheimnis um die innere Energie durch Benjamin THOMPSON, der später als Graf RUMFORD bayerischer Kriegsminister war, etwas gelüftet werden. Er beobachtete die Herstellung von Kanonenrohren und wunderte sich über den hohen Temperaturanstieg, der durch das Ausbohren der Metallblöcke entstand. Woher kam dieser Temperaturanstieg?

## Energiezufuhr bewirkt Temperaturerhöhung und Zustandsänderungen

Eis aus der Tiefkühltruhe wird zerstoßen und in ein Gefäß gefüllt. Dann wird ihm Energie durch eine Herdplatte zugeführt. Dabei gibt es ein paar Überraschungen, wie die Energie-Temperatur-Kurve unten zeigt:

① Zunächst steigt die Temperatur wie erwartet von ca. –15 °C auf 0 °C an.
② Bei 0 °C bleibt die Temperatur längere Zeit stehen, obwohl laufend Energie in das Eis hineinfließt – jetzt schmilzt das Eis.
③ Nach einiger Zeit ist von dem Eis nichts mehr übrig, es ist zu Wasser geworden; erst jetzt beginnt die Temperatur wieder zu steigen – wie erwartet gleichförmig.
④ Bei 100 °C angekommen, macht der Temperaturanstieg wieder eine Pause und bleibt bei 100 °C stehen, obwohl nach wie vor Energie zugeführt wird. Jetzt verdampft das Wasser.
⑤ Nach längerer Zeit ist kein Wasser mehr vorhanden – alles Wasser ist verdampft.

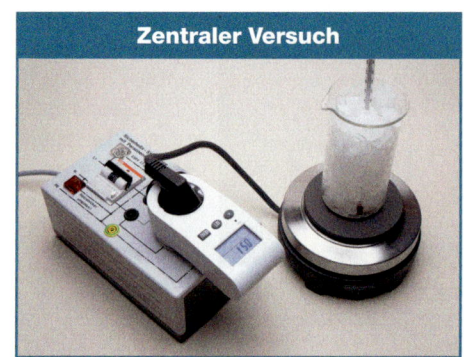

**Zentraler Versuch**

⑥ Wäre der Versuch mit einem geschlossenen Gefäß gemacht worden, aus dem der Wasserdampf nicht entweichen kann, dann hätte auch der rechte Teil der Temperaturkurve gemessen werden können. Er zeigt, dass die Dampftemperatur bei Energiezufuhr steigt.

> Nimmt ein Körper Energie auf, so steigt seine Temperatur oder er schmilzt bzw. verdampft.

### Aufgaben

**1** Bestimme aus dem Diagramm die Energie, die für das Schmelzen von 150 g Eis von 0 °C erforderlich ist. Berechne daraus die Schmelzenergie für 1 kg Eis von 0°C.

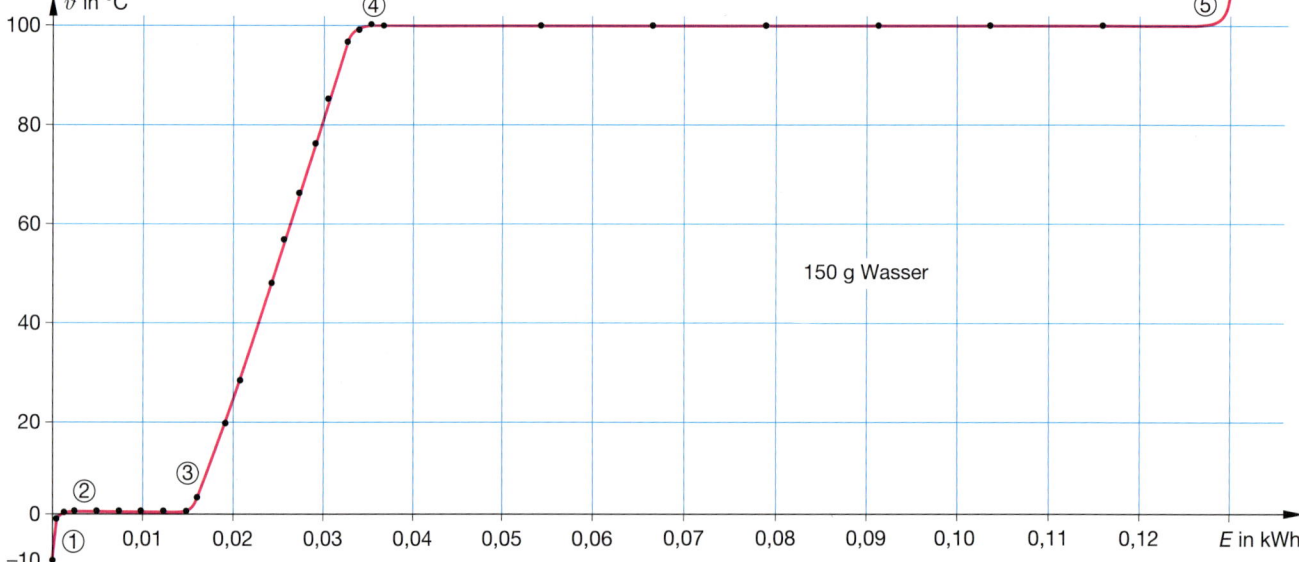

150 g Wasser

## Temperatur und innere Energie sind zweierlei

An dem Energiemessgerät im zentralen Versuch lässt sich ablesen, dass der Energiestrom von der Heizplatte zum Eis bzw. Wasser bzw. Wasserdampf immer gleich geblieben ist, also konstant war. Die zugeführte Energie ist dann *in* dem Eis, *in* dem Wasser oder *in* dem Dampf gespeichert; sie vergrößert die **innere Energie** des Körpers „Wasser im Gefäß".
Der Temperaturverlauf aber war während des Versuchs nicht linear, sondern mehrmals geknickt. Das zeigt, dass die Temperatur eines Körpers und seine innere Energie zwei ganz verschiedenen Dinge sind! Das wird durch folgende Beobachtung noch einmal ganz deutlich: Wäre im Versuch der doppelten Wassermenge die gleiche Energiemenge zugeführt worden, so wäre die Temperaturerhöhunhg in der gleichen Zeit nur halb so groß gewesen.

Im zentralen Versuch wurde dem Körper „Eis (Wasser)" Energie zugeführt, die ursprünglich elektrische Energie aus der Steckdose war. Die Abbildung rechts zeigt weitere Vorgänge, die auch zu einer Erhöhung der inneren Energie eines Körpers führen können.

Wenn sich ein Körper abkühlt, also seine Temperatur sinkt, oder sich sein Zustand von gasförmig zu flüssig oder von flüssig zu fest ändert, muss der Körper natürlich Energie in irgendeiner Form abgeben. Dadurch wird seine innere Energie geringer. Er gibt so viel Energie wieder ab, wie er vorher bei Temperaturerhöhung oder Zustandsänderung aufgenommen hat.

Innere Energie ist in Körpern gespeichert.
Änderungen der inneren Energie eines Körpers durch Energiezufuhr oder -abgabe zeigen sich in Änderungen seiner Temperatur oder seines Zustandes.

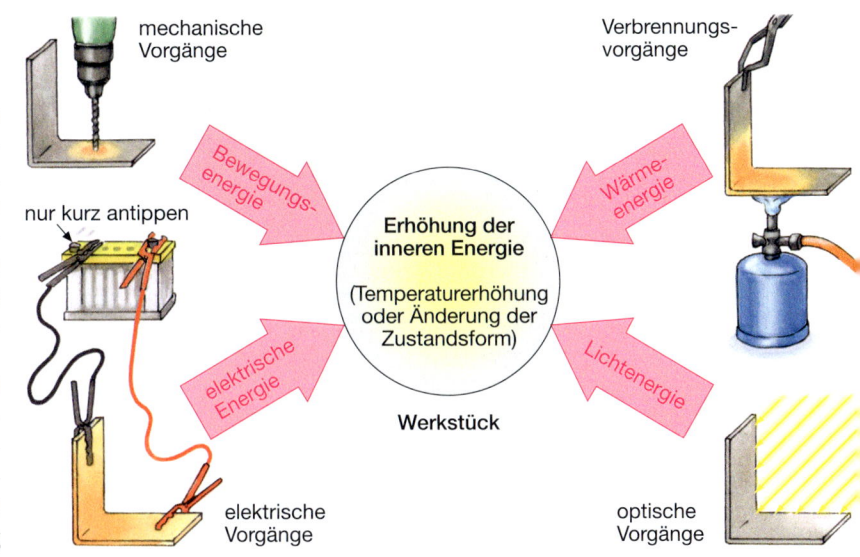

mechanische Vorgänge

Verbrennungsvorgänge

Bewegungsenergie

Wärmeenergie

nur kurz antippen

**Erhöhung der inneren Energie**
(Temperaturerhöhung oder Änderung der Zustandsform)

elektrische Energie

Lichtenergie

**Werkstück**

elektrische Vorgänge

optische Vorgänge

## Wärmeenergie ist Energie unterwegs

Wenn sich ein Körper abkühlt, gibt er einen Teil seiner inneren Energie an andere Körper ab. Z. B. nimmt die innere Energie einer heißen Suppe ab, die der Umgebungsluft dagegen steigt. Es ist also Energie von der Suppe zur Luft unterwegs. Die bei diesem von selbst entstehenden Energiestrom von heiß nach kalt transportierte Energie wird als **Wärmeenergie** bezeichnet, umgangssprachlich kurz *„Wärme"*. Von der Suppe strömt also **Wärmeenergie** zur Luft.
Der Begriff „Wärmeenergie" wird immer dann verwendet, wenn der Energieübergang zwischen zwei Körpern unterschiedlicher Temperatur die Temperaturen der beiden Körper oder ihre Zustandsformen ändert. Wärmeenergie kann also nie in einem Körper enthalten sein wie innere Energie, sondern ist immer unterwegs – genauso wie Lichtenergie oder elektrische Energie in einem Stromkreis.

Wärmeenergie ist nie in einem Körper enthalten, sondern immer „unterwegs".

## Aufgaben

**1** Nenne Beispiele von Vorgängen, bei denen Wärmeenergie abgegeben wird, ohne dass sich die Temperatur des Energie abgebenden Körpers ändert.

**2** Beschreibe einen Weg zur Bestimmung der Energiemenge, die notwendig ist, um 150 g Wasser der Temperatur 70 °C vollständig zu verdampfen. Unterteile in verschiedene Vorgänge.

**3** **Vorsicht:** Verbrühungen mit heißem Wasserdampf sind sehr viel gefährlicher als mit heißem Wasser!
Erläutere diese Aussage am Beispiel von Wasserdampf und Wasser mit jeweils 100 °C.

## Die Richtung des Wärmeenergie-Stroms

Kaltes Wasser lässt sich auch erhitzen, indem ein heißer Kupferklotz hineingelegt wird. Dadurch steigt die Wassertemperatur, die Temperatur des Kupferklotzes sinkt. Das heißt, die innere Energie des Wassers hat sich erhöht. Im gleichen Maß hat sich die innere Energie des Kupferklotzes erniedrigt. Dieser Vorgang läuft von selbst ab und zwar so lange, bis der Kupferklotz die gleiche Temperatur hat wie das Wasser.

**Zentraler Versuch**

Eine Tasse mit heißem Kaffee oder Tee kühlt sich allmählich ab; warmes Wasser in der Badewanne wird von selbst kälter. Das Umgekehrte wurde noch nie beobachtet, dass nämlich ein kalter Körper von selbst Energie abgibt und dadurch einen wärmeren Körper noch wärmer macht. All diesen Vorgängen ist gemeinsam, dass sie von selbst nur in einer Richtung ablaufen, nämlich von heiß nach kalt.

> Wärmeenergie geht von selbst immer nur vom heißeren zum kälteren Körper über, nie umgekehrt.

| zu Beginn | später | am Ende |
|---|---|---|
| hohe Temperatur / niedrige Temperatur — Wärmeenergie beginnt zu strömen | Temperatur sinkt innere Energie nimmt ab / Temperatur steigt innere Energie nimmt zu | Temperaturen sind gleich kein weiterer Energieübergang |

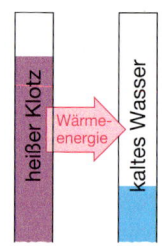

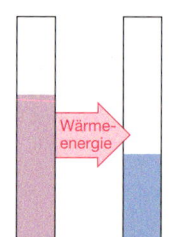

heißer Klotz — Wärmeenergie — kaltes Wasser — Wärmeenergie — lauwarmer Klotz — lauwarmes Wasser

**Aufgaben**

**1** Die Temperatur im Badezimmer nimmt ab, wenn kaltes Wasser in die Badewanne eingelassen wird. Erkläre diese Beobachtung.

**2 a)** Finde weitere Beispiele, in denen Wärmeenergie von selbst von einem Körper zu einem anderen übergeht.
**b)** Beschreibe die Temperaturänderungen.

**3** Wird heißer Tee in ein Glas gegossen, kann dieses zerspringen. Ein Metallgegenstand im Glas verhindert das.

---

**Versuche und Aufträge** | **Wärmeenergie-Ströme**

**V1** In einer Wohnung gibt es ganz unterschiedliche Bodenbeläge.
**a)** Betrete barfuß zunächst etwa eine Minute lang einen Fliesenfußboden (ohne Fußbodenheizung), dann genauso lange einen Holz- oder Laminat-Fußboden und schließlich einen Teppichboden. Beschreibe deine Beobachtungen.
**b)** Erkläre die Beobachtungen, indem du jeweils die auftretenden Wärmeenergie-Ströme betrachtest.

**V2 a)** Plane einen Versuch, mit dem die Abkühlungskurve einer heißen Tasse Kaffee aufgenommen werden kann, und führe ihn durch. Stelle deine Ergebnisse in einem Diagramm dar. Miss auch die Zimmertemperatur. (Vorsicht beim Experimentieren mit heißen Flüssigkeiten!)

**b)** Beschreibe anhand des Diagramms, wie die Temperaturabnahme jeweils von der aktuellen Kaffeetemperatur abhängt. Ziehe Folgerungen in Bezug auf die Energieströme an die Umgebung.

**V3** Du benötigst ein Bügeleisen und eine etwa DIN-A5-große Plexiglasplatte
**a)** Stelle das Bügeleisen hochkant auf eine geeignete Unterlage und heize es auf die höchste mögliche Temperatur auf. Halte dann eine Hand in ca. 15 cm Abstand vor das Bügeleisen.
**b)** Halte die Plexiglasplatte ebenfalls in etwa 15 cm Abstand etwa 2 min lang vor das Bügeleisen und danach in einigen cm Abstand vor deine Wange.
**b)** Beschreibe aufgrund deiner Beobachtungen die hier stattfindenden Wärmeenergie-Ströme.

## Geschichte des Thermometers

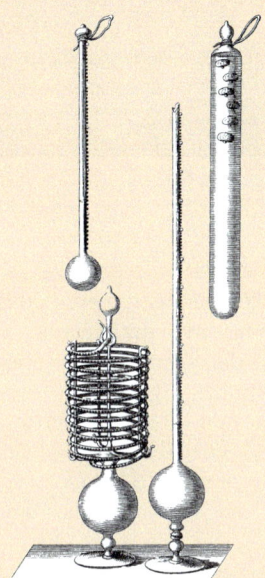

Als es noch keine Messgeräte zur Temperaturmessung gab, konnten die Menschen nur vage Aussagen darüber machen, wie kalt oder warm etwas war.

Die ersten Flüssigkeitsthermometer entstanden um 1600 in Italien nach einer Idee von GALILEO GALILEI (1564–1642) für medizinische Zwecke. Sie waren z. T. sehr kunstvoll hergestellt und funktionierten auch recht zuverlässig mit dem einzigen Nachteil, dass jedes Thermometer seine eigene Skala hatte. Eine allgemein gültige Temperaturangabe war mit einem solchen Thermometer nicht möglich.

Trotzdem konnten diese Thermometer schon von Ärzten benutzt werden. Diese wendeten folgenden Trick an: Zum Vergleich nahm erst der Arzt die Thermometerkugel in den Mund und markierte die Anzeige am Steigrohr. Danach wurde beim Patienten gemessen und wenn bei ihm die Flüssigkeitssäule deutlich höher stieg als beim Arzt, so hatte der Patient offensichtlich Fieber. Das ging natürlich nur, wenn der Arzt selbst kein Fieber hatte.

Den ersten Versuch, eine einheitliche und überall gültige Temperaturskala herzustellen, machte im Jahre 1714 DANIEL GABRIEL FAHRENHEIT (1686–1736) aus Danzig mit der Einführung zweier Fixpunkte.
Für den ersten wählte er die tiefste Temperatur, die er damals herstellen konnte, nämlich die Temperatur einer „Kältemischung" (Mischung aus Eis, Wasser und Salmiak). Diese Temperatur (–18 °C) wählte er als Nullpunkt seiner Skala. Als zweiten Fixpunkt wählte er vermutlich seine eigene Körpertemperatur und bezeichnete sie mit 100 Grad. Den Abstand dazwischen teilte er in 100 gleiche Teile. So entstand die Fahrenheit-Skala, die heute z. B. in den USA noch benutzt wird. Solltest du bei einem USA-Besuch einmal Fieber bekommen, so musst du nicht erschrecken, wenn das dortige Fieberthermometer über 100 Grad anzeigt!

Im Jahre 1742 schlug der schwedische Professor für Astronomie ANDERS CELSIUS (1701–1744) die bereits bekannten Fixpunkte vor, allerdings nannte er damals die Temperatur der Eis-Wasser-Mischung 100° und die Temperatur des siedenden Wassers 0°! Die schwedische Akademie der Wissenschaften übernahm diesen Vorschlag acht Jahre später, tauschte aber die Werte um. Die so entstandene Celsius-Skala wird heute in allen europäischen Staaten verwendet.

Etwa 100 Jahre später führten Forschungen in der Physik zu der Erkenntnis, dass die Temperaturskala nach unten begrenzt ist, dass es also eine tiefste Temperatur gibt, die nicht unterschritten werden kann. Diese Temperatur, die im Labor zwar nicht hergestellt werden kann, der man aber inzwischen sehr nahe gekommen ist, liegt bei –273,15 °C.

Nun wäre es ja sinnvoll, diese Temperatur als Nullpunkt auf der Temperaturskala zu wählen. Genau dies tat der englische Physiker LORD KELVIN (1824–1907): Er bezeichnete diese tiefste Temperatur als **absoluten Nullpunkt 0 K** (null Kelvin). Ansonsten behielt er die Skaleneinteilung der Celsius-Skala bei, sodass die Skalenabstände auf beiden Skalen gleich sind. Deshalb stimmen auch Temperaturdifferenzen auf beiden Skalen überein. So kam es in der Physik zu der Vereinbarung, Temperaturdifferenzen in K anzugeben. Die Kelvin-Skala wird heute vorwiegend in der Wissenschaft verwendet.

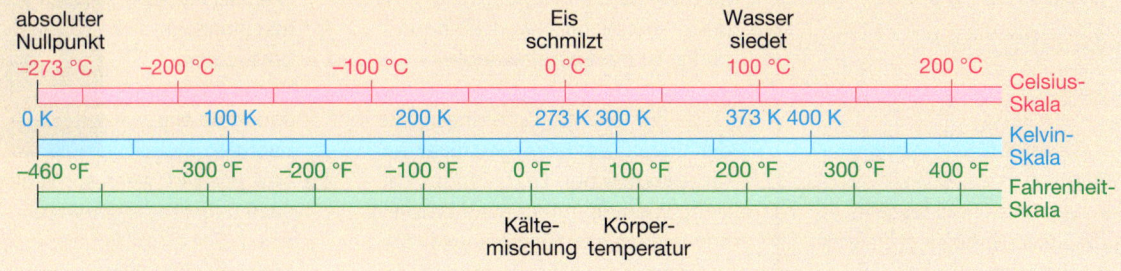

# Energieentwertung

**So ein Pech! Erst ist die Glühlampe kaputtgegangen und nun verbrennt sich der Junge beim Auswechseln auch noch die Finger! Dabei hätte er doch wissen können, dass eine Glühlampe beim Leuchten auch ziemlich heiß wird. Diese innere Energie ist aber gar nicht gewollt, sondern nur die Lichtenergie ist erwünscht.**

**Offensichtlich gibt es zwei Arten von Energie: Solche, die erwünscht ist, und solche, die bei den Wandlungsprozessen zusätzlich auftritt. Entsteht dieser unerwünschte Anteil immer und zwangsläufig?**

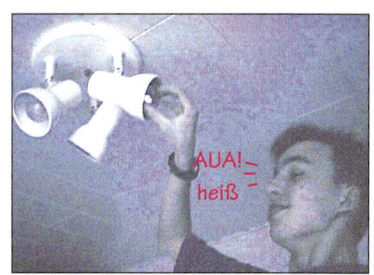

AUA! heiß

## Energie, die keinem mehr nützt

Im Bild leuchtet eine kleine Glühlampe unter Wasser. Wenn sie z. B. zehn Minuten in Betrieb war, kann eine Temperaturerhöhung von 7 °C festgestellt werden. Wie erwartet ist nur ein Teil der zugeführten elektrischen Energie in Lichtenergie gewandelt worden, ein anderer in innere Energie.

Es ist sogar abschätzbar, wie groß die beiden Anteile sind:
An einem Energiemessgerät kann abgelesen werden, dass die Lampe insgesamt etwa 3,6 kJ elektrische Energie aufgenommen hat. Da 4,18 J nötig sind, um 1 g Wasser um 1 °C zu erwärmen, ergibt sich, dass 3,36 kJ für die Erhitzung des

**Zentraler Versuch**

Wassers (115 mℓ) gebraucht werden und nur 240 J als Lichtenergie abgegeben werden. Nur 7 % der elektrischen Energie sind also in Lichtenergie gewandelt worden. Der Rest hat die Glühlampe und das Wasser erwärmt.
Dieser Energieanteil war weder erwünscht noch kann er später genutzt werden, denn diese Energie geht im Laufe der Zeit von selbst aus dem Wasser in die Umgebungsluft über. Mit ihr können keine Vorgänge mehr bewirkt werden. Sie wird deshalb **entwertet** genannt. Je geringer der entwertete Anteil ist, desto nützlicher, weil wirkungsvoller, ist der Energiewandler.

Dass bei Energiewandlungen aus der zugeführten Energie nicht nur die gewünschte Energieform entsteht, sondern immer auch Wärmeenergie, ist ein allgemeines physikalisches Prinzip.

Wird die Energie, die ein Wandler aufnimmt, mit der Energie verglichen, die er nutzbringend abgibt, so kann das Ergebnis als Bruch, Dezimalzahl oder Prozentsatz angegeben werden. Bei der Glühlampe war es z. B. 0,07 oder 7 %. In einem Energiefluss-Schema können die Energieanteile durch die Pfeildicken dargestellt werden.

Lichtenergie

elektrische Energie — Glühlampe — Wärmeenergie

Bei allen Energiewandlungen entsteht zwangsläufig auch nicht erwünschte Wärmeenergie.
Meist fließt diese Energie von selbst in die Umgebung ab und kann nicht weiter genutzt werden; sie ist entwertet.

### Rechenbeispiel

Berechne den Anteil der zugeführten elektrischen Energie von 3,60 kJ, der im zentralen Versuch in Licht gewandelt wurde. Um 115 mℓ Wasser um 7 °C zu erwärmen, sind 3,36 kJ nötig.

Geg.: $E_{el} = 3,6$ kJ; $E_W = 3,36$ kJ

Ges.: Anteil von $E_{Licht}$ an $E_{el}$

Lösung: $E_{Licht} = E_{el} - E_W = 3,6$ kJ $- 3,36$ kJ
$= 0,24$ kJ

Anteil $= \frac{0,24 \text{ kJ}}{3,60 \text{ kJ}} = 0,07 = 7\%$

Nur 7 % der zugeführten elektrischen Energie wurde in Lichtenergie gewandelt.

### Aufgaben

**1** Das Foto rechts wurde bei einem Bremsscheibentest gemacht. Erkläre den Versuchsablauf und stelle eine Energiekette auf.

**2** Was passiert, wenn ein Schüler nach dem Hinaufklettern an einem Seil beim Herunterrutschen nicht aufpasst?

# Wirkungsgrad

Die Wandlung von einer Energieform in eine andere geht immer mit Energieentwertung einher. Zur Beurteilung, wie gut die zugeführte Energie genutzt wird, wird der Quotient aus der genutzten und der zugeführten Energie verwendet. Der Wert heißt **Wirkungsgrad η** (gesprochen: eta).

$$\eta = \frac{E_{\text{genutzt}}}{E_{\text{zugeführt}}}$$

Der Wirkungsgrad ist stets kleiner oder gleich 1. Er ist einheitenlos und wird als Bruch, Dezimalzahl oder in Prozent angegeben. Der Wirkungsgrad einer Glühlampe beträgt ca. 7 %, d. h. nur $\frac{1}{14}$ der zugeführten elektrischen Energie wandelt sich in die gewünschte Lichtenergie. Das ist nicht besonders viel. Daher ist es sinnvoll, LED-Lampen zu verwenden und Lampen nicht unnötig lange leuchten zu lassen.

Viele Geräte besitzen aber nur einen so schlechten Wirkungsgrad, weil bei der Wandlung der (elektrischen) Energie zwangsläufig der Anteil der unerwünschten Wärmeenergie wächst. Es gibt allerdings auch Geräte, die die Temperatur von Körpern erhöhen sollen, z. B. Wasserkocher oder Tauchsieder. Der Temperaturanstieg in den Leitungen des Gerätes, der sonst immer Ursache für einen schlechten Wirkungsgrad ist, ist hier gewollt. Wird die Erwärmung der Umgebung z. B. durch ein Isoliergefäß so gering wie möglich gehalten, erreichen Wasserkocher und Tauchsieder sogar Wirkungsgrade von nahezu 1, also fast 100 %.

Beispiele für weitere Wirkungsgrade sind:
Glühwürmchen:      95 %
Energiesparlampe:  25 %
Generator:         96 %
Wasserturbine:     90 %
Benzinmotor:       35 %

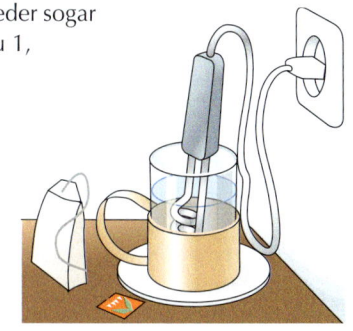

$$\text{Wirkungsgrad } \eta = \frac{\text{genutzte Energie}}{\text{zugeführte Energie}}$$

## Aufgaben

**1** Erkläre, warum Zentralheizungen (η bis zu 85 %) einen besseren Wirkungsgrad als ein offenes Kaminfeuer besitzen.

**2** Zu Spitzenzeiten benötigt ein modernes Kohlekraftwerk 150 t Steinkohle pro Stunde. Für den Nutzer stehen jedoch lediglich 1 980 000 MJ zur Verfügung. Berechne, welchen Wirkungsgrad das Kraftwerk besitzt und wie hoch der Restanteil der Energie ist. Wo bleibt diese Restenergie?

---

| Energieentwertung | | Versuche und Aufträge |
|---|---|---|

**V1** Bringe dein Fahrrad aus zügiger Fahrt mit der Hinterrad-Bremse zum Stehen. Berühre danach sofort Felge und Bremsbeläge. Beschreibe und erkläre.

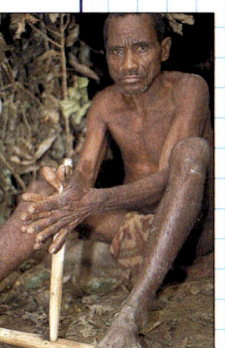

**V2** Wie entzündet man Feuer ohne Streichhölzer, Feuerzeug o. Ä.?
**a)** Nimm die Abbildung als Anregung und versuche es selbst.
**b)** Woran könnte es liegen, wenn das Feuermachen nicht gelingt?

**V3** Teewasser (0,5 ℓ) kann ganz unterschiedlich erhitzt werden.
**a)** Begründe, weshalb das Erhitzen mithilfe eines Topfes auf einer Herdplatte nur einen geringen Wirkungsgrad haben wird.
**b)** Plane einen Versuch, mit dem du den Wirkungsgrad beim Erhitzen von 0,5 ℓ Wasser mithilfe eines Wasserkochers beziehungsweise mithilfe einer Mikrowelle ermitteln kannst. Du benötigst dazu ein Energiemessgerät für Haushalte und ein geeignetes Thermometer.
c) Verdeutliche am Beispiel Wasserkochen, dass ein hoher Wirkungsgrad trotzdem vollständige Energieentwertung bedeuten kann.

**V4 a)** Drehe die Wäscheklammer gleichmäßig um den Messfühler des Thermometers und notiere alle 10, 20, ... Umdrehungen die Temperatur.
**b)** Erkläre deine Beobachtung.

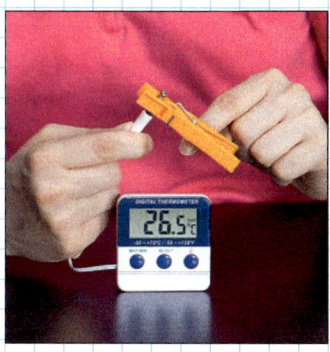

# Einbahnstraße Energieentwertung

Neben der begehrten elektrischen Energie produziert ein Kraftwerk sehr viel Wärmeenergie, die über die Kühltürme ungenutzt entweicht. Ist das nicht eine gewaltige Vergeudung von Kohle, Öl, Gas oder Uran, die teuer eingekauft wurden? Gibt es physikalische Gründe dafür, dass eine solche „Verschwendung" hingenommen werden muss? Woran liegt es, dass Energie nicht beliebig von einer Form in eine andere gewandelt werden kann, sondern dass dies nur unter „Verlust" möglich ist? Wo bleibt der Rest?

Die springende Kugel, die Erde am Aufprallpunkt und die alles umgebende Luft bilden ein *System*, in dem Energie gewandelt wird. In ihm gilt der Energieerhaltungssatz: Wenn diesem System Energie weder zu- noch abgeführt wird, bleibt die Summe aller beteiligten Energien konstant und die verschiedenen, im Inneren des Systems auftretenden Energieformen können beliebig lange ineinander gewandelt werden.

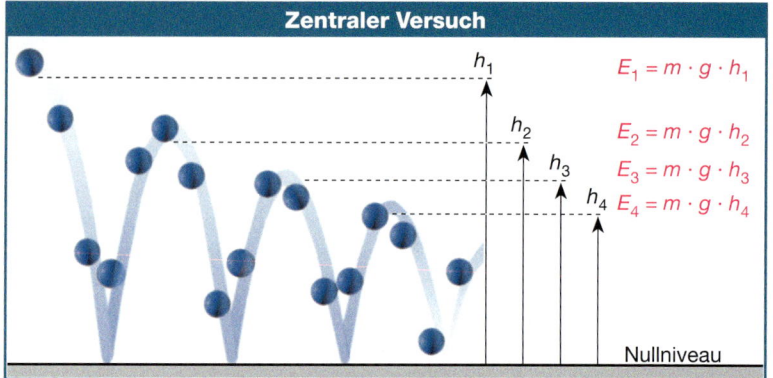

**Zentraler Versuch**

$E_1 = m \cdot g \cdot h_1$

$E_2 = m \cdot g \cdot h_2$

$E_3 = m \cdot g \cdot h_3$

$E_4 = m \cdot g \cdot h_4$

Nullniveau

Die anfänglich vorhandene Höhenenergie wird bei den Wandlungen in Bewegungs- und Spannenergie und wieder zurück in Höhenenergie aber kontinuierlich entwertet. Nach jedem Ab und Auf ist weniger Höhenenergie da als vorher – nach hinreichend langer Zeit ist überhaupt keine mechanische Energie mehr in diesem System.

Stattdessen haben sich die inneren Energien des Balles, der Aufprallstelle und der umgebenden Luft durch Reibung erhöht. Diese innere Energie kann nicht mehr in eine der mechanischen Energieformen zurückgewandelt werden. Sonst müsste ja die Kugel wieder anfangen zu springen, während sie, die Aufprallstelle und die Luft ringsum kühler würden, sie also die von der Kugel empfangene Bewegungsenergie wieder an sie zurückgäben. Nach dem Energieerhaltungssatz wäre das denkbar, aber gesehen hat das noch niemand!

Auch bei den Energiewandlungen in Kraftwerken wäre es wünschenswert, die Entwertung der kostbaren Eingangsenergie in dem System Kraftwerk–Umgebungsluft wieder rückgängig zu machen. Dazu müsste nur die erwärmte Luft in den Kühltürmen, also die Abwärme des Kraftwerks, abgekühlt werden und die dabei frei werdende Energie wieder als Wärmeenergie in den Kessel zurückgeführt werden. Aber auch das ist nicht machbar!

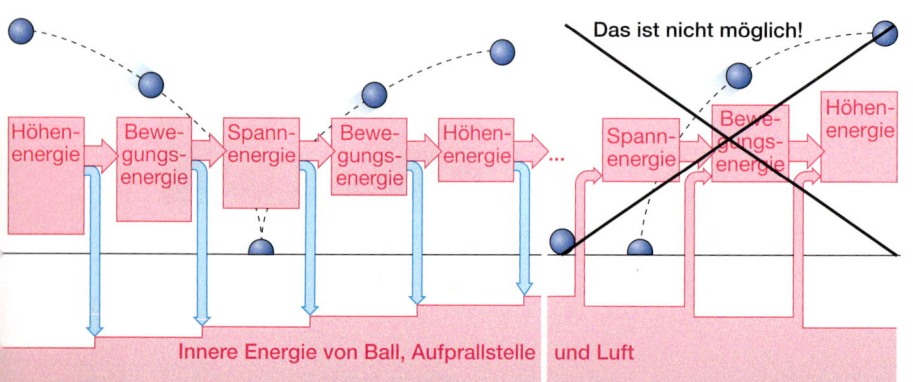

**Das ist nicht möglich!**

| Höhen-energie | Bewe-gungs-energie | Spann-energie | Bewe-gungs-energie | Höhen-energie | ... | Spann-energie | Bewe-gungs-energie | Höhen-energie |

**Innere Energie von Ball, Aufprallstelle und Luft**

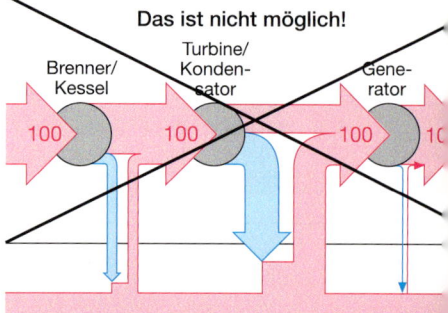

**Das ist nicht möglich!**

Brenner/Kessel — Turbine/Kondensator — Generator

100 — 100 — 100 — 100

**Innere Energie der Umgebung**

## Die Richtung von Vorgängen

Dem Energieerhaltungssatz würden solche Umkehrungen der Entwertung nicht widersprechen. Die Erfahrung zeigt aber, dass der Vorgang nur in der Richtung abläuft, in der Entwertung auftritt, nicht in der umgekehrten. Um Energiewandlungen vollständig zu beschreiben, muss es also noch eine weitere Eigenschaft dieser Wandlungen geben, die die Einseitigkeit von Entwertungsvorgängen beschreibt.

Die Energiewandlungen an der springenden Kugel laufen in beiden Richtungen ab. Gäbe es die Entwertung durch Reibung nicht, würde der Idealfall eintreten, dass die Kugel nach jedem Aufprall wieder genau die Höhe erreichen würde, die sie vorher hatte. Es läge ein umkehrbarer, ein **reversibler Vorgang** vor. Der rückwärtslaufende Vorgang wäre vom vorwärts ablaufenden nicht zu unterscheiden.

Die Bewegungsenergie einer Turmspringerin „verschwindet" im Wasser. Dort ist sie in innere Energie des Wassers gewandelt und dadurch entwertet worden. Es ist noch nie beobachtet worden, dass solch ein Vorgang in der Natur umgekehrt abläuft. Er wäre umgekehrt, wenn durch Abkühlung die innere Energie wieder zu Bewegungs- und Höhenenergie würde.

Ein nicht umkehrbarer Vorgang heißt **irreversibel.** Er ist eine Einbahnstraße, weil die Wandlungen nur in einer Richtung ablaufen, so wie bei der springenden Kugel oder wie bei den Energiewandlungsprozessen im Kraftwerk.

Bei allen Energiewandlungen entsteht Wärmeenergie, die nicht dem Zweck des Prozesses dient und die nicht in andere Energieformen weiter gewandelt werden kann. Am Ende aller Energieketten steht immer innere Energie der Umgebung, die nicht mehr in eine nutzbare Form wandelbar ist, eben **entwertete Energie.** Stehen elektrische, mechanische, chemische Energie oder Lichtenergie dagegen am Ende von Energieketten, dann sind sie noch nutzbar. Deshalb sind sie *wertvoll.*
Energieentwertung ist also ein Wandlungsprozess, der Einbahnstraße und Sackgasse zugleich ist: Entwertete Energie nimmt am Austausch der Energieformen nicht mehr teil.

> Alle Energiewandlungen sind irreversibel. Sie laufen nur in Richtung Entwertung ab, nie umgekehrt.

**1** Finde aus deinem Alltag drei weitere Beispiele für irreversibel ablaufende Energiewandlungen.

**2** Nenne für das Beispiel Fahrrad Maßnahmen, die zur Verringerung der Energieentwertung ergriffen werden oder von dir beim Radfahren ergriffen werden können.

**3 a)** Betrachte am Beispiel eines Tauchsieders die Begriffe „zugeführte Energie", „Nutzenergie" und „entwertete Energie".
**b)** Erläutere auch, warum der Wirkungsgrad eines Tauchsieders so hoch ist.

**4** Axel hat eine geniale Idee für sein Fahrrad: Ein Elektromotor treibt das Hinterrad an und wird selbst vom Dynamo am Vorderrad mit Strom versorgt. Franziska hat Zweifel. Kommentiere.

**5** Ein Filmregisseur ist auf der Suche nach lustigen Filmszenen. Dazu lässt er normale Bewegungsabläufe rückwärts ablaufen.
**a)** Denke dir Filmszenen aus, die rückwärts ablaufend lustig wirken.
**b)** Untersuche den rückwärts ablaufenden Vorgang anhand des Verlaufs der inneren Energie der Umgebung.
**c)** Gib Beispiele für Vorgänge, die rückwärts wie vorwärts abgespielt physikalisch möglich sind.

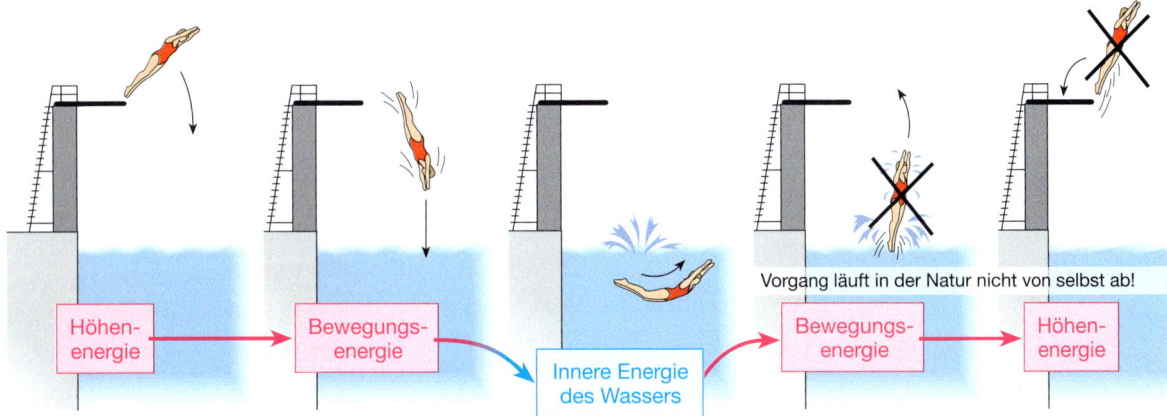

Vorgang läuft in der Natur nicht von selbst ab!

Höhen-energie → Bewegungs-energie → Innere Energie des Wassers → Bewegungs-energie → Höhen-energie

# Änderung der inneren Energie und die Wirkungen

An heißen Tagen erwärmt die Sonne das Wasser im Freibad um einige Grad. Warum ist die Temperatur des Planschbeckens aber stets höher als die des Schwimmerbeckens? Warum sind eiserne Gullydeckel stets heißer als Steinplatten auf dem Boden. Alle beide bekommen doch von der Sonne die gleiche Menge an Energie!
Wovon hängt die Temperaturerhöhung ab, wenn ein Körper Energie absorbiert und dadurch seine innere Energie zunimmt?

28 °C
24 °C
21 °C

## Temperaturänderungen

### Energiezufuhr – Temperatur

Die einem Körper zugeführte Energie kann auch eine Vergrößerung seiner inneren Energie bewirken. Das führt meist zur Erwärmung des Körpers, seine Temperatur steigt. Um den genauen Zusammenhang zwischen der zugeführten Energie und der Temperaturänderung zu untersuchen, müssen beide Größen gleichzeitig bestimmt werden.

Als Energielieferant wird ein Tauchsieder verwendet. Auf seinem Typenschild steht, wie viel Energie er abgibt: In jeder Sekunde sind es z. B. 300 J.
In der Tabelle unten sind die Messwerte für ein Becherglas mit 100 g Wasser festgehalten. Beim Vergleich der Quotienten aus der zu

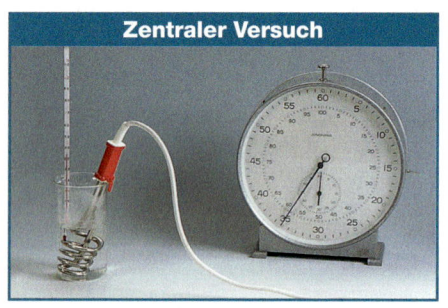

**Zentraler Versuch**

geführten Energie und der Temperaturänderung lässt sich feststellen, dass diese annähernd gleich sind. Die zugeführte Energie und die Temperaturänderung sind also proportional zueinander: $\Delta E \sim \Delta \vartheta$.

Diese Proportionalität $\Delta E \sim \Delta \vartheta$ gilt allerdings nur, wenn während der Energiezufuhr keine Zustandsänderung eintritt, wenn die zugeführte Energie also vollständig zur Temperaturerhöhung des Körpers führt. Sie gilt nicht nur für Wasser, sondern für alle Stoffe.

> Zugeführte Energie und Temperaturerhöhung sind proportional, wenn keine Zustandsänderungen stattfinden.

| $t$ | $\Delta E$ | $\Delta \vartheta$ | $\frac{\Delta E}{\Delta \vartheta}$ |
|------|------|------|------|
| 10 s | 3 kJ | 7 K | 0,43 $\frac{kJ}{K}$ |
| 20 s | 6 kJ | 14 K | 0,43 $\frac{kJ}{K}$ |
| 30 s | 9 kJ | 22 K | 0,41 $\frac{kJ}{K}$ |
| 40 s | 12 kJ | 29 K | 0,41 $\frac{kJ}{K}$ |
| 50 s | 15 kJ | 36 K | 0,42 $\frac{kJ}{K}$ |

### Energiezufuhr – Masse

Natürlich ist im Schwimmerbecken mehr Wasser enthalten als im Planschbecken. Vermutlich hat also auch die Menge des Wassers, das erwärmt wird, einen Einfluss auf die Temperatursteigerung. Um das zu überprüfen, wird unterschiedlichen Mengen Wasser wieder mit dem Tauchsieder Energie zugeführt und gemessen, wie viel Energie für eine Temperatursteigerung um jeweils 10 K nötig ist.

Die Messwerte in der Tabelle unten zeigen, dass der Quotient aus zugeführter Energie und erwärmter Masse stets annähernd der gleiche ist. Die für eine bestimmte Temperaturänderung zuzuführende Energie ist also proportional zur Masse des Wassers: $\Delta E \sim m$.

| $m$ | $t$ | $\Delta E$ | $\frac{\Delta E}{m}$ |
|------|------|------|------|
| 0,05 kg | 14 s | 2,10 kJ | 43 $\frac{kJ}{kg}$ |
| 0,10 kg | 28 s | 4,20 kJ | 42 $\frac{kJ}{kg}$ |
| 0,15 kg | 43 s | 6,45 kJ | 43 $\frac{kJ}{kg}$ |
| 0,20 kg | 56 s | 8,40 kJ | 42 $\frac{kJ}{kg}$ |
| 0,25 kg | 68 s | 10,20 kJ | 41 $\frac{kJ}{kg}$ |

Auch diese Proportionalität gilt für alle Stoffe, solange während der Energiezufuhr keine Zustandsänderung eintritt.

Jetzt wird die höhere Temperatur des Planschbeckens verständlich: Aufgrund der geringeren Tiefe ist die Wassermenge, die von der einfallenden Sonnenstrahlung erwärmt wird, viel geringer und folglich die Temperatursteigerung viel größer – obwohl die Fläche des Schwimmerbeckens größer ist und daher mehr Strahlung absorbiert wird.

Im Versuch wurde dem Wasser so lange Energie zugeführt, bis seine Temperatur um 10 K gestiegen ist. Es waren immer etwa 42 kJ – hochgerechnet auf 1 kg Wasser. Für eine Temperaturerhöhung von 1 kg Wasser um 1 K ist also $\frac{1}{10}$ dieser Energie nötig: 4,2 kJ.

> Die für eine bestimmte Temperaturänderung zuzuführende Energie ist zur Masse des Körpers proportional.
> Für Wasser gilt: Um die Temperatur von 1 kg Wasser um 1 K zu erhöhen, sind 4,2 kJ Energie nötig.

---

## Rechenbeispiele

**1.** Berechne die Kosten für ein Wannenbad, wenn die Wanne mit rund 150 Liter Wasser gefüllt wird und die Wassertemperatur 38 °C betragen soll. Das zufließende Leitungswasser hat eine Temperatur von 14 °C.

Geg.: $m = 150$ kg; $\Delta\vartheta = (38 - 14)$ K $= 24$ K

Ges.: $\Delta E$

Lösung: Um die Temperatur von 1 kg Wasser um 1 K zu erhöhen, sind 4,2 kJ nötig. Daraus ergibt sich für eine beliebige Wassermenge $m$ und eine beliebige Temperatursteigerung $\Delta\vartheta$ eine einfache Formel für die zuzuführende Energie:

$$\Delta E = 4,2 \, \frac{\text{kJ}}{\text{kg} \cdot \text{K}} \cdot m \cdot \Delta\vartheta$$
$$= 4,2 \, \frac{\text{kJ}}{\text{kg} \cdot \text{K}} \cdot 150 \text{ kg} \cdot 24 \text{ K} = 15120 \text{ kJ} \approx 15 \text{ MJ}$$

Wenn die Energie von einer Öl- oder Gasheizung bereitgestellt wird, so kosten 1000 kJ etwa 4 Cent. Die Energie für das Bad kostet also 60 Cent – ohne Wasserkosten, die etwa 1,2 € betragen. Insgesamt kostet das Wannenbad etwa 1,8 €.

**2.** Berechne, wie viel gespart werden kann, wenn anstatt des Bades eine Dusche genommen wird. Die Wassertemperatur soll die gleiche sein, die benötigte Wassermenge beträgt beim Duschen jedoch nur etwa 30 Liter.

Geg.: $m = 30$ kg; $\Delta\vartheta = (38 - 14)$ K $= 24$ K

Ges.: $\Delta E$

Lösung: Da die für das Duschen benötigte Wassermenge nur $\frac{1}{5}$ der für das Baden benötigten Wassermenge beträgt, reduzieren sich die entsprechenden Kosten (wegen der sonst gleichen Bedingungen) um denselben Faktor.

Insgesamt betragen die Kosten für das Duschen nur $\frac{1}{5}$ der Kosten für ein Wannenbad, also 36 Cent.

---

## Aufgaben

**1** Begründe, welches der beiden Verfahren zum Kartoffelkochen du bevorzugen würdest.

**2** **a)** Stelle die in den Tabellen angegebenen Werte für
- die zugeführte Energie und die Temperaturänderung
- die zugeführte Energie und die Masse des Wassers

in jeweils einem Diagramm dar.
**b)** Gib an, welcher Graph gezeichnet werden muss.
**c)** Lies im ersten Diagramm die zuzuführende Energie für eine Temperaturänderung von 10 K, 20 K, 30 K ab.

**d)** Lies im zweiten Diagramm die zuzuführende Energie für eine Masse von 120 g, 240 g ab.

**3** Begründe mit dem Teilchenmodell, warum die für eine bestimmte Temperaturerhöhung nötige zuzuführende Energie der Masse proportional sein muss.

**4** Berechne die gesamte Energie, die notwendig ist, um 5 kg Wasser mit der Temperatur 14 °C zum Sieden zu bringen.

**5** Wenn an wolkenlosen Sommertagen die Sonne zehn Stunden lang scheint, dann ist insgesamt eine Energie von 18 MJ pro m$^2$ eingestrahlt worden. Um wie viel erhöht sich dadurch die Temperatur im Schwimmbecken (Wassertiefe 2,5 m) und im Planschbecken (Wassertiefe 0,8 m)?
(*Hinweis:* Berechne die Temperaturdifferenz für 1 m$^2$ Wasseroberfläche.)

### Energiezufuhr – Stoff

Wenn im Sommer die Sonne längere Zeit scheint, dann werden die Steinplatten im Schwimmbad angenehm warm, ein eiserner Gullydeckel aber unangenehm heiß. Sie bekommen beide gleich viel Energie von der Sonne zugestrahlt und haben auch etwa die gleiche Masse. Die unterschiedlichen Temperaturen könnten darauf beruhen, dass beide aus unterschiedlichen Stoffen hergestellt sind.

Die vier Metallstücke und zwei Bechergläser im Versuch haben die gleiche Masse und erhalten wegen ihrer jeweils gleich großen Grundfläche die gleiche Energie von der Kochplatte. Trotzdem steigt die Temperatur der Körper in der gleichen Zeit unterschiedlich stark an.
Es hängt also vom Stoff ab, welche Temperaturerhöhung durch die gleiche Energiezufuhr bewirkt wird. Die für eine bestimmte Temperaturerhöhung bei einer bestimmten Masse zuzuführende Energie ist abhängig von einer Stoffkonstanten. Wird als Bezug wieder eine Temperaturänderung von 1 K und eine Masse von 1 kg gewählt, dann ist diese Stoffkonstante die **spezifische Wärmekapazität $c$**. Es gilt: $\Delta E \sim c$.

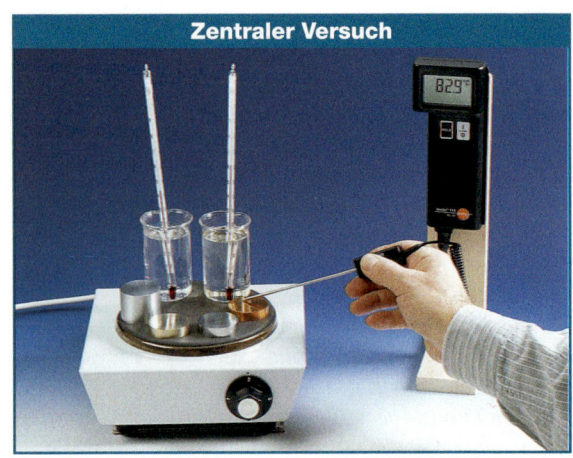

**Zentraler Versuch**

anstieg des Körpers am größten, dessen spezifische Wärmekapazität am kleinsten ist, denn er benötigt pro Kelvin Temperaturerhöhung die kleinste Energiemenge.

Die spezifische Wärmekapazität von Wasser ist mit $c_W = 4{,}19 \frac{kJ}{kg \cdot K}$ besonders hoch. Diese Tatsache wird in der Natur und Technik oft genutzt, z.B. bei der Temperaturregelung im menschlichen Körper, zum Schutz vor Frostschäden bei Pflanzen oder bei Wärmetauschern. Ändert das Wasser allerdings seinen Zustand, so verändert sich auch seine spezifische Wärmekapazität und sinkt

bei Eis auf $c_{W\text{-Eis}} = 2{,}09 \frac{kJ}{kg \cdot K}$ oder

bei Wasserdampf sogar auf $c_{W\text{-Dampf}} = 1{,}95 \frac{kJ}{kg \cdot K}$.

| Stoff | $c$ |
|---|---|
| Aluminium | $0{,}90 \frac{kJ}{kg \cdot K}$ |
| Beton | $0{,}92 \frac{kJ}{kg \cdot K}$ |
| Eis | $2{,}09 \frac{kJ}{kg \cdot K}$ |
| Eisen | $0{,}47 \frac{kJ}{kg \cdot K}$ |
| Glas | $0{,}86 \frac{kJ}{kg \cdot K}$ |
| Holz | $2{,}39 \frac{kJ}{kg \cdot K}$ |
| Kupfer | $0{,}39 \frac{kJ}{kg \cdot K}$ |
| Porzellan | $0{,}73 \frac{kJ}{kg \cdot K}$ |
| Sand, Stein | $0{,}84 \frac{kJ}{kg \cdot K}$ |
| Styropor | $1{,}50 \frac{kJ}{kg \cdot K}$ |
| Zinn | $0{,}23 \frac{kJ}{kg \cdot K}$ |
| Milch | $3{,}90 \frac{kJ}{kg \cdot K}$ |
| Petroleum | $2{,}00 \frac{kJ}{kg \cdot K}$ |
| Quecksilber | $0{,}14 \frac{kJ}{kg \cdot K}$ |
| Spiritus | $2{,}43 \frac{kJ}{kg \cdot K}$ |
| Wasser | $4{,}19 \frac{kJ}{kg \cdot K}$ |
| Luft | $1{,}01 \frac{kJ}{kg \cdot K}$ |
| Sauerstoff | $0{,}92 \frac{kJ}{kg \cdot K}$ |
| Wasserdampf | $1{,}95 \frac{kJ}{kg \cdot K}$ |
| Wasserstoff | $14{,}28 \frac{kJ}{kg \cdot K}$ |

Die Tabelle zeigt, dass die Werte für die spezifische Wärmekapazität von Stoff zu Stoff sehr unterschiedlich sind. Diese Werte sagen aus, wie viel Energie einem Körper der Masse 1 kg zugeführt werden muss, um seine Temperatur um 1 K zu erhöhen. Bei Wasser sind das 4,2 kJ, bei Sand bzw. Stein 0,84 kJ und bei Eisen nur 0,47 kJ. Wird Körpern gleicher Masse die gleiche Energiemenge zugeführt, dann ist der Temperatur-

Die für eine bestimmte Temperaturerhöhung zuzuführende Energie hängt vom Stoff des Körpers ab. Die spezifische Wärmekapazität $c$ gibt an, wie viel Energie einem Körper aus einem bestimmten Stoff mit der Masse 1 kg zugeführt werden muss, damit sich seine Temperatur um 1 K erhöht.

### Aufgaben

**1** Erkläre, warum die eisernen Gullydeckel einer gepflasterten Straße im Sommer deutlich heißer sind als die Pflastersteine unmittelbar neben den Gullydeckeln.

**2** Viele Teile einer Heizungsanlage sind aus Eisen, können also rosten. Nenne Gründe, warum trotzdem kein Öl (z.B. Petroleum) für den Kreislauf genommen wird, sondern Wasser.

**3** Beim Löten kann es passieren, dass du eine Lötperle (Zinn) mit $\vartheta \approx 250\ °C$ auf die Hand bekommst. Das Ergebnis ist eine kleine Brandwunde. Erkläre, warum es viel schmerzhafter ist, die gleiche Menge „kochendes" Wasser ($\vartheta \approx 100\ °C$) auf die Hand zu bekommen.

**4** Überlege, ob die spezifischen Wärmekapazitäten für Isolierkannen und Kühlflüssigkeiten hoch oder niedrig sein müssen. Begründe deine Antwort.

## Die Energie-Temperatur-Gleichung

Für alle Körper gelten drei Proportionalitäten – sofern keine Zustandsänderungen erfolgen, also die gesamte zugeführte Energie nur zu einer Temperaturerhöhung des Körpers führt;

- Energiezufuhr und Temperatursteigerung sind proportional: $E \sim \Delta \vartheta$.
- Um eine bestimmte Temperatursteigerung zu bewirken, muss die zugeführte Energie proportional zur Masse sein: $\Delta E \sim m$.
- Um eine bestimmte Temperaturerhöhung zu bewirken, muss die zugeführte Energie proportional zur spezifischen Wärmekapazität sein: $\Delta E \sim c$.

Alle drei Proportionalitäten können zu einer Proportionalität zusammengefasst werden: $\mathbf{\Delta E \sim c \cdot m \cdot \Delta \vartheta}$.

Da sich die Einheiten der Größen auf der rechten Seite gegenseitig „wegkürzen" bis auf die Einheit Joule, kann diese Proportionalität als Gleichung ohne zusätzlichen Proportionalitätsfaktor geschrieben werden. Sie sagt, wie viel Energie einem Körper zugeführt werden muss, um seine Temperatur um $\Delta \vartheta$ zu erhöhen:
$\Delta E = c \cdot m \cdot \Delta \vartheta$.

Umgekehrt gilt: Wird von einem Körper Energie aufgenommen, ohne dass sich sein Zustand ändert, dann erfolgt eine Temperaturerhöhung des Körpers um $\Delta \vartheta$:
$\Delta \vartheta = \frac{\Delta E}{c \cdot m}$.

Sinkt die Temperatur eines Körpers um $\Delta \vartheta$, so gibt er Energie ab. Dadurch nimmt auch seine innere Energie ab, und zwar ebenfalls um den Wert $\Delta E = c \cdot m \cdot \Delta \vartheta$.

Solange keine Zustandsänderungen auftreten, hängen die Änderung der inneren Energie eines Körpers und seine Temperaturänderung folgendermaßen zusammen:
$\mathbf{\Delta E_{innere} = c \cdot m \cdot \Delta \vartheta}$.

### Rechenbeispiele

**1.** Die Betonplatten im Schwimmbad sind durch Sonneneinstrahlung von 15 °C auf 25 °C erwärmt worden ($c_{Beton} = 0{,}92 \frac{kJ}{kg \cdot K}$). Sie haben eine Masse von ca. 4000 kg. Berechne, wie viel Energie die Platten durch die Absorption der Sonnenstrahlung gespeichert haben.

Geg.: $m = 4000$ kg;  $c_{Beton} = 0{,}92 \frac{kJ}{kg \cdot K}$
$\vartheta_1 = 15$ °C;  $\vartheta_2 = 25$ °C

Ges.: Anstieg der Energie $\Delta E$

Lösung: Bestimmung des Temperaturanstiegs:
$\Delta \vartheta = \vartheta_2 - \vartheta_1$
$= 25$ °C $- 15$ °C
$= 10$ °C $\triangleq 10$ K
Bestimmung der Energieänderung:
$\Delta E = c \cdot m \cdot \Delta \vartheta$
$= 0{,}92 \frac{kJ}{kg \cdot K} \cdot 4000 \text{ kg} \cdot 10 \text{ K}$
$= 36800$ kJ $= 36{,}8$ MJ

Die Betonplatten haben eine Energie von 36,8 MJ gespeichert.

**2.** Ein Wasserkocher mit der Leistung 1500 W wird mit zwei Liter kaltem Wasser gefüllt und eine Minute lang eingeschaltet. Berechne die Temperaturerhöhung.

Geg.: $m = 2$ kg;  $c = 4{,}2 \frac{kJ}{kg \cdot K}$;  $P = 1500$ W
$t = 60$ s

Ges.: $\Delta \vartheta$

Lösung: Der Tauchsieder gibt an das Wasser in jeder Sekunde 1500 J Energie ab. In 60 Sekunden also insgesamt 90 kJ.
$\Delta \vartheta = \frac{\Delta E_{innere}}{c \cdot m} = \frac{90 \text{ kJ}}{4{,}2 \frac{kJ}{kg \cdot K} \cdot 2 \text{ kg}} = 10{,}7$ K

Die Temperatur des Wassers erhöht sich um 10,7 K.

## Aufgaben

**1** Eine Bremsscheibe aus Eisen (Masse 8 kg) eines Pkw wurde beim Bremsen im Gebirge auf 700 °C erhitzt. Berechne den Energiebetrag, den sie aufgenommen hat.

**2** Ein Quader der Masse 150 g wird durch Zufuhr von 2,5 kJ um 43 K erhitzt. Bestimme das Material.

**3** Heißer Tee wird in einen Becher aus Porzellan und in einen aus Edelstahl gegossen. Beide Becher haben die gleiche Masse und vorher die gleiche Temperatur. In welchem Becher wird der Tee danach kühler sein? Begründe deine Antwort.

**4** Bestimme die Temperaturänderung, die die beiden rechten Quader (aus gleichem Material) erfahren.

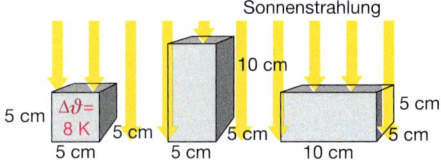

## Zustandsänderungen

Wasser ist eine unserer wichtigsten Lebensgrundlagen. Normalerweise ist es flüssig. Aber es tritt auch in fester Form als Eis oder gasförmig als Wasserdampf auf.
Wie kann Wasser von einem Zustand in einen anderen überführt werden? Ist für die Änderung der Zustandsform Energie nötig und wenn ja wie viel?

### Schmelzen und Verdampfen

Jeder Stoff hat seine eigene Schmelz- und Siedetemperatur. Da die Schmelz- und Siedetemperatur von Wasser in Bereichen liegen, die leicht zugänglich sind, ist es einfach, alle drei Zustände zu beobachten. Bei anderen Stoffen ist dies schwieriger. Eisen hat z. B. eine so hohe Siedetemperatur, dass es mit den Verfahren, die in der Schule zur Verfügung stehen, niemals gasförmig gemacht werden kann.

Im Versuch wird Eis geschmolzen. Das aus dem Eis entstehende Wasser wird weiter erhitzt, bis am Ende alles Wasser verdampft ist. Dazu wird eine Kochplatte verwendet, die über den gesamten Zeitraum gleichmäßig Energie an das Eis bzw. das Wasser im Becherglas abgibt.

Im Diagramm ist der Temperaturverlauf in Abhängigkeit von der Zeit dargestellt. Da die Kochplatte in jeder Sekunde die gleiche Energiemenge abgibt, kann die Zeitachse in eine Energieachse umgewandelt und so die Energiezufuhr für das gesamte Experiment dargestellt werden.

Obwohl dem Eis konstant Wärme zugeführt wurde, zeigt der Graph Bereiche, in denen die Temperatur konstant bleibt. Die Energie wird dort benötigt, um den Aggregatzustand zu ändern. Zunächst, um das Eis zu schmelzen. Und später, um das Wasser zu verdampfen. In diesen Bereichen bleibt die Bewegungsenergie der Teilchen unverändert. Würde der Versuch mit der gleichen Masse Blei durchgeführt, so würde festgestellt, dass das Blei viel schneller schmilzt. Das heißt, dass jeder Stoff einen ganz bestimmten Energiebetrag zum Schmelzen benötigt: die **spezifische Schmelzenergie $e_S$.** In Tabellen von Formelsammlungen stehen die entsprechenden Werte bezogen auf 1 kg des jeweiligen Stoffes. (Manchmal findet sich auch der historisch bedingte Begriff „Schmelzwärme".)

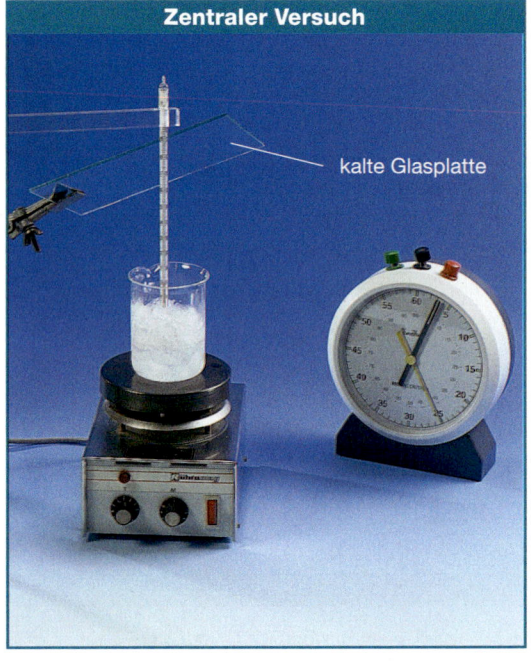

**Zentraler Versuch**

kalte Glasplatte

Mit den Tabellenwerten lässt sich der Energiebetrag berechnen, der einem Körper aus einem bestimmten Stoff zugeführt werden muss, um ihn zu schmelzen: Die spezifische Schmelzenergie muss nur mit der Masse des Körpers multipliziert werden, um diesen Energiebetrag zu erhalten:
$$E_S = m \cdot e_S.$$

Zum Verdampfen benötigt 1 kg eines Stoffes ebenfalls eine ganz bestimmte Energiemenge, die **spezifische Verdampfungsenergie $e_V$.**

Für die einem Körper zum Verdampfen zuzuführende Energie gilt analog zum Schmelzen:
$$E_V = m \cdot e_V.$$

Das Diagramm zeigt, dass die nötigen Energiebeträge für das Schmelzen von Eis bzw. das Verdampfen von Wasser sehr stark voneinander abweichen. Es ist etwa siebenmal so viel Energie zum Verdampfen nötig wie zum Schmelzen.

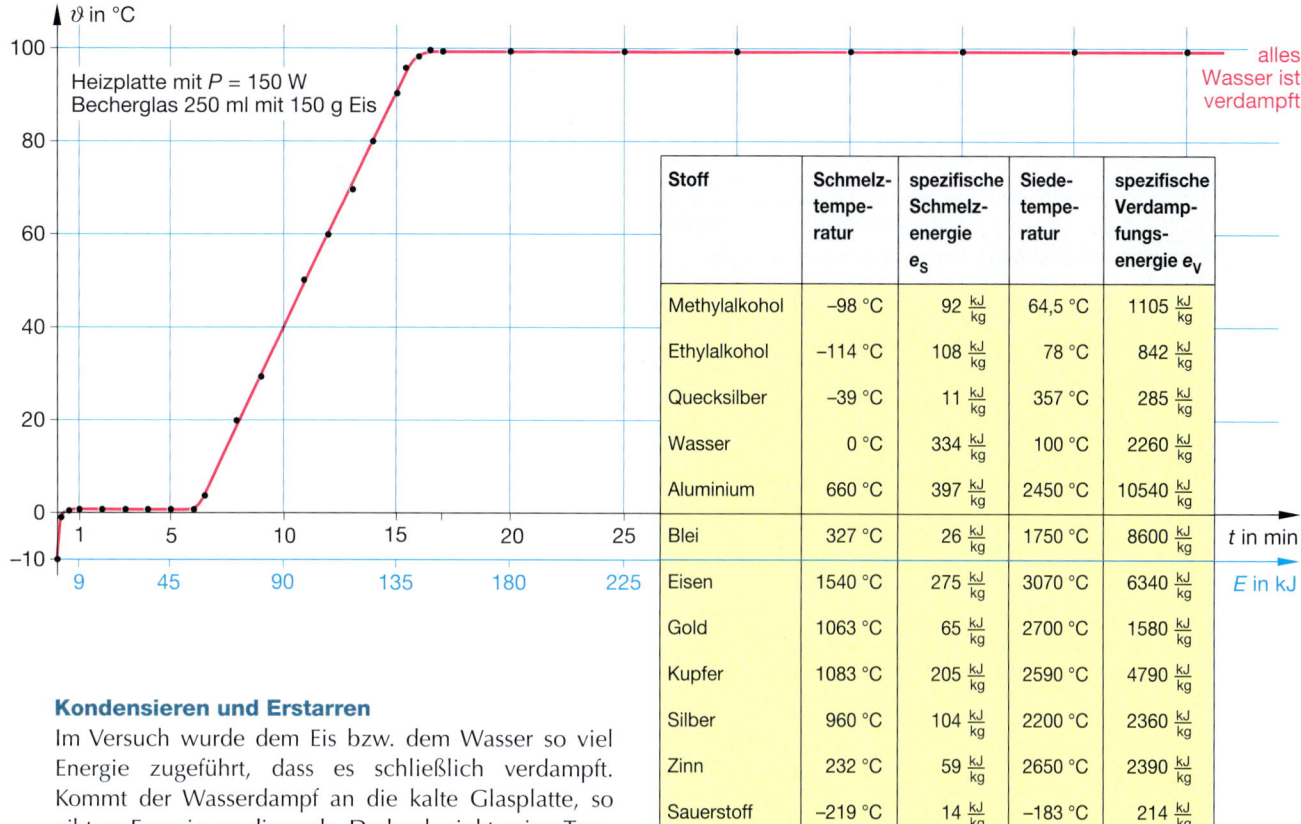

| Stoff | Schmelz-temperatur | spezifische Schmelz-energie $e_S$ | Siede-temperatur | spezifische Verdampfungs-energie $e_V$ |
|---|---|---|---|---|
| Methylalkohol | −98 °C | 92 $\frac{kJ}{kg}$ | 64,5 °C | 1105 $\frac{kJ}{kg}$ |
| Ethylalkohol | −114 °C | 108 $\frac{kJ}{kg}$ | 78 °C | 842 $\frac{kJ}{kg}$ |
| Quecksilber | −39 °C | 11 $\frac{kJ}{kg}$ | 357 °C | 285 $\frac{kJ}{kg}$ |
| Wasser | 0 °C | 334 $\frac{kJ}{kg}$ | 100 °C | 2260 $\frac{kJ}{kg}$ |
| Aluminium | 660 °C | 397 $\frac{kJ}{kg}$ | 2450 °C | 10540 $\frac{kJ}{kg}$ |
| Blei | 327 °C | 26 $\frac{kJ}{kg}$ | 1750 °C | 8600 $\frac{kJ}{kg}$ |
| Eisen | 1540 °C | 275 $\frac{kJ}{kg}$ | 3070 °C | 6340 $\frac{kJ}{kg}$ |
| Gold | 1063 °C | 65 $\frac{kJ}{kg}$ | 2700 °C | 1580 $\frac{kJ}{kg}$ |
| Kupfer | 1083 °C | 205 $\frac{kJ}{kg}$ | 2590 °C | 4790 $\frac{kJ}{kg}$ |
| Silber | 960 °C | 104 $\frac{kJ}{kg}$ | 2200 °C | 2360 $\frac{kJ}{kg}$ |
| Zinn | 232 °C | 59 $\frac{kJ}{kg}$ | 2650 °C | 2390 $\frac{kJ}{kg}$ |
| Sauerstoff | −219 °C | 14 $\frac{kJ}{kg}$ | −183 °C | 214 $\frac{kJ}{kg}$ |
| Stickstoff | −210 °C | 26 $\frac{kJ}{kg}$ | −196 °C | 198 $\frac{kJ}{kg}$ |

### Kondensieren und Erstarren

Im Versuch wurde dem Eis bzw. dem Wasser so viel Energie zugeführt, dass es schließlich verdampft. Kommt der Wasserdampf an die kalte Glasplatte, so gibt er Energie an diese ab. Dadurch sinkt seine Temperatur und er kondensiert zu Wasser, das als Wassertröpfchen an der Glasplatte sichtbar wird. Dieser Vorgang findet bei der **Kondensationstemperatur** statt. Für Wasser beträgt sie 100 °C. Die Kondensationstemperatur stimmt bei allen Stoffen mit der Siedetemperatur überein. Deshalb gibt es in Tabellen nur Angaben zur Siedetemperatur.

Kühlt das Wasser auf 0 °C ab und wird ihm weiter Energie entzogen, so erstarrt es zu Eis. Auch Schmelz- und Erstarrungstemperatur sind gleich.

Da Energie nicht vernichtet oder erschaffen werden kann, muss ein Körper beim Erstarren bzw. Kondensieren genau die gleiche Energiemenge $E_E$ bzw. $E_K$ abgeben, die er beim Schmelzen bzw. Verdampfen aufgenommen hat. Deshalb gilt:

$$E_S = E_E \quad \text{bzw.} \quad E_K = E_V$$

Die spezifische Schmelzenergie $e_S$ bzw. die Verdampfungsenergie $e_V$ eines Stoffes gibt an, wie viel Energie einem Körper der Masse 1 kg aus diesem Stoff zugeführt werden muss, damit er vollständig schmilzt bzw. verdampft.
Beim Kondensieren bzw. Erstarren gibt der Körper die gleiche Energiemenge wieder ab, die er zum Verdampfen bzw. zum Schmelzen aufnehmen musste.

### Aufgaben

1 Berechne die Energiemenge, die zum Schmelzen bzw. zum Verdampfen von 250 g Eis bzw. Wasser notwendig ist. Vergleiche sie miteinander.

2 a) Erkläre, warum es im Frühjahr zum Teil sehr lange dauert, bis das Eis auf einem großen See vollständig geschmolzen ist.
b) Erläutere, warum es am Wasser dabei wesentlich kühler ist als weiter entfernt am trockenen Ufer.

3 Erstelle eine Übersicht über die Wirkungen, die das Zuführen bzw. das Abführen von Energie für einen Stoff haben kann.

4 Erläutere, warum eine Brille beschlägt, wenn sie
a) über einen Topf mit heißem Wasser gehalten wird;
b) aus der Kälte in ein warmes Zimmer kommt.

5 Auf einer Herdplatte steht ein Topf mit 850 ml Wasser der Temperatur 20 °C. Die Herdplatte gibt an das Wasser in jeder Sekunde 1000 J ab. Berechne, wie lange es dauert, bis das Wasser vollständig verdampft ist. (*Hinweis:* Die Energieabgabe an die Umgebung und an den Topf wird nicht berücksichtigt.)

## Technische Wärmetauscher

Das Prinzip des Wärmetauschers ist sehr einfach. Eine Rohrleitung wird von einer heißen Flüssigkeit oder einem heißen Gas durchströmt. Durch die Rohrwandungen wird dann die gespeicherte innere Energie an die Umgebung, z. B. an das Nutzwasser eines Haushaltes, abgegeben.

Eine besondere Bauform dieser Rohrleitung ist der Wandheizkörper in Wohnräumen. Wegen seines hohen $c_W$-Wertes wird Wasser als Durchflussmedium gewählt, das dann seine innere Energie an die Raumluft abgibt. Auch in Sonnenkollektoren fließt Wasser mit Frostschutz. Seine innere Energie wird in einem Wärmetauscher zur Erwärmung von Nutzwasser verwendet.

Die Oberfläche der Rohrleitung und die Fließgeschwindigkeit sind ein Maß für die Menge der übertragenen Energie – die Temperatur kann somit geregelt werden.

## Wärmendes Eis

Eis zum Schutz gegen Frostschäden klingt vorerst paradox. Dennoch werden besonders im Frühling, wenn es nachts oder in den frühen Morgenstunden noch oft Frost gibt, auf Obstplantagen u. ä. die jungen Triebe, Blüten und Blätter mit Wasser besprüht. Sinken die Temperaturen unter den Gefrierpunkt, gibt das Wasser beim Erstarren Energie an die Umgebung ab und schützt so die Pflanzen vor Frostschäden.

## $c_W$ im menschlichen Körper

Der hohe $c_W$-Wert des Wassers ist für die Temperaturregelung im menschlichen Körper wichtig.

Blut besteht zu ca. 56 % aus Wasser. Das Blut transportiert Energie an die Körperoberfläche, wenn die Körpertemperatur den Normalwert von ca. 37 °C überschreitet; die Kapillargefäße sind erweitert, Energie wird an die Umgebung abgegeben. Andererseits ziehen sich die Kapillargefäße zusammen, wenn es zu kalt wird. Das warme Blut gelangt nicht mehr an die Körperoberfläche und der Körper ist vor weiterer Auskühlung geschützt.

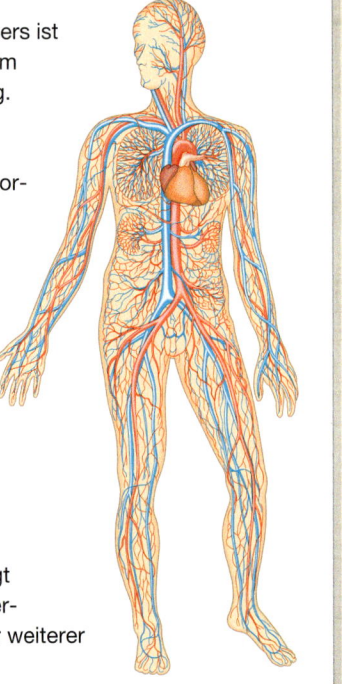

## Viel Wasser – mildes Klima?

Der Vergleich von Temperaturschwankungen des Klimas im Küstenbereich zu dem im Inland zeigt deutlich, dass die Differenz zwischen höchster und tiefster Temperatur am Meer wesentlich kleiner ist, als die in der Mitte der Kontinente. Das liegt an der hohen spezifischen Wärmekapazität $c_W$ von Wasser. Im Sommer speichert das Meerwasser große Energiemengen, ohne dass sich seine Temperatur wesentlich erhöht. Im Winter wird diese Energie dann an die Umgebung wieder abgegeben, die Umgebung wird „geheizt".

So wird Europa auch durch die Sonneneinstrahlung über dem Golf von Mexiko erwärmt. Die dort im Wasser gespeicherte innere Energie wird über den Golfstrom nach Europa transportiert, sodass hier ein milderes Klima herrscht, als in anderen Regionen, die auf dem gleichen Breitengrad liegen (z. B. in Nordamerika).

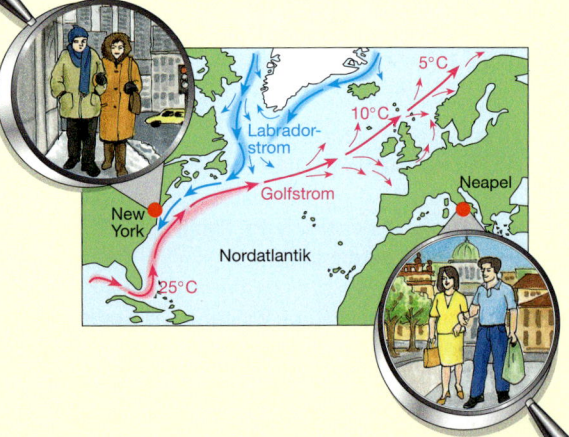

## Hagel

Wolken bilden sich aus dem Wasserdampf der Luft, wenn dieser in den kälteren Schichten der Atmosphäre zu kleinen Tröpfchen kondensiert. In den teilweise Kilometer hohen Wolken herrschen starke Luftströmungen, die die Wassertropfen noch weiter nach oben in die kälteren Bereiche der Wolke transportieren. So werden aus den Tropfen Eiskügelchen, an denen der sie umgebende Wasserdampf erstarrt. Werden die Kügelchen immer größer und schwerer, fallen sie als Graupel oder Hagel zur Erde. Diese „Kügelchen" können dann Tennisballgröße erreichen und damit erheblichen Schaden anrichten.

## Schwitzen ist gesund

Durch die Muskelbewegung bei Sport und Spiel bzw. körperlicher Arbeit wandelt sich Energie. Ein Teil dieser Energie wird zur Aufrechterhaltung der Körpertemperatur benötigt. Steigt die Temperatur im Körper aber an, so funktioniert der Stoffwechsel nicht mehr richtig. Bei Temperaturen über 42 °C bricht unser Stoffwechsel gänzlich zusammen. Daher muss bei körperlicher Anstrengung eine größere Menge an Energie abgegeben werden als im Normalzustand. Dies erreicht der Körper durch Schwitzen. Beim Verdunsten entzieht der Schweiß der Haut die für die Zustandsänderung notwendige Energie, die Körpertemperatur sinkt. Da leicht ein bis zwei Liter Flüssigkeit verdunsten können, ist es wichtig, dass dem Körper ausreichend neue Flüssigkeit zugeführt wird!

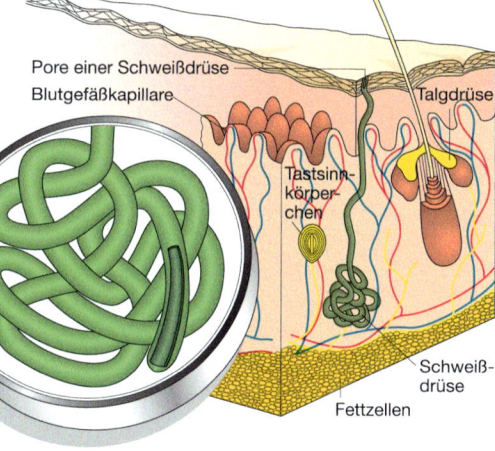

Pore einer Schweißdrüse
Blutgefäßkapillare
Talgdrüse
Tastsinnkörperchen
Schweißdrüse
Fettzellen

## Ein Experiment vereinheitlicht die Physik

Noch bis ins 19. Jahrhundert standen die Teilgebiete der mechanischen Energie und der inneren Energie unverknüpft nebeneinander. Für jede Größe gab es eigene Einheiten: für die innere Energie die Kalorie (cal), für die mechanische Energie das Newtonmeter (Nm). Dass die beiden Energien etwas miteinander zu tun hatten und damit ihre Einheiten ineinander umrechenbar sein müssen, war lange nicht klar.

Mit dem dargestellten Versuch ist es JAMES PRESCOTT JOULE (1818–1889) gelungen, einen zahlenmäßigen Zusammenhang zwischen der bei einem Vorgang aufgewendeten mechanischen Energie (in Nm) und der daraus entstehenden inneren Energie (in cal) herzustellen.

Zwei Körper mit der Gesamtmasse $m$ fielen an je einem Seil eine vorgegebene Strecke h hinunter. Damit war aus der ursprünglichen Höhenenergie $E = m \cdot g \cdot h$ die von den beiden Körpern abgegebene Energie berechenbar. Diese Energie bewirkte die Drehung eines Rührwerks in

Wasser. Durch die zugeführte Energie erwärmte sich dieses. Schon lange vorher war festgelegt worden, dass 1 kcal Energie zugeführt werden muss, um die Temperatur von 1 kg Wasser um 1 K zu

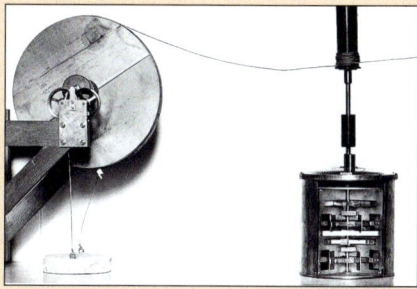

erhöhen. Nun konnte JOULE das „Wärmeäquivalent" bestimmen. Er fand heraus, dass Körper der Gesamtmasse 42,7 kg zehn Meter tief fallen müssen, um Wasser 1 kcal Energie zuzuführen. (Natürlich arbeitete JOULE noch nicht mit den heute gebräuchlichen Einheiten „kg", „m" und „K".) Es galt also:

$$1 \text{ kcal} = 42,7 \text{ kg} \cdot 9,81 \, \tfrac{\text{N}}{\text{kg}} \cdot 10 \text{ m} = 4,189 \text{ kNm} = 4,189 \text{ kJ}.$$

# Energieübertragung und die zugehörigen Energiebilanzen

Lange Bergabfahrten auf Serpentinenstrecken mit großem Gefälle können zu einer gefährlichen Überhitzung der Bremsscheiben führen. Die Bremswirkung lässt dann deutlich nach. Die Einhand-Mischbatterie am Waschbecken ermöglicht ein bequemes Einstellen der gewünschten Temperatur. Dazu werden kaltes und warmes Wasser gemischt. Lässt sich bei solchen und ähnlichen Vorgängen die Temperaturänderung vorhersagen?

## Erhöhung der inneren Energie durch Reibung

Wenn sich mechanische Energie in innere Energie wandelt, geschieht das in der Regel durch Reibung. Sie hat immer eine Erhöhung der Temperatur zur Folge. Im Versuch wird dieser Zusammenhang näher untersucht.

Um einen drehbar gelagerten Messingzylinder mit einem Umfang von 14 cm ist ein Nylonband gewickelt. Wird an der Kurbel gedreht, reibt das Band an dem Zylinder und die Temperatur steigt. Sie wird mit einem Thermometer gemessen, das in einer axialen Bohrung des Zylinders steckt. Zur Bestimmung der zugeführten mechanischen Energie wird das eine Ende des Nylonbandes mit einem 5-kg-Wägestück beschwert, das andere Ende an einen Federkraftmesser gehängt. In Ruhestellung zeigt der Federkraftmesser die Gewichtskraft an: 49 N. Wird der Zylinder aber in die richtige Richtung gedreht, bleibt das Wägestück auf gleicher Höhe und der Federkraftmesser zeigt einen viel kleineren Wert an: 3 N. Die Differenz aus der Gewichtskraft und der Kraft am Federkraftmesser ist die wirkende Reibungskraft: $F_{Reib} = 46$ N. Die Kurbel wird 150-mal gedreht. Danach ist eine Temperaturerhöhung von 3,8 K am Messingzylinder zu messen.

Die Reibungskraft $F_{Reib}$ bewirkt eine mechanische Energieübertragung von
$\Delta E = F_{Reib} \cdot \Delta s$,
wobei die Strecke $\Delta s$, längs der Reibungskraft wirkt, bei 150 Umdrehungen $\Delta s = 150 \cdot 14$ cm $= 21$ m beträgt. Beim Kurbeln werden also
$\Delta E = 46$ N $\cdot 21$ m $= 966$ Nm $= 966$ J $= 0{,}966$ kJ
auf die Walze übertragen.

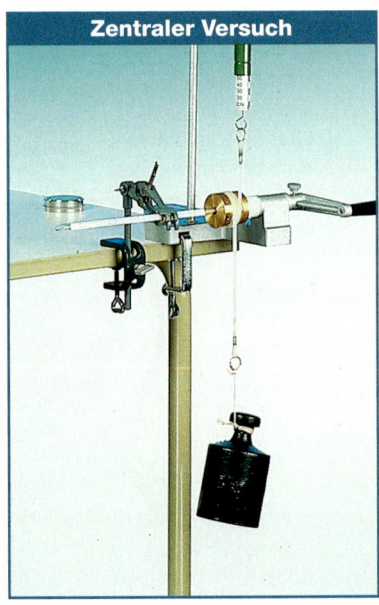

**Zentraler Versuch**

Die mechanische Energie wandelt sich durch Reibung vollständig in innere Energie (das Wägestück gewinnt nicht an Höhe). Das führt zu einem Temperaturanstieg des Messingzylinders. Dementsprechend kann aus der Menge an zugeführter mechanischer Energie auf die Erhöhung der inneren Energie geschlossen werden.

Über die Masse des Messingzylinders ($m = 640$ g) und die spezifische Wärmekapazität ($c = 0{,}39 \frac{kg}{kJ \cdot K}$), kann die zu erwartende Temperaturerhöhung bestimmt werden.

Mit $\Delta E = 0{,}966$ kJ und der Formel $\Delta E = c \cdot m \cdot \Delta\vartheta$ für die innere Energie folgt für die zu erwartende Temperaturänderung:

$$\Delta\vartheta = \frac{\Delta E}{c \cdot m} = \frac{0{,}966\,kJ}{0{,}39\frac{kJ}{kg \cdot K} \cdot 0{,}64\,kg} = 3{,}9\,K$$

Im Rahmen der Messgenauigkeit stimmt die gemessene Temperaturerhöhung von 3,8 K gut mit diesem Wert überein.

Wird mechanische Energie durch Reibung vollständig in innere Energie gewandelt, so gilt die Energiebilanz $F_{Reib} \cdot \Delta s = c \cdot m \cdot \Delta\vartheta$.

## Aufgaben

**1** Erläutere wie sich das Versuchsergebnis ändert, wenn bei sonst gleichen Versuchsbedingungen anstelle des Messingzylinders ein Aluminiumzylinder gleicher Masse verwendet wird.

## Übertragung von innerer Energie durch Mischen

Wenn warmes Wasser definierter Temperatur benötigt wird, kann das einfach durch die Übertragung innerer Energie beim Mischen von Wasser geschehen. Ein typisches Beispiel hierfür ist eine Duscharmatur, bei der das aus dem Heizkessel kommende heiße Wasser und das kalte Leitungswasser gemischt werden. Ein Thermostat kann dabei für konstant warmes Wasser sorgen.

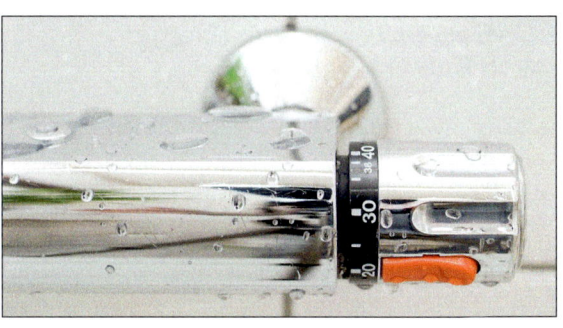

Werden zwei Wassermengen $m_1$ und $m_2$ unterschiedlicher Temperatur $\vartheta_1$ und $\vartheta_2$ ($\vartheta_1 > \vartheta_2$) in ein Becherglas gegossen, so ergibt sich eine gemeinsame Mischtemperatur $\vartheta_M$ mit $\vartheta_1 > \vartheta_M > \vartheta_2$. Die innere Energie des kälteren Wassers nimmt dabei zu (Energieaufnahme $\Delta E_{auf}$), die des wärmeren Wassers nimmt ab (Energieabgabe $\Delta E_{ab}$). Die Temperatur des kälteren Wassers steigt von $\vartheta_2$ auf $\vartheta_M$, die Temperatur des wärmeren Wassers sinkt von $\vartheta_1$ auf $\vartheta_M$. Bei Vernachlässigung der Abgabe von Energie an die Umgebung gilt:

$$\Delta E_{ab} = \Delta E_{auf}.$$

Mit $\quad \Delta E = m \cdot c \cdot \Delta\vartheta$

folgt für $\Delta E_{ab} = m_1 \cdot c_W \cdot (\vartheta_1 - \vartheta_M)$

und $\quad \Delta E_{auf} = m_2 \cdot c_W \cdot (\vartheta_M - \vartheta_2)$:

Also $\quad m_1 \cdot c_W \cdot (\vartheta_1 - \vartheta_M) = m_2 \cdot c_W \cdot (\vartheta_M - \vartheta_2)$.

Kürzen von $c_W$ ergibt

$$m_1 \cdot (\vartheta_1 - \vartheta_M) = m_2 \cdot (\vartheta_M - \vartheta_2).$$

Hieraus wird die Mischungstemperatur berechnet.

Werden Flüssigkeiten mit unterschiedlichen spezifischen Wärmekapazitäten $c_1$ und $c_2$ gemischt, gilt eine entsprechende Energiebilanz, aber die Konstanten $c_1$ und $c_2$ können nicht gekürzt werden. Weitere Berechnungen gestalten sich dann schwieriger.

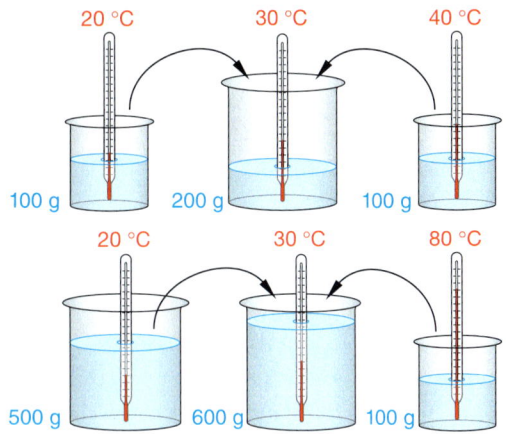

Beim Mischen von Flüssigkeiten unterschiedlicher Temperatur ($\vartheta_1 > \vartheta_2$) gibt die eine Flüssigkeit Energie ab und die andere nimmt Energie auf.
Es gilt die Energiebilanz:

$$\Delta E_{ab} = \Delta E_{auf}$$
$$m_1 \cdot c_1 \cdot (\vartheta_1 - \vartheta_M) = m_2 \cdot c_2 \cdot (\vartheta_M - \vartheta_2)$$

bei Vernachlässigung der Energieabgabe an die Umgebung.

## Aufgaben

**1** Bestätige die im Bild angegebenen Mischungstemperaturen für beide Fälle durch Rechnung.

**2 a)** In einer Badewanne befinden sich 150 ℓ Wasser von 50 °C. Berechne, wie viel Liter Wasser von 18 °C zugefügt werden müssen, damit eine Badewassertemperatur von 35 °C erreicht wird.
**b)** In einer Duscharmatur sollen warmes Wasser von 60 °C und kaltes Wasser von 12 °C so gemischt werden, dass das Duschwasser eine Temperatur von 38 °C hat.
Berechne, in welchem Verhältnis das warme und kalte Wasser gemischt werden müssen.

**3** Für einen Milchkaffee werden 150 ml heißer Kaffee (80 °C) und 50 mℓ Milch aus dem Kühlschrank (6 °C) in einen Becher gegossen.
**a)** Schätze zunächst die Temperatur des Milchkaffees. Prüfe dann diesen Wert anhand einer Rechnung. (Die spezifische Wärmekapazität von Kaffee und Milch entspricht der von Wasser.)
**b)** Begründe, warum die errechnete Temperatur in der Praxis nicht erreicht wird.

**4** 100 g Eis von –10 °C und 100 g Wasser von 90 °C werden gemischt. Begründe, warum die Mischungstemperatur deutlich kleiner als 50 °C sein wird.

## Übertragung von innerer Energie durch Kontakt

Stahl ist nicht gleich Stahl. Durch gezielte Wärmebehandlung und anschließendes schnelles Abkühlen kann Stahl gehärtet und damit seine mechanische Festigkeit erhöht werden. Dabei wird viel Energie an das Kühlmittel, häufig Wasser mit Zusätzen, abgegeben. Die Temperatur dieses Kühlmittels steigt dabei beträchtlich.

Die Flammentemperatur eines Gasbrenners lässt sich nicht mit gebräuchlichen Thermometern messen. Sie kann allerdings auf indirektem Weg bestimmt werden, wenn ähnlich vorgegangen wird wie bei der Härtung von Stahl.

Dazu wird eine Eisenkugel der Masse $m_K$ und der spezifischen Wärmekapazität $c_K$ einige Minuten lang in eine Flamme gehalten, so dass davon ausgegangen werden kann, dass sie die Temperatur der Flamme $\vartheta_F$ angenommen hat. Danach wird die heiße, rot glühende Kugel schnell in einem Wasserbad mit bekannter Masse $m_W$ und der Anfangstemperatur $\vartheta_W$ vollständig untergetaucht. Dann wird so lange gewartet, bis die Temperatur nicht mehr steigt. Vor dem Ablesen dieser Mischtemperatur $\vartheta_M$ muss das Wasser umgerührt werden, damit sich eine gleichmäßige Temperaturverteilung innerhalb des Wassers ergibt und das Ergebnis möglichst genau wird.

Die innere Energie des Wassers nimmt zu ($\Delta E_{auf}$), die innere Energie der Eisenkugel nimmt ab ($\Delta E_{ab}$).
Bei Vernachlässigung der Energieabgabe an die Umgebung gilt wiederum:

$$\Delta E_{ab} = \Delta E_{auf}.$$

Mit $\Delta E = c \cdot m \cdot \Delta\vartheta$ und $c_W$ als spezifischer Wärmekapazität von Wasser folgt:

$$\Delta E_{auf} = c_W \cdot m_W \cdot (\vartheta_M - \vartheta_W)$$

sowie $\Delta E_{ab} = c_K \cdot m_K \cdot (\vartheta_K - \vartheta_M)$ und damit

$$c_K \cdot m_K \cdot (\vartheta_K - \vartheta_M) = c_W \cdot m_W \cdot (\vartheta_M - \vartheta_W).$$

Mithilfe dieser Gleichung lässt sich die unbekannte Flammentemperatur oder auch umgekehrt die Mischungstemperatur berechnen, wenn $\vartheta_F$ bekannt ist.

### Zentraler Versuch

### Aufgaben

**1** **a)** Berechne die Flammentemperatur eines Gasbrenners, wenn eine 50 g schwere Stahlkugel, nach ausreichend langem Verbleib in der Flamme 100 mℓ Wasser der Temperatur 20 °C auf 45 °C erhitzen.

**b)** Der errechnete Wert dieses Experimentes ist ziemlich ungenau. Nenne mögliche Fehlerquellen.

### Rechenbeispiel

Eine Stahlkugel der Masse 150 g wird in einer Flamme auf 350 °C erhitzt und danach in 200 ml Wasser von 18 °C gebracht. Berechne, auf welche Temperatur das Wasser sich erwärmt.

Geg.: $m_K = 150$ g; $\vartheta_F = 350$ °C;
$m_W = 200$ g; $\vartheta_W = 18$ °C;
$c_{Stahl} = 0,47 \frac{kJ}{(kg \cdot K)}$ $c_W = 4,19 \frac{kJ}{(kg \cdot K)}$

Ges.: $\vartheta_M$

Lösung: $\Delta E_{ab}$ (Kugel) $= \Delta E_{auf}$ (Wasser)
$m_K \cdot c_{Stahl} \cdot (\vartheta_F - \vartheta_M) = m_W \cdot c_W \cdot (\vartheta_M - \vartheta_W)$

Einsetzen der Messwerte ergibt:
$0,15 \, kg \cdot 0,47 \frac{kJ}{(kg \cdot K)} \cdot (350 \, °C - \vartheta_M)$
$= 0,20 \, kg \cdot 4,19 \frac{kJ}{(kg \cdot K)} \cdot (\vartheta_M - 18 \, °C)$

Das entspricht nach Kürzen der Einheiten und Multiplikation der jeweils ersten Faktoren der Gleichung

$0,0705 \cdot (350 \, °C - x) = 0,838 \cdot (x - 18 \, °C)$ mit $x = \vartheta_M$.

Die Lösung dieser Gleichung ist $x = 43,8$ °C.
Das Wasser erwärmt sich also auf 43,8 °C.

---

Die Energiebilanz $\Delta E_{ab} = \Delta E_{auf}$, $m_1 \cdot c_1 \cdot (\vartheta_1 - \vartheta_M) = m_2 \cdot c_2 \cdot (\vartheta_M - \vartheta_2)$ gilt auch beim Kontakt von Körpern unterschiedlicher Temperatur.

# Energiebilanzen bei Zustandsänderungen

Weil Energie eine Erhaltungsgröße ist und nicht verloren gehen kann, lassen sich mithilfe von Energiebilanzen auch Energieübergänge bei Änderungen der Aggregatzustände beschreiben und berechnen. In den beiden folgenden Experimenten gibt jeweils ein Körper Energie ab, die ein anderer Körper aufnimmt.

## Eiswürfel in Apfelschorle

**Zentraler Versuch**

Die Apfelschorle liefert die Energie, die benötigt wird, um das Eis zu schmelzen und es dann auf die Mischungstemperatur zu erwärmen. Weil die innere Energie der Apfelschorle dadurch kleiner wird, sinkt ihre Temperatur.

Mithilfe einer Energiebilanz kann berechnet werden, wie viel Eis in die Apfelschorle gegeben werden muss, damit eine gewünschte Temperatur erreicht wird.

---

### Rechenbeispiel

250 g Apfelschorle von 30 °C sollen auf 12 °C heruntergekühlt werden. Berechne wie viel Eis der Temperatur 0 °C dazu nötig ist. (*Hinweis:* Apfelschorle hat die gleiche spezifische Wärmekapazität wie Wasser.)

Geg.: $m_{Saft} = 250$ g ; $\vartheta_{Saft} = 30$ °C; $\vartheta_{Eis} = 0$ °C;
$\quad c_W = 4{,}19 \frac{kJ}{kg \cdot K}$; $E_{Schmelz} = 334$ kJ

Ges.: $m_{Eis}$

**Lösung:**
$E_{auf}$ (vom Eis) $= E_{ab}$ (vom Saft);
$E_{auf} = 334 \frac{kJ}{kg} \cdot m_{Eis} + c_W \cdot m_{Eis} \cdot (\vartheta_M - \vartheta_{Eis})$
$E_{ab} = c_W \cdot m_{Saft} \cdot (\vartheta_{Saft} - \vartheta_M)$

Gleichsetzen und Einsetzen der Messwerte ergibt:

$334 \frac{kJ}{kg} \cdot m_{Eis} + 4{,}19 \frac{kJ}{kg \cdot K} \cdot m_{Eis} \cdot 12$ K
$\quad = 4{,}19 \frac{kJ}{kg \cdot K} \cdot 0{,}25$ kg $\cdot 18$ K

Der Übersicht halber wird ohne Einheiten weitergerechnet, und für die Unbekannte $m_{Eis}$ wird $x$ gesetzt:
$334 \cdot x + 50{,}28 \cdot x = 18{,}855$.
Lösung: $x = 0{,}049$. Für die Abkühlung der Apfelschorle von 30 °C auf 12 °C sind 49 g Eis nötig.

## Flüssigkeiten mit Wasserdampf erhitzen

Bei Kaffeeautomaten wird die Milch dadurch erhitzt, dass heißer Wasserdampf in die Milch eingeleitet wird. Beim Kondensieren des Wasserdampfes in der Milch wird die Energie an die Milch abgegeben, die zuvor zum Verdampfen benötigt wurde.

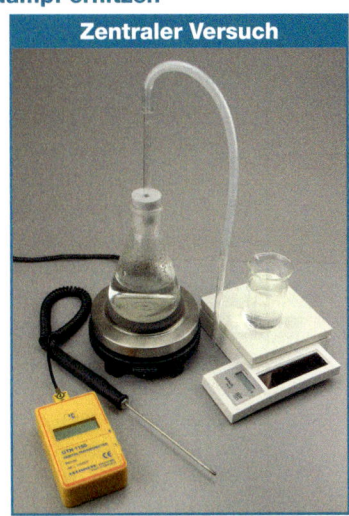

**Zentraler Versuch**

Im Becherglas rechts befinden sich 80 mℓ Wasser von 20 °C. Die Masse des gefüllten Glases wird mit einer Waage bestimmt. Das Wasser im linken Glaskolben wird mit der Kochplatte zum Sieden gebracht und der entstehende Wasserdampf durch das Glasrohr in das Becherglas geleitet. Nach einigen Minuten wird das Glasrohr entfernt, die Masse des Becherglases und die Temperatur gemessen. Der Vergleich mit den Ausgangswerten zeigt, dass die Masse des Wassers um 4 g und die Wassertemperatur um 25 K gestiegen ist.

Mithilfe dieser Werte lässt sich die spezifische Verdampfungsenergie von Wasser abschätzen. Aus der Temperaturzunahme kann auf eine Energiezufuhr von $\Delta E = 4{,}19 \frac{J}{kg \cdot K} \cdot 80$ g $\cdot 25$ K $= 8380$ J geschlossen werden. Diese Energie ergibt sich aus der Kondensation von 4 g Wasserdampf. Pro Gramm Wasserdampf werden also bei der Kondensation etwa 2100 J freigesetzt. Es werden also etwa 2100 J benötigt, um 1 g Wasser zu verdampfen. Dieser Wert entspricht im Rahmen der Messgenauigkeit dem Tabellenwert von 2260 kJ/kg.

> Für das Verdampfen von 1 kg Wasser werden 2260 J benötigt.

### Aufgaben

**1** Nenne Gründe, weshalb der in diesem Experiment ermittelte Wert für die spezifische Verdampfungsenergie von Wasser etwas zu klein ist.

**2** In ein Glas Cola von 18 °C werden 30 g Eiswürfel gegeben. Berechne, wie viel Energie zum Schmelzen der Eiswürfel erforderlich ist und schätze damit begründet ab, auf welche Temperatur die Cola abkühlt.

## Versuche und Aufträge    Energieübertragung mit    ... Temperaturänderungen

**V1 a)** Gieße Wasser der Temperatur 40 °C in ein Becherglas, das längere Zeit im Kühlschrank gestanden hat. Miss nach kurzem Umrühren die Temperatur des Wassers.
**b)** Eine Anleitung bei einem Experiment, in dem Flüssigkeiten in andere Gefäße umgefüllt werden sollen, sagt aus, dass die Temperaturunterschiede zwischen Gefäßen und Flüssigkeiten vernachlässigt werden können. Beurteile mit deinem Ergebnis aus Aufgabenteil a) diese Aussage.
**c)** Führe Versuch a) nochmals durch und bestimme die Energie, die das Becherglas aufnimmt.

**V2 a)** Fülle eine kleine Dose (z.B. Filmdose) mit Wasser und eine mit Sand. Stelle beide Dosen in ein heißes Wasserbad und warte einige Zeit. Gieße in dieser Zeit in zwei Bechergläser jeweils die gleiche Menge kaltes Wasser und miss die Temperatur. (Sie sollte bei beiden Bechergläsern gleich sein.) Danach stelle beide Dosen in die Bechergläser und miss erneut die Temperatur.
**b)** Erkläre dein Ergebnis.
**c)** Bestimme die Energiemenge, die dem Wasser im Becherglas jeweils zugeführt worden ist.

**V3** Damit eine Kerze brennt, muss ihr zunächst Energie zugeführt werden, um die Reaktion zwischen dem Sauerstoff und dem gasförmigen Wachs in Gang zu setzen. Dies geschieht in Form einer Flamme von einem Streichholz oder Feuerzeug. Bei unvorsichtigem Auspusten der Kerzenflamme entstehen aber oft unerwünschte Wachsflecken. Dagegen gibt es einen Trick:
Wickle ein unisoliertes Kupferdrahtstück (Durchmesser 1,5 mm; Länge ca. 10–20 cm) um einen Stab mit dem Durchmesser 4–6 mm (z.B. einen Stift), sodass eine ca. 3 cm lange Spule entsteht. Ihre Windungen müssen relativ eng beieinander liegen.
Stülpe nun diese Spule über die Kerzenflamme, ohne den Docht zu berühren.
**a)** Beschreibe deine Beobachtungen, wenn du die Spule unterschiedlich weit über die Flamme stülpst.
**b)** Erkläre deine Beobachtungen.

**V4** Dir stehen warmes Wasser, ein Thermometer, mehrere 10 Cent-Münzen und eine Waage zur Verfügung.
**a)** Überlege dir einen Versuch, mit dem du die spezifische Wärmekapazität und damit das Material der Münzen bestimmen kannst.
**b)** Führe deinen Versuch durch.

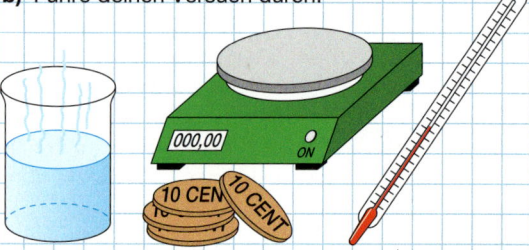

**V5** Bei diesem Versuch musst du relativ schnell und genau arbeiten. Denke beim Erwärmen und Mischen des Wassers ans Umrühren.
**a)** 400 g Wasser der Temperatur 60°C und 200 g Wasser der Temperatur 18 °C sollen gemischt werden. Vermute vor der Versuchsdurchführung eine Mischtemperatur $\vartheta_M$. Überprüfe dann deinen vermuteten Wert anhand einer Rechnung.
**b)** Führe nun den Versuch durch, indem du die 60 °C warme Wassermenge in die 18 °C warme Menge gießt und die Mischtemperatur misst.
**c)** Baue nun den Versuch erneut auf. Gieße diesmal das kältere Wasser in das wärmere und miss $\vartheta_M$. Vergleiche das Versuchsergebnis mit dem aus Aufgabenteil b) und erkläre deine Beobachtung.

**V6** Verschließe eine 1 m lange Papprühre mit einem Korken und fülle dann etwas Bleischrot hinein, dessen Masse du vorher bestimmt hast. Durchbohre nun einen weiteren Korken so, dass ein Thermometer gerade hindurch passt und verschließe mit diesem Korken das andere Ende des Rohres. Halte das Rohr anfangs so, dass der Bleischrot auf der Seite des Thermometers liegt und bestimme die Temperatur.
**a)** Drehe die Röhre 50-mal um und bestimme erneut die Temperatur.
**b)** Verändere die Menge des Bleischrotes und führe den Versuch erneut durch.
**c)** Bestimme für die Aufgabenteile a) und b) die Menge der zugeführten mechanischen Energie und die Änderung der dann gespeicherten Energie.

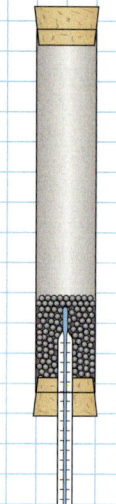

## ... Zustandsänderungen

**V7** Fülle in eine Wanne so viel kaltes Wasser, dass das Wasserbad mindestens 1 cm tief ist. Danach füllst du eine leere Getränkedose ebenfalls mit Wasser, so dass ihr Boden gerade bedeckt ist. Diese Dose hältst du dann mit einer Zange vorsichtig über einen Bunsenbrenner, bis das Wasser siedet. Danach muss

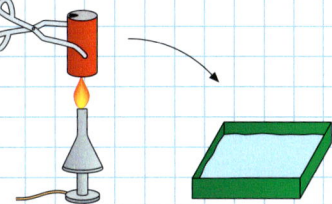

es schnell gehen: Tauche die Dose mit siedendem Wasser kopfüber in das Wasserbad. Achte darauf, dass niemand mit dem heißen Wasser aus der Dose in Berührung kommt! Erkläre deine Beobachtung.

**V8 a)** Lege ein unter fließendem Wasser abgekühltes Flüssigkeitsthermometer in ein Gefrierfach und notiere nach 10 und nach 30 Minuten die Temperatur, die das Thermometer zeigt.
**b)** Führe das Experiment nochmals durch, umhülle jetzt aber das Thermometer mit etwas feuchtem Wischpapier. Halte das Thermometer vorher wieder unter fließendes Wasser.
**c)** Erkläre die unterschiedlichen Beobachtungen.
**d)** Nenne Beispiele, wo dieses Phänomen in der Natur oder Technik eine Rolle spielt bzw., wo es genutzt wird.

**V9** Wasser kann nicht nur verdampfen, sondern auch unterhalb der Siedetemperatur verdunsten. Was dabei passiert, zeigt der folgende Versuch.
**a)** Gib einen Tropfen Wasser auf deinen Handrücken und puste ein wenig.
**b)** Tauche ein Flüssigkeitsthermometer in etwas Spiritus. Hebe es vorsichtig heraus, so dass ein Tropfen hängen bleibt. Puste auch hier vorsichtig.
**c)** Erkläre anhand deiner Beobachtungen, dass auch zum Verdunsten Energie nötig ist.
**d)** Erkläre die folgenden Phänomene:
- Mit feuchtem Körper und nasser Badekleidung friert man sehr schnell.
- Wein in unglasierten Tongefäßen bleibt lange kühl.
- Fieber kann mithilfe nasser Wadenwickel gesenkt werden.

**V10** Mit diesem Versuch kannst du die Schmelzenergie $E_s$ eines Eiswürfels bzw. die spezifische Schmelzenergie $e_s$ von gefrorenem Wasser bestimmen. Dazu benötigst du einen Eiswürfel, der an der Oberfläche bereits etwas angeschmolzen ist. So

stellst du sicher, dass es sich um Eis der Temperatur 0 °C handelt. Des Weiteren brauchst du ein Becherglas mit Wasser, dessen Masse $m_W$ und Temperatur $\vartheta_W$ du bestimmt hast. Miss die Masse $m_{ges}$ des Eiswürfels und einem saugfähigen Material (Filter-, Lösch- oder Küchenpapier) als Unterlage. Trockne danach den Eiswürfel mit dem Papier ab und gib ihn in das Becherglas mit Wasser. Die Masse

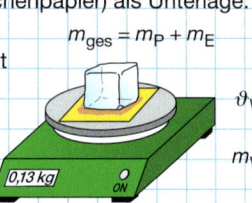
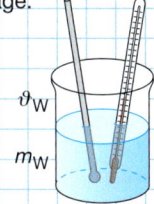

$$m_{ges} = m_P + m_E$$

des feuchten Papiers $m_P$ musst du ebenfalls messen, damit du die Masse des Eiswürfel über $m_E = m_{ges} - m_P$ bestimmen kannst.
Das Wasser im Becherglas wird so lange umgerührt, bis das Eis vollständig geschmolzen ist. Miss dann die Mischtemperatur $\vartheta_M$.
**a)** Bestimme aus deinen Messdaten die Schmelzenergie $E_s$ deines Eiswürfels.
**b)** Berechne die spezifische Schmelzenergie $e_s$ von Eis und vergleiche deinen Wert mit dem aus einer Formelsammlung. Erkläre mögliche Abweichungen.
**c)** Erkläre, warum dein Ergebnis ungenau wird, wenn der Eiswürfel vorher nicht antaut bzw. nicht abgetrocknet wird.

**A11** Für einen guten Cappuccino oder Café Latte wird heißer Milchschaum benötigt.
**a)** Erkundige dich, wie dieser Milchschaum hergestellt wird. Es gibt unterschiedliche Methoden. Erkläre den Vorgang energetisch.

**b)** Milchschaum herzustellen ist schwierig. Für den idealen Schaum liegt die Temperatur der Milch zwischen 67 °C bis 77 °C. Versuche mit Schulmaterialien einen Versuch aufzubauen, mit dem du Milchschaum herstellen kannst, ohne dass die Milch vorher erwärmt werden muss. (Vorsicht beim Experimentieren mit heißen Flüssigkeiten und Wasserdampf.)

**A12** Wer in der kalten Jahreszeit draußen Sport treiben will, benötigt spezielle Kleidung, damit die vom Körper abgegebene Energie sich nicht unter der Kleidung staut. Die Kleidung muss „atmungsaktiv" sein. Erkundige dich und stelle dar, was „atmungsaktiv" physikalisch bedeutet.

## Durchblick — Energieströme

Der Tauchsieder im Foto rechts ist an eine Batterie angeschlossen. Seine Heizspiralen stehen in einem Glas mit Wasser. Von der Batterie wird Energie auf den Tauchsieder übertragen. Dieser wandelt sie und gibt sie an das Wasser im Glas ab. Hier strömt also zweimal nacheinander Energie. Unter welchen Voraussetzungen kommen Energieströme zustande, was bewirken sie?

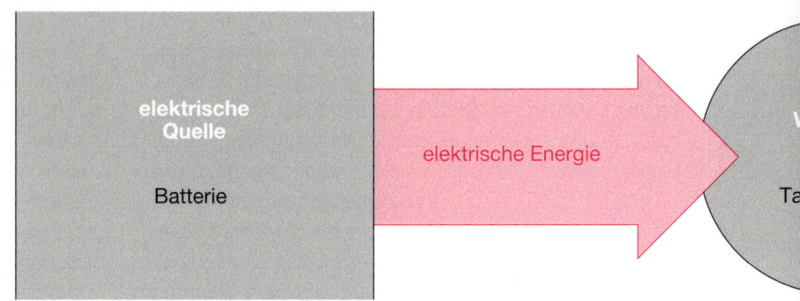

### Unterschiede schaffen Ströme

Ströme kommen nicht von alleine zustande, sie benötigen immer einen Antrieb.

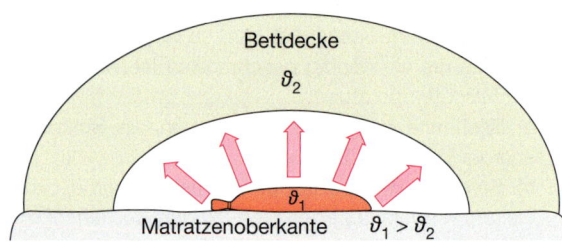

Wird eine heiße Wärmflasche in ein kaltes Bett gelegt, so wird es im Bett warm. An das Bett wird Energie abgegeben, weil die Temperatur $\vartheta_1$ der Wärmflasche höher ist als die Temperatur $\vartheta_2$ des Bettes.
Dieser Energiestrom von der Wärmflasche zum Bett hört aber in dem Moment auf, in dem beide dieselbe Temperatur erreicht haben.

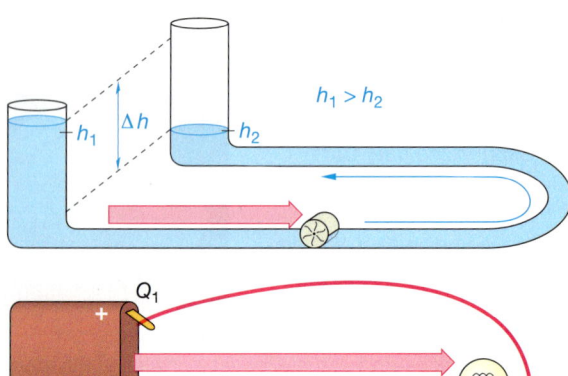

Das Wasser strömt vom vorderen Gefäß zum hinteren. Dadurch wird das Wasserrad in Bewegung gesetzt. Hier entsteht also ein Energiestrom. Das Wasser strömt, weil es links höher steht als rechts und damit der Höhenunterschied $h_1 - h_2 = \Delta h$ besteht.
Sobald die Flüssigkeitssäulen dieselbe Höhe haben und damit der Höhenunterschied null ist, hört das Wasser auf zu fließen und das Rad wird nicht mehr gedreht.

Die Lampe leuchtet, weil sie an die Batterie angeschlossen ist. Es wird Energie an die Lampe abgegeben, weil die Pole der Batterie verschiedene Ladungen $Q$ besitzen.
Der Energiestrom hört sofort auf, wenn die Pole der Batterie keine unterschiedlichen Ladungen $Q$ mehr besitzen.

Im ersten Beispiel liefert der Temperaturunterschied $\Delta\vartheta$, im zweiten der Höhenunterschied $\Delta h$ und im dritten der Ladungsunterschied $\Delta Q$ den Antrieb für den Energiestrom.

**Ein Energiestrom zwischen einem Körper ① und einem Körper ② kommt zustande, wenn sie unterschiedliche Zustände $\varphi_1$ und $\varphi_2$ haben. Die Energie strömt dann so lange von selbst vom höheren Zustand zum niedrigeren, bis der Unterschied $\Delta\varphi = \varphi_1 - \varphi_2 = 0$ ist.**

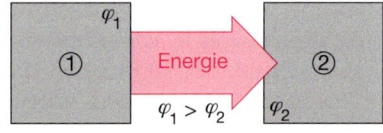

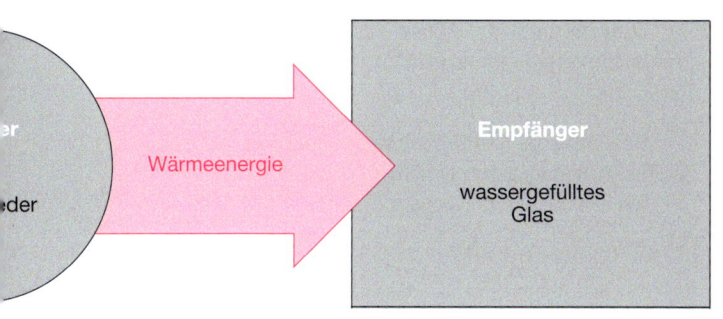

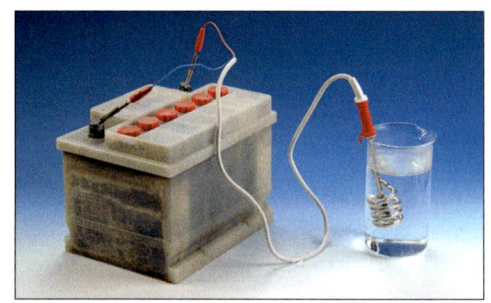

## Ströme schaffen Unterschiede

Strömt Energie in das Federbett, so steigt dessen Anfangstemperatur $\vartheta_A$ auf eine höhere Endtemperatur $\vartheta_E$. Der Wärmeenergiestrom kann ausgelöst werden durch einen Menschen, eine Wärmflasche oder eine Heizdecke.

**Fazit:**

Hier strömt Energie von alleine in Richtung Zustand niedriger Temperatur.

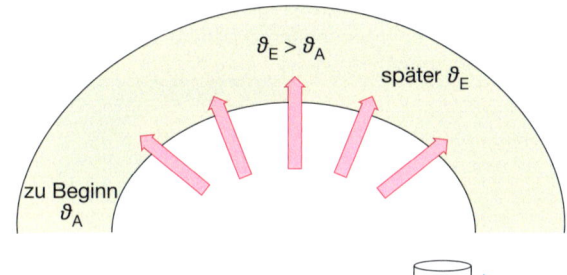

Wird die Pumpe eingeschaltet, wird das Wasser in Bewegung gesetzt. Dadurch wird Energie übertragen, die Wassersäule steigt von $h_A$ auf $h_E$.

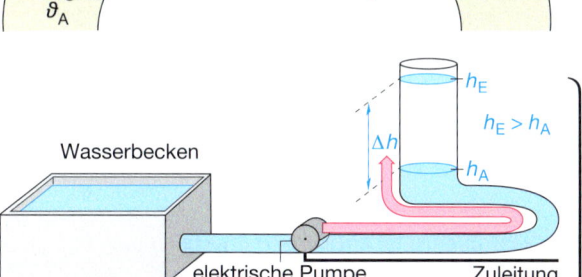

Wird die Autobatterie an eine elektrische Quelle angeschlossen, so fließt ein Elektronenstrom durch sie. Auch hier wird Energie übertragen, die die in der Batterie vorhandenen Ladungen voneinander trennt und dadurch eine Spannung zwischen den Batteriepolen erzeugt.

Bei diesen beiden Beispielen strömt Energie nur unter Zwang, weil von selbst kein Höhenunterschied bzw. Ladungsunterschied entsteht.

Beim Bett bewirkt die Zufuhr von Energie eine Temperatursteigerung um $\Delta\vartheta = \vartheta_E - \vartheta_A$, im Glasrohr eine Höhenzunahme $\Delta h = h_E - h_A$ und in der Autobatterie eine Ladungsverschiebung $\Delta Q = Q_E - Q_A$.

**Nur durch die Abgabe und die Aufnahme von Energie, also durch einen Energiestrom, ist es möglich, den Zustand $\varphi_A$ eines Körpers oder eines Systems in den Zustand $\varphi_E$ desselben Körpers oder Systems zu überführen. Dadurch entsteht die Zustandsänderung $\Delta\varphi = \varphi_E - \varphi_A$.**

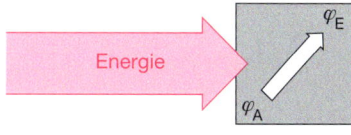

## Grundwissen — Energie und Energieerhaltung

**Höhenenergie:** $E_{\text{Höhe}} = m \cdot g \cdot h$

h hängt vom gewählten Nullpunkt der Höhenenergie ab.

**Bewegungsenergie:** $E_{\text{Bew}} = \frac{1}{2} m \cdot v^2$

**Energieübertragung durch eine Kraft F (Arbeit):**

$\Delta E = F \cdot \Delta s$

Die Kraft muss dabei längs der Strecke $\Delta s$ wirken.

Die **Energiestromstärke (Leistung) P** ist die in einer bestimmtem Zeit $\Delta t$ übertragene Energiemenge $\Delta E$:

$P = \frac{\Delta E}{\Delta t}$

Bei Reibungsvorgängen erfolgt aufgrund der Energie-übertragung durch eine Kraft eine Erhöhung der inneren Energie eines Körpers.

### Änderung der inneren Energie

- **Temperaturänderung**

  Erhöht oder erniedrigt sich die innere Energie eines Körpers, ohne dass sich sein Zustand ändert, so ändert sich seine Temperatur. Die Höhe der Temperaturänderung ist abhängig von der Masse und dem Stoff des Körpers. Energie-Temperatur-Gleichung: $\Delta E = c \cdot m \cdot \Delta \vartheta$

- **Zustandsänderung**

  Um den Zustand eines Körpers zu ändern, müssen ihm von seiner Masse und seinem Stoff abhängige Energiemengen zugeführt oder von ihm abgegeben werden.

- **Übergang innerer Energie**

  Innere Energie geht von selbst nur von einem Körper höherer Energie auf einen Körper niedriger Energie über.

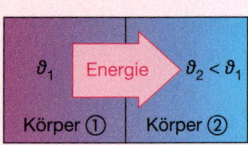

**Elektrische Energie:** $E = U \cdot I \cdot t$

**Elektrische Energiestromstärke:** $P = \frac{E}{t} = U \cdot I$

Bei elektrischen Geräten heißt $P$ auch **Leistung**.

**ENERGIE**

Einheiten:

$1\ \text{W} = 1\ \text{VA} = 1\ \frac{\text{J}}{\text{s}}$

$1\ \text{J} = 1\ \text{Ws} = 1\ \text{VAs},\ 1\ \text{kWh} = 3{,}6\ \text{Mio J}$

(Diagramm:)
$\vartheta$ in °C — 100 —
$E_V = E_K = m \cdot e_V$
Wasser: $e_V = 2260\ \frac{\text{kJ}}{\text{kg}}$
Verdampfen / Kondensieren
Temperaturänderung
$\Delta \vartheta = \frac{\Delta E}{c \cdot m}$
Wasser: $c = 4{,}2\ \frac{\text{kJ}}{\text{kg} \cdot \text{K}}$
$E_S = E_E = m \cdot e_S$
Wasser: $e_S = 334\ \frac{\text{kJ}}{\text{kg}}$
Schmelzen / Erstarren — 0 — $E$

### Energieentwertung

Bei allen Energiewandlungen wird ein Teil der Energie in die Umgebung abgegeben. Diese Energie ist **entwertete Energie**.

Alle Energiewandlungen sind **irreversibel**. Sie laufen nur in Richtung Entwertung ab, nie umgekehrt.

### Energiebilanzen

Für alle Energiewandlungen und Energieübertragungen lässt sich ausgehend vom Energieerhaltungssatz eine Energiebilanz aufstellen.

Beispiel 1: Beim Fadenpendel gilt bei Vernachlässigung der Reibung in zwei verschiedenen Punkten A und B:

$$E_{\text{Höhe, A}} + E_{\text{Bew, A}} = E_{\text{Höhe, B}} + E_{\text{Bew, B}}$$

Beispiel 2: Beim Mischen von warmem und kaltem Wasser gilt:

$\Delta E_{\text{ab}} = \Delta E_{\text{auf}}$

$c_{\text{w}} \cdot m_1 \cdot (\vartheta_1 - \vartheta_M) = c_{\text{w}} \cdot m_2 \cdot (\vartheta_M - \vartheta_2)$

Der **Wirkungsgrad** $\eta$ gibt den Anteil der nutzbaren an der eingesetzten Energie an. Es gilt:

$\eta = \frac{E_{\text{nutz}}}{E_{\text{zugef}}}$

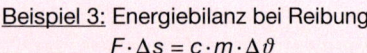

Beispiel 3: Energiebilanz bei Reibung

$$F \cdot \Delta s = c \cdot m \cdot \Delta \vartheta$$

**A1 a)** Fertige mit den Grundbegriffen unten rechts Karteikarten an. Notiere den Begriff auf der Vorderseite und erläutere ihn auf der Rückseite, eventuell mit sonstigen Besonderheiten. Anstelle der Karteikarten kannst du auch eine elektronische Datenbank anlegen.
**b)** Erstelle eine Mindmap für das ganze Kapitel. Die Begriffe links helfen dir dabei.

**A2** Ein Tennisball ($m =$ 57 g) verlässt beim Aufschlag den Schläger mit sehr hoher Geschwindigkeit.
**a)** Berechne die Bewegungsenergie des Balls bei einer Abschlagsgeschwindigkeit von 180 $\frac{km}{h}$.
**b)** Ermittle durch eine Energiebetrachtung, aus welcher Höhe dieser Ball aus der Ruhe heraus fallen müsste, um am Boden mit derselben Geschwindigkeit aufzutreffen.

**A3 a)** Ein PKW ($m = 1500$ kg) beschleunigt zunächst von 0 auf 50 $\frac{km}{h}$, dann von 50 $\frac{km}{h}$ auf 100 $\frac{km}{h}$. Entscheide, ob die folgenden Aussagen richtig sind. Korrigiere sie gegebenenfalls.
(1) Bei einer Geschwindigkeit von 100 $\frac{km}{h}$ ist die Bewegungsenergie doppelt so groß wie bei 50 $\frac{km}{h}$.
(2) Für den zweiten Beschleunigungsvorgang (von 50 $\frac{km}{h}$ auf 100 $\frac{km}{h}$) wird die dreifache Energie wie für den ersten benötigt.

**A4** Auf einer Baustelle müssen mehrere 50-kg-Zementsäcke in verschiedene Etagen gebracht werden: drei Säcke in die erste Etage ($h = 3,0$ m) des Hauses, vier in die zweite Etage ($h = 6,5$ m) und zwei auf den Dachboden ($h = 9,5$ m). Alle Zementsäcke werden gleichzeitig von einem Kran angehoben und dann jeweils in der entsprechenden Etage abgeladen.
**a)** Berechne, wie viel Energie der Kran dabei für den gesamten Auftrag aufbringen muss.
**b)** Einer der Zementsäcke fällt versehentlich vom Dachgeschoss bis zum Erdboden. Berechne, mit welcher Geschwindigkeit er am Boden auftrifft.
**c)** Berechne, welche elektrische Leistung der Kran haben müsste, wenn alle 9 Säcke innerhalb von 30 Sekunden bis auf den Dachboden gehoben werden sollten.

**A5** Ein kühles Alster ($c_{Alster} = 4,2 \frac{kJ}{kg \cdot K}$) wird mit 8 °C serviert. Im Magen wird es auf Körpertemperatur gebracht (37 °C). Berechne, wie viel Energie der Körper zur Erwärmung von 0,5 ℓ Alster benötigt.

**A6** Zwei Metallkugeln unterschiedlicher Größe aber gleichen Materials werden für etwa 5 Minuten in ein 60 °C heißes Wasserbad gelegt und danach wieder herausgenommen.
**a)** Notiere begründete qualitative Aussagen über die jeweilige Temperatur und innere Energie der beiden Kugeln und des Wassers.
**b)** Erläutere an Beispielen verschiedene Möglichkeiten, um die innere Energie eines Körpers zu erhöhen.

**A7** In ein Becherglas werden 150 g Wasser mit einer Temperatur von 18,6 °C gegossen. Dann wird eine 85 g schwere Stahlkugel, die zuvor mehrere Minuten in siedendem Wasser gehangen hat, ebenfalls in das Bechergas gegeben. Die Temperatur steigt auf 23,3 °C.
Berechne anhand der Messwerte die spezifische Wärmekapazität von Stahl. Vergleiche deinen Wert mit dem auf Seite 32. Erkläre Abweichungen.

**A8** In ein Glas Cola (200 mℓ) von Zimmertemperatur (20 °C) werden drei Eiswürfel von je 10 g getan.
a) Berechne die Energie, die benötigt wird, um die Eiswürfel vollständig zu schmelzen. (Gehe von einer Temperatur der Eiswürfel von 0 °C aus.)
b) Schätze mithilfe des Ergebnisses aus a) rechnerisch ab, auf welche Temperatur sich die Cola dabei abkühlt.

## Grundbegriffe

## Energie von warm nach kalt

Energie strömt von selbst nur von Körpern höherer Temperatur zu Körpern niedriger Temperatur.

**1 a)** Erläutert dazu vier Beispiele aus eurer Umgebung.

**b)** Notiert die folgende Aussage physikalisch korrekt: „Schließt das Fenster, es zieht kalt herein."

**2 a)** Baut den abgebildeten Versuch mit massiven Stangen aus Glas, Eisen, Kupfer und Aluminium nach (Gasbrenner noch aus). Befestigt dabei an jeder Stange in gleichen Abständen gleich große Wachskügelchen. Notiert eure Beobachtungen nach Anzünden des Brenners.

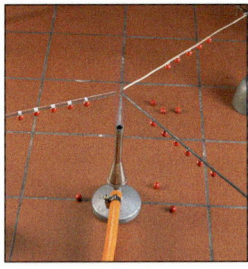

**b)** Zieht auf der Basis eurer Beobachtungen Schlüsse in Bezug auf die **Wärmeleitfähigkeit** der verwendeten Materialien. Recherchiert, in welcher Einheit die Wärmeleitfähigkeit gemessen wird.

Der **Golfstrom** im Atlantik stellt eine Wasserströmung dar, die das Klima in Europa beeinflusst.

**3 a)** Baut den abgebildeten Versuch auf (Netzgerät erst ausgeschaltet). Bringt direkt oberhalb der Heizspirale einen Tropfen Tinte oder Lebensmittelfarbe in das Wasser. Zeigt, dass bei genügend starker Erwärmung und Abkühlung eine ausgeprägte Wasserzirkulation entsteht. Deutet diesen Effekt energetisch.

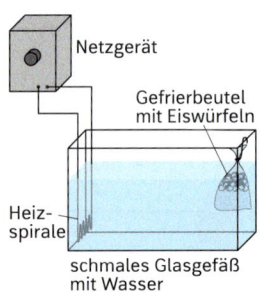

Netzgerät

Gefrierbeutel mit Eiswürfeln

Heizspirale

schmales Glasgefäß mit Wasser

**4 a)** Informiert euch über den Golfstrom. Erklärt, wofür die Heizspirale und der Beutel mit Eiswürfeln in Bezug auf den Golfstrom stehen.

**b)** Beim Golfstrom spielt der Salzgehalt des Meerwassers eine wichtige Rolle. Recherchiert und erläutert diese.

**5** Überlegt, unter welchen Voraussetzungen der Golfstrom zum Erliegen kommen könnte. Beschreibt mögliche Auswirkungen für Nordeuropa.

## Das Peltier-Modul

Ein **Peltier-Modul** ist ein elektronisches Bauteil, das nach dem französischen Physiker JEAN PELTIER benannt ist. Im Folgenden soll seine Wirkungsweise untersucht werden.

**1** Das Peltier-Modul wird jeweils zwischen zwei Aluminiumwürfeln platziert, deren Temperaturen mithilfe von Digitalthermometern gemessen werden.

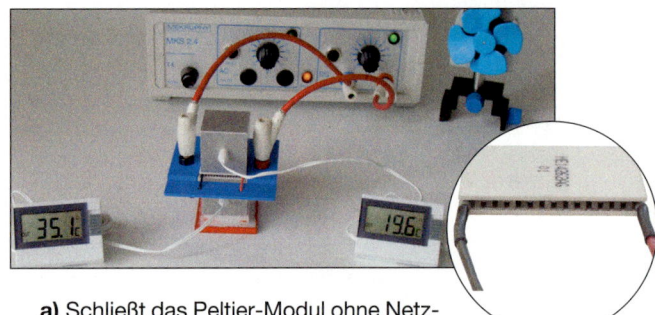

**a)** Schließt das Peltier-Modul ohne Netzgerät an einen kleinen Motor mit Propeller an. Erwärmt den oberen Würfel auf etwa 40 °C, bevor ihr ihn auf das Modul setzt. Prüft auch, was passiert, wenn ihr die Anschlüsse am Motor vertauscht.

**b)** Die beiden Würfel sollen zu Beginn annähernd dieselbe Temperatur besitzen. Schließt das Peltier-Modul an ein regelbares Netzgerät (bis 12 V-) an. Prüft auch, was passiert, wenn ihr die Anschlüsse am Netzgerät vertauscht.

**2** Notiert eure Beobachtungen und beschreibt die Wirkungsweise des Peltier-Moduls aus energetischer Sicht. Nehmt Stellung zu der Aussage: „Energie kann auch von kalt nach warm fließen."

**3** Recherchiert und beschreibt, in welchen Anwendungen Peltier-Module benutzt werden.

**4 a)** Legt einen Aluminiumwürfel und einen gleichgroßen Styroporwürfel gleicher Temperatur auf eine Hand und beschreibt eure Beobachtung.

**b)** Legt nun das Peltier-Modul direkt auf eine Hand und messt die entstehende Spannung am Peltier-Modul, wenn sich der Aluminiumwürfel bzw. der Styroporwürfel auf dem Peltier-Modul befindet.

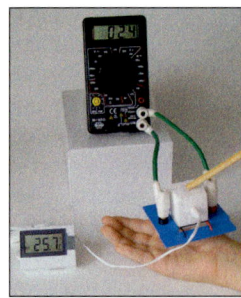

**A1** Die Sonne liefert bei senkrechtem Lichteinfall auf die Erde und ganz klarem Wetter eine Energie von 1000 J pro m² und Sekunde.
**a)** Berechne, um wie viel Grad Celsius ein 25 m × 21 m großes Schwimmbecken mit dieser Energie in 4 Stunden erwärmt werden kann, wenn das Becken zur Hälfte 1,5 m und sonst 3,0 m tief ist.
**b)** Auch die Meere werden im Sommer stark von der Sonne erwärmt. Erläutere, welche zentrale Bedeutung die hohe spezifische Wärmekapazität von Wasser dabei hat.

**A2** Eine Goldschmiedin möchte aus einem Stück Gold der Masse 50 g Ringe herstellen. Das Gold muss dafür geschmolzen und dann in Form gegossen werden, bevor es weiter verarbeitet wird.
**a)** Erkläre den Vorgang des Schmelzens unter Verwendung des Teilchenmodells.
**b)** Berechne die notwendige Energiezufuhr, wenn das Gold die Ausgangtemperatur 20 °C hat und 40 K über seine Schmelztemperatur erhitzt werden soll ($c_{Gold}$ = 0,130 $\frac{kJ}{kg \cdot K}$; weitere Werte S. 35).
**c)** Berechne, wie lange der Vorgang des Erhitzens etwa dauert, wenn der Schmelzofen eine Leistung von 500 W hat.

**A3** 100 g Wasserdampf der Temperatur 120 °C werden bis auf –20 °C abgekühlt.
**a)** Skizziere für diesen Vorgang ein prinzipielles Zeit-Temperatur-Diagramm. Beschreibe die Besonderheiten und erkläre anhand des Diagramms den Unterschied zwischen innerer Energie und Temperatur.
**b)** Beschreibe mithilfe der Teilchenvorstellung, was während des gesamten Vorgangs geschieht.
**c)** Während einzelner Zeitabschnitte werden unterschiedlich große Energiebeträge an die Umgebung abgegeben. Berechne diese Energiebeträge und die insgesamt bei diesem Vorgang frei werdende Energie.

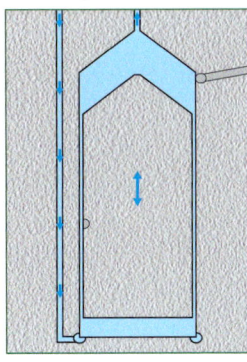

**A4** Es gibt Überlegungen, durch Anheben großer Felsbrocken elektrische Energie aus dem Netz zu speichern.
**a)** Erläutere anhand der nebenstehenden Abbildung, wie diese Speicherung realisiert werden soll.
**b)** Berechne, wie viel Energie in kWh gespeichert werden könnte, wenn ein 30 t schwerer Felsbrocken, um 10 m angehoben werden würde.

**A5** Das Netzteil eines Computers hat die Aufschrift „P = 350 W". Der Besitzer des Computers lässt ihn 40 Minuten lang in Betrieb (ohne Stand-by-Modus), um mittagessen zu gehen.
**a)** Berechne die Energie, die in diesem Zeitraum ungenutzt gewandelt wird.
**b)** Berechne, wie lange eine LED-Lampe der Leistung (Energiestromstärke) 4,5 W mit dieser Energie betrieben werden könnte.

**A6** Ein Benzinmotor und ein Elektromotor haben beide eine (maximale) Leistung von P = 50 kW. Der Wirkungsgrad des Benzinmotors liegt bei $\eta$ = 0,38, der des Elektromotors bei $\eta$ = 0,94.
**a)** Erläutere die Bedeutung der drei genannten Werte. Zeichne für beide Motoren ein maßstabsgerechtes Energieflussdiagramm.
**b)** Berechne, welche Energie jedem Motor bei einer Betriebsstunde bei voller Leistung zugeführt werden muss.

**A7** Während einer Autofahrt hält Alina bei einer Geschwindigkeit von 90 $\frac{km}{h}$ vorsichtig die Hand aus dem Fenster und überlegt, wie groß wohl die Reibungskräfte von Boden und Luft für das Auto bei dieser Geschwindigkeit sind. Zur Berechnung nimmt sie die Energiestromstärke (Leistung) aus dem Fahrzeugschein: 55 kW.

**A8** Eine Kugel der Masse m = 100 g rollt mit der Anfangsgeschwindigkeit $v_0$ = 1,5 $\frac{m}{s}$ über die Kante eines Tisches mit der Höhe h = 0,9 m.
**a)** Berechne mithilfe einer Energiebetrachtung die Geschwindigkeit, mit der die Kugel auf den Erdboden prallt. (Der Luftwiderstand soll vernachlässigt werden.)
**b)** Bestimme die Höhe h über dem Fußboden, in der sich die Geschwindigkeit der Kugel nach Beginn des Falls verdoppelt hat.

# Elektrotechnik

Elektrischer Strom braucht Leitungen, die Quelle und Gerät in einem Stromkreis miteinander verbinden. Der elektrische Strom bewirkt im Gerät Energiewandlungen sowohl im Versuchsaufbau auf dem Experimentiertisch als auch in der großen, landesweiten „Stromversorgung". Fotovoltaikanlagen auf Hausdächern speisen die in elektrische Energie gewandelte Lichtenergie der Sonne in das Stromversorgungsnetz ein, Windräder die in elektrische Energie gewandelte Bewegungsenergie des Windes.

Ob Computer, Fernseher, LED, Handy oder Digitalkamera: Überall sind Halbleiter im Spiel. In diesem Kapitel lernst du, wie für jedes elektrische Gerät die erforderliche Nennspannung bereitgestellt werden kann, welche Geräte und Einrichtungen erforderlich sind, um elektrische Energie an jedem Ort zur Verfügung zu stellen. Du erfährst, was Halbleiter sind, wie sie sich von Metallen unterscheiden und wie auf der Basis von Halbleitern licht- und temperaturempfindliche Bauteile nützlich eingesetzt werden können.

Halbleiter verrichten in vielen Geräten unauffällig ihren Dienst – eine digitale Anzeige wie bei der Waschmaschine weist darauf hin. Die Programmlaufzeit wird mittels Leuchtdioden (LED) in 7-Segment-Anordnung ausgegeben. Durch die Anordnung von 7 LED pro Ziffer lassen sich alle Ziffern darstellen. Im Innern der Waschmaschine wird die Wassertemperatur mit einem Temperaturfühler auf Halbleiterbasis gemessen. Ein Elektromotor sorgt für die Drehung der Trommel.

■ **E-Bikes** prägen immer häufiger das Straßenbild. Ein durch einen Akku gespeister Elektromotor sorgt für ein bequemes Fahren. Bei geeigneter Konstruktion kann beim Bergabfahren oder Bremsen der Akku sogar wieder geladen werden.

■ **LEDs überall.** Mit der Entwicklung der serienreifen weißen LED wurde die Lichttechnik in allen Bereichen unseres Lebens revolutioniert. Ob Lampen zur Beleuchtung zu Hause, Straßenlaternen, Fahrrad- oder Autoscheinwerfer - die Energiesparenden LEDs verdrängen nahezu alle herkömmlichen Leuchtmittel.

■ **Transformatoren** sind wichtige Zwischenstationen auf dem Weg des Stroms vom Kraftwerk zu den Nutzern. Große Leitungen kommen dort an und kleinere Leitungen gehen vom Trafo weg. Die kleinen Leitungen verschwinden dabei in der Erde.

## Vorbereitung

**1** Lies die Texte dieser beiden Seiten durch und betrachte die zugehörigen Bilder. Schreibe zu den einzelnen Themen Fragen auf, die du dazu hast.

**2** Blättere das folgende Kapitel durch, lies die Überschriften und betrachte die Bilder. Notiere neben den Fragen aus **1** die Seitenzahlen, die deiner Meinung nach Antworten zu deinen Fragen liefern könnten.

**3** Überlege und schreibe auf, was du in Experimenten untersuchen möchtest. Vielleicht hast du ja schon Ideen, wie die Versuche aussehen könnten.

**4** Studiere die im Vorwissen auf Seite 58 dargestellten Zusammenhänge. Schreibe dazu die wichtigsten Begriffe zusammen mit einer kurzen Erklärung auf.

**Vorwissen** **Elektrotechnik**

# ENERGIE

**Energieübertragung durch Stromkreise**

In elektrischen Stromkreisen wird durch den Elektronenstrom Energie übertragen. Elektrische Geräte sind dabei **Energiewandler**. Bei allen Energiewandlungen wird nie die gesamte zugeführte Energie in die Form gewandelt, die auch gewünscht ist. Die in die Umgebung abgegebene Energie wird als **entwertete Energie** bezeichnet.

Die **Spannung U** (in V) ist ein Maß für die Größe des Antriebs, den die Quelle den Elektronen gibt. Die Spannung gibt an, wie viel Energie pro Ladung eine Quelle zur Verfügung stellt.

Die **Stromstärke I** (in A) ist ein Maß für die pro Zeitdauer $t$ geflossene Anzahl an Elektronen bzw. Ladungen.

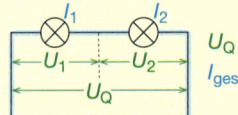

**Reihenschaltung**

$U_Q = U_1 + U_2$
$I_{ges} = I_1 = I_2$

**SYSTEM**

*Maschenregel:* Im unverzweigten Stromkreis ist die Summe der Teilspannungen über den Geräten so groß wie die Quellenspannung.
Die Spannung der Quelle und die Geräte selbst bestimmen in einer Reihenschaltung die Größe der Teilspannungen an den Geräten.

**Parallelschaltung**

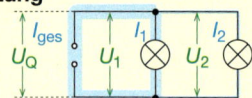

$I_{ges} = I_1 + I_2$
$U_Q = U_1 = U_2$

*Knotenregel:* Im verzweigten Stromkreis entspricht die Stromstärke vor und nach einem Knoten der Summe der Teilstromstärken.

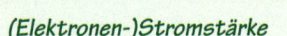

## Grundbegriffe

- (Elektronen-)Stromstärke
- Spannung
  Quellenspannung, Teilspannung
- Maschenregel, Knotenregel
- Widerstand, U-I-Kennlinie
- Ohm'sches Gesetz
- Energie, Energieeinheit kWh
- Energiestromstärke, Leistung
- Wirkungsgrad
- Atomkern, Atomhülle
- elektrisch neutral
- Elektronenüberschuss/-mangel

**wichtige Energieformen**

mechanische Energie (Höhenenergie, Bewegungsenergie), elektrische Energie, innere Energie, Lichtenergie

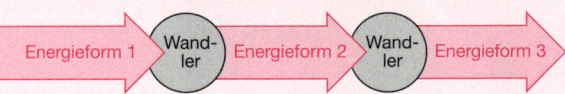

Der **Wirkungsgrad η** gibt den Anteil der nutzbaren an der eingesetzten Energie an. Es gilt:

$$\eta = \frac{E_{nutz}}{E_{zugef}} = 1 - \frac{E_{ab}}{E_{zugef}}$$

Für die in der Zeit $t$ in einem Stromkreis übertragenen *elektrische Energie E* gilt: $E = U \cdot I \cdot t$
und für die **elektrische Energiestromstärke P:**
$P = \frac{E}{t} = U \cdot I$
Einheiten: $1\,W = 1\,VA = 1\frac{J}{s}$
$1\,J = 1\,Ws = 1\,VAs$, $1\,kWh = 3\,600\,000\,J$
Bei elektrischen Geräten heißt $P$ auch **Leistung.**

Der **Widerstand R** gibt an wie stark der Elektronenstrom von dem betreffenden Gerät bzw. Leiter gehemmt wird. Er wird als Quotient aus der Spannung U und der Stromstärke I berechnet:

$$R = \frac{U}{I}. \qquad \text{Die Einheit ist } 1\,\Omega = 1\frac{V}{A}.$$

Das Schaltzeichen
für das Bauteil Widerstand ist ⎓

**MATERIE**

Wenn die Temperatur von Metalldrähten konstant bleibt, gilt das **Ohm'sche Gesetz:**
$I \sim U$ bzw. $U = R \cdot I$ (mit R = konst.).

Für jedes Bauteil bzw. Gerät gibt es eine spezifische *U-I-Kennlinie*, die den Zusammenhang zwischen U und I zeigt.

Jeder Körper ist aus Atomen bzw. Molekülen zusammengesetzt. Atome bestehen aus einem positiv geladenen Atomkern und einer Atomhülle, die aus negativ geladenen Elektronen gebildet wird.

Das Atom ist nach außen elektrisch neutral. Geladene Körper besitzen einen Elektronenüberschuss oder einene Elektronenmangel.

neutrales Atom

## Elektrogeräte und Energieversorgung Projekt

Die Benutzung elektrischer Geräte in Alltag und Beruf ist für die Menschen seit Jahrzehnten selbstverständlich. Möglich wurde sie erst durch die Bereitstellung riesiger Mengen an elektrischer Energie durch Kraftwerke.

**P1** Sucht in eurem Haushalt (einschließlich Keller, Garage, ...) elektrische Geräte, die einen **Elektromotor** haben. Stellt sie tabellarisch zusammen, wählt dazu drei verschiedene Leistungsstufen. (Beachtet dazu das Typenschild.)

**P2 a)** Viele elektrische Geräte benötigen ein externes **Netzgerät**. Begründet dies.
**b)** Untersucht verschiedene Netzgeräte im Hinblick auf Art und Größe der Ausgangsspannung sowie der Art des Elektrogerätes.
**c)** Sucht in eurer Umgebung **Trafostationen** und erläutert den Zweck dieser Stationen.
**d)** Informiert euch über Art und Leistung von **Kraftwerken** in eurer Umgebung.

**e)** Informiert euch über Material und Dicke von **Hochspannungsleitungen**. Begründet die Wahl.

**P3 a)** Fahrräder mit Elektromotor werden immer beliebter. Informiert euch über die Art des Antriebs, die erlaubte Höchstgeschwindigkeit und erforderliche Sicherheitsvorkehrungen für **Pedelecs** und **E-Bikes**.
**b)** Beurteilt den Einsatz von Fahrrädern mit Elektromotor (unter Abwägung von Vor- und Nachteilen) im Straßenverkehr.

**P4** Streifen mit gleichmäßig angeordneten Leuchtdioden (LED) werden zunehmend zur indirekten Beleuchtung eingesetzt.

**a)** Anhand der Leiterbahnen lässt sich die Schaltung der LED erkennen. Fertigt für einen LED-Streifen die zugehörige Schaltskizze an und erklärt diese. (Neben den LED sind auch Widerstände eingelötet.)
**b)** Erklärt, weshalb die LED-Streifen in bestimmten Abständen gekürzt werden können.

## Nutzen und Bereitstellen von Lichtenergie Projekt

**P1** Die auf Hausdächern installierten Sonnenkollektoren und Fotovoltaikanlagen lassen sich häufig kaum voneinander unterscheiden.

**a)** Informiert euch über die Unterschiede dieser Anlagen bezüglich ihres Einsatzzwecks. Skizziert den Aufbau eines Sonnenkollektors und beschreibt die Funktion seiner Bauteile.
**b)** Manche Landwirte „ernten" mithilfe riesiger Solarfelder Sonnenergie. Recherchiert, wo es solche Felder gibt und wie groß der jährliche Energieertrag dieser Felder ist.

**c)** Die Anzahl der zu erwartenden jährlichen Sonnenstunden ist regional sehr unterschiedlich. Recherchiert und entwerft einen Werbefleyer für „eure" Firma, die Fotovoltaikanlagen verkauft und installiert.

**P2** Über Jahrzehnte hinweg reichte die Watt-Angabe auf Glühlampen, um dem Nutzer eine klare Vorstellung zu vermitteln, welche Helligkeit von ihr ausgehen wird. LED-Leuchtmittelhersteller sind jetzt verpflichtet, zusätzlich eine Angabe in der Einheit „Lumen" zu machen.

**a)** Recherchiert und stellt auf einem Plakat möglichst anschaulich dar, welche physikalische Größe die Einheit Lumen hat und worin der Unterschied zu einer weiteren physikalischen Größe mit der Einheit Lux liegt.
**b)** Ergänzt euer Plakat um die Wirkungsweise von Belichtungsmessern und den innen liegenden Halbleiterbauteilen.

# Motor und Generator als Energiewandler

Das Herzstück vieler elektrischer Geräte, z. B. einer Bohrmaschine, aber auch vieler Transportmittel wie Straßenbahn, S- und U-Bahn ist ein Elektromotor. Welche Energieformen werden durch den Motor gewandelt? Wie effektiv ist diese Wandlung?

Fahrraddynamo und Lichtmaschine eines PKW sind Generatoren; viel größere Generatoren finden sich in Windrädern und Großkraftwerken. Welche Energieformen werden durch einen Generator gewandelt? Gibt es einen Zusammenhang mit dem Elektromotor?

## Elektromotor und Generator im Vergleich

Ein Elektromotor wandelt elektrische Energie in mechanische Energie. Der kleine Elektromotor in Versuch ① ist an ein Netzgerät angeschlossen. Wird die Polung vertauscht, so dreht sich der Propeller in entgegengesetzter Richtung. In Versuch ② wird ein zweiter baugleicher Motor mit dem Finger in Drehbewegung versetzt. Das Gerät wirkt nun als

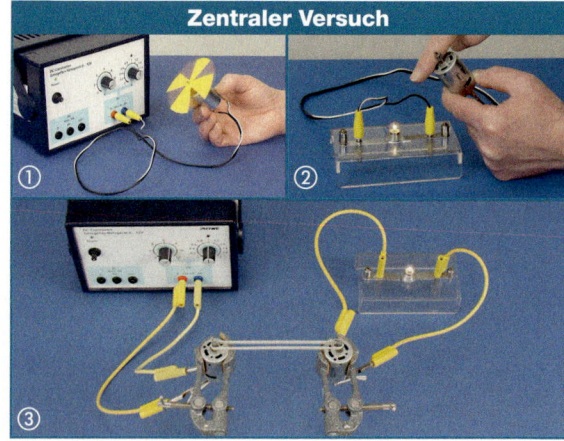

**Zentraler Versuch**

① ② ③

Stromquelle, als Generator: die angeschlossene Lampe leuchtet. Ein Generator wandelt mechanische Energie in elektrische Energie. Der Antrieb des Generators erfolgt in vielen großen Wärmekraftwerken durch eine von Wasserdampf durchströmte Turbine. Beim Auto treibt ein Keilriemen den Generator an, beim Fahrraddynamo das sich drehende Rad.

elektrische Energie → Elektromotor → mechanische Energie

mechanische Energie → Generator → elektrische Energie

In Versuch ③ treibt der Motor (links) über ein Gummiband den Generator (rechts) an, die Lampe leuchtet. Werden die beiden Geräte vertauscht, so ändert sich nichts. Motor und Generator sind miteinander vertauschbar.

> Motor und Generator sind prinzipiell austauschbar: Ein Motor kann als Generator eingesetzt werden und ein Generator als Motor.

## Aufgaben

**1** Notiere in einer Tabelle Namen und Energiestromstärken mehrerer (Haushalts-)Geräte mit Elektromotor. Angaben zur Leistung findest du auf dem Typenschild.

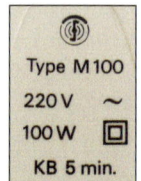

Type M 100
220 V  ~
100 W  ▣
KB 5 min.

**2** Erläutere, welche verschiedenen Arten der Energiewandlung im Bild dargestellt werden. Was wird dabei jeweils bezweckt?

## Den nötigen Strom durch Kurbeln erzeugen

Eine Kurbeltaschenlampe und ein Kurbelladegerät bieten Unabhängingkeit von der Steckdose. Noch praktischer: Smartphone oder Navigationsgerät können am Fahrrad stundenlang direkt über ein USB-Ladekabel betrieben werden, das am Nabendynamo des Fahrrads angeschlossen ist.

## Typische Leistungen

### von Elektromotoren

| | |
|---|---|
| Spielzeugmotor | einige W |
| elektrisches Rührgerät | 200 W |
| Bohrmaschine | 600 W |
| Waschmaschine | 300 W |
| Solarboot | 12 kW |
| Straßenbahn | 90 kW |
| ICE 3 | 8000 kW |

### von Generatoren

| | |
|---|---|
| Fahrraddynamo | 3 W |
| Lichtmaschine PKW | 1,7 kW |
| kleines Notstromaggregat | 5 kW |
| Windgenerator | 1 MW |
| Kohlekraftwerk | 600 MW |

### zum Vergleich

| | |
|---|---|
| Halogenlampe | 10 W–50 W |
| LED-Lampe | 2 W–15 W |
| Haarföhn | 1200 W |
| Heißwasserkocher | 2000 W |

## Die Turbine und der Generator eines Kohlekraftwerks

In den hinteren gelben Zylindern verbirgt sich die riesige Turbine eines Kohlekraftwerks, in dem vorderen roten Zylinder der nicht weniger große Generator, der eine Wechselspannung von ca. 20 000 V erzeugt.

Das Bild rechts zeigt einen kleineren Generator eines Wasserkraftwerks als Ausstellungsstück.

## Die Niagarafälle als Wasserkraftwerk

An der Grenze zwischen Kanada und den USA gelegen sind die Niagarafälle eine riesige Touristenattraktion. Tatsächlich stürzt ein Großteil des Wassers – zumindest nachts – gar nicht die Fälle hinunter, sondern wird durch Kanäle umgeleitet und treibt zwei der größten und ältesten Wasserkraftwerke der Welt mit zusammen etwa 30 Turbinen/Generatoren an.

## Wirkungsgrad von Motor und Generator

Im Versuch wird die Höhenenergie von Körper ① im Generator in elektrische Energie gewandelt. Vom Motor wird die elektrische Energie wieder in Höhenenergie, diesmal von Körper ②, gewandelt. Wie effektiv ist diese Wandlung, d. h. wie groß ist das Verhältnis von Nutzenergie zu zugeführter Energie, also der Wirkungsgrad?

Zur Abschätzung des Wirkungsgrades wird die Masse von Körper ② schrittweise erhöht, sodass er gerade noch vollständig hochgezogen wird, wenn Körper ① mit der Masse $m = 20\,g$ oben losgelassen wird.
*Ergebnis:* Die Masse von Körper ② darf im Beispiel nicht größer als 10 g sein. Die gehobene Masse ist ein Maß für die zugeführte Energie. Da dies 50 % der Masse von Körper ① sind, liegt der Schluss nahe, dass der Wirkungsgrad des Systems aus Generator und Motor ebenfalls 50 % beträgt. Bei einem Wirkungsgrad von 100 % müsste ein zu Körper ① identischer Körper auf die ursprüngliche Höhe gehoben werden.
Motor und Generator sind gleiche Geräte; sie sollten deshalb einen gleich großen Wirkungsgrad besitzen. Der Wirkungsgrad jedes einzelnen hier verwendeten Gerätes beträgt etwa 70 %, weil der Gesamtwirkungsgrad das Produkt der Einzelwirkungsgrade ist.

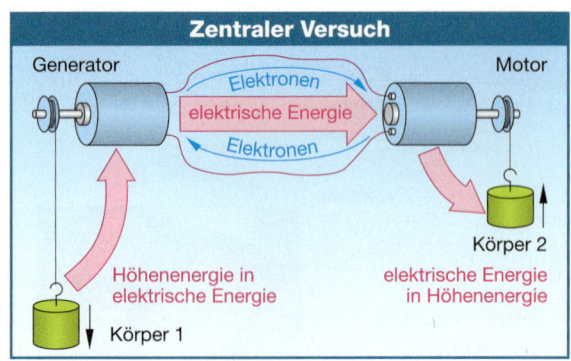

**Zentraler Versuch**

Generator — Elektronen — elektrische Energie — Elektronen — Motor

Höhenenergie in elektrische Energie
Körper 1

Körper 2
elektrische Energie in Höhenenergie

Das Energiefluss-Diagramm zum Versuch hat damit die untenstehende Gestalt. Die Energieentwertung beruht unter anderem auf der nicht vollständig zu verhindernden Reibung in den Lagern von Motor und Generator. Der Wirkungsgrad eines Generators in einem Kraftwerk liegt bei über 95 %.

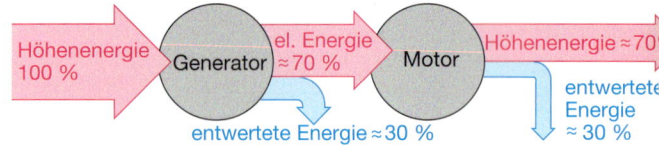

Höhenenergie 100 % → **Generator** → el. Energie ≈ 70 % → **Motor** → Höhenenergie ≈ 70 %
entwertete Energie ≈ 30 %
entwertete Energie ≈ 30 %

---

## Aufgaben

**1 a)** Energie aus der Steckdose gibt es nur, wenn genügend Kraftwerke in Betrieb sind. Notiere die verschiedenen Kraftwerkstypen, die du schon kennst.
Informiere dich über Laufwasserkraftwerke.
**b)** Zeichne das zu einem Laufwasserkraftwerk gehörende Energiefluss-Diagramm.

**2** Rechts ist die Lichtmaschine eines PKW abgebildet. Das ist ein Generator, der durch einen Keilriemen angetrieben wird, welcher direkt mit der Kurbelwelle des Motors verbunden ist. Während der Fahrt lädt die Lichtmaschine die Autobatterie. Nimm zu folgenden Aussagen begründet Stellung: ① Der Benzinverbrauch eines PKW ist unabhängig davon, ob mit oder ohne Licht gefahren wird. ② Eine elektrische Klimaanlage erhöht den Benzinverbrauch.

**3** Krankenhäuser müssen mit Notstromaggregaten ausgerüstet sein, um auch bei einem massiven Stromausfall die notwendigen medizinischen Geräte betreiben zu können. Die folgenden Abbildungen zeigen ein einfaches Notstromaggregat und den zugehörigen schematischen Aufbau.
**a)** Erkläre die Funktionsweise des Notstromaggregats in Worten.
**b)** Zeichne das zugehörige Energiefluss-Diagramm.

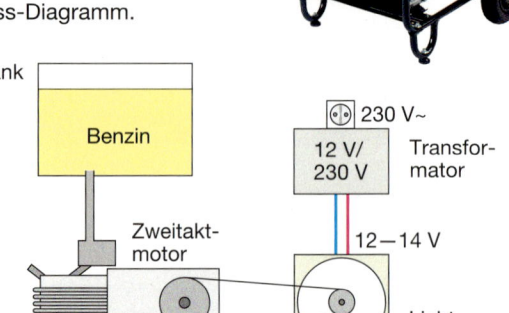

Tank
Benzin
Zweitakt-motor

230 V~
12 V/ 230 V    Transformator
12 – 14 V
Lichtmaschine

## Motor und Generator | Versuche und Aufträge

**V1** Spanne in eine Bohrmaschine einen dicken Holzbohrer und befestige sie senkrecht in einem Bohrständer über einem dicken Stück Holz. (Notfalls hältst du die Maschine in der Hand.) Schließe die Maschine über ein übliches Energiemessgerät ans Netz an und stelle die Drehzahl (nicht zu hoch) fest ein.

**a)** Miss die Energiestromstärke, wenn der Bohrer sich einfach nur in der Luft dreht.

**b)** Drücke nun den Hebel nach unten, sodass sich der Bohrer ins Holz bohrt, und beobachte dabei die Anzeige des Messgeräts.

**c)** Deute deine Beobachtungen im Hinblick auf die stattfindenden Energiewandlungen und die Größe der zugehörigen Energiestromstärken.

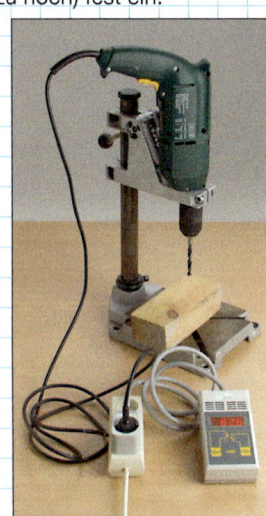

**V2** Fülle etwa 250 g Mehl in eine Rührschüssel und halte etwas Wasser in einem Messbecher und ein Rührgerät mit Knethaken bereit.

**a)** Miss die Energiestromstärke des Rührgerätes auf Stufe 1, wenn sich die Knethaken einfach nur in der Luft drehen. (Nutze dazu ein Messgerät wie in V1.)

**b)** Bereite nun einen zähen Teig, indem du immer mehr Wasser zum Mehl gibst. Beobachte dabei das Messgerät. (**Achtung:** Wieder mit Stufe 1 arbeiten, mit wenig Wasser beginnen und darauf achten, dass keine Klumpen entstehen.)

**c)** Deute deine Beobachtungen im Hinblick auf die stattfindenden Energiewandlungen und die Größe der zugehörigen Energiestromstärken.

**V3** Nimm ein Fahrrad mit einem Dynamo. Stelle das Fahrrad auf den Kopf und kopple den Dynamo an. Versetze das Rad und damit den Dynamo in Drehung. Untersuche, wie lange sich jeweils das Rad dreht, wenn

**a)** beide Lampen (Scheinwerfer und Rücklicht),

**b)** nur das Rücklicht,

**c)** keine Lampe angeschlossen ist.

**d)** Deute deine Beobachtungen im Hinblick auf die stattfindenden Energiewandlungen und die Größe der zugehörigen Energiestromstärken.

**V4** Schließe einen Fahrraddynamo mit Reibrad, den du gut an einem Stativ befestigt hast, an eine regelbare Wechselspannungsquelle bis 6 V an. Erhöhe die Spannung langsam von 0 V bis 6 V; versuche dabei, den Dynamo durch kräftiges (!) Drehen des Reibrades mit den Fingern in Schwung zu bringen.

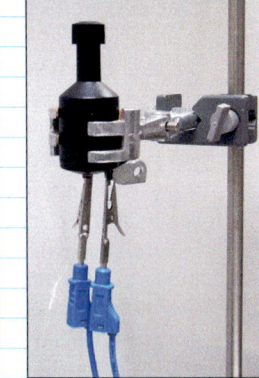

**a)** Beschreibe deine Beobachtungen, mache auch Aussagen zur Drehzahl.

**b)** Deute deine Beobachtungen.

**V5** Diesen Versuch müsst ihr auf jeden Fall zu zweit durchführen.
Befestigt den Handgenerator (aus der Physiksammlung) mithilfe von Stativmaterial fest an einer Tischplatte, sodass ihr die Kurbel gut drehen könnt, und schließt über einen Schalter eine 6 V|5 A Glühlampe an.

**a)** Der Schalter soll zunächst geöffnet sein. Einer von euch dreht die Kurbel kräftig. Der andere schließt plötzlich und für den Drehenden unbemerkt den Schalter. Vertauscht eure Rollen. Wiederholt den Versuch mit anderen Glühlampen.

**b)** Notiert eure Beobachtungen und erklärt sie energetisch.

**c)** Schließt nun an den DynaMot eine regelbare Gleichspannungsquelle (maximal 6 V) an. Beschreibt und deutet eure Beobachtungen.

**V6** Befestige einen Fahrraddynamo mit Reibrad so an einem Stativ, dass die Drehachse des Reibrades waagerecht verläuft. Rolle einen 10 cm langen und 5 cm breiten Pappstreifen sehr fest um das Reibrad und sichere ihn mit Klebeband. Wickle auf diese Rolle eine Schnur, an deren Ende eine Tafel Schokolade befestigt ist. Schließe am Dynamo eine Lampe (3,7 V|0,2 A) mit an.

**a)** Was geschieht, wenn du die Tafel loslässt? Beschreibe und erkläre im Hinblick auf die stattfindenden Energiewandlungen.

**b)** Hänge mehrere Tafeln gleichzeitig an und wiederhole. Erkläre.

**Streifzug** | **Zwei besondere Motoren**

## Der Gleichstrommotor

Der drehbare Anker des Gleich-strommotors wird über die Schleifkontakte und den Pol-wender an die elektrische Quelle angeschlossen. Es fließt ein Strom, der den Anker zu einem Elektromagnet macht. Durch die Kräfte zwischen den Polen des Feldmagneten und den Polen des Ankermagneten kommt es zur Drehbewegung des Ankers. Durch die auto-matische Umpolung der Stromrichtung mithilfe des Kommutators im richtigen Moment wird eine dauernde Drehung erreicht. Würde der Anker nur zwei Spulen besitzen, würde der Motor nicht von allein anlaufen.

Originalgröße

**Feldmagnet:** Seine Pole üben Kräfte auf die Pole des Ankers aus.

**Schleifkontakte** (fest stehend) zur Zuführung des elektrischen Stromes an den sich drehenden Elektromagnet (Anker)

**Kommutator** oder **Polwender:** Besteht aus drei metallischen Ringstücken, die an die Enden der Ankerwicklungen angeschlossen sind. Er bewirkt eine automatische Änderung der Stromrichtung im Magneten.

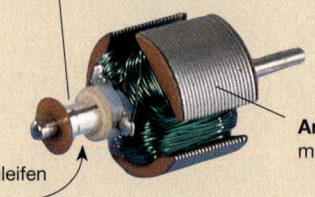

schleifen

am Kommutator

**Anker:** Drehbarer Elektro-magnet mit Eisenkern.

## Der Schrittmotor – ein wichtiges Bauteil moderner elektronischer Geräte

Die Leseköpfe von DVD/CD-Playern oder die Schreib-Leseköpfe von Computer-Festplatten müssen sehr exakte Querbewegungen ausführen, da der Abstand zwischen den Datenspuren extrem klein ist. Bewegt werden die Köpfe mit Schrittmotoren. Ein Schritt-motor besteht aus einem mehrpoligen Dauermagnet (Rotor genannt) und zwei Spulen, die um zwei U-förmige Eisenkerne, wie in der Abbildung gezeigt, gewickelt sind. Die Eisenkerne werden Stator genannt. Durch einen Umschalter ist entweder die eine oder die andere Spule Strom durchflossen und somit magnetisch. Dadurch stehen den Polen des Rotors immer ab-wechselnd Nord- und Südpol eines Stators gegenüber. Diese üben Kräfte auf den Rotor aus, die ihn kurzeitig in Bewegung setzen. Er dreht sich so lange, bis sich ungleichnamige Pole gegenüberstehen. Damit kleine Schrittgrößen erreicht werden können, besitzen die Rotoren sehr viele, z. B. 50 Pole.

Schrittmotor für die Positionierung des Kopfes

magnetisierbare Platte

Plattenhalterung

Schreib-Lese-Kopf (0,2 cm lang; 0,05 cm breit)

3,5 Zoll

flexible Leiterplatte

Elektronik zur Motorsteuerung

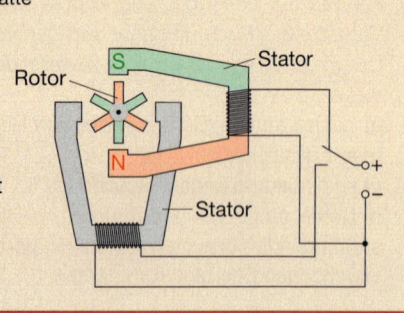

Rotor

Stator

Stator

S

N

o +
o –

## Eigenbau-Elektromotor
### Versuche und Aufträge

**V1** Baue einen einfachen Elektromotor aus einem vorgefertigten Bausatz oder nach einer Anleitung aus dem Internet (Suchwort: „Elektromotor Selbstbau"). Foto ② zeigt ein Beispiel. Überlege, welche Eigenschaften des Motors du mit deinem Modell prüfen kannst. Probiere es auch aus.

**V2** Mit dem robusten Modell ① kannst du weitergehende Untersuchungen durchführen.
**a)** Schalte eine Lampe, von der du die ungefähre Stromstärke kennst, in Reihe mit dem Motor.
**b)** Belaste den Motor durch Hochziehen einer Last. Beobachte, wie sich die Helligkeit der Lampe ändert und deute die Ergebnisse.
**c)** Miss die jeweilige Stromstärke und berechne die aufgenommene Leistung des Motors.

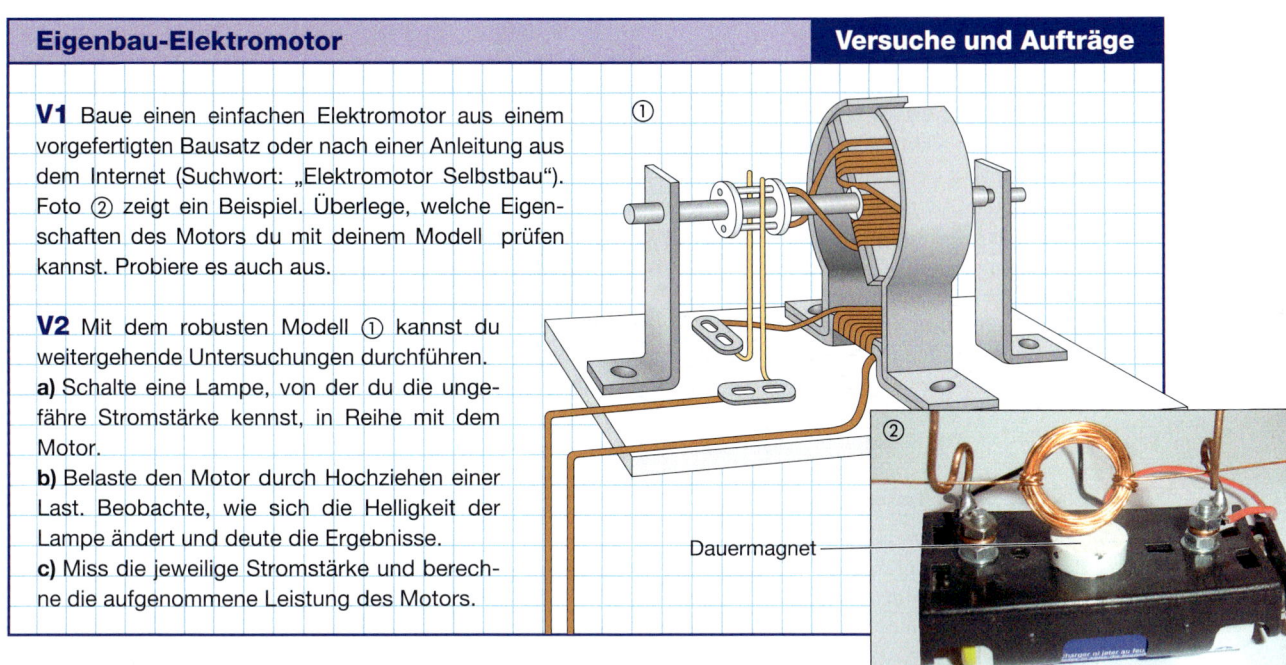

Dauermagnet

## Wind-Energie-Anlage (WEA)
### Streifzug

Rotorlänge 40 m

Masthöhe 80 m

Gesamtmasse der Anlage 310 t

abgegebene elektrische Leistung max. 2,5 MW ab 14 $\frac{m}{s}$ Windgeschwindigkeit

In zwei Stunden wird der Jahres-Energiebedarf eines deutschen Durchschnittshaushaltes erzeugt.

Die Spannung, die von einem Generator erzeugt wird, ist von der Drehzahl des angeschlossenen Rotors abhängig. Durch die Veränderung der Stellung der Rotorblätter wird erreicht, dass auch bei unterschiedlichen Windgeschwindigkeiten annähernd gleiche Drehzahlen und damit eine bestimmte Spannung erzeugt wird. Da die Drehzahl des Rotors auch die Frequenz des erzeugten Wechselstromes bestimmt, ist diese windgeschwindigkeitsabhängig. Wenn die von der WEA erzeugte Energie in das öffentliche Wechselstromnetz eingespeist werden soll, darf die Frequenz nur weniger als 0,1 Hz von der Norm (50 Hz) abweichen. Dies wird durch komplizierte mechanische Anpassung oder mithilfe einer Elektronik erreicht, die den vom Generator erzeugten Wechselstrom in Gleichstrom umwandelt. Dieser Gleichstrom wird dann elektronisch in Wechselstrom von genau 50 Hz umgeformt und kann ohne Probleme in das öffentliche Netz eingespeist werden.

Der Wirkungsgrad von WEA kann maximal 59% betragen. Weil aerodynamische, mechanische und elektrische Verluste auftreten, liegt er bei den gegenwärtigen WEA zwischen 30% und 45%.

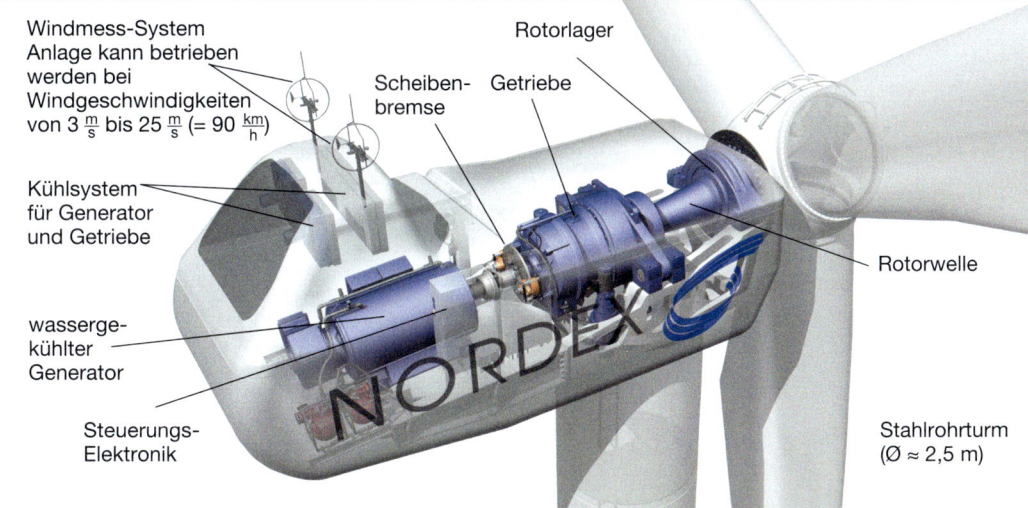

Windmess-System Anlage kann betrieben werden bei Windgeschwindigkeiten von 3 $\frac{m}{s}$ bis 25 $\frac{m}{s}$ (= 90 $\frac{km}{h}$)

Rotorlager

Scheibenbremse

Getriebe

Kühlsystem für Generator und Getriebe

Rotorwelle

wassergekühlter Generator

Steuerungs-Elektronik

Stahlrohrturm (Ø ≈ 2,5 m)

# Der Transformator

Transformatoren, kurz Trafos genannt, gibt es für unzählige elektrische Geräte. Bei Kleingeräten sind sie häufig separat, bei Großgeräten meistens eingebaut. Welche Funktion haben diese Trafos? Warum sind manche sehr schwer, andere wiederum klein und leicht? Warum sind Hochspannungsleitungen für die Energieübertragung vom Kraftwerk zum „Verbraucher" erforderlich?

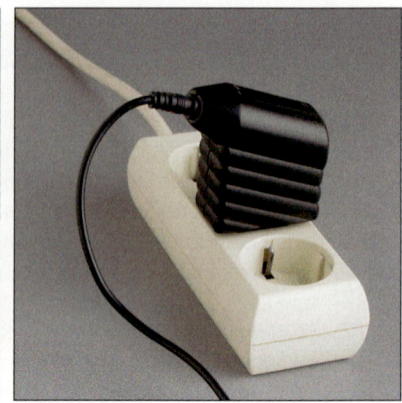

## Gleichspannung – Wechselspannung

Unterschiedliche elektrische Quellen liefern meist auch unterschiedliche Spannungen. Bei einer Batterie erfolgt kein Polungswechsel und die Größe der Spannung ist zeitlich konstant. Die Batterie treibt stets gleich viele Elektronen in die gleiche Richtung an. Ein Oszilloskop – ein Gerät, das den zeitlichen Verlauf einer Spannung sichtbar macht – zeigt für eine Batterie eine horizontale Linie ①.

Die Wechselspannung des Netzgerätes bzw. des Generators bewirkt, dass sich die Elektronen dauernd hin und her bewegen, da die Polung ständig wechselt. Das Oszilloskop zeigt eine wellenförmige Kurve ② und ③. Das Bild ④ der Gleichspannung dieses Netzgerätes unterscheidet sich sowohl von der Wechselspannung als auch von der Gleichspannung der Batterie.

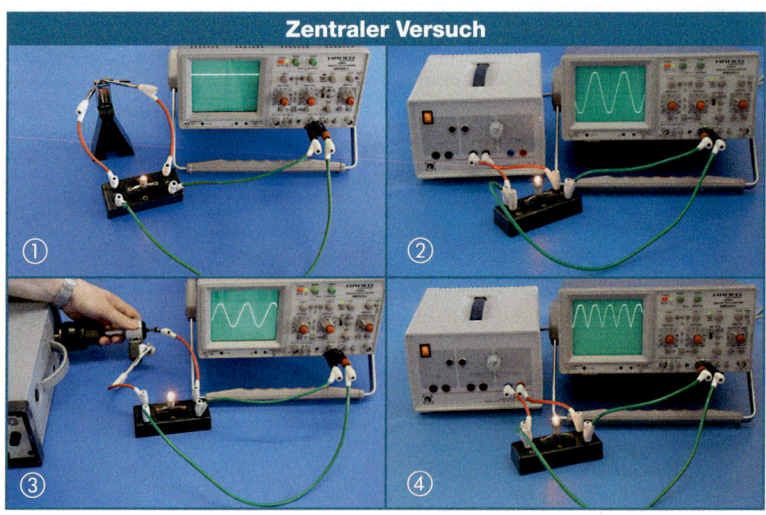

**Zentraler Versuch**

① ② ③ ④

Auch bei dieser Gleichspannung liegt zwar kein Polungswechsel vor, das heißt, durch diese Quelle werden die Elektronen stets in die gleiche Richtung angetrieben. Dies geschieht aber mit sich ständig ändernder Stärke. Für die oben benutzte Glühlampe ist es unerheblich, ob sie mit Gleich- oder Wechselspannung betrieben wird. Für viele andere elektrische Geräte gilt dies aber nicht.

> Gleichspannung bedeutet nicht zwangsläufig eine konstante Spannung, sondern lediglich, dass kein Polungswechsel vorliegt. Batterien und Akkus liefern konstante Gleichspannungen.

Bei der üblichen Netzwechselspannung (Steckdose) wechselt die Polung 100-mal in der Sekunde. (Die Frequenz beträgt 50 Hz, gesprochen Hertz.)

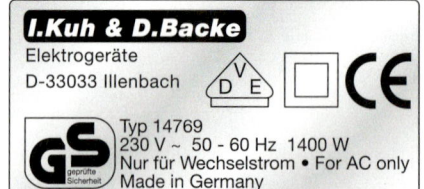

*I.Kuh & D.Backe*
Elektrogeräte
D-33033 Illenbach

V
D E

CE

Typ 14769
230 V ~ 50 - 60 Hz 1400 W
Nur für Wechselstrom • For AC only
Made in Germany
GS geprüfte Sicherheit

Das Typenschild eines Gerätenetzteils liefert Informationen über die erforderliche Spannung. Die Abkürzungen AC und DC kommen aus dem Englischen und bedeuten *alternating current* (Wechselstrom) bzw. *direct current* (Gleichstrom).

Wird eine konstante Gleichspannung an den abgebildeten Lautsprecher angeschlossen, so bewegt sich die Membran – je nach Polung – etwas heraus oder herein und verharrt in dieser Stellung solange, bis der Stromkreis unterbrochen wird.

Wird stattdessen Wechselspannung benutzt, so schwingt die Membran gemäß der Frequenz des Wechselstroms ständig hin und her. Bei niedrigen Frequenzen, das heißt einer geringen Anzahl von Polungswechseln pro Sekunde, lässt sich diese Vibration der Membran gut mit dem Finger fühlen.

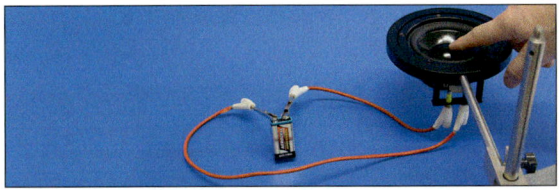

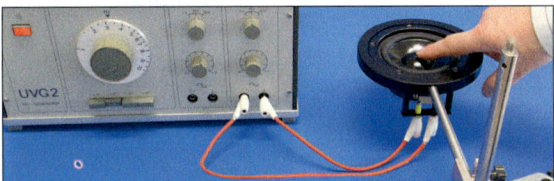

## Aufgaben

**1** Beschreibe und begründe jeweils, um welche Art Spannung es sich handelt.

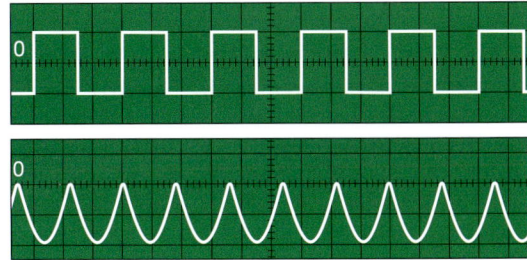

**2** Gib bei den nachfolgend genannten Geräten begründet an, ob es eine Rolle spielt/spielen kann, ob sie mit Wechselspannung oder mit Gleichspannung betrieben werden: ① Glühlampe, ② Spielzeugmotor, ③ elektrischer Toaster.

**3** Müllsortierung kann teilweise mithilfe starker Elektromagnete erfolgen. Erläutere, welcher Müll hier getrennt werden kann und entscheide begründet, ob es dabei wichtig ist, dass der Elektromagnet mit Gleich- oder Wechselspannung betrieben wird.

---

## Lautsprecher und Mikrofon                                      Streifzug

### Der dynamische Lautsprecher

In einem dynamischen Lautsprecher bewegt sich die in den Magnet eintauchende Spule im Rhythmus der Sprache oder der Musik.

Die von Wechselstrom durchflossene Tauchspule des Lautsprechers stellt einen Elektromagnet dar, der dauernd seine Polung wechselt. Die Spule wird deshalb vom Topfmagnet abwechselnd angezogen und abgestoßen. Die Tauchspule ist mit einer steifen Membran verbunden, die die Luft davor zum Schwingen bringt – wir hören Sprache, Geräusche oder Musik.

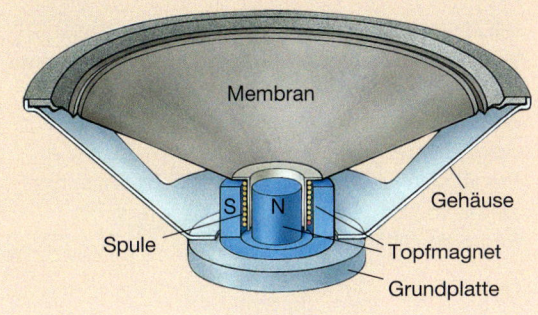

### Das dynamische Mikrofon

Ein dynamisches Mikrofon funktioniert genau umgekehrt wie der dynamische Lautsprecher. Die auf die Membran auftreffenden Schallwellen bewirken, dass sich die Tauchspule dauernd hin und her bewegt. Die hierdurch erzeugten Wechselspannungen werden verstärkt und z. B. wieder an einen Lautsprecher gegeben.

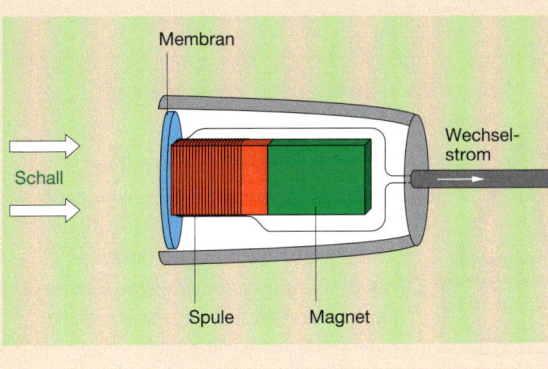

## Der Transformator als Spannungswandler

Ein Experimentiertransformator besteht aus einem U-förmigen Eisenkern, zwei Spulen und einem Joch. Eine der Spulen (die Primärspule) wird an eine Wechselspannung angeschlossen. Ein an die Sekundärspule angeschlossenes Spannungsmessgerät registriert dann ebenfalls eine Wechselspannung, im gezeigten Fall eine fast 4-mal so große Spannung.

Wird hingegen eine konstante Gleichspannung benutzt, so zeigt das Spannungsmessgerät an der Sekundärspule keine Spannung. Erst wenn der Primärstromkreis periodisch mit einem Schalter unterbrochen wird, kann auf der Sekundärseite eine Spannung registriert werden und zwar wiederum eine Wechselspannung.

Welchen Einfluss haben die Windungszahlen $n_1$ und $n_2$ der Spulen des Transformators und die Primärspannung $U_1$ auf die sekundärseitig zu messende Spannung $U_2$?

Den Messwerten ist zu entnehmen:
- Wird die Primärspannung $U_1$ verdoppelt, verdreifacht, ..., so verdoppelt, verdreifacht, ... sich auch die Sekundärspannung $U_2$. Es gilt: $U_1 \sim U_2$.
- Die Sekundärspannung $U_2$ ist umso größer, je mehr Windungen die Sekundärspule und je weniger die Primärspule hat.

Zusammengefasst: Ein Transformator kann die Spannung transformieren, d. h. vergrößern oder verkleinern. Die Größe der Sekundärspannung hängt vom Verhältnis der Windungszahlen $\frac{n_2}{n_1}$ ab.

$$\frac{U_2}{U_1} = \frac{n_2}{n_1}$$

Für die Sekundärspannung ergibt sich damit:

$$U_2 = U_1 \cdot \frac{n_2}{n_1}$$

Diese Formel gilt für den Transformator im „Leerlauf", d. h. es sind keine Bauteile oder Geräte an die Sekundärspule angeschlossen. Der Transformator ist nicht „belastet".

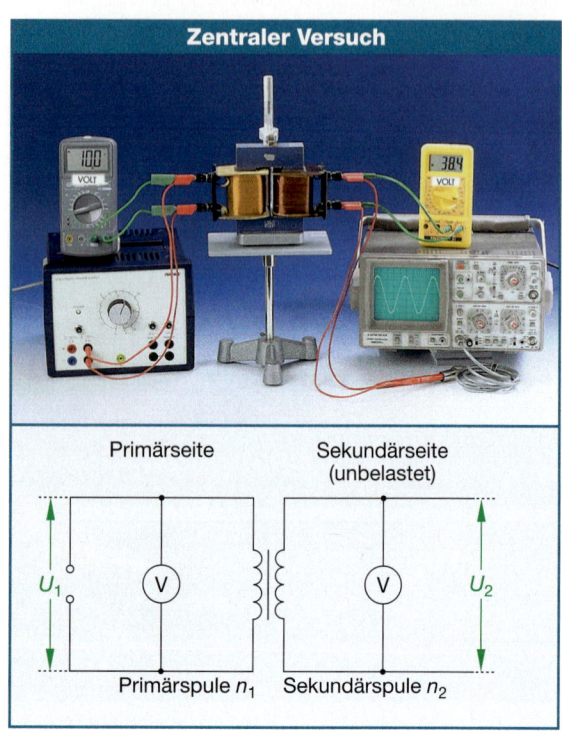

**Zentraler Versuch**

Primärseite — Sekundärseite (unbelastet)

$U_1$ — $U_2$

Primärspule $n_1$ — Sekundärspule $n_2$

| $U_1$ | $U_2$ | $n_1$ | $n_2$ | $\frac{n_2}{n_1}$ | $\frac{U_2}{U_1}$ |
|---|---|---|---|---|---|
| 10 V | 19 V | 300 | 600 | 2,0 | 1,9 |
| 20 V | 38 V | 300 | 600 | 2,0 | 1,9 |
| 30 V | 56 V | 300 | 600 | 2,0 | 1,9 |
| 10 V | 27 V | 300 | 900 | 3,0 | 2,7 |
| 20 V | 53 V | 300 | 900 | 3,0 | 2,7 |
| 30 V | 80 V | 300 | 900 | 3,0 | 2,7 |
| 10 V | 38 V | 300 | 1200 | 4,0 | 3,8 |
| 20 V | 74 V | 300 | 1200 | 4,0 | 3,7 |
| 30 V | 110 V | 300 | 1200 | 4,0 | 3,7 |
| 10 V | 3 V | 900 | 300 | 0,33 | 0,3 |
| 20 V | 6 V | 900 | 300 | 0,33 | 0,3 |
| 30 V | 9 V | 900 | 300 | 0,33 | 0,3 |

### Größte Vorsicht bei allen Versuchen mit Transformatoren!

Versuche mit Transformatoren können gefährlich sein! Zum Beispiel bewirkt eine Primärspule mit 50 und eine Sekundärspule mit 600 Windungen bei einer Primärspannung von 6 V eine lebensgefährliche Sekundärspannung von etwa 72 V.

**Hochspannung Lebensgefahr**

Mit einem Transformator lassen sich Wechselspannungen vergrößern oder verkleinern. Konstante Gleichspannungen lassen sich mit ihm nicht verändern. Beim unbelasteten Transformator ist die Sekundärspannung $U_2$ (Ausgang) proportional zur Primärspannung $U_1$. Das Verhältnis der Windungszahlen von Sekundär- und Primärspule ist der Proportionalitätsfaktor.

$$U_2 = U_1 \cdot \frac{n_2}{n_1}; \quad \frac{U_2}{U_1} = \frac{n_2}{n_1}$$

## Rechenbeispiel

Ein Transformator hat zwei Spulen mit 400 und 1600 Windungen. Wie groß ist die Sekundärspannung, wenn an die 1600er Spule eine Wechselspannung von 230 V angelegt wird?

Geg.: $U_1 = 230$ V
$\quad\quad n_1 = 1600$
$\quad\quad n_2 = 400$
Ges.: $U_2$

Lösung: $U_2 = U_1 \cdot \frac{n_2}{n_1}$

$\quad\quad\quad = 230 \text{ V} \cdot \frac{400}{1600}$

$\quad\quad\quad = 230 \text{ V} \cdot \frac{1}{4} = 57,5$ V

Die durch den Trafo bereitgestellte Spannung beträgt 57,5 V.

## Aufgaben

**1** Bei einem Experimentier-Transformator stehen Spulen mit 300, 600 und 1500 Windungen zur Verfügung.
Erläutere, in welche Spannungen sich die 230 V des Haushaltsnetzes damit transformieren lassen. Betrachte alle möglichen Spulenkombinationen.

**2** Ein Transformator hat 750 Windungen auf der Primärseite und 150 Windungen auf der Sekundärseite. Berechne die Ausgangsspannung, wenn der Transformator an die Steckdose zuhause angeschlossen wird.

**3** An die Primärspule (1000 Windungen) eines Trafos wird eine Taschenlampenbatterie mit 4,5 V angeschlossen. Berechne die Spannung auf der Sekundärseite mit 500 Windungen. Begründe deine Antwort.

**4** Begründe anhand eines selbstgewählten Beispiels, weshalb das Experimentieren mit Transformatoren auch bei ungefährlicher Eingangspannung lebensgefährlich sein kann.

**5** Nenne mehrere Geräte in eurem Haushalt, die mit einem Schaltnetzteil betrieben werden.

**6** Ein Stufentrafo für 230 V mit einer Primärwindungszahl von 460 soll Sekundärspannungen von 5 V und 20 V liefern. Beschreibe und begründe die erforderlichen Eigenschaften der Sekundärspule.

# BESONDERE TRAFOS

## Trafos mit variablen Sekundärspannungen

Bei **Stufentrafos** hat die Sekundärspule mehrere Abgriffe mit unterschiedlichen Windungszahlen. Dadurch können verschiedenen Spannungen abgenommen werden.

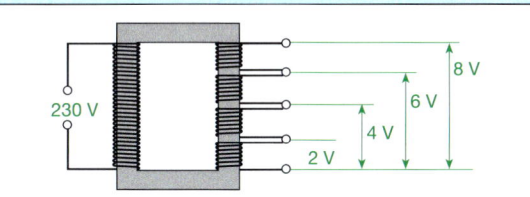

Bei einem **Stelltrafo** sind Eingangs- und Ausgangsspule auf einen ringförmigen Kern gewickelt. Über eine Kohlerolle kann eine beliebige Spannung auf der Sekundärseite abgenommen werden.

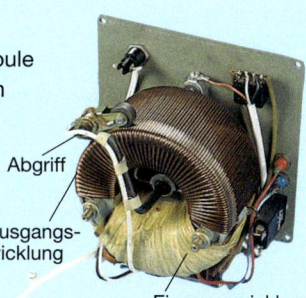

Abgriff

Ausgangswicklung

Eingangswicklung

## Elektronische Trafos

Viele moderne Trafos sind genau genommen Schaltnetzteile, bei denen die zu transformierende Spannung durch eine Elektronik periodisch sehr schnell unterbrochen und erst dann an einen Transformator angelegt wird. Der eigentliche Transformator kann bei diesen Geräten sehr klein sein, wodurch das gesamte Gerät erheblich leichter wird – ein Vorteil, den jeder Handy-Besitzer zu schätzen weiß.

Mithilfe von Schaltnetzteilen können auch Gleichspannungen transformiert werden – ein weiterer Vorteil dieser Geräte.

Das untere Bild zeigt ein geöffnetes Netzteil mit einem herkömmlichem Trafo mit relativ schwerem Eisenkern.

## Der Transformator als Energieübertrager

Ein Gerätetransformator hat die Aufgabe, das elektrische Gerät mit der korrekten Betriebsspannung zu versorgen. Gleichzeitig überträgt der Transformator elektrische Energie von einem Stromkreis auf einen anderen Stromkreis, wobei es zwischen diesen beiden Stromkreisen keine leitende Verbindung gibt.

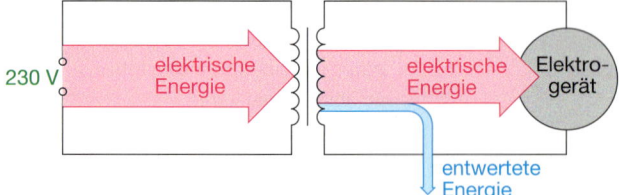

Tritt bei einem solchen – belasteten – Transformator durch diese Wandlung Energieentwertung auf? Am Beispiel eines (230 V | 12 V)-Transformators wird dies mithilfe von Glühlampen näher untersucht. Die Energiestromstärke im Primärstromkreis lässt sich mithilfe eines Energiemessgerätes bestimmen. Für die Ermittlung der Energiestromstärke im Sekundärstromkreis wird ein für niedrige Wechselspannungen geeignetes Messgerät benutzt. An die Sekundärspule werden verschiedene Glühlampen, die aber alle die Nennspannung 12 V haben, angeschlossen.

Messwerte:

| Lampe/ Lampenaufschrift | Primär-stromkreis $P_1$ | Sekundär-stromkreis $P_2$ |
|---|---|---|
| keine | 3,8 W | 0 W |
| Lampe ① (12 V | 1,2 W) | 5,2 W | 1,3 W |
| Lampe ② (12 V | 5 W) | 9,7 W | 5,4 W |
| Lampe ③ (12 V | 15 W) | 20,8 W | 14,4 W |
| Lampe ③ (12 V | 20 W) | 25,8 W | 18,5 W |

Den Messwerten ist Folgendes zu entnehmen:
- Auch wenn keine Lampe angeschlossen ist (Leerlaufbetrieb), erfolgt im Primärstromkreis eine Energiewandlung. Dies ist verständlich, denn der Stromkreis ist geschlossen. Es fließt Strom durch die Primärspule, wodurch sich u. a. die Spulenwindungen erwärmen und Energie an die umgebende Luft abgegeben wird. Diese Energie ist entwertet.
- Sowohl die Energiestromstärke im Primärstromkreis als auch die im Sekundärstromkreis wird durch die Eigenschaften der Lampe beeinflusst. Dabei ist die Energiestromstärke im Primärstromkreis stets größer als die im Sekundärstromkreis und zwar etwa um den Betrag der Energiestromstärke im Primärstromkreis bei Leerlauf.

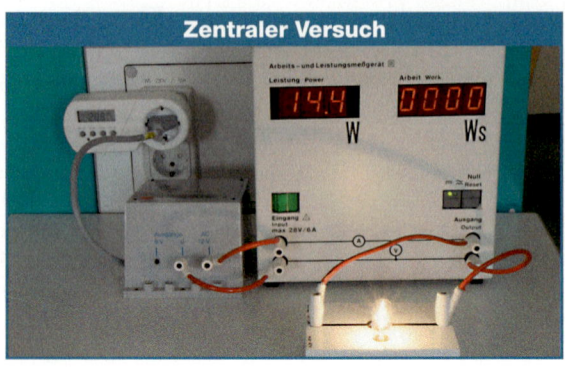

Zentraler Versuch

- Der Wirkungsgrad eines Transformators hängt von der Belastung ab.

| Lampe | Wirkungsgrad $\eta = \frac{P_2}{P_1}$ |
|---|---|
| Lampe ① | 0,25 = 25 % |
| Lampe ② | 0,56 = 56 % |
| Lampe ③ | 0,69 = 69 % |
| Lampe ④ | 0,72 = 72 % |

Für die Berechnung des Wirkungsgrades wurde der Zusammenhang

$$\eta = \frac{E_{\text{nutz}}}{E_{\text{zugeführt}}} = \frac{P_2 \cdot t}{P_1 \cdot t} = \frac{P_2}{P_1}$$ verwendet.

Die Zeitspanne $t$ für die Zufuhr der Energie ist dabei in beiden Stromkreisen gleich groß. Jeder Transformator sollte für seine spezielle Anwendung optimiert sein. Bei Transformatoren in Kraftwerken bzw. elektronischen Transformatoren werden Wirkungsgrade von mehr als 95 % erreicht.

Für Fernseher und Hifi-Anlagen mit Fernbedienung ist die Leerlaufleistung im Stand-by-Betrieb merklich (bis zu 20 W, insbesondere bei älteren Geräten). Auch bei einem scheinbar ausgeschalteten PC oder einer Niedervolt-Halogenlampe wird ständig Energie gewandelt, wenn sich der Ein-/Ausschalter im Sekundärstromkreis und nicht im Primärstromkreis des Transformators befindet. Die Nutzung schaltbarer Steckdosen stellt in solchen Fällen eine einfach zu realisierende Energiesparmaßnahme dar.

Ein guter Transformator besitzt einen hohen Wirkungsgrad, d. h. er überträgt die Energie nahezu verlustfrei. Bei optimaler Konstruktion und Belastung gilt: $P_1 \approx P_2$.
Vom Transformator wird auch im Leerlauf Energie gewandelt.

Elektrische Energie kann nur in sehr begrenztem Maße gespeichert werden. Sie muss dann vom Kraftwerk zur Verfügung gestellt werden, wenn sie gebraucht wird. Der Bedarf an elektrischer Energie wird daher vom Lebensrhythmus der Menschen bestimmt. Er schwankt im Laufe eines Tages und im Laufe eines Jahres.

Die jeweils benötigte elektrische Energie kann nur dann jederzeit zur Verfügung gestellt werden, wenn die verschiedenen Kraftwerke (Kohlekraftwerke, Wasserkraftwerke, Kernkraftwerke, Windparks usw.) zu einem großen **Verbundnetz** zusammengeschlossen sind. Dadurch können z. B. Ausfälle von Kraftwerken aufgefangen und die Zahl der Kraftwerke minimiert werden, ohne dass die Versorgung beeinträchtigt wird. Es lässt sich daher nie sagen, von welchem Kraftwerk die im betreffenden Zeitpunkt genutzte Energie stammt.

Die Energieübertragung von den Kraftwerken zum Endnutzer erfolgt über Hochspannungsleitungen. Riesige Transformatoren setzen dabei die vom Kraftwerk erzeugte Spannung zunächst herauf und in der Nähe des Nutzers wieder herunter.

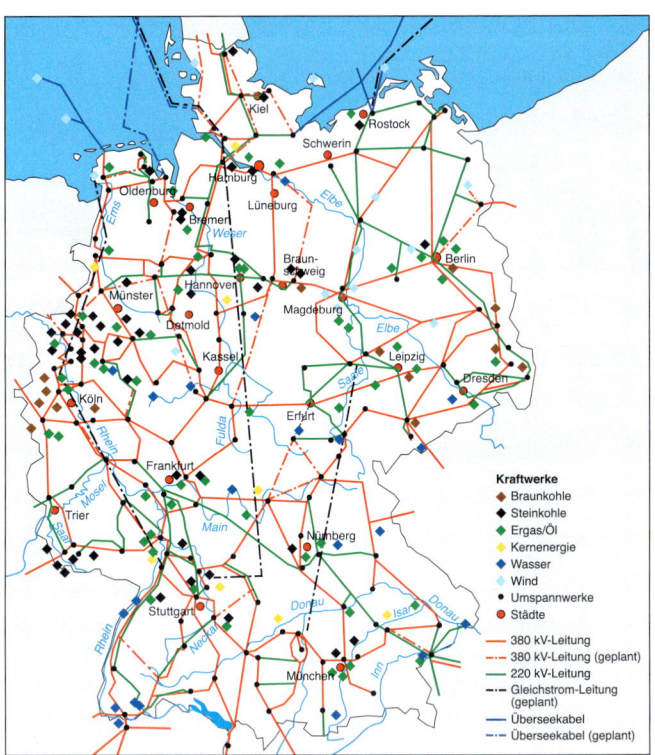

**Kraftwerke**
◆ Braunkohle
◆ Steinkohle
◆ Ergas/Öl
◆ Kernenergie
◆ Wasser
◆ Wind
● Umspannwerke
● Städte

— 380 kV-Leitung
— 380 kV-Leitung (geplant)
— 220 kV-Leitung
—·—·— Gleichstrom-Leitung (geplant)
— Überseekabel
—·—·— Überseekabel (geplant)

## Aufgaben

**1 a)** Eine Niedervolt-Halogenstehlampe besitzt einen externen Trafo. Auch im ausgeschalteten Zustand wird der Trafo etwas warm. Erkläre diese Beobachtung. Gehe bei deiner Erklärung darauf ein, wo sich der Ein-/Ausschalter für diese Lampe befinden muss.
**b)** Zeichne die zugehörige Schaltskizze.

**2** Mit einem Experimentiertrafo ($n_1 = 600$, $n_2 = 300$, $U_1 = 12\ V\sim$) und einer ($6\ V\,|\,2{,}4\ W$)-Lampe im Sekundärstromkreis werden folgende Werte gemessen:

| Aufbau: beide Spulen | Primärstromkreis $P_1$ | Sekundärstromkreis $P_2$ | Wirkungsgrad $\eta$ |
|---|---|---|---|
| auf geschlossenem Eisenkern | 2,0 W | 1,5 W | |
| nur auf dem U-Kern | 1,33 W | 0,43 W | |
| ohne Eisenkern, gegenüber | 17,7 W | 0,04 W | |

Berechne jeweils den Wirkungsgrad und deute die Ergebnisse ausführlich.

**3** Für die Einspeisung der durch Solarzellen gewandelten elektrischen Energie ins allgemeine Netz werden sogenannte „Wechselrichter" benötigt. Informiere dich über diese Geräte, erkläre, was sie bewirken und warum sie erforderlich sind.

## Die elektrische Zahnbürste — Streifzug

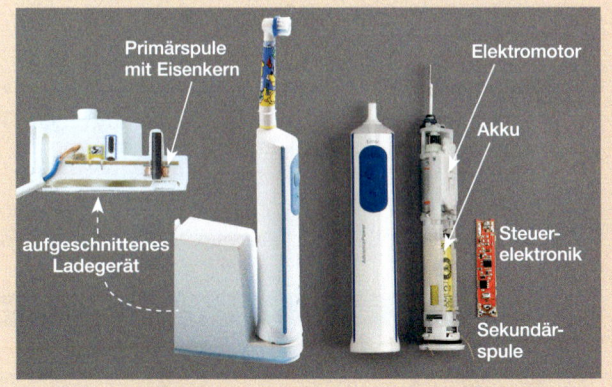

Primärspule mit Eisenkern
Elektromotor
Akku
aufgeschnittenes Ladegerät
Steuerelektronik
Sekundärspule

Zur elektrisch betriebenen Zahnbürste gehören ein Handteil mit Bürstenkopf und ein Ladeteil. Beide sind in Kunststoff gekapselt. Es besteht somit keine leitende Verbindung zwischen Handteil und Ladestation. Die geöffneten Bauteile lassen jeweils eine Spule erkennen. Ineinandergestellt bilden die Spulen einen Transformator. In Kombination mit einer elektronischen Schaltung und einem Gleichrichter wird die Netzspannung von 230 V in eine niedrige Gleichspannung transformiert, die den Gleichstrommotor der Zahnbürste antreibt.

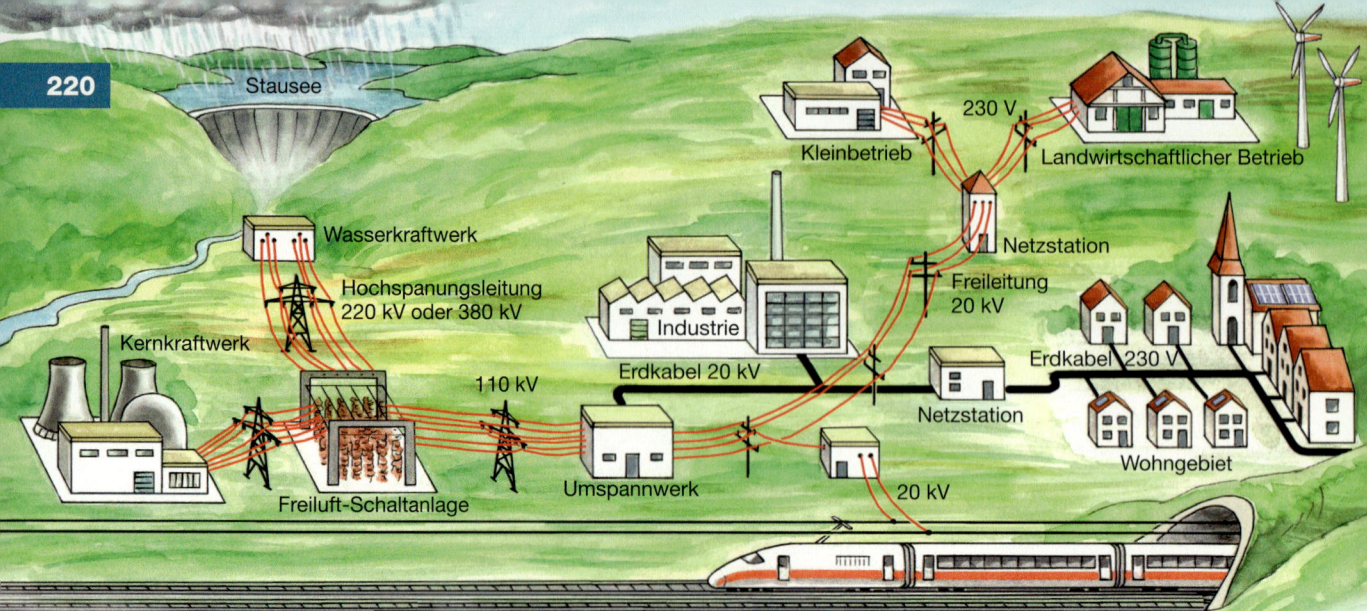

## Übertragung elektrischer Energie durch Hochspannung

Elektrische Energie wird in Kraftwerken gewonnen, deren Standort von ihrem Typ abhängt: Wärmekraftwerke werden in der Umgebung der Kohle-Abbaugebiete und wegen ihres großen Bedarfs an Kühlwasser in der Nähe von Flüssen gebaut, Speicherkraftwerke im Hoch- oder Mittelgebirge. Die erzeugte elektrische Energie muss meist über große Entfernungen zu den Endnutzern transportiert werden.

Der Träger der elektrischen Energie ist der Elektronenstrom. Elektrische Energie kann daher nur von einem Ort zu einem anderen transportiert werden, wenn gleichzeitig elektrischer Strom fließt. Zwangsläufig treten dabei in den Leitungen Verluste auf, da sich die Kabel ja wegen ihres Widerstandes bei Stromfluss erwärmen und damit ein Teil der elektrischen Energie als entwertete Energie in die Umgebung abfließt.

Je größer dabei die Stromstärke ist, desto mehr Energie wird entwertet: Soll z. B. eine elektrische Leistung von 920 MW übertragen werden, so wäre bei der üblichen Generatorspannung von 20 000 V eine Stromstärke

$$I = \frac{P}{U} = \frac{920 \cdot 10^6 \, \text{VA}}{20 \cdot 10^3 \, \text{V}} = 46\,000 \, \text{A}$$

nötig. Eine so große Stromstärke führt zu einem Übertragungsverlust durch Energieabgabe an die Umgebung von mehr als 10 %! Dieser Leitungsverlust könnte reduziert werden, indem die Leitungsquerschnitte stark vergrößert würden. Dies hätte aber zur Folge, dass die Überlandleitungen mehr als 1 m dick, folglich sehr schwer und immens teuer würden.

Aber es kommt noch etwas dazu: Der Endnutzer liegt in Reihe mit den Übertragungsleitungen. Die Generatorspannung teilt sich daher entsprechend den Einzelwiderständen auf Leitungen und Nutzer auf. Weil der Widerstand der Leitungen sehr viel größer ist als der des Nutzers, bleibt für ihn fast nichts mehr von der Generatorspannung übrig! Der zentrale Versuch zeigt das sehr eindrucksvoll bei „normalen" Spannungen.

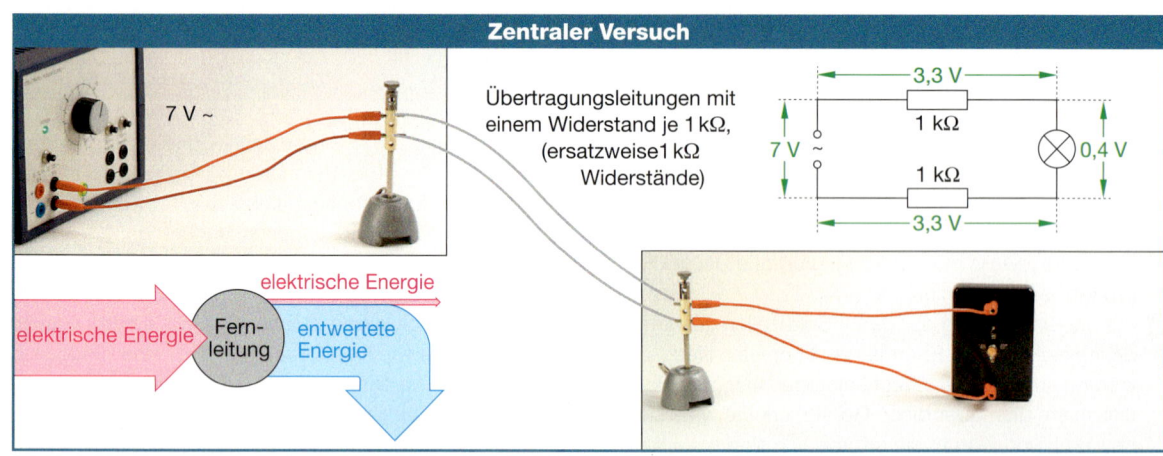

**Zentraler Versuch**

Übertragungsleitungen mit einem Widerstand je 1 kΩ, (ersatzweise 1 kΩ Widerstände)

Um dennoch viel Energie übertragen zu können, wird die Generatorspannung durch Transformatoren auf 380 000 V heraufgesetzt. Die gleiche Leistung kann dann bei einer Stromstärke von nur noch ca. 2400 A übertragen werden. Für diese Stromstärke genügen etwa 1 cm dicke Aluminiumkabel.

Das Foto unten zeigt den entsprechenden Versuchsaufbau. Das Lämpchen rechts leuchtet, da die Teilspannungen an den Widerständen der „Hochspannungs-Übertragungsleitungen" viel weniger ins Gewicht fallen als bei Niederspannung.

Wenn Transformatoren belastet werden, erwärmt sich ihr Kern, was zu einem Absinken der übertragenen Energie führt. Um diese Verluste zu minimieren, müssen die Trafos gekühlt werden. Dazu befinden sich die Spulen und Kerne der Großtransformatoren von Kraftwerken oder Umspannwerken in einem Ölbad. Das Öl nimmt die entstehende Energie auf; über ein Kühlsystem wird sie an die Umgebung abgeführt.

Der Trafo im Bild oben setzt zum Beispiel die 27 000 V, die ein moderner Generator abgibt, auf 22 000 V hoch und gibt dabei eine Leistung von 780 MW ab. Die Energieverluste betragen 0,1 % – immerhin noch rund 800 kW!

Die Generatoren der Kraftwerke erzeugen aus Gründen der Isolation elektrische Energie bei Spannungen von maximal 27 kV. Je nach der zu überbrückenden Entfernung und der zu übertragenden Leistung wird diese Spannung auf 110 kV, 220 kV oder 380 kV hochtransformiert. Als Faustregel gilt: 1 kV Spannung für 1 km Übertragungsstrecke.
Höhere Übertragungsspannungen – bis zu 1 MV – werden in Ländern verwendet, in denen größere Entfernungen überbrückt werden müssen wie in den USA oder Russland. Eine Grenze für die Übertragungsspannung setzt hierbei die Luft, die bei extrem hohen Spannungen nicht mehr ausreichend isoliert.
Überlandleitungen brauchen Platz, sind witterungsanfällig und kein schöner Anblick. Auf sie könnte verzichtet werden, wenn Material mit sehr kleinem spezifischen Widerstand verwendet werden könnte. Supraleiter wären die Lösung, doch der Aufwand für Kühlung und Isolation ist zzt. noch unwirtschaftlich hoch. Als weitere Möglichkeit wird die dezentrale Energieversorgung durch viele Kleinkraftwerke (z. B. Blockheizkraftwerke) diskutiert.

Nur mithilfe von Hochspannung lässt sich elektrische Energie wirtschaftlich über große Entfernungen übertragen.

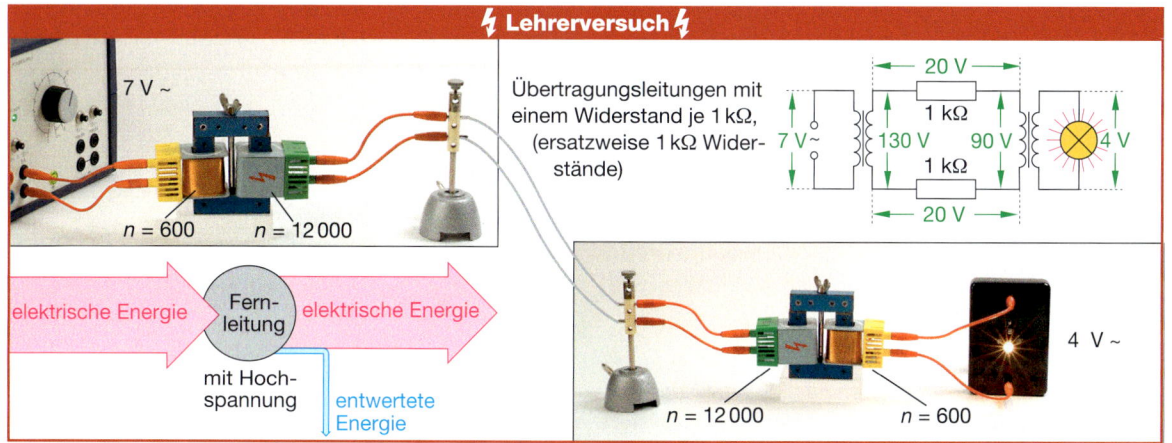

⚡ **Lehrerversuch** ⚡

Übertragungsleitungen mit einem Widerstand je 1 kΩ, (ersatzweise 1 kΩ Widerstände)

7 V ~

n = 600     n = 12 000

elektrische Energie → Fernleitung → elektrische Energie

mit Hochspannung → entwertete Energie

20 V
1 kΩ
7 V ~   130 V   90 V   4 V
1 kΩ
20 V

n = 12 000     n = 600

4 V ~

# Grundlagen der Halbleitertechnik

Ohne Computer, Handy, Navigationssysteme, Steuerungs-
anlagen für Heizung, Auto, Industrieanlagen ... ist die heutige
Welt nicht mehr vorstellbar. Leuchtdioden lösen zunehmend
Energiesparlampen in der Beleuchtung ab, immer mehr Solarzellen sorgen für die Versorgung mit elektrischer Energie.
Alles beruht auf Halbleitertechnologie. Wie funktionieren die
grundlegenden Halbleiterbauelemente und Solarzellen?

## Halbleiterbauteile

### Temperaturabhängige Widerstände

Im Versuch tauchen ein gewendelter Eisendraht und ein
besonderes Halbleiterbauteil, ein NTC-Widerstand, in
Wasser. Zunächst befinden sich beide Bauteile in kaltem Wasser mit vielen Eiswürfeln, dann in immer wär-
merem Wasser.
Die Messwerte sind für beide Bauteile in den folgenden
Tabellen dargestellt einschließlich des jeweils aus der
gemessenen Stromstärke berechneten Widerstandes
($U = 2$ V).

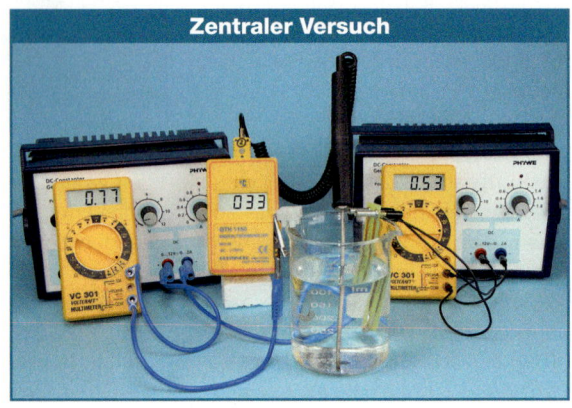

**Zentraler Versuch**

Eisendraht

| $\vartheta$ | 2 °C | 18 °C | 32 °C | 48 °C | 68 °C | 82 °C |
|---|---|---|---|---|---|---|
| $I$ | 0,88 A | 0,82 A | 0,78 A | 0,74 A | 0,70 A | 0,66 A |
| $R$ | 2,27 Ω | 2,44 Ω | 2,56 Ω | 2,70 Ω | 2,86 Ω | 3,03 Ω |

Halbleiterbauteil (NTC-Widerstand)

| $\vartheta$ | 2 °C | 18 °C | 32 °C | 48 °C | 68 °C | 82 °C |
|---|---|---|---|---|---|---|
| $I$ | 0,05 mA | 0,2 mA | 0,5 mA | 1,0 mA | 2,0 mA | 3,0 mA |
| $R$ | 40000 Ω | 10000 Ω | 4000 Ω | 2000 Ω | 1000 Ω | 667 Ω |

Der Eisendraht leitet mit steigender Temperatur den
Strom immer schlechter ($I$ sinkt). Der Widerstand $R$
($R = U/I$) des Eisendrahtes wächst also mit zunehmender
Temperatur .
Ganz anders das Halbleiterbauteil, der sogenannte
NTC-Widerstand: Dieser leitet mit steigender Temperatur immer besser ($I$ steigt), sein Widerstand sinkt also mit
zunehmender Temperatur. Dieses Widerstandverhalten
wird in seinem Namen **NTC-Widerstand** zum Ausdruck
gebracht: **N**egative **T**emperature **C**oefficient. Das Bauteil heißt auch **Heißleiter**.
Analog wird der Eisendraht als **PTC-Widerstand** bezeichnet: **P**ositive **T**emperature **C**oefficient. Der Eisendraht ist ein **Kaltleiter**.
Ein Kupferdraht zeigt ein ähnliches Verhalten wie der
Eisendraht, ein Kohlestab ein ähnliches Verhalten wie
das Halbleiterbauteil.

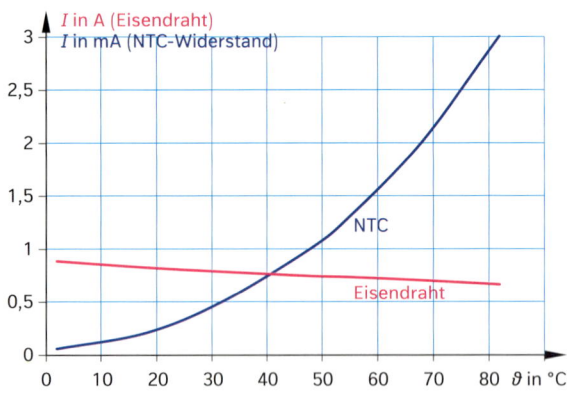

Schaltsymbole:

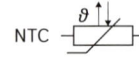 NTC

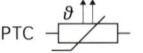 PTC

Bauteile, die mit steigender Temperatur immer besser leiten, heißen **NTC-Widerstände (Heißleiter)**, Bauteile, die
mit steigender Temperatur immer schlechter leiten, **PTC-Widerstände (Kaltleiter)**. Metalle sind Kaltleiter.

## Lichtabhängige Widerstände

### Zentraler Versuch

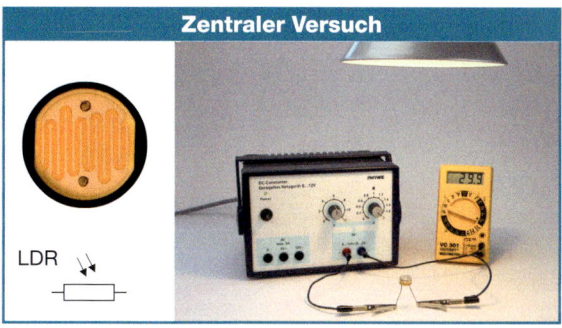

Das links fotografierte Bauteil, ein LDR, wird an eine Quelle mit 6 V angeschlossen und die Stromstärke bei unterschiedlicher Beleuchtung gemessen.

| Der LDR | | | |
|---|---|---|---|
| wird mit der Hand gut abgedeckt | befindet sich | | |
| | im abgedimmten Raum | in einem Raum mit Tageslicht | unter einer Schreibtischlampe |
| **I** | 0,01 mA | 0,5 mA | 1,8 mA | 30 mA |
| **R** | 600 000 Ω | 12 000 Ω | 3333 Ω | 200 Ω |

Dieses Halbleiterbauteil leitet umso besser, je mehr Licht auf das Bauteil fällt. Das heißt, der Widerstand des Bauteils ist um so geringer, je mehr es beleuchtet wird. Es handelt sich also um einen lichtabhängigen Widerstand, einen **LDR** (**L**ight **D**epending **R**esistor), auch **Fotowiderstand** genannt.
Bei nahezu völliger Dunkelheit (LDR unter der Hand) ist der Widerstand des LDR etwa dreitausend mal größer als bei heller Beleuchtung. Ein solcher Licht-Sensor eignet sich für Steuerungen, bei denen die Beleuchtungsstärke von Interesse ist.

Starker Lichteinfall setzt den Widerstand von LDRs erheblich herab.

## (Leucht-)Dioden

### Zentraler Versuch

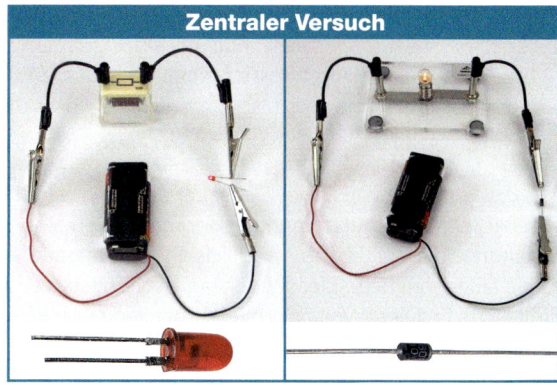

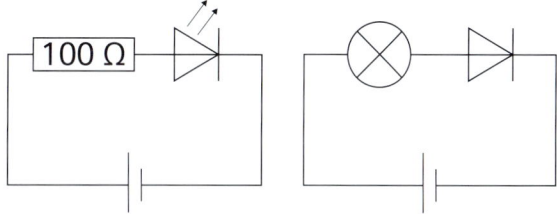

Die Anschlüsse der Leuchtdiode (LED, Bild links) sind – im Gegensatz zu denen eines NTC oder LDR – unterscheidbar. Dies ist bedeutsam, denn nur, wenn der Anschluss mit dem kürzeren Bein der LED am Minuspol der Quelle angeschlossen ist, leuchtet die LED. Der Widerstand begrenzt die Stromstärke und schützt die LED vor Zerstörung. Eine ähnliche Beobachtung lässt sich im rechten Versuch machen. Nur wenn die mit dem Ring gekennzeichnete Seite des Bauteils an den Minuspol angeschlossen wird, kann Strom fließen und die Glühlampe leuchtet. Wird umgepolt, leitet das Bauteil nicht, die Glühlampe bleibt dunkel. Ein Bauteil mit diesem Verhalten heißt **Diode**.
Eine **LED** ist lediglich eine besondere Diode, eine Licht aussendende Diode (**L**ight **E**mitting **D**iode).

Eine Diode ist ein Bauteil, das den Strom nur in einer Richtung durchlässt.

## Aufgaben

**1** Im PKW gibt es eine Anzeige für die Temperatur der Kühlflüssigkeit des Motors. Eine solche Anzeige soll mithilfe eines Stromstärkemessgerätes und einer Batterie nachgebaut werden. Nenne und begründe, welches weitere Bauteil du dafür benötigst.

**2** Eine Bleistiftmine und eine Glühlampe sind in Reihe an eine 9 V-Batterie angeschlossen. Die Glühlampe leuchtet erst, wenn die Mine mit einem Teelicht er-

hitzt wird. Deute diese Beobachtung.

**3** Ein Rauchmelder reagiert auch, wenn es nicht brennt, aber im Raum sehr staubig wird.
**a)** Gib an, welches Halbleiterbauteil sich in seinem Inneren befinden könnte. Begründe.
**b)** Beurteile den Einsatz von Rauchmeldern in Bad und Küche.

## Kennlinien von Dioden

Durchlassrichtung

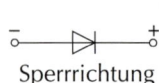
Sperrrichtung

Eine Diode, aber auch eine Leuchtdiode lässt Elektronen nur in einer Richtung durch (**Durchlassrichtung**). In der anderen Richtung sperrt sie den Elektronenstrom (**Sperrrichtung**).

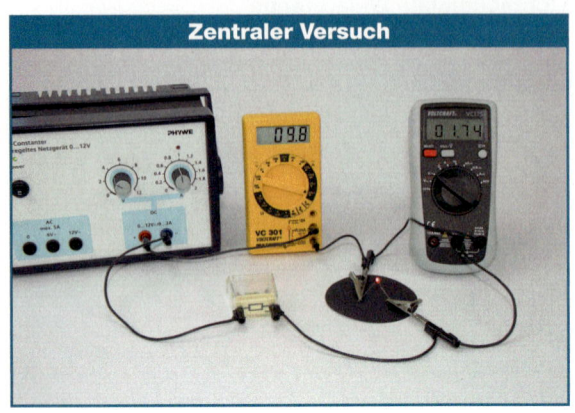

Zentraler Versuch

Um das Verhalten von Dioden genauer zu untersuchen, werden $U$-$I$-Kennlinien mithilfe der nebenstehenden Schaltung (mit der LED bzw. Diode in Durchlassrichtung) aufgenommen. Der Widerstand schützt jeweils die LED bzw. Diode vor zu großer Stromstärke.

Wird über die rote LED ein schwarzes Pappröhrchen gestülpt und die LED durch dieses betrachtet (Auge direkt über dem Pappröhrchen), lässt sich das Einsetzen des Leuchtens genau beobachten, da das Pappröhrchen Fremdlicht abschirmt. Die LED fängt gerade an zu leuchten, wenn die Diodenspannung $U_D$ 1,6 V beträgt.

Die beiden $U$-$I$-Kennlinien weisen Ähnlichkeiten auf:

● Die Diode leitet ab einer Spannung von ca. 0,6 V, die rote LED erst ab ca. 1,6 V. Für kleinere Spannungen ist die Stromstärke trotz Durchlassrichtung jeweils nahezu null. Diese Spannungen heißen **Schwellenspannungen**.
● Nach Erreichen der jeweiligen Schwellenspannung steigt mit zunehmender Spannung $U_D$ die Stromstärke stark an, das heißt, der Widerstand der Dioden wird mit wachsender Spannung immer geringer.
● Bei der LED stimmt die aus der $U_D$-$I$-Kennlinie ablesbare Schwellenspannung mit der im Versuch beobachteten Spannung bei Leuchtbeginn gut überein.

Andersfarbige LEDs zeigen ein gleichartiges Verhalten, aber andere Schwellenspannungen.

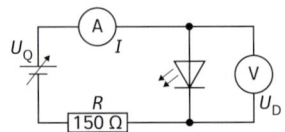
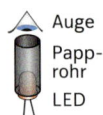

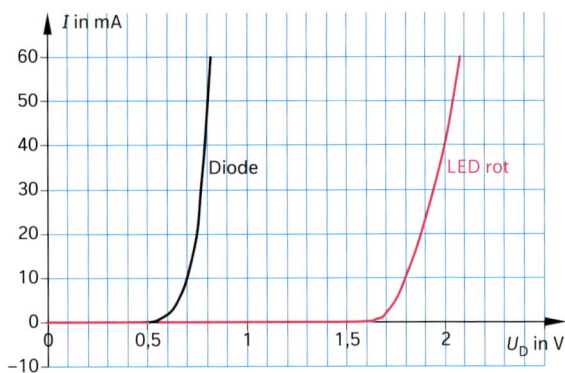

| Farbe | rot | gelb | grün | blau |
|---|---|---|---|---|
| Schwellenspannung | 1,6 V | 1,7 V | 1,8 V | 3,1 V |

Jede Diode besitzt eine Schwellenspannung, ab der sie leitet. Übliche Dioden leiten erst ab einer Schwellenspannung von ca. 0,6 V. Bei LEDs ist die Größe der Schwellenspannung farbabhängig. Bei geringer Erhöhung der Diodenspannung $U_D$ wächst dann die Stromstärke stark an, d. h. der Widerstand der Diode sinkt erheblich.

## Aufgaben

**1** Durch eine Diode bzw. eine rote LED fließt ein Strom der Stärke 10 mA (40 mA). Ermittle mithilfe der $U$-$I$-Kennlinien jeweils den Widerstand der Dioden.

**2** **a)** Skizziere – auf der Basis des ZV – die Kennlinien einer Diode sowie einer roten, gelben, grünen und einer blauen LED in ein gemeinsames $U$-$I$-Diagramm. Begründe dein Vorgehen.
**b)** Beurteile, ob die Schwellenspannung einer LED

eindeutig definiert sein kann. Erläutere dabei auch den Einsatz des schwarzen Pappröhrchens im zentralen Versuch.

**3** **a)** Im ZV wird $U_Q$ variiert, aber $U_D$ gemessen. Auch am Widerstand R ist eine Spannung $U_R$ messbar. Erläutere, wie $U_Q$, $U_D$ und $U_R$ zusammenhängen.
**b)** Berechne $U_R$ für $I$ = 1 mA und deute das Ergebnis.

# Dioden als Gleichrichter für Wechselspannung

Elektrische Energie wird in Haushalt, Büro und Werkstatt durch 230 V-Wechselspannung bereit gestellt. Viele Geräte benötigen zum Betrieb aber eine kleinere Spannung und häufig auch Gleichspannung. Gerätenetzteile enthalten deshalb neben einem Transformator meist auch noch eine Schaltung, die Wechselspannung in Gleichspannung umwandelt.

Eine LED leuchtet nur, wenn sie in Durchlassrichtung an eine Gleichspannung angeschlossen ist. In ① ist sie an eine Wechselspannung angeschlossen. Sie leuchtet scheinbar kontinuierlich. Wird sie aber im Kreis geschleudert (②), wird deutlich, dass unser Auge nur zu träge ist, um den schnellen Wechsel zwischen hell und dunkel zu verfolgen. Die Kreisbahn der LED ist eine regelmäßig unterbrochene Leuchtspur.
Bei einem Gleichstrommotor hängt die Drehrichtung davon ab, wie er gepolt ist. In ③ wird ein kleiner Gleichstrommotor an die 50 Hz-Wechselspannung eines Netzgerätes angeschlossen. Dabei zittert die Motorachse lediglich, sie dreht sich aber nicht. Wird die LED in Reihe mit dem Motor geschaltet (④), dreht sich

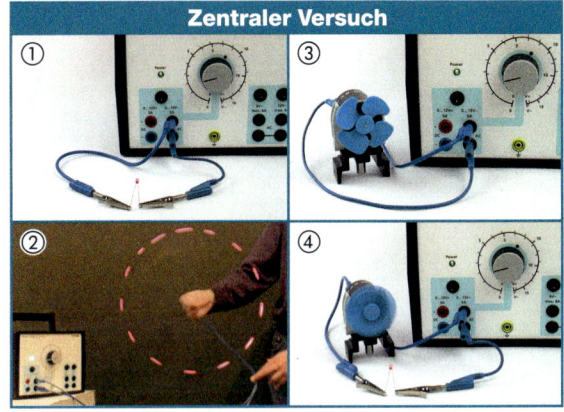

**Zentraler Versuch**

der Motor kontinuierlich. Der Einbau einer Diode stellt eine erste, einfache Gleichrichterschaltung dar.

Weitere Aufschlüsse liefert die Verwendung eines Oszilloskops, das Spannungsverläufe sichtbar macht.

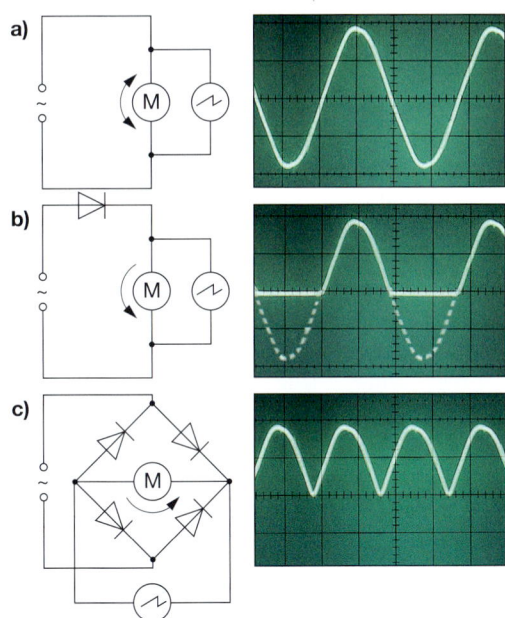

a)

b)

c)

- Das obere Bild (a) zeigt den Verlauf der anliegenden Wechselspannung. Der Motor kann der sehr schnellen Umpolung nicht folgen, er dreht sich nicht.
- Bei einer in Reihe geschalteten Diode (b) sperrt die Diode jeweils während einer Halbschwingung. Die gestrichelten Abschnitte der Wechselspannung (die nachträglich ins Bild gezeichnet wurden), werden durch die Diode unterdrückt. Jetzt treibt pulsierender Gleichstrom den Motor an. Weil nur die Hälfte der Zeit Energie genutzt wird, gibt der Motor nur die halbe Leistung ab. Die Schaltung wird als *Einweg-Gleichrichtung* bezeichnet.
- Bei der Schaltung mit vier Dioden (c) leitet unabhängig von der Polung der Quelle stets ein Diodenpaar (gegenüberliegende Dioden), so dass der Motor immer in gleicher Richtung von Elektronen durchströmt wird. Hier werden beide Halbwellen der Wechselspannung genutzt (*Doppelweg-Gleichrichtung*). Der Motor läuft deshalb mit voller Leistung.

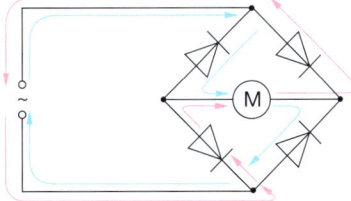

Gleichrichterschaltungen bestehen aus einer oder mehreren Dioden.

**Aufgaben**

**1** Bei einer Wechselspannung sehr geringer Frequenz werden Motor und alle Dioden in (c) durch Leuchtdioden ersetzt. Beschreibe und begründe die zu erwartende Beobachtung.

## Versuche und Aufträge | Halbleiter

**V1** Die folgende Schaltung zeigt den Aufbau zur Messung der Kennlinie einer LED bzw. Glühlampe.

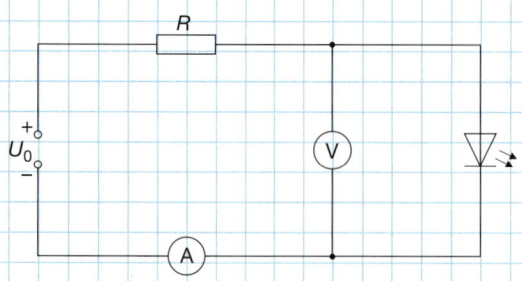

**a)** Beschreibe, was unter der *U-I*-Kennlinie eines Bauteils zu verstehen ist und wie du vorgehen musst, um eine solche Kennlinie aufzunehmen.
**b)** Baue die Schaltung auf und nimm für mindestens zwei verschiedenfarbige LED und eine 6 V/0,1 A-Glühlampe jeweils die Kennlinien auf. (Bei der Glühlampe musst du den Widerstand entfernen.)
**c)** Trage die Kennlinien in dasselbe Koordinatensystem ein.
**d)** Vergleiche die Kennlinien miteinander. Ziehe Folgerungen bezüglich des Widerstandes der Dioden bzw. der Glühlampe mit größer werdender Spannung.
**e)** Für den 100 Ω-Widerstand lässt sich ebenfalls eine Kennlinie angeben. Zeichne sie begründet, aber ohne Messung mit in das Diagramm ein.

**V2** In der folgenden Schaltung befinden sich fünf gleiche Leuchtdioden.

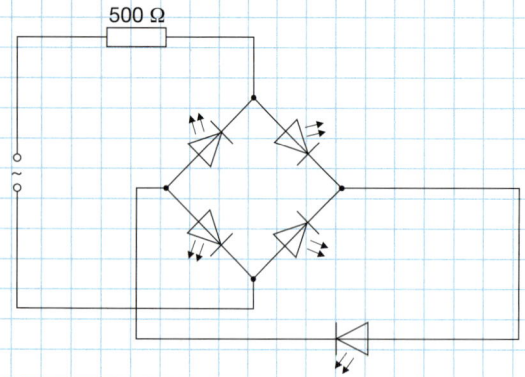

**a)** Erkläre den Zweck des 500 Ω-Widerstandes.
**b)** Baue die Schaltung mit Hilfe eines Wechselspannungsgenerators auf und stelle eine niedrige Frequenz (~ 0,1 Hz) ein. Erhöhe die Spannung soweit, bis die LEDs leuchten.
**c)** Beschreibe und erkläre deine Beobachtungen.

**V3** Für den folgenden Versuch werden drei Leuchtdioden unterschiedlicher Farben benötigt.
**a)** Erläutere, was unter der Schwellenspannung einer Diode zu verstehen ist.
**b)** Bestimme in einem Experiment die Schwellenspannungen der drei LED unter Verwendung eines schwarzen Papprohrs, das jeweils über die LED gestülpt wird. Fertige dazu auch eine Schaltskizze und beschreibe die Versuchsdurchführung. (Achtung: Schutzwiderstand nicht vergessen!)

**V4** Ein LDR, eine rote LED und ein Schutzwiderstand (220 Ω) sollen in Reihe an einen Batterieblock mit 9 V angeschlossen werden.
**a)** Fertige eine Schaltskizze an und baue die Schaltung auf.
**b)** Verdunkle zunächst den LDR für einige Sekunden mit dem Finger, beleuchte ihn anschließend mit einer starken Taschenlampe. Beschreibe deine Beobachtungen.
**c)** Erkläre deine Beobachtungen.

**V5 a)** Beschreibe die besonderen Eigenschaften eines NTC-Widerstandes. Gehe dabei auch auf die Abkürzung NTC ein.
**b)** Schließe einen kleinen Solarmotor direkt an eine einzelne AA-Batterie an und vergewissere dich mit einem kleinen Blatt Papier als Propeller, dass der Motor läuft.
**c)** Schalte nun den NTC-Widerstand in Reihe zum Solarmotor. Jetzt sollte der

Motor nicht mehr laufen. Halte dann vorsichtig ein brennendes Teelicht unter den NTC-Widerstand. (Immer einige cm Abstand halten! Nicht zu heiß werden lassen!)
Beschreibe und erkläre deine Beobachtung.

**V6** Die folgende Schaltung zeigt das Prinzip eines Polprüfers. Baue sie mit verschiedenfarbigen LEDs nach, prüfe sie an einer 9 V-Batterie und erkläre ihre Wirkungsweise. (Keinesfalls an einer Steckdose benutzen!)

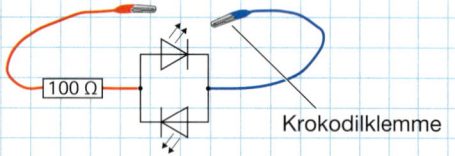

Krokodilklemme

## Die Geschichte der LED

**1907:** Der Engländer Henry Joseph Round, der eigentlich im Bereich Nachrichtentechnik forscht, beobachtet erstmals, dass Stoffe durch Anlegen einer Spannung zu einer Lichtemission fähig sind.

**1962:** Der US-Amerikaner Nick Holonyak entwickelt die erste rote Leuchtdiode (Material Galliumarsenidphosphid GaAsP), die industriell gefertigt wird. Rote LEDs halten Einzug als Kontrolllampen und als Segmentanzeigen z. B. in Taschenrechnern.

**1970iger Jahre:** Durch Materialvariationen sind Leuchtdioden in orange, gelb und grün verfügbar.

**1980iger Jahre:** Auf der Basis des neuen Halbleitermaterials Galliumnitrid (GaN) werden LEDs von Grün bis zu Ultraviolett entwickelt.

**1992:** Die erste kommerzielle blaue LED auf GaN-Basis kommt auf den Markt.

**1995:** In Japan wird die erste LED vorgestellt, die durch Zugabe von Leuchtstoffen weißes Licht ermöglicht. Zwei Jahre später kommen diese weißen Leuchtdioden auf den Markt.

Im Folgenden konzentriert sich die Forschung und Entwicklung darauf, die Lichtausbeute einer weißen LED immer weiter zu erhöhen, so dass LEDs nun herkömmliche Lichtquellen zur Beleuchtung, im Autoscheinwerfer, in PC-Monitoren usw. ersetzen. Im nicht sichtbaren Infrarotbereich werden LED in Fernbedienungen verwendet.

## Moderner Einsatz von LED

Auf den „Fäden" liegen viele LEDs dicht beieinander

In Fernbedienungen kommen Infrarot-LEDs zum Einsatz.

## Weißes Licht emittierende LEDs

Eine einzelne LED emittiert stets Licht einer bestimmten Farbe, abhängig vom verwendeten Material. Weißes Licht dagegen ist immer eine Mischung aus verschiedenen Farben. Für „weiße" LED gibt es unterschiedliche Herstellungsmöglichkeiten .

Weiß entsteht zum Beispiel durch Mischung der Farben rot, grün, blau (RGB-Prinzip).

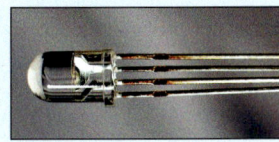

Im einfachsten Fall befinden sich eine rote, eine grüne und eine blaue LED in einem Gehäuse, die einzeln angesteuert werden können. Eine solche LED besitzt vier Beine. Durch entsprechende Ansteuerung können auch Mischfarben entstehen.

Nach dem gleichen Prinzip arbeiten Leuchtbänder mit LEDs.

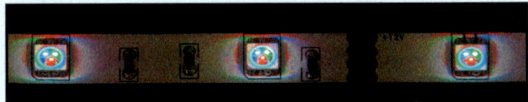

Hier liegen je eine rote, grüne und blaue LED ganz dicht beieinander, wie die Vergrößerung im Bild zeigt.

Der große Durchbruch für weiße LED aber kam mit der Verwendung von Leuchtstoffen. Sehr häufig wird die folgende Möglichkeit genutzt.

Das Licht einer blauen LED durchstrahlt eine dünne gelbe Phosphorschicht. Ein Teil des blauen Lichts regt diese Schicht zum Leuchten an, wodurch diese rotes, gelbes und grünes Licht ausendet. Zusammen mit dem blauen Licht der LED ergibt dies weißes Licht, das Glühlampenlicht bzw. Tageslicht sehr nahe kommt. Die Abbildung zeigt das Spektrum einer solchen LED.

# Halbleiter im Teilchenmodell

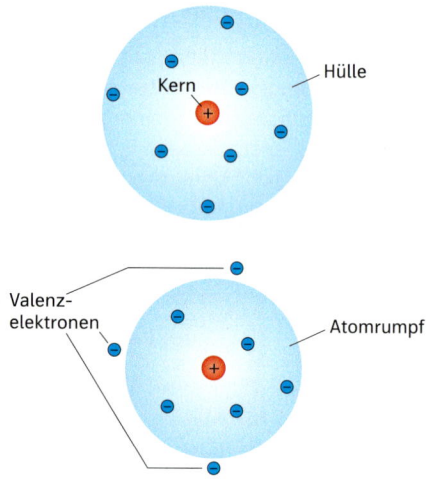

## Ein neues Modell: Valenzelektronen und Atomrümpfe

Zur Erklärung der **Leitungsvorgänge** innerhalb von Metallen und Halbleitern ist das bisher verwendete Kern-Hülle-Modell für Atome nur bedingt geeignet. Entscheidend sind nämlich dabei die Elektronen in der Atomhülle, die nur schwach an den Atomkern gebunden sind. Diese Elektronen heißen **Bindungselektronen** oder **Valenzelektronen**. Die stärker an den Atomkern gebundenen Elektronen spielen keine Rolle.

So besitzt etwa Eisen zwei bzw. drei Valenzelektronen, Silicium (ein Halbleiterelement) hat vier Valenzelektronen, Aluminium hat drei, Phosphor fünf Valenzelektronen.
Diese Valenzelektronen werden im Folgenden getrennt vom übrigen Atom betrachtet. Dieser positiv geladene Rest des Atoms (der Kern behält seine positive Ladung, aber es fehlen die Valenzelektronen in der Resthülle) wird **Atomrumpf** genannt.
Das Kern-Hülle-Modell wird im Folgenden durch das **Atomrumpf-Valenzelektronen-Modell** ersetzt.

## Das Metallgitter – Aufbau von Metallen

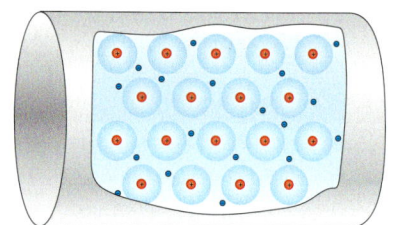

In einem Metall ordnen sich die einzelnen Metallatome in einer festen Gitterstruktur an. Die Valenzelektronen der einzelnen Atome haben dabei so viel Energie, dass sie sich vom Atom lösen und sich faktisch frei zwischen den nahezu ortsfesten Atomrümpfen bewegen können. Pro Metallatom werden dabei ein oder zwei Elektronen freigesetzt. Diese freien Elektronen bilden das **Elektronengas**, das aber kein wirkliches Gas ist. Eine solche Struktur wird **Metallgitter** genannt.

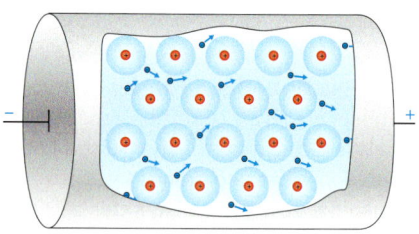

Wird nun eine Spannung an die Enden eines Metalldrahtes gelegt, so bewegen sich die frei beweglichen Elektronen in Richtung des Pluspols. Die Atomrümpfe bleiben im Gitter an ihrem Ort.

Bei dieser Bewegung der freien Elektronen kommt es immer wieder zu Zusammenstößen mit den Atomrümpfen. Dabei wird Energie an die Rümpfe abgegeben. Diese Energieabgabe, die sich als Temperaturerhöhung des Leiters bemerkbar macht, kann als elektrischer Widerstand gedeutet werden.

| Material | Widerstand |
|---|---|
| Silber | 0,016 Ω |
| Kupfer | 0,017 Ω |
| Aluminium | 0,027 Ω |
| Eisen | 0,1 Ω |
| Konstantan | 0,49 Ω |
| Drahtlänge 1 m, Querschnitt 1 mm², bei 18 °C | |

Die nebenstehende Tabelle zeigt, dass Metalldrähte gleicher Länge und Dicke bei gleicher Temperatur einen unterschiedlichen elektrischen Widerstand haben können.
Dieser ist im verwendeten Modell abhängig
- von der Anzahl der zur Verfügung stehenden freien Elektronen,
- vom Platz, den diese Elektronen zwischen den Atomrümpfen haben, d.h.
- davon, wie groß der Abstand der Atomrümpfe voneinander ist.

## Der Aufbau von Halbleitern

Auch in Halbleitern (meist Silicium) ordnen sich die Atome in einer Gitterstruktur an. Jedoch gibt es hierbei zunächst keine freien Elektronen, sondern benachbarte Atome sind durch Elektronenpaare miteinander verbunden.

Bei sehr niedrigen Temperaturen befinden sich alle Elektronen als Bindungselektronen bei benachbarten Atomen. Es gibt keine frei beweglichen geladenen Teilchen; der Halbleiter verhält sich wie ein Nichtleiter.

Aber schon bei Zimmertemperatur können Elektronen aus den Bindungen herausgelöst werden. Diese dann frei beweglichen Elektronen stehen für den Leitungsvorgang zur Verfügung.

Gleichzeitig fehlt an diesen Stellen aber jeweils ein Bindungselektron. Da die positive Ladung des Atomrumpfes nicht mehr vollständig neutralisiert wird, verhält sich diese Fehlstelle – **Loch** genannt – wie ein positiv geladenes Teilchen. Ein Teil der freien Elektronen wird von den Löchern wieder eingefangen (Rekombination). Es kommt laufend zur Entstehung und Vernichtung freier Elektronen und Löcher.

Liegt eine elektrische Spannung am Halbleiter, so bewegen sich die freien Elektronen in Richtung des Pluspols. Auch die gebundenen Elektronen erfahren eine Kraft in Richtung des Pluspols. Sind Löcher in der Nähe, so können benachbarte Elektronen diese auffüllen. Dafür entsteht ein Loch an einer entfernteren Stelle. Es sieht so aus, als wandere das Loch zum Minuspol. Dort wird es von einem Elektron aus der Quelle aufgefüllt.

Der Strom in einem Halbleiter setzt sich also zusammen aus einem Elektronenstrom – genannt **n-Leitung** – und einem Löcherstrom – genannt **p-Leitung**. Wie bei Metallen auch geben freie Elektronen bei Zusammenstößen Energie an die Atomrümpfe ab. Bei dieser **Eigenleitung** kommt auf ca. eine Milliarde Halbleiteratome ein freies Elektron bzw. Loch. Insgesamt gibt es also viel weniger frei bewegliche Ladungsträger als in Metallen. Bei Metallen ist das Verhältnis etwa 1:1.

## PTC- und NTC-Widerstand im Teilchenbild erklärt

Durch die Zufuhr von Energie werden sowohl in Metallen (PTC-Widerstände) als auch in Halbleitern (NTC-Widerstände) zusätzliche Elektronen für den Leitungsvorgang aus den Atomen bzw. Bindungen gelöst. Gleichzeitig wird aber auch die Bewegung der nahezu ortsfesten Atomrümpfe heftiger, so dass es vermehrt zu Zusammenstößen kommt.

Beide Prozesse laufen gleichzeitig ab und wirken gegeneinander: Die erhöhte Anzahl an freien Elektronen verringert den Widerstand, die erhöhte Anzahl an Zusammenstößen mit Energieabgabe erhöht den Widerstand.

Offenbar überwiegt in den Metallen der zweite Prozess, während in den Halbleitern die Anzahl der freien Elektronen sehr stark zunimmt.

> In Metallen kommt es durch die freien Elektronen, die das Elektronengas bilden, zum Stromfluss.
> In Halbleitern kommt es durch gelöste Bindungselektronen und Löcher zum Stromfluss.
> Bei PTC-Widerständen steigt der Widerstand bei Energiezufuhr durch die wachsende Anzahl von Zusammenstößen zwischen Leitungselektronen und Atomrümpfen.
> Bei NTC-Widerständen sinkt der Widerstand bei Energiezufuhr durch die stark steigende Anzahl freier Ladungsträger.

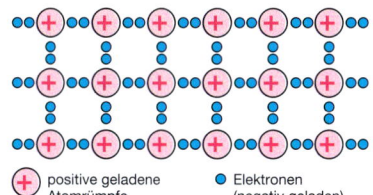

positive geladene Atomrümpfe  •  Elektronen (negativ geladen)

**n-Leitung**

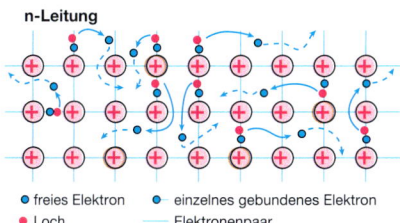

• freies Elektron   • einzelnes gebundenes Elektron
• Loch               Elektronenpaar

**p-Leitung**

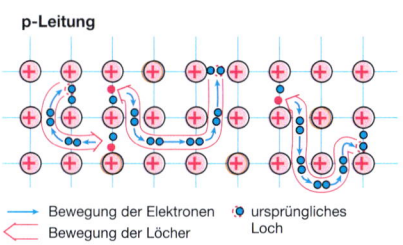

→ Bewegung der Elektronen   • ursprüngliches Loch
⟵ Bewegung der Löcher

**n-Leitung**

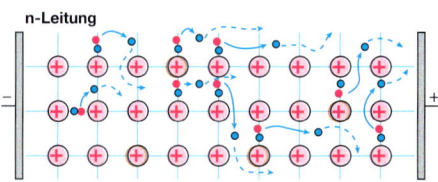

**p-Leitung**

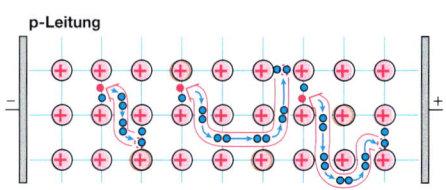

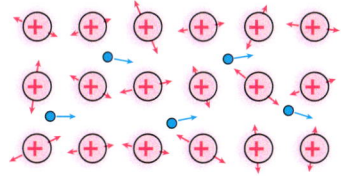

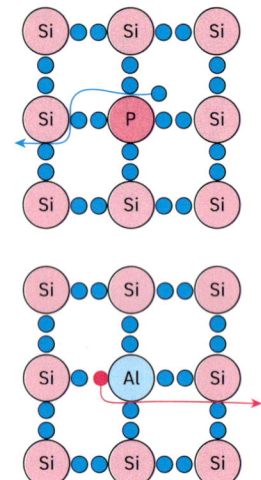

## Dotieren von Halbleitern

Durch gezielte „Verunreinigungen" der Halbleiterkristalle kann deren Leitfähigkeit um ein Vielfaches verbessert werden. Dieses Verfahren wird **Dotierung** genannt.

Phosphoratome haben fünf Valenzelektronen, die nur schwach an den Atomkern gebunden sind. Wenn in einem reinen Silicium-Kristall nun Phosphoratome eingefügt werden (1 Phosphoratom pro 1 Millionen Siliziumatome), so werden nur vier Eektronen für die Bindung benötigt.

Das fünfte – überzählige – Valenzelektron jedes Phosphoratoms lässt sich durch Energiezuführung leicht vom Atom lösen und steht als frei bewegliches Elektron für Leitungszwecke zur Verfügung. Die Leitfähigkeit eines solchen Kristalls wird durch diese Elektronen bestimmt, daher heißt er **n-Halbleiter**.

Aluminiumatome besitzen drei Valenzelektronen. Werden diese Atome in einem Silicium-Kristall eingefügt, so entsteht pro eingefügtem Atom eine zusätzliche Fehlstelle – ein Loch, da ja vier Elektronen für die Bindung benötigt werden. In diesem **p-Halbleiter** erfolgt der Stromfluss fast ausschließlich durch die Löcher.

## Die Diode — ein p-n-Übergang

Auf dem ersten Blick scheint das Dotieren von Halbleitern wenig sinnvoll. Schließlich gibt es genügend Metalle, die deutlich besser leiten als jeder dotierter Halbleiter.

Bei einer Diode werden unterschiedlich dotierte Halbleiter zusammengefügt. Werden nämlich ein n-dotierter Halbleiter und ein p-dotierter Halbleiter in Kontakt gebracht, so wirken die Fehlstellen im p-dotierten Halbleiter anziehend auf die frei beweglichen Elektronen im n-dotierten Kristall. Diese fließen in den p-Halbleiter und füllen die Löcher auf.

Dadurch wird der p-Halbleiter negativ geladen (da dann mehr negative als positive Ladungen in diesem vorhanden sind) und der n-Halbleiter positiv (da die abgeflossenen Elektronen fehlen). Diese Ladung bewirkt, dass nicht alle frei beweglichen Elektronen aus dem n-Halbleiter abfließen, der Effekt beschränkt sich auf einen kleinen Bereich, die **Grenzschicht**. Dieser Bereich heißt auch **Raumladungszone**. In dieser Zone gibt es faktisch keine frei beweglichen Ladungsträger mehr.

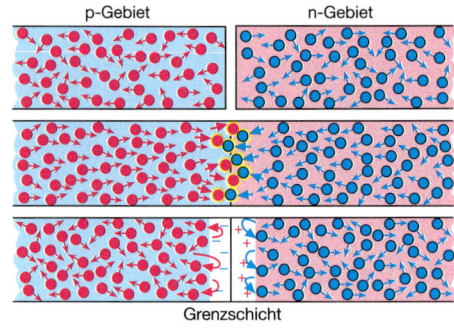

p-Gebiet      n-Gebiet

Grenzschicht

Wird der positive Pol einer Stromquelle an den p-Halbleiter und der negative Pol an den n-Halbleiter angeschlossen, so wirkt auf die Elektronen im gesamten Bauteil eine Kraft in Richtung Pluspol. Ist die Kraft groß genug, das heißt, ist die Spannung groß genug (größer als die sogenannte Schwellenspannung), dann überschwemmen die Elektronen die Raumladungszone; der p-n-Übergang wird leitend. Das Bauteil ist in **Durchlassrichtung** geschaltet.

Liegt der p-Halbleiter am negativen Pol und der n-Halbleiter am positiven Pol einer Spannungsquelle, so verbreitert sich die Raumladungszone, denn die Elektronen und Löcher werden von der Grenzschicht weggezogen. Es kann kein Strom fließen; das Bauteil ist in **Sperrrichtung** geschaltet.

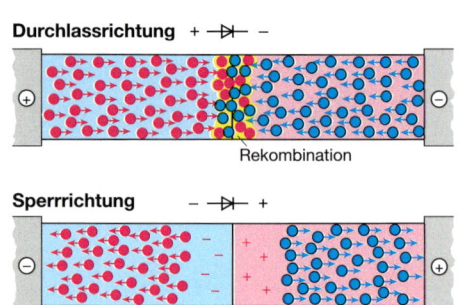

**Durchlassrichtung** + —▷|— –

Rekombination

**Sperrrichtung** — —▷|— +

verbreiterte Grenzschicht

---

Halbleiter lassen sich durch gezielten Einbau anderer Atome in den Kristall unterschiedlich dotieren.
Unterschieden werden n-Halbleiter (Elektronen als bewegliche Ladungsträger) und p-Halbleiter (Löcher als bewegliche Ladungsträger). Bei der Diode entsteht eine ladungsträgerfreie Grenzschicht. Diese kann durch das Anlegen einer geeignet gepolten Spannung, die größer ist als die Schwellenspannung, überwunden werden (Minuspol am n-Leiter).

## Aufgaben

**1** Ein Silicium-Halbleiterkristall (4 Valenzelektronen) wird mit Aluminium (3 Valenzelektronen) dotiert, um den p-Kristall zu bilden.
**a)** Welches Element kann zur Dotierung zum n-Kristall verwendet werden? Begründe deine Antwort.
**b)** Früher wurde Germanium als Basiskristall verwendet. Begründe mithilfe des Periodensystems der Elemente, welche Elemente zur p-Dotierung und zur n-Dotierung verwendet werden konnten.

**2** Die folgende Abbildung zeigt ein Energiemodell von Metallen, Halbleitern und Isolatoren:

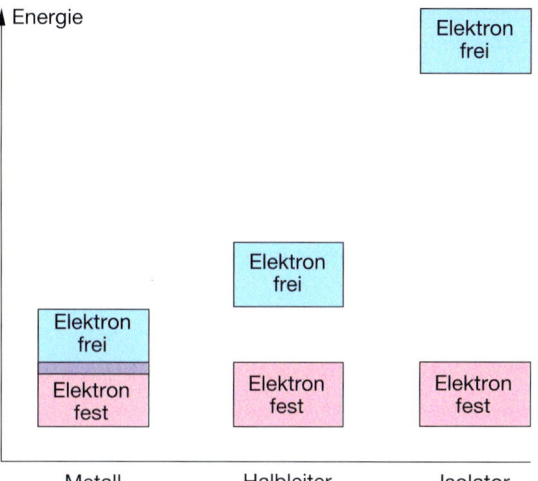

**a)** Begründe die unterschiedliche Leitfähigkeit anhand des Energiemodells.
**b)** Beschreibe die Vorgänge in einer LED anhand des Energiemodells.

**3** **a)** Beschreibe und begründe, ob die Lampe bzw. die beiden Leuchtdioden (LED) in der Schaltung leuchten, wenn eine Spannungsquelle wie gezeichnet angeschlossen ist.

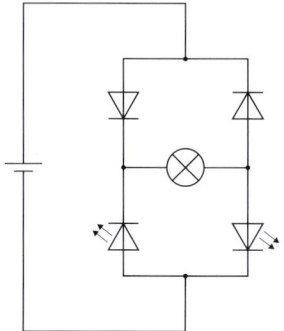

**b)** Begründe mithilfe eines geeigneten Modells, warum eine Diode eine Durchlass- und eine Sperrrichtung besitzt.
**c)** Die Schaltung aus a) wird nun mit einer Wechselspannung betrieben. Kann die Schaltung als „Gleichrichterschaltung" bezeichnet werden? Begründe.

**4** **a)** Sehr häufig sind in technischen Beschreibungen Kennlinien von Bauteilen zu finden, aus denen Informationen über das Bauteil entnommen werden können. Eine der beiden folgenden Kennlinien gehört zu einem Heißleiter, die andere zu einem Kaltleiter.

**Kennlinie 1** (aufgenommen bei unterschiedlichen Außentemperaturen) :

**Kennlinie 2:**

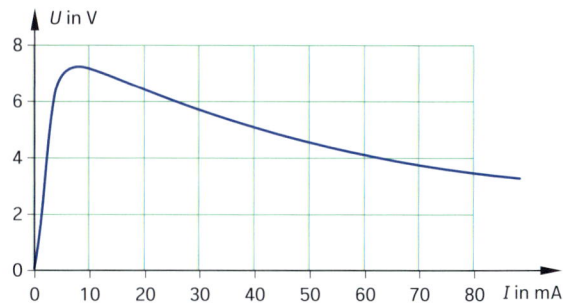

**a)** Gib begründet an, welche der Kennlinien zu einem Heißleiter und welche zu einem Kaltleiter gehören!
**b)** Bestimme mithilfe der Kennlinie 1:
– den Widerstand des Leiters bei einer angelegten Spannung von 12 Volt und einer Außentemperatur von 25°C ,
– den Widerstand des Leiters bei einer angelegten Spannung von 4 V und einer Außentemperatur von 75°C
**c)** Ermittle, bei welchen Spannungen der durch Kennlinie 2 charakterisierte Widerstand einen Wert von 140 Ω besitzt.

**5** **a)** Beschreibe die Wirkungsweise eines Fotowiderstandes (LDR).
**b)** Schon reines Silicium ist lichtempfindlich. Erkläre die veränderte elektrische Leitfähigkeit, indem du darauf eingehst, welche Wirkung Licht (Lichtenergie) auf die gebundenen Elektronen im Si-Kristall hat.
**b)** Vergleiche die Wirkungsweise von NTC und LDR aus energetischer Sicht.

# Lichtenergie ↔ elektrische Energie

**Fotovoltaik-Anlagen bekommen im Zuge der Ablösung fossiler Energieträger durch regenerative Energien eine immer größere Bedeutung. Sie wandeln die Lichtenergie der Sonne direkt in elektrische Energie. Die Wandlung geschieht in einem Halbleiterbauelement, der Solarzelle. Wie funktioniert sie?**

## Die Leuchtdiode als Solarzelle

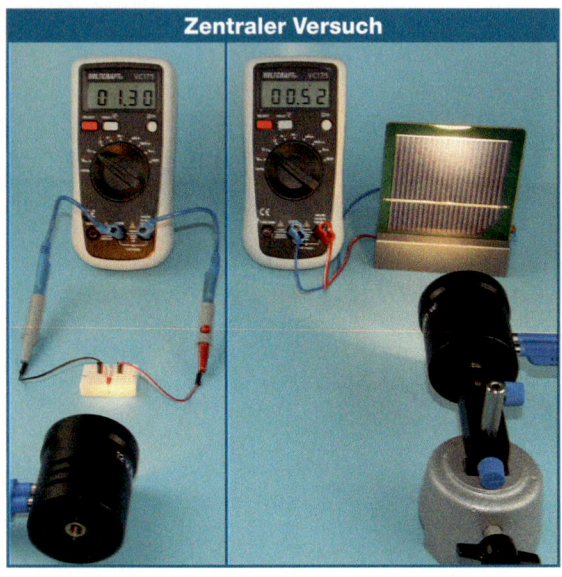

Zentraler Versuch

Wird eine LED in Durchlassrichtung betrieben, so leuchtet sie. In ihr wird elektrische Energie in Lichtenergie gewandelt. Was geschieht umgekehrt, wenn eine LED beleuchtet und an ihren Anschlüssen die Spannung gemessen wird? Tatsächlich kann in diesem Fall an den Anschlüssen der LED eine Spannung nachgewiesen werden. Offenbar ist eine Leuchtdiode auch in der Lage, Lichtenergie in elektrische Energie zu wandeln. Die LED arbeitet hier wie eine Solarzelle.

Wird die Helligkeit der Lampe im Versuch vergrößert, so steigt auch die Spannung an der LED. Die Spannung hat jedoch einen Maximalwert, der auch bei weiterer Erhöhung der Beleuchtungsstärke nicht überschritten wird.

Eine einzelne Solarzelle liefert eine maximale Spannung von etwa 0,6 V. Damit möglichst viel Lichtenergie in elektrische Energie gewandelt wird, ist die beleuchtete Fläche bei Solarzellen möglichst groß.

Schaltzeichen der Solarzelle:

## Solarmodule

Für den Betrieb elektrischer Geräte sind leistungsfähige elektrische Quellen mit höheren Spannungen und größeren Stromstärken nötig. Eine einzelne **Solarzelle** kann das nicht leisten. Deshalb werden einzelne Solarzellen zu **Solarmodulen** zusammengeschaltet.

Von Batterien ist bekannt:
- Je mehr Zellen in Reihe geschaltet werden, desto größer ist die Gesamtspannung.
- Je mehr Zellen parallel geschaltet werden, desto höher ist die zu entnehmende Stromstärke. Das heißt, dass sie stärker belastet werden können.

Das gilt auch für Solarzellen.
Reihenschaltung: $U_{Ges} = U_1 + U_2 + U_3 + ...$
Parallelschaltung: $I_{Ges} = I_1 + I_2 + I_3 + ...$
Meist werden die Solarzellen in Solarmodulen sowohl in Reihe als auch parallel geschaltet.

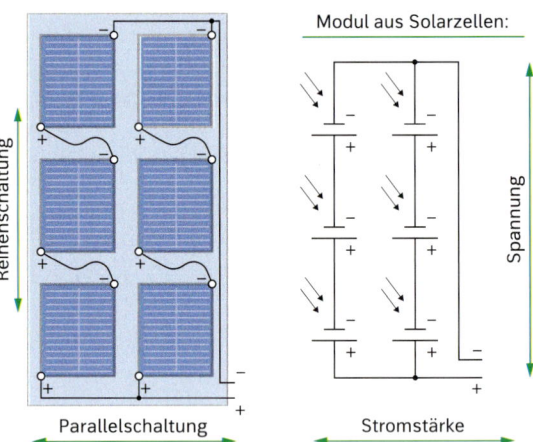

Reihenschaltung

Parallelschaltung

Modul aus Solarzellen:

Spannung

Stromstärke

In Solarzellen wird Lichtenergie in elektrische Energie gewandelt. Die Spannung hängt von der Beleuchtungsstärke ab. Sie kann jedoch einen Maximalwert von 0,6 V nicht übersteigen.
In Solarmodulen sind Solarzellen in Reihe oder/und parallel geschaltet.

# Die Kennlinie der Solarzelle

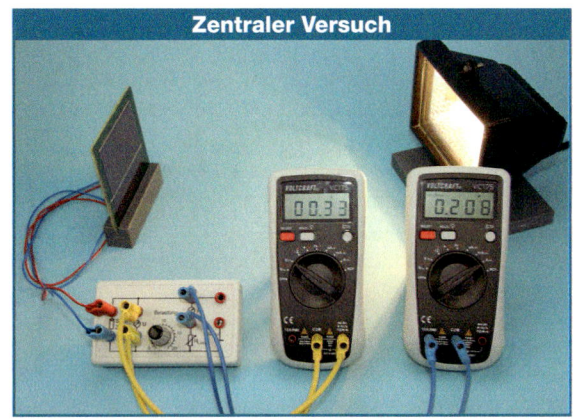

Wird dagegen die Spannung direkt und nur mit dem Spannungsmessgerät an der Solarzelle gemessen, so ergibt sich die Leerlaufspannung $U_L$.

Sie entspricht der Nennspannung, die für elektrische Quellen angegeben wird (z. B. für die Monozelle $U = 1,5V$).

Der Punkt M gibt die Spannung an, bei der die Solarzelle ihre maximale Leistung $P$ hat. In diesem Fall hat das Rechteck unter der Kennlinie seinen größten Flächeninhalt ($P = U \cdot I$). In der Technik wird der Punkt M auch „Maximal Power Point" (MPP) bezeichnet.

Bei geringerer Helligkeit der Experimentierlampe ergibt sich eine flachere Kennlinie.

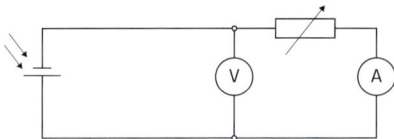

Jede Solarzelle und jedes Solarmodul hat eine eigene Kennlinie. Aus ihrer Kennlinie lassen sich die Leerlaufspannung $U_L$ und die Kurzschlussstromstärke $I_K$ entnehmen. Der Verlauf der Kennlinie ist auch von der Beleuchtungsstärke abhängig.

Im Gegensatz zur Kennlinienaufnahme bei Widerständen, Spulen oder Glühlampen wird bei der Solarzelle keine elektrische Quelle benötigt. Bei Beleuchtung ist sie selbst die Quelle.

Während des Versuchs wird die Solarzelle mit Licht einer Experimentierlampe bestrahlt, deren Helligkeit konstant bleibt.

Wird der regelbare Widerstand verändert, so ändert sich auch die Stromstärke im Stromkreis. Ebenso verändert sich die Spannung an der Solarzelle.

Die verschiedenen Messwertepaare ($U$; $I$) werden in ein $U$-$I$-Diagramm eingetragen.

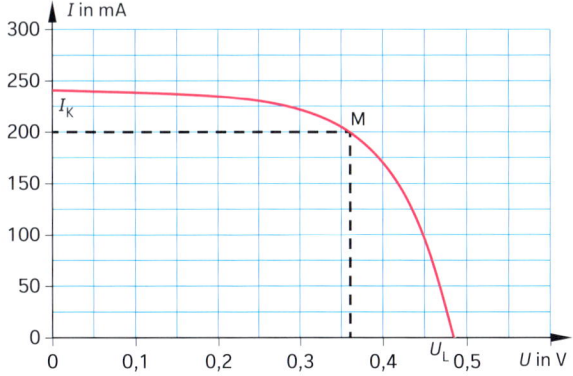

Wird nur das Strommessgerät an die Solarzelle angeschlossen, ist die gemessene Stromstärke die Kurzschlussstromstärke $I_K$. Sie ist die maximale Stromstärke, die der Solarzelle entnommen werden kann.

## Aufgaben

**1** Ähnlich wie bei Solarzelle – LED ist der Elektromotor das Gegenstück zum Generator. Gib für alle genannten Beispiele jeweils die Energiewandlungen an.

**2** Eine Solaranlage soll eine Nennspannung von 230 V besitzen. Ermittle, wie viele Solarmodule man benötigt, wenn jedes eine Nennspannung von 19,2 V hat. Gib an, wie die Module geschaltet werden müssen.

**3** Gib an, wie sich die Kennlinie der Solarzelle verändert, wenn die Solarzelle beschattet wird. Begründe.

**4** Solaranlagen besitzen meist einen Wechselrichter. Informiere dich, wozu er benötigt wird.

**5** Entnimm für die verwendete Solarzelle aus dem Diagramm für geeignete Spannungen die zugehörige Stromstärke. Berechne jeweils die Leistung $P = U \cdot I$ und trage in einem $U$-$P$-Diagramm die Leistung über der Spannung ab. Lies aus diesem Diagramm die Maximalleistung ab.

Gib an, bei welcher Spannung sie erreicht wird.

**6** Stelle in einer Übersicht Vor- und Nachteile von Fotovoltaik-Anlagen gegenüber.

# Energiewandlung in Fotowiderstand, Solarzelle und Leuchtdiode

Fotowiderstand, Solarzelle und Leuchtdiode sind Halbleiterbauelemente. Am einfachsten sind die Vorgänge im Fotowiderstand (LDR – **L**ight **D**ependent **R**esistor) zu erklären. Er besteht nur aus einem einzigen Halbleiterkristall. Seine Leitfähigkeit liegt bei Zimmertemperatur zwischen der von Nichtleitern und Metallen. Fällt jedoch Licht auf den LDR, werden verstärkt Elektronen aus ihren Bindungen gelöst und stehen als frei bewegliche Ladungsträger zur Verfügung. Liegt an den Enden des LDR eine Spannung an, bewegen sich diese Elektronen gerichtet zum positiven Pol der elektrischen Quelle. Ein elektrischer Strom fließt.

Je mehr Licht auf den LDR trifft, desto größer ist die Stromstärke des Stroms, der durch den LDR fließt. Demzufolge sinkt bei Beleuchtung der Widerstand des LDR.

Auch bei der Solarzelle setzt Lichtenergie zunächst gebundene Elektronen frei. Die Solarzelle besteht aber genau wie eine Diode aus zwei verschieden dotierten Teilen, einem p-leitenden und einem n-leitenden Gebiet, in denen eine pn-Grenzschicht entstanden ist. Die oben liegende n-Schicht ist nur sehr dünn, damit das Licht möglichst ungehindert in die Grenzschicht gelangen kann. Dort geschieht die Wandlung von Lichtenergie in elektrische Energie.

Durch das einfallende Licht werden Elektronen aus Bindungen gelöst. Sie sind nun frei beweglich. Die Fehlstellen sind die Löcher. Durch die unterschiedliche Raumladung an den Enden der Grenzschicht werden die Elektronen in das n-Gebiet und die Löcher in das p-Gebiet gezogen. Es entsteht ein Überschuss der Elektronen im n-Gebiet und damit dort der Minuspol. Der Überschuss an Löchern lässt am p-Gebiet den Pluspol der Solarzelle entstehen.

Wird ein elektrisches Gerät angeschlossen, fließen die überschüssigen Elektronen der n-Schicht zur p-Schicht. Die Solarzelle wirkt als elektrische Quelle.

Während die Solarzelle Lichtenergie aufnimmt (Absorption von Licht) und in elektrische Energie wandelt, ist es bei der LED umgekehrt. Durch das Anlegen einer Spannung gehen frei bewegliche Elektronen wieder in Bindungen der Halbleiteratome zurück. Genauer gesagt gehen sie mit einem Loch wieder eine Bindung ein (Rekombination). Die dabei frei werdende Energie wird von der LED als Lichtenergie abgegeben (Emission von Licht).

## Aufgaben

**1** Übernimm die Tabelle und fülle sie aus.

|  | LDR | Solarzelle | LED |
|---|---|---|---|
| Energiewandlung |  |  |  |
| Anlegen einer Spannung nötig: ja/nein |  |  |  |
| Lichtemission/ Lichtabsorption |  |  |  |
| Anwendung |  |  |  |

**2** Wird eine LED beleuchtet, zeigt sich, dass die Spannung an ihr am größten ist, wenn Licht der Farbe verwendet wird, welches die LED auch aussendet.
**a)** Erkläre, warum nicht bei jeder Lichtfarbe eine Spannung messbar ist.
**b)** Begründe, warum auch bei Beleuchtung mit weißem Licht (z. B. Sonnenlicht) eine Spannung gemessen wird.

**3** Ein LDR befindet sich in einem Stromkreis, in dem die Stromstärke gemessen wird.
**a)** Zeichne den Schaltplan.
**b)** Bei einer anliegenden Spannung von 6,0 V werden in einem Experiment 10 mA, im nächsten 18 mA gemessen. Entscheide, in welchem Experiment der LDR stärker beleuchtet wurde und begründe.
**c)** Berechne jeweils für beide Experimente den elektrischen Widerstand des LDR.

**4** Begründe, warum der Wirkungsgrad von Solarzellen mit zunehmender Temperatur sinkt.

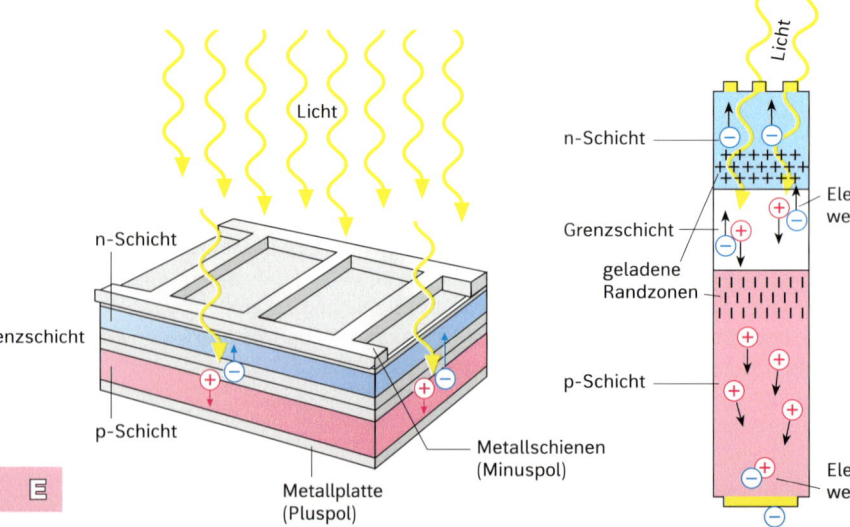

## Solarzellen | Versuche und Aufträge

**V1** Beleuchte eine glasklare rote LED nacheinander mit dem Licht einer blauen, grünen, gelben und roten LED. Schirme das Umgebungslicht ab.
**a)** Miss jeweils die Leerlaufspannung an der roten LED.
**b)** Stelle die Messwerte in einer Tabelle dar und begründe das Ergebnis.

> **Achtung Verletzungsgefahr!**
> Für die Versuche **V2–V7** benötigst du eine leistungsstarke Lichtquelle. Wenn du als Lichtquelle eine leistungsstarke Glühlampe verwendest, achte auf die starke Wärmeentwicklung. Es besteht Verletzungsgefahr für dich. Aber auch die Solarzelle kann Schaden nehmen. Günstiger ist die Verwendung eines kräftigen LED-Scheinwerfers.

Für V2, V3 und V6 benötigst du jeweils 2 Solarzellen.

**V2** Baue die abgebildete Schaltung für die Messung der Kurzschlussstromstärke $I_K$ auf.
**a)** Miss die Kurzschlussstromstärke der ersten Solarzelle.
**b)** Wiederhole den Versuch mit der zweiten Solarzelle.

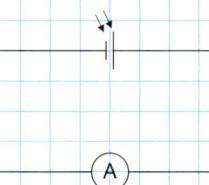

**V3** Baue die abgebildete Schaltung für die Messung der Leerlaufspannung $U_L$ auf.
**a)** Miss die Leerlaufspannung der ersten Solarzelle.
**b)** Wiederhole den Versuch mit der zweiten Solarzelle.
**c)** Berechne jeweils den Innenwiderstand $R_i$ beider Solarzellen mithilfe der Gleichung: $R_i = \frac{U_L}{I_K}$

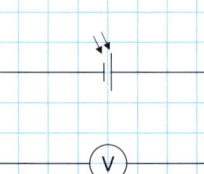

**V4** Verdecke nacheinander jeweils $\frac{1}{4}$, $\frac{1}{2}$ und $\frac{3}{4}$ der Solarzelle mit einem schwarzen Blatt Papier.
**a)** Miss für alle Bedeckungen jeweils die Leerlaufspannung. Verwende die Schaltung aus Versuch V3. Stelle die Ergebnisse in einer Tabelle zusammen.
**b)** Miss für alle Bedeckungen jeweils die Kurzschlussstromstärke. Verwende die Schaltung aus Versuch V2. Stelle die Ergebnisse zusammen.

**c)** Formuliere für die Aufgaben a) und b) jeweils die Ergebnisse als ganzen Satz.

**V5** Untersuche die Abhängigkeit von Leerlaufspannung und Kurzschlussstromstärke einer Solarzelle von der Entfernung zur Lichtquelle.
Nutze die Schaltungen aus Versuch V2 und V3 und wähle fünf geeignete Entfernungen. Stelle die Ergebnisse in einer Tabelle zusammen und stelle sie danach grafisch dar.

**V6** Untersuche Leerlaufspannung und Kurzschlussstromstärke bei der Reihen- und Parallelschaltung von Solarzellen.
**a)** Schalte zwei Solarzellen zunächst in Reihe, führe die entsprechenden Messungen durch und vergleiche mit den Ergebnissen aus Versuch V2 und V3. Formuliere das Ergebnis.
**b)** Schalte beide Solarzellen danach parallel, führe die entsprechenden Messungen durch und vergleiche wiederum mit den Ergebnissen aus Versuch V2 und V3. Formuliere das Ergebnis.

**V7** Untersuche Leerlaufspannung und Kurzschlussstromstärke, wenn sich verschiedenfarbige Folien zwischen Lichtquelle und Solarzelle befinden.
Stelle die Messwerte in einer Tabelle zusammen und formuliere das Ergebnis.

**V8** Nimm die Kennlinie einer Solarzelle beziehungsweise eines Solarmoduls auf. Verwende folgende Schaltung:

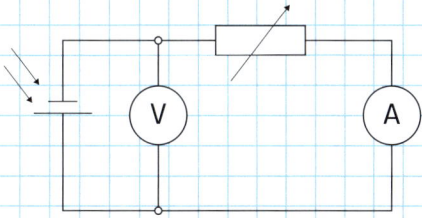

**a)** Stelle verschiedene Stromstärken ein, indem du den Widerstand veränderst. Nimm acht Messwertpaare für Spannung und Stromstärke auf und trage sie in ein $U$-$I$-Diagramm ein.
**b)** Berechne jeweils die Leistung $P = U \cdot I$ für die acht Messwertpaare und zeichne ein $U$-$P$-Diagramm.
**c)** Entnimm dem Diagramm aus b) die maximale Leistung der Solarzelle/des Solarmoduls und lies die zugehörige Spannung ab.

## Streifzug · Transistoren

Transistoren bestehen aus einem Halbleiter-Kristall mit drei unterschiedlich dotierten Bereichen. Beim npn-Transistor ist der mittlere Bereich p-dotiert, die beiden angrenzenden Bereiche sind n-dotiert.
Die Anschlüsse an die drei Bereiche heißen Emitter E, Basis B und Kollektor C.

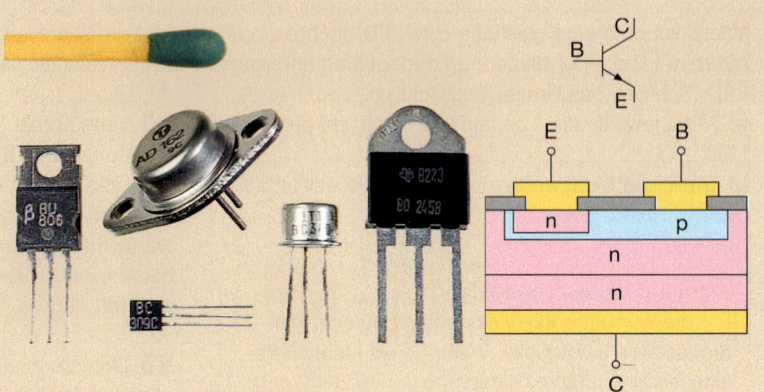

### Der Transistor als Schalter

Die Transistor-Grundschaltung kann als Schalter ohne bewegliche Teile verwendet werden. Wird etwa bei einer Kollektor-Emitterspannung von $U_{CE} = 5$ V zwischen Basis und Emitter keine Spannung angelegt, so fließt kein Strom zwischen Kollektor und Emitter. Das ist nicht verwunderlich, denn die npn-Schichten verhalten sich wie zwei entgegengesetzt geschaltete Dioden: np-pn. Wird nun über den Vorwiderstand $R_V$ eine Spannung an Basis und Emitter gelegt, beginnt durch den Vorwiderstand ein Durchlassstrom in der Basis-Emitter-Diode zu fließen. Die Spannung muss lediglich größer als die Schwellenspannung der Basis-Emitter-Diode sein. Nun aber passiert Erstaunliches: Die in die Basis-Emitter-Diode eingetretenen Ladungsträger bevölkern auch das Sperrgebiet der sperrenden Basis-Kollektor-Diode, die sich den p-dotierten Kristallteil mit der Basis-Emitter-Diode teilt. Damit wird sie leitend und durch die hohe Kollektor-Emitterspannung fließt jetzt ein hoher Kollektor-Emitterstrom.

### Die Grundschaltung des Transistors

Die Abbildung zeigt den realen Schaltungsaufbau im Labor und die dazugehörige Schaltskizze eines Transistors in Grundschaltung.

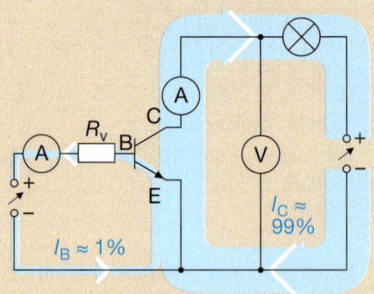

Das Grundprinzip eines Transistors ist, dass ein kleiner Basisstrom $I_B$ einen großen Kollektorstrom $I_C$ steuert.

### Der Transistor als Verstärker

Transistoren können nicht nur als Schalter, sondern auch als Verstärker zum Verstärken schwacher Ströme eingesetzt werden. Wird gleichzeitig der Basis-Emitterstrom $I_B$ und der Kollektor-Emitterstrom $I_C$ gemessen, ergeben sich bei einer Kollektor-Emitterspannung von $U_{CE} = 5$ V folgende Werte:

| $I_B$ | $I_C$ |
|---|---|
| 0,04 mA | 6,0 mA |
| 0,05 mA | 9,2 mA |
| 0,12 mA | 47,0 mA |
| 1,14 mA | 104,2 mA |
| 5,0 mA | 177,6 mA |

Das Verhältnis beider Stromstärken wird Stromverstärkung $B$ genannt: $B = \frac{I_C}{I_B}$. Für den hier gemessenen Transistor ergibt sich:

$$B = \frac{I_C}{I_B} = \frac{9{,}2 \text{ mA}}{0{,}05 \text{ mA}} = 184.$$

Je nach Transistor kann eine Stromverstärkung von bis zu 300 erreicht werden.

**Transistoren dienen als Schalter und Verstärker (Stromsteuerung).**

**Halbleiterchips** | **Streifzug**

## Vom Sandhaufen zum dotierten Halbleitermaterial

Basis für die Herstellung von allen elektronischen Bauteilen ist feiner Quarz-Sand ($SiO_2$), der in der Natur vorkommt. Durch aufwendige chemische Verfahren werden der Sauerstoff und weitere Verunreinigungen entfernt, sodass hochreines Silicium entsteht. Dieses Reinst-Silicium wird geschmolzen und aus der Schmelze ein stabförmiger Si-Einkristall gezogen.

Reinst-Silicium
Einkristall (Länge ca. 1m Ø ≈ 20 cm)
Wafer

Dieser Stab wird mit Diamantsägen in Scheiben von etwa 0,1 mm Dicke zersägt und durch Schleifen und Polieren geglättet. Diese Siliciumscheiben werden als Wafer bezeichnet. Mithilfe verschiedener Verfahren werden Fremdatome in das Siliciumgitter eingebaut. Bei Phosphoratomen ist der Wafer n-dotiert, bei Verwendung von Aluminium p-dotiert.

## Chips ersetzen einzelne Bauteile

In den Anfangszeiten der Elektronik wurden die einzelnen Bauelemente (z.B. Widerstände, Dioden und Transistoren) noch mit Draht verbunden. Später wurden sie auf eine Grundplatte gelötet, auf der sich auch die Verbindungsleiter in Form von Leiterbahnen befanden. Um die immer größer werdende Anzahl von Bauelementen platzsparend unterzubringen, wurde die Technologie jedoch vollständig verändert. Bei einem integrierten Schaltkreis (IC, englisch: integrated circuit) wird die komplette Schaltung auf einem

meist nur wenige Millimeter großen Teilstück eines Wafer aufgebracht und dann ausgeschnitten.

Die Herstellungstechnologie für einen Chip ist sehr kompliziert und fast vollständig automatisiert. Sie umfasst Verfahren zum Aufbau von Schichten (z.B. Bedampfen), Verfahren zur gezielten Schichtabtragung (Ätzen) und Verfahren zur Änderung der Materialeigenschaften (z.B. Dotieren). Damit diese Prozesse nur an den gewünschten Stellen des Halbleiterplättchens passieren, müssen die anderen Gebiete währenddessen mit Lack abgedeckt werden. Angesichts der Winzigkeit und der Vielfalt der Bauelemente stellt das eine große Herausforderung dar. Das fertig bearbeitete Plättchen wird als Chip bezeichnet und ist zum Schutz in einem mehrfach größeren Chipgehäuse eingekapselt. Eine je nach Art des IC verschiedene Anzahl von Kontakten führt nach außen und dient gleichzeitig zum elektrischen Anschluss und zur Befestigung (durch Löten) auf der Grundplatte (Platine).

Integrierte Schaltkreise beinhalten heutzutage Schaltungen mit vielen Milliarden elektronischer Bauelemente, so dass auch hochkomplexe Schaltungen wie Prozessoren oder Datenspeicher auf winzigen Halbleiterplättchen untergebracht sein können.

Die Herstellung sowohl der Wafer als auch der ICs muss in fast staubfreier Umgebung, sogenannten Reinsträumen, erfolgen, weil jedes Staubkorn, das auf den Chip gelangt, ihn unbrauchbar macht.

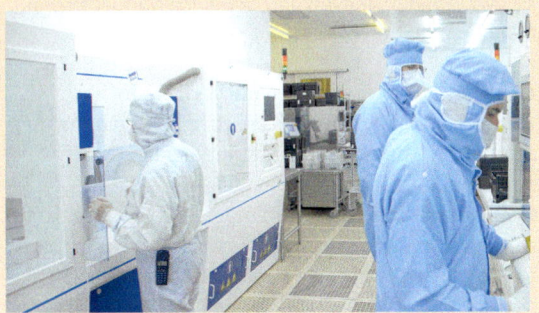

## Grundwissen — Motor – Generator – Transformator

## ENERGIE

### Übertragung elektrischer Energie

Riesige Mengen an elektrischer Energie können in kurzer Zeit nur übertragen werden, wenn die Spannung oder die Stromstärke große genug sind ($E = U \cdot I \cdot t$). Die langen Fernleitungen haben einen sehr hohen Widerstand und entwerten bei großen Stromstärken viel Energie. Deshalb wird Hochspannung bis zu 380 kV verwendet. Sie wird auf die für Nutzer richtige Spannung (Haushalte: 230 V) heruntertransformiert.

**SYSTEM**

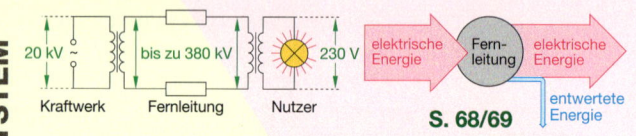

Kraftwerk   Fernleitung   Nutzer

S. 68/69

### Gleichspannung – Wechselspannung

Gleichspannung bedeutet: kein Polungswechsel. Batteriespannungen sind konstant. Bei pulsierendem Gleichstrom schwankt die Spannung rhythmisch.

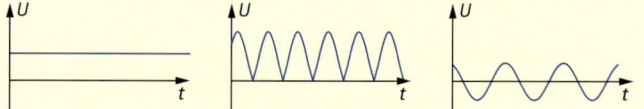

Bei Wechselspannung ändert sich laufend die Polung der Quelle und damit die Richtung des Elektronenstroms.   S. 62/63

### Elektromotor und Generator

sind im Prinzip gleich. Sie können Energie in zwei Richtungen wandeln.

S. 56–61

### Transformator

• Ein Transformator überträgt elektrische Energie von einem elektrischen Stromkreis kontaktlos auf einen anderen.

• Mit Transformatoren können Wechselspannungen verändert werden. Für „unbelastete" Transformatoren (d.h. ohne angeschlossene Geräte auf der Sekundärseite) gilt:

**WECHSELWIRKUNG**

$$U_2 = U_1 \cdot \frac{n_2}{n_1}$$

oder

$$\frac{U_2}{U_1} = \frac{n_2}{n_1}$$

Primärseite   Sekundärseite

S. 64–67

$n$ ist die Windungszahl der Primär- bzw. der Sekundärspule.

• Geräte-Transformatoren wandeln auch im unbelasteten Zustand Energie.

---

**A1 a)** Vergleiche einen Fahrraddynamo, eine Bohrmaschine, einen Rasenmäher und ein Windrad hinsichtlich ihrer Energie wandelnden Funktion.
**b)** Bei älteren Fahrrädern mit Reibraddynamo und Glühlampen war das Fahren mit Licht deutlich anstrengender als ohne Licht, bei heutigen Fahrrädern mit Nabendynamo und LED-Lampen ist kaum ein Unterschied spürbar. Erkläre diesen Sachverhalt und fertige passende Energieflussdiagramme an.
**c)** Eine Bohrmaschine nimmt im Leerlauf einen Energiestrom von 60 W auf, bei Belastung von 110 W. Außerdem wird die Maschine mit der Zeit ziemlich warm. Erkläre diese Erscheinungen und beurteile sie im Hinblick auf die Nutzung der aufgewendeten elektrischen Energie.

**A2 a)** Erläutere, worin sich die Wirkungen von Wechselspannung und Gleichspannung beim Anschluss an eine Glühlampe bzw. an einen Gleichstrommotor unterscheiden.
**b)** Generatoren in Windrädern oder Großkraftwerken erzeugen Wechselspannung. Erläutere, welchen Vorteil Wechselspannung gegenüber Gleichspannung besitzt.

**A3** Elektrische Energie wird an wenigen Kraftwerkstandorten gewonnen, aber landesweit benötigt. Vom Kraftwerksgenerator wird die Energie mit 20 kV abgegeben.
**a)** Erkläre, warum sie über Fernleitungen mit 110 kV, 220 kV oder 380 kV übertragen wird.
**b)** Bestimme jeweils das notwendige Verhältnis der Windungszahlen der Trafospulen.

**A4** Im Folgenden sind mögliche Werte für die Energiestromstärken einiger Kraftwerkstypen angegeben. Windgenerator: 600 kW, Laufwasserkraftwerk: 2 MW, Kohlekraftwerk: 800 MW.
Schätze begründet ab, wie viele Haushalte an einem Winterabend mithilfe jedes einzelnen Kraftwerks mit elektrischer Energie versorgt werden könnten.

**A5** Mit einem Transformator wird die Wechselspannung eines Haushaltsnetzes von 230 V heruntertransformiert. Beim Anschluss eines 200-W-Geräts an diesen Transformator hat der Transformator einen Wirkungsgrad von 60 %.
**a)** Erläutere, was diese Angabe bedeutet.
**b)** Gib die elektrische Energie an, die in jeder Sekunde dem Netz entnommen wird.

## Grundwissen | Halbleiter

besitzt **S. 71–75**
– Durchlassrichtung
– Sperrrichtung
– Sperrschicht
– Schwellenspannung
– charakteristische
  *U-I*-Kennlinie
bewirkt
– Gleichrichtung
  von Wechselstrom

**ENERGIE**

**S. 80–83** ergibt
– in Reihen- und Parallelschaltung mit weiteren
  Solarzellen **Solarmodule**
ist eine elektrische Quelle
besitzt
– Sperrschicht, die bei Beleuchtung Elektronen freisetzt
– Leerlaufspannung (ca. 0,6 V)
– Kurzschlussstromstärke
  (abhängig von der Fläche)

**LED**
lichtaussendende Diode,
wandelt elektrische
Energie ind Lichtendergie

**Solarzelle**
wandelt Lichtenergie
in elektrische Energie

**Diode**
n- und p-dotierte
Schicht in Kontakt

*Kombination aus n- und p-Schicht
führt zur*

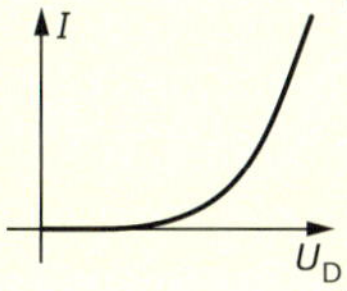

**SYSTEM**

**WECHSELWIRKUNG**

**LDR**
licht-
abhängiger
Widerstand

**n-Dotierung**
5-wertige Fremdatome
bewirken bewegliche
Elektronen

**p-Dotierung**
3-wertige Fremdatome
bewirken Löcher
(Elektronenfehlstellen)

**elektrische
Leitfähig-
keit**

sind
– Bauteile von
  Sensoren zur
  Temperatur- und
  Belichtungs-
  messung **S. 70/71**

**NTC**
temperatur-
abhängiger
Widerstand

*Erhöhung der Leitfähigkeit
durch Energiezufuhr in Form
von Wärme bzw. Licht (Freisetzung von Elektronen)*

*Erhöhung der Leitfähigkeit
durch Dotierung*

**Halbleiter**
Grundmaterial Silicium,
bei tiefen Temperaturen
nichtleitend, da alle
Elektronen gebunden sind

**Metalle**
leiten aufgrund frei
beweglicher Elektro-
nen, Leitfähigkeit
nimmt mit zunehmen-
der Temperatur ab

**Nichtleiter**
besitzen keine
beweglichen La-
dungsträger, auch
nicht bei Energie-
zufuhr

**Materie** **S. 76-79**

---

**A1** Zwei gleich aussehende Bauteile $B_1$ und $B_2$ werden in nebenstehender Schaltung untersucht. Die Tabelle zeigt die Messwerte:

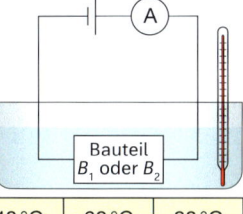

| Temperatur $\vartheta$ | 20 °C | 40 °C | 60 °C | 80 °C |
|---|---|---|---|---|
| $B_1$ Stromstärke *I* | 100 mA | 95 mA | 90 mA | 85 mA |
| $B_2$ Stromstärke *I* | 100 mA | 110 mA | 130 mA | 160 mA |

**a)** Zeichne für beide Bauteile das $\vartheta$-*I*-Diagramm.
**b)** Erläutere, um welches Material es sich bei Bauteil $B_1$ und $B_2$ jeweils handeln muss.
**c)** Erkläre jeweils das Leitungsverhalten der beiden Bauteile in einem geeigneten Modell.

**A2** Bei zwei Dioden wurden folgende Stromstärken in Abhängigkeit von der Diodenspannung gemessen:

| Diode 1 | 0,5 V | 0,75 V | 0,8 V | | |
|---|---|---|---|---|---|
| | 10 mA | 145 mA | 280 mA | | |
| Diode 2 | 0,5 V | 1,0 V | 1,5 V | 2,0 V | 2,5 V |
| | 5 mA | 15 mA | 22 mA | 100 mA | 200 mA |

**a)** Fertige die zugehörige Schaltskizze einschließlich der erforderlichen Messgeräte an.
**b)** Zeichne die *U-I*-Kennlinien und vergleiche anhand der Kennlinien die Dioden. Nimm dabei Bezug auf die Schwellenspannung.
**c)** Erläutere auch anhand von Skizzen, was unter einem n- bzw. p-dotiertem Halbleitermaterial zu verstehen ist.
**d)** Erkläre, warum jede Diode eine Schwellenspannung besitzt.

**A3 a)** Notiere die Schaltsymbole von NTC- und PTC-Widerstand, Leuchtdiode und Solarzelle. Erläutere jeweils die Bedeutung der Pfeile.
**b)** Erläutere Gemeinsamkeiten und Unterschiede bezüglich Aufbau und Wirkungsweise von Solarzellen und Leuchtdioden.
**c)** Begründe, warum reines Silicium den elektrischen Strom bei sehr tiefen Temperaturen kaum oder gar nicht leitet.

**A4** Ergänze die Schaltung rechts durch drei Dioden zu einer Gleichrichterschaltung und erkläre die Schaltung.

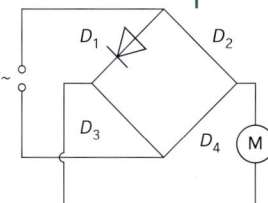

## Leitung in Flüssigkeiten und Gasen

Auch Salzlösungen, Säuren und Laugen leiten den elektrischen Strom. (Alle derartigen Flüssigkeiten heißen *Elektrolyte)*. Dass in ihnen nicht freie Elektronen den elektrischen Strom bilden, sondern Ionen, zeigt das folgende Experiment.

**1** Schließe zwei Kohlestäbe (Elektroden genannt), die in eine wässrige Kupferchlorid-lösung tauchen, an eine elektrische Quelle an (6 V-). Eine Glühlampe soll das Fließen des elektrischen Stroms anzeigen. Beschreibe, was nach einigen Minuten an den Elektroden zu beobachten ist. Betrachte die Elektroden genau, trockne sie evtl. vorsichtig ab.

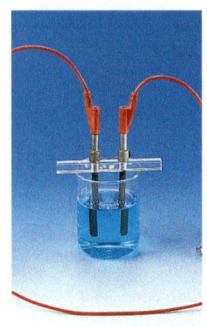

**2** Erkläre die Vorgänge in 1. anhand der folgenden Abbildung. Gehe vereinfachend von Kupfer- und Chlor-Ionen aus.

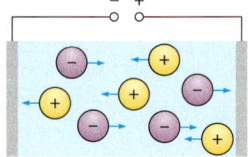

**3** Recherchiere, wie die Leitung des elektrischen Stroms in Gasen erfolgt und erläutere sie anhand einer geeigneten Abbildung.

## Fotodioden

**1** **a)** Schließe eine IR-Fotodiode (du erkennst sie an ihrem durchsichtigen Gehäuse) über einen Schutz-widerstand an eine elektrische Quelle (6V-) an. Zeige, dass sie wie eine normale Diode eine Durchlass- und eine Sperrrichtung besitzt.
**b)** Beleuchte eine in Sperrrichtung betriebene IR-Fotodiode mit einer IR-LED. Deute deine Beobachtung. Vergleiche mit der Solarzelle.

**2** In vielen öffentlichen Toiletten werden Wasserhahn, Seifenspender und Handtuchspender berührungs-los betätigt. Dahinter verbirgt sich jeweils eine Reflexionslichtschranke mit IR-LED als Sender und IR-Fotodiode als Empfänger.
**a)** Baue eine entsprechende Modellschaltung bei dem ein kleiner Motor eingeschaltet wird.
**b)** Erkläre das Funktionsprinzip.

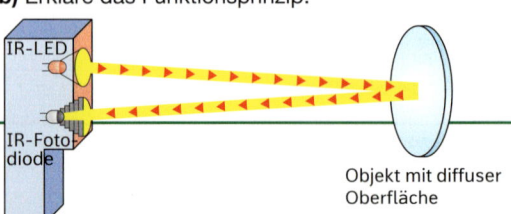

Objekt mit diffuser Oberfläche

## Elektromagnetismus

Die Entdeckung der Stromwirkungen haben eine Vielzahl unterschiedlicher Erfindungen zur Folge gehabt, die den elektrischen Strom nutzbar machten.

**1** Informiert euch über **HANS CHRISTIAN OERSTED** und seine bedeutende Entdeckung. Baut seinen historischen Versuch nach, dokumentiert Aufbau, Durchführung und Beobachtung.

**2** Nach OERSTED besitzt ein gerader stromdurch-flossener Leiter um sich herum ein konzentrisches Magnetfeld. Plant einen Versuch, mit dem ihr die magnetischen Feldlinien um einen geraden Leiter zeigen könnt (und führt ihn mit Hilfe eures Lehrers durch).

**3** Erläutert den Zusammenhang zwischen OERSTEDs Entdeckung und der Funktionsweise
• einer elektrischen Klingel
• eines Elektromotors (Gleichstrommotor)
• eines Lautsprechers

**4** Zerlegt einen alten Reibraddynamo in seine Bestandteile. Beschreibt Gemeinsamkeiten und Unterschiede zu einem Elektromotor.

## Elektrische Energieversorgung

Die ausreichende Verfügbarkeit elektrischer Energie ist eine der zentralen Herausforderungen der heutigen Zeit.

**1** Begründet, warum unter allen Energieformen gerade der elektrischen Energie eine so herausgehobene Bedeutung für unser heutiges tägliches Leben zukommt.

**2** Listet in einer Tabelle möglichst viele **Kraftwerks-typen** bzw. Möglichkeiten auf, elektrische Energie zu erzeugen. Differenziert dabei nach der Verwendung **erneuerbarer / nicht erneuerbarer Energien**.

**3** In Deutschland soll der Anteil der erneuerbaren Energien an der „Stromerzeugung" weiter stark gesteigert werden, um endgültig aus der Kernenergie auszusteigen. Kernkraftwerke sind sogenannte **Grundlastkraftwerke**. Erläutert diesen Begriff und erläutert mögliche Schwierigkeiten bei der Ersetzung der Kernkraftwerke durch Nutzung erneuerbarer Energien zur Stromgewinnung.

**A1** Außerhalb Europas werden häufig andere Netzwechselspannungen als 230 V verwendet. In den USA sind 120 V üblich.

**a)** Ein Student hat aus den USA einen Eierkocher (400 W) und einen Toaster (1000 W), beide für die Nennspannung 120 V, mit nach Deutschland gebracht und beabsichtigt, beide Geräte in Reihenschaltung zu betreiben. Beurteile – mit Rechnung und Text – sein Vorhaben.

**b)** In Japan beträgt die Netzwechselspannung nur 100 V. Vergleiche Deutschland, die USA und Japan in Bezug auf Energieverluste bei der Energieübertragung.

**A2** Ein bedeutendes Pumpspeicherkraftwerk liegt in Geesthacht an der Elbe.

**a)** Informiere dich im Internet über Aufbau und Funktion eines solchen Pumpspeicherkraftwerks. Fertige eine Prinzipskizze an. Begründe, weshalb es sinnvoll ist, Wasser vom unteren in das obere Speicherbecken zu pumpen.

**b)** Erläutere die Austauschbarkeit von Motor und Generator anhand dieses Kraftwerks.

**c)** Erläutere die Angabe der Energiestromstärke von 120 MW für das Kraftwerk Geesthacht.

**d)** Interpretiere das folgende Energiestromstärke-Diagramm eines Pumpspeicherkraftwerkes.

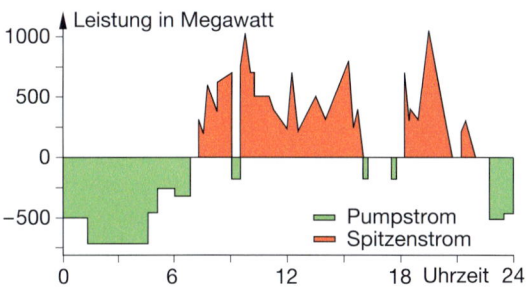

**A3** Die Schaltskizze zeigt einen Lötkolben. Durch einen starken Strom wird seine Spitze sehr heiß. Beschreibe und begründe, was passiert, wenn der Schalter S geöffnet wird.

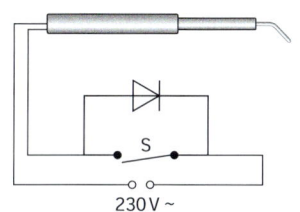

**A4** Ein LDR und ein Stromstärkemessgerät liegen in Reihe an Wechselspannung.

**a)** Fertige eine Schaltskizze an und erläutere, in wiefern die Schaltung zur Beleuchtungsmessung geeignet ist.

**b)** Das Messgerät sei nur für Gleichstrom geeignet. Durch welche Veränderung in der Schaltung kann das Messgerät trotzdem benutzt werden? Zeichne und begründe.

**A5** Im abgebildeten Versuch wird ein NTC-Widerstand mit einer Teelicht-Flamme erhitzt. Die Spannung $U_1$ steigt dabei auf 4 V.

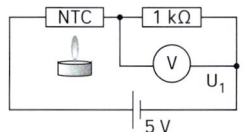

**a)** Ermittle anhand dieser Angabe den Widerstand des NTCs im erwärmten Zustand. Begründe. (Hinweis: Beachte die Maschenregel.)

**b)** Erkläre anhand einer Skizze, die den Aufbau des NTC-Widerstandes modellhaft zeigt, die Vorgänge die zu der Verringerung des NTC-Widerstandes bei Erwärmung führen.

**A6** Die Abbildung zeigt eine mögliche Schaltung für eine Lichtschranke. Der Motor steht stellvertretend für ein Gerät, das mittels der Lichtschranke gesteuert werden soll. $R_1$ ist ein Schutzwiderstand.

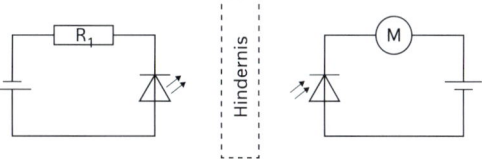

**a)** Nenne Einsatzmöglichkeiten von Lichtschranken in deiner Umwelt und im Unterricht.

**b)** Beschreibe die Schaltung. Erkläre, was zu beobachten ist, wenn sich zwischen LED und Fotodiode kein Hindernis befindet.

**c)** Nun wird zwischen LED und Fotodiode eine Hand geschoben. Beschreibe und erkläre die Veränderung.

**A7 a)** In einem Solarmodul sind 36 Solarzellen in Reihe geschaltet. Damit kann ein Akku, wie er in Autos und Wohnmobilen genutzt wird, mit einer Ladespannung von etwa 14 V geladen werden. Erläutere, welche Spannung jede Solarzelle dabei liefert.

**b)** Solarmodule selbst können sowohl parallel als auch in Reihe geschaltet werden. Erkläre Wirkung und Zweck dieser Schaltmöglichkeiten.

# Kernphysik

In diesem Kapitel wird der Aufbau der Atomkerne beschrieben und erklärt, auf welche Arten ein solcher Atomkern zerfallen kann.

Die bei den Zerfällen freigesetzte Strahlung hinterlässt in einer Nebelkammer, wie sie die Schülerinnen im Bild beobachten, charakteristische Spuren. Die Gesetze dieser Zerfälle lernst du ebenso kennen wie die Gefahren der dabei auftretenden Strahlung und wie du dich davor wirkungsvoll schützen kannst – aber auch,

dass diese Strahlung in medizinischen Anwendungen sehr hilfreich sein kann.

Deutschland hat den Ausstieg aus der Kernenergie beschlossen. Damit du diese Entscheidung beurteilen kannst, lernst du zum Abschluss des Kapitels die Prozesse beim Betrieb eines Kernkraftwerkes sowie die damit verbundenen Sicherheitsrisiken und Lagerprobleme radioaktiver Abfälle kennen.

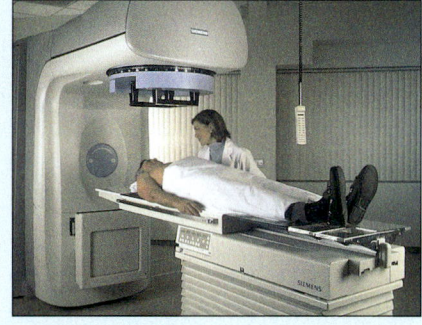

■ **Röntgenstrahlung** wird heute nicht mehr nur zu diagnostischen Zwecken, wie zum Beispiel zur Erkennung von Knochenbrüchen, eingesetzt. Mithilfe von energiereicher Röntgenstrahlung oder radioaktiver Strahlung können viele Krankheiten auch behandelt werden, etwa Krebs. Die Strahlung ist aber nicht nur hilfreich und heilsam, sondern auch gefährlich. Nutzen und Schaden müssen deshalb stets sehr sorgfältig gegeneinander abgewogen werden.

■ **Entdeckungen:** Etwa 1920 setzte ERNEST RUTHERFORD Stickstoff radioaktiver Strahlung aus. Die Strahlung bestand aus sehr schnell fliegenden Helium-Kernen. Er beobachtete und fotografierte die erste Umwandlung eines Elements (Stickstoff) in ein anderes (Sauerstoff). Bei der Umwandlung entstand noch ein drittes Teilchen, dessen Spur in der Nebelkammeraufnahme schräg nach unten verläuft.
RUTHERFORDs Versuchen folgten viele weitere. Dabei wurden zahlreiche neue Elemente und die Kernspaltung entdeckt.

■ **Kernenergie** wird in Kraftwerken seit 1956 genutzt; im Jahr 2012 waren weltweit 435 Reaktoren in 210 Kernkraftwerken in Betrieb. Von Anfang an gab es Menschen, die wegen der damit verbundenen Gefahren gegen den Bau von Kernkraftwerken demonstriert haben. Dass sie zu Recht auf die Gefahren hingewiesen haben, zeigen viele Unfälle, besonders die von Tschernobyl und Fukushima.

■ **Schutzmaßnahmen:**
Der Mensch besitzt kein Sinnesorgan, mit dem er radioaktive Strahlung oder Röntgenstrahlung wahrnehmen könnte. Jeder Raum, in dem Röntgengeräte benutzt oder radioaktive Substanzen gelagert werden, muss deshalb eine entsprechende Kennzeichnung haben. Personen, die mit ihnen umgehen, müssen entsprechend geschult und geschützt sein.

**Vorbereitung**

**1** Lies die Texte dieser beiden Seiten durch und betrachte die zugehörigen Bilder. Schreibe zu den einzelnen Themen Fragen auf, die du dazu hast.

**2** Blättere das folgende Kapitel durch, lies die Überschriften und betrachte die Bilder. Notiere neben den Fragen aus **1** die Seitenzahlen, die deiner Meinung nach Antworten zu deinen Fragen liefern könnten.

**3** Überlege und schreibe auf, was du in Experimenten untersuchen möchtest. Vielleicht hast du ja schon Ideen, wie die Versuche aussehen könnten.

**4** Studiere die im Vorwissen „Atome und Ladungen" auf Seite 60 dargestellten Zusammenhänge. Schreibe dazu die wichtigsten Begriffe zusammen mit einer kurzen Erklärung auf.

**Vorwissen** **Atome und Ladungen**

### Atome, Moleküle

- Jeder Körper besteht aus winzig kleinen Teilchen, den Atomen oder den aus Atomen zusammengesetzten Molekülen.

- Atome bestehen aus einem Atomkern mit positiver Ladung und einer Atomhülle, bestehend aus negativ geladenen Elektronen.

- Die positive Ladung des Kerns und die negative Ladung der Hülle sind gleich groß, das Atom ist nach außen elektrisch neutral.

- Die Anzahl der positiven Ladungen des Kerns bestimmt die Atomart und damit das chemische Element.

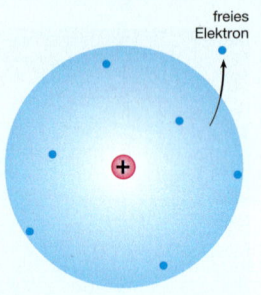

freies Elektron

### Ionen, geladene Körper

- Nimmt ein Atom ein oder mehrere Elektronen in seine Hülle auf, dann entsteht ein negativ geladenes Ion.

- Gibt ein Atom Elektronen ab, dann überwiegt die positive Ladung des Kerns, es entsteht ein positiv geladenes Ion.

- Ein negativ geladener Körper besitzt insgesamt einen Elektronenüberschuss, bei einem positiv geladenen Körper herrscht Elektronenmangel.

MATERIE

### Das Periodensystem der Elemente

Elemente sind all die Stoffe, die mit chemischen Methoden nicht mehr weiter zerlegt werden können. Die Ordnung dieser Elemente nach chemischen Gesichtspunkten führt zum Periodensystem der Elemente.
Im PSE sind die Elemente

- in den Spalten nach ihren chemischen Eigenschaften angeordnet.

- in den Zeilen (Perioden) nach aufsteigender Zahl ihrer Hüllenelektronen sortiert.

feste Elemente: schwarz
flüssige Elemente: blau
gasförmige Elemente: rot
künstliche Elemente: weiß
natürliche radioaktive
Elemente: grün

Atommasse in u — 26,98
**Al** — Elementsymbol
Ordnungszahl — 13
Aluminium — Elementname

WECHSELWIRKUNG

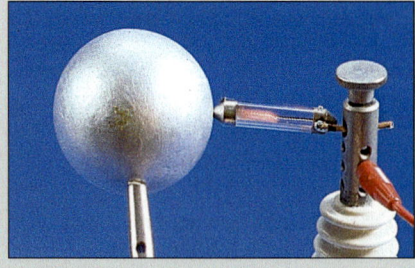

Die Kugel ist negativ geladen, da die Glimmlampe am zugewandten Ende leuchtet.

### Nachweisgeräte für Ladungen

Die Aufladung eines Körpers lässt sich mithilfe einer Glimmlampe oder eines Elektroskops nachweisen.

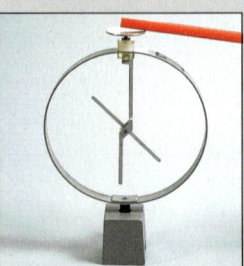

Gleichnamig geladene Körper (fester Stab und Zeiger des Elektroskops) stoßen sich ab. Die Ladungsart ist nicht bestimmbar.

## Von der Entdeckung der Kernspaltung zur Kernenergie — Projekt

LISE MEITNER und OTTO HAHN haben lange Jahre zusammen gearbeitet und zusammen die Radioaktivität erforscht. 1938 musste LISE MEITNER vor der Verfolgung durch die Nationalsozialisten fliehen, sie arbeitete dann in Stockholm. Ein Jahr nach dieser Flucht führen OTTO HAHN und FRITZ STRASSMANN ein Experiment durch: Sie schießen mit langsamen Neutronen auf Uran-Atome. Was dabei passierte, haben sie allerdings nicht verstanden. OTTO HAHN berichtet LISE MEITNER in einem Brief über das Experiment und seinen Ausgang sowie über die fehlende Interpretation der Ergebnisse. LISE MEITNER findet zusammen mit ihrem Neffen OTTO ROBERT FRISCH schnell eine Erklärung.

**a)** Recherchiert
- welches Ziel HAHN und STRASSMANN mit dem Beschuss von Uranatomen mit Neutronen verfolgten
- den Briefwechsel zwischen HAHN und MEITNER.

**b)** Schreibt den Dialog für ein fiktives Telefongespräch zwischen HAHN und MEITNER, in dem HAHN die experimentellen Ergebnisse schildert und beide über die Deutung dieser Ergebnisse diskutieren. Führt das Telefongespräch vor euren Mitschülern.

**c)** Die Entscheidung, wer den Nobelpreis in Chemie im Jahr 1944 bekommen soll, ist schwierig. Die Kommission hat die Möglichkeit, die Auszeichnung an eine einzelne Person bzw. an maximal drei, nicht aber vier Personen zu vergeben. Sie ist sich einig, dass sie für die Entdeckung der Kernspaltung vergeben werden soll.

Verdeutlicht das Problem der Kommission, formuliert Argumente für und wider die vier potenziellen Kandidaten. Nennt Gründe für die tatsächliche Entscheidung der Kommission.

**d)** Die Kernspaltung ist Grundlage der Gewinnung elektrischer Energie in Kernkraftwerken. Befragt eure Mitschüler, Eltern, Bekannte, Verwandte nach ihrer Einstellung zur Kernenergie. Mögliche Aspekte sind:
- Kenntnisstand zu den Abläufen im Kernkraftwerk
- Entstehung von radioaktiven Abfällen und der Umgang mit ihnen
- Befürchtungen bzw. Ängste
- Bereitschaft, Energie zu sparen
- Alternativen zu Kernkraftwerken

Stellt eure Ergebnisse in Plakatform dar.

## Radioaktivität in der Medizin — Projekt

In der Medizin werden radioaktive Substanzen und verschiedene Formen der Strahlung eingesetzt, um bei Untersuchungen zu einer gesicherten Diagnose zu kommen. Eine andere Verwendung finden sie in der Therapie, um eine bestehende Erkrankung zu heilen.

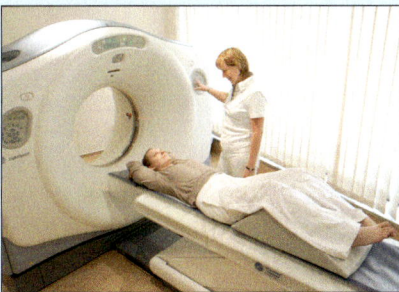

**P1 a)** Erkundigt euch, wo und warum Strahlungsquellen zur **Diagnose** eingesetzt werden. Stellt diese Methoden in einer Tabelle übersichtlich dar.

**b)** Stellt dieses Ergebnis der Klasse vor und schildert dabei auch, durch welche Maßnahmen die Strahlenbelastung für die Patienten und für das Personal in den letzten Jahren reduziert wurde.

**P2 a)** Erstellt für den Einsatz von Strahlung zur **Therapie** von Erkrankungen eine ähnliche Übersicht.

**b)** Notiert in dieser Tabelle außerdem, seit wann die jeweilige Therapiemethode eingesetzt wird und wie wirkungsvoll sie ist!

# Aufbau der Atome

Die Atome sind so klein, dass sie auch mit einem sehr stark vergrößernden Lichtmikroskop nicht betrachtet werden können. Ein Beispiel soll dies verdeutlichen: Der Atomkern ist gegenüber dem Atom so klein wie ein Reiskorn gegenüber einem Fußballstadion.
Trotzdem konnte das Kern-Hülle-Modell zur Erklärung vieler Erscheinungen im Mikrokosmos entwickelt werden. Kann es bestätigt werden? Wie groß sind Atome eigentlich? Und woraus besteht der Atomkern?

## Abschätzung des Atomdurchmessers

Eine Vorstellung von der Größe der Atome kann mit dem **Ölfleckversuch** erhalten werden.
Wird ein Tropfen mit Leichtbenzin verdünnter Ölsäure auf eine Wasserfläche aufgebracht, die mit sehr feinen und leichten Blütensporen bestreut wurde, dann verdunstet das leicht flüchtige Benzin und die geringe Menge Ölsäure breitet sich auf dem Wasser aus. Die Größe des entstandenen Kreises wird durch die vom Öl verdrängten Blütensporen sichtbar gemacht. Daraus kann der Durchmesser des Ölflecks bestimmt werden. Werden zwei oder drei Tropfen Ölgemisch auf das

Wasser gegeben, so hat der Ölfleck genau die doppelte bzw. dreifache Größe.

**⚡ Lehrerversuch ⚡**

Daraus lässt sich schließen, dass die Ölschicht immer die gleiche Dicke hat, sich die Moleküle also alle nebeneinander anordnen, und somit der Moleküldurchmesser gleich der Höhe der Schicht ist.
Die Auswertung dieses relativ einfachen makroskopischen Versuchs – siehe Rechenbeispiel – ergibt eine erstaunlich gute Vorstellung von den Größenordnungen der Moleküle und sogar der Atome:

> Atome können als Kugeln mit Radien in der Größenordnung $10^{-10}$ m aufgefasst werden.

---

### Rechenbeispiel

Ein Tropfen Ölsäuremischung (Mischungsverhältnis mit Leichtbenzin 1 : 2000) verursacht einen Fleck mit der Fläche $A = 125\ cm^2$. 49 Tropfen der Mischung haben ein Volumen von 1,0 cm³.

**1.** Berechnung des Ölvolumens $V_{\text{Öl}}$ in einem Tropfen:

$$V_{\text{Öl}} = \frac{1{,}0\ cm^3}{49 \cdot 2000} = 1{,}0 \cdot 10^{-5}\ cm^3.$$

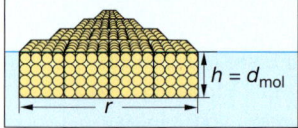

**2.** Abschätzung des Moleküldurchmessers $d_{\text{Mol}}$:
Die Dicke $h$ des zylindrischen Ölflecks entspricht dem Moleküldurchmesser $d_{\text{Mol}}$:

$$d_{\text{Mol}} = h = \frac{V_{\text{Öl}}}{A} = \frac{1{,}0 \cdot 10^{-5}\ cm^3}{125\ cm^2} = 8{,}02 \cdot 10^{-8}\ cm$$

**3.** Abschätzung des Atomdurchmessers:
Ölsäure $C_{17}H_{33}COOH$ besteht aus 18 Kohlenstoffatomen, 34 Wasserstoffatomen und 2 Sauerstoffatomen, insgesamt also 54 Atomen. Zur Vereinfachung werden

die Atome und Moleküle als Würfel gedacht. Ein Molekülwürfel, der die Kantenlänge von 3 Atomen hat, enthält $3^3 = 27$ Atome, ein Molekülwürfel mit der Kantenlänge 4 Atome enthält $4^3 = 64$ Atome. Das Ölsäuremolekül besitzt also eine Kantenlänge von ungefähr 4 Atomdurchmessern.
Damit ergibt sich für den Atomdurchmesser in etwa ein Viertel des Moleküldurchmessers:

$$d_{\text{Atom}} \approx d_{\text{Mol}} : 4 = 2 \cdot 10^{-8}\ cm = 2 \cdot 10^{-10}\ m.$$

Da das Ölsäuremolekül aus verschiedenen Atomen besteht und zudem einige vereinfachende Annahmen gemacht wurden, kann der erhaltene Atomdurchmesser nur die ungefähre Größe von Atomen angeben. Genauere Untersuchungen bestätigen jedoch, dass der Durchmesser von Atomen zwischen $1 \cdot 10^{-10}$ m und $5 \cdot 10^{-10}$ m liegt.

# Das Rutherford'sche Atommodell

Anfang des 20. Jahrhunderts wurden Atome als positive Kugeln angesehen, in die die negativen Elektronen gleichmäßig verteilt eingebettet waren, etwa wie Rosinen im Kuchenteig (Thomson'sches Atommodell).

1909 beschoss ERNEST RUTHERFORD (1871–1937) eine sehr dünne Goldfolie mit α-Teilchen – das sind die Kerne von Heliumatomen.

Er untersuchte, unter welchen Winkeln die α-Teilchen aus der Einfallsrichtung abgelenkt werden. Den Raum um die Folie „tastete" er mit einem Leuchtschirm ab. Die α-Teilchen erzeugen beim Auftreffen auf den Leuchtschirm kleine Lichtblitze, die mit einem Mikroskop beobachtet wurden. So bestimmten RUTHERFORD und seine Mitarbeiter die Anzahl der unter einem bestimmten Winkel abgelenkten α-Teilchen pro Zeitintervall.

RUTHERFORD erwartete, dass die α-Teilchen durch die Atome der Goldfolie nahezu unabgelenkt hindurchfliegen, da die leichten Elektronen im „positiven Teig" des Atoms kaum Einfluss auf die Flugbahn der schweren α-Teilchen haben sollten und die gleichmäßig verteilte positive Ladung ebenfalls keine Richtungsänderung hervorrufen könnte.

**⚡ Lehrerversuch ⚡**

Drehtisch · 90° · Vakuum · α-Teilchen · Blende · Goldfolie · Bleiblock mit α-Strahler · Leuchtschirm · Blende · Mikroskop feststehend · 0° · 180° · 90°

Das Experiment ergab aber ein ganz anderes Ergebnis. Die meisten α-Teilchen flogen zwar geradlinig durch die Folie, allerdings wurden unter allen Winkeln gestreute α-Teilchen beobachtet, einige α-Teilchen wurden sogar direkt zurück gestreut.

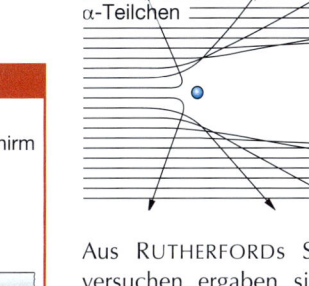

α-Teilchen

Aus RUTHERFORDs Streuversuchen ergaben sich – durch aufwendige Rechnungen – folgende Schlussfolgerungen für den Aufbau der Atome: Die gesamte positive Ladung und nahezu die gesamte Masse eines Atoms ist in einem winzigen Atomkern konzentriert. Der Radius des Atomkerns beträgt nur etwa 1/10000 des Atomradius. Der Atomkern ist von Elektronen umgeben, die die Atomhülle bilden. Diese Erkenntnisse führten zum **Kern-Hülle-Modell:**

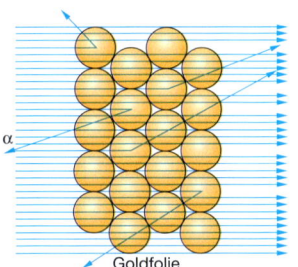

α

Goldfolie

> Positive Ladung und fast die gesamte Masse eines Atoms sind im Atomkern konzentriert.
> Der Durchmesser eines Atomkerns beträgt etwa $10^{-14}$ m.
> Die negative Ladung des Atoms wird durch die Elektronen der Hülle gebildet.

## Aufgaben

**1 a)** Beschreibe, welche Vorstellung vom Aufbau eines Atoms vor RUTHERFORDs Streuversuch existierte (Rosinenkuchenmodell).

**b)** Erläutere, welche Versuchsergebnisse Rutherfords zum Rosinenkuchenmodell passen und welche nicht.

**c)** Beschreibe, unter welcher Voraussetzung ein Alpha-Teilchen beim Zentralen Versuch direkt zurück gestreut wird, also seine Flugbahn um 180° ändert. (Beachte die obere rechte Abbildung.)

**d)** Die Elektronen in der Atomhülle haben praktisch keinen Einfluss auf die Flugbahn der Alpha-Teilchen. Begründe dieses Versuchsergebnis.

**e)** Rutherford benutzte eine Goldfolie u. a. deswegen, weil Goldfolien in sehr dünnen Stärken hergestellt werden konnten. Begründe die Notwendigkeit dafür.

**2 a)** Beim Ölfleckversuch wird mit Leichtbenzin verdünnte Ölsäure benutzt. Erläutere den Zweck des Leichbenzins. Welche Beobachtung wäre ohne Verdünnung zu erwarten?

**b)** Erläutere, warum es im Versuch wichtig ist, dass die Ölsäuremoleküle alle nur nebeneinander, aber nicht übereinander liegen.

**c)** Eine Ölsäurelösung in Leichtbenzin enthält 2,0 g Ölsäure (Dichte $\varrho = 8,9 \cdot 10^2 \frac{kg}{m^3}$) in 1,0 l Lösung. Der mit einer Pipette auf eine Wasseroberfläche gebrachte Tropfen (Volumen $\frac{1}{90}$ cm³) erzeugt dort einen Ölfleck der Fläche 140 cm². Ermittle aus diesen Versuchsdaten die Größenordnung der Moleküle.

## Aufbau der Atomkerne

Nach dem Atommodell von RUTHERFORD besteht das Atom aus dem positiven Kern, der nahezu die gesamte Masse enthält, und der Hülle mit den Elektronen.

Die Kerne bestehen aus einzelnen Kernbausteinen, den **Nukleonen.** Alle Nukleonen haben etwa die gleiche Masse. Es gibt positiv geladene Nukleonen, die **Protonen,** und ungeladene Nukleonen, die **Neutronen.** Wasserstoffatome sind die kleinsten, am einfachsten gebauten Atome. Der Atomkern besteht bei den meisten Wasserstoffatomen nur aus einem Proton. Es gibt aber auch noch das seltener vorkommende Deuterium, ein Wasserstoffatom mit einem Kern aus einem Proton und einem Neutron, oder das Tritium, das aus einem Proton und zwei Neutronen besteht. Diese Wasserstoffvarianten, die sich nur in der Anzahl der Neutronen im Kern unterscheiden, sind die **Isotope** des Wasserstoffs.

Solche Isotope gibt es bei allen Elementen. Sie haben die gleiche Anzahl von Protonen und dadurch den gleichen Aufbau der Atomhülle. Sie besitzen daher alle die gleichen chemischen Eigenschaften.

Die verschiedenen Isotope kommen im natürlichen Element unterschiedlich häufig vor, wobei eine Isotopenart meist deutlich überwiegt. Bei Stickstoff zum Beispiel hat eines von zwei Isotopen die Häufigkeit 99,6%. Die Atommasse ist der gewichtete Mittelwert der unterschiedlichen Isotopenmassen. So erklärt es sich, dass die Atommassen im Periodensystem keine ganzen Zahlen sind: Bei Chlor zum Beispiel 35,45 u, wobei u die **atomare Masseneinheit** ist. Sie ist definiert als ein Zwölftel der Masse eines Atoms des Kohlenstoffisotops $^{12}_{6}$C, dessen Kern aus 6 Protonen und 6 Neutronen besteht: $1\,u = 1,66 \cdot 10^{-27}$ kg.

> Alle in der Natur vorkommenden Atome eines Elements haben die gleiche Anzahl von Protonen, unterscheiden sich aber in der Neutronenzahl. Das sind die Isotope eines Elements.

### Schreibweisen

Mithilfe der Kernladungszahl $Z$ und der Massenzahl $A$ können Isotope eines Elements eindeutig beschrieben werden:

- Die **Kernladungszahl $Z$** gibt die Anzahl der Protonen im Kern an (in der Chemie heißt sie auch Ordnungszahl). Neutrale Atome besitzen genau so viele Elektronen in der Hülle wie Protonen im Kern.
- Die **Massenzahl $A$** ist die Summe aus der Protonen- und der Neutronenzahl.

Die Massenzahl $A$ wird oben, die Kernladungszahl $Z$ unten an das Elementsymbol geschrieben.

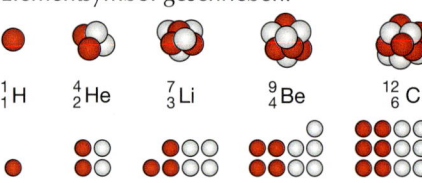

$^{1}_{1}$H    $^{4}_{2}$He    $^{7}_{3}$Li    $^{9}_{4}$Be    $^{12}_{6}$C

Da die Information über die Kernladungszahl schon in der Elementbezeichnung steckt, wird diese häufig weggelassen. Aus $^{12}_{6}$C wird kurz $^{12}$C oder C12.

### Feste Körper und doch nicht stabil

In der Chemie gibt es als Ordnungsschema das *Periodensystem* der Elemente. In der Kernphysik ist die Entsprechung die **Nuklidkarte.** Sie ist aufgebaut wie ein Koordinatensystem, bei dem entlang der Rechts-Achse die Neutronenzahl $N$ und auf der Hoch-Achse die Kernladungszahl $Z$ aufgetragen sind. He4 hat also die Koordinaten: dritte Spalte ($N = 2$) und dritte Zeile ($Z = 2$), denn der He-Kern besteht aus 2 Protonen und 2 Neutronen. Alle Kerne in einer Zeile gehören zum gleichen Element, da sie die gleiche Protonenzahl haben, sind aber wegen der unterschiedlichen Anzahl von Neutronen unterschiedlich schwer. Sie heißen *Isotope*.

Werden alle Kerne in die Karte eingetragen, so fällt auf, dass sie sich nicht entlang der Linie $Z = N$ gruppieren, sondern mit schwerer werdenden Kernen deutlich darunter. Bei schwereren Kernen überwiegt also die Anzahl der Neutronen. Der vergrößerte Ausschnitt zeigt, dass die Nuklidkarte eine Fülle von Informationen enthält.

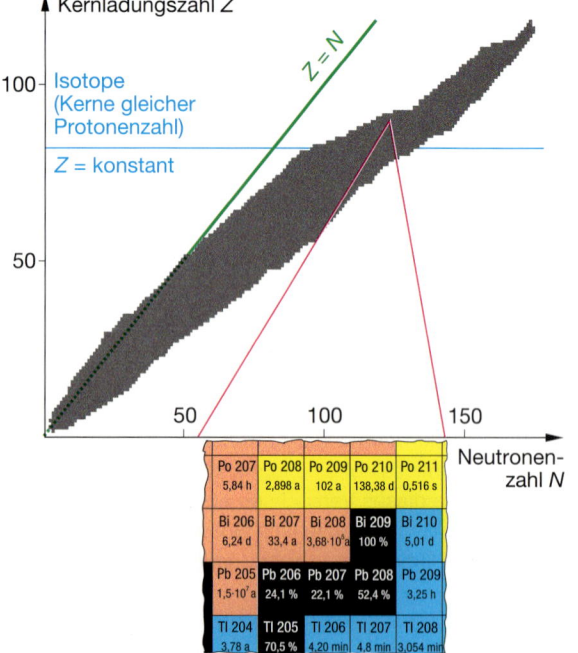

# Kernkraft

Kerne bestehen aus positiv geladenen Protonen und ungeladenen Neutronen. Doch eigentlich dürften sie wegen der abstoßenden Kraft zwischen den Protonen nicht zusammenhalten. Es muss also eine Kraft existieren, die folgende Bedingungen erfüllt:

- sehr geringe Reichweite, gerade bis zum nächsten Nukleon;
- deutlich stärker als die abstoßende elektrische Kraft;
- wirkt auch zwischen Neutronen untereinander und zwischen Protonen und Neutronen.

Eine Vorstellung, wie diese **Kernkraft** die sonst dominierende elektrische Kraft übertrifft, liefert der folgende Versuch:

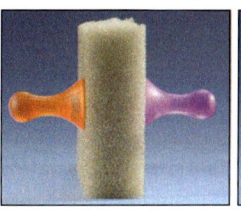 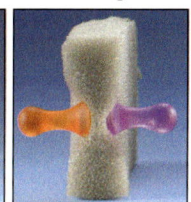

Zwei Magnete werden durch ein Stück Schaumstoff so auf Abstand gehalten, dass sie, wenn sie ein wenig in den Schaumstoff „eintauchen", von diesem entgegen der magnetischen Anziehung wieder auseinandergedrückt werden. Werden sie jedoch weiter in den Schaumstoff hineingedrückt, so ziehen sich die Magnete so stark an, dass der Schaumstoff dazwischen völlig plattgedrückt wird. Bei kurzem Abstand übertrifft also die anziehende magnetische Kraft die abstoßende Kraft des Schaumstoffs – genau wie im Atomkern die Kernkraft die Protonen zusammenhält trotz der abstoßenden elektrischen Kraft zwischen ihnen.

> Neutronen und Protonen werden untereinanedr durch eine Kraft von sehr kurzer Reichweite zusammengehalten – der Kernkraft.

## Aufgaben

**1** **a)** Erläutere die Schreibweise $^9_4$ Be und $^{12}_6$ C.
**b)** Stelle in einer Tabelle die Namen der Elemente und die Anzahl der Neutronen und Protonen für folgende Kerne zusammen: H4, He4, O17, Co60, Ni60, Pb206, U235 und U238.

**2** Die Kerne B10 und B12 sind Isotope des Elements Bor. Erkläre ihren Aufbau.

**3** Die Masse eines Nukleons (Proton oder Neutron) beträgt ungefähr $1{,}66 \cdot 10^{-24}$ kg. Berechne die Masse des He4-Kerns.

**4** Begründe, warum der Aufbau eines Atomkerns aus Protonen und Neutronen nur möglich ist, wenn es die Kernkraft gibt.

**5** Wird eine Tür zugezogen, ohne die Klinke herunterzudrücken, muss eine Kraft gegen die Feder des Türschnappers aufgebracht werden. Erst im letzten Moment rastet der Türschnapper ein. Erkläre anhand dieses Beispiels die Reichweite der Kernkraft.

---

## Quarks und der Aufbau der Materie                          Streifzug

Zu Beginn des 20. Jahrhunderts glaubten die Physiker, dass es nur einige wenige Teilchen gibt, die nicht aus anderen Teilchen zusammengesetzt sind; sie wurden **Elementarteilchen** genannt. Im Laufe der Zeit hat sich aber gezeigt, dass auch sie aus immer kleineren Teilchen zusammengesetzt sind.

Zuerst wurde der Aufbau der Atome aus Kern und Hülle entdeckt, dann der des Kerns aus Protonen und Neutronen und schließlich der Aufbau der Protonen und Neutronen aus **Quarks.**
Demnach besteht ein Proton aus drei Quarks – zwei up-Quarks und einem down-Quark; das Neutron dagegen ist aus einem up-Quark und zwei down-Quarks zusammengesetzt:
Proton: **uud**   Neutron: **udd**

Da Atome nur aus Protonen und Neutronen sowie den Elektronen in der Atomhülle aufgebaut sind, besteht die gesamte Materie auf der Erde nur aus den beiden Quarks u und d.

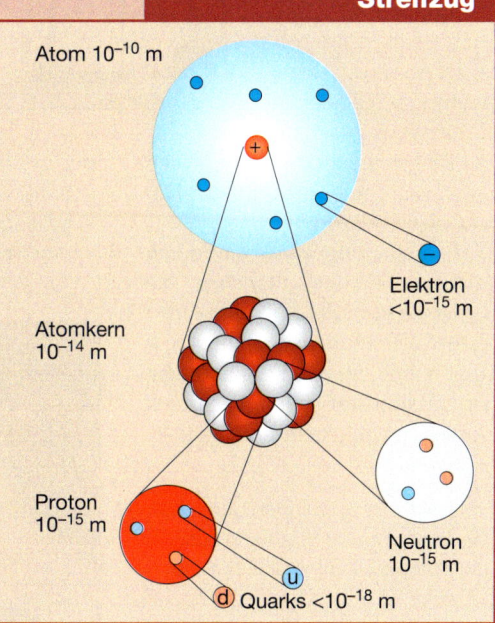

Atom $10^{-10}$ m

Elektron $<10^{-15}$ m

Atomkern $10^{-14}$ m

Proton $10^{-15}$ m

Neutron $10^{-15}$ m

d Quarks $<10^{-18}$ m

# Radioaktivität

Am 24. Februar 1896 entdeckte HENRI BECQUEREL
(1852–1908) die Radioaktivität, 1903 bekam er dafür
– zusammen mit MARIE und PIERRE CURIE – den Nobelpreis. Auf einem lichtdicht verpackten Fotopapier
hatte er zufällig einige Tage ein Stück Uranerz liegen-
lassen. Nach der Entwicklung des Films zeigte sich
eine Schwärzung, die den Steinumrissen entsprach.
Wie war dies ohne Lichteinwirkung möglich? Warum
wurde das Papier nur an den Stellen „belichtet", an
denen sich das Erz befand? Besteht ein Zusammenhang mit Röntgenstrahlung bzw. mit UV-Licht?

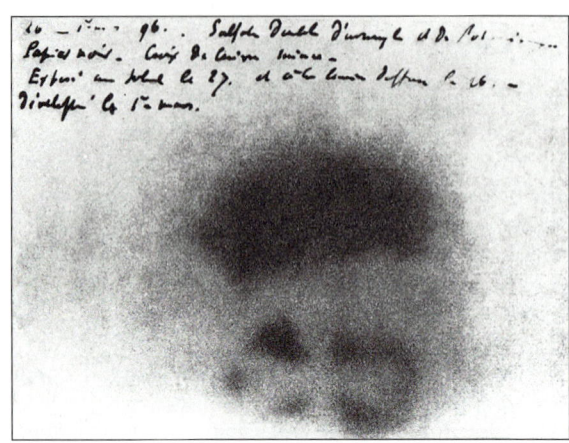

## Nachweis von Radioaktivität

Experimente mit Uran führte um
1910 in Paris auch die in Polen ge-
borene Physikerin MARIE CURIE
durch. Sie konnte die Ergebnisse nur
so erklären, dass von dem Uran eine
unsichtbare Strahlung ausging, die
Fotopapier schwärzte
und noch weitere Wir-
kungen hatte. Die
Stoffe, die diese Strah-
lung aussenden, nann-
te sie „radioaktiv"
(Strahlung aussen-
dend).

Im Versuch wird ein
Strahlerstift in die Nä-
he eines negativ bzw.
positiv geladenen
Elektroskops gebracht.
Der Zeigerausschlag geht in beiden
Fällen zurück – das Elektroskop
wird also entladen.
Diese Entladung kann nur durch
geladene Teilchen geschehen, die
vorher nicht in der Luft vorhanden
waren. Also muss die vom Präparat
ausgehende Strahlung die Atome
der Luft **ionisiert** haben. Hierdurch
wurde die Luft elektrisch leitend.

⚡ **Lehrerversuch** ⚡

Strahler-
stift

> Von bestimmten Stoffen geht
> eine unsichtbare Strahlung aus,
> die Fotopapier schwärzt und Luft
> ionisiert.

### Die Nebelkammer

In einer solchen Kammer befindet sich Luft, die mit Wasser- und Alkohol-
dampf gesättigt ist. Mit der Kammer ist ein Gummiball verbunden, der zusammengedrückt werden kann. Wird dieser Gummiball plötzlich losgelassen, so
dehnt sich die Luft in der Kammer schlagartig aus. Dadurch sinkt die Temperatur unter die Kondensationstemperatur des Alkohol-Luft-Gemisches ab.

Die Strahlung aus dem Strahlerstift, der in der Kammer angebracht ist, erzeugt Ionen, die als Kondensationskeime wirken.
Durch sie bilden sich kleinste Wassertröpfchen, die von der
Seite kommendes Licht streuen. Auf diese Weise kann der Weg
der Strahlung sichtbar gemacht werden.
Im Foto sind Nebelstreifen von 2 bzw. 4 cm Länge zu erkennen,
die Spuren der **ionisierenden Strahlung**. Ein Stückchen Papier
als Hindernis beendet die Spuren sofort. Was folgt daraus?

● Die durch die Nebelspuren registrierte Strahlung hat eine
  sehr begrenzte Reichweite in Luft und kann schon durch ein
  Blatt Papier völlig abgeschirmt werden.
● Die unterschiedlichen Bahnlängen weisen darauf hin, dass
  es Strahlung unterschiedlicher Energie geben muss.
● Das Bild der Nebelspuren entsteht sofort mit dem Loslassen des Gummi-
  balls. Dies deutet darauf hin, dass vom Strahlerstift so viel Strahlung aus-
  gesendet wird, dass immer welche vorhanden ist. Außerdem muss sie
  eine sehr hohe Geschwindigkeit haben.

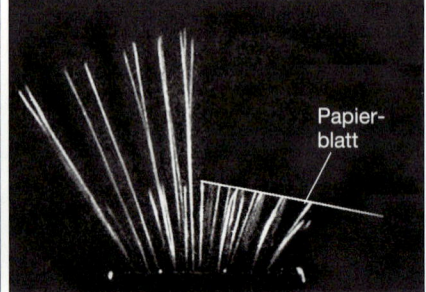

Papier-
blatt

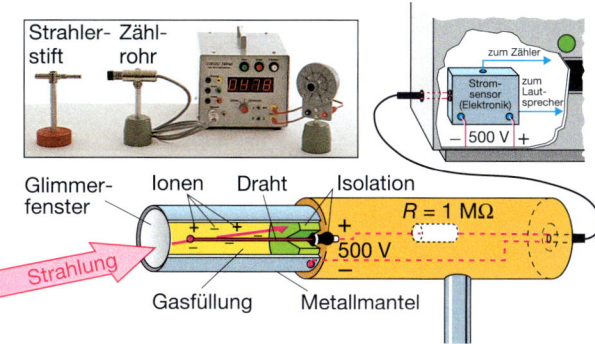

Strahler- Zähl-
stift    rohr

zum Zähler

Strom-
sensor    zum
(Elektronik)  Laut-
          sprecher
– 500 V +

Glimmer-
fenster   Ionen   Draht   Isolation

$R = 1\ M\Omega$

+
500 V
–

Strahlung

Gasfüllung   Metallmantel

## Das Geiger-Müller-Zählrohr

Ein Zählrohr besteht aus einem Metallzylinder, in dessen Inneren ein Draht isoliert eingespannt ist. Auf der einen Seite ist das Metallrohr von einem dünnen Glimmerfenster und auf der anderen Seite durch eine Isolierschicht luftdicht verschlossen. Gefüllt ist das Rohr mit einem Edelgas unter geringem Druck. Zwischen Draht und Metall liegt eine Spannung von einigen 100 V.

Gelangt Strahlung durch das Glimmerfenster in das Rohr, ionisiert sie Atome der Gasfüllung. Die entstehenden Elektronen werden zum positiven Draht hin beschleunigt, die positiven Ionen zur negativen Metallwand hin. Durch die hohe Spannung werden sie so schnell, dass sie durch Stöße weitere Gasatome ionisieren können und diese wiederum andere – es kommt zur **Stoßionisation.**

Die Zahl der Elektronen wächst dadurch lawinenartig an, es fließt ein messbarer Strom $I$ über den Widerstand $R$ und verursacht dadurch einen Spannungsabfall $U_R = R \cdot I$. Durch ihn wird die Spannung zwischen Draht und Wand reduziert und zwar so stark, dass im Zählrohr keine Stoßionisation mehr möglich ist und das Gas wieder zum Isolator wird. Die Zeit, in der keine weiteren Ereignisse gemessen werden können, heißt *Totzeit*. Sie liegt bei den meisten Zählrohren unter einer Millisekunde. Nach der Totzeit kann das Zählrohr erneut auf ionisierende Strahlung reagieren.
Die kurzen Stromstöße, die durch den Widerstand fließen, werden verstärkt; sie können dann in einem Lautsprecher ein Knacken verursachen oder von einer entsprechenden Elektronik gezählt werden.

## Zählrate und Nulleffekt

Die Anzahl der Stromstöße, die in einer bestimmten Zeit mit einem Zählrohr gemessen wird, ist die **Zählrate.** Sie ist ein Maß für die Intensität der Strahlung.

> **Die Zählrate**
>
> Die Einheit ist $1\ \frac{Imp}{s}$.
>
> Das Formelzeichen ist $Z$.

Die Überprüfung verschiedener radioaktiver Stoffe mit dem Zählrohr führt zu sehr unterschiedlichen Ergebnissen. Beim Strahlerstift werden in vergleichbaren Zeiten die meisten Impulse gemessen; er verursacht also die höchste Zählrate. Wird eine Messung wiederholt, so kann das Ergebnis deutlich abweichen (Fliese!)

| Strahler | Strahlerstift | Uranerz | Leuchtziffern | Fliese | Fliese |
|---|---|---|---|---|---|
| Zeit | 30 s | 45 s | 100 s | 60 s | 60 s |
| Impulse | 31 800 | 78 | 62 | 371 | 355 |
| $Z$ | $1060\ \frac{Imp}{s}$ | $1,7\ \frac{Imp}{s}$ | $0,6\ \frac{Imp}{s}$ | $6,2\ \frac{Imp}{s}$ | $5,9\ \frac{Imp}{s}$ |

Radioaktivität ist ein Vorgang, der unregelmäßig und zufällig auftritt und dadurch zu unterschiedlichen Zählraten führen kann. Dieser Effekt wird bei sehr kurzen Messzeiten besonders deutlich.

| Zeit | 60 s | 600 s | 600 s | 6000 s | 6000 s |
|---|---|---|---|---|---|
| Impulse | 18 | 212 | 195 | 2067 | 2014 |
| $Z$ | $0,3\ \frac{Imp}{s}$ | $0,35\ \frac{Imp}{s}$ | $0,33\ \frac{Imp}{s}$ | $0,34\ \frac{Imp}{s}$ | $0,34\ \frac{Imp}{s}$ |

Auch wenn sich kein radioaktives Material in der Nähe des Zählrohres befindet, registriert das Zählrohr Impulse. In diesem Fall wird die natürliche Radioaktivität aus der Umwelt gemessen. Dieser **Nulleffekt** ist ständig vorhanden und tritt sehr unregelmäßig auf. Erst bei Messungen über einen längeren Zeitraum gleichen sich diese zufälligen Schwankungen aus. Die auf den Nulleffekt zurückzuführende Zählrate wird **Nullrate** genannt und ist bei allen Messungen zu berücksichtigen.

> Die Zählrate $Z$ ist die pro Zeiteinheit mit einem Zählrohr gemessene Impulszahl. Sie ist ein Maß für die am Ort des Zählrohres vorliegende Intensität radioaktiver Strahlung.

## Aufgaben

**1** Früher gab es Uhren, von denen wurde behauptet, ihre Leuchtziffern wären radioaktiv. Beschreibe zwei Möglichkeiten, wie diese Behauptung überprüft werden kann.

**2 a)** Erläutere, wie ein Zählimpuls bei einem Zählrohr zustande kommt.
**b)** Was erwartest du, wenn du eine Messung mehrfach durchführst? Begründe.

**3** Dieses Fotopapier hat einige Tage lichtdicht verpackt auf der Fliese gelegen. Erkläre das Zustandekommen der Schwärzung des Fotopapieres.

## Durchdringungsvermögen radioaktiver Strahlung

Versuche zum Durchdringungsvermögen radioaktiver Strahlung zeigen, dass es verschiedene Strahlungsarten gibt. Dazu werden Platten aus dickem Papier, Aluminium und Blei zwischen den Ra226-Strahlerstift und das Zählrohr gehalten und jeweils die Zahl der Impulse 10 s lang gemessen. Der Abstand zwischen Zählrohr und Strahlerstift beträgt dabei höchstens 2–3 cm und darf sich bei allen Messungen nicht ändern.

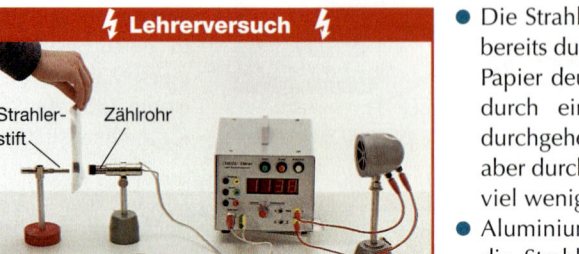

Die Ergebnisse sind in den Diagrammen dargestellt. Ohne jedes Plättchen registriert das Zählrohr ca. 19 000 Impulse in 10 s. Zu beachten ist die unterschiedliche Skalierung beider Diagramme.

- Die Strahlung von Ra226 wird bereits durch eine einzige Lage Papier deutlich absorbiert. Die durch ein Blatt Papier hindurchgehende Strahlung wird aber durch weitere Papierlagen viel weniger abgeschwächt.
- Aluminiumplatten schwächen die Strahlung wesentlich stärker ab, aber ab 4 mm Dicke bedeutet eine Vergrößerung der Aluminiumschichtdicke praktisch keine weitere Schwächung der Strahlung.
- Bereits durch 1 mm dickes Blei wird eine vergleichbare Absorption der Strahlung bewirkt. Eine dickere Bleischicht lässt die Zählrate weiter sinken. Es werden aber sehr dicke Bleischichten benötigt, um die Strahlung nahezu völlig zu absorbieren, denn eine Zählrate von ca. 400 Impulsen in 10 s liegt noch erheblich über dem Nulleffekt.

Aus den Versuchsergebnissen lässt sich schließen, dass das Radiumpräparat drei verschiedene Strahlungsarten emittiert. Eine erste Strahlungsart – **α-Strahlung** – wird bereits durch ein Blatt Papier absorbiert. **β-Strahlung** wird durch eine wenige mm dicke Aluminiumschicht absorbiert. Darüber hinaus gibt es eine dritte Strahlungsart – **γ-Strahlung** – die erst durch dicke Bleischichten deutlich geschwächt wird.

> Radioaktive Stoffe senden α-, β- oder γ-Strahlung aus. Das Durchdringungsvermögen von α-Strahlung ist im Gegensatz zu β- und γ-Strahlung sehr gering.

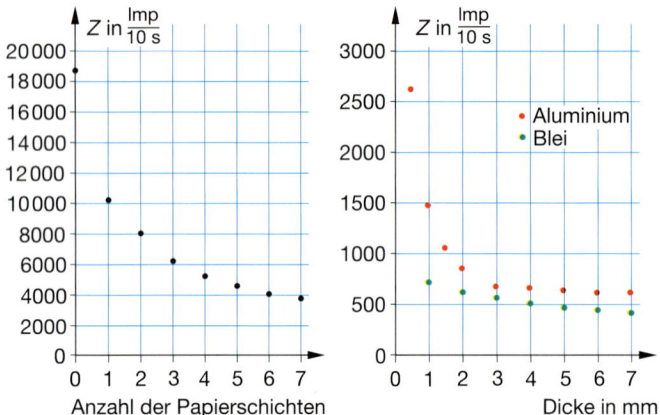

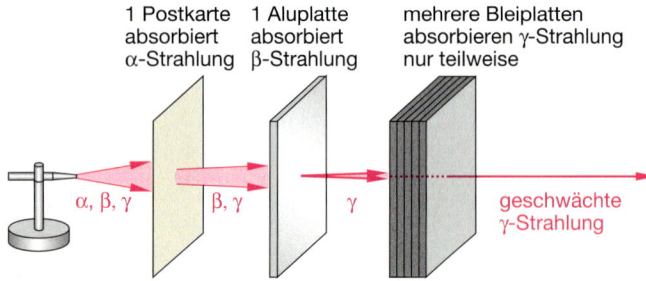

| | **α-Strahlung** | **β-Strahlung** | **γ-Strahlung** |
|---|---|---|---|
| **besteht aus** | He-Kernen | schnellen Elektronen | Energiepaketen |
| **Reichweite in Luft** | einige cm | einige dm | „unendlich" |
| **Abschirmung** | Papier | Aluplatte | dicker Bleimantel |

### Aufgaben

**1** Ein radioaktives Präparat wird mit einer 4 mm dicken Aluplatte abgeschirmt und die Zählrate gemessen. Anschließend werden Bleiplatten von 4 mm Dicke dazugenommen und die Zählraten jeweils erneut gemessen.
**a)** Erläutere den Versuchsablauf und begründe insbesondere die Verwendung der Aluplatte.
**b)** Zeichne das Diagramm. Erläutere: Die „Halbwertsdicke" von Blei beträgt 12 mm.

| **D** | 0 mm | 4 mm | 8 mm | 12 mm | 16 mm |
|---|---|---|---|---|---|
| **Z** | 446 Imp / 5 min | 313 Imp / 5 min | 276 Imp / 5 min | 226 Imp / 5 min | 167 Imp / 5 min |

**2** Erläutere, warum im Versuch der Abstand zwischen Strahlerstift und Zählrohr gleich bleiben muss.

## Reichweite radioaktiver Strahlung

In der Nebelkammer sind Nebelstreifen von etwa 2 bzw. 4 cm Länge zu erkennen, die durch ein Blatt Papier sofort unterbrochen werden. Die die Nebelspuren erzeugende Strahlung muss nach den vorherigen Erkenntnissen α-Strahlung sein. α-Strahlung hat in Luft also nur eine Reichweite von wenigen Zentimetern.

Ein Krypton85-Strahlerstift sendet nur β-Strahlung aus, ein geeignet abgedeckter Radium-Strahlerstift nur γ-Strahlung. Die Strahlung verlässt den Strahlerstift in einem kegelförmigen Bereich. Ein Zählrohr misst deshalb mit größer werdendem Abstand eine immer kleinere Zählrate. Trotzdem gibt es Unterschiede: β-Strahlung besitzt nur eine Reichweite von wenigen Dezimetern, die γ-Strahlung nimmt weniger schnell ab und ist auch in 1 m Abstand noch gut nachweisbar.

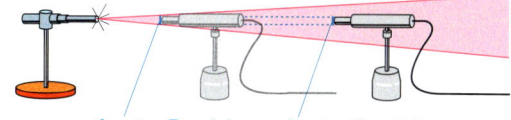

erfasster Bereich      erfasster Bereich

| Abstand | $z_\beta$ [1] | $z_\gamma$ [1] |
|---|---|---|
| 0 cm | $9892 \frac{\text{Imp}}{\text{min}}$ | $8538 \frac{\text{Imp}}{\text{min}}$ |
| 5 cm | $218 \frac{\text{Imp}}{\text{min}}$ | $1322 \frac{\text{Imp}}{\text{min}}$ |
| 10 cm | $82 \frac{\text{Imp}}{\text{min}}$ | $439 \frac{\text{Imp}}{\text{min}}$ |
| 20 cm | $11 \frac{\text{Imp}}{\text{min}}$ | $137 \frac{\text{Imp}}{\text{min}}$ |
| 50 cm | — [2] | $22 \frac{\text{Imp}}{\text{min}}$ |
| 100 cm | — [2] | $5 \frac{\text{Imp}}{\text{min}}$ |

1) Nullrate schon abgezogen; 2) kein Unterschied zur Nullrate

> Die Reichweite von α- und β-Strahlung beträgt in Luft nur wenige Zentimeter bzw. Dezimeter. Die Reichweite von γ-Strahlung ist in Luft praktisch unbegrenzt.

## Aufgaben

**1** Vor einem radioaktiven Strahler-Stift befindet sich eine 4 mm dicke Aluminiumplatte. Der Abstand des Zählrohres zum Strahler wird verändert.

| Abstand | 3 cm | 6 cm | 9 cm | 12 cm |
|---|---|---|---|---|
| Zählrate | $600 \frac{\text{Imp}}{\text{s}}$ | $150 \frac{\text{Imp}}{\text{s}}$ | $65 \frac{\text{Imp}}{\text{s}}$ | $38 \frac{\text{Imp}}{\text{s}}$ |

**a)** Deute die Messergebnisse: Welcher mathematische Zusammenhang besteht zwischen Zählrate und Abstand? Für welche Strahlungsart gilt er? Begründe.

**b)** Bestimme die Zählrate, die in einem Abstand von 0,5 m bzw. 1 m zu erwarten ist.

**2** Im Foto befindet sich ein Ra226-Strahlerstift vor einem feinen Metallgitter. Parallel zum Gitter ist ein dünner Metalldraht gespannt. Zwischen Gitter und Draht liegt eine Spannung von ca. 7 kV. Zwischen Metallgitter und Draht sind in unregelmäßigen Abständen Funken zu beobachten, sofern nicht ein Stück Papier zwischen Gitter und Stift gebracht wird.

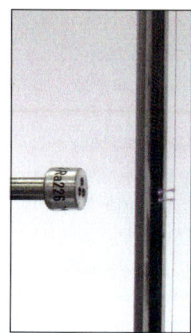

**a)** Funken sind ein Indiz für Stromfluss durch die Luft. Erkläre, inwiefern hier die radioaktive Strahlung des Ra226-Stiftes zu einem Stromfluss führt.

**b)** Begründe, welche Strahlungsart die Funken verursacht, und warum die Funken unregelmäßig auftreten.

## Radioaktivität — Versuche und Aufträge

**V1** Du benötigst ein Zählrohr mit eingebautem Timer oder ein Zählrohr und zusätzlich eine Stoppuhr. Sorge dafür, dass keine radioaktive Substanz in der Nähe ist.

**a)** Miss fünf Mal jeweils eine Minute lang die Impulszahl.

**b)** Miss die Impulszahl für fünf Minuten bzw. für zehn Minuten.

**c)** Vergleiche die Messwerte in a). Was erwartest du, wenn du noch fünf Mal je eine Minute lang misst?

**d)** Ermittle anhand der Messungen in b) die jeweilige Zählrate (in Imp/min). Vergleiche mit a).

**V2** Besorge dir eine kleine Menge Kaliumchlorid bzw. Kunstdünger (Blaukorn) und, falls möglich, einen in einem Plastikgehäuse gekapselten radioaktiven Glühstrumpf. Außerdem benötigst du ein Zählrohr.

**a)** Miss – bei stets gleichem Abstand zwischen Präparat und Zählrohr – die Impulszahl für jeweils fünf Minuten. Vergleiche die Zählraten.

**b)** Informiere dich, woraus Blaukorn besteht und wofür Glühstrümpfe üblicherweise benutzt werden. (Hinweis: Seit einigen Jahren sind nur noch nichtradioaktive Glühstrümpfe erlaubt.)

**V3** Untersuche mit einem tragbaren, stromnetzunabhängigem Zählrohr deine Umgebung, insbesondere Steine, auf Radioaktivität.

# Geladene Teilchen im Magnetfeld

### Glühelektrischer Effekt

In einem luftleer gepumpten Glaskolben befindet sich wie in einer Glühlampe ein Glühdraht. Diesem Draht gegenüber ist eine Metallplatte befestigt, die einen leitenden Anschluss nach außen hat. Mit diesem ist das Plättchen eines Elektroskops verbunden.

Das Elektroskop wird positiv geladen und dann der Glühdraht mit einer elektrischen Quelle verbunden. Mit Aufleuchten des Drahtes geht die Anzeige des Elektroskops zurück. Wird dagegen das Elektroskop negativ geladen, bleibt die Anzeige bei leuchtendem Draht erhalten. Die Energie der Elektronen im Glühdraht ist so groß, dass einige Elektronen das Metall verlassen können und ins Vakuum austreten – die Elektronen werden emittiert. Die emittierten Elektronen werden durch die positiv geladene Platte angezogen und entladen so Platte und Elektroskop. Bei negativer Aufladung des Elektroskops – und damit negativer Aufladung der Platte – werden die Elektronen von dieser abgestoßen. Folglich bleibt auch die Aufladung des Elektroskops erhalten.

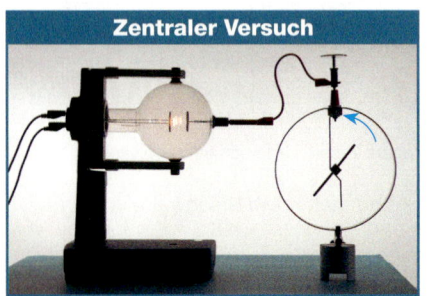
**Zentraler Versuch**

Aus glühenden Metalldrähten treten Elektronen aus.

### Ablenkung von Elektronen

Elektronen, die auf diese Weise von einem Glühdraht emittiert werden, lassen sich durch eine Spannung beschleunigen und durch eine geeignete Vorrichtung zu einem feinen Elektronenstrahl bündeln, der dann auf eine Leuchtschicht trifft und einen kleinen Leuchtfleck hervorruft.

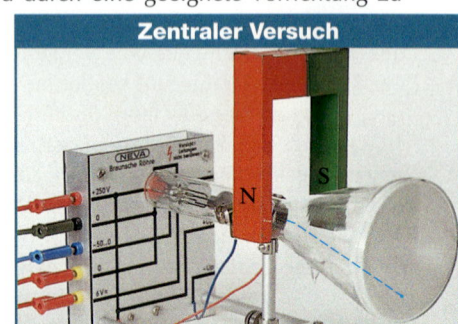
**Zentraler Versuch**

Wird der Elektronenstrahl gleichzeitig horizontal und vertikal abgelenkt, wird eine Leuchtspur sichtbar. Dies ist das Grundprinzip eines Oszilloskops und des – mittlerweile veralteten – Röhrenbildschirms eines PC-Monitors oder Fernsehgeräts.

Die Ablenkung des Elektronenstrahls kann dabei durch ein Magnetfeld erfolgen. In dieser besonderen Demonstrationsröhre befindet sich ein Gas geringen Druckes, das durch die Elektronen zum Leuchten angeregt wird. Auf diese Weise lässt sich die Spur der Elektronen genau beobachten. Die Richtung der Ablenkung ergibt sich durch die nebenstehende **Linke-Hand-Regel.**

Elektronen-bewegung
Magnetfeld
Kraft

Weitergehende Experimente zeigen, dass auch positive Teilchen – etwa Protonen – im Magnetfeld abgelenkt werden. Die Ablenkungsrichtung ergibt sich ebenfalls mit der Linke-Hand-Regel, aber der Daumen muss dann entgegen der Flugrichtung zeigen.

Bewegt sich ein Elektron in einem Magnetfeld senkrecht zu den magnetischen Feldlinien, so wirkt eine Kraft auf das Elektron. Die Kraftrichtung wird mit der Linke-Hand-Regel bestimmt. Das Elektron wird dadurch aus seiner Richtung abgelenkt.

## Streifzug | Elektronenkanone

Eine Elektronenkanone ist der Grundbaustein jeder Fernsehbildröhre (nicht eines Flachbildschirms), eines Oszilloskops sowie einer Röntgenröhre.

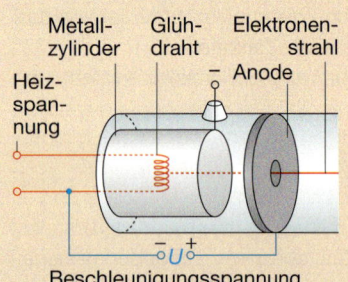
Metall-zylinder  Glüh-draht  Elektronen-strahl
Heiz-spannung
Anode
Beschleunigungsspannung

In einer luftleeren Glasröhre emittiert der heiße Glühdraht Elektronen, die durch die angelegte Beschleunigungsspannung in Richtung der Lochanode beschleunigt werden. Dabei durchfliegen sie einen negativ geladenen Metallzylinder und werden durch Abstoßung in der Zylinderachse konzentriert. Dadurch entsteht ein fein gebündelter Elektronenstrahl, der durch die Lochanode austritt und bei Auftreffen auf eine Leuchtschicht Farbpunkte erzeugen kann.

## Ablenkbarkeit radioaktiver Strahlung

Wird zwischen Strahlerstift und Zählrohr eine dicke Bleiplatte gehalten, so werden keine Impulse mehr registriert. Die von dem Strahlerstift ausgesandte Strahlung wird von Blei fast vollständig abgeschirmt. Hat die Blende ein Loch, so wirkt sie wie eine Blende in der Optik. Wird das Zählrohr hinter dem Loch hin und her geschoben, ist zu erkennen, dass die Strahlung das Loch als relativ schmales, eng begrenztes Bündel geradlinig verlässt.

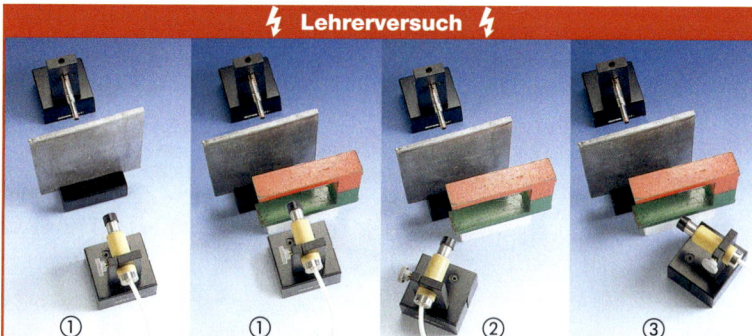

⚡ **Lehrerversuch** ⚡

① ① ② ③

Bei der Durchführung des Versuchs müssen sich die Zählrohre möglichst nahe am Magneten befinden. Eine deutliche Zählrate bei Zählrohr ③ ist nur bei einem sehr starken Magneten und bei Durchführung des Versuchs im Vakuum möglich.

Läuft das Strahlungsbündel eines Ra226-Strahlerstifts durch das Feld eines möglichst starken Hufeisenmagneten in der fotografierten Weise, so zeigen sich die folgenden Ergebnisse:

- Die Zählraten des Zählrohres in Position ① sind mit Hufeisenmagnet deutlich kleiner als ohne.
- Das Zählrohr in ② registriert ebenfalls Strahlung, abseits der geradlinigen Ausbreitungsrichtung!
- Befindet sich die Anordnung im Vakuum und ist der Magnet extrem stark (als Elektromagnet), registriert auch das Zählrohr in ③ Strahlung.

Auch dies lässt den Schluss zu, dass aus dem Ra226-Strahlerstift drei Arten von Strahlung austreten.

- Die Strahlung, die bei Vorhandensein des Magnets in Stellung ① registriert wird, wird durch das Magnetfeld nicht beeinflusst. Es handelt sich entweder um ungeladene Teilchen oder um eine materielose Strahlung wie Licht. Genaue Untersuchungen haben Letzteres bestätigt. Diese Strahlung ist die **γ-Strahlung.**
- Die vom Zählrohr in Stellung ② registrierte Strahlung wird wie negativ geladene Teilchen abgelenkt. Die Bestimmung ihrer Masse und Ladung ergab, dass die Strahlung aus Elektronen besteht. Es handelt sich um **β-Strahlung.**
- Die vom Zählrohr in Stellung ③ registrierte Strahlung wird wie positiv geladene Teilchen abgelenkt. Ihre Masse und Ladung entspricht der von Heliumkernen. Da die Strahlung **α-Strahlung** heißt, werden die He-Kerne oft auch α-Teilchen genannt.

α-Strahlung besteht aus Helium-Kernen, β-Strahlung aus sehr schnellen Elektronen, γ-Strahlung ist sehr energiereiche, materielose Strahlung. α- und β-Teilchen lassen sich im Magnetfeld ablenken, γ-Strahlung ist nicht ablenkbar.

## Regeln zum Strahlenschutz

Die Entdecker und Entdeckerinnen der Radioaktivität wussten nicht um die Gefährlichkeit der radioaktiven Strahlung, mit der sie tagtäglich experimentierten und manche haben das mit ihrem Leben bezahlt.

Das Arbeiten mit radioaktiven Stoffen erfordert sorgfältigen Strahlenschutz, zumal der Mensch für radioaktive Strahlung keine Sinnesorgane besitzt und er sie nur mit entsprechenden technischen Geräten nachweisen kann. Für das Arbeiten mit radioaktiven Stoffen gelten folgende Regeln:

**A-Regeln zum Strahlenschutz**
- genügend **A**bstand halten
- für hinreichende **A**bschirmung sorgen
- die **A**ufenthaltsdauer so gering wie möglich halten
- auf **A**bstinenz achten: nicht essen und trinken

Räume und Behälter, in denen radioaktive Stoffe lagern, müssen mit dem Strahlenwarnzeichen versehen sein.

### Aufgaben

**1** Erläutere, wie radioaktive Präparate aufbewahrt werden müssen, um weitestgehenden Schutz vor ihrer Strahlung zu erzielen. Vergleiche dabei auch α-, β- und γ-Strahlung und nenne konkrete Maßnahmen (Material, Dicke des Aufbewahrungsbehälters usw.).

**2** Begründe jede einzelne A-Regel zum Strahlenschutz ausführlich.

**3** Von einem radioaktiven Präparat ist nicht bekannt, welche Strahlungsarten es aussendet. Erläutere, welche Möglichkeiten es gibt, die Strahlungsarten zu identifizieren.

**Streifzug**

## Aus α wird Helium

Wie lässt sich nachprüfen, ob von einem α-Strahler tatsächlich Helium-Kerne ausgesandt werden? Dies ist insofern schwierig, als die Menge des entstehenden Heliums sehr gering ist. ERNEST RUTHERFORD (1871–1937) und seinen Mitarbeitern gelang 1908 der Nachweis:

In einem nahezu luftleer gepumpten Glaskolben befand sich ein Radiumpräparat, welches α-Strahlung aussandte. Wegen ihrer geringen Durchdringungsfähigkeit konnten die He-Kerne den Glaskolben nicht verlassen, sondern sammelten sich in ihm. Zusammen mit Elektronen aus der Restluft entstanden neutrale Heliumatome. Die Spuren des Edelgases konnten von RUTHERFORD und seinen Mitarbeitern nachgewiesen werden. Damit war experimentell gezeigt, dass α-Strahlung aus He-Kernen besteht.

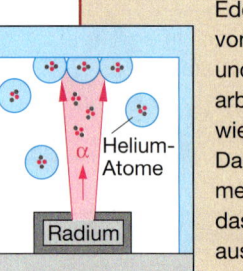

Wie viele Heliumatome entstehen in einem Zählrohr in einem Jahr?
Würde ein Zählrohr ein Jahr lang 40 Wochen täglich 5 Stunden genutzt, so wären das 1000 $\frac{h}{a}$ Bei einer Zählrate von 1000 $\frac{Imp}{s}$ entstehen bestenfalls 1000 He-Atome je Sekunde. In einem Jahr ergibt das: $1000 \cdot 1000 \cdot 3600 \approx 3{,}6 \cdot 10^9$ Atome.

Zum Vergleich: 1 cm³ reines Helium enthält ca. $10^{20}$ Atome.

## Strahlungsarten

### α-Strahlung

α-Teilchen sind Heliumkerne, die aus 2 Protonen und 2 Neutronen bestehen. Durch das Aussenden eines He-Kerns ist die Massenzahl $A$ des Restkerns um 4 und die Kernladungszahl $Z$ um 2 geringer als die des Ausgangskerns. Damit gehört der Restkern zu einem anderen chemischen Element. Der **Zerfall** lässt sich in Form einer Reaktionsgleichung darstellen.
Da keine Nukleonen verloren gehen können, muss bei einer solchen Gleichung die Bilanz immer stimmen: Die Summe aller Massen- bzw. Kernladungszahlen auf der linken Seite der Reaktionsgleichung muss gleich der Summe aller Massen- bzw. Kernladungszahlen auf der rechten Seite sein.

*Beispiel:* Durch das Aussenden von α-Strahlung wird aus dem Element Americium das Element Neptunium:

$$^{241}_{95}\text{Am} \rightarrow {}^{237}_{93}\text{Np} + {}^{4}_{2}\text{He}$$

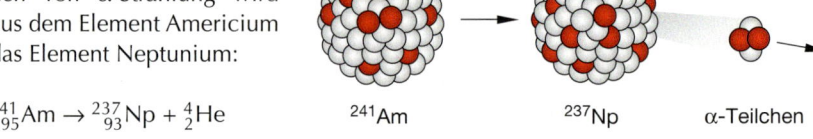

²⁴¹Am  ²³⁷Np  α-Teilchen

### β-Strahlung

β-Teilchen sind Elektronen, die mit großer Geschwindigkeit aus dem Kern geschleudert werden. Wie ist dies möglich, wo doch ein Atomkern nur aus Protonen und Neutronen besteht?
Ein Neutron kann sich unter bestimmten Umständen in ein Proton und ein Elektron umwandeln. Das Elektron kann im Kern nicht bleiben, sondern wird aus ihm herausgeschleudert. Zurück bleibt ein Kern mit gleicher Massenzahl, aber einer um 1 größeren Kernladungszahl, da sich die Anzahl der Protonen um 1 erhöht hat.

*Beispiel Strontium:* Es muss ein Element entstehen, das ein Proton mehr, aber ein Neutron weniger besitzt, also mit $Z = 39$; es ist Yttrium.

$$^{90}_{38}\text{Sr} \rightarrow {}^{90}_{39}\text{Y} + {}^{0}_{-1}\text{e}$$

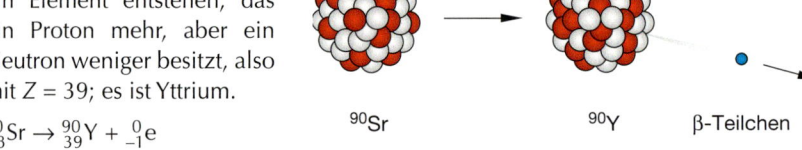

⁹⁰Sr  ⁹⁰Y  β-Teilchen

Damit die Reaktionsgleichung weiterhin gilt, wird dem Elektron die Massenzahl 0 und die Kernladungszahl –1 zugeordnet (negative Ladung).

### γ-Strahlung

Einen „γ-Zerfall" gibt es nicht. Bei einem α- oder β-Zerfall kann es allerdings vorkommen, dass nach Aussendung des α- oder β-Teilchens der Restkern (auch Tochterkern genannt) zunächst in einem „angeregten Zustand" verbleibt. Das bedeutet, dass der Kern mehr Energie besitzt als im Normalzustand, dem sogenannten „Grundzustand". Diese überschüssige Energie gibt der Kern nach sehr kurzer Zeit in einem einzigen „Energiepaket" – der γ-Strahlung – ab. γ-Strahlung ist damit eine reine Energiestrahlung wie Licht und keine Materiestrahlung wie α- und β-Strahlung. Die Art des Kernes, d. h. die Anzahl der Protonen und die Anzahl Neutronen, bleibt exakt gleich und damit auch das chemische Element. Die abgegebenen Energiepakete heißen **Photonen.**

## Umgebungsstrahlung            Streifzug

An einen isoliert aufgespannten Draht wird eine Stunde lang eine Spannung von einigen kV gelegt. Danach wird der Staub mit einem sauberen Papiertuch vom Draht abgestreift. Die Messung der Zählrate des Tuchs zeigt einen gegenüber der Nullrate leicht erhöhten Wert. Der Staub in der Luft ist teilweise radioaktiv. Das liegt daran, dass Baumaterialien wie Ziegel, Beton oder Gestein radioaktive Stoffe enthalten, die das radioaktive Edelgas Radon freisetzen.

Systematische Untersuchungen haben gezeigt, dass es drei Quellen für die Strahlung in unserer Umgebung gibt:

    Viele in der Natur vorkommende Stoffe sind von Natur aus radioaktiv. Die daraus resultierende Strahlung wird unter dem Namen **terrestrische Strahlung** zusammengefasst.

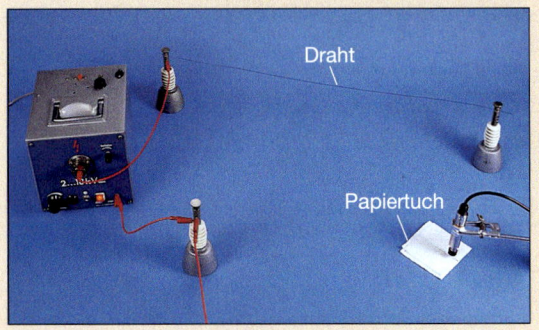
Draht
Papiertuch

- Messungen in großer Höhe haben eine erhöhte Radioaktivität ergeben. Dies lässt den Schluss zu, dass Strahlung auch aus dem Weltraum kommt. Sie heißt **kosmische Strahlung.**
- Ein weiterer Anteil, die **künstliche Strahlung,** entstammt technischen Anlagen oder medizinischen Geräten.

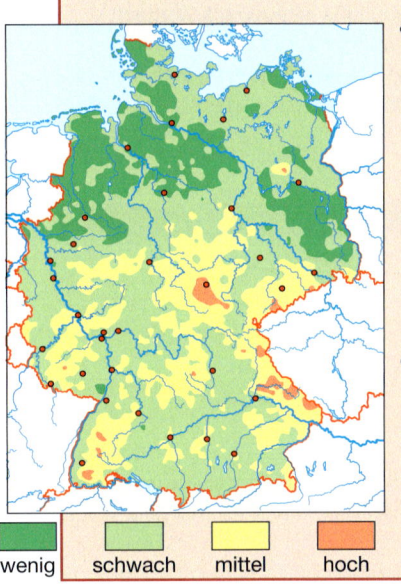

| wenig | schwach | mittel | hoch |
|---|---|---|---|

Alle diese Anteile zusammen ergeben die **Umgebungsstrahlung.** Sie gab es – mit Ausnahme der künstlichen Strahlungsquellen – schon immer. Sie scheint keine schädlichen Auswirkungen auf Menschen, Tiere und Pflanzen zu haben. Gefährlich wird es, wenn die vom Menschen verursachte künstliche Radioaktivität zu hoch wird.

Die Belastung durch die kosmische Strahlung nimmt mit der Höhe zu. Langstreckenflüge finden heute in 10–12 km Höhe statt. Messungen haben ergeben, dass das Flugpersonal bei 500 Flugstunden einer doppelt so hohen Belastung ausgesetzt ist wie die mittlere natürliche Belastung in Meereshöhe. Im Laufe des Berufslebens eines Piloten summiert sich diese Belastung; sie führt zu einem erhöhten Risiko, an Krebs zu erkranken. Ein einzelner Langstreckenflug ist unerheblich.

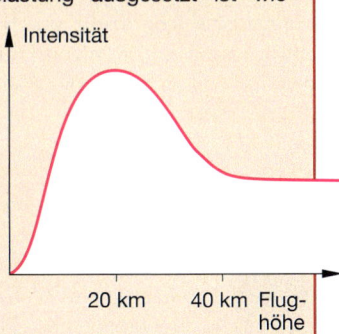
Intensität

20 km      40 km   Flughöhe

### Aufgaben

**1** Das Thoriumisotop $^{227}_{90}$Th ist ein $\alpha$-Strahler.
**a)** Gib die Reaktionsgleichung für die Abgabe eines $\alpha$-Teilchens an.
**b)** Nenne die Kerne, die bei diesem Zerfall entstehen.

**2** Stelle die Gleichung für den Zerfall von $^{14}_{6}$C auf. Kohlenstoff wandelt sich durch $\beta$-Zerfall in Stickstoff um.

**3** Ra226 zerfällt unter Aussendung von Strahlung in Rn222. Stelle die Zerfallsgleichung auf.

**4** Beschreibe, wie die Ablenkbarkeit von $\beta$-Strahlung im Magnetfeld experimentell überprüft werden kann. Begründe weshalb dabei eine dicke Bleiplatte benutzt werden muss.

**5** Für einen $\alpha$-Strahler wird eine Zählrate von 89 $\frac{\text{Imp}}{\text{s}}$ gemessen.
**a)** Berechne die Maximalzahl der Heliumatome, die dadurch in einer Stunde entstehen können.
**b)** Gib die Zahl der Atome in 1 $cm^3$ Helium an und berechne die Zeit, die der $\alpha$-Strahler braucht, um genügend Kerne für 1 $cm^3$ Helium zur Verfügung zu stellen.

## Teilchenfreie Strahlung

### Röntgenstrahlung

Röntgenstrahlung wurde 1895 von WILHELM CONRAD RÖNTGEN (1845–1923) entdeckt, also etwa ein Jahrzehnt vor der Radioaktivität. Eine Röntgenröhre besteht aus einem luftleer gepumpten Glaskolben mit einer geheizten Katode und einer Anode. Die aus der Katode austretenden Elektronen werden mit einer sehr hohen Spannung (mindestens 10 kV) beschleunigt und treffen daher mit sehr hoher Geschwindigkeit auf die Anode, welche aus massivem Metall (Kupfer, Molybdän oder Wolfram) besteht. Die Bewegungsenergie der Elektronen wird beim Aufprall auf die Anode zum Teil in Röntgenstrahlung gewandelt. Der Rest führt zu einer starken Erwärmung der Anode, die daher gekühlt werden muss.

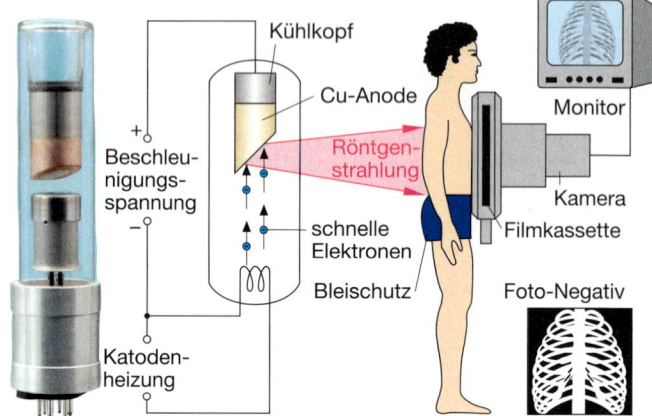

Röntgenstrahlung kann vom Menschen nicht wahrgenommen werden; sie schwärzt aber Fotopapier/Filme, lässt einen geeignet beschichteten Schirm grün leuchten bzw. kann mit einem Zählrohr nachgewiesen werden. Werden Platten gleicher Dicke aus verschiedenem Material in das Röntgenbündel gestellt, so zeigt sich, dass Hartpapier die Röntgenstrahlung kaum schwächt, während Metalle nur schwer durchdrungen werden. Insbesondere lässt Blei fast keine Röntgenstrahlung mehr durch. Erstaunlich ist die starke Schwächung der Röntgenstrahlung durch Glas, welches beinahe so viel Strahlung absorbiert wie eine gleich dicke Aluminiumschicht.

> Röntgenstrahlung ist Strahlung, die von stark beschleunigten Elektronen beim Auftreffen auf eine Anode erzeugt wird. Mit Abschalten der Beschleunigungsspannung ist auch die Röntgenstrahlung verschwunden.
> Röntgenstrahlung ist wie γ-Strahlung eine teilchenfreie Strahlung und besitzt ionisierende Wirkung.

### Aufgaben

**1** Bei einer Röntgenuntersuchung muss sich das medizinische Personal während der Aufnahme deutlich vom Röntgengerät entfernen. Begründe.

### Anwendungen der Röntgenstrahlung in Medizin und Technik

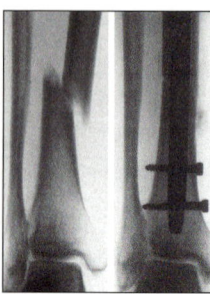

Röntgenstrahlung wird in der *Medizin* zur *Diagnose* und *Therapie* eingesetzt. Die Röntgenuntersuchung bietet den Vorteil, einen erkrankten oder verletzten Körperteil „betrachten" zu können ohne zu operieren. Die künstlich erzeugte Röntgenstrahlung wird von den verschiedenen Stoffen des Körpers (Knochen, Gewebe, Organe) unterschiedlich stark absorbiert. Ein Film oder eine Kamera mit Monitor liefert dadurch unterschiedliche Schwärzungen des Bildes. Die Fotos links zeigen einen Schienbeinbruch und seine Behebung durch einen Stahlnagel und Schrauben. Auch gesundes oder krankes Gewebe von Organen wie Lunge oder Niere lässt die Röntgenstrahlung unterschiedlich gut durch. Mithilfe von Kontrastmitteln, welche der Patient vor dieser Röntgenaufnahme einnehmen muss, werden diese natürlichen Unterschiede noch vergrößert. Deshalb ist es möglich, Röntgenaufnahmen auch von inneren Organen zu machen. Röntgenstrahlung kann auch therapeutische Wirkung besitzen, z.B. zur Schmerzlinderung bei der Behandlung entzündlicher Gelenke.

Auch in der *Technik* kann die Röntgenstrahlung eingesetzt werden etwa zur Überprüfung der Schweißnähte einer Pipeline. Diese dürfen keine versteckten Fehler enthalten z.B. Luftblasen oder feine Risse. Dieses Verfahren wird *zerstörungsfreie Werkstoffprüfung* genannt.

Röntgenstrahlung eignet sich außerdem zur Untersuchung des atomaren Aufbaus von Materie. Das nebenstehende Foto zeigt Reflexionen an Atomschichten von NaCl (Kochsalz), die Rückschlüsse auf die Kristallstruktur zulassen.

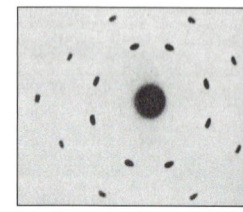

## UV-Strahlung

UV-Strahlung ist die Abkürzung für „ultraviolette Strahlung". Sie kann vom menschlichen Auge nicht wahrgenommen werden. Die wichtigste natürliche UV-Strahlenquelle ist die Sonne. Der UV-Anteil des Sonnenlichts am Erdboden variiert in hohem Maße und ist vor allem vom Sonnenstand (geographische Breite, Tages- und Jahreszeit), vom Gesamtozongehalt der absorbierenden Luftschicht und der Bewölkung abhängig.

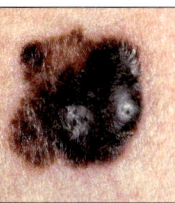

Jeder kennt die Bräunung der Haut infolge einer UV-Bestrahlung. Bei übermäßiger Bestrahlung können aber Sonnenbrände, Entzündungen am Auge sowie allergische Reaktionen in unterschiedlichem Schweregrad auftreten. Die langfristigen Schäden der UV-Bestrahlung können Hautkrebserkrankungen, insbesondere schwarzer Hautkrebs (malignes Melanom), sowie die Trübung der Augenlinse sein. Eine positive Wirkung geringer UV-Strahlung besteht darin, dass in der Haut die Bildung des für den Körper wichtigen Vitamin-D3 ausgelöst wird.

Aufgrund der überwiegend negativen Auswirkungen von UV-Strahlung ist ein vorsichtiger Umgang mit der natürlichen und der künstlichen UV-Strahlung (vor allem in Solarien) dringend erforderlich. Entsprechende Verhaltensregeln sollten bei jeder Tätigkeit im Freien und besonders auch im Urlaub berücksichtigt werden. Das Bundesamt für Strahlenschutz gibt deshalb täglich und regionalspezifisch den **UV-Index** bekannt.

| UV-Index | Belastung | Sonnenschutz |
|----------|-----------|--------------|
| 0–1 | niedrig | nicht erforderlich |
| 2–4 | mittel | empfehlenswert |
| 5–7 | hoch | erforderlich |
| über 8 | sehr hoch | unbedingt erforderlich |

In jeder Leuchtstoffröhre entsteht UV-Strahlung. Durch eine besondere innenliegende Beschichtung der Röhre wird jedoch die UV-Strahlung in sichtbares Licht gewandelt, das nach außen abgegeben wird.

## Vier Strahlungsarten im Vergleich

Sichtbares Licht, UV-Strahlung, Röntgen- und γ-Strahlung haben sehr ähnliche Eigenschaften:
- sie sind keine Teilchenstrahlung wie α- und β-Strahlung,
- sie sind Energie in sehr kleinen Energiepaketen, die **Photonen** genannt werden.

In der Grafik wird die Energie der Photonen der verschiedenen Strahlungsarten (einschließlich der Photonen des Infrarotbereichs) in der für Photonen üblichen Energieeinheit $1 \text{ eV} = 10^{-19}$ J dargestellt.

Die Grafik zeigt, dass die Energie der UV-, Röntgen- und γ-Photonen erheblich größer ist als die der Photonen des sichtbaren Lichts. Bei allen Wechselwirkungen von Strahlung mit Materie, also auch mit dem menschlichen Körper, spielt die Energie dieser Einzelportionen die entscheidende Rolle. Denn ab einer gewissen Photonenenergie ist die Strahlung in der Lage, Atome und Moleküle des Körpers zu ionisieren. Hierin liegt die Gefahr dieser energiereichen Strahlung.

> Sichtbares Licht, UV-, Röntgen- und γ-Strahlung sind Energie in Energiepaketen, die Photonen genannt werden.
> Die Energie einzelner Photonen von UV-, Röntgen- und γ-Strahlung ist erheblich größer als die von sichtbarem Licht. Diese hohe Energie ist für die Schädigung von Zellen verantwortlich.

## Aufgaben

**1** Erkläre energetisch, weshalb Röntgen- und γ-Strahlung, nicht aber sichtbares Licht ionisierende Wirkung hat.

**2** Informiere dich über Infrarot-Strahlung und ihre Wirkung auf den Menschen.

**3** Beim Röntgen wird zwischen einer Röntgenaufnahme und dem Durchleuchten unterschieden. Recherchiere und erläutere den Unterschied.

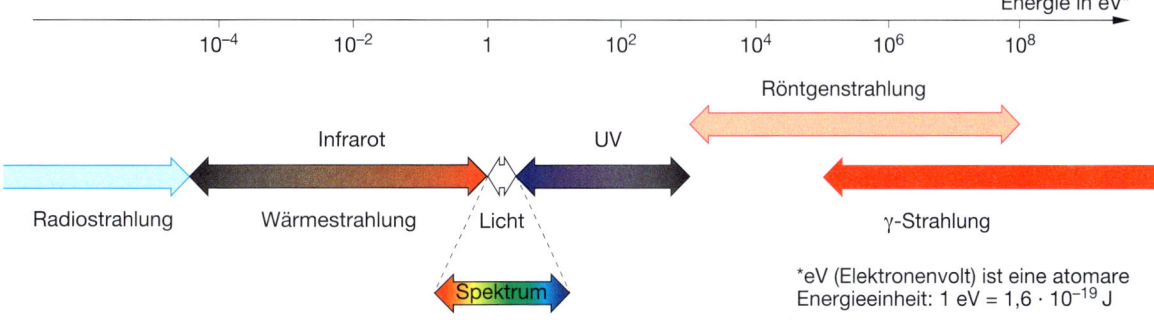

## Zerfallskurve und Halbwertszeit

Manche Atomkerne zerfallen ohne äußere Einwirkung unter Aussendung von Kernstrahlung. Dabei ist der Zerfall eines einzelnen Atomkernes ein vollkommen zufälliges Ereignis. Es ist nicht möglich vorherzusagen, welcher Kern als nächstes zerfällt und wann er das tun wird. Existieren trotzdem Gesetzmäßigkeiten beim radioaktiven Zerfall vieler Atomkerne?

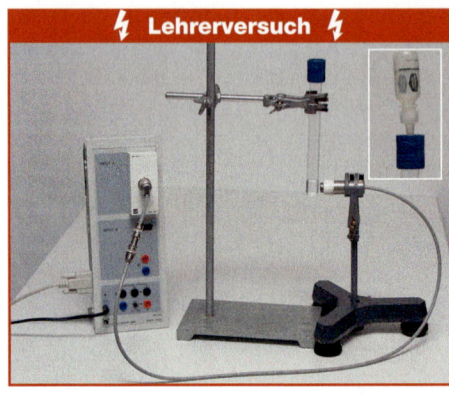

⚡ **Lehrerversuch** ⚡

Im Versuch wird der radioaktive Zerfall der Kerne einer Flüssigkeit über einen längeren Zeitraum untersucht. Der dunkle Zylinder auf dem Reagenzglas enthält radioaktives Cäsium (Cs137), das durch Aussendung von β-Strahlung in Barium (Ba137) zerfällt. Die Bariumkerne sind nach dem Zerfall noch angeregt und geben ihre überschüssige Energie in Form von γ-Strahlung ab.

Im Versuch werden diese Bariumkerne durch eine geeignete Flüssigkeit aus dem Gefäß herausgelöst (kleines Bild im Zentralen Versuch). Die im Reagenzglas aufgefangene radioaktive Flüssigkeit wird mithilfe eines Geiger-Müller-Zählrohres untersucht.

Die Messwerte in der Tabelle zeigen, dass die Zählrate $Z$ mit der Zeit abnimmt. Das liegt daran, dass die Anzahl der radioaktiven Kerne im Reagenzglas mit der Zeit immer kleiner wird. Aus dem zugehörigen $t$-$Z$-Diagramm lässt sich ablesen, dass die Zählrate – trotz der teilweise erheblichen Schwankungen – in bestimmten Zeitspannen immer auf etwa die Hälfte ihres vorherigen Wertes zurückgeht. Insofern liegt die Vermutung nahe, dass es sich beim radioaktiven Zerfall um eine exponentielle Abnahme der radioaktiven Kerne handelt. Die eingezeichnete exponentielle Regressionskurve (rot) bestätigt dies. Die Abnahme von $120 \frac{\text{Imp}}{10\,\text{s}}$ auf $60 \frac{\text{Imp}}{10\,\text{s}}$ dauert genauso lange wie die von $60 \frac{\text{Imp}}{10\,\text{s}}$ auf $30 \frac{\text{Imp}}{10\,\text{s}}$. Im Versuch beträgt die Zeit etwa 2,7 min.

Die Zeit, in der sich die Zählrate und damit die Anzahl der radioaktiven Kerne halbiert, wird als **Halbwertszeit** bezeichnet. Sie hat das Formelzeichen $t_{1/2}$. Die Halbwertszeit für radioaktive Isotope ist verschieden. Sie reicht von Mikrosekunden bis zu Milliarden von Jahren.

| Isotop | $t_{1/2}$ | Isotop | $t_{1/2}$ |
|---|---|---|---|
| Uran238 | 4,4 Mrd a | Polonium210 | 138 d |
| Radium226 | 1600 a | Iod131 | 8,0 d |
| Cäsium137 | 30 a | Radon220 | 55,6 s |

Die Halbwertszeit eines radioaktiven Isotops gibt an, nach welcher Zeitspanne nur noch die Hälfte seiner Kerne vorhanden ist. Die Halbwertszeiten für radioaktive Isotope sind verschieden.

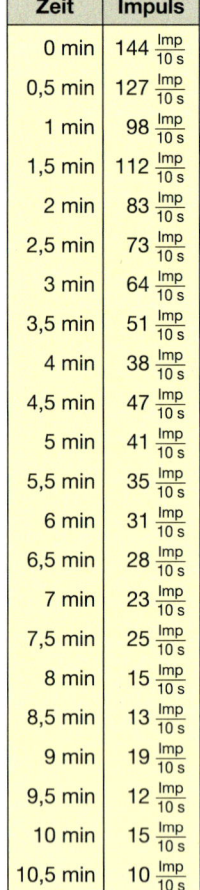

| Zeit | Impuls |
|---|---|
| 0 min | $144 \frac{\text{Imp}}{10\,\text{s}}$ |
| 0,5 min | $127 \frac{\text{Imp}}{10\,\text{s}}$ |
| 1 min | $98 \frac{\text{Imp}}{10\,\text{s}}$ |
| 1,5 min | $112 \frac{\text{Imp}}{10\,\text{s}}$ |
| 2 min | $83 \frac{\text{Imp}}{10\,\text{s}}$ |
| 2,5 min | $73 \frac{\text{Imp}}{10\,\text{s}}$ |
| 3 min | $64 \frac{\text{Imp}}{10\,\text{s}}$ |
| 3,5 min | $51 \frac{\text{Imp}}{10\,\text{s}}$ |
| 4 min | $38 \frac{\text{Imp}}{10\,\text{s}}$ |
| 4,5 min | $47 \frac{\text{Imp}}{10\,\text{s}}$ |
| 5 min | $41 \frac{\text{Imp}}{10\,\text{s}}$ |
| 5,5 min | $35 \frac{\text{Imp}}{10\,\text{s}}$ |
| 6 min | $31 \frac{\text{Imp}}{10\,\text{s}}$ |
| 6,5 min | $28 \frac{\text{Imp}}{10\,\text{s}}$ |
| 7 min | $23 \frac{\text{Imp}}{10\,\text{s}}$ |
| 7,5 min | $25 \frac{\text{Imp}}{10\,\text{s}}$ |
| 8 min | $15 \frac{\text{Imp}}{10\,\text{s}}$ |
| 8,5 min | $13 \frac{\text{Imp}}{10\,\text{s}}$ |
| 9 min | $19 \frac{\text{Imp}}{10\,\text{s}}$ |
| 9,5 min | $12 \frac{\text{Imp}}{10\,\text{s}}$ |
| 10 min | $15 \frac{\text{Imp}}{10\,\text{s}}$ |
| 10,5 min | $10 \frac{\text{Imp}}{10\,\text{s}}$ |

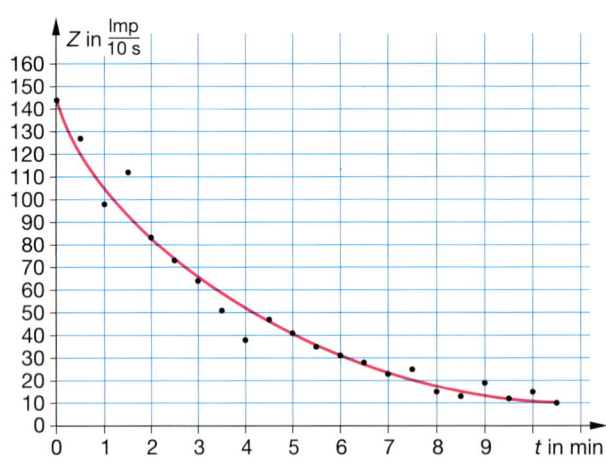

### Aufgaben

**1** **a)** Cäsium137 ist ein β-Strahler. Erläutere, wie das in einem Versuch gezeigt werden könnte.
**b)** Begründe, weshalb es wenig sinnvoll ist, zur Bestimmung der Halbwertszeit von Cs137 einen Tag lang zu Beginn jeder Stunde für fünf Minuten die Impulszahlen zu bestimmen.
**c)** Bestimme, wie viele von 1 Million Cs137-Kernen nach 150 Jahren noch (etwa) vorhanden sind.

## Auswerten einer Zerfallsmessung    Werkzeug

Charakteristisch für den radioaktiven Zerfall ist das stochastische Auftreten der Kernzerfälle. Das bedeutet, dass der nächste Zerfall grundsätzlich nicht vorhersagbar ist und die Messungen deshalb meist erhebliche Schwankungen aufweisen. Zur Auswertung einer Messreihe ist es deshalb stets erforderlich, eine Ausgleichskurve zu zeichnen bzw. die zugehörige Regressionsgleichung zu ermitteln.

### Bestimmung der Halbwertszeit

**per Hand:**

- Ausgleichskurve möglichst gut per Hand zeichnen
- gut ablesbaren Anfangswert der Ausgleichskurve suchen (z. B. 120)
- Zeitspanne bestimmen, nach der die Zählrate auf die Hälfte (60) abgesunken ist
- Zeitspanne bestimmen, nach der die Zählrate erneut auf die Hälfte (30) gesunken ist.
- Vorgang möglichst noch einmal wiederholen.
- Die Halbwertszeit ergibt sich als Mittelwert der so ermittelten Zeitspannen.

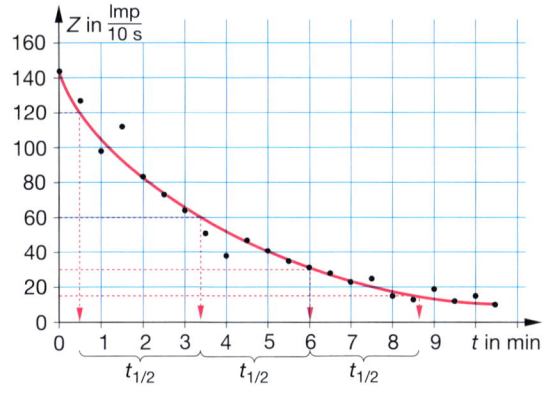

**per digitalem Hilfsmittel:**

- Messwerte in zwei Listen eintragen
- exponentielle Regressionsgleichung ermitteln, ggf. zugehörigen Graph zeichnen lassen:

$$y = 134{,}67 \cdot 0{,}782^x$$

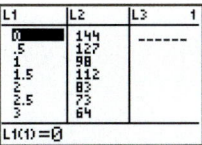

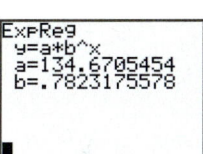

Für das weitere Vorgehen gibt es meist verschiedene Möglichkeiten:

- Wertetabelle zur Regressionsgleichung aufrufen, Halbwertszeit aus der Tabelle ablesen

**oder**

- Halbe Ausgangszählrate als zweite Funktiongleichung eingeben und Schnittstelle mit Regressionsfunktion ermitteln

**oder**

- Solve-Befehl benutzen:

solve(134,67*0,782^x=134,67/2, x)

---

### Rechenbeispiel

In einer Probe befinden sich 500 000 radioaktive Iod131 Kerne. Nach der Halbwertszeit $t = t_{1/2} = 8{,}0\,\text{d}$ sind noch die Hälfte, also 250 000 Kerne, radioaktiv. Nach weiteren 8,0 d, also nach $t = 16\,\text{d}$, sind noch ein Viertel, 125 000 Kerne vorhanden und so weiter.

Werden diese Werte in ein $t$-$N$-Diagramm eingetragen, so ergibt sich die gezeigte Zerfallskurve für Iod131.

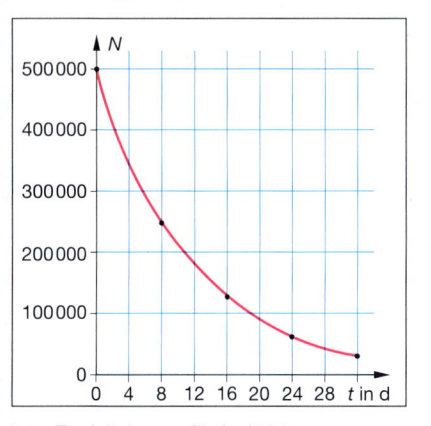

### Aufgaben

**1** Für Schulen gibt es einen radioaktiven Strahlerstift mit Po210. Bestimme, nach welcher Zeit die Strahlung dieses Stifts auf $\frac{1}{16}$ bzw. $\frac{1}{100}$ des ursprünglichen Wertes zurückgegangen ist. Deute deine Ergebnisse.

**2** Bestimme aus den Diagrammen die zugehörigen Halbwertszeiten. Beschreibe jeweils dein Vorgehen.

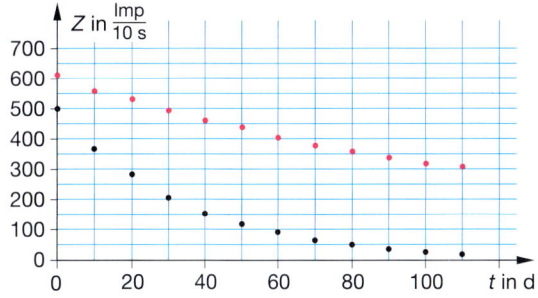

## Zerfallsreihen

Beim Zerfall eines radioaktiven Nuklids unter Aussendung von Strahlung sind die neu entstehenden Nuklide häufig ebenfalls radioaktiv und zerfallen weiter. Dieser Vorgang kann sich mehrfach wiederholen; so entsteht eine ganze Zerfallsreihe, die sich sehr gut mithilfe einer **Nuklidkarte** verfolgen lässt.

Die einzelnen Felder einer solchen Nuklidkarte enthalten außer dem Symbol für das Element noch weitere Informationen: die Massenzahl, die Häufigkeit des Vorkommens im natürlichen Element, die Zerfallsart und die Halbwertszeit für diesen Zerfall.

Die Farbe der Kästchen gibt an, welche Art von Strahlung das jeweilige Nuklid aussendet.

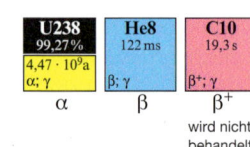

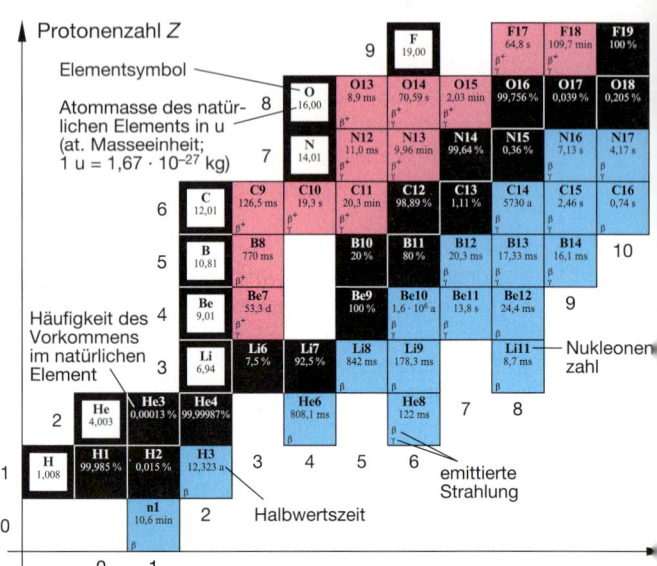

*Beispiele für Zerfälle:*

**1. Zerfall von H3:** Das blaue Kästchen weist auf β-Zerfall hin: Aus dem instabilen Tritium (H3) wird das stabile Nuklid He3 – in der Karte muss nur ein Feld nach links und ein Feld nach oben gegangen werden.

**2. Zerfall von Th232:** Weil das Feld gelb gefärbt ist, liegt α-Zerfall vor. Deswegen hat der Tochterkern 2 Protonen und 2 Neutronen weniger als Th232. In der Karte bedeutet das: zwei Felder nach links und zwei Felder nach unten. Das Zerfallsprodukt ist Ra228 das durch β-Zerfall in den Kern Ac228 übergeht. Diese Zerfallsreihe endet am stabilen Kern Pb208 (Blei).

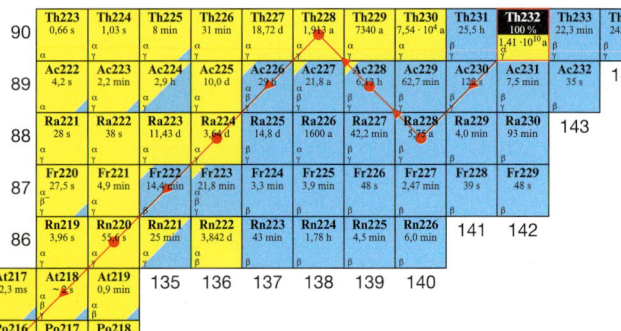

Zur Zeit sind etwas mehr als 100 verschiedene Elemente bekannt. Da es zu jedem Element zahlreiche Isotope gibt, besteht eine Nuklidkarte aus über 2000 Feldern.

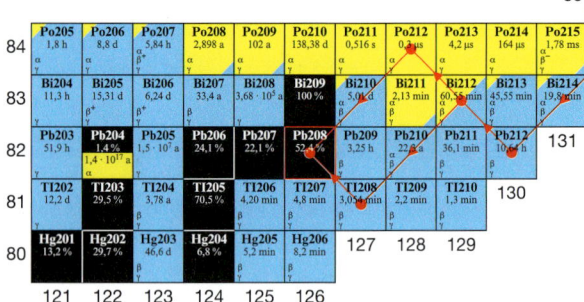

Einige Isotope zeigen eine Besonderheit, z. B. Bi212: Bei diesem Nuklid kann sowohl α- als auch β-Zerfall auftreten. Deswegen ist das Kästchen blau und gelb gefärbt. Ein bestimmter Kern kann aber nur auf eine Art zerfallen.

> α-Zerfall: zwei Felder nach unten
> zwei Felder nach links
> β-Zerfall: ein Feld nach oben
> ein Feld nach links

### Aufgaben

**1** Die Tabelle zeigt die zeitliche Abnahme der Kernanzahl $N$ eines Radiumisotops:

| $t$ | 0 min | 1 min | 2 min | 3 min | 4 min | 5 min |
|---|---|---|---|---|---|---|
| $N$ | 740 000 | 622 000 | 523 000 | 440 000 | 370 000 | 311 000 |

**a)** Stelle den Zusammenhang in einem Diagramm dar.
**b)** Ermittle die Halbwertszeit und entscheide, um welches Radiumisotop es sich handelt.

**2** U238 und U235 sind jeweils Ausgangsisotope einer Zerfallsreihe. Schreibe diese Reihen jeweils mithilfe der Nuklidkarte (am Ende des Buches) auf z. B. so:

$$^{238}_{92}\text{U} \xrightarrow{\alpha} {}^{234}_{90}\text{Th} \xrightarrow{\beta} \ldots$$

## Radioaktivität | Versuche und Aufträge

**V1 a)** Gieße alkoholfreies Bier so in ein hohes, schmales, zylinderförmiges Glas, dass eine möglichst große Schaumkrone entsteht. Markiere alle 10 s Ober- und Unterkante des Schaums. Trage die Werte in eine Tabelle ein. Zeichne mit den Werten ein Zeit- Schaumhöhe-Diagramm.

Papierstreifen

**b)** Bestimme aus diesem Diagramm die Halbwertszeit.

**V2 a)** Lege 50 gleiche Münzen (1-Ct-Stücke) in einen Würfelbecher. Schüttle den Becher und schütte die Münzen auf einem Tisch aus. Nimm alle Münzen, die „Zahl" zeigen, heraus und zähle die verbliebenen. Wiederhole den Vorgang, bis auch die letzte Münze Zahl zeigt. Zeichne ein Diagramm (x-Achse: Wurfnummer, y-Achse: Anzahl der verbliebene Münzen).
**b)** Wiederhole den Versuch aus a) nun mit 50 Reißzwecken. Zähle dabei die Zustände „⊥" (Kopf).
**c)** Wiederhole den Versuch mit 50 Würfeln. Entferne Würfel, die „Eins" zeigen.
**d)** Erkläre, welcher Zusammenhang zwischen diesen Würfelversuchen und dem Zerfall radioaktiver Kerne besteht. Bei welchem Würfelversuch liegt die größte Halbwertszeit vor? Begründe.

**V3** Die Anpassung der Temperatur eines Körpers an seine Umgebungstemperatur geschieht nach den gleichen Regeln wie der radioaktive Zerfall: In immer gleichen Zeitabständen halbiert sich die Differenz zwischen der Körpertemperatur und der Umgebungstemperatur.
**a)** Miss zunächst die Temperatur im Zimmer. Stelle dann eine Tasse mit heißem Wasser im Zimmer auf den Tisch. Miss die Temperatur des Wassers im Minutenabstand. Notiere in einer Tabelle die Zeit seit Versuchsbeginn und die Differenz Wasser-Zimmertemperatur. Notiere am Versuchsende auch, welche Wassermenge in der Tasse war.
**b)** Stelle den Zusammenhang in einem Diagramm dar und ermittle mit dem Taschenrechner die Gleichung der Ausgleichsfunktion und die Halbwertszeit.
**c)** Ermittle unter Benutzung deiner Ergebnisse in b) die Zeit, die du warten musst, bis die Temperaturdifferenz nur noch 1 °C beträgt.
**d)** Untersuche, wie die Halbwertszeit vom Material des Bechers abhängt. Wiederhole den bei a) durchge-

führten Versuch mit anderen Tassen und Bechern. Du musst dabei darauf achten, dass in jeden Becher immer gleichviel Wasser eingefüllt wird.
**e)** Fasse deine Versuchsergebnisse in einer Empfehlung zusammen: Welches Trinkgefäß sollte gewählt werden, wenn ein Heißgetränk möglichst schnell Abkühlen soll oder wenn es möglichst lange heiß bleiben soll?

**A4 a)** Stelle einen tabellarischen Lebenslauf von MARIE CURIE und HENRI BECQUEREL zusammen. Recherchiere dazu im Internet und in Büchereien.
**b)** Erläutere ihre Entdeckungen und die wesentlichen Unterschiede hinsichtlich ihrer Vorgehensweise.
**c)** Nenne die radioaktiven Stoffe bzw. Einheiten, die nach CURIE und BECQUEREL benannt wurden.

**A5** Die Abbildung zeigt den Aufbau einer Ionisationskammer. In diese Kammer kann durch einen Schlauch das radioaktive Edelgas Radon220, das eine Halbwertszeit von etwa 55 s besitzt, geleitet werden.

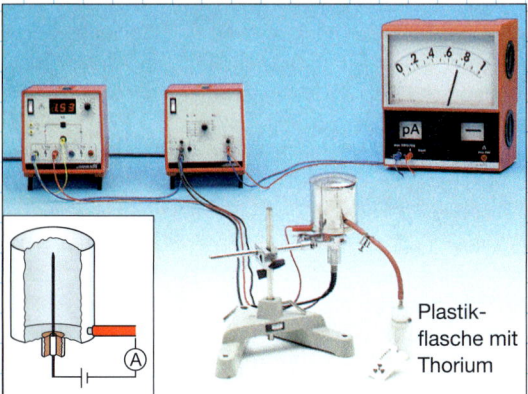

Plastikflasche mit Thorium

**a)** Erkläre, weshalb grundsätzlich ein elektrischer Strom zu messen ist. Erläutere den Unterschied zum Geiger-Müller-Zählrohr.
**b)** Skizziere und erkläre den zu erwartenden Stromstärkeverlauf, nachdem eine bestimmte Menge Radon in die Kammer eingeleitet wurde.
**c)** Beschreibe und begründe die Veränderungen im Graphen, wenn die doppelte Menge Radon in die Kammer geleitet wird.
**d)** Recherchiere, wo Radon220 auf natürliche Weise auftrifft.
**e)** Notiere mithilfe der Nuklidkarte die Zerfallsreihe von Radon220 einschließlich der Halbwertszeiten. Deute das Ergebnis.

## C14 hilft bei der Altersbestimmung

Durch den Einfluss der Höhenstrahlung auf die Atmosphäre entsteht ständig das radioaktive Isotop C14, welches mit einer Halbwertszeit von 5730 Jahren wieder zerfällt. Dieser Vorgang ist seit vielen Jahrtausenden gleichbleibend; dadurch hat sich ein Gleichgewicht eingestellt: Bei Luft kommt ein radioaktives C14-Atom auf $10^{12}$ C12-Atome. Bei einer Probe, die 1 g Kohlenstoff enthält, werden durchschnittlich 14 $\frac{Imp}{min}$ gemessen.

Wie C12 verbindet sich auch C14 mit Sauerstoff zu $CO_2$, welches von den Pflanzen aufgenommen wird. Über die Nahrungskette gelangt C14 auch in den menschlichen Organismus. Für alle lebenden organischen Substanzen gilt: 1 g Kohlenstoff enthält auch hier so viel C14, dass 14 $\frac{Imp}{min}$ gemessen werden. Nach dem Absterben der organischen Substanz findet kein Luftaustausch mit der Umgebung mehr statt; deshalb nimmt der C14-Gehalt der toten Substanz nach

den Gesetzen des radioaktiven Zerfalls ab (siehe Diagramm).

Das bedeutet: 5730 Jahre nach dem Absterben wird nur noch eine Zählrate von 7 $\frac{Imp}{min}$ gemessen. Wird bei einem Knochen z. B. die Zählrate 3,5 $\frac{Imp}{min}$ für 1 g Kohlenstoff festgestellt, so ergibt sich aus dem Diagramm: Das Lebewesen, zu dem der Knochen gehört hat, ist vor etwa 11 500 Jahren gestorben.

Mit dieser Methode kann also mit guter Genauigkeit das Alter von archäologischen Fundstücken bestimmt werden. Voraussetzung ist allerdings, dass das Fundstück organisches Material enthält. Für „Ötzi", eine im Ötztal gefundene Gletscherleiche, ist nach dieser Methode festgestellt worden, dass er vor 6500 Jahren gelebt haben muss.

Zeitliche Zwischenwerte wie bei Ötzi lassen sich dabei mithilfe der zugehörigen Funktionsgleichung ermitteln.
Die C14-Methode ist allerdings nur geeignet für Datierungen, die maximal 60 000 Jahre zurückreichen, weil die Zählrate nach einem noch längeren Zeitraum kaum noch messbar ist. Es muss auch vorausgesetzt werden, dass das Kohlenstoffgleichgewicht zu dieser Zeit so war wie heute.

### Die Uran-Blei-Methode

Die natürlichen Isotope U238 und U235 zerfallen über viele Zwischenstationen in die stabilen Isotope Pb206, Pb207 und Pb208. In vielen Versteinerungen sind auch diese Isotope vorhanden. Durch aufwendige Messungen ist es möglich, das Verhältnis der Anteile der verschiedenen Bleiisotope im Vergleich zum Uranisotop zu bestimmen. Aus diesem Mischungsverhältnis kann über die Zerfallsreihen das Alter von Gesteinsproben berechnet werden.
Die ältesten mit dieser Methode bestimmten Gesteine hatten ein Alter von etwa vier Milliarden Jahren – das Alter der Erde.

### Aufgaben

**1** In einer Höhle wurden Bärenknochen gefunden, deren C14-Gehalt im Vergleich zu lebendem Gewebe noch 12,5 % betrug. Ermittle anhand der nebenstehenden Zerfallskurve, wann der Bär gelebt hat.

**2** Für eine Materialprobe (1 g) eines Bibeltextes wurde eine Zählrate von 11,1 $\frac{Imp}{min}$ bestimmt. Ermittle das Alter des Textes möglichst genau.

**3** Messungen an Uranerzen aus großer Tiefe haben ergeben, dass etwa 1/3 der U238-Kerne zerfallen sind. Berechne daraus das Mindestalter.

*N* in $\frac{Imp}{min}$

14
12
10
8
6
4
2

2000  10 000  20 000  *t* in a

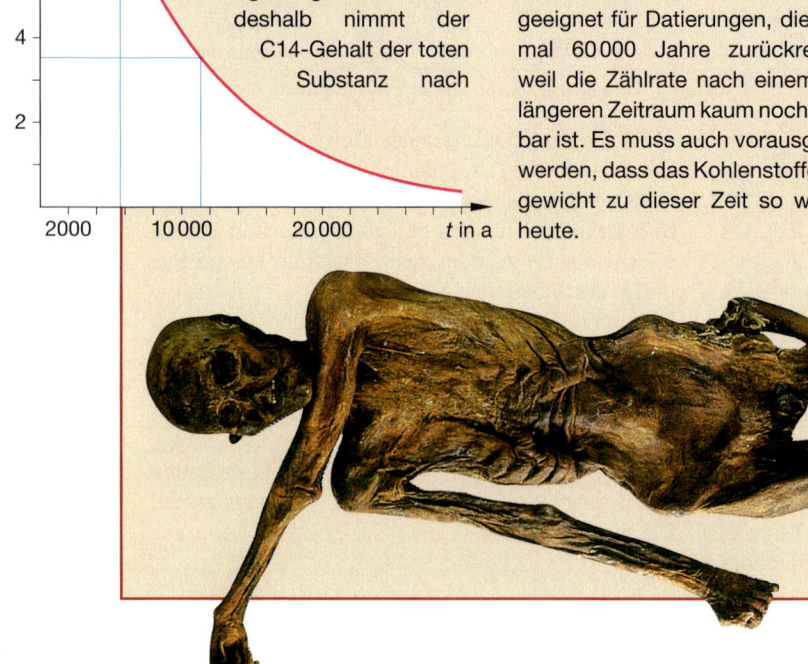

# TECHNISCHE ANWENDUNG VON STRAHLUNG

## Materialprüfung

Bei der Dickenmessung und zerstörungsfreien Werkstoffprüfung wird die Abnahme der Intensität einer γ- oder Röntgenstrahlung mit der Dicke der durchdrungenen Materialschicht genutzt.

Der zu untersuchende Gegenstand befindet sich zwischen der Strahlungsquelle und einem Nachweisgerät, z. B. einem Film oder einem Zählrohr. Je nach Dicke der Schicht bzw. des eingebrachten Gegenstandes wird die Strahlung geschwächt. Unterschiede in der Zusammensetzung des Materials, Risse oder Hohlräume zeigen sich durch verschiedene Schwärzungsgrade auf dem Film oder unterschiedliche Zählraten. Auf diese Art erfolgt die Untersuchung von hochbelasteten und sicherheits-relevanten Bauteilen. Drahtseile für Seilbahnen oder Aufzüge und gegossene Felgen z. B. von PKW oder die Radreifen bei der Eisenbahn werden so mit Röntgenstrahlung zerstörungsfrei untersucht.

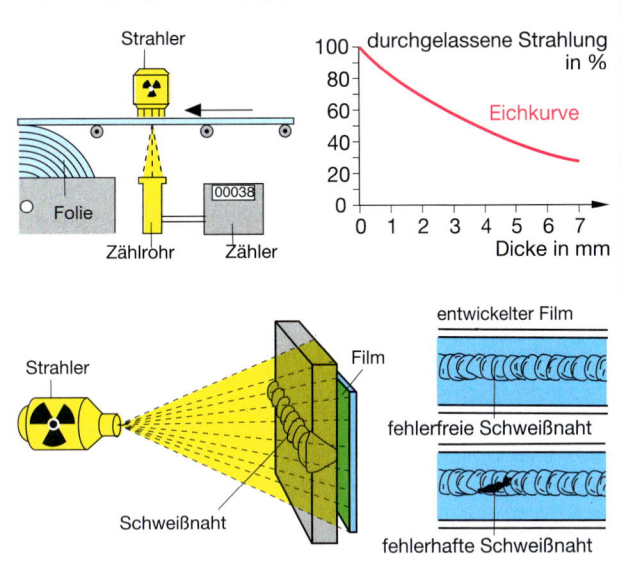

## Brandmelder

Es gibt Brandmelder, in denen ein radioaktives Präparat eingebaut ist, welches die Luft, die von außen in die Messkammer eindringt, permanent ionisiert. Dadurch kann ein elektrischer Strom durch die Messkammer fließen. Wenn Rauchpartikel in die Kammer gelangen, lagern sich die ionisierten Luftmoleküle an den Rauchpartikeln an. Die so entstandenen großen und schweren „Rauch"-Ionen sind nahezu ungeladen, die Stromstärke sinkt. Die Abnahme der Stromstärke kann elektronisch registriert werden und Alarm auslösen. Wird allerdings nach einem Brand ein solcher Ionisationsrauchmelder bei den Aufräumarbeiten nicht gefunden, muss der Brandschutt als Sondermüll entsorgt werden.

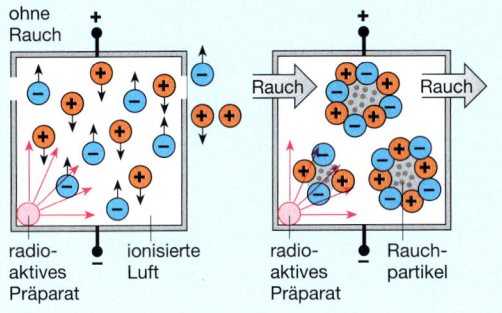

## Materialbeeinflussung

In der Industrie werden Kunststoffe veredelt, indem sie für eine bestimmte Zeit β-Strahlung ausgesetzt werden. Dadurch vernetzen sich die Molekülketten im Kunststoff. Dieser wird dadurch z. B. beständiger gegen Hitze und Chemikalien.

## Konservierung von Lebensmitteln

In einigen Ländern (auch in der EU) werden ganze Paletten mit Lebensmitteln ionisierender Strahlung ausgesetzt, um sie dadurch zu konservieren (haltbarer zu machen). Das Bestrahlen von Lebensmitteln ist nicht unumstritten und in Deutschland ist zurzeit nur die Bestrahlung getrockneter Gewürze und Kräuter erlaubt.

## Sterilisation

Zur Sterilisation (Entkeimung) werden medizinische Instrumente, hitzeempfindliche Arzneimittel, Schläuche, Verbandsstoffe und Ähnliches ionisierender Strahlung ausgesetzt. Durch die Bestrahlung mit hohen Energiedosen werden Bakterien, Sporen oder Viren getötet. Auch der Klärschlamm aus Kläranlagen wird ionisierender Strahlung ausgesetzt, um ihn anschließend als keimfreien Dünger verwenden zu können.

# Strahlenwirkungen und Strahlenschutz

**Strahlenschutzsymbole sind an vielen Stellen zu finden, z. B. an Röntgengeräten, Aufbewahrungsbehältern von radioaktiven Substanzen und natürlich an Kernkraftwerken. Das Symbol weist darauf hin, dass im Umgang mit den gekennzeichneten Geräten oder Gegenständen höchste Vorsicht geboten ist, denn von ihnen geht ionisierende Strahlung aus.**
**Welche Wirkungen hat die Strahlung auf den menschlichen Körper? Sind die Wirkungen immer und für jede Strahlung gleich? Wie kann sich der Mensch schützen? Gibt es auch Anwendungsmöglichkeiten für medizinische Diagnostik oder Therapie?**

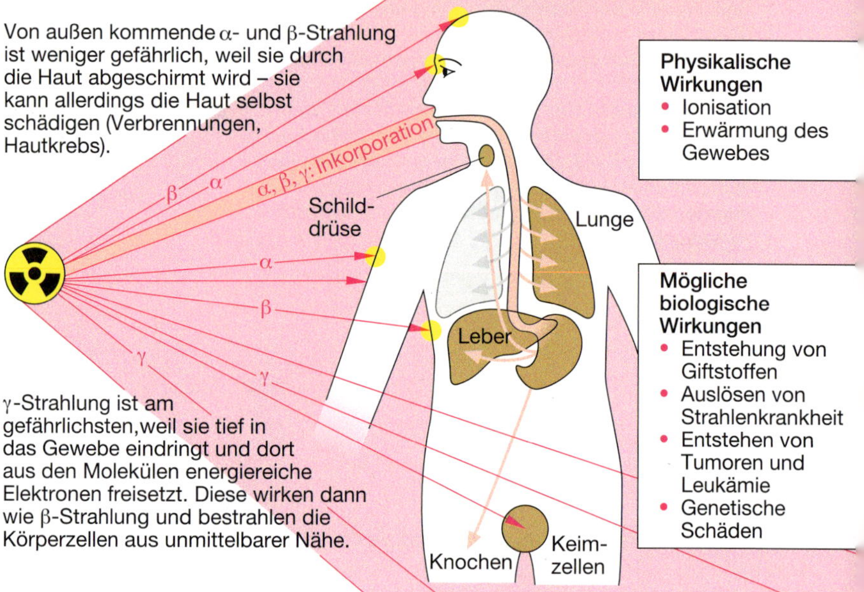


## Wirkungen von Strahlung

Wenn α-, β- oder γ-Strahlung sowie Röntgenstrahlung auf den menschlichen Körper trifft, kommt es zu Wechselwirkungen der Strahlung mit Materie. Die physikalischen Effekte sind Ionisation und Anregung von Atomen und Molekülen. Diese Effekte können in einzelnen Organen Veränderungen auslösen, was den gesamten Organismus erheblich stören kann:

- Intensive Strahlung kann zu Hautveränderungen wie bei einem starken Sonnenbrand führen;
- Moleküle bzw. Atome können als Folge der aufgenommenen Energie zerbrechen;
- Moleküle bzw. Atome zeigen Reaktionen, die sich vom Verhalten nichtionisierter Moleküle oder Atome drastisch unterscheiden. Entstehende Giftstoffe können die natürlichen Abläufe in den Zellen stören oder sogar ihre Funktion dauerhaft lahm legen.

Dies gilt sowohl für Strahlung, die von außen, als auch für Strahlung, die durch **Inkorporation** (Aufnahme radioaktiver Substanzen in den Körper) von innen auf den Organismus wirkt. Einige radioaktive Stoffe verteilen sich gleichmäßig im Körper (z. B. Caesium), andere werden bevorzugt in bestimmten Organen abgelagert, z. B. Iod in der Schilddrüse oder Strontium im Knochenmark.

Die durch die Absorption zugeführte Energie führt zwar auch zu einer minimalen Temperaturerhöhung, aber die Schädigung der Zellen ist auf die ionisierende Wirkung der Strahlung zurückzuführen.
Dabei spielt es keine Rolle, ob die Strahlungsquelle sich außerhalb oder innerhalb des Körpers befindet.
Folgende Faktoren sind allerdings von Bedeutung:

- α-, β- oder γ-Strahlung sowie Röntgenstrahlung haben unterschiedliche biologische Wirkungen.
- Die Bestrahlungsstärke, die zeitliche Dauer der Bestrahlung und die Größe des bestrahlten Körpervolumens beeinflussen die mögliche Wirkung ebenfalls.
- Die einzelnen Organe sind unterschiedlich empfindlich.
- Auch Milieufaktoren (z. B. die Art der Ernährung) oder der Gesundheitszustand spielen eine Rolle.

Wenn Strahlung auf Körperzellen trifft, führt die absorbierte Energie zur Erwärmung des Gewebes und zu Ionisationen. Diese können chemische und biologische Prozesse auslösen, die zu Gesundheitsschäden führen können.

## Schäden durch ionisierende Strahlung

Die biologischen Wirkungen ionisierender Strahlung lassen sich in drei Kategorien einteilen:

- **Somatische** (körperliche) **Frühschäden** sind an den bestrahlten Personen selbst erkennbar. Die Menschen leiden nach starker Bestrahlung an **vorübergehender** oder **schwerer Strahlenkrankheit**.
- Wenn durch die Bestrahlung Krebs, z.B. Leukämie, ausgelöst wird, sind dies **somatische Spätschäden.**
- Die ionisierende Strahlung kann auch eine Schädigung von Zellen bewirken, die Erbinformationen enthalten. Die gespeicherten Erbinformationen werden verändert, was dann in der Folge zu **genetischen Schäden (Mutationen)** führt.

Während somatische Schäden an den bestrahlten Menschen selbst auftreten, wirken sich genetische Schäden an den Keimzellen erst bei den direkten Nachkommen oder in den Folgegenerationen aus.

Wird der Körper von Strahlung getroffen, stehen zwei sehr wirksame **Abwehrmechanismen** bereit: das *Reparatursystem* und das *Immunsystem*. Sie schaffen es, dass eine vorübergehende Strahlenkrankheit im Normalfall rasch überwunden wird, wenn der Körper des Menschen gesund und widerstandsfähig ist.
Schädigungen durch Strahlung können dagegen nur teilweise oder gar nicht abgewendet werden, wenn die körpereigenen Abwehrsysteme überlastet sind, weil das Immunsystem z.B. gleichzeitig gegen eine Virusinfektion ankämpfen muss. Sehr starke Strahlung kann die Abwehrmechanismen selbst so schwächen, dass sie ganz versagen.

Aber nicht jede Bestrahlung verursacht zwangsläufig Schäden. Das Risiko, an Krebs zu erkranken, wird auch von Erbanlagen, der Lebensweise, dem Alter und Umweltfaktoren stark beeinflusst. Dieser Einfluss ist bei den verschiedenen Krebsarten sehr unterschiedlich.

> Die Absorption von ionisierender Strahlung kann bei Körperzellen zu somatischen und bei Keimzellen zu genetischen Schäden führen.
> Immun- und Reparatursystem können nicht zu schwere Schäden beheben.

### Abwehrmechanismen

- **Das Reparatursystem** behebt Molekül- und Zellschäden. Dadurch werden somatische Schäden verhindert oder begrenzt. Mutationen können allerdings bestehen bleiben oder sogar durch fehlerhafte Reparaturen an DNS-Molekülen neu entstehen.
- Das Immunsystem entfernt veränderte, also mutierte Zellen aus dem Gewebe und sorgt für neue Zellen durch Beschleunigung der Zellteilung. Deshalb ist eine Mutation nicht immer gleichbedeutend mit einem somatischen oder genetischen Schaden.

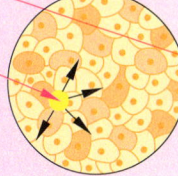

Keine Absorption: Biologisch unwirksam

Körperzelle

Absorption von Strahlung
- Erwärmen der Zelle
- Ionisation

Biochemische Effekte
- Zerbrechen von Molekülen
- Bildung von Giften
- Mutationen durch Veränderung der DNS

Wenn die Abwehrmechanismen versagen

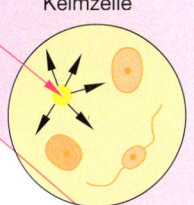

Keimzelle

### Somatische Schäden

**Vorübergehende Strahlenkrankheit**

- Die Schutz- und Abwehrfunktionen des Körpers sind geschwächt.
- Die Anzahl der Zellverluste ist höher als die Zellneubildungen. Die Zahl der weißen Blutkörperchen nimmt rapide ab.
- Zwei bis drei Wochen nach der Bestrahlung kommt es zu Appetitlosigkeit, Entzündungen im Bereich der Luft- und Speisewege, Haarausfall, kleinen Hautflecken und allgemeinem Unwohlsein. Die Abwehrkräfte erlahmen und Verletzungen heilen nur noch schwer.

**Schwere Strahlenkrankheit**

- Immer mehr Zellen verlieren die Fähigkeit, sich zu teilen, oder sterben sogar ab.
- Dramatische Blutveränderungen als Folge der Zellbeeinträchtigungen führen nach 10 bis 14 Tagen zu schweren Entzündungen und inneren Blutungen.
- Bei Männern kann vorübergehende oder lebenslange Unfruchtbarkeit eintreten.

### Genetische Schäden

**Spätschäden**

- Körperzellen können z. B. zu unkontrolliertem Wachstum und damit zu Krebsbildungen angeregt werden.
- Wenn Samen oder Eizellen von Mutationen betroffen sind, wirkt sich das auf die Entwicklung des ungeborenen Kindes aus. Zum Beispiel können Missbildungen oder Down-Syndrom bei Neugeborenen auftreten.
- Gestörte Erbinformationen können an die Nachkommen weitergegeben werden, was dann zu Erbkrankheiten führt.

Keine Absorption: Biologisch unwirksam

## Messung der Strahlenbelastung

Radioaktive Strahlung lässt sich mit den Sinnesorganen nicht erfassen. Sie kann nur mithilfe spezieller Messeinrichtungen nachgewiesen werden. Die erfasste Zählrate der Probe eines radioaktiven Stoffes allein erlaubt aber noch keine Aussage darüber, welche Wirkungen die Absorption der Strahlung auf den Menschen hat.

● Zur Angabe der Strahlenwirkung dient die **Energiedosis D.** Sie gibt an, wie viel Energie pro Kilogramm eines bestrahlten Stoffes absorbiert wird:

$$D = \frac{\text{absorbierte Energie}}{\text{Masse des bestrahlten Körpers}} = \frac{E}{m}$$

Die Energiedosis ist von der Masse des bestrahlten Gewebes abhängig. Daher macht es einen Unterschied, ob die absorbierte Energie vom ganzen Körper oder z. B. nur von einer Hand aufgenommen wird.

● Die Wirkung der ionisierenden Strahlung auf lebende Organismen ist von der Art der hauptsächlich absorbierten Strahlung abhängig. Jede Strahlungsart wirkt unterschiedlich auf das Körpergewebe und führt zu verschieden starken biologischen Folgen. Die biologische Wirkung der gleichen Energiedosis ist bei α-Strahlung viel größer als bei β- oder γ-Strahlung. Daher reicht die Angabe der Energiedosis für eine Abschätzung der Wirkung nicht aus. Die Energiedosis muss mit einem **Qualitätsfaktor** (auch *Bewertungsfaktor* genannt) **Q** multipliziert werden; das ergibt die **Äquivalentdosis H:**

**H = Q · D**

Die Qualitätsfaktoren sind Erfahrungswerte aus Experimenten:
$Q$ =  1 für β-, γ-, Röntgenstrahlung,
$Q$ = 10 für Neutronenstrahlung,
$Q$ = 20 für α-Strahlung.
Um Äquivalentdosen von Energiedosen unterscheiden zu können, wird als spezielle Einheit das Sievert (Sv) verwendet:
$1 \text{ Sv} = 1 \frac{\text{J}}{\text{kg}}$.

Bestrahlung von Körperzellen mit
α-Strahlung, 0,1 Gy   β-Strahlung, 0,1 Gy

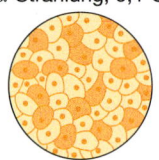 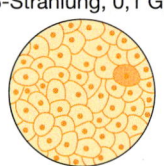

● Mit der Angabe der Äquivalentdosis kann die biologische Wirkung der Strahlung auf das lebende Gewebe aber immer noch nicht vollständig erfasst werden. Zusätzliche Bedeutung hat die Zeit: Es ist ein erheblicher Unterschied, ob die gleiche Strahlendosis in einem längeren oder kürzeren Zeitraum einwirkt.

---

**Energiedosis**

Die Einheit ist 1 Gy (Gray) = $1 \frac{\text{J}}{\text{kg}}$.
Das Formelzeichen ist *D*.

**Äquivalentdosis**

Die Einheit ist $1 \text{ Sv} = 1 \frac{\text{J}}{\text{kg}}$.
Das Formelzeichen ist *H*.

---

● Mit einem einfachen Geiger-Müller-Zählrohr lässt sich zwar eine schwache Strahlung von einer starken unterscheiden, die Energie- bzw. Äquivalentdosis lässt sich mit ihm jedoch nicht messen. Hierzu wurden verschiedene Dosimeter-Typen entwickelt.

**Filmdosimeter** enthalten in einem flachen Gehäuse ein Stück Film, das an manchen Stellen durch verschiedene Metallfilter abgeschirmt ist. Durch radioaktive Strahlung und Röntgenstrahlung wird der Film geschwärzt. Nach der Entwicklung kann durch Schwärzungsvergleich mit definiert bestrahlten Filmen die aufgenommene Dosis bestimmt werden.

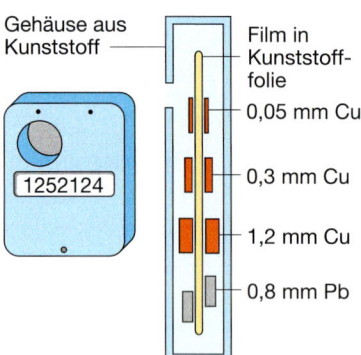

Die Äquivalentdosis berücksichtigt die biologische Wirksamkeit der Strahlungsarten auf organisches Gewebe. α-Strahlung wirkt 20-mal stärker, Neutronenstrahlung 10-mal stärker als β-, γ- und Röntgenstrahlung.

---

| Dosis | Symptome der Strahlenkrankheit (in der Mehrzahl der Fälle) |
|---|---|
| 0–0,3 Sv | Äußerlich keine Symptome erkennbar |
| ab 0,3 Sv | Gelegentlich Übelkeit und Erbrechen; erste Veränderungen im Blutbild |
| ab 1 Sv | **Vorübergehende Strahlenkrankheit:** nach 2 Stunden Erbrechen; Kopfschmerzen; nach 2 Wochen Haarausfall; nach Jahren Trübungen der Augenlinse |
| ab 3 Sv | **Schwere Strahlenkrankheit:** nach 30 Minuten Erbrechen; ständige Kopfschmerzen; später Fieber, Entzündungen im Mund/Rachen; blutiger Durchfall; die Hälfte der Erkrankten stirbt |
| ab 8 Sv | **Tödliche Strahlenkrankheit:** nach Minuten Erbrechen und Fieber; innere und äußere Blutungen; Bewusstseinstrübung; schneller Kräfteverfall; ohne Therapie ist das Überleben nicht möglich |

## Strahlenschutz

Das Leben auf der Erde hat sich von Beginn an unter der Einwirkung von radioaktiver Strahlung entwickelt. Sie kommt aus dem All (kosmische Strahlung), dem Erdboden (terrestrische Strahlung) und der Atmosphäre. Radioaktive Strahlung ist also Bestandteil der Umwelt. Sogar der menschliche Körper ist ein Strahler: Durch die Nahrung und die Atmung gelangen radioaktive Stoffe in den Körper, werden dort gespeichert und strahlen weiter.

Neben der natürlichen **Strahlenbelastung** sind die Menschen zusätzlich zivilisationsbedingten Strahlungsquellen ausgesetzt. An erster Stelle steht dabei die Röntgendiagnostik in der Medizin. Aber auch durch kerntechnische Anlagen (Kernkraftwerke) oder durch Kernwaffenversuche werden die Menschen zusätzlich belastet.

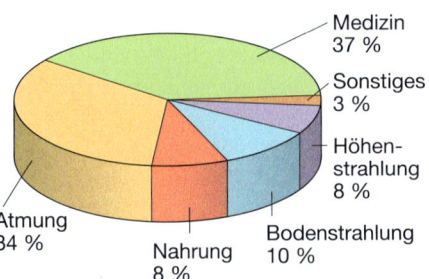

Medizin
37 %

Sonstiges
3 %

Höhen-
strahlung
8 %

Bodenstrahlung
10 %

Nahrung
8 %

Atmung
34 %

Die Jahresdosis aufgrund der natürlichen Strahlenbelastung beträgt in Deutschland je Einwohner durchschnittlich 2,4 mSv. Der Wert schwankt jedoch regional und liegt in Deutschland zwischen 1 mSv und 5 mSv pro Jahr. Die medizinisch bedingte Strahlenbelastung beträgt durchschnittlich 1,8 mSv, sodass jeder Bewohner durchschnittlich einer Belastung von 4,2 mSv im Jahr ausgesetzt ist.
Die Grenzwerte für die Bevölkerung und beruflich strahlenexponierte Personen sind in der **Strahlenschutzverordnung (StrlSchV)** festgelegt.

Die Grenzwerte für die Normalbevölkerung orientieren sich dabei an der normalen Schwankungsbreite der natürlichen Strahlenbelastung.
Die StrlSchV schreibt u. a. vor, dass
- die Strahlendosis so gering wie möglich zu halten ist;
- Grenzwerte zu kontrollieren und einzuhalten sind.

Beruflich strahlenexponierte Personen müssen deshalb stets ein Dosimeter tragen. Überschreitet eine Person z. B. in einem Kernkraftwerk den für sie geltenden Grenzwert für die Jahresdosis, darf sie nicht länger an einem Arbeitsplatz tätig sein, an dem sie Strahlung ausgesetzt ist.

### Strahlenschutz
ist für jeden Menschen wichtig. Die Grundregeln sind einfach:

- **Abstand halten:** Je größer die Entfernung von der Strahlungsquelle, desto schwächer ist die Strahlung. Bei doppelter Entfernung sinkt die Strahlungsintensität auf weniger als ein Viertel ab.

- **Nur kurzer Aufenthalt** in der Nähe einer Strahlungsquelle: Die vom Körpergewebe absorbierte Energiedosis ist proportional zur Bestrahlungszeit. Eine Halbierung der Bestrahlungszeit bedeutet daher auch eine Halbierung der Strahlendosis.

- **Abschirmung**

- **Abstinenz:** Während des Umgangs mit radioaktiven Stoffen keine Nahrung zu sich nehmen: Durch Nahrungsaufnahme können radioaktive Stoffe in den Körper gelangen und sich dort in einzelnen Organen ablagern. Dadurch sind die Körperbereiche in der Nähe der betroffenen Organe einer verstärkten Bestrahlung ausgesetzt.

| Grenzwerte für die Bestrahlung | | | |
|---|---|---|---|
| Körperbereich | Erwachsene maximal | Jugendliche maximal | Bevölkerung im Schnitt |
| ganzer Körper | 20 mSv | 1 mSv | 1 mSv |
| Keimdrüsen; Gebärmutter; Knochenmark | 50 mSv | 5 mSv | 0,3 mSv |
| Knochenoberfläche; Haut | 300 mSv | 30 mSv | 1,8 mSv |
| Hände/Arme; Füße/Beine samt zugehöriger Haut | 500 mSv | 50 mSv | 0,9 mSv |
| Alle Organe, die oben nicht genannt wurden | 150 mSv | 15 mSv | 0,9 mSv |
| | beruflich strahlenexponierte Personen | | Normalbevölkerung |

### Aufgaben

1. Erkläre die Funktionsweise des Filmdosimeters. Begründe, dass damit auch die Strahlungsarten unterschieden werden können.

2. **a)** Erläutere, wovon die schädigende Wirkung radioaktiver Strahlung abhängt und welche verschiedenen Schäden sie hervorrufen kann.
   **b)** Die Notwendigkeit der Einführung des Bewertungsfaktors zeigt die Grenzen physikalischer Sichtweisen. Erläutere diese Aussage.

3. Begründe die Grundregeln des Strahlenschutzes mithilfe der Eigenschaften und Wirkungen radioaktiver Strahlung.

4. Bei der natürlichen Strahlenbelastung spielt das radioaktive Edelgas Radon220 eine zentrale Rolle. Informiere dich, erkläre.

5. Informiere dich im Internet über Aufbau und Funktionsweise eines Taschendosimeters.

6. $\alpha$-Strahlung wird schon durch eine dünne Pappe absorbiert. Trotzdem ist der Bewertungsfaktor für $\alpha$-Strahlung $Q = 20$. Erkläre diesen scheinbaren Widerspruch. Beachte dabei z. B. die unterschiedliche Größe von $\alpha$- und $\beta$-Teilchen.

# Strahlentherapie und Strahlendiagnostik

Nach der Entdeckung der Radioaktivität im Jahr 1896 durch BECQUEREL bzw. der Röntgenstrahlung 1895 durch RÖNTGEN dauerte es nicht lange, bis die ionisierende Strahlung im medizinischen Bereich sowohl zur Diagnose als auch zur Therapie eingesetzt wurde. Am bekanntesten ist die Röntgendiagnostik wie z.B. bei der Computertomografie. Hier wird die gute Durchdringungsfähigkeit der Röntgenstrahlung genutzt.

## Strahlentherapie

Ionisierende Strahlung hat nicht nur schädigende Wirkungen auf den menschlichen Organismus, sondern kann auch gezielt zur Heilung bestimmter Krankheiten eingesetzt werden, z.B. von Krebs. Dazu wird das erkrankte Körperteil ionisierender Strahlung ausgesetzt. Als Strahlungsquellen werden heute Geräte bzw. Stoffe benutzt, die energiereiche teilchenfreie Strahlung emittieren: Röntgenröhren, radioaktive Substanzen (Co 60, Cs 137) und Linearbeschleuniger. Die Bestrahlungen bewirken über eine Hemmung der Zellteilung einen Wachstumsstillstand oder sogar ein Absterben von Gewebeanteilen, wobei wachsendes Gewebe, wie zum Beispiel Tumore, empfindlicher reagiert als gesunde, ausgewachsene Körperteile.

Die Strahlungsquelle wird auf einer kreisförmigen Bahn um den Patienten herum geführt. Hierdurch wird erreicht, dass das gesunde Gewebe nur mit einer geringen Energiedosis belastet wird und gleichzeitig eine gleichbleibend hohe Strahlendosis auf den Tumor trifft. Vielfach wird zusätzlich mit individuell angefertigten Schutzmasken gearbeitet, z.B. bei Bestrahlungen im Bereich des Kopfes. Eine genaue Positionierung auf dem Bestrahlungstisch ist für den Erfolg der oft mehrere Wochen dauernden Therapie mitentscheidend.

Eine Strahlentherapie ist wie eine Chemotherapie mit starken Nebenwirkungen verbunden. Dazu zählen Interesselosigkeit und Appetitmangel, Übelkeit und Erbrechen.

Auch Hautstörungen wie Rötungen, Abschuppungen und Juckreiz sind beobachtet worden. Eine Strahlentherapie führt insgesamt zu einer Schwächung der Abwehrkräfte.

Möglich ist es auch, das Tumorgewebe von innen zu bestrahlen. Hierzu werden winzige Mengen einer radioaktiven Substanz direkt in den Tumor gebracht und nach der entsprechenden Behandlungszeit wieder entfernt.

## Strahlendiagnostik

Es gibt eine große Anzahl von Anwendungsgebieten, bei denen die nuklearmedizinische Diagnostik den anderen Untersuchungsmethoden überlegen ist:

Bestimmte Erkrankungen können gegenüber anderen Untersuchungsverfahren früher erkannt werden und somit frühzeitig behandelt werden. Die Beobachtung der Verteilung radioaktiver Substanzen oder ihre bevorzugte Anlagerung in Gewebe- oder Körperteilen bietet die Möglichkeit, funktionale Zusammenhänge oder Informationen über Verteilungs-, Durchblutungs- und Stoffwechselvorgänge genauer zu erfassen als mit anderen Verfahren.

Ein Hauptanwendungsgebiet ist die Funktions- und Lokalisationsuntersuchung von Drüsen, z.B. die Bestimmung von Lage, Größe und Funktion der Schilddrüse, der Nebennieren u.a.

Dazu wird ungefährlichen Flüssigkeiten radioaktives Technetium oder Iod beigemischt. Diese Flüssigkeit wird dann in das Blut des Patienten gespritzt. Weil Iod oder Technetium bevorzugt in den kranken Bereichen der Schilddrüse abgelagert werden, senden diese Teile mehr Strahlung aus als die gesunden. Die Strahlung wird von einem Detektor aufgefangen und von einem Computer zu einem Strahlungsbild (Szintigramm) der Schilddrüse umgewandelt.

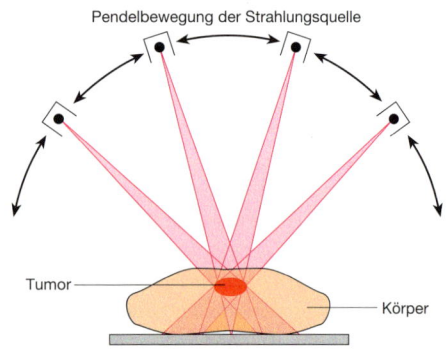

Pendelbewegung der Strahlungsquelle

Tumor — Körper

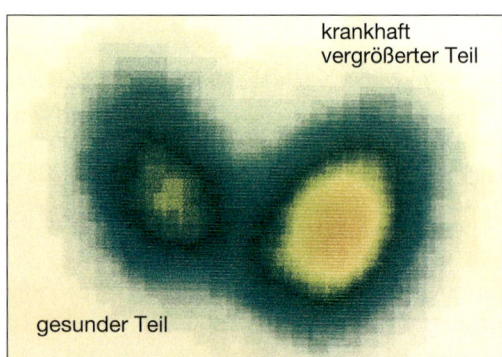

krankhaft vergrößerter Teil

gesunder Teil

**Aufgaben**

1 Begründe, warum der Tumor von mehreren Seiten bestrahlt wird, und beschreibe die Wirkung der Strahlung.

2 Erläutere, wie ein Schilddrüsen-Szintigramm gemacht wird.

## Typische Strahlenbelastungen

| Art der Belastung | Äquivalentdosis |
|---|---|
| Zahnröntgenaufnahme | 10 µSv |
| Brustkorbröntgen | 100 µSv |
| Mammographie | 500 µSv |
| Schilddrüsenszintigraphie | 800 µSv |
| Computertomografie Brustkorb | 10 mSv |
| Flug Frankfurt-New York | 30 µSv |

Um das Risiko der Strahlenbelastung abzuschätzen, muss diese mit der natürlichen Äquivalentdosis verglichen werden, die bei etwa 2 mSv pro Jahr liegt und unvermeidbar ist.

## Radioaktive Baustoffe

Alle Gesteine und Böden enthalten Spuren radioaktiver Nuklide. Da diese Stoffe auch zum Bau von Häusern verwendet werden, ergibt sich eine natürliche Strahlenbelastung in Wohnhäusern. Die Zählraten der einzelnen Materialien variieren je nach Fundort über einen großen Bereich. So sind z. B. die Wohnungen im Erzgebirge wesentlich höher belastet als die an der Nordsee. Für Vergleichszwecke ist jeweils die Anzahl eines Kilogramms des entsprechenden Materials angegeben.

Baustoffspezifische Aktivität in $\frac{\text{Zerfälle}}{\text{s} \cdot \text{kg}}$

| | $^{40}$K | $^{226}$Ra | $^{232}$Th |
|---|---|---|---|
| **Naturstein** | | | |
| Granit | 1300 | 100 | 80 |
| Schiefer | 900 | 50 | 60 |
| Marmor | 40 | 20 | 20 |
| Sandstein | 20 | 30 | 30 |
| **Mauersteine** | | | |
| Ziegel | 700 | 60 | 70 |
| Schamotte | 400 | 60 | 90 |
| Betonsteine | 500 | 130 | 100 |
| Kalksandstein | 200 | 20 | 20 |
| **Zuschläge** | | | |
| Sand, Kies | 250 | 15 | 20 |
| Hochofenschlacke | 500 | 120 | 130 |
| Flugasche | 700 | 200 | 130 |
| **Bindemittel** | | | |
| Portlandzement | 220 | 30 | 20 |
| Hüttenzement | 150 | 60 | 90 |
| Kalk | 180 | 30 | 20 |
| Naturgips | 70 | 20 | 10 |
| Chemiegips | 110 | 560 | 20 |
| Bitumen | 110 | 20 | 20 |

## Raucherrisiko

In der Stadt Schneeberg (Sachsen) wurden über mehrere Jahrhunderte bis 1990 Erze unter Tage abgebaut. Seit ca. 500 Jahren fiel auf, dass viele Bergleute an einer Lungenkrankheit, der „Schneeberger Krankheit" starben, die Anfang des letzten Jahrhunderts als Lungen- und Bronchialkrebs identifiziert werden konnte. Die Ursache für das erhöhte Lungenkrebsrisiko der Bergleute liegt in der erhöhten Strahlenbelastung. Diese kommt einerseits durch das Einatmen radioaktiver Uranstäube und andererseits durch die Inhalation des radioaktiven Edelgases Radon zustande, das beim Zerfall des Urans entsteht. Deutlich zu erkennen ist, dass der Milieufaktor „Rauchen" das Risiko für Lungenkrebs um ein Vielfaches erhöht. Die ionisierende Strahlung und die Aufnahme vieler krebserzeugender Stoffe mit dem Zigarettenrauch verstärken sich und vergrößern so die Zellschäden.

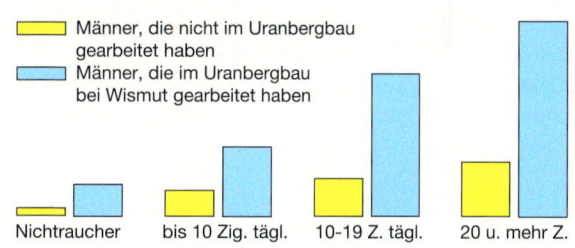

Legende:
- ☐ Männer, die nicht im Uranbergbau gearbeitet haben
- ☐ Männer, die im Uranbergbau bei Wismut gearbeitet haben

Kategorien: Nichtraucher, bis 10 Zig. tägl., 10-19 Z. tägl., 20 u. mehr Z.

*Relatives Lungenkrebsrisiko für Männer, aufgeschlüsselt nach Rauchgewohnheiten und Uranbergbau-Exposition (Wismut-Tätigkeit): Die Zahlenwerte geben an, um welchen Faktor das Risiko, an Lungenkrebs zu erkranken, erhöht ist, bezogen auf das Lungenkrebsrisiko von Männern aus der gleichen Region, die Nichtraucher sind und die nicht im Uranbergbau gearbeitet haben.*

## Radonbelastung

Das radioaktive Edelgas Radon, das aus Zerfallsprodukten im Boden entsteht, kann über Risse in der Erdrinde und der Bodenplatte in Häuser gelangen. Es führt dort zu einer zusätzlichen Belastung. Diese kann durch Lüften wesentlich verringert werden.

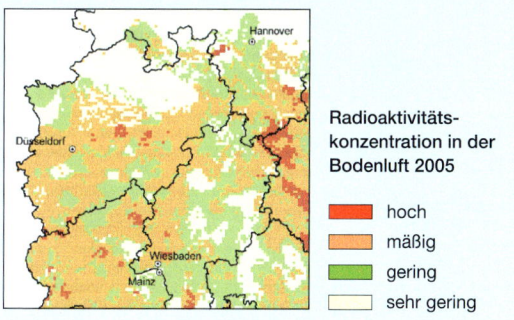

Radioaktivitätskonzentration in der Bodenluft 2005

- 🟥 hoch
- 🟧 mäßig
- 🟩 gering
- ⬜ sehr gering

# Kernenergie

Kernkraftwerke sind Wärmekraftwerke, die sich nur in der Art der Wärme-erzeugung von Kohle-, Öl- und Gaskraftwerken unterscheiden. Während in Kohle-, Öl- und Gaskraftwerken fossile Brennstoffe verbrannt werden, wird in Kernkraftwerken die Energie genutzt, die in Atomkernen steckt. Welche Vorteile bietet das? Welche Prozesse laufen in einem Kernkraft-werk ab? Welche Sicherheitsvorkehrungen schützen vor den Gefahren radioaktiver Strahlung und wie werden die Reaktionsprodukte entsorgt?

## Kernspaltung

In Kernkraftwerken wird die Energie genutzt, die bei der Spaltung von schweren Atomkernen frei wird. Aus-gangsstoff ist das stabile Uranisotop $^{235}_{92}$U. Dringt ein langsames Neutron, ein *thermisches Neutron*, in diesen Urankern ein, so ist der entstandene $^{236}_{92}$U-Kern instabil und zerfällt in zwei Kerne, die **Spaltprodukte.** Neben der freiwerdenden Energie entstehen bei dieser Kern-spaltung zwei oder drei schnelle Neutronen. Das Isotop U236 kann beispielsweise unter Aussendung von drei schnellen Neutronen in einen Barium- und einen Kryp-tonkern zerfallen:

$$^{236}_{92}U \rightarrow {}^{139}_{56}Ba + {}^{94}_{36}Kr + 3\,^{1}_{0}n$$

Die Spaltprozesse können aber nur ausgelöst werden, wenn das Neutron beim Zusammenstoß mit dem U235-Kern die passende Geschwindigkeit hat. Schnelle Neu-tronen prallen einfach ab; mittelschnelle Neutronen werden zwar eingefangen, lösen aber keine Spaltung aus. Auch andere schwere Kerne wie Plutonium können durch Neutronen gespalten werden. Beim Isotop U238 kann zwar ein schnelles Neutron eingebaut werden, es kommt aber nur sehr selten zu einer Kernspaltung.

## Kettenreaktion

Wenn bei der Spaltung mehrere Neutronen freigesetzt werden, die eine für weitere Spaltungen geeignete Ge-schwindigkeit haben oder auf diese Geschwindigkeit abgebremst werden, dann können diese von anderen spaltbaren Kernen absorbiert werden, erneut Spaltun-gen auslösen und weitere Neutronen freisetzen. So ent-steht eine **Kettenreaktion.**

Für die technische Nutzung der Kernenergie in Kern-kraftwerken wird eine **kontrollierte Kettenreaktion** be-nötigt. Hierbei muss die Gesamtzahl der Spaltungen, die in einer bestimmten Zeitspanne ablaufen, konstant bleiben. Dies geschieht entweder dadurch, dass nicht alle Neutronen auf die für die Spaltung nötige Geschwindigkeit abgebremst werden, oder durch das Einfangen von Neutronen durch andere Materialien; sie stehen dann nicht mehr für weitere Spaltungen zur Ver-fügung.

In Kernwaffen dagegen löst jede Spaltung durch die frei-werdenden Neutronen entsprechend viele Spaltungen aus. Die Anzahl der Spaltungen wächst exponentiell, es kommt zu einer **unkontrollierten Kettenreaktion.**

Manche Kerne, insbesondere U235-Kerne, können Neutronen einfangen und sich dann unter Energiefreisetzung in Spaltprodukte und freie Neutronen spalten.

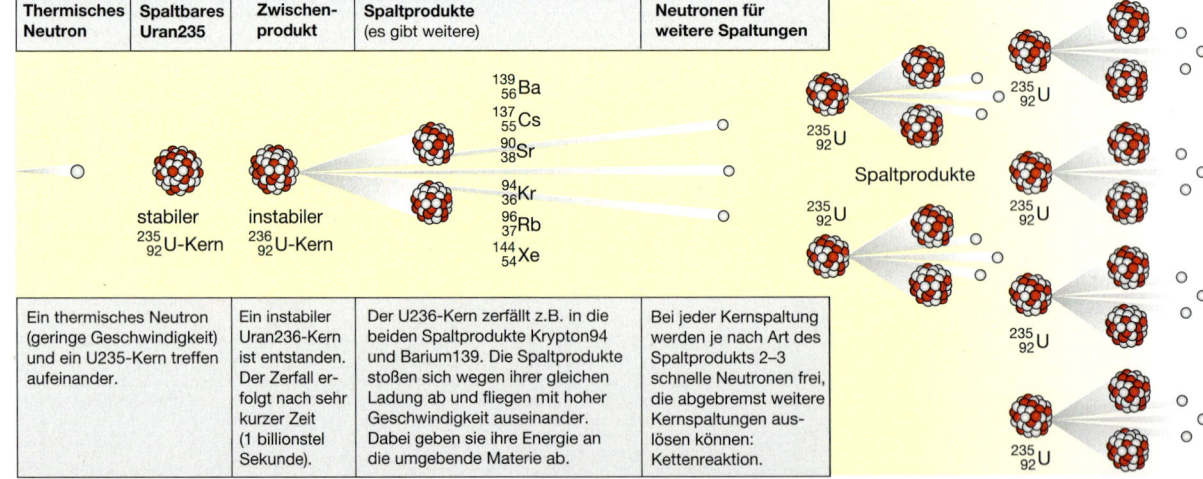

| Thermisches Neutron | Spaltbares Uran235 | Zwischen-produkt | Spaltprodukte (es gibt weitere) | Neutronen für weitere Spaltungen |
|---|---|---|---|---|
| | stabiler $^{235}_{92}$U-Kern | instabiler $^{236}_{92}$U-Kern | $^{139}_{56}$Ba $^{137}_{55}$Cs $^{90}_{38}$Sr $^{94}_{36}$Kr $^{96}_{37}$Rb $^{144}_{54}$Xe | $^{235}_{92}$U  Spaltprodukte $^{235}_{92}$U |
| Ein thermisches Neutron (geringe Geschwindigkeit) und ein U235-Kern treffen aufeinander. | Ein instabiler Uran236-Kern ist entstanden. Der Zerfall er-folgt nach sehr kurzer Zeit (1 billionstel Sekunde). | | Der U236-Kern zerfällt z.B. in die beiden Spaltprodukte Krypton94 und Barium139. Die Spaltprodukte stoßen sich wegen ihrer gleichen Ladung ab und fliegen mit hoher Geschwindigkeit auseinander. Dabei geben sie ihre Energie an die umgebende Materie ab. | Bei jeder Kernspaltung werden je nach Art des Spaltprodukts 2–3 schnelle Neutronen frei, die abgebremst weitere Kernspaltungen aus-lösen können: Kettenreaktion. |

# Kernfusion

Nicht nur bei der Spaltung schwerer Kerne wird Energie freigesetzt. Auch wenn zwei leichte Kerne zu einem größeren Kern verschmelzen, kann Energie abgegeben werden. Dieser Prozess der **Kernfusion** findet in unserer Sonne und jedem anderen Stern statt.

Das Alter der Sonne wird auf ca. 4,5 Milliarden Jahre geschätzt; sie wird zukünftig noch einmal denselben Zeitraum diese große Energiemenge abstrahlen, von der weniger als der zwei milliardste Teil auf die Erde trifft. Die Annahme, dass die Sonne diese Energie mittels chemischer Reaktionen freisetzen würde, wie z. B. mit der Verbrennung von Kohlenstoff, führt auf eine Lebensdauer von ca. 150 Jahren. Also müsste sie längst schon ihren Brennstoffvorrat aufgebraucht haben und erloschen sein. Auch die Kernspaltung liefert keine Erklärung, da die Sonne vor allem aus Wasserstoff und Helium besteht, also aus Elementen mit sehr kleinen Massezahlen. Elemente mit hohen Massenzahlen wie Uran oder Plutonium sind in der Sonne nicht zu finden.

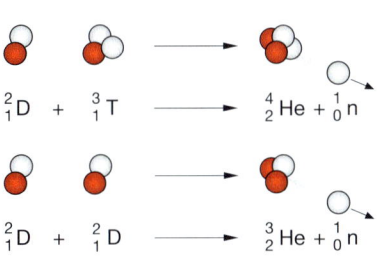

$$^2_1D \ + \ ^3_1T \ \longrightarrow \ ^4_2He + ^1_0n$$

$$^2_1D \ + \ ^2_1D \ \longrightarrow \ ^3_2He + ^1_0n$$

Werden Atomkerne *leichter* Elemente nahe zusammengebracht, so können sie miteinander verschmelzen. In der Sonne verschmelzen beispielsweise Wasserstoffisotope (Deuterium und Tritium) zu Helium. Dabei wird ein sehr großer Energiebetrag frei: Bei der Bildung von 1 kg Helium wird etwa die Energie frei, die bei der Verbrennung von 15 Millionen kg Steinkohle entsteht.

> Wenn sich zwei leichte Atomkerne sehr nahe kommen, können sie unter Energiefreisetzung fusionieren. Neben dem Fusionsprodukt entsteht mindestens ein Neutron.

## Aufgaben

1. Erläutere die Begriffe „Kernspaltung" und „kontrollierte Kettenreaktion".
2. Bei der Kernspaltung von Uran235 kann Jod131 entstehen. Bestimme das zweite Spaltprodukt.
3. In der Sonne können drei He-Kerne zu einem einzigen Kern fusionieren. Erläutere, welches Element dabei entsteht.
4. Erkläre, warum es schwierig ist, zwei Kerne zu verschmelzen.

# Kernbindungsenergie

Welche Kerne sind leicht und setzen durch die Fusion zu einem schwereren Kern Energie frei und welche sind so schwer, dass sie bei der Spaltung in zwei leichtere Kerne Energie abgeben?

Einen Hinweis liefert die *Kernkraft,* die Protonen und Neutronen im Kern zusammenhält, obwohl sich die Protonen aufgrund der elektrischen Kraft gegenseitig abstoßen. Die Kernkraft ist „stärker" als die elektrische Kraft, besitzt aber im Gegensatz zu dieser nur eine begrenzte Reichweite von ca. $10^{-15}$ m. Daher wirkt sie nur zwischen benachbarten Nukleonen, während die elektrische Kraft zwischen allen Protonen wirkt. Das Wechselspiel beider Kräfte führt dazu, dass der Zusammenhalt eines Kerns sowohl von seiner Größe als auch von seiner Zusammensetzung abhängt. Zur Charakterisierung der Stärke dieses Zusammenhaltes dient die **Kernbindungsenergie.** Sie gibt an, welche Energie frei wird, wenn der Kern durch Zusammenfügen seiner einzelnen Nukleonen entsteht. Häufig wird die Kernbindungsenergie durch die Anzahl der Nukleonen dividiert, was die *Kernbindungsenergie pro Nukleon* ergibt.

Mittlerweile ist es gelungen, die Kernbindungsenergie pro Nukleon für viele Kerne im Experiment präzise zu bestimmen. Das Diagramm unten zeigt, dass sie ein Maximum für Kerne mittlerer Größe besitzt. Daher wird sowohl bei der Spaltung schwerer Kerne als auch bei der Fusion leichter Kerne Energie freigesetzt. Auch radioaktive Zerfälle laufen immer so ab, dass die Endprodukte näher am Maximum liegen.

> Bis Eisen wird Energie freigesetzt, wenn zwei leichte Kerne verschmelzen (Kernfusion).
> Bei schwereren Kernen wird die Energie durch Spaltung freigesetzt (Kernspaltung).

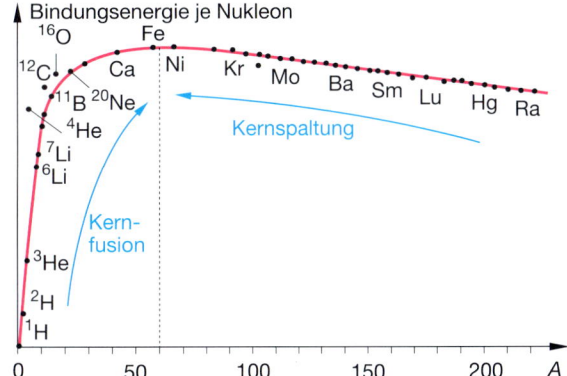

## Vorgänge im Reaktorkern – Kontrolle der Reaktion

Das Herzstück eines Kernkraftwerkes ist der Reaktorkern, der den „Kernbrennstoff" (ca. 100 t Uran) enthält und in dem die kontrollierte Kettenreaktion abläuft. Der Reaktorkern besteht aus ca. 300 Brennelementen, wobei jedes Brennelement aus vielen Brennstäben gebildet wird, die Uran in Form von kleinen Pellets enthalten.

Damit eine kontrollierte Kettenreaktion ablaufen kann, muss genau eines der zwei bis drei bei einer Spaltung freigesetzten Neutronen eine erneute Spaltung auslösen. Da die frei gesetzten Neutronen für neue Spaltungen zu schnell sind, müssen sie zunächst durch einen Moderator abgebremst werden. Hierzu wird meist Wasser benutzt, das die Brennstäbe umgibt und die Energie der Neutronen aufnehmen kann. Dem Wasser wird Bor in Form von Borsäure zugegeben. Bor fängt bevorzugt Neutronen ein, ohne dass irgendwelche Reaktionen ablaufen. Als weitere Neutronenfänger dienen Regelstäbe aus Cadmium oder Bor, die zwischen den Brennstäben mehr oder weniger tief eingeschoben werden und dadurch die Neutronenzahl regulieren können. Im Normalbetrieb des Reaktors sind die Regelstäbe allerdings fast völlig aus den Brennelementen herausgezogen.
Natürliches Uran enthält zu ca. 0,7 % das spaltbare Isotop U235, die restlichen 99,3 % bestehen aus dem praktisch nicht spaltbaren U238. Damit es überhaupt zu einer Kettenreaktion kommt, muss genügend spaltbares Material dicht beieinander sein. In Brennstäben ist deshalb angereichertes Uran enthalten, d.h. der Anteil von U235 wird von 0,7 % auf 3 % erhöht.

## Abfallbeseitigung – Lagerung – Endlager

Während der Einsatzzeit (3–4 Jahre) der Brennelemente sinkt durch die Vielzahl der Kernspaltungen der Anteil des spaltbaren U235. Gleichzeitig entstehen hochradioaktive Spaltprodukte sowie spaltbares Plutonium Pu239. Wenn die Brennelemente nur noch etwa $\frac{1}{3}$ der ursprünglichen U235-Menge enthalten, müssen sie ausgetauscht werden. Die ausgedienten Brennelemente werden zunächst innerhalb des Reaktorgebäudes in ein wassergefülltes Abklingbecken befördert, wo sie mindestens ein Jahr lang bleiben, bis Strahlungsintensität und Wärmeentwicklung hinreichend abgeklungen sind.
Nach dem Abklingen werden die Brennstäbe entweder der Wiederaufarbeitung oder der Lagerung zugeführt. In Deutschland wird im Zuge des „Atomausstiegs" seit 2005 auf eine Wiederaufarbeitung verzichtet. Die Brennelemente müssen in geeigneten Behältern in Trockenlagern direkt am Kernkraftwerksstandort zwischengelagert werden. Beim Trockenlager wird der sichere Einschluss des radioaktiven Inhalts vom hermetisch dichten Behälter gewährleistet, die Kühlung erfolgt allein durch die umgebende Luft.

Ziel ist eine sichere Endlagerung aller radioaktiven Abfälle. International besteht Einigkeit darüber, hochradioaktive Abfälle wie Brennstäbe durch das Einbringen in tiefe geologische Schichten (ca. 300–1000 m Tiefe) endzulagern. Bisher gibt es allerdings weltweit kein einziges solches Endlager. Es werden verschiedene Arten geprüft (u.a. Endlagerung in Granit in Schweden und Finnland, in Ton in der Schweiz.) In Deutschland wurde bisher hauptsächlich die Endlagerung in Salzstöcken diskutiert.

**Brennstäbe**

**Brennelement**

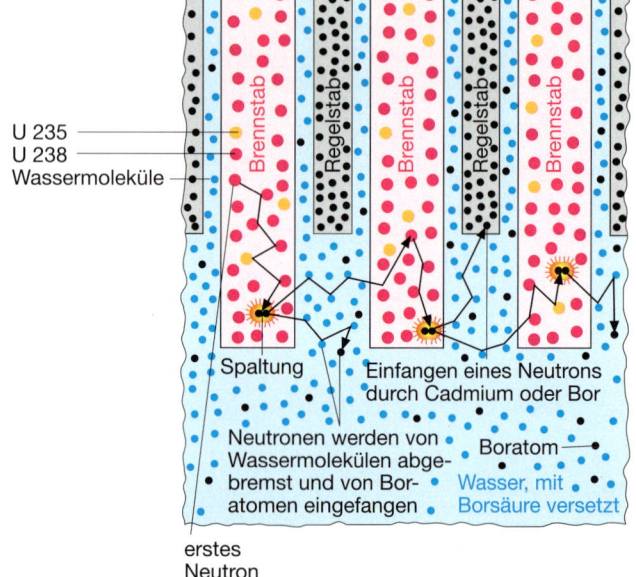

U 235
U 238
Wassermoleküle

Brennstab
Regelstab
Brennstab
Regelstab
Brennstab

Spaltung

Einfangen eines Neutrons durch Cadmium oder Bor

Neutronen werden von Wassermolekülen abgebremst und von Boratomen eingefangen

Boratom

Wasser, mit Borsäure versetzt

erstes Neutron

Das Zusammenspiel von Moderator (Wasser) und Regelstäben ermöglicht im Reaktorkern eine kontrollierte Kettenreaktion.

## Energiewandlung im Reaktor

Kernkraftwerke gehören zur Gruppe der Wärmekraftwerke, die in vielen Details gleich gebaut sind: Das Wasser zwischen den Brennstäben nimmt die Bewegungsenergie der bei den Kernspaltungen freigesetzten Neutronen und der Spaltprodukte auf und erhitzt sich dadurch. Mithilfe eines Wärmetauschers wird im Sekundärkreislauf Wasser verdampft; dieser Wasserdampf treibt eine Turbine und diese einen Generator an – Kernenergie ist in elektrische Energie gewandelt.

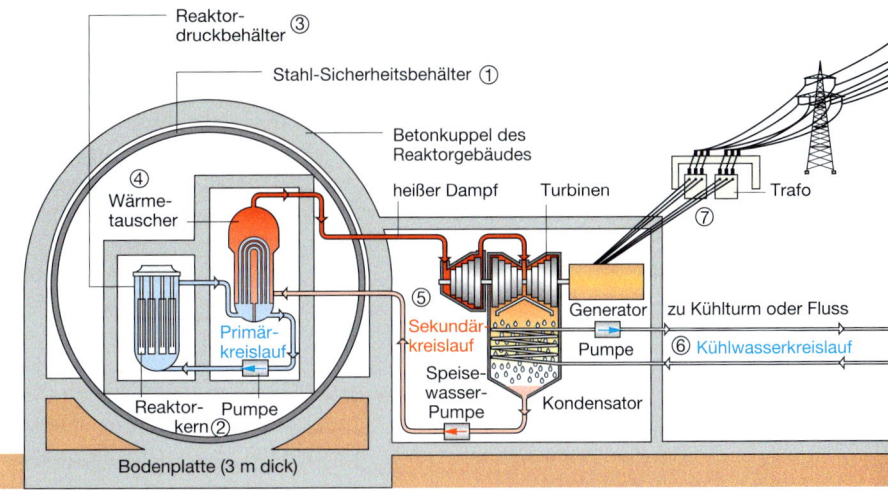

① Innerhalb der kuppelförmigen Stahlbetonhülle des Reaktorgebäudes, das auf einer erdbebensicheren Bodenplatte steht, befindet sich ein kugelförmiger **Stahl-Sicherheitsbehälter**, der den nuklearen Teil des Kernkraftwerks umschließt. Er ist so ausgelegt, dass er den bei einem Störfall aus dem Reaktorkühlkreislauf austretenden Dampf aufnehmen kann. Der Behälter ist bei einem 1300-MW-Kraftwerk eine stählerne Kugel mit mehr als 50 m Durchmesser. Zwischen Sicherheitsbehälter und Betonkuppel herrscht Unterdruck. Dadurch soll ein Entweichen radioaktiver Stoffe in die Umwelt verhindert werden.

② Der **Reaktorkern** besteht aus ca. 300 Brennelementen. Sie füllen einen Raum, der etwa so groß ist wie ein Würfel mit 4 Kantenlänge. Die Brennelemente enthalten insgesamt etwa 100 t Uran. In ihnen läuft die Kernspaltung ab.

③ Der gesamte Reaktordruckbehälter ist mit gereinigtem Wasser gefüllt. Es wird von unten durch den Reaktorkern gepumpt und umspült die bis zu 800 °C heißen Brennelemente. Sie geben Energie an das Wasser ab, wodurch sie gekühlt werden. Das Wasser selbst wird etwa 350 °C heiß. Es steht unter hohem Druck, damit es bei dieser hohen Temperatur nicht siedet. Deshalb heißen solche Reaktoren **Druckwasserreaktoren**. Der Reaktordruckbehälter hat die Funktion des Heizkessels bei einem konventionellen Wärmekraftwerk. Er ist zudem eine Barriere, die verhindern soll, das radioaktive Strahlung nach außen dringt. Der aus Spezialstahl gefertige Behälter ist bis zu 12 m hoch und hat einen Durchmesser von bis zu 5 m.

④ Das Wasser des **Primärkreislaufs** enthält radioaktive Stoffe. Damit diese nicht austreten, wird die von ihm im Reaktorkern aufgenommene Energie in einem **Wärmetauscher** an das Wasser eines Sekundärkreislaufs übertragen.

⑤ Das Wasser des **Sekundärkreislaufs** verdampft. Der Dampf wird zur Turbine geleitet und treibt diese an. Über eine gemeinsame Welle wird die Drehbewegung der Turbine auf den Generator übertragen. Nach dem Austritt aus der Turbine strömt der Dampf in den Kondensator. Dort wird er verflüssigt und in den Wärmetauscher zurückgepumpt.

⑥ Die beim Verflüssigen freiwerdende Energie wird über einen dritten Wasserkreislauf, den Kühlkreislauf, einem Fluss oder einem Kühlturm zugeführt und geht so als entwertete Energie in die Umwelt.

⑦ Wie bei jedem anderen Kraftwerk wird die vom Generator erzeugte Spannung hochtransformiert, um die Energieentwertung längs der Übertragungsleitungen zu verringern.

## Energieflussdiagramm eines Kernkraftwerks

Der Wirkungsgrad eines Kernkraftwerks beträgt ca. 40 %.

Im Reaktor eines Kernkraftwerks läuft eine kontrollierte Kettenreaktion ab. Die Energieabgabe des Reaktors wird durch Absorption von Neutronen gesteuert. Ein Kernkraftwerk ist ein Wärmekraftwerk. Der Reaktordruckbehälter hat die Funktion des Heizkessels eines Wärmekraftwerks.

## Kernspaltung und Kernkraftwerke — Versuche und Aufträge

**V1** Du benötigst zwei 1 Cent-Münzen sowie je eine 2 Cent-, 50 Cent-, 1 €- und 2 €-Münze sowie eine möglichst glatte Tischoberfläche. Die 1 Cent-Münzen sollen einzelne Neutronen bzw. Protonen darstellen, die anderen Münzen stehen für Atome unterschiedlicher Größen.

**a)** Stoße eine 1 Cent-Münze kräftig an und lass sie gegen eine der anderen Münzen prallen. Wiederhole den Versuch mit den anderen Münzen. Führe alle Versuche mehrmals durch. Notiere deine Beobachtungen.

**b)** Deute die Beobachtungen im Hinblick auf die Abläufe im Kernreaktor.

**A2** Informiere dich über das Reaktorunglück in Fukushima 2011. Erläutere anhand dieser Katastrophe die immense Bedeutung sicherer Kühlkreisläufe für den Betrieb eines Kernkraftwerkes.

**A3 a)** Informiere dich über gültige Beschlüsse und den aktuellen Diskussionsstand in Bezug auf (Rest-)Laufzeiten von Kernkraftwerken bzw. den Ausstieg aus der Kernenergie in Deutschland.

**b)** Erläutere mithilfe der Pinnwand den Einsatz von Kernkraftwerken in anderen europäischen Ländern. Gib möglichst Begründungen.

# KERNSPALTUNG UND KERNKRAFTWERKE

## Kernkraftwerke in Europa

## Castor-Transport

**C**ask for **s**torage and **t**ransport **o**f **r**adioactive material

## Aufgaben

**1 a)** Beschreibe am Beispiel U235, was bei einer unkontrollierten Kettenreaktion geschieht. Stelle die Vorgänge auch in einer Skizze dar.
**b)** Erläutere, wie im Kernreaktor eine kontrollierte Kettenreaktion realisiert wird.

**2 a)** Beschreibe die unterschiedlichen Eigenschaften der Isotope U235 und U238 in Hinsicht auf Neutronen.
**b)** Begründe mithilfe der Nuklidkarte, dass sich in den Brennstäben U238-Kerne durch Aufnahme eines Neutrons in Pu-Kerne umwandeln können.

**3** Der Reaktordruckbehälter hat eine Funktion wie ein Heizkessel bei einem konventionellen Wärmekraftwerk (Seite 152). Erläutere diese Aussage. Gehe dabei auf die verschiedenen Funktionen des Wassers im Primärkreislauf ein.

**4 a)** Vergleiche die Zusammensetzung „frischer" und „abgebrannter" Brennstäbe.
**b)** Begründe mithilfe von a), dass „frische" Brennstäbe weit weniger radioaktiv sind als „abgebrannte".

**5** Erläutere möglichst genau, wo und wie ein Großteil der im Uran steckenden Kernenergie im Kernkraftwerk entwertet wird (blaue Pfeile im Energieflussdiagramm auf S. 121).

# Die Wegbereiter der Kernphysik

## Marie Curie

MARIE CURIE (geb. SKLODOWS-KA) wurde 1867 als Tochter eines Physiklehrers in Warschau geboren. Sie ging 1891 zum Studium nach Paris und bestand zwei Jahre später die Abschlussprüfung für Physik. 1895 heiratete sie PIERRE CURIE. Auf der Suche nach einem Thema für eine Doktorarbeit stieß MARIE CURIE auf die 1896 von HENRI BECQUEREL entdeckte Uranstrahlung und begann zusammen mit ihrem Mann, diese Strahlung intensiv zu untersuchen. MARIE CURIE benutzte als erste den Begriff „radioaktiv". Aus der Feststellung, dass die Strahlung des Erzes Pechblende viel intensiver war als die des Urans, folgerte sie, dass im Erz unbekannte Elemente vorhanden sein müssen, deren Strahlung die des Urans übersteigt. Innerhalb von vier Jahren verarbeiteten die Curies eine Tonne Pechblende und wiesen damit zwei neue radioaktive Elemente nach: Radium und Polonium. 1903 erhielten sie gemeinsam mit Becquerel den Nobelpreis für Physik für die Entdeckung der Radioaktivität.

Nach dem Unfalltod von PIERRE CURIE wurde Marie CURIE 1906 Pierres Lehrstuhl für Physik übertragen. 1911 erhielt sie – ein noch nie da gewesener Fall – einen zweiten Nobelpreis, dieses Mal in Chemie, für ihre Arbeiten zu Radium und Radiumverbindungen. Schon ab 1898 machten MARIE CURIE immer wieder starke Erschöpfungszustände zu schaffen, am 4. Juli 1934 starb sie infolge der jahrelangen Strahlungsbelastung an Anämie. Ab 1933 gelang es IRÈNE CURIE, der ältesten Tochter MARIE CURIES, und deren Mann, FRÉDÉRIC JOLIOT-CURIE, radioaktive Elemente künstlich herzustellen (gemeinsamer Nobelpreis für Chemie 1935). IRÈNE CURIE starb 1956, ebenfalls infolge jahrelanger Strahlenbelastung, an Leukämie.

## Otto Hahn und Lise Meitner

OTTO HAHN, geb. 1879 in Frankfurt/Main, hatte in der Schule, angeregt durch „chemische Spielereien", sein Interesse für die Chemie entdeckt. Nach seinem Doktorexamen ging er 1904 nach England und begann, sich mit Radioaktivität zu beschäftigen. 1905 gelang ihm die Entdeckung des „Radiothors": des Thoriumisotops Th228. Hierdurch ermutigt, wechselte er noch im selben Jahr nach Montreal zu RUTHERFORD, um seine Kenntnisse der Radioaktivität zu vervollkommnen. Zurück in Berlin, traf er 1907 mit LISE MEITNER (geb. 1878 in Wien) zusammen. Lise Meitner war erst die zweite Frau, die in Wien promovierte (1905). 1907 hatte auch sie sich bereits einige Zeit mit Problemen der Radioaktivität beschäftigt.

Die Zusammenarbeit zwischen der Physikerin Meitner und dem Chemiker Hahn führte zu bedeutsamen Entdeckungen: 1934 begannen die beiden, gemeinsam mit FRITZ STRASSMANN, Uran mit Neutronen zu bestrahlen. Als Ergebnis erwarteten sie schwerere Elemente, Transurane genannt. Stattdessen wiesen HAHN und STRASSMANN 1939 Barium und Krypton nach. Meitner lieferte die erste wissenschaftliche Erklärung für diese Reaktion und gab ihr den Namen Kernspaltung. Sie wies rechnerisch nach, dass dabei große Mengen Energie frei werden.

LISE MEITNER war Jüdin und wurde durch das Hitlerregime politisch verfolgt. Deshalb musste sie bereits 1938 nach Schweden emigrieren.

## Aufgaben

**1** Informiere dich über die Möglichkeiten für Frauen, Ende des 19. Jahrhunderts in Europa studieren zu können. Vergleiche in diesem Zusammenhang MARIE CURIE und LISE MEITNER und beurteile die Bedeutung der Vergabe eines Nobelpreises an CURIE.

**2** **a)** Erläutere die gesundheitlichen Risiken für Forscher und Gesellschaft am Beispiel von Marie und IRÈNE CURIE einerseits sowie am Beispiel des Werkstoffs „Asbest" andererseits.

**3** Mit der Entdeckung der Kernspaltung legten OTTO HAHN und LISE MEITNER die Grundlage für die militärische und zivile Nutzung der Kernenergie in Form von Atombomben und Kernkraftwerken. Tragen die beiden die Verantwortung für den Abwurf der Atombomben in Japan im Jahr 1945? Recherchiere zu diesem Thema und lege deine Meinung begründet dar.

## Historische Entwicklung der Atom- und Kernphysik

Schon in der Antike kamen die griechischen Naturphilosophen LEUKIPP und DEMOKRIT zu der Überzeugung, dass es kleinste, unteilbare Teilchen geben müsse, aus denen sich alle Stoffe zusammensetzen, die Atome. Aus dem griechischen Wort „atomos" für unteilbar wurde der heute übliche Begriff „Atom" abgeleitet.

Es dauerte mehr als 2000 Jahre, bis Forscher in der Lage waren, diese Thesen auch im Experiment zu untersuchen. Im 19. Jahrhundert stellte JOHN DALTON fest, dass sich chemische Elemente immer in ganz bestimmten einfachen Zahlenverhältnissen verbinden. Dies begründete er damit, dass es Stoffe gibt, die aus nur einer Atomsorte bestehen, die chemischen Elemente. Die Entdeckung des Periodensystems durch DMITRIJ IVANOVIČ MENDELE-JEW und JULIUS LOTHAR MEYER deutete daraufhin, dass Atome aus gleichartigen Bauteilen zusammengesetzt sein mussten.

Noch bevor JOSEPH JOHN THOMSON die elektrischen Eigenschaften des Atoms herausfand, das Elektron entdeckte und sein Atommodell aufstellte, entdeckte im Jahr 1896 HENRI BECQUEREL die Radioaktivität. Bereits wenige Jahre später (1902) gelang MARIE CURIE die Isolierung des Elementes Radium.

Weitere zehn Jahre später machte ERNEST RUTHERFORD seine berühmten Versuche zur Entdeckung des Atomkerns. Auf ihn geht das auch heute noch gültige Kern-Hülle-Modell für die Atome zurück. Von da an nahm die weitere Erforschung der Atome und ihrer Kerne einen rasanten Verlauf.

RUTHERFORDS Streuversuche:
RUTHERFORD schießt α-Teilchen auf eine Goldfolie. Die Teilchen durchdringen die Folie nahezu ungestört; die Folie selbst wird nicht zerstört.

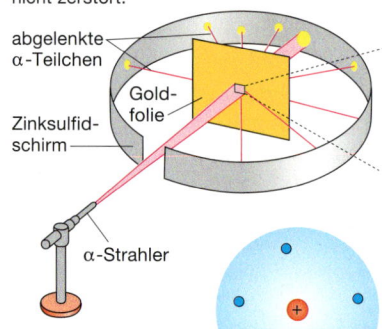

abgelenkte α-Teilchen
Goldfolie
Zinksulfidschirm
α-Strahler

OTTO HAHNS Arbeitstisch

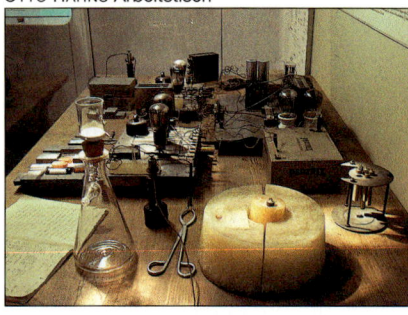

L. MEITNER (1878–1968)
F. STRASSMANN (1902–1980)
O. HAHN (1879–1968)
Erste Kernspaltung

J. CHADWICK 1891–1974)
Nachweis des Neutrons

**1938**

**1932**

Kern-Hülle-Modell:
Atome bestehen aus negativ geladener Hülle und positiv geladenem Kern; fast die gesamte Masse des Atoms ist im Kern konzentriert.

E. RUTHERFORD (1871–1937)
Entdeckung des Atomkerns
Kern-Hülle-Modell

**1923**

**1911**

M. CURIE (1867–1934)
Isolierung des Radiums

H. BECQUEREL (1852–1908)
Entdeckung der Radioaktivität

**1903**

**1902**

NIELS BOHR (1885–1962)
Bohr'sches Atommodell:
Schalenstruktur der Atomhülle

LEUKIPP (um 450 v. Chr.)
DEMOKRIT (460–370 v. Chr.)
Erstes Atommodell:
Alle Körper bestehen aus winzigen, nicht weiter teilbaren Bausteinen

Periodensystem
D. MENDELEJEW (1834–1907)
J. L. MEYER (1830–1895)

**1896**

Sir J. THOMSON (1856–1940)
Entdeckung des Elektrons

**1869**

Thomson Atommodell:
Positiver „Kuchen" mit negativen „Rosinen" als Elektronen

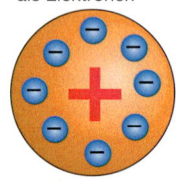

**1803**

J. DALTON (1766-1844)
Elemente bestehen aus leichten Atomen und verbinden sich mit anderen Elementen immer in einfachen Zahlenverhältnissen
($2\,H + 1\,O \rightarrow H_2O$)

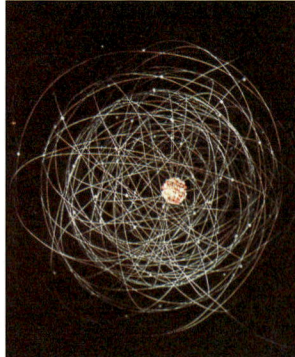

Um 450 vor Chr.

## Die friedliche Nutzung der Kernenergie

Mit der Entwicklung von Kernkraftwerken schien das Energieproblem für alle Zeiten gelöst.

- Das Restrisiko von Kernkraftwerken ist technisch minimiert worden und statistisch sehr gering. Die Beinahe-Katastrophe 1979 in Harrisburg (USA) und die schreckliche Super-GAUs 1986 in Tschernobyl und 2011 in Fukushima haben aber gezeigt, dass auch diese unwahrscheinliche Situation eintreten kann und dann eine Katastrophe auslöst, die alle anderen durch Menschen verursachten Unfälle an Gefährlichkeit um ein Vielfaches übersteigt.

- Für die endgültige Lagerung der strahlenden Abfälle ist noch keine allgemein akzeptierte Lösung gefunden. Die Belastung der Umwelt auf Jahrtausende mit den Abfällen heutiger Energiegewinnung wird von vielen als unverantwortbar angesehen. Ist die Energiegewinnung aus Kernspaltung, die physikalisch so sinnvoll und elegant erscheint, eine technologische Sackgasse?

## Zu neuen Ufern

Mithilfe riesiger Elementarteilchenbeschleuniger (z. B. CERN und LHC in der Schweiz oder DESY in Hamburg) wird heute nicht nur der Blick in das Innere des Atomkerns ermöglicht, sondern auch der Aufbau der Kernbausteine untersucht. Seit 1974 sind sich die Physiker sicher, dass Proton, Neutron und Elektron nicht die kleinsten Bausteine der Materie sind, sondern selbst aus noch kleineren Teilchen, den Quarks, zusammengesetzt sind. Diese tiefen Einblicke in das Innere der Materie haben viele wichtige Erkenntnisse in der Chemie, Geologie, Biologie und Medizin gebracht.

Die Elementarteilchenforschung ermöglicht aber auch den Blick zurück:

- Wie ist unser Universum entstanden?
- Wie sieht der Bauplan des Weltalls aus?

### Der „Wettlauf" zur Atombombe

In Deutschland forschten WEIZSÄCKER, HEISENBERG u. a., in den USA FERMI, TELLER, OPPENHEIMER u. a. (Manhattan Projekt). Das entsetzliche Ergebnis: Am 6. 8. 1945 fiel die erste Atombombe auf Hiroshima; wenige Tage später wurde auch Nagasaki durch eine Atombombe vernichtet. Dabei fanden hunderttausend Menschen sofort den Tod; viel mehr noch starben bis heute an den Spätfolgen. Zehntausende von Zivilisten und Soldaten kostete der Umgang bei Tests von Kernwaffen in den 50er Jahren des 20. Jahrhunderts die Gesundheit oder das Leben.

Anfang der Fünfziger Jahre wurde dann die Wasserstoffbombe mit einer noch viel größeren zerstörerischen Wirkung entwickelt. Das Zeitalter der atomaren Bedrohung in der zweiten Hälfte des 20. Jahrhunderts brachte das Wettrüsten, den „Kalten Krieg" und unvorstellbare Waffenarsenale. Die „offiziellen" Atommächte (USA, Russland, Frankreich, Großbritannien und China) bauen diese Waffen heute mit immensem Aufwand wieder ab. Dagegen rüsten Staaten wie Indien, Pakistan und andere atomar auf. Sie haben den Atomwaffensperrvertrag nicht unterschrieben, der die friedliche Nutzung der Kernenergie in Kraftwerken erlaubt, aber die Herstellung und den Besitz atomare Waffen verbietet.

### Zeitstrahl

- **1991** Kernfusionsversuchsreaktor (Jet in England)
- **1974** Entdeckung der Quarks
- **1952** Erster Kernreaktor liefert Strom in den USA
- E. FERMI (1901–1954) erste kontrollierte Kettenreaktion **1942**
- Manhattan-Projekt: 1. Atombombe gezündet in Alamogordo (USA) **1945**
- Atombombenabwurf auf Hiroshima und Nagasaki **1945**
- **1956** 1. KKW in Europa (Calder Hal, England)
- **1968** 1. KKW in Deutschland: Obrigheim (Druckwasserreaktor)
- **1979** Harrisburg – fast ein „Supergau"
- **1986** Der Supergau von Tschernobyl am 26.04.
- rund 440 KKW am Netz
- 1. H-Bombe (Kernfusion) gezündet **1952**
- Mainauer Erklärung führender Naturwissenschaftler zur Gefahr durch Kernwaffen **1955**

Ausbreitung radioaktiver Stoffe

26.4. 1986

Tschernobyl

27.4.1986 nachmittags

27.4.1986 vormittags

- **2009**
- **2011** GAU in Fukushima
- **1968** Atomwaffen-Sperrvertrag
- Ende des „Kalten Krieges" und des atomaren Wettrüstens **1990**

## Grundwissen — Kernphysik

### Kernkraftwerke

- In Brennstäben werden U235-Kerne gespalten. **Kontrollierte Kettenreaktion** durch Neutronen absorbierende Regelstäbe.
- Die bei den Kernspaltungen freigesetzte Energie erhitzt das Wasser unter hohem Druck im Primärkreislauf.
- Im Wärmetauscher wird die Energie an das Wasser des Sekundärkreislaufs übertragen.
- Das Wasser im Sekundärkreislauf verdampft. Der Wasserdampf treibt eine Turbine und diese einen Generator an.

### Radioaktiver Zerfall

Manche Kerne zerfallen **zufällig (stochastisch)** unter Aussendung von α- oder β-Strahlung. Durch γ-Strahlung gibt ein angeregter Folgekern seine überschüssige Energie ab.

**SYSTEM**

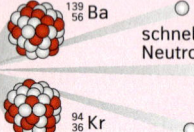

**Halbwertszeit $t_{1/2}$:** Zeit, in der jeweils die Hälfte einer radioaktiven Substanz zerfällt; sie ist charakteristisch für jede Kernart

Der radioaktive Zerfall vieler Kerne verläuft (im Mittel) **exponentiell**.

Der Atomkern **(Nuklid)** besteht aus Protonen und Neutronen **(Nukleonen)**. Zwischen den Nukleonen wirkt die starke, sehr kurzreichweitige **Kernkraft**.

- **Kernladungszahl Z:** Anzahl der Protonen
- **Massenzahl A:** Anzahl aller Nukleonen
- **Schreibweisen:** $^{A}_{Z}N$, z.B. $^{226}_{88}Ra$ oder Ra-226

**Isotope** eines chemischen Elements sind Atome mit gleichem Z, aber verschiedenem N.

### Strahlungsarten

- **α-Strahlung:** energiereiche Heliumkerne, die aus Atomkernen emittiert werden, absorbierbar durch Papier, wenige cm Reichweite in Luft
- **β-Strahlung:** energiereiche Elektronen aus Atomkernen (Umwandlung von Neutronen in Protonen), absorbierbar durch 4 mm dicke Aluminiumschichten, einige dm Reichweite in Luft
- **γ-Strahlung:** keine Teilchen, sondern Energieportionen wie Licht, aber viel energiereicher, nur durch dicke Bleischichten abschirmbar, (unendlich) große Reichweite in Luft
- **Röntgenstrahlung:** entsteht durch Abbremsung sehr schneller Elektronen, Eigenschaften wie γ-Strahlung
- **UV-Strahlung:** wie Licht, aber energiereicher und nicht sichtbar

## ENERGIE

### Kernspaltung

thermisches Neutron

$^{139}_{56}Ba$

schnelle Neutronen

$^{94}_{36}Kr$

stabiler $^{235}_{92}U$-Kern   instabiler $^{236}_{92}U$-Kern

Schwere Kerne wie U235 setzen Energie frei, wenn sie durch Neutronen in kleinere Bruchstücke gespalten werden. Dabei freigesetzte Neutronen können weitere Spaltungen bewirken **(Kettenreaktion)**.

### Atombau

Atomhülle $10^{-10}$ m

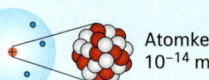

Atomkern $10^{-14}$ m

### Nachweis von Strahlung

α-, β-, γ- und Röntgenstrahlung bewirkt die **Ionisation** von Atomen und Molekülen.

Im **Geiger-Müller-Zählrohr** führt die **Stoßionisation** der Moleküle eines Gases durch Strahlung zu Spannungsstößen, die gezählt werden.

**Zählrate Z:** Anzahl der Impulse pro Zeiteinheit

**Nullrate:** Zählrate ohne Vorhandensein radioaktiver Substanzen.

Beispiel α-Zerfall:

$$^{226}_{88}Ra \xrightarrow{\alpha} {}^{222}_{86}Rn$$

Beispiel β-Zerfall:

$$^{212}_{82}Pb \xrightarrow{\beta} {}^{212}_{83}Bi$$

**MATERIE**

### Sicherheitsrisiken

**Spaltprodukte** sind hochradioaktiv (Sicherheitsrisiko für Kernkraftwerke, Problem der **Endlagerung** der radioaktiven Abfälle.

### Strahlenwirkungen und Strahlenschutz

**natürliche Strahlenbelastung:** durch terrestrische und kosmische Strahlung

**zivilisatorisch bedingte Strahlenbelastung:** Einsatz radioaktiver Strahlung und Röntgenstrahlung in Medizin (Diagnostik und Therapie) und Technik, Kernkraftwerke, **somatische Schäden** (bei der bestrahlten Person selbst), **genetische Strahlenschäden** (wirken sich bei den direkten Nachkommen aus)

Die **Energiedosis D** und der **Bewertungsfaktor Q**, der die unterschiedliche Wirksamkeit der verschiedenen Strahlungsarten berücksichtigt, bestimmen die Höhe der Strahlenbelastung, die **Äquivalentdosis** $H = Q \cdot D$, Einheit: **1 Sv = 1 J/kg** messbar mit **Dosimetern**

### Strahlenschutzregeln

- **Abstand** halten
- **Aufenthaltsdauer** gering halten
- **Abschirmung** anbringen
- **Abstinenz**: nicht essen und trinken

### Zerfallsreihen

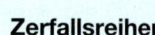
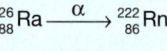

Wenn radioaktive Stoffe zerfallen, können die neu entstehenden Kerne ebenfalls radioaktiv sein. So entstehen Zerfallsreihen, die immer bei einem stabilen Isotop enden.

**WECHSELWIRKUNG**

**A1 a)** Fertige mit den Grundbegriffen unten Karteikarten an. Notiere den Begriff auf der Vorderseite und erläutere ihn auf der Rückseite, eventuell mit sonstigen Besonderheiten. Anstelle der Karteikarten kannst du auch eine elektronische Datenbank anlegen.
**b)** Erstelle eine Mindmap für das ganze Kapitel. Die Grundbegriffe unten helfen dir dabei.

**A2** Bei einer Zählrohr-Messung werden für ein radioaktives Präparat in 20 Sekunden 560 Impulse registriert, ohne Präparat 120 Impulse in 5 Minuten.
**a)** Berechne die Zählraten und deute das Ergebnis.
**b)** Erläutere, welche Ergebnisse zu erwarten sein könnten, wenn die Messungen wiederholt werden. Begründe.

**A3 a)** Ergänze im Heft die Schaltskizze für ein Zählrohr (ohne Lautsprecher und Digitalzähler.)

**b)** Beschreibe den Vorgang, den ein eintreffendes α-Teilchen im Zählrohr in Gang setzt.
**c)** Mit einem Zählrohr wurde folgende Messreihe aufgenommen. (*Z*: Zählrate)

| *t* | 0 s | 20 s | 40 s | 60 s | 80 s | 100 s | 120 s |
|---|---|---|---|---|---|---|---|
| *Z* | 620 $\frac{Imp}{10\,s}$ | 470 $\frac{Imp}{10\,s}$ | 354 $\frac{Imp}{10\,s}$ | 259 $\frac{Imp}{10\,s}$ | 191 $\frac{Imp}{10\,s}$ | 151 $\frac{Imp}{10\,s}$ | 124 $\frac{Imp}{10\,s}$ |

Fertige einen Graphen an und ermittle nachvollziehbar die Halbwertszeit.
**d)** Mit welcher Zählrate ist in c) nach einer Gesamtmesszeit von 5 Minuten zu rechnen. Dokumentiere dein Vorgehen.

**A4 a)** Radium226 ist ein α-Strahler. Begründe, weshalb ein Ra226-Strahlerstift α-, β- und γ-Strahlung abgibt.
**b)** Entscheide begründet, ob durch eine Abschirmung erreicht werden kann, dass nur noch β-Strahlung mit einem Zählrohr gemessen werden kann.

**A5 a)** Beschreibe am Beispiel des Kohlenstoffisotops C14 die zu β-Strahlung gehörige Kernumwandlung. Bestimme auch die Kernart, in die sich C14 wandelt.
**b)** Erläutere zwei wesentliche Unterschiede bzgl. der Eigenschaften von α- und γ-Strahlung.
**c)** Ergänze die folgende Zerfallsreihe:

$$X \xrightarrow{\ \alpha\ } Y \xrightarrow{\ \alpha\ } Ra225 \xrightarrow{\ ?\ } Z \xrightarrow{\ \alpha\ } Fr221$$

**d)** Erläutere wesentliche Gemeinsamkeiten und Unterschiede von γ- und Röntgenstrahlung – auch hinsichtlich ihrer Entstehung.

**A6** Das Radionuklid Ir195 hat eine Halbwertszeit von 2,5 h.
**a)** Zeichne das zugehörige Zerfallsdiagramm, wenn zu Beginn des Experiments 1 g Ir195 vorhanden war.
**b)** Gib an, nach welcher Zeit nur noch 0,2 g da sind.
**c)** Ermittle, wie viele Halbwertszeiten mindestens vergehen müssen, damit weniger als 3 mg übrig sind.

**A7 a)** Erläutere, welche möglichen Wirkungen ionisierende Strahlung auf den Organismus hat. Beschreibe die dabei auftretenden Symptome.
**b)** Beurteile, ob jede Bestrahlung zu Schäden führt.

**A8 a)** Die Strahlenbelastung eines Menschen ist unterschiedlich und kann unter oder über den Durchschnittswerten für die Gesamtbevölkerung liegen. Erkläre solche Unterschiede.
**b)** Beschreibe an einem Beispiel, was mit dem Begriff „Strahlendosis" gemeint ist. Gehe in diesem Zusammenhang auch auf den Begriff „Bewertungsfaktor" ein.
**c)** Nenne und begründe die vier A-Regeln zum Strahlenschutz.

**A9 a)** Erläutere, wodurch eine Kernspaltung von U235 ausgelöst wird.
**b)** Erläutere den Unterschied zwischen einer unkontrollierten und einer kontrollierten Kettenreaktion. Nenne Maßnahmen, die eine kontrollierte Kettenreaktion ermöglichen.
**c)** In den Brennstäben eines Kernkraftwerkes befindet sich „angereichertes" Uran. Erkläre.

## Grundbegriffe

**Vertiefung**          **Kernphysik**

## Reaktorsicherheit – Reaktortypen

Die zivile Nutzung der Kernenergie begann 1954 mit der Inbetriebnahme des ersten Kernkraftwerkes im russischen Obninsk. Zunächst kamen meist Siedewasserreaktoren zum Einsatz.

**1** Recherchiere und fertige eine vereinfachte Skizze eines Siedewasserreaktors an.

**2** Beschreibe den zentralen Unterschied zwischen einem Siedewasser- und einem Druckwasserreaktor.

**3** Die Abbildung zeigt schematisch die Sicherheitsbarrieren eines Druckwasserreaktors.

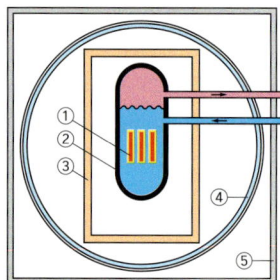

**a)** Benenne mithilfe der Abbildung auf S. 121 die Sicherheitsbarrieren 1 bis 5 und erläutere ihre Funktion.

**b)** Erkläre, wie verhindert wird, das gasförmige radioaktive Spaltprodukte austreten können.

**c)** Erkläre, was unter einer Kernschmelze zu verstehen ist und welche Sicherheitsvorkehrungen sie verhindern sollen. Erkläre in diesem Zusammenhang auch die Bezeichnung „GAU".

**d)** Recherchiere, wie es in Tschernobyl bzw. Fukushima zu einer Kernschmelze kommen konnte.

## Zwischen- und Endlager in Deutschland

Weltweit gibt es heute (April 2016) kein wirkliches Endlager für hochradioaktive Abfälle wie Brennstäbe.

**1** In Deutschland wurde lange der **Salzstock in Gorleben** als mögliches Endlager diskutiert. Recherchiert und stellt dar, welche Ansprüche ein Endlager erfüllen muss.

**2** Das ehemalige **Salzbergwerk Asse** bei Wolfenbüttel war der Prototyp für ein geplantes Endlager in Gorleben. Erläutert, welcher radioaktive Müll dort gelagert wird und welche Probleme es dabei gibt.

**3** Erstellt eine informative Übersicht über weitere vorhandene, geplante oder geschlossene Zwischenlager in Deutschland.

**4** Stellt dar, welche Sicherheitsanforderungen ein Castorbehälter erfüllen muss und wie diese geprüft werden.

**5** Erläutert, was unter einem **Trockenlager** für Brennelemente zu verstehen ist. Nehmt Stellung zu dieser Form der Lagerung.

## Strahlung in der Medizin

WILHELM CONRAD RÖNTGEN entdeckte die nach ihm benannte Röntgenstrahlung zufällig (außerhalb des deutschsprachigen Raums wird sie im Allgemeinen X-Strahlung genannt).

**1** Erstellt einen Lebenslauf WILHELM CONRAD RÖNTGENs und beschreibt die Umstände der Entdeckung der nach ihm benannten Strahlung.

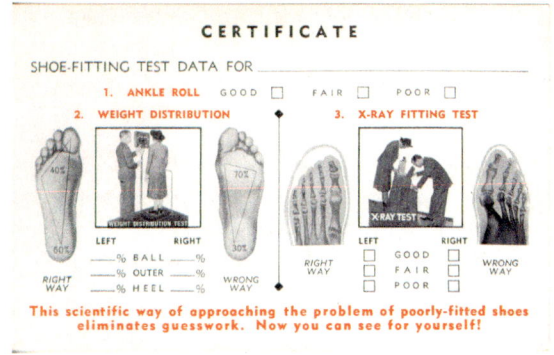

**2** Bald nach der Entdeckung der Röntgenstrahlung besaßen viele Schuhgeschäfte einen Röntgenapparat, mit dem sich feststellen ließ, ob ein Schuh – insbesondere bei kleinen Kindern – die richtige Größe hat. Beurteilt diese Erfindung.

**3** Erstellt eine Mindmap, in der ihr normale Röntgengeräte, **Computertomografen** und **Kernspintomografen** (auch Magnetresonanztomografen genannt) hinsichtlich Aufbau, Funktionsweise, Gemeinsamkeiten und Unterschieden darstellt.

**4** Erklärt an geeigneten Beispielen den Unterschied zwischen einer **Strahlentherapie** und einer **Chemotherapie**.

## Ausstieg aus der Kernenergie

Im Jahr 2000 hat die Bundesregierung den „Ausstieg aus der Kernenergie" beschlossen.

**1** Erläutert, was genau mit „Ausstieg aus der Kernenergie" gemeint ist.

**2** Recherchiert sorgfältig Argumente für und gegen die Kernenergie und stellt eure Ergebnisse dar.

**3** Stellt eure Meinung zum „Ausstieg aus der Kernenergie" differenziert und begründet dar.

**A1 a)** Jedes Geiger-Müller-Zählrohr (GMZ) hat eine sogenannte Totzeit, in der es für eintretende Strahlung unempfindlich ist, diese also nicht registriert. Erkläre unter Beachtung der Funktionsweise eines GMZs, um welche Zeitspanne es sich dabei handelt.
**b)** Im GMZ wird stets ein Stoßionisationsprozess in Gang gesetzt. Erläutere, was darunter zu verstehen ist und erkläre damit, weshalb ein GMZ Alphateilchen unterschiedlicher Energie nicht unterscheiden kann.

**A2** In einem Physikraum wird in derselben Unterrichtsstunde mit dem linken Zählrohr ein Nulleffekt von 295 Imp in 8 Minuten, mit dem rechten ein Nulleffekt von 149 Imp in 10 Minuten gemessen. Vergleiche und erkläre den Unterschied.

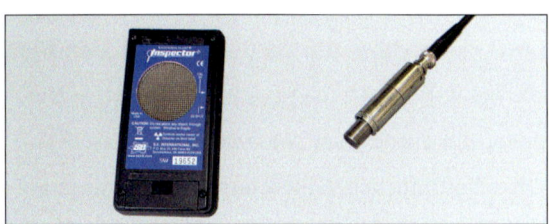

**A3** Ein Anwohner eines Kernkraftwerkes hat Angst, dass nach einem angeblich harmlosen Störfall die Luft radioaktiv verseucht ist. Zur Gewinnung einer sogenannten Aerosolprobe saugt er mithilfe eines Staubsaugers über mehrere Stunden Luft durch einen Kaffeefilter.

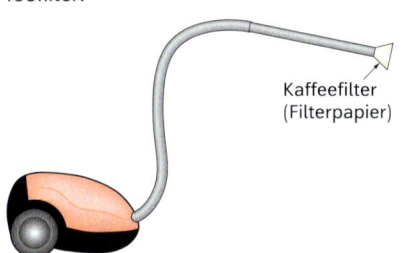

Kaffeefilter
(Filterpapier)

Anschließend untersucht er das Filterpapier mithilfe eines Geiger-Müller-Zählrohres und misst alle 15 Minuten die in einer Minute aufgetretenen Impulse:

| t in min | 0 | 15 | 30 | 45 | 60 | 75 | 90 | 105 | 120 |
|---|---|---|---|---|---|---|---|---|---|
| Impulsrate Z in Imp/min | 440 | 354 | 282 | 232 | 179 | 149 | 122 | 62 | 50 |

Zeichne den t-Z-Graphen mit Ausgleichskurve.
Erkläre anhand des Graphen den Begriff Halbwertszeit. Beurteile, ob die Befürchtung des Anwohners berechtigt ist.

**A4** Unter der Aktivität A einer radioaktiven Probe wird die Anzahl der Zerfälle pro Sekunde in der Probe verstanden.
**a)** Erkläre anhand der Skizze, weshalb die durch das Zählrohr gemessene Zählrate nicht der Aktivität des Strahlerstiftes entsprechen kann.

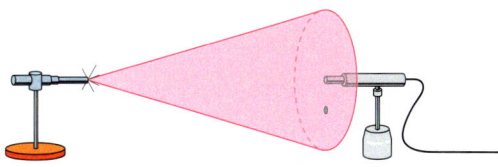

**b)** Erläutere, wie sich ausgehend von der gemessenen Zählrate die Aktivität A abschätzen lässt. (Beachte die markierten Flächen.)
**c)** Recherchiere, in welcher Einheit die Aktivität angegeben wird.

**A5** Informiere dich über das Verfahren der Skelettszintigrafie und erstelle darüber eine Präsentation.

**A6 a)** Erläutere, wie ein Kernreaktor mithilfe der Regelstäbe schnell abgeschaltet werden kann.
**b)** Moderne Kernkraftwerke mit Druckwasserreaktoren besitzen drei Wasserkreisläufe. Benenne diese Wasserkreisläufe und erkläre ihre Funktion.
**c)** Begründe, weshalb nach dem Abschalten eines Reaktors auf keinen Fall die Pumpe des Primärkreislaufes abgeschaltet werden darf.
**d)** Im Falle eines „GAUs" pumpt ein Notkühlsystem borhaltiges Wasser in den Reaktordruckbehälter. Erkläre.

**A7 a)** In den Brennelementen eines Kernreaktors sammeln sich im Laufe der Zeit immer mehr Spaltprodukte. Erstelle eine Tabelle mit möglichen Spaltprodukten und ihren Halbwertszeiten.
**b)** Erkläre, weshalb die Brennelemente nach einer gewissen Zeit ausgetauscht werden müssen.
**c)** Erläutere, warum ausgewechselte Brennelemente zunächst in einem Wasserbecken im Kernkraftwerk gelagert werden.
**d)** Informiere dich über Verfahren der Wiederaufarbeitung von Brennstäben und nenne Gründe, weshalb die Wiederaufarbeitung in Deutschland nicht mehr zulässig ist.
**e)** Erkläre den Unterschied zwischen einem Zwischenlager und einem Endlager.

# Energieübertragung in Kreisprozessen

Verbrennungsmotoren wandeln die chemische Energie von Brennstoffen in Wärmeenergie und dann in nutzbare mechanische Energie. Zum Verständnis dieser Wandlungsprozesse sind Kenntnisse über das Verhalten von Gasen bei Änderungen von Temperatur, Druck und Volumen erforderlich, weil die Energiewandlungen sich mittels eingeschlossener Gase in den dafür konstruierten Maschinen vollziehen. Charakteristisch für diese Maschinen ist, dass nach jedem Ablauf eines Wandlungsprozesses wieder der Ausgangszustand hergestellt werden muss. Dieses Zurück-zum-Ausgangspunkt geschieht auch in Wärmekraftwerken und im Kühlschrank, in dem aber nichts verbrannt, sondern nur Energie von innen nach außen transportiert wird.

Auf den nachfolgenden Seiten wirst du lernen, wie verschiedene Verbrennungsmotoren und ein Wärmekraftwerk funktionieren und welches die physikalischen Voraussetzungen dafür sind. Das physikalische Prinzip, das diese Maschinen mit dem Kühlschrank gemeinsam haben, wirst du kennenlernen.

Die Technik der Wandlung von chemischer Energie in Wärmeenergie und schließlich in zu nutzende mechanische Energie hat unsere Kultur seit Beginn der industriellen Revolution sehr stark geprägt. Gibt es auch negative Einflüsse, die von dieser inzwischen sehr ausgefeilten Technik zur Gewinnung mechanischer Energie ausgehen?

Schiffsdiesel: bis zu 14 Zylinder mit je bis zu 2,5 m$^3$ Hubraum
Pkw-Motor: bis zu 6 Zylinder mit je bis zu 0,001 m$^3$ (1 l) Hubraum

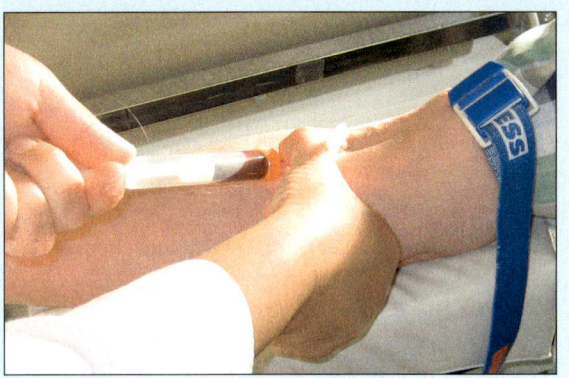

■ **Fahrradreifen:** Mit viel Kraft wird Luft in das begrenzte Volumen des Reifens hineingepumpt. Dabei werden Pumpe und Ventil merklich warm.

■ **Blutentnahme:** Beim Blutabnehmen lässt sich gut beobachten, wie Kolben, Spritzenzylinder und der Blutdruck in der Vene zusammenwirken. Um mehrere Zylinder für unterschiedliche Untersuchungen des Blutes zu füllen, müssen sie an der eingestochenen Nadel gewechselt werden. Während des Wechselns entströmt kein Blut, sondern nur dann, wenn der Kolben herausgezogen wird.

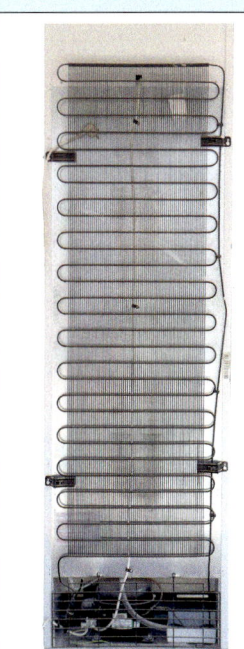

■ **Kühlschrank:** Speisen wärmen, kochen, rösten oder grillen können Menschen, seit sie gelernt haben, das Feuer zu beherrschen. Aber Essbares dauerhaft kühlen, gar unter die Gefriertemperatur des Wassers, können sie erst seit der Erfindung des Kühlschranks. Seine Arbeitsweise beruht darauf, dass die innere Energie vom Innenraum des Kühlschrankes fortwährend nach außen transportiert und an die Umgebungsluft abgegeben wird. Auch dieser Mechanismus beruht auf einem Kreisprozesses, der durch einen Elektromotor in Gang gehalten wird.

■ **Automotor:** Zylinder, Kolben, Ventile oder Einspritzung, Zündkerze oder Selbstzündung, Pleuelstange, Kurbelwelle, Kühlung … das sind wichtige Begriffe, mit denen die Funktion eines Automotors beschrieben wird. Wie diese Teile zusammenspielen und auf welche Weise die chemische Energie des Benzins oder Diesels über eine sehr schnelle Verbrennung (Explosion) in mechanische Energie gewandelt wird, beschreibt die Prozessabfolge der Ereignisse im Motor. An deren Ende muss immer wieder die Ausgangsposition für einen neuen Ablauf stehen. Es muss also ein Kreisprozess stattfinden.

## Vorbereitung

**1** Lies die Texte dieser beiden Seiten durch und betrachte die zugehörigen Bilder. Schreibe zu den einzelnen Themen Fragen auf, die du dazu hast.

**2** Blättere das folgende Kapitel durch, lies die Überschriften und betrachte die Bilder. Notiere neben den Fragen aus **1** die Seitenzahlen, die deiner Meinung nach Antworten zu deinen Fragen liefern könnten.

**3** Überlege und schreibe auf, was du in Experimenten untersuchen möchtest. Vielleicht hast du ja schon Ideen, wie die Versuche aussehen könnten.

**4** Studiere die im Vorwissen auf Seite 132 dargestellten Zusammenhänge. Schreibe dazu die wichtigsten Begriffe zusammen mit einer kurzen Erklärung auf.

**Energie und Energiewandlung**
**Energie** ist erforderlich,
damit Vorgänge ablaufen

## ENERGIE

Energie braucht immer einen
*Träger* - Ausnahme Lichtenergie.

**Einheit der Energie:**
1 J (Joule)     1 kWh = 3,6 Mio J

Energieform 1 → Wand-ler → Energieform 2 → Wand-ler → Energieform 3 → Wand-ler → Energieform 4

Bei allen Energiewandlungen tritt immer auch
Energie auf, die nicht mehr nutzbar ist:
Es findet **Energieentwertung** statt.

$E_{zugef.}$ → Gerät Motor → $E_{nutz}$
$E_{ab}$

**Wärmeenergie** strömt von selbst nur von heiß nach kalt.

**Erhaltung der Energie:**
Energie kann nicht erzeugt
und nicht vernichtet werden.

**Wichtige Energieformen**
• mechanische Energie
  – Bewegungsenergie
  – Höhenenergie
  – Spannenergie
• innere Energie
• elektrische Energie
• chemische Energie

**Wichtige Energie-wandler**
• Elektromotor
• Generator

Körper haben eine **Temperatur**

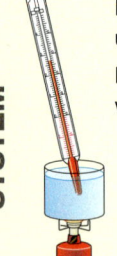

Körper bestehen aus **Stoffen**
und haben eine Masse.

Die *Temperatur* gibt an,
wie heiß ein Körper ist.

**Einheit der Temperatur:**
1 °C, 1 K
0 K  = –273 °C
0 °C = +273 K

**SYSTEM**

Körper haben ein **Volumen**
Das Volumen eines Körpers
ist die Größe des Raums,
den ein Körper ein-
nimmt.

**Einheit des Volumens:**
1 dm³ = 1000 cm³
     = 1 ℓ

Körper bestehen aus
**Teilchen,** die in ständiger
Bewegung sind.

**Zustandsformen und Teilchenbild**

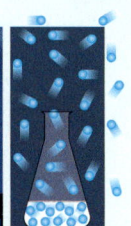

**Luft/Gase:** Die Teilchen sind nicht miteinander
verbunden, sondern frei beweglich

**Flüssigkeit:** Die Teilchen hängen nur lo-
cker aneinander und
können ihre Plätze
tauschen; sie liegen
so dicht beieinander
wie im Festkörper.

**Festkörper:** Die Teil-
chen liegen dicht an
dicht und halten sich
gegenseitig auf ihren
Plätzen fest; sie kön-
nen nur ein wenig hin
und her zittern.

**Kräfte**
• ändern den Bewegungs-
  zustand von Körpern
• verformen Körper
  – elastisch
    (nimmt nach Einwirken der
     Kraft wieder alte Form an)
  – unelastisch
    (Verformung bleibt)

**Einheit
der Kraft:**
1 N

**WECHSELWIRKUNG**

**Berechnung der
Gewichtskraft:**
$F_G = m \cdot g$

## MATERIE

## Druck – eine Größe bestimmen und messen · Projekt

Druck ist ein Zustand, der in vielen Sachverhalten beteiligt ist: Im Fahrradreifen herrscht Druck, beim Tauchen drückt das Wasser auf die Ohren, hoher oder tiefer Luftdruck bestimmen das Wetter mit, in der Küche hilft ein Druckkochtopf, die Speisen schneller zu garen.

**P1** Listet alle Formulierungen auf, die euch zum Wort „Druck" einfallen. Gliedert die Liste in solche Sachbereiche, die physikalischem Nachfragen zugänglich sind, und solche, die von der Physik nicht erfasst werden können.

**P2 a)** Erkundigt euch, wie mit Hilfe einer „Wassersäule" der Luftdruck gemessen werden kann.
**b)** Baut ein solches Barometer nach. Messt über einen Zeitraum von vier Wochen die Höhe der Wassersäule und stellt den Verlauf grafisch dar.
**c)** Besorgt euch parallel zu den Messungen aktuelle Wetterkarten, die den Druckverlauf zeigen, und vergleicht sie mit den Werten eurer Messungen.

**P3** Eine PET-Flasche und eine Spritze (vorher den Zylinder innen leicht ölen) sind randvoll mit Wasser gefüllt und miteinander verbunden.
**a)** Messt die Kraft, die ihr auf die Flasche ausüben müsst, um den Kolben der Spritze zu bewegen.
**b)** Findet und beseitigt mögliche Fehlerquellen.
**c)** Wiederholt den Versuch mit einer dünneren Spritze.
**d)** Vergleicht die Kräfte, die ihr auf die beiden Kolbenflächen ausgeübt habt. Vergleicht das Ergebnis mit dem von P2.
**e)** Ihr habt ein Messverfahren für den Druck im Wasser gefunden. Findet eine Einheit und begründet eure Wahl.

## Motoren, insbesondere Verbrennungsmotoren · Projekt

Motoren sind aus der von Technik bestimmten Welt nicht mehr wegzudenken. Aus physikalischer Sicht haben sie immer die gleiche Aufgabe: Energie so zu wandeln, dass sie als mechanische Energie zur Verfügung steht.

**P1 a)** Stellt eine möglichst lange Liste der unterschiedlichsten Motoren zusammen. Gliedert die Liste dann nach verschiedenen Gesichtspunkten und schafft möglichst auch Untergliederungen. Setzt die unterschiedlichen Sortierungen dann so in grafische Darstellungen um, dass der Sinn der unterschiedlichen Sortierungen augenfällig wird.
**b)** Arbeitet in eurer Zusammenstellung besonders den energiewandelnden Aspekt von Motoren heraus und zeichnet entsprechende Energieflussdiagramme unterschiedlicher Motorenarten.

**P2 a)** Fertigt viele (zweifache) Kopien von Schnittzeichnungen von **Verbrennungsmotoren** an und klebt sie auf zwei verschiedene Plakate. Eines soll sie nach den Brennstoffen geordnet darstellen, das zweite nach dem Ort, an dem die Verbrennung stattfindet.
**b)** Vergrößert und beschriftet die Kopie eines **Benzin**- und eines **Dieselmotors** so, dass ihr anderen daran die Funktionsweise beider Motoren erklären könnt.

**c)** Stellt eine bebilderte Zeitleiste her, die die Jahre der Erfindung der jeweiligen Art der Verbrennungsmotoren darstellt und die Erfinder mit aufführt. Gebt auch eine kurze Personenbeschreibung der Erfinder.
**d)** Findet aus dem Fahrzeugschein eines Autos heraus, welche Angaben dort zum Motor gemacht werden, und erläutert diese Angaben.

**P3** An einem Benzinrasenmäher ist der Motor gut zugänglich.
**a)** Fertigt kleine Pappschilder über alle Motorteile an, die von außen sichtbar sind, klebt die Schilder an die Teile und fotografiert den Motor dann.
**b)** Schraubt die **Zündkerze** ab und messt die Länge des Weges des **Kolbens** im **Zylinder**. Berechnet daraus und aus den Angaben zum Hubraum des Motors die Bohrweite des Zylinders.
**c)** Klärt die Funktionsweise des Benzin- oder **Ottomotors** und stellt aus Pappstreifen ein großes Funktionsmodell her.

# Stempeldruck

**Druck muss in Wasser- und Gasleitungen herrschen, damit Wasser und Gas in der Wohnung ankommen. Druck brauchen der Autoreifen und der Luftballon. Und ohne den richtigen Druck in den Schläuchen könnte die Feuerwehr nicht löschen.**

**Was aber ist „Druck"? Was geschieht im Innern der Körper, in denen Druck herrscht? Welche Wirkungen ruft der Druck hervor und wie kann er technisch genutzt werden?**

## Druck in Gasen und Flüssigkeiten

Zuerst muss die Gartenspritze kräftig aufgepumpt werden, damit sie nachher auch möglichst weit spritzt. Beim Aufpumpen wird immer mehr Luft in den Zylinder hinein befördert. Zu der schon vorhandenen kommt immer neue Luft hinzu, sodass die Luft, die sich schon im Zylinder befindet, immer weiter zusammengepresst wird.

Dieser Zustand der „Gepresstheit" heißt **Druck.** Im Zylinder herrscht nach dem Pumpen ein größerer Druck als vorher. Der Zustand „Druck" herrscht in jedem Gas und in jeder Flüssigkeit – mal stärker, mal schwächer.

**Zentraler Versuch**

Beim Tauchen ist der Druck im Wasser, in dem der Taucher sich bewegt, deutlich spürbar. Das Trommelfell registriert ihn, weil das Wasser dagegen drückt. Wäre ein Loch im Trommelfell, dann spritzte das Wasser wie aus der Kolbenspritze in das Ohr hinein. (Deshalb dürfen Menschen mit defektem Trommelfell nicht tauchen.)

Druck herrscht also nicht nur an den Außenwänden einer eingeschlossenen Gas- oder Flüssigkeitsmenge, sondern auch in ihrem Inneren.

Das Spritzen aus dem Spritzkolben zeigt eine weitere Eigenschaft des Druckes: Flüssigkeiten und Gase üben durch den Druck Kräfte auf ihre Begrenzungsflächen aus, die immer senkrecht zur jeweiligen Fläche stehen. Auch im Inneren sind sie spürbar, denn z. B. registriert das Trommelfell den Druck durch die Kraft, die auf die feine Membran im Ohr ausgeübt wird. Je größer der Druck ist, desto größer ist auch die Kraft, die auf eine Wand ausgeübt wird. In *Manometern* wird diese Kraft auf eine Membran zur Messung des Druckes in Flüssigkeiten und Gasen genutzt.

In der Gartenspritze sollte ein möglichst großer Druck herrschen, damit das Wasser auch ordentlich spritzt. Der Finger vor der Düse spürt, mit welcher Kraft das Wasser von der Luft herausgedrückt wird.

Wasser oder jede andere Flüssigkeit lässt sich auch pressen. Wenn der Kolben in die Kugelspritze hineingeschoben wird, spritzt das Wasser nach allen Seiten heraus. Der Zustand der „Gepresstheit" wird erhöht. Es herrscht Druck im Wasser, der *Kolben-* oder **Stempeldruck** heißt, weil er durch einen Kolben bzw. Stempel erzeugt wird.

Der Stempeldruck, der durch das Pressen erzeugt wird, ist im gesamten Wasservolumen offenbar gleich. Aus den Düsen der Glaskugel spritzt es ja überall gleich stark in senkrechter Richtung zur Begrenzungsfläche heraus.

> Druck in einem Gas oder einer Flüssigkeit ist der Zustand der „Gepresstheit" des betreffenden Stoffes.
> • Der Stempeldruck herrscht innerhalb des gesamten Gas- oder Flüssigkeitsvolumens.
> • Wenn Stempeldruck herrscht, übt die Flüssigkeit oder das Gas eine senkrecht gerichtete, überall gleiche Kraft auf die Begrenzungsflächen aus.

# Druck im Teilchenbild

**Zentraler Versuch**

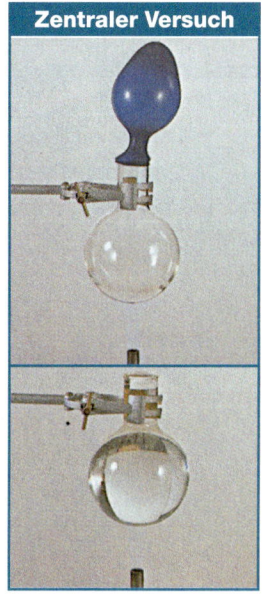

In Gasen und Flüssigkeiten sind die Teilchen gegeneinander verschiebbar. Sie füllen den Raum bis an die Gefäßwände vollständig aus. Beim Erwärmen wird die Geschwindigkeit der einzelnen Teilchen größer. Sie benötigen für die heftigeren Bewegungen, die sie bei höherer Temperatur ausführen, mehr Raum. Der Ballon dehnt sich aus und ein voll mit Wasser gefülltes Glasgefäß würde überlaufen.

Steht den Teilchen dieser Raum nicht zur Verfügung, so prallen sie öfter und heftiger gegen die Gefäßwände. Dies wird als erhöhter Druck des Gases oder der Flüssigkeit registriert.

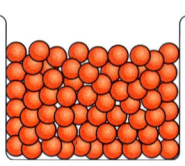

Die Modellflüssigkeit aus Kugeln zeigt: Wird in eine von einem Gefäß eingeschlossene Kugelmenge ein Stab hineingeschoben, so müssen die Kugeln ausweichen. Beide zusammen brauchen also mehr Raum als ohne den Stab.

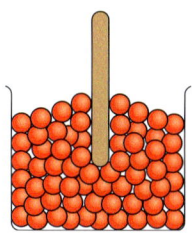

Wenn nun in dem Spritzkolben durch das Hineinschieben des Stempels der für die Teilchen verfügbare Raum verkleinert wird, so werden die Teilchen gegeneinander gepresst und drücken gemeinsam die Gefäßwände gleichmäßig nach außen, um den für sie notwendigen Platz zu bekommen. Damit entsteht ein Druck in der Flüssigkeit und sie übt Kräfte auf die Gefäßwände aus.

Der Druck in Flüssigkeiten oder Gasen wird nicht nur durch äußeres Pressen erhöht. Beim Erhitzen geraten die Teilchen in stärkere Bewegung. Dadurch brauchen sie mehr Platz und prallen heftiger gegen die Außenwände. Der Druck in der Flüssigkeit oder dem Gas wird erhöht.

> Druck in Gasen oder Flüssigkeiten entsteht durch Zusammenpressen der Teilchen oder durch Erhöhung ihrer Bewegung bei Erwärmung. Die Kräfte auf die Begrenzungsflächen werden dabei größer.

## Aufgaben

**1** Erläutere die Funktionsweisen
 **a)** einer Spritze, die bei Impfungen verwendet wird;
 **b)** einer Wasserspritzpistole.
**2** Beschreibe den Fahrkomfort eines mit Wasser gefüllten Fahrradreifens gegenüber dem luftgefüllten.
**3** Erläutere im Teilchenbild, warum bei einem Wasserrohrbruch nur noch wenig Wasser aus dem Wasserhahn läuft.

## Versuche und Aufträge

### Druck in Flüssigkeiten und Gasen

**V1 a)** Blase zwei Luftballons verschieden stark auf und verbinde sie über ein Rohr miteinander. Halte dabei die Ballons stets zu. Gib jetzt die Verbindung über das Rohr frei. Beobachte und erläutere den nun folgenden Vorgang.
**b)** Ziehe Schlussfolgerungen über den Druck in den Ballons und vergleiche sie mit Beobachtungen beim Aufpusten.

**V2** Nutze einen Wasserhahn im Freien, der einen Ansatz zum Aufstecken eines Schlauches besitzt.
**a)** Dichte den Ansatz mit einer Gummihaut (z.B. alter Fahrradschlauch) ab. Baue dann alles so auf, wie in der Skizze dargestellt.
**b)** Drehe nun den Hahn auf und entferne so lange Sand aus dem Eimer, bis Wasser aus dem Hahn austritt.

Sand
Gummi
Leiste
Brett

Durch Anheben des Eimers kannst du über dessen Gewichtskraft abschätzen, welche Kraft das Wasser durch seinen Druck besitzt.

**V3** Durchlöchere einen nicht aufgeblasenen Luftballon mit einer heißen Nadel und fülle ihn mit Wasser.

**V4** Den abgebildeten Rasensprenger kannst du mit einem kurzen Stück Schlauch nachbauen. Begründe, weshalb das Wasser aus allen Löchern gleichmäßig spritzt.

## Druck, Kraft und Fläche

Die auf den vorhergegangenen Seiten genannten Eigenschaften des Stempeldruckes,
- sich allseitig auszubreiten und
- an allen Stellen der Flüssigkeit bzw. des Gases gleich groß zu sein,

lassen sich für Messungen nutzen.

Um den Druck zu ermitteln, ist es nur notwendig, ihn an einer einzigen Stelle zu messen. Auch eine Verbindung vom Messgerät, dem **Manometer,** zur Flüssigkeit über ein flüssigkeits- oder gasgefülltes Rohr ist ausreichend.

Im Versuch wird mit einer bestimmten Kraft auf den linken Kolben ① gedrückt. Dadurch entsteht ein Druck in der Flüssigkeit. Durch die nun auf alle Gefäßwände wirkenden Kräfte werden die anderen Kolben nach oben geschoben. Um deren Aufwärtsbewegung zu verhindern, werden so lange Wägestücke aufgelegt, bis alle Kolben wieder in Ruhe sind. Dann herrscht Gleichgewicht zwischen den Gewichtskräften, mit denen die einzelnen Kolben samt den aufgelegten Wägestücken auf die Flüssigkeit einwirken, und den Kräften, die durch den Druck in der Flüssigkeit auf die Kolben wirken.

Der Druck ist in der gesamten Flüssigkeit gleich groß. Obwohl die Gewichtskräfte der Kolben und der Wägestücke ganz unterschiedliche Kräfte auf die Flüssigkeit erzeugen, stellt sich in allen Fällen Kräftegleichgewicht ein.

Die Messwerte in der Tabelle erklären auch die Ursache dafür: Jeder der Kolben besitzt eine andere Grundfläche. Der Quotient aus der von außen einwirkenden Kraft und der Fläche, auf die die Kraft wirkt, ist in allen Fällen gleich. Deshalb wird er als Maß für den Druck $p$ verwendet: $p = \frac{F}{A}$. Für die **Einheit des Druckes** wurde festgelegt: $1\,\text{Pa} = 1\,\frac{N}{m^2}$.

Der Kolben ① im Experiment erzeugt den Druck. Auch hier hat der Quotient aus wirkender Kraft (Gewichtskraft des Kolbens + Kraft der Hand) und der Fläche, auf die die Kraft einwirkt, den gleichen Zahlenwert. $p = \frac{F}{A}$ gilt somit für jeden der drei Kolben. (Für Gase gelten die gleichen Überlegungen.)

Der Druck lässt sich berechnen als Quotient aus der senkrecht auf eine Fläche wirkenden Kraft $F$ und dem Flächeninhalt $A$ der Fläche:
$p = \frac{F}{A}$.

### Zentraler Versuch

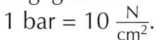

| Kolben | Kraft | Fläche | $\frac{F}{A}$ |
|--------|-------|--------|---------------|
| ① | 0,75 N | 1,8 cm² | 0,43 $\frac{N}{cm^2}$ |
| ② | 2,06 N | 4,9 cm² | 0,42 $\frac{N}{cm^2}$ |
| ③ | 3,34 N | 7,5 cm² | 0,45 $\frac{N}{cm^2}$ |

### Druck

Das Formelzeichen ist $p$.
Die Einheit ist 1 Pa (Pascal): $1\,\text{Pa} = 1\,\frac{N}{m^2}$.

Weitere Einheiten:
Hektopascal: 1 hPa = 100 Pa
Kilopascal: 1 kPa = 1000 Pa
Bar: 1 bar = 100 kPa = $10\,\frac{N}{cm^2}$

Drücke können direkt mit Manometern gemessen werden. Auf ihnen ist der Druck in der gängigen Einheit **Bar (bar)** angegeben:
$1\,\text{bar} = 10\,\frac{N}{cm^2}$.

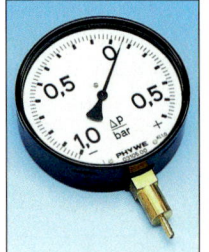

### Aufgaben

**1** Der Kolben einer Spritze hat eine Fläche von 3 cm². Auf ihn wirkt eine Kraft von 15 N. Berechne den Druck, mit dem das Serum gespritzt wird.

**2** In einer Wasserleitung herrscht ein Druck von 6,5 bar. Bestimme die erforderliche Kraft, um einen geöffneten Wasserhahn mit der Hand zuzuhalten, wenn seine Öffnung 4 cm² Flächeninhalt hat.

**3** In einem Quader mit den Kantenlängen 3 cm, 4 cm und 5 cm wird eine Flüssigkeit mit dem Druck 5 bar eingeschlossen. Berechne die Kräfte auf die Begrenzungsflächen.

**4** Die Pumpe eines Springbrunnens erzeugt für eine hohe Fontäne im Wasser einen Druck von 20 bar. Berechne, wie groß die Öffnung höchstens sein darf, durch die das Wasser austritt, damit du sie durch die Wirkung deiner Gewichtskraft allein durch Draufstellen abdichten könntest.

## Manometer

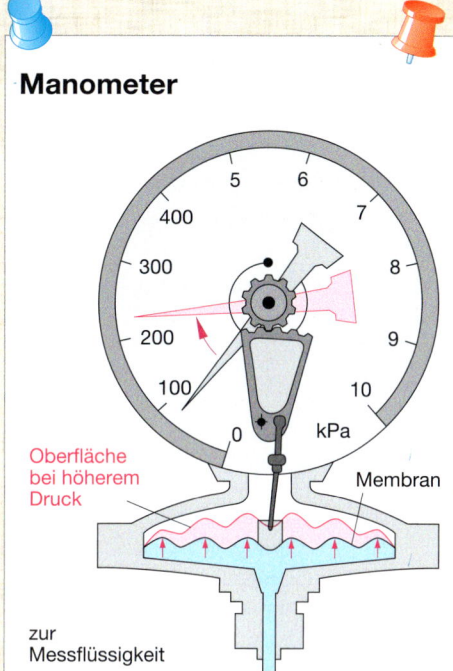

Oberfläche bei höherem Druck

Membran

zur Messflüssigkeit

Zum Messen des Druckes werden häufig Dosenmanometer verwendet. Die stabile Druckdose des Manometers hat an der Oberseite eine verformbare Membran.

Wird der Druck in der Flüssigkeit erhöht, so erhöht sich der Druck in der Dose ebenfalls. Die Flüssigkeit im Manometer drückt dann auf die Membran, die dadurch verformt wird. Die Stärke der Verformung ist abhängig von der Größe der wirkenden Kraft und damit direkt vom Druck in der Flüssigkeit.

Die Membran bewegt über ein Gestänge ein Zahnradsegment. Dieses Zahnradsegment dreht über das kleine Zahnrad den Zeiger. Die Teile sind so aufeinander abgestimmt, dass eine kleine Bewegung der Membran eine große Bewegung des Zeigers ergibt.

## Blutdruck

Im Ruhezustand schlägt das Herz eines Erwachsenen zwischen 60 und 80 mal pro Minute. Mit jedem Herzschlag pumpt es Blut durch den Körper. Während der *Systole,* dem Zusammenziehen des Herzmuskels, wird vom Muskel auf die gesamte Gefäßwand der linken Herzkammer eine Kraft ausgeübt. Dadurch steigt der Druck des Blutes im Herzen und in allen Arterien an – wir spüren den Pulsschlag: Das Blut wird durch die engen Kapillargefäße gepresst. Danach nimmt der Druck in den Arterien wieder ab. Wenn sich der Herzmuskel entspannt, wird das Herz wieder mit Blut gefüllt. Während dieser Phase, der *Diastole,* ist der Druck im Blut geringer.

Beim Blutdruckmessen werden die Druckwerte während der Systole und der Diastole ermittelt. Dafür wird der Oberarm oder das Handgelenk mit einer Manschette versehen. Wird die Manschette mit Luft aufgeblasen, so entsteht in ihr ein Druck. Die Wand der Manschette drückt den Arm zusammen. Wenn die Druckkraft groß genug ist, wird der Blutfluss unterbrochen. Dann wird die Luft langsam abgelassen. Bald ist der Puls wieder zu hören. Zu diesem Zeitpunkt ist der Druck in der Manschette etwa gleich dem Blutdruck. Auf dem an der Manschette angeschlossenen Manometer kann der Blutdruck der Systole abgelesen werden. Ist der Puls dann nicht mehr zu hören, fließt das Blut wieder ungehindert unter der Manschette hindurch. Jetzt kann der Druck während der Diastole abgelesen werden.

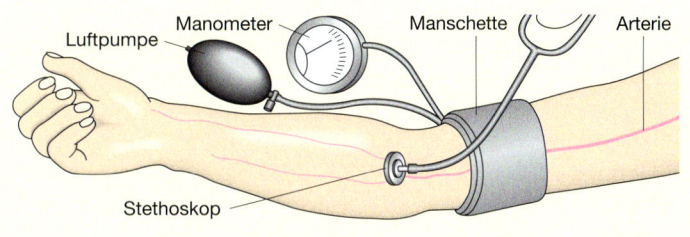

Luftpumpe | Manometer | Manschette | Arterie

Stethoskop

## Typische Drücke

| Fahrradreifen | | bis zu 4 bar | = | 4000 hPa |
|---|---|---|---|---|
| Autoreifen | | ca. 2,5 bar | = | 2500 hPa |
| 3 m Wassertiefe | | 0,3 bar | = | 300 hPa |
| Luftdruck | normal auf Meereshöhe (NN) | | | 1000 hPa |
| | im Orkantief | | | 950–970 hPa |
| | Hochdruck | | | ab 1013 hPa |
| Blutdruck | Systole 120 mm Quecksilbersäule | | | 160 hPa |
| | Diastole 80 mm Quecksilbersäule | | | 107 hPa |

## Gasgesetze – Kelvinskala

### Druck und Volumen

In einem Gas können sich die Teilchen völlig frei bewegen. Sie stoßen dabei auch gegen die Gefäßwände und üben dadurch Kräfte auf diese aus. In Gasen herrscht somit stets ein Druck, auch ohne drückende Kolben. (Dies gilt natürlich auch für Flüssigkeiten.)

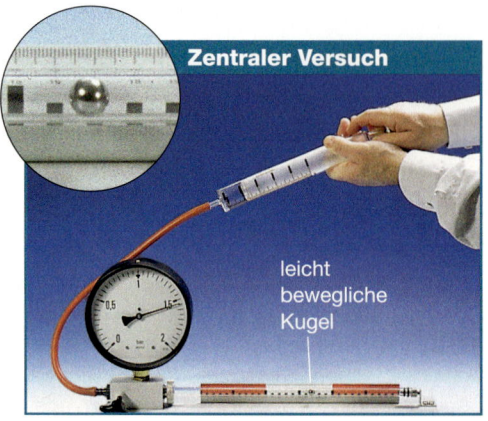

Zentraler Versuch

leicht bewegliche Kugel

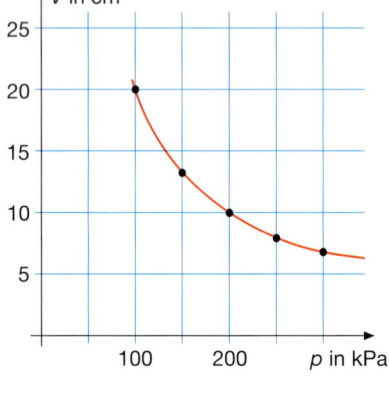

$V$ in cm$^3$

$p$ in kPa

Wird Luft in einer Papiertüte eingeschlossen, ohne das Tütenvolumen zu verändern, so bleibt die Tüte so locker/luftig wie vorher. In der Tüte herrscht nach wie vor der gleiche Druck wie außerhalb in der Luft. Deshalb stoßen von innen und von außen im Mittel gleich viele Teilchen gleich heftig gegen die Tütenwand. Zwischen Innen- und Außenraum herrscht Kräftegleichgewicht.

Anders als Flüssigkeiten lassen sich Gase zusammenpressen (komprimieren), d.h. die gleiche Anzahl von Teilchen lässt sich auch in einem kleineren Raum unterbringen. Werden nun mehr Teilchen in die Tüte hinein gepustet, so wird die Tüte prall und fest. Im Inneren sind dann pro Volumenanteil mehr Teilchen als außerhalb.

Deshalb stoßen jetzt mehr Teilchen je Flächenstück gegen die Wände, sie üben eine größere Kraft auf die Innenseite der Tüte aus, während sich an dem Zustand außen nichts verändert hat. Der Druck in der Tüte ist also größer als der Außendruck. Für den Betrachter zeigt sich dies am Ausbeulen der Tüte.

Wie ändert sich der Druck in einer bestimmten Luftmenge, wenn die Luft komprimiert wird?

Die Kugel in der Glasröhre trennt die beiden eingeschlossenen Gasmengen. Wenn sich die Kugel nicht bewegt, so ist die Summe aller auf sie einwirkenden Kräfte Null. Dann herrscht in beiden Gasmengen der gleiche Druck, der vom Manometer angezeigt wird. Das Volumen der rechten Gasmenge kann mithilfe der Skala genau gemessen werden.

Wird nun der Kolben in den Zylinder hinein geschoben, so steigt der Druck auf der linken Seite. Denn jetzt sind mehr Teilchen je Volumenelement vorhanden – es stoßen also mehr Teilchen gegen die Begrenzungen, also auch gegen die Kugel. Dadurch wird die Kugel verschoben, bis der Druck in beiden Gasvolumen wieder ausgeglichen ist, sodass von beiden Seiten in der gleichen Zeit wieder gleich viele Teilchen gegen die Kugel prallen.

Aus den Messwerten ist nicht nur erkennbar, dass mit steigendem Druck in der Gasmenge das Volumen abnimmt, sondern auch, dass das Produkt aus dem Druck in der abgeschlossenen Gasmenge und dem zugehörigen Volumen für alle Wertepaare gleich ist. Beide Größen sind antiproportional zueinander. Im Diagramm ist dieser Zusammenhang an dem charakteristisch fallenden Kurvenverlauf erkennbar.

Dieser Zusammenhang heißt nach seinen Entdeckern ROBERT BOYLE (1627–1691) und EDMÉ MARIOTTE (1620–1684) **Boyle-Mariotte'sches Gesetz.** Es gilt, solange sich die Temperatur des Gases nicht verändert.

> Bei konstanter Temperatur ist für eine abgeschlossene Gasmenge das Produkt aus Druck und Volumen stets konstant:
> $$p_1 \cdot V_1 = p_2 \cdot V_2 = \text{konstant}$$

| Druck $p$ | 100 kPa | 150 kPa | 200 kPa | 250 kPa | 300 kPa |
|---|---|---|---|---|---|
| Volumen $V$ | 20 cm$^3$ | 13,3 cm$^3$ | 10 cm$^3$ | 8 cm$^3$ | 6,7 cm$^3$ |
| $p \cdot V$ | $2 \cdot 10^3$ kPa·cm$^3$ | $2 \cdot 10^3$ kPa·cm$^3$ | $2 \cdot 10^3$ kPa·cm$^3$ | $2 \cdot 10^3$ kPa·cm$^3$ | $2 \cdot 10^3$ kPa·cm$^3$ |

## Temperatur und Volumen

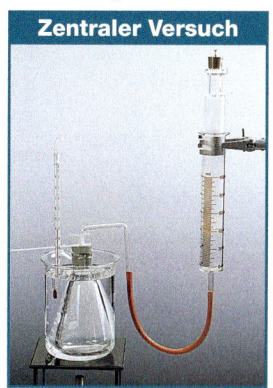

**Zentraler Versuch**

Durch das aufgelegte Wägestück wird ein gleichbleibender Druck in der eingeschlossenen Luftmenge erzeugt. Wird die Temperatur der Luft erhöht, so vergrößert sich auch ihr Volumen. An der Skala des Kolbenprobers ist die Änderung des Gasvolumens ablesbar. In der Tabelle unten stehen die Messwerte.

## Temperatur und Druck

Die Luft im Erlenmeyerkolben wird erwärmt. Ihr Volumen bleibt konstant, weil alle Wände der Gefäße fest sind und nicht nachgeben. Am Manometer kann der sich bei unterschiedlichen Temperaturen einstellende Druck abgelesen werden.
Es zeigt sich, dass der Druck mit zunehmender Gastemperatur steigt. Die Tabelle unten zeigt die zugehörigen Messwerte.

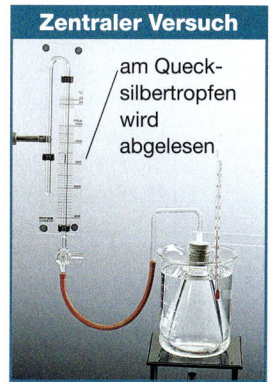

**Zentraler Versuch**

am Quecksilbertropfen wird abgelesen

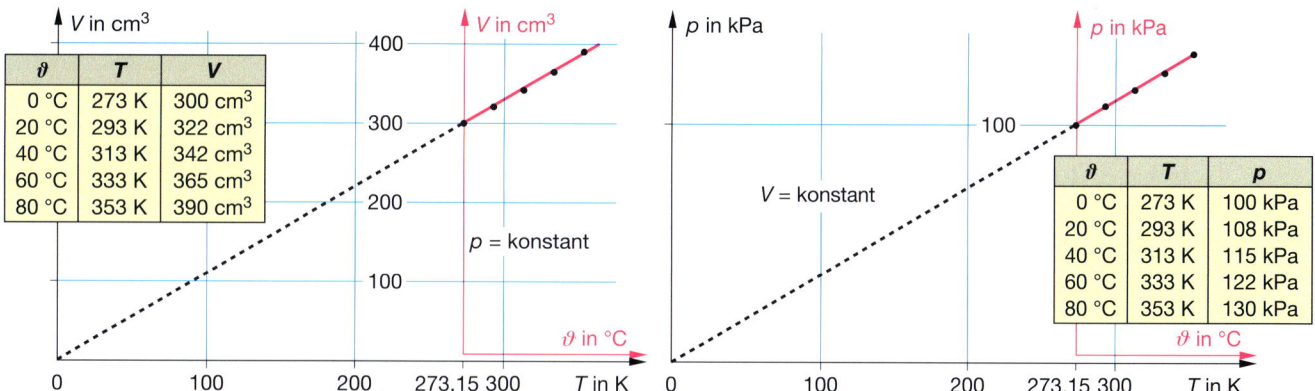

| $\vartheta$ | $T$ | $V$ |
|---|---|---|
| 0 °C | 273 K | 300 cm³ |
| 20 °C | 293 K | 322 cm³ |
| 40 °C | 313 K | 342 cm³ |
| 60 °C | 333 K | 365 cm³ |
| 80 °C | 353 K | 390 cm³ |

$p$ = konstant

| $\vartheta$ | $T$ | $p$ |
|---|---|---|
| 0 °C | 273 K | 100 kPa |
| 20 °C | 293 K | 108 kPa |
| 40 °C | 313 K | 115 kPa |
| 60 °C | 333 K | 122 kPa |
| 80 °C | 353 K | 130 kPa |

$V$ = konstant

Die in °C gemessenen Werte ergeben in beiden Celsius-Diagrammen (rot) keine Ursprungshalbgeraden. Werden diese Geraden jedoch verlängert, schneiden sie in beiden Diagrammen bei gleicher Temperatur die $T$-Achse. Es kann in diesen Punkten je eine neue Volumen- bzw. Druckachse (schwarz) gezeichnet werden. So werden die Graphen darin zu Ursprungshalbgeraden. Da es weder ein negatives Volumen noch einen negativen Druck geben kann, ist die so gefundene Temperatur von −273,15 °C auch die niedrigste Temperatur, die überhaupt denkbar ist. LORD KELVIN hat sie zum Nullpunkt der nach ihm benannten Temperaturskala gemacht. Es gilt also: **0 K = −273,15 °C,** vereinfacht −273 °C**.** In Kelvin gemessene Temperaturen werden oft auch als „absolute" Temperaturen bezeichnet.

Der $T$-$V$-Graph ergibt mit den Kelvinwerten eine Ursprungshalbgerade. Also sind absolute Temperatur und Volumen bei konstantem Druck proportional:

$$V \sim T \ \text{ oder } \ \frac{V_1}{T_1} = \frac{V_2}{T_2} \ \text{ oder } \ \frac{V_1}{V_1} = \frac{T_1}{T_2}$$

Diese Erkenntnisse wurden um 1800 von dem französischen Gelehrten LUIS-JOSEPH GAY-LUSSAC (1778–1850) gewonnen. Ihm zu Ehren wird der Zusammenhang **Gay-Lussac'sches Gesetz** genannt.

Der $T$-$p$-Graph ergibt eine Ursprungshalbgerade, also sind absolute Temperatur und Druck eines Gases bei konstantem Volumen proportional:

$$p \sim T \ \text{ oder } \ \frac{p_1}{T_1} = \frac{p_2}{T_2} \ \text{ oder } \ \frac{p_1}{p_2} = \frac{T_1}{T_2}$$

Dieser Zusammenhang wurde 1702 von dem französischen Forscher GUILLAUME AMONTONS (1663–1705) entdeckt. Ihm zu Ehren heißt er **Amontons'sches Gesetz.**

Das Volumen einer abgeschlossenen Gasmenge ist bei konstantem Druck ihrer absoluten Temperatur proportional:
$$\frac{V_1}{T_1} = \frac{V_2}{T_2}, \text{ wenn } p = \text{konstant}$$

Der Druck einer abgeschlossenen Gasmenge ist bei konstantem Volumen proportional zu ihrer absoluten Temperatur:
$$\frac{p_1}{T_1} = \frac{p_2}{T_2}, \text{ wenn } V = \text{konstant}$$

## Rechenbeispiel

Die Druckluftflasche eines Tauchers hat ein Volumen von 5,0 Litern. Der Druck in der Flasche beträgt 20 000 kPa. Berechne die Menge Atemluft, die der Taucher in 20 m Wassertiefe aus der Flasche entnehmen kann, wenn dort zum Atmen ein Druck von 300 kPa notwendig ist.

Geg.: $V_1 = 5,0$ l; $p_2 = 300$ kPa
$p_1 = 20 000$ kPa

Ges.: $V_2$

Lösung: Aus $p_1 \cdot V_1 = p_2 \cdot V_2$
folgt $V_2 = \frac{p_1 \cdot V_1}{p_2}$
$V_2 = \frac{20 000 \text{ kPa} \cdot 5,0 \text{ l}}{300 \text{ kPa}} = 333$ l

Der Taucher kann 328 Liter Luft entnehmen, denn 5 Liter verbleiben in der Flasche. (Das reicht für einen Tauchgang von ca. 15 min.)

## Aufgaben

**1** Für Schweißarbeiten werden Druckgasflaschen mit Sauerstoff benötigt. Ihr Innenvolumen beträgt 25 Liter, der Innendruck 15 000 kPa. Beim Schweißen tritt der Sauerstoff unter einem Druck von 200 kPa aus.
**a)** Bestimme die Menge Sauerstoff, die zum Schweißen aus der Flasche entnommen werden kann.
**b)** Wie viel Liter Sauerstoff mit einem Druck von 1000 hPa wurden vorher in die Flasche gepumpt?

**2** Bei 15 °C beträgt der Druck in einem Autoreifen 250 kPa. Durch intensive Sonneneinstrahlung werden die Reifen auf 60 °C erwärmt. Berechne, wie sich der Druck im Reifen verändert. – Beurteile.

**3** Eine Sauerstoffflasche hat einen Fülldruck von 20 000 kPa (bei 20 °C). Sie wird bei Anlieferung in die pralle Sonne gestellt und erwärmt sich auf 65 °C. Die Stahlflasche ist für Drücke bis 30 000 kPa zugelassen. Prüfe, ob dieser Wert überschritten wird.

**4** Auf Spraydosen steht: „Vorsicht! Behälter steht unter Druck!"
**a)** Spraydosen sind nie vollständig gefüllt.
**b)** Begründe, weshalb es sinnvoll ist, nach Beenden des Sprühens zum Reinigen der Düse den Kopf nach unten zu halten und kurz zu drücken.
**c)** Was kann geschehen, wenn die Düse zu oft gereinigt wird bzw. wenn beim Reinigen das Ventil zu lange gedrückt wird?

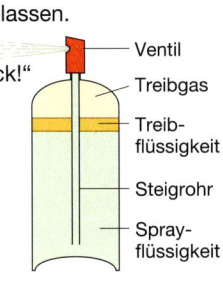

— Ventil
— Treibgas
— Treibflüssigkeit
— Steigrohr
— Sprayflüssigkeit

## Gasgesetze

## Versuche und Aufträge

**V1 a)** Blase einen kleinen Luftballon kräftig auf und lege ihn etwa 15 Minuten lang in das Gemüsefach eines Kühlschrankes. Danach stecke ihn in das Gefrierfach.
**b)** Erwärme den gleichen Luftballon vor einem elektrischen Heizstrahler, einem Fön oder im Dampf siedenden Wassers.
**c)** Erkläre die Veränderungen am Luftballon.

**V2** Ein weich gekochtes Ei ohne Schale soll heil in eine Flasche eingebracht werden. Der Flaschenhals aber ist zu eng. Überlege unter Berücksichtigung der Gasgesetze, wie das Ei in die Flasche hinein gebracht werden könnte.

**V3** Das Einkochen von Marmelade kannst du nachmachen. Fülle ein Marmeladenglas zu etwa $\frac{3}{4}$ mit heißem Wasser und schraube sofort den Deckel darauf.
**a)** Beobachte und erläutere mithilfe der Gasgesetze. (Der äußere Luftdruck beträgt etwa 1 bar.)
**b)** Berechne den Druck im abgekühlten Glas.

**V4 a)** Mit einer Luftpumpe mit Manometer wird ein Fahrradreifen auf 5 bar aufgepumpt. Zähle die Anzahl der Hübe.
**b)** Berechne das Volumen der Luft bei 1 bar außerhalb des Reifens und bei 5 bar im Reifen.
**c)** Erläutere mit dem Boyle-Mariotte'schen-Gesetz.

**V5** Durchbohre den Deckel eines Marmeladenglases so, dass ein Strohhalm hindurch passt. Verklebe die Ränder des Loches mit Heißkleber.
**a)** Lege in das Glas einen Schokoladen-Schaumkopf und sauge kräftig die Luft aus dem Glas. (Besser geht das Absaugen natürlich mit einer Wasserstrahlpumpe.)
**b)** Wiederhole den Versuch mit einem kleinen, leicht aufgeblasenen Luftballon statt des Schaumkopfes.

## Hydraulische Anlagen

Oberhalb des Baggerarmes befindet sich ein glänzender Metallkolben, der aus einem Zylinder herausgedrückt wird. An den Zylinder führen dicke Gummischläuche, die mit einem Pumpzylinder am Bagger verbunden sind. Dort wird unter hohem Druck Öl in den Schlauch und dann in den Zylinder gepumpt. Dieses Öl drückt den Stempel heraus, wodurch die Baggerschaufel sich bewegt. Die Querschnittsflächen des Pumpzylinders am Motor und des Hebezylinders sind so bemessen, dass mit wenig Kraft an der Pumpe eine große Kraft am Hebezylinder erreicht wird. Solch eine Anordnung zur Kraftverstärkung heißt Hydraulik.

## Bremsanlage PKW

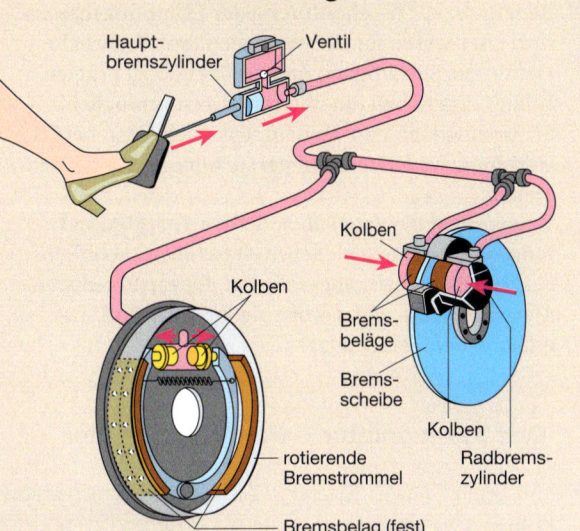

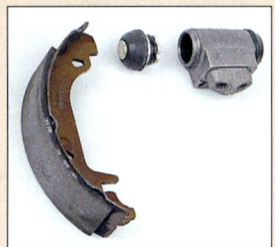

Bei der Bremsanlage eines PKW wird durch den Tritt auf das Bremspedal über den Pumpkolben ein Druck in der Bremsflüssigkeit erzeugt. Die Bremsflüssigkeit wirkt mit einer dem Verhältnis der beteiligten Kolbenflächen entsprechenden Kraft auf die Kolben der Bremszylinder und damit auf die Bremsklötze, die mit großer Kraft gegen Bremsscheiben oder -trommeln gepresst werden. Durch die Reibung zwischen ihnen und den Bremsbelägen wird die Bewegung des Fahrzeugs verzögert.

## Rettungsgerät Feuerwehr

Bei Verkehrsunfällen sind zum Bergen von Unfallopfern aus deformierten Fahrzeugen oft sehr große Kräfte erforderlich. Das hydraulische Rettungsgerät der Feuerwehr zerschneidet die Karosserie mühelos.

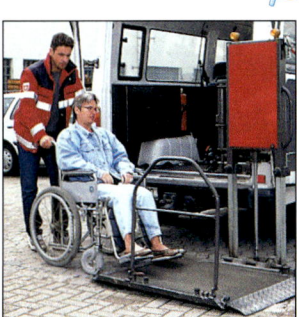

Mit Hydraulik werden die Ladeflächen von Autotransportern gehoben oder gesenkt oder die Visiere bzw. Auffahrrampen an Fähren bewegt.

Auch die Plattform zum Auffahren für Rollstuhlfahrer wird über eine Hydraulik bewegt.

# Wärme-Kraft-Maschinen

Benzin- bzw. Dieselmotoren oder Dampfmaschinen sind oder waren für die Menschen unentbehrliche Helfer zur Bewältigung des von Technik geprägten Alltags und haben ihn überhaupt erst ermöglicht. Sie beruhen auf dem Prinzip, dass sich Gase bei Erwärmung ausdehnen und bei Abkühlung zusammenziehen.
Wie werden die dabei ablaufenden Energiewandlungen in den verschiedenen Maschinen technisch realisiert? Wie wirkungsvoll sind die verschiedenen Maschinen und wie werden sie ihrem Zweck entsprechend eingesetzt?

## Der Stirlingmotor – ein Heißluftmotor

Ein durch einen beweglichen Kolben abgeschlossenes Luftvolumen dehnt sich im heißen Wasserbad aus. Dabei hebt es den Kolben. Im kalten Wasserbad zieht sich die Luft wieder zusammen, der Kolben bewegt sich nach unten.
Ein steter Wechsel zwischen heißer und kalter Umgebung führt zu einer ständigen Auf- und Abbewegung des Kolbens.

Die Grafik unten zeigt, wie dieser Wechsel automatisiert und damit ein Motor konstruiert werden kann:

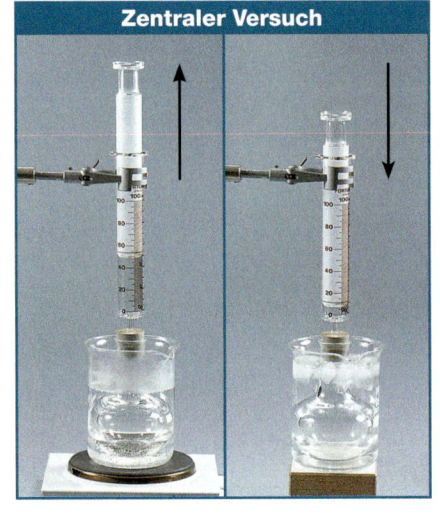

Zentraler Versuch

Ein abgeschlossener Zylinder wird im oberen Teil von außen oder durch eine innenliegende Heizspirale erwärmt und im unteren Teil wieder durch strömendes Wasser gekühlt.
In dem Zylinder wird Luft durch einen Verdrängerkolben (V-Kolben) zwischen dem heißen oberen Teil und dem kalten unteren Teil hin- und hergeschoben. Sie wird dabei in stetigem Wechsel erwärmt und wieder abgekühlt. Der Arbeitskolben (A-Kolben) wird durch das wechselnde Ausdehnen und Zusammenziehen der Luft bei Erwärmung und Abkühlung auf und ab bewegt.

Diese Auf- und Ab-Bewegung wird über eine Pleuelstange auf das Schwungrad übertragen. Auf der Achse des Schwungrades steht dadurch eine Drehbewegung zur Verfügung, die genutzt werden kann.
Das Schwungrad steuert über eine gegenüber der Pleuelstange um 90° versetzte Steuerstange den Verdrängerkolben.

> In einem Heißluftmotor wird eine eingeschlossene Luftmenge periodisch erhitzt (Ausdehnung der Luft) und wieder gekühlt (Zusammenziehen der Luft).
> Der dadurch auf- und ab bewegte Arbeitskolben überträgt seine Bewegung über eine Pleuelstange auf ein Schwungrad, von dem die Drehbewegung an der Achse genutzt werden kann.

Allen Bewegungen des Stirlingmotors liegt die Zufuhr von Wärmeenergie, ihre teilweise Wandlung in mechanische - und die Abfuhr entwerteter Energie zugrunde.

**Heißluftmotor**

**Funktionsmodell eines Heißluftmotors**

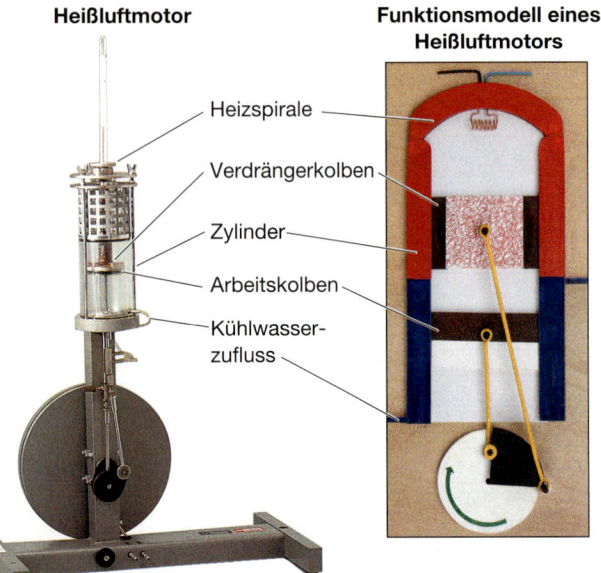

- Heizspirale
- Verdrängerkolben
- Zylinder
- Arbeitskolben
- Kühlwasserzufluss

## Funktionsweise eines Stirlingmotors

Der Arbeitskolben steht. Die kalte Luft wird durch die Heizspirale erhitzt. Der Verdrängerkolben bewegt sich nach unten.

Der Arbeitskolben bewegt sich nach unten. Das Schwungrad nimmt die Bewegung des Arbeitskolbens auf. Der Verdrängerkolben kommt zum Stehen.

Der Arbeitskolben bewegt sich weiterhin nach unten. Der Verdrängerkolben steht.

Beginne hier und folge
im Uhrzeigersinn

Der Arbeitskolben kommt zum Stehen. Der Verdrängerkolben bewegt sich nach oben und drückt die heiße Luft in den kühlen Teil des Zylinders.

Der Arbeitskolben kommt zum Stehen. Der Verdrängerkolben bewegt sich nach unten und drückt die kalte Luft in den heißen Teil des Zylinders.

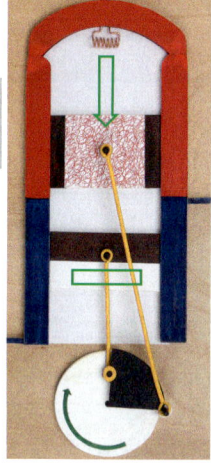

1.

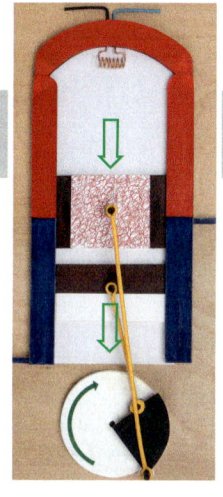

2.

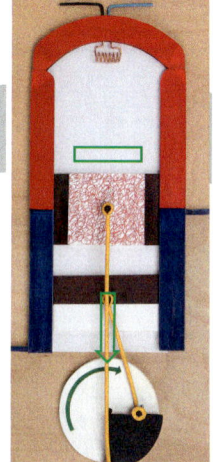

Im Stirlingmotor wird durch das Zusammenspiel der beiden Kolben, der beiden Pleuelstangen und des Schwungrades die thermische Energie der Luft in mechanische Energie des Schwungrades gewandelt.

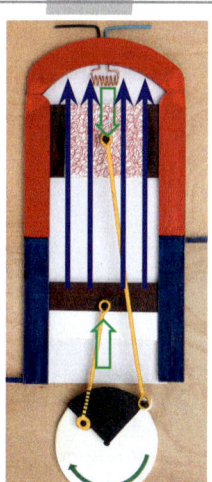

4.

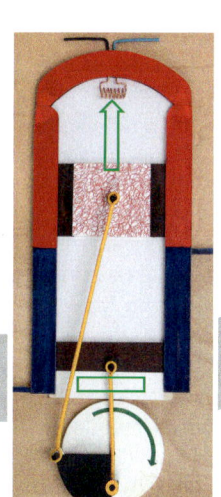

Der Arbeitskolben bewegt sich weiterhin nach oben. Der Verdrängerkolben steht.

3.

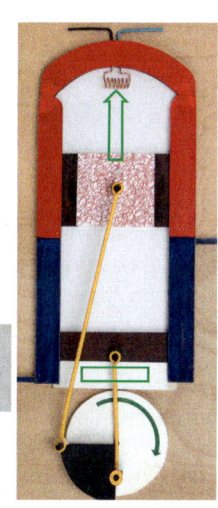

Der A-Kolben wird vom Schwungrad nach oben bewegt. Der V-Kolben kommt zum Stehen.

Der A-Kolben steht. Die Luft im unteren Teil des Zylinders kühlt sich ab. Der Verdrängerkolben bewegt sich nach oben.

Schnelle Bewegung:

Langsamer /schneller
werdende Bewegung:

Richtungsänderung
des Kolbens:

## Das *V-p*-Diagramm eines Stirlingmotors

Die Funktionsweise eines Stirlingmotors wurde in Form eines **Kreisprozesses** dargestellt: Während dieses Kreisprozesses werden Energien gewandelt und ausgetauscht. Dies wird in folgendem *V-p*-Diagramm verdeutlicht.

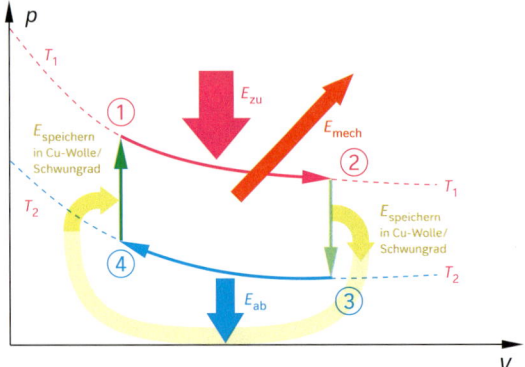

① nach ②: Die in dem Raum über dem Verdrängerkolben befindliche Luft wird auf die Temperatur $T_1$ erhitzt. Diese Energiezufuhr ($E_{zu}$) über die Heizspirale bewirkt eine Ausdehnung der Luft. Dadurch bewegt sich der Arbeitskolben nach unten. Es findet also eine Zustandsänderung bei konstanter Temperatur (Boyle-Mariotte) statt: Das Volumen erhöht sich, der Druck nimmt ab. Der Arbeitskolben gibt Energie nach außen an das Schwungrad ab, von der ein Teil als Nutzenergie ($E_{nutz}$) zur Verfügung steht.
② nach ③: Der Arbeitskolben verharrt am tiefsten Punkt. Der Verdrängerkolben bewegt sich bei gleichem Volumen nach oben. Die heiße Luft strömt nach unten. Dabei wird die Energie $E_{2-3}$ an die Kupferwolle abgegeben. Die Luft kühlt ab, der Druck sinkt, das Volumen bleibt gleich (Amontons).
③ nach ④: Über die Kühlung wird Energie an die Umgebung abgeführt ($E_{ab}$). Die Luft besitzt nun die niedrigere Temperatur $T_2$. – Der Verdrängerkolben verharrt an seinem höchsten Punkt. Der Arbeitskolben nimmt Energie vom Schwungrad auf und bewegt sich nach oben. Der Druck der Luft steigt, das Volumen verringert sich bei konstanter Temperatur (Boyle-Mariotte).
④ nach ①: Die kalte Luft strömt durch die Kupferwolle und nimmt die dort gespeicherte Energie $E_{4-1}$ wieder auf. Der Druck und die Temperatur steigen an, das Volumen bleibt gleich (Amontons). Der Arbeitskolben verharrt an seinem höchsten Punkt.

Dehnt sich ein Gas aus, so ist das Produkt aus dem Druck *p* und der Volumenänderung Δ*V* die mechanische Energie, die bei der Ausdehnung freigesetzt wird.

$$p \cdot \Delta V = \frac{F}{A} \cdot \Delta V = F \cdot \Delta x = E_{mech}.$$

Der Flächeninhalt eines Rechtecks mit den Begrenzungsstrecken *p* und Δ*V* kann also als eine Energiemenge interpretiert werden.

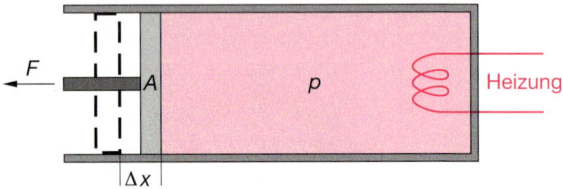

Diese Methode der Bestimmung des Flächeninhaltes aus seinen Begrenzungsstrecken kann auch bei krummlinig begrenzten Flächen angewandt werden. Deshalb ist die Fläche 1-2-3-4 in der Grafik ein Maß für die während eines Durchlaufs des Arbeitskolbens in einem Stirlingmotor gewandelte Energie.

> Das *V-p*-Diagramm gibt die Energiewandlungen eines Stirlingmotors wieder. Die eingeschlossene Fläche repräsentiert die insgesamt nach außen abgegebene mechanische Energie des Motors.

## Der Wirkungsgrad

Die Energiebilanz eines Stirlingmotors stellt sich als Energie-Diagramm in folgender Weise dar:

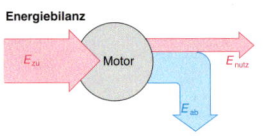

Das Verhältnis von $E_{nutz}$ zu $E_{zu}$ gibt an, wie wirksam der Motor ist und heißt deshalb **Wirkungsgrad η**.

$$\eta = \frac{E_{nutz}}{E_{zu}} = \frac{E_{zu} - E_{ab}}{E_{zu}} = 1 - \frac{E_{ab}}{E_{zu}} < 1$$

Weitere theoretische Überlegungen führen zu der Erkenntnis, dass der maximal mögliche Wirkungsgrad eines Stirlingmotors oder einer Maschine mit ähnlichem Kreisprozess nur abhängig ist von der höchsten Temperatur $T_1$ und der niedrigsten Temperatur $T_2$, zwischen denen der Motor oder die Maschine arbeitet. Dieser maximal mögliche Wirkungsgrad wird der ideale Wirkungsgrad genannt:

$$\eta_{ideal} = \frac{T_2 - T_2}{T_1} = 1 - \frac{T_2}{T_1} < 1.$$

> Der Wirkungsgrad eines Motors gibt an, wieviel der dem Motor zugeführten Energie als Nutzenergie zur Verfügung steht. Er ist stets kleiner als 1.

## Aufgaben

**1** Das Bild stellt die 1. Phase des Taktes „Ausdehnung" beim Stirlingmotor ohne die Pleuelstangen dar.

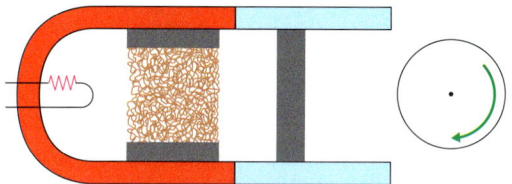

**a)** Fertige dir eine Skizze davon an und zeichne die Stellung der Pleuelstangen mit ein.

**b)** Zeichne drei weitere Skizzen des Zylinders und des Schwungrades. Zeichne in diese Skizzen dann die Stellung der Kolben und der Pleuelstangen für die Takte „Luft von heiß nach kalt", „Verdichtung" und „Luft von kalt nach heiß" ein.

**2** Ein Heißluftmotor kann eine Last von 1,4 kg um 1,5 m heben. Dazu benötigt er 2 g Festspiritus (Heizwert 30 $\frac{kJ}{g}$).
Berechne $\eta_{ideal}$.

**3 a)** Begründe anhand der Formel für den Wirkungsgrad die Unmöglichkeit, ein Perpetuum mobile zu bauen.
**b)** Erläutere, was die Konstrukteure der angeblichen Perpetua mobilia nicht gewusst haben und weshalb sie deshalb Maschinen konstruierten, die nicht funktionierten.

## GESCHICHTE

Der Stirlingmotor feiert 2016 seinen 200. Geburtstag. Ein 28 jähriger Priester in Schottland hatte bereits viele Unglücke mit den damals neu aufkommenden Dampfmaschinen in den Steinbrüchen der umliegenden Ortschaften miterlebt. Die Dampfmaschinen explodierten, weil sie mit sehr hohem Druck arbeiteten. Deshalb sann er über eine Maschine nach, die sich die Ausdehnung eines Gases bei Erwärmung zunutze machte ohne dabei gefährlich hohen Druck zu benötigen. 1816 konnte er ein Patent auf den nach ihm benannten Motor anmelden, mehr als ein ganzes Menschenlebensalter vor den Verbrennungs- und den Elektromotoren, die heute Autos, Bahnen und vieles mehr antreiben.
Nach einem 1½ Jahrhunderte währenden Nischendasein erlebt der Stirlingmotor heute eine Renaissance. Überall da, wo ein sehr stetig laufender Motor gebraucht wird, der zudem genügsam und mit nahezu jeder Wärmequelle zurechtkommt, sind neuere Fortentwicklungen des Stirlingmotors zu beobachten.

### Stirlingmotor mit der Sonne betreiben

Um einen Stirlingmotor für eine Pumpe zu betreiben, genügt schon das gebündelte Sonnenlicht, das eine Fläche von wenigen Quadratmetern beleuchtet. Der Motor treibt eine Pumpe an, deren Einsatz in abgelegenen Regionen ohne viel technisches know-how möglich ist, damit aus mehr als 100m Tiefe Trinkwasser gepumpt werden kann.

## Verbrennungsmotoren

Ein Gas erhöht während seiner Verbrennung seine Temperatur und dehnt sich dabei stark aus. Verläuft der Vorgang sehr schnell, wird dies als *Explosion* bezeichnet.

Im Versuch wird ein in einem Rohr eingeschlossenes Gemisch aus Benzingas und Luft zur Explosion gebracht. Der lose aufgesetzte Deckel wird durch das sich schnell und extrem stark ausdehnende Gas hochgeschleudert. Die chemische Energie des Benzin-Luft-Gemisches wandelt sich zunächst in innere Energie des Gases und dann in Bewegungsenergie des nach oben wegfliegenden Deckels.

Die frei werdende mechanische Energie wäre in einem Motor nutzbar, wenn der Explosionsvorgang fortlaufend wiederholt werden könnte. Welche technischen Veränderungen sind erforderlich, damit ein Kreisprozess möglich wird?

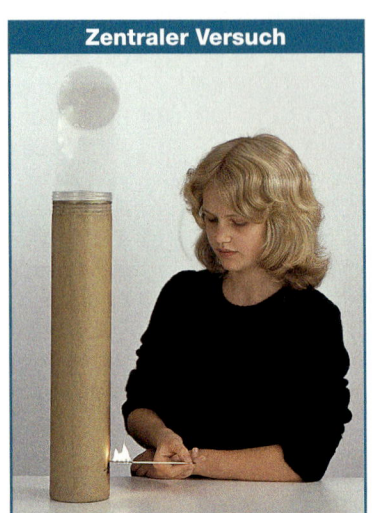

**Zentraler Versuch**

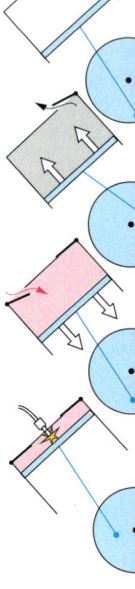

- Zunächst wird aus dem Papprohr ein Metallzylinder, in dem Explosionen unter großem Druck und hohen Temperaturen ablaufen können.
- Damit der Deckel an seinen Platz im Zylinder zurückgelangt, wird er zum Kolben mit Pleuelstange und Schwungrad umgebaut.
- Das verbrannte Gas muss aus dem Zylinder hinaus. Dazu wird ein Auslassventil in den Zylinder eingebaut.
- Nun muss neues Benzin-Luft-Gemisch in den Zylinder gelangen. Deshalb bekommt der Zylinder ein Einlassventil.
- Damit sich das Benzin-Luft-Gemisch entzündet, ist ein Zündfunke erforderlich. Er wird von einer elektrischen Zündkerze erzeugt.

### Viertakt-Ottomotor

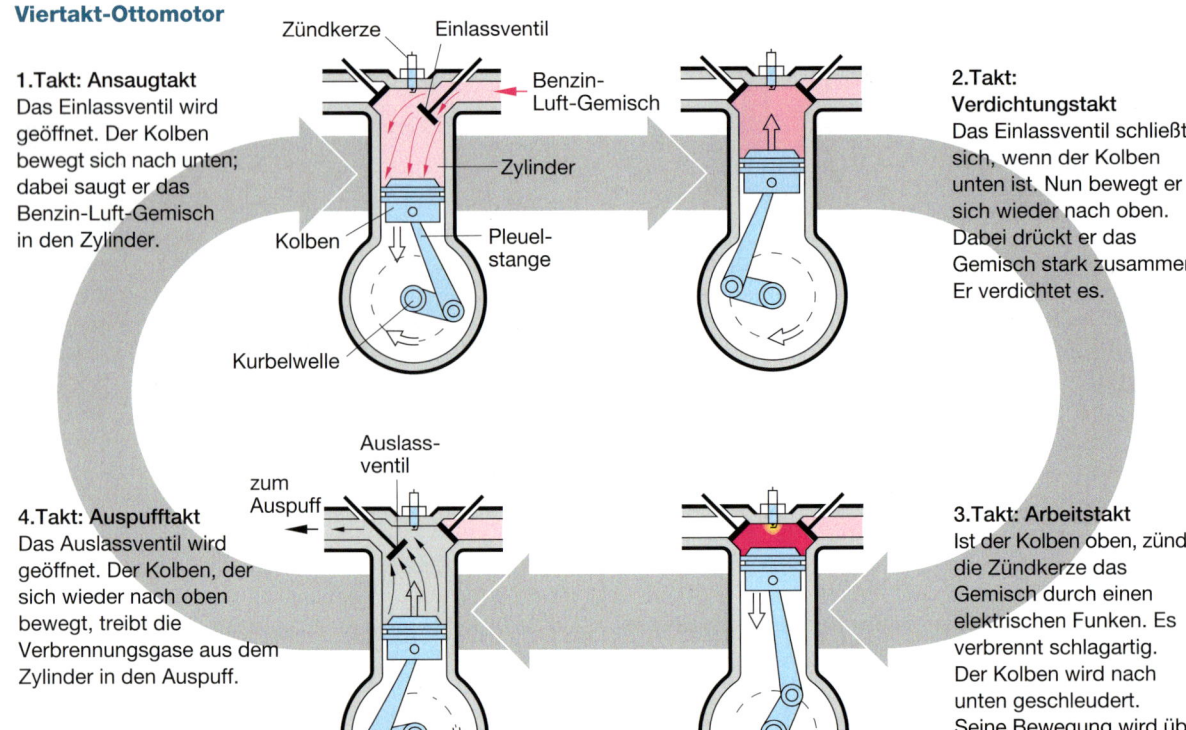

**1.Takt: Ansaugtakt**
Das Einlassventil wird geöffnet. Der Kolben bewegt sich nach unten; dabei saugt er das Benzin-Luft-Gemisch in den Zylinder.

**2.Takt: Verdichtungstakt**
Das Einlassventil schließt sich, wenn der Kolben unten ist. Nun bewegt er sich wieder nach oben. Dabei drückt er das Gemisch stark zusammen: Er verdichtet es.

**3.Takt: Arbeitstakt**
Ist der Kolben oben, zündet die Zündkerze das Gemisch durch einen elektrischen Funken. Es verbrennt schlagartig. Der Kolben wird nach unten geschleudert. Seine Bewegung wird über die Pleuelstange auf die Kurbelwelle übertragen.

**4.Takt: Auspufftakt**
Das Auslassventil wird geöffnet. Der Kolben, der sich wieder nach oben bewegt, treibt die Verbrennungsgase aus dem Zylinder in den Auspuff.

Labels in diagram: Zündkerze, Einlassventil, Benzin-Luft-Gemisch, Zylinder, Kolben, Pleuelstange, Kurbelwelle, Auslassventil, zum Auspuff

## Energiebilanz Viertakt-Motor

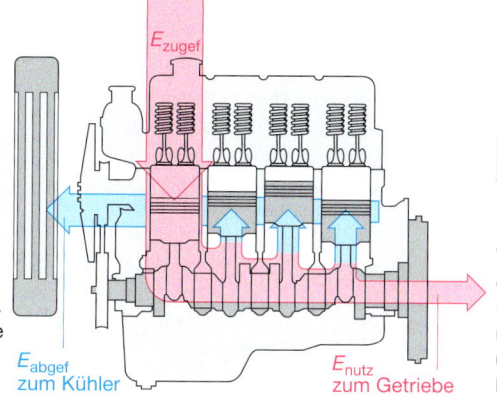

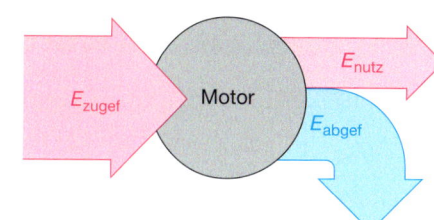

Im Arbeitstakt wird ein Teil der zugeführten Energie zum Antrieb der Motorachse (Kurbelwelle) genutzt. Ein zweiter Teil wird zum Betrieb des Motors benötigt: Ansaugen und Verdichten des Benzin-Luft-Gemisches, Ausstoßen der Verbrennungsgase; Bewegung von Kurbelwelle, Kolben und Ventilen. Ein weiterer Teil wird in innere Energie der heißen Verbrennungsgase bzw. der Zylinderwände gewandelt.

Wird die zum Betrieb des Motors erforderliche Energie nicht über die Kühlung abgeführt, überhitzt er sich und bleibt stehen. Kühlung ist deshalb unabdingbare Voraussetzung für den Betrieb eines jeden Motors.

Wird eine eingeschlossene Gasmenge sehr schnell zusammengepresst (komprimiert), so erhöht sich ihre Temperatur stark. Diesen Sachverhalt hat RUDOLF DIESEL 1893 für die Konstruktion eines Motors genutzt, der ohne Zündkerzen auskommt: Im Zylinder wird beim Verdichtungstakt Luft stark komprimiert. Dabei erhitzt sie sich auf über 600 °C. Dahinein wird Dieselkraftstoff fein verteilt eingespritzt, der sich bei dieser Temperatur von selbst entzündet. Bei der Verbrennung steigt die Temperatur der Verbrennungsgase auf über 2000 °C an. Entsprechend groß wird der Druck im Gasgemisch.

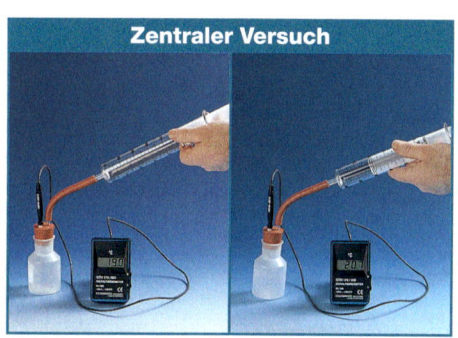

**Zentraler Versuch**

Im Benzinmotor wird ein verdichtetes Benzin-Luft-Gemisch durch eine Zündkerze zur Explosion gebracht. Im Dieselmotor entzündet sich eingespritzter Dieselkraftstoff in hochverdichteter Luft von selbst.
In beiden Fällen wandelt sich chemische Energie in mechanische Energie.

Verbrennungsmotoren haben sich ein weites Anwendungsfeld erobert. Die Möglichkeit, den Energievorrat als Benzin oder Dieselkraftstoff in vergleichsweise geringen Mengen mitzuführen, machen sie für Fahrzeuge zu geeigneten Antriebsmaschinen.

Ihr Nachteil: Schädliche Abgase gelangen in großen Mengen in die Atmosphäre. Die Verringerung des Schadstoffausstoßes ist deshalb ein wichtiges Gebot bei der Entwicklung neuer Verbrennungsmotoren. Dieses Ziel kann auf drei Wegen erreicht werden:

- Abgasreinigung in Katalysatoren;
- Senkung des Kraftstoffverbrauchs („3-Liter-Auto");
- Suche nach neuen Brennstoffen (z. B. Wasserstoff), die bei ihrer Verbrennung keine schädlichen Abgase zurücklassen.

### Aufgaben

1. Zähle möglichst viele Unterschiede bzw. Gemeinsamkeiten bei Otto- und Dieselmotor auf.

2. Zeichne die vier Takte des Dieselmotors in der richtigen Reihenfolge.

3. Früher waren Dieselmotoren bei großer Kälte nur schwer zu starten. Woran mag das gelegen haben? (Vorglühkerzen sind heute ein Teil der Abhilfe gegen den schlechten Start.)

4. Zur Verbrennung von 1 l Benzin werden ca. 3,6 kg Sauerstoff ($O_2$) benötigt, der in ca. 12 m³ Luft enthalten ist; es entstehen 1,7 m³ Kohlenstoffdioxid ($CO_2$).
   **a)** Wie viel $CO_2$ (in g und m³) entsteht bei 100 km Autobahnfahrt (Verbrauch 8,1 l/100 km)?
   **b)** Welches Luftvolumen wird dabei seines Sauerstoffs beraubt?
   **c)** Zukünftig sollen nur noch 120 g auf 100 km erlaubt sein. Kommentiere.

# Der Kreisprozess beim Verbrennungsmotor

Ein Verbrennungsmotor (Benzin oder Diesel) ändert in sehr schneller Folge das Volumen in seinem Zylinder. Damit ändert sich in gleicher Folge auch der Druck.

Werden die Volumen- und Druckverhältnisse in einem $V$-$p$–Diagramm eingetragen, so ergibt sich für den Verbrennungsmotor die folgende Darstellung:

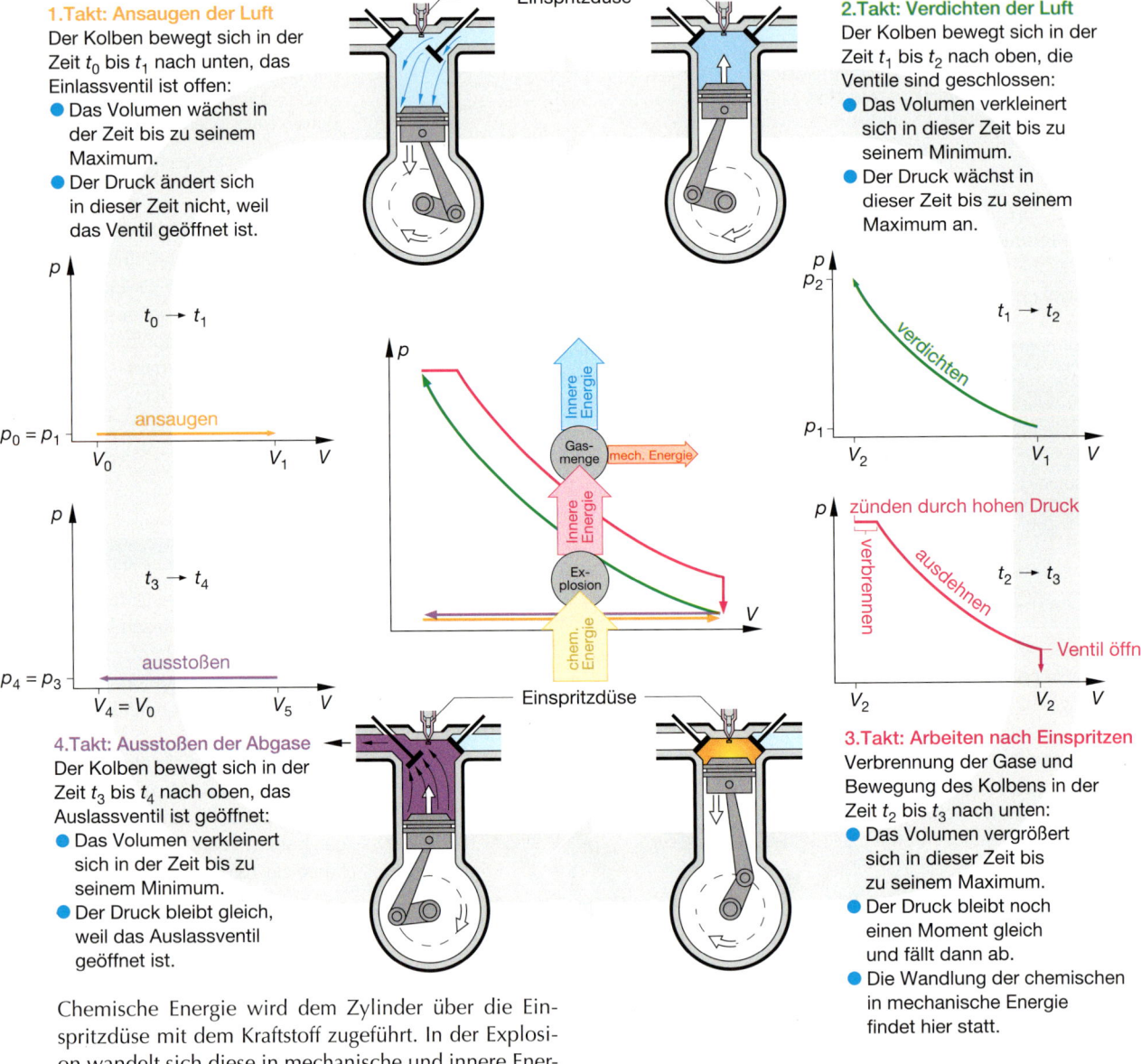

### 1.Takt: Ansaugen der Luft
Der Kolben bewegt sich in der Zeit $t_0$ bis $t_1$ nach unten, das Einlassventil ist offen:
- Das Volumen wächst in der Zeit bis zu seinem Maximum.
- Der Druck ändert sich in dieser Zeit nicht, weil das Ventil geöffnet ist.

### 2.Takt: Verdichten der Luft
Der Kolben bewegt sich in der Zeit $t_1$ bis $t_2$ nach oben, die Ventile sind geschlossen:
- Das Volumen verkleinert sich in dieser Zeit bis zu seinem Minimum.
- Der Druck wächst in dieser Zeit bis zu seinem Maximum an.

### 4.Takt: Ausstoßen der Abgase
Der Kolben bewegt sich in der Zeit $t_3$ bis $t_4$ nach oben, das Auslassventil ist geöffnet:
- Das Volumen verkleinert sich in der Zeit bis zu seinem Minimum.
- Der Druck bleibt gleich, weil das Auslassventil geöffnet ist.

### 3.Takt: Arbeiten nach Einspritzen
Verbrennung der Gase und Bewegung des Kolbens in der Zeit $t_2$ bis $t_3$ nach unten:
- Das Volumen vergrößert sich in dieser Zeit bis zu seinem Maximum.
- Der Druck bleibt noch einen Moment gleich und fällt dann ab.
- Die Wandlung der chemischen in mechanische Energie findet hier statt.

Chemische Energie wird dem Zylinder über die Einspritzdüse mit dem Kraftstoff zugeführt. In der Explosion wandelt sich diese in mechanische und innere Energie der Abgase und des Motorblocks. Die mechanische Energie bewirkt das Drehen der Kurbelwelle während die innere Energie über die Auspuffgase und die Kühlung abgeführt wird.

> Im Verbrennungsmotor findet die Wandlung von chemischer in innere und mechanische Energie während der Explosion im 3. Takt statt.

## Aufgaben

1. Bestimme, nach welchem Takt die 1. Drehung der Kurbelwelle beendet ist und wie oft sie sich nach 4 Takten gedreht hat.

2. Zeichne das mittlere Diagramm ab und schreibe die Anfangs- und Enddrücke ($p_0$–$p_4$) bzw. Volumina ($V_0$–$V_4$) an die Achsen. Welche sind gleich?

## Kreisprozesse

**Achtung: Vorsicht beim Experimentieren mit Dampf und heißem Wasser.**

**V1 a)** Baue die Versuchsanordnung mithilfe von Stativmaterial auf und bringe das Wasser zum Verdampfen. Bewege den Dreiwegehahn so, dass sich der Kolben im Kolbenprober hebt und senkt.
**b)** Beschreibe den ablaufenden Kreisprozess.

**V2** Dampfmaschinen sind Wärme-Kaft-Maschinen. Die erste einsatzfähige Dampfmaschine wurde 1705 von NEWCOMEN und CAWLEY konstruiert. Sie arbeitete etwa so, wie in folgendem Versuch gezeigt.

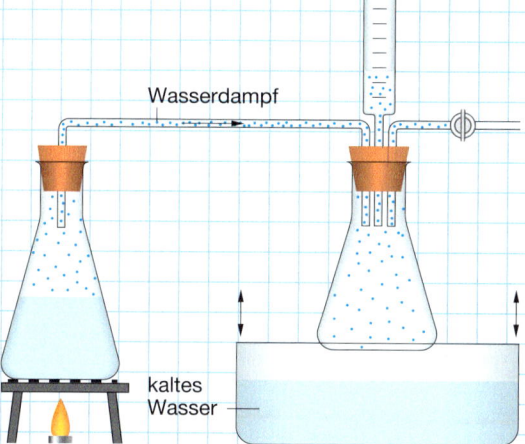

Wasserdampf

kaltes Wasser

**a)** Baue den Versuch unter Verwendung geeigneten Stativmaterials auf.
**b)** Bringe das Wasser im Erlenmeyerkolben sehr schwach zum Sieden. Öffne und schließe den Hahn abwechselnd und tauche den Kolben im richtigen Moment so in das Wasserbad, dass er sich in gleichmäßigem Wechsel hebt und senkt.
**c)** Beschreibe den Ablauf von Ausdehnung, Abkühlung, Zusammenziehen und Ausstoßen des Dampfes.
**d)** Zeichne das $V$-$p$-Diagramm dieses Kreisprozesses und erläutere daran die energetischen Vorgänge.

**V3 a)** Pumpe einen Fahrradreifen kräftig und möglichst schnell auf und ertaste anschließend die Temperatur am Fahrradventil. Nach ca. 5 Minuten lasse die Luft wieder möglichst schnell ausströmen und ertaste auch dabei wieder die Temperatur am Ventil.
**b)** Formuliere einen Merksatz über das schnelle Komprimieren und Entspannen eines Gases.
**c)** Baue den folgenden Versuch auf. Drücke den Kolben des Kolbenprobers ruckartig in den Zylinder.

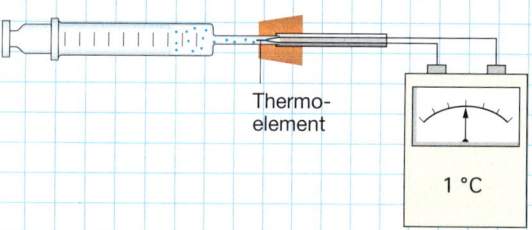

Thermoelement

1 °C

**d)** Schreibe auf, in welcher Weise die Ergebnisse dieser Versuche die Zündung im Dieselmotor erklären.

**A4** Für die Zündung im Benzinmotor ist eine Zündkerze erforderlich. Ergründe die Funktionsweise einer solchen Zündkerze, indem du die erforderlichen Teile des Stromkreises im Auto auffindest. Fertige eine Zeichnung an und erläutere damit die Zündung im Auto.

**V5** Mit einer aus Weichblech oder starker Alufolie konstruierten Turbine kann ein Turbinenmodell nachgebaut werden. Es kann aber auch eine Kinderwindmühle verwendet werden.

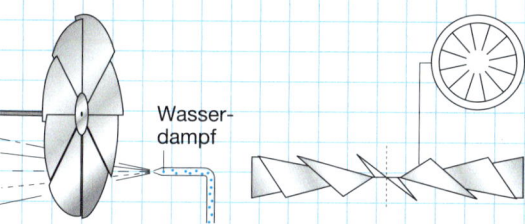

Wasserdampf

**a)** Führe den Versuch durch und erprobe dabei unterschiedliche Dampfgeschwindigkeiten.
**b)** Entwickle in einer Zeichnung diese Dampfturbine so weiter, dass die bewusst herbeigeführte Kondensation des Dampfes hinter der Turbine zu einer Erhöhung der Dampfgeschwindigkeit führt.

## Der Kühlschrank – eine Wärmepumpe

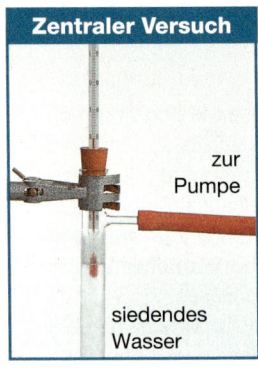

**Zentraler Versuch**

zur Pumpe

siedendes Wasser

Ether siedet wie Wasser unterhalb seiner Siedetemperatur (bei Normaldruck 35 °C), wenn der immer vorhandene Dampf über der Oberfläche der Flüssigkeit abgepumpt und dadurch der Druck dort verringert wird. Die für das Sieden erforderliche Energie kommt zunächst aus dem Vorrat an thermischer Energie des flüssigen Ethers. Aber nach einiger Zeit siedet der Ether bei gleichbleibend niedriger Temperatur weiter. Jetzt entzieht er die zum Sieden nötige Verdampfungsenergie der Umgebungsluft.

Der Etherversuch ist umkehrbar: Wird Butan, das Gas im Feuerzeug, zusammengepresst, dann steigt zunächst seine Temperatur, weil sich die Teilchen des Butangases jetzt auf engerem Raum heftiger bewegen als vorher. An den kalten Gefäßwänden kann das Butangas Energie durch dauernde Stöße der Teilchen gegen die Wände an diese abge-

ben und kondensieren. Die vormals zum Verdampfen erforderliche Verdampfungsenergie wird beim Kondensieren wieder frei und als Wärmeenergie an die kältere Umgebung abgegeben. Durch das Verflüssigen unter Druck erfolgte also ein Energietransport vom Butan in die Umgebung.

Werden die Vorgänge „Sieden durch verringerten Druck" und „Kondensieren unter höherem Druck" mit der gleichen Flüssigkeit nacheinander ausgeführt, so entsteht ein Kreislauf. Durch ihn wird die Umgebungstemperatur an der Stelle der Druckerniedrigung („Sieden") geringer und an der Stelle der Druckerhöhung („Komprimieren") höher.

Es findet also ein ständiger Energietransport von der kalten zu einer warmen Stelle des Kreises statt. Dies scheint dem Naturgesetz, dass Energie von selbst nur von warm nach kalt strömt, zu widersprechen. Aber von selbst geht es ja auch gar nicht: Energie muss für den Betrieb des Kompressors in das System hineingesteckt werden. Der Energietransport von kalt nach warm gelingt nur, wenn dazu Energie aufgewendet wird.

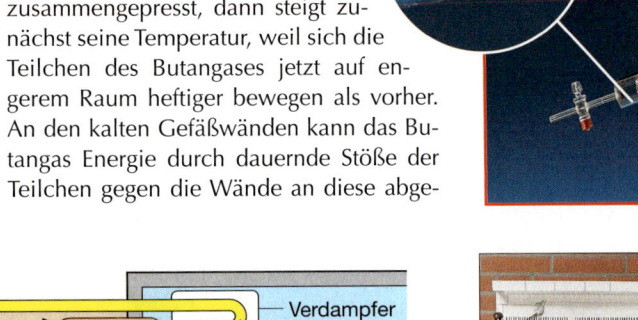

⚡ **Lehrerversuch** ⚡

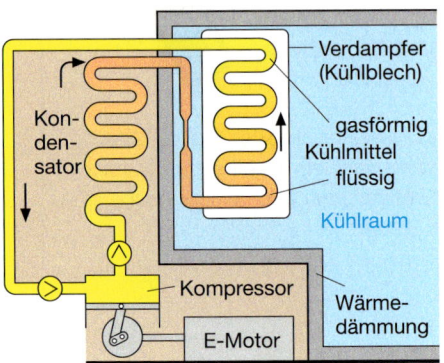

Verdampfer (Kühlblech)

gasförmig Kühlmittel flüssig

Kühlraum

Kondensator

Kompressor

Wärmedämmung

E-Motor

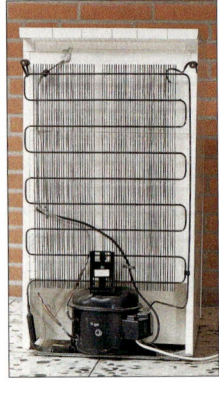

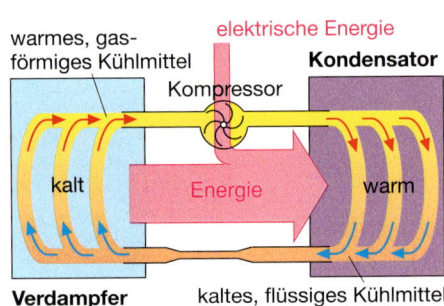

warmes, gasförmiges Kühlmittel

elektrische Energie

**Kondensator**

Kompressor

kalt

Energie

warm

**Verdampfer**

kaltes, flüssiges Kühlmittel

Das Kühlmittel siedet im Verdampfer unter niedrigem Druck und wird im Kondensator unter hohem Druck wieder verflüssigt. Beim Verdampfen wird fortwährend Energie vom kalten Innen in das warme Außen transportiert. Die elektrisch betriebene Pumpe des Kompressors führt dem System mechanische Energie zu, damit der Kreisprozess gelingt. Der Kühlschrank ist in energetischer Hinsicht die Umkehrung eines Stirlingmotors: Dort wurde innere Energie zu- und die Abwärme wie-

der abgeführt. Mechanische Energie wurde dabei als Nutzenergie gewonnen. In den Kreisprozessen von Stirlingmotor und Kühlschrank haben nur die Energieströme entgegengesetzte Richtungen.

> Im Kühlschrank wird durch den Kreislauf von Verdampfen und Kondensieren einer Kühlflüssigkeit Energie von innen nach außen transportiert. – Die dafür erforderliche mechanische Energie wird zugeführt.

## Dampfmaschinen prägen ein Jahrhundert     Streifzug

Als der Schmied THOMAS NEWCOMEN zusammen mit JOHN CAWLEY 1705 eine Maschine konstruierte, die die Ausdehnung verdampfenden Wassers zur Betätigung einer Bergwerkspumpe nutzte, hatte er 50 Pferde und ihre Antreiber arbeitslos gemacht. Dafür hatte er einen neuen, modernen Arbeitsplatz geschaffen: Ein „Ventilsteller" musste im jeweils richtigen Moment drei verschiedene Ventile betätigen, um Dampf und Kühlwasser in den Kolben zu lassen. Der

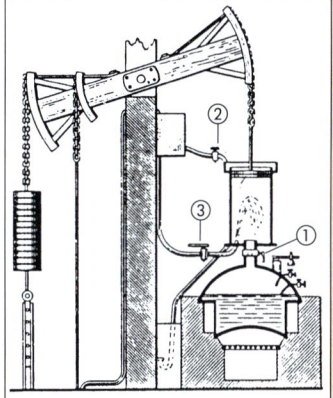

wurde durch den eingelassenen Dampf (Hahn ①) gehoben. Anschließend kam Kühlwasser in den Zylinder (Hahn ②), sodass der Dampf kondensierte und der Kolben von der Außenluft wieder herabgedrückt wurde. Schließlich wurde das Kühlwasser (Hahn ③) wieder aus dem Zylinder gelassen – der Prozess konnte von vorn beginnen.

Nützlich war diese Maschine schon, aber nicht sehr wirkungsvoll. Weil der Zylinder während eines Arbeitsganges heiß und kalt werden musste, hatte diese Dampfmaschine nur einen Wirkungsgrad von etwa 1 %. Sie verschlang Unmengen an Kohle für einen ziemlich geringen Nutzen.

In der zweiten Hälfte des 18. Jahrhunderts meldete dann JAMES WATT (1736–1819) verschiedene Patente auf Veränderungen an der Dampfmaschine NEWCOMENS an: Der Dampf wurde nicht mehr im Zylinder kondensiert, sondern in einem eigens dafür vorgesehenen Kondensator. Zusätzlich wurde der Zylinder durch Dampf auf einer hohen Temperatur gehalten. Durch diese beiden Maßnahmen wurde der Wir-

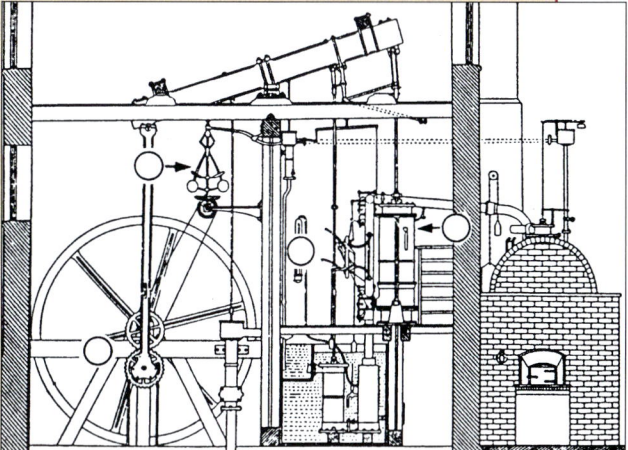

kungsgrad so erhöht, dass nur noch $\frac{1}{4}$ der Kohle für die gleiche Pumpleistung nötig war.

Aber jetzt wurden die Ventilsteller arbeitslos! WATT ließ die Ventile über ein Gestänge automatisch betätigen. Er erfand außerdem das Schwungrad, mit dem die Totpunkte des Kolbens überwunden wurden, und setzte das Auf und Ab des Kolbens über eine Pleuelstange in eine Kreisbewegung um. Aber einen neuen Arbeitsplatz gab es doch – für einen technisch versierten Maschinisten.

Ab 1787 fanden Dampfmaschinen Verwendung zunächst in der Textilindustrie, später auch in allen anderen Bereichen der Industrie. Sie haben die Entwicklung der Fabriken im 19. Jahrhundert ganz wesentlich bestimmt. Das Industriezeitalter ist ohne die Dampfmaschine nicht denkbar.

Am augenfälligsten waren Dampfmaschinen unseren Großeltern, Urgroßeltern … in Form der Eisenbahn-Lokomotiven. Aber auch sie haben technisch nicht überlebt: Der Wirkungsgrad von Dampfmaschinen hat 15 % nie überstiegen.

## Das Wärmekraftwerk

Wärmekraftwerke sind riesige Energiewandler: Die chemische Energie von Kohle, Erdöl oder Erdgas oder die Kernenergie im KKW erhöhen die innere Energie des Speisewassers; diese wird in der Turbine zu mechanischer Energie, im Generator zu elektrischer.

Das Speisewasser zirkuliert im Kreis und überträgt dabei Energie vom Kessel auf die gemeinsame Achse von Turbine und Generator. Es liegt also auch hier ein Kreisprozess vor, der zur Energieübertragung genutzt wird.

Der Wirkungsgrad moderner Wärmekraftwerke von ca. 43 % wird erhöht, wenn die im Kondensator entwertete Energie noch als Fernwärme zum Heizen genutzt wird.

Im Wärmekraftwerk wird in den Wandlern Brenner, Turbine, Generator aus chemischer oder Kernnergie elektrische Energie.
Der Wirkungsgrad der Kraftwerke beträgt etwa 43 %.

### Aufgaben

1. Nenne die Ursachen für die 9 % Abwärme in Brenner und Kessel eines Wärmekraftwerks.
2. Erläutere im Teilchenbild, was mit einem Wasserteilchen im Kreislauf Kessel–Kondensator–Kessel alles passiert.
3. Begründe, warum elektrische Energie vielseitiger verwendbar ist als innere Energie. Denke auch an den Transport beider.
4. **a)** Zeichne das Energiefluss-Schema der „Dampfturbine" im Foto links.
   **b)** Begründe, warum der Wirkungsgrad dieser „Dampfturbine" nicht sehr hoch sein wird.
   **c)** Zeichne das Energiefluss-Schema der gesamten Anlage.

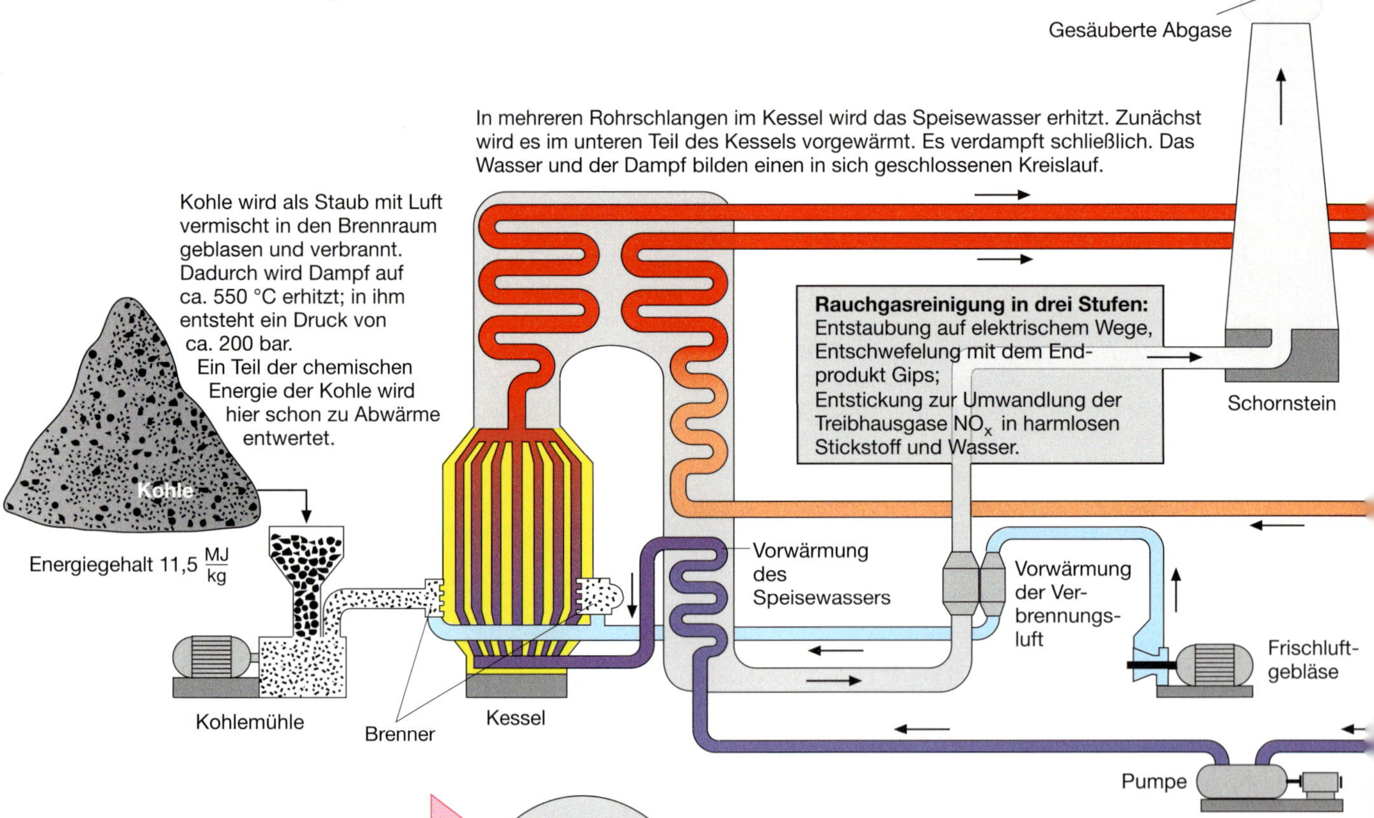

Gesäuberte Abgase

In mehreren Rohrschlangen im Kessel wird das Speisewasser erhitzt. Zunächst wird es im unteren Teil des Kessels vorgewärmt. Es verdampft schließlich. Das Wasser und der Dampf bilden einen in sich geschlossenen Kreislauf.

Kohle wird als Staub mit Luft vermischt in den Brennraum geblasen und verbrannt. Dadurch wird Dampf auf ca. 550 °C erhitzt; in ihm entsteht ein Druck von ca. 200 bar.
Ein Teil der chemischen Energie der Kohle wird hier schon zu Abwärme entwertet.

**Kohle**

Energiegehalt 11,5 $\frac{MJ}{kg}$

**Rauchgasreinigung in drei Stufen:**
Entstaubung auf elektrischem Wege, Entschwefelung mit dem Endprodukt Gips;
Entstickung zur Umwandlung der Treibhausgase NO$_x$ in harmlosen Stickstoff und Wasser.

Schornstein

Vorwärmung des Speisewassers

Vorwärmung der Verbrennungsluft

Frischluftgebläse

Kohlemühle

Brenner

Kessel

Pumpe

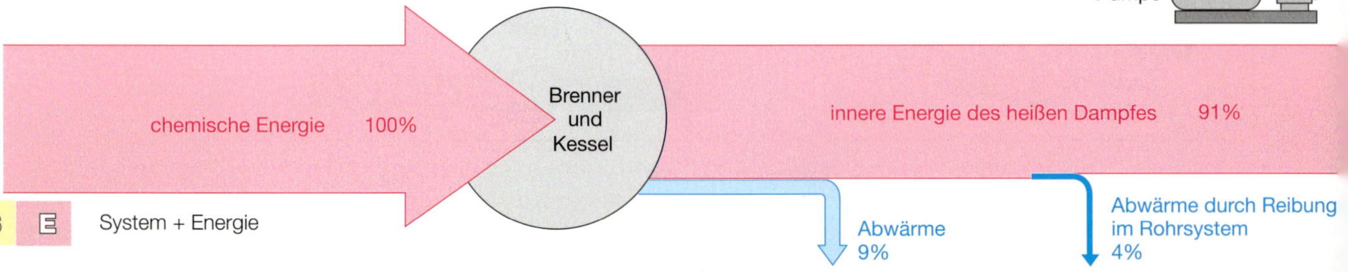

chemische Energie    100%

Brenner und Kessel

innere Energie des heißen Dampfes    91%

System + Energie

Abwärme 9%

Abwärme durch Reibung im Rohrsystem 4%

## Die Dampfturbine

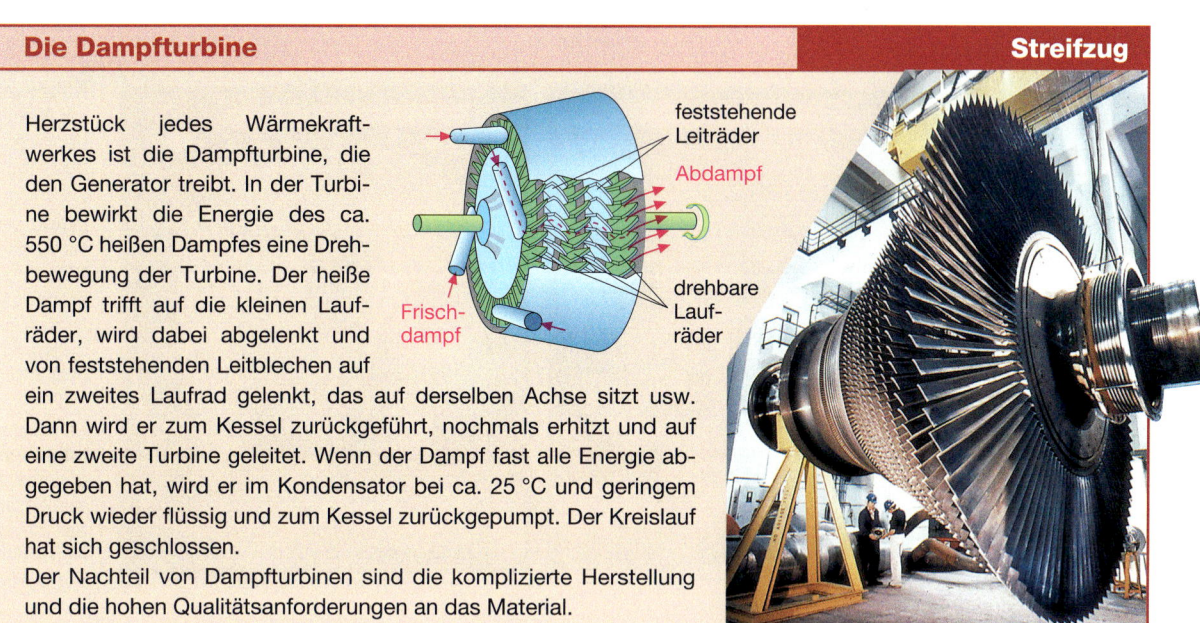

Herzstück jedes Wärmekraftwerkes ist die Dampfturbine, die
den Generator treibt. In der Turbine bewirkt die Energie des ca.
550 °C heißen Dampfes eine Drehbewegung der Turbine. Der heiße
Dampf trifft auf die kleinen Laufräder, wird dabei abgelenkt und
von feststehenden Leitblechen auf
ein zweites Laufrad gelenkt, das auf derselben Achse sitzt usw.
Dann wird er zum Kessel zurückgeführt, nochmals erhitzt und auf
eine zweite Turbine geleitet. Wenn der Dampf fast alle Energie abgegeben hat, wird er im Kondensator bei ca. 25 °C und geringem
Druck wieder flüssig und zum Kessel zurückgepumpt. Der Kreislauf
hat sich geschlossen.
Der Nachteil von Dampfturbinen sind die komplizierte Herstellung
und die hohen Qualitätsanforderungen an das Material.

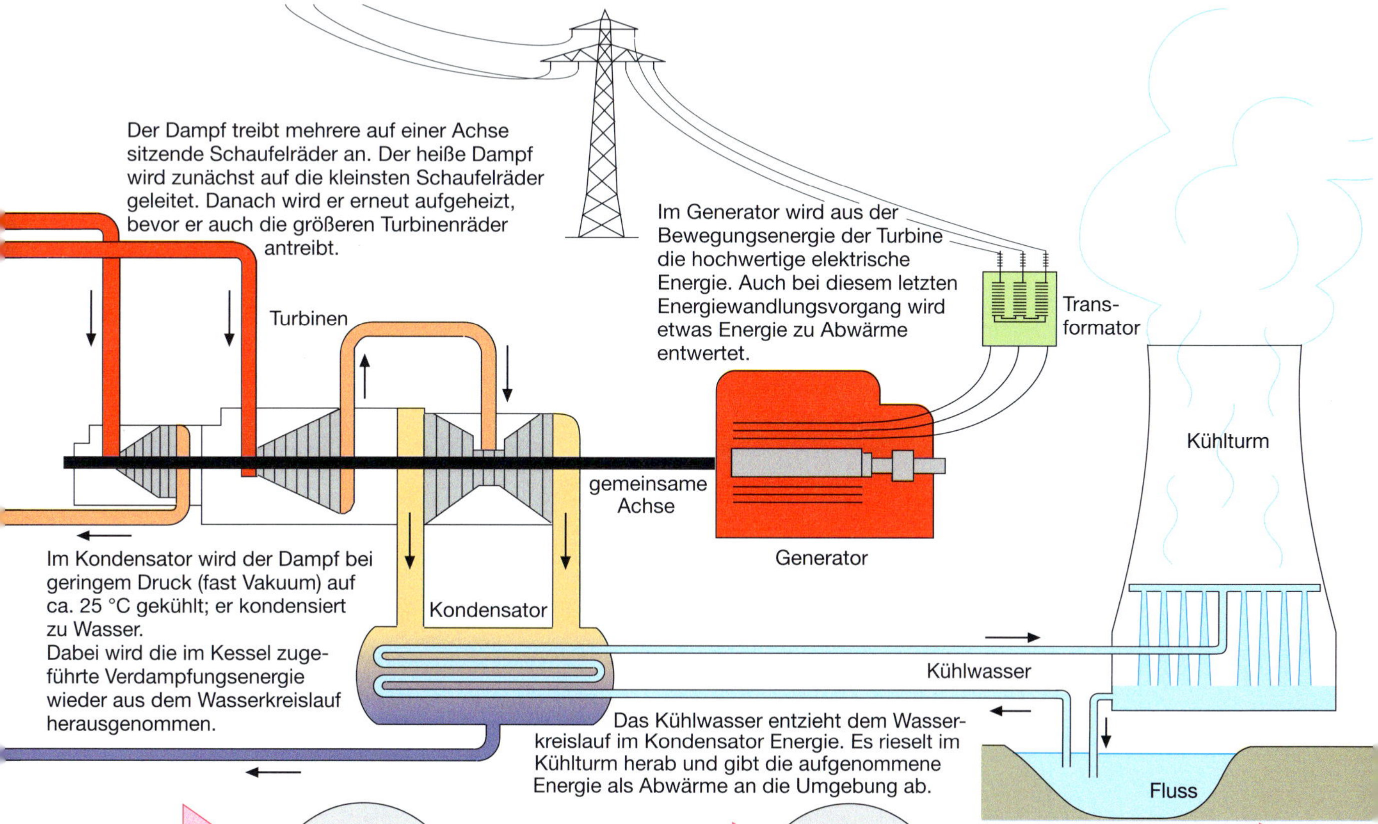

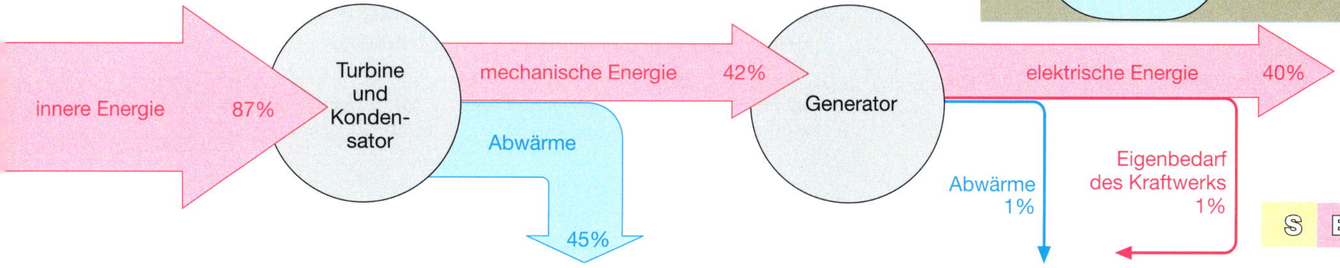

feststehende Leiträder · Abdampf · Frischdampf · drehbare Laufräder

Der Dampf treibt mehrere auf einer Achse
sitzende Schaufelräder an. Der heiße Dampf
wird zunächst auf die kleinsten Schaufelräder
geleitet. Danach wird er erneut aufgeheizt,
bevor er auch die größeren Turbinenräder
antreibt.

Turbinen

Im Generator wird aus der
Bewegungsenergie der Turbine
die hochwertige elektrische
Energie. Auch bei diesem letzten
Energiewandlungsvorgang wird
etwas Energie zu Abwärme
entwertet.

Transformator · Kühlturm · Generator · gemeinsame Achse

Im Kondensator wird der Dampf bei
geringem Druck (fast Vakuum) auf
ca. 25 °C gekühlt; er kondensiert
zu Wasser.
Dabei wird die im Kessel zugeführte Verdampfungsenergie
wieder aus dem Wasserkreislauf
herausgenommen.

Kondensator

Das Kühlwasser entzieht dem Wasser-
kreislauf im Kondensator Energie. Es rieselt im
Kühlturm herab und gibt die aufgenommene
Energie als Abwärme an die Umgebung ab.

Kühlwasser · Fluss

innere Energie 87% — Turbine und Kondensator — mechanische Energie 42% — Generator — elektrische Energie 40%

Abwärme 45% · Abwärme 1% · Eigenbedarf des Kraftwerks 1%

## Das Blockheizkraftwerk (BHKW)

**Generator** für 400 V Wechselspannung, direkt an den Motor angekoppelt

Wärmeisolierte **Abgasleitung.** Die sehr heißen Abgase werden zum Wärmetauscher geleitet.

Wie in einem Auto mit Katalysator werden auch die Abgase des Motors eines BHKW ständig durch **Messfühler** (Lambdasonde) auf Schadstoffe kontrolliert. Mit den ermittelten Messwerten wird die Frischluftzufuhr so dosiert, dass wenig Schadstoffe entstehen.

LKW- oder Schiffs-**Dieselmotor,** umgerüstet auf Erdgas und für geringere und sehr gleichmäßige Leistung ausgelegt. Dadurch 10-mal so lange Lebensdauer.

Im **Kühlwasser-Wärmetauscher** wird die innere Energie des Kühlwassers an den Heizkreislauf abgegeben.

**Katalysator** zur Reinigung der Abgase des Motors

Durch den **Vorlauf** wird das im Wärmetauscher erhitzte Wasser zu den Heizkörpern in den Räumen gepumpt.

Im **Abgas-Wärmetauscher** wird die innere Energie der Abgase an das Wasser des Heizkreislaufes abgegeben.

BHKWs liefern nicht nur elektrische Energie. Zusätzlich wird die innere Energie der Abgase und des Kühlwassers zur Raumheizung genutzt. Über Wärmetauscher gelangt sie in die Heizungsanlage von Wohngebäuden.

Der Wirkungsgrad eines BHKW ist deshalb fast doppelt so hoch wie der eines zentralen Kraftwerkes, das die Abwärme nicht mehr nutzt. Die bereitgestellte elektrische Energie wird in das öffentliche Netz eingespeist.

BHKWs sind kleine, nicht einmal zimmergroße Aggregate. Sie können überall dort eingesetzt werden, wo elektrische Energie und innere Energie gleichzeitig und möglichst in gleichbleibenden Mengen während des ganzen Jahres benötigt werden. Denn eines können BHKWs nicht: Nur elektrische Energie oder nur innere Energie liefern.

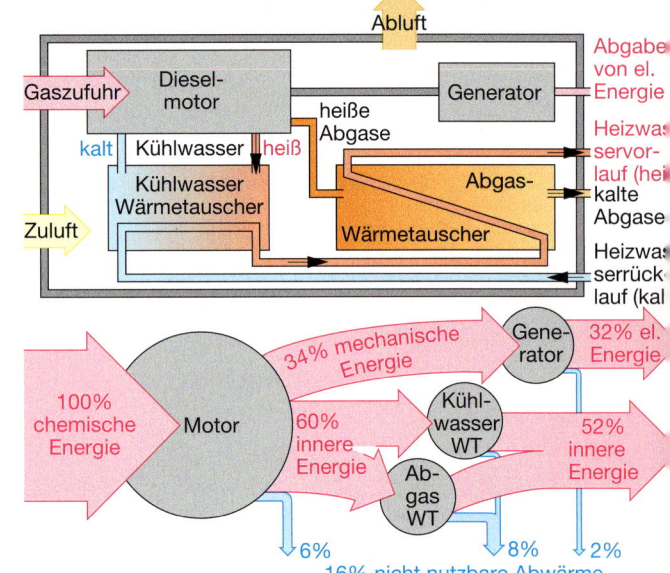

### Aufgaben

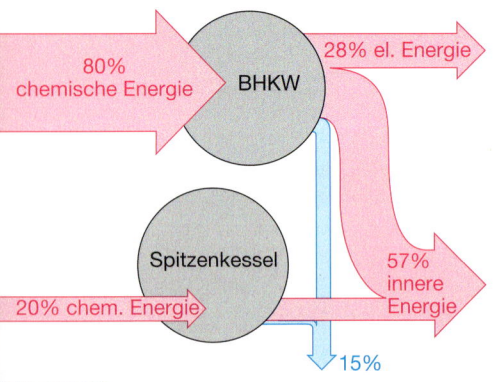

**1** Wird ein BHKW mit einer normalen regelbaren Heizung (Spitzenkessel) gekoppelt, so ist ein flexiblerer Betrieb möglich. Begründe diese Aussage.

**2** a) Ist eine Schule ein günstiges Objekt für den Einsatz eines BHKW? Begründe deine Antwort.
b) Nenne drei Beispiele für den sinnvollen Einsatz eines BHKW.

**3** a) Zähle alle Energiewandler eines BHKW auf.
b) Berechne für jeden Wandler mithilfe der Prozentzahlen für aufgenommene und abgegebene Energie aus dem Energiestrom-Diagramm den Wirkungsgrad.

**4** Informiere dich über Bau, Einsatz und Wirkungsgrad von „Gas- und Dampfkraftwerken" (GuD). (Tipp: siehe auch S. 156)

# Wärme-Kraft-Maschinen – kritisch gesehen

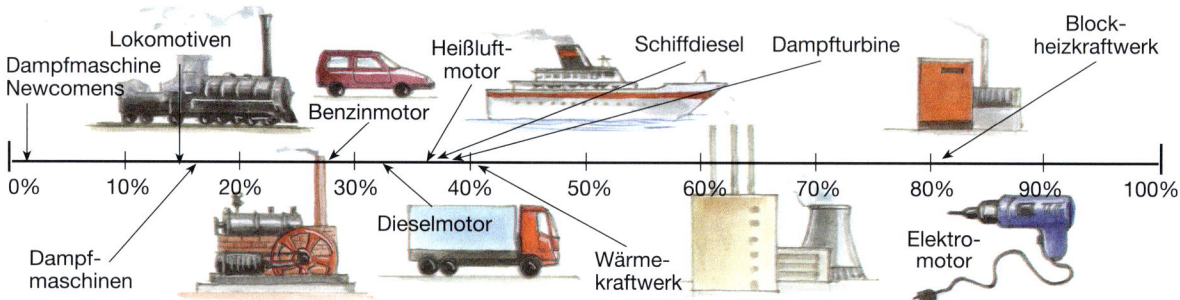

**Wirkungsgrade von Wärme-Kraft-Maschinen sind sehr unterschiedlich. Warum sind sie für Fahrzeuge kein idealer Antrieb? Was macht den Betrieb von Wärme-Kraft-Maschinen so problematisch?**

## Wärme-Kraft-Maschinen im Vergleich

Alle Wärme-Kraft-Maschinen benötigen einen Teil der zugeführten Energie $E_{zugef}$ für den eigenen Betrieb. Zur Wiederherstellung der Ausgangslage des Kolbens bei Motoren oder den Ausgangsbedingungen des Dampfes bei Dampfturbinen ist es in allen Wärme-Kraft-Maschinen unabdingbar, dass den verwendeten Betriebsstoffen

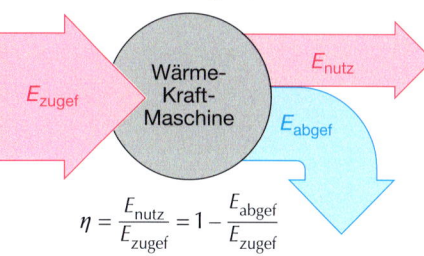

Luft, Luft-Gasgemisch oder Dampf Energie über das Kühlmittel entzogen wird. $E_{abgef}$ steht der Wandlung in mechanische Energie $E_{nutz}$

$$\eta = \frac{E_{nutz}}{E_{zugef}} = 1 - \frac{E_{abgef}}{E_{zugef}}$$

nicht mehr zur Verfügung. Theoretische Überlegungen führen dazu, dass der maximal erreichbare Wirkungsgrad einer Wärme-Kraft-Maschine $\eta_{ideal}$ unabhängig ist vom Bau dieser Maschine. Nur der Unterschied der hohen Temperatur $T_z$ des Trägers von $E_{zugef}$ und der niedrigen Temperatur $T_a$ des Trägers von $E_{abgef}$ bestimmen das Verhältnis von $E_{nutz}$ zu $E_{zugef}$, also von $\eta$:

$$\eta_{ideal} = 1 - \frac{T_a}{T_z}$$

Dies bedeutet: Ein kleiner Temperaturunterschied ($\frac{T_a}{T_z} \approx 1$) zwischen Ausgang und Eingang des Betriebsstoffes führt zu einer nur geringen Energieausbeute; ein großer Temperaturunterschied ($\frac{T_a}{T_z} \ll 1$) ermöglicht eine große Energieabgabe.
Praktisch ist die Kühlung nicht dauerhaft unter der Umgebungstemperatur zu halten. Deshalb kommt es bei der Konstruktion einer Wärme-Kraft-Maschine darauf an, möglichst hohe Betriebstemperaturen zu erreichen.

Die Betriebsstoffe Luft bzw. Wasserdampf setzen dem Heißluftmotor bzw. der Dampfmaschine Grenzen be-

züglich der Höchsttemperatur (nicht über 550 °C). Sie bleiben deutlich unter denen der Verbrennungsmotoren. Bei diesen kann die Energie des Brennstoffes bei höchster Temperatur optimal im Zylinder, der ja gleichzeitig Brennraum ist, ausgenutzt werden. Aber Verbrennungsmotoren geben ihre Abgase bei sehr hohen Temperaturen nach außen ab, sodass auch hier nur ideale Wirkungsgrade von bestenfalls 60 % erreicht werden. Die Reibung mindert die Wirkung einer Wärme-Kraft-Maschine nochmals, sodass gilt: $\eta_{real} < \eta_{ideal}$.

> Der ideale Wirkungsgrad einer Wärme-Kraft-Maschine wird bestimmt durch die höchste in der Maschine erreichbare Temperatur und durch die niedrigste Temperatur bei der Kühlung.
> Der real erzielbare Wirkungsgrad liegt bei jeder Wärme-Kraft-Maschine unter dem idealen Wert.

## Aufgaben

**1** **a)** In Deutschland wurde Steinkohle in über 1000 m Tiefe abgebaut. Welche Energie wandelnden und nutzenden Vorgänge durchläuft sie von der Lagerstätte bis zum Kraftwerk?
**b)** Gib an, was dies für den Wirkungsgrad eines Steinkohle-Kraftwerks bedeutet.

**2** Beschreibe das grundlegende Ziel bei der Konstruktion einer möglichst wirkungsvollen Wärme-Kraft-Maschine. Begründe deine Antwort mit der formelhaften Darstellung des Wirkungsgrades.

**3** Maschinen, die innere Energie in mechanische Energie wandeln, werden als „Wärme-Kraft-Maschinen" bezeichnet. Dies ist in zweifacher Hinsicht keine richtige Bezeichnung. Erläutere.

## Verdampfung – Kondensation: Entwertung im Wärmekraftwerk

Im Wärmekraftwerk werden ca. 48 % der für den Verdampfungs-Kondensationsprozess eingesetzten Energie entwertet. Ist diese „Vergeudung" nicht vermeidbar? Um eine Turbine mittels strömenden Dampfes zu betreiben, muss vor der Turbine ein wesentlich höherer Druck herrschen als hinter ihr. Nur dann bekommt der

Dampf die erforderliche hohe Strömungsgeschwindigkeit. Um Wasser von 20 °C auf 550 °C zu erhitzen, müssen für jeden Liter Wasser zur Temperaturerhöhung und zum Verdampfen 4346 kJ Energie eingesetzt werden. Dabei entsteht gemäß dem Gesetz von AMONTONS bei gleichem Volumen ein entsprechend hoher Druck vor der Turbine und der Dampf kann mit hoher Bewegungsenergie die Turbine drehen. Hinter ihr muss der Druck gering sein, also muss der Dampf wieder kondensieren, d. h. die zuvor für das Verdampfen zugeführte Energie muss nun wieder herausgenommen und als Abwärme „entsorgt" werden. Nur so kann das Speisewasser erneut Energie aufnehmen.

Im Kraftwerksprozess ist also die Energie„vergeudung" unvermeidbar.

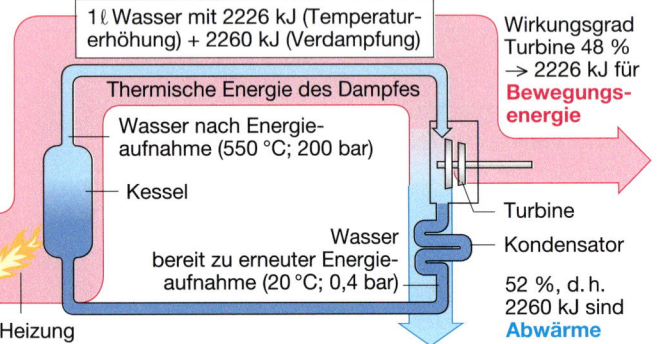

> Der Energieverlust beim Verdampfungs-Kondensations-Prozess im Wärmekraftwerk ist unvermeidbar.

## Gas- und Dampfkraftwerk – Kraft-Wärme-Kopplung

Ist das für den Antrieb der Turbine benutzte Gas selbst brennbar, entfällt der hohe Energiebedarf für die Verdampfung. Eine solche Gasturbine kann mit den heißen Verbrennungsgasen aus dem Brennerraum bei ca. 1200 °C betrieben werden. Die Abgase verlassen sie bei einer Temperatur von ca. 600 °C. Damit kann danach noch ein Verdampfungs-Kondensations-Prozess wie im Wärmekraftwerk ablaufen. **Gas- und Dampfkraftwerke** (GuD) erreichen Wirkungsgrade von fast 60 %.

Eine sehr effiziente Nutzung der eingesetzten Energie zum Betrieb eines Kraftwerkes ist die **Kraft-Wärme-Kopplung** (KWK). Dabei wird die Abwärme aus dem Kraftwerk zur Heizung von Gebäuden ins Fernwärmenetz eingespeist. Dies ist aber nur in unmittelbarer Nähe von Siedlungen möglich, denn ein Fernwärmenetz kann wegen der Isolierungsprobleme nicht beliebig lang sein.

Eine Verbindung eines Gas- und Dampfkraftwerkes mit Kraft-Wärme-Koppelung macht Wirkungsgrade von fast 90 % möglich.

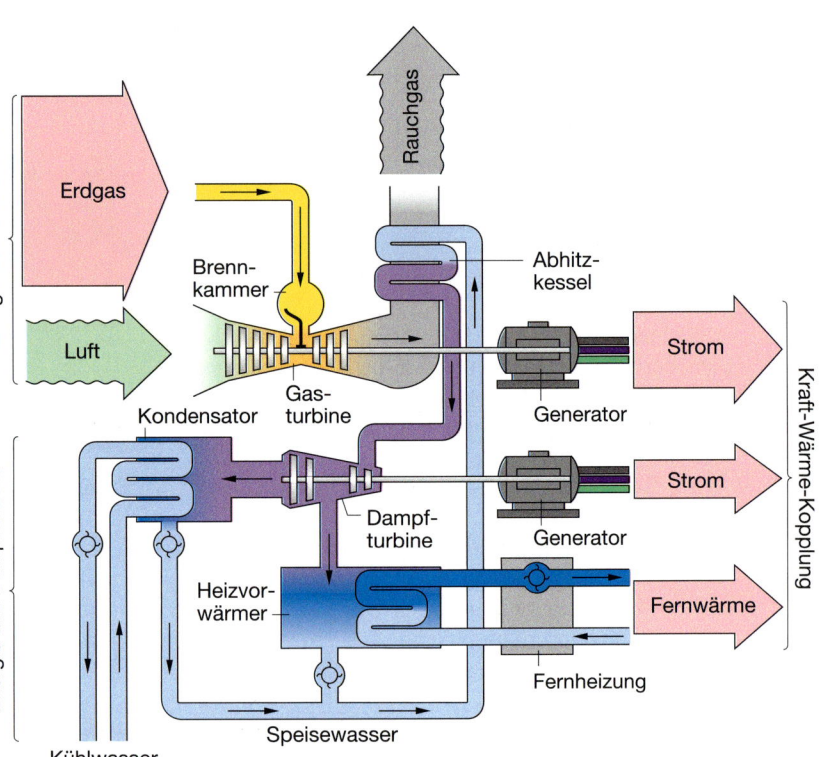

> Gas- und Dampfkraftwerke und Kraft-Wärme-Koppelung steigern die Effizienz von Wärmekraftwerken.

# Probleme der Energiewandlung in Verbrennungsprozessen

## In Kraftwerken

Der geringe **Wirkungsgrad** in Kraftwerken resultiert hauptsächlich aus der Verdampfungstechnologie. Die dabei auftretende Entwertung von Energie ist kaum zu beeinflussen. Aber an allen anderen Stellen, an denen der Gesamtwirkungsgrad im Kraftwerksprozess beeinträchtigt wird, sind Verringerungen möglich. Insbesondere bieten die GuD-Technik und die Kraft-Wärme-Koppelung Möglichkeiten, den Wirkungsgrad von Wärmekraftwerken zu steigern.

**Feinstaub,** der besonders in Kohlekraftwerken in den Rauchgasen anfällt, wird auf elektrostatischem Wege entfernt und auf chemische Weise so gebunden, dass dabei Gips entsteht (Nutzung in der Bauindustrie).

Die **Abgase** von Wärmekraftwerken enthalten vor allem Kohlenstoffdioxid ($CO_2$), das ein unabdingbares Verbrennungsprodukt von Kohlenstoff ist. Wegen der Treibhauswirkung von $CO_2$ muss die Freisetzung dieses Gases möglichst ganz unterbunden werden. Es wird an Technologien gearbeitet, das $CO_2$ zu verflüssigen und unterirdisch in bestimmte Gesteinsformationen zu verpressen. Allerdings ist diese Technik sehr umstritten.

Über die **Kühlung** werden große Luftmassen um die Kühltürme herum erwärmt. Auf das Klima im engen Umfeld von Kraftwerken kann dies einen gewissen Einfluss haben.

## In Fahrzeugen

Der schlechte **Wirkungsgrad** von Verbrennungsmotoren ist durch technische Maßnahmen am Motor selbst kaum noch zu beeinflussen. Deshalb wird nach Möglichkeiten gesucht, die Gesamtbilanz eines Fahrzeuges zu verbessern. Hybridfahrzeuge (Verbrennungsmotor in Kombination mit einem Elektromotor) und Verringerungen der Masse sind solche Maßnahmen.

**Feinstaub** entsteht vor allem bei Dieselmotoren. Deshalb sind für diese Fahrzeuge Staubfilter erforderlich. Nach EU-Richtwerten darf ein Pkw seit Anfang 2009 nur 5 mg Feinstaub pro km ausstoßen.

Die **Abgase** des Verbrennungsprozesses sind insbesondere Schwefel, Stickoxide und Kohlenstoffdioxid. Der Schwefel wird dem Kraftstoff schon in den Raffinerien entzogen. Stickoxide werden durch Katalysatoren weitgehend unschädlich gemacht. Das $CO_2$ aus Fahrzeugen mit Verbrennungsmotoren wird jedoch nach wie vor direkt in die Atmosphäre entsorgt.

Der Betrieb von Feinstaubfiltern und Katalysatoren setzt allerdings den Wirkungsgrad wieder herab.

Diagramm: Probleme der Verbrennungstechnologie – Wirkungsgrad, Resourcennutzung, Feinstaub, Kühlung, Abgase

Mit **Ressourcennutzung** ist die Ausbeutung der begrenzten Lagerstätten von Kohle, Erdöl und Erdgas gemeint. Für technisch genutzte Verbrennungsprozesse werden diese Energiereserven der Erde aufgebraucht.

> Technisch genutzte Verbrennungsprozesse haben unbefriedigende Wirkungsgrade, produzieren Klima- und die Gesundheit schädigende Abgase und verbrauchen die begrenzten Ressourcen der Erde.

## Aufgaben

**1** Bestimme die eingesetzte und wieder entwertete Energie, die bei 20 m³ Speisewasser im Kreislauf eines Wärmekraftwerkes erforderlich ist.

**2** Ein Wärmekraftwerk benötigt täglich 4000 t Braunkohle. Bestimme die Ausbeute an elektrischer Energie und gib an, welcher Anteil der eingesetzten Energie im Verdampfungs-Kondensationsprozess entwertet wird.

**3 a)** Zeichne das Energiefluss-Schema eines GuD.
**b)** Bestimme aus den Pfeildicken der Zeichnung zum GuD mit Kraft-Wärme-Koppelung die Teil- und die Gesamtwirkungsgrade solch einer Anlage.

**4 a)** Berechne mithilfe einer Internetrecherche den täglichen $CO_2$-Ausstoß eines Kohlekraftwerkes, das 4000 t Braunkohle an einem Tag verfeuert.
**b)** Bestimme die Masse des $CO_2$-Ausstoßes eines Pkw, der die Norm von 120 $\frac{g}{km}$ erfüllt, für eine Fahrt von Hannover nach München.

## Alle Kraftwerkstypen im Vergleich

|  | Kohlekraftwerk | Kernkraftwerk | Wasserkraftwerk |
|---|---|---|---|
|  | 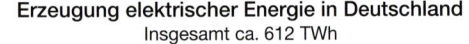 |  |  |
| **Wirkungsgrad** | max. 45 % | ca. 35 % | ca. 95 % |
| **elektrische Leistung** | pro Kraftwerksblock 500–800 MW Meist werden zwei oder mehr Blöcke zusammengeschaltet | Neuere Kernkraftwerke haben mehr als 1300 MW Auch hier stehen oft zwei Reaktoren an einem Standort | Laufwasserkraftwerke liegen knapp über 50 MW |
| **Brennstoff** | Braunkohle oder Steinkohle Es werden ca. 4,1 Mio. t jährlich pro Kraftwerk benötigt | Uran Es werden ca. 30 t Uran jährlich pro Kraftwerk benötigt | keiner |
| **Abwärme** | ca. 60 % der Primärenergie geht in Form von innerer Energie in die Umwelt; Abwärme kann als Fernwärme genutzt werden | ca. 65 % der im Uran enthaltenen Energie geht in Form von innerer Energie in die Umwelt; Abwärme kann als Fernwärme genutzt werden | fast keine |
| **Umweltbelastung** | Abgase enthalten Schwefeldioxid und Stickoxide, die zu Smog und saurem Regen führen. Durch den Ausstoß von Kohlenstoffdioxid wird der Treibhauseffekt verstärkt | Abgabe von geringen Mengen radioaktiver Stoffe mit der Abluft in die Umwelt Die radioaktiven Abfälle müssen entsorgt werden Es gibt bislang kein Endlager | Erhebliche Eingriffe in die Natur bei der Anlage von Stauseen; Begradigung von Flussläufen; Überflutung von Uferzonen |

Die Daten in der Tabelle sind natürlich einem ständigen Wandel unterworfen. Neue Technologien reduzieren die Umweltbelastung einzelner Kraftwerke immer weiter herab und Forschungen treiben die Nutzung regenerativer Energien weiter voran, sodass sie wirtschaftlich werden. Die Bereitschaft der Menschen, ihren Energiebedarf zu reduzieren, wird durch die anhaltende Diskussion um begrenzte Energieressourcen und Umweltbelastungen stetig erhöht. Jeder kann durch bewussten Umgang mit Energie viel zum Schutz der Umwelt beitragen. Jeder ist verpflichtet, nachfolgenden Generationen eine intakte Umwelt und ausreichend Energierohstoffe zu hinterlassen.

Der „Club of Rome", eine Gruppe führender Wissenschaftler aller Gebiete, schrieb schon 1989 in seinem „Bericht zur Lage der Menschheit":
*„Wenn die gegenwärtige Zunahme der Weltbevölkerung, der Industrialisierung, der Umweltverschmutzung, der Nahrungsmittelproduktion und der Ausbeutung von natürlichen Rohstoffen unverändert anhält, werden die absoluten Wachstumsgrenzen auf der Erde im Laufe des nächsten Jahrhunderts erreicht sein."*

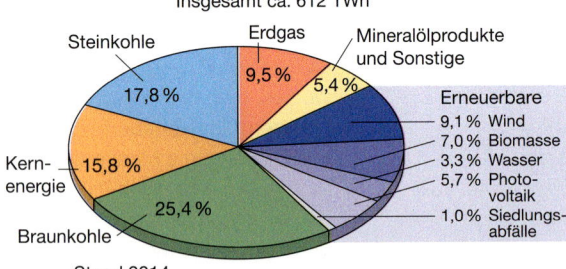

Erzeugung elektrischer Energie in Deutschland
Insgesamt ca. 612 TWh
Stand 2014

| Windkraftwerk | Biomasse | Solarkraftwerk | Brennstoffzelle |
|---|---|---|---|
| | | | |
| ca. 40 % | ca. 30 % | max. 20 % | ca. 60 % |
| abhängig von Windgeschwindigkeit<br>Ab 12 $\frac{m}{s}$ beträgt die Leistung 250 kW bis 2 MW | ca. 20 MW (max)<br>meist geringer | Anlagen mit Parabolspiegeln erreichen pro Spiegel eine elektrische Leistung von 50 kW | von einigen Milliwatt bis zu mehr als 200 kW in Blockheizkraftwerken |
| keiner | organische Abfälle<br>1 kg Biomasse enthält etwa 14–16 MJ Energie | keiner | Wasserstoff, Erdgas oder Methanol |
| keine | Ein Teil der inneren Energie kann für Raumheizung und Warmwasserbereitung verwendet werden | keine | etwa so viel wie elektrische Energie<br>Abwärme kann als Fernwärme genutzt werden |
| Lärmbelästigung durch die Rotoren<br>Beeinträchtigung des Vogelflugs<br>Beeinträchtigungen durch Schattenwurf | wie Kohlekraftwerk<br>Treibhauseffekt wird nicht verstärkt, weil beim Wachsen der Pflanzen $CO_2$ aus der Atmosphäre aufgenommen wurde | Solarkraftwerke benötigen große Kollektorflächen. Die Vegetation unter diesen Stellflächen stirbt ab | keine<br>Werden Erdgas oder Methanol „verbrannt", entsteht neben Wasser auch $CO_2$, das den Treibhauseffekt verstärkt |

## Aufgaben

**1** Erläutere, welche der Energiequellen nicht zu jeder Zeit verfügbar sind. Gib dazu jeweils Gründe an.

**2** **a)** Beschreibe die Wandlungsprozesse der unterschiedlichen Kraftwerkstypen.
**b)** Zeichne für jeden Kraftwerkstyp ein Energiefluss-Schema.
**c)** Nenne die umweltschädigenden Nebenwirkungen der verschiedenen Kraftwerkstypen.

**3** Erkläre, warum Menschen und Tiere ebenfalls als Energiewandler bezeichnet werden können.

**4** Erläutere anhand einiger Beispiele den Begriff „Wirkungsgrad".

**5** Begründe, warum Kohlekraftwerke immer möglichst in der unmittelbaren Nähe von Kohlebergwerken oder von Häfen gebaut werden.

**6** Windgeneratoren dürfen nicht unmittelbar hintereinander aufgestellt werden. Erläutere.

**7** Nenne verschiedene Elektrogeräte, die mit Sonnenenergie betrieben werden.

**8** Bei vielen Berghütten sind Windkraftanlagen mit Solarzellen gekoppelt. Ist das sinnvoll?

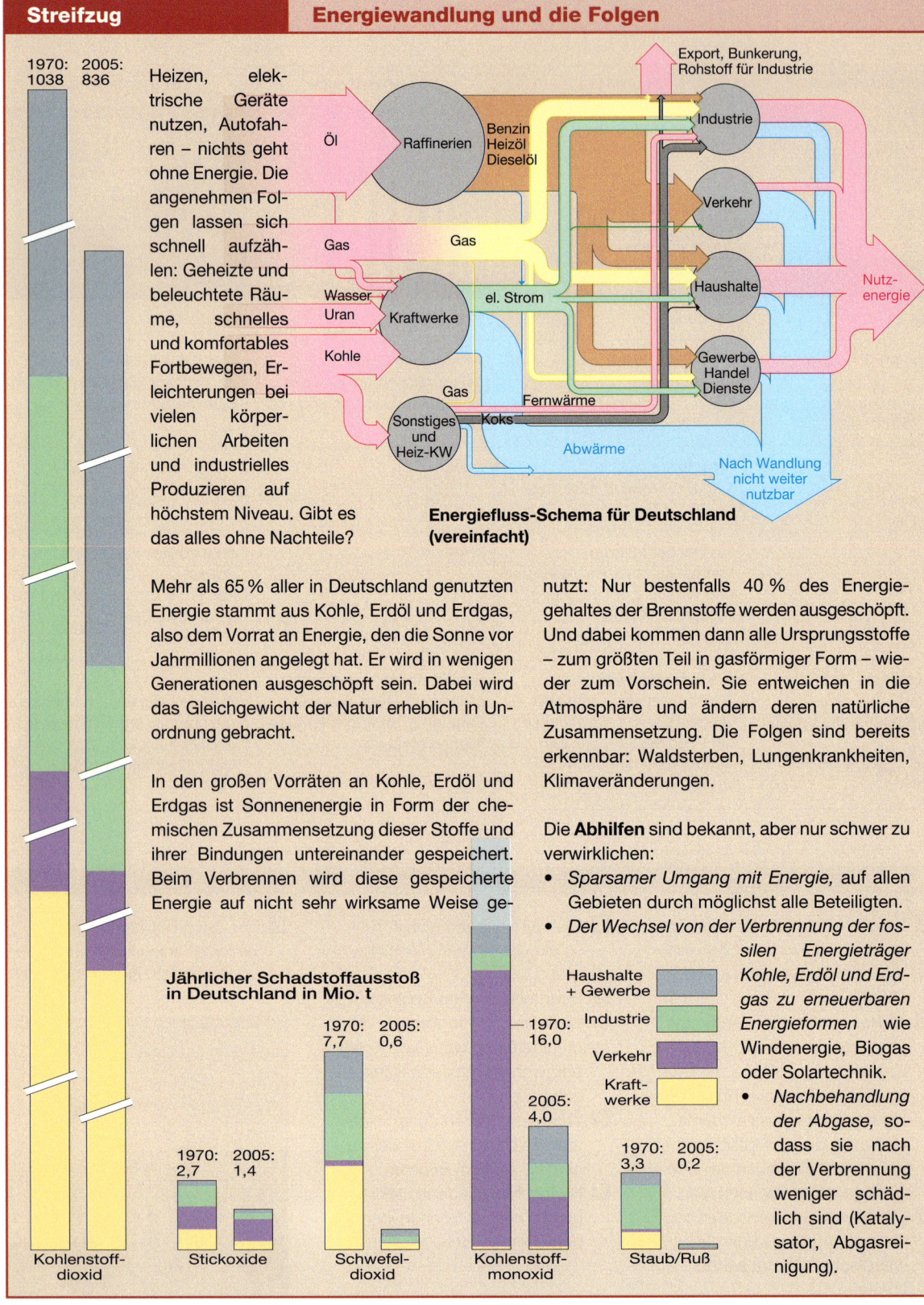

**Streifzug** — **Energiewandlung und die Folgen**

1970: 2005:
1038 836

Heizen, elektrische Geräte nutzen, Autofahren – nichts geht ohne Energie. Die angenehmen Folgen lassen sich schnell aufzählen: Geheizte und beleuchtete Räume, schnelles und komfortables Fortbewegen, Erleichterungen bei vielen körperlichen Arbeiten und industrielles Produzieren auf höchstem Niveau. Gibt es das alles ohne Nachteile?

**Energiefluss-Schema für Deutschland (vereinfacht)**

Mehr als 65 % aller in Deutschland genutzten Energie stammt aus Kohle, Erdöl und Erdgas, also dem Vorrat an Energie, den die Sonne vor Jahrmillionen angelegt hat. Er wird in wenigen Generationen ausgeschöpft sein. Dabei wird das Gleichgewicht der Natur erheblich in Unordnung gebracht.

In den großen Vorräten an Kohle, Erdöl und Erdgas ist Sonnenenergie in Form der chemischen Zusammensetzung dieser Stoffe und ihrer Bindungen untereinander gespeichert. Beim Verbrennen wird diese gespeicherte Energie auf nicht sehr wirksame Weise genutzt: Nur bestenfalls 40 % des Energiegehaltes der Brennstoffe werden ausgeschöpft. Und dabei kommen dann alle Ursprungsstoffe – zum größten Teil in gasförmiger Form – wieder zum Vorschein. Sie entweichen in die Atmosphäre und ändern deren natürliche Zusammensetzung. Die Folgen sind bereits erkennbar: Waldsterben, Lungenkrankheiten, Klimaveränderungen.

Die **Abhilfen** sind bekannt, aber nur schwer zu verwirklichen:

• *Sparsamer Umgang mit Energie,* auf allen Gebieten durch möglichst alle Beteiligten.

• *Der Wechsel von der Verbrennung der fossilen Energieträger Kohle, Erdöl und Erdgas zu erneuerbaren Energieformen* wie Windenergie, Biogas oder Solartechnik.

• *Nachbehandlung der Abgase,* sodass sie nach der Verbrennung weniger schädlich sind (Katalysator, Abgasreinigung).

**Jährlicher Schadstoffausstoß in Deutschland in Mio. t**

Kohlenstoffdioxid

Stickoxide — 1970: 2,7 2005: 1,4

Schwefeldioxid — 1970: 7,7 2005: 0,6

Kohlenstoffmonoxid — 1970: 16,0 2005: 4,0

Staub/Ruß — 1970: 3,3 2005: 0,2

Haushalte + Gewerbe
Industrie
Verkehr
Kraftwerke

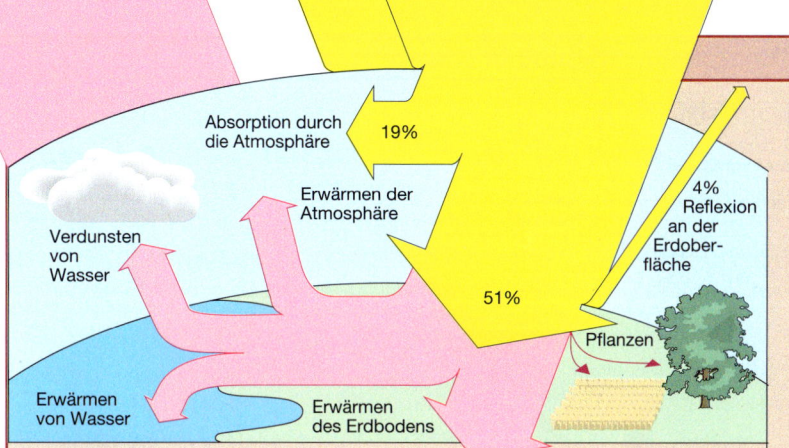

Abstrahlung der
Atmosphäre

Reflexion an der
Lufthülle

70%

26%

Sonnenstrahlung
(IR, sichtbares Licht, UV)

Absorption durch
die Atmosphäre   19%

Erwärmen der
Atmosphäre

4%
Reflexion
an der
Erdober-
fläche

Verdunsten
von
Wasser

51%

Pflanzen

Erwärmen
von Wasser

Erwärmen
des Erdbodens

Die sogenannten **Treibhausgase**
sind

- Kohlenstoffdioxid ($CO_2$) und
  Stickoxide ($NO_x$), die bei Ver-
  brennungsvorgängen entstehen;
- Methan aus Erdgasfeldern und
  den Mägen von Pflanzenfressern.

Weil die Treibhausgase seit jeher
in der Atmosphäre vorkommen (zu
etwa 0,1 %) und durch natürliche
Prozesse entstehen, wird die durch
sie bewirkte Erwärmung der Erdatmosphäre auf 15 °C
als **natürlicher Treibhauseffekt** bezeichnet.

## Die Erde – ein riesiges Treibhaus

Alles irdische Leben spielt sich in der Atmosphäre ab
wie unter der Glaskuppel eines riesigen Treibhauses.
Ohne diese „Kuppel" wäre es auf der Erde rund 33 °C
kälter: Die Lufttemperatur – über die ganze Erde gemit-
telt – liegt heute bei etwa 15 °C und nicht bei lebens-
feindlichen –18 °C. Nur so konnten Pflanzen, Tiere und
Menschen ihr heutiges Entwicklungsstadium erreichen. Wie lässt sich das Wirken dieser „Glaskuppel"
Atmosphäre verstehen?

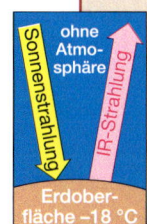

ohne
Atmo-
sphäre

Sonnenstrahlung

IR-Strahlung

Erdober-
fläche –18 °C

Von der Sonne gelangt Infrarotstrahlung,
sichtbares Licht und ultraviolette Strahlung
zur Erde. Die Grafik oben zeigt, was mit der
Strahlung geschieht, wenn sie auf die Atmosphäre oder die Erdoberfläche trifft. Wichtig
ist zweierlei:

- Nur ein verschwindend geringer Anteil der
  eingestrahlten Sonnenenergie wird oder
  wurde für das Wachstum der Pflanzen benötigt, ist also die Grundlage des Lebens.
- Etwa die Hälfte der eingestrahlten Sonnenenergie wird von der Erde (Böden und Ge-
  wässer) absorbiert und erwärmt diese.

Atmo-
sphäre
mit
Treib-
haus-
gasen

Aufheizen

Jeder warme oder heiße Körper sendet Strahlung aus, also auch die Böden und Wasser-
oberflächen. Aber die Lufthülle der Erde und die
darin enthaltenen Gase wirken auf die Wärme-
strahlung wie das Glasdach eines Treibhauses: Sie lassen nur einen ganz geringen
Teil der Strahlung in den Weltraum entkom-
men; den Großteil absorbieren sie, was zu ihrer eigenen Erwärmung und einer entsprechenden Abstrahlung führt, oder sie reflektieren ihn wieder zur Erdoberfläche zurück, was
deren Temperatur weiter erhöht.

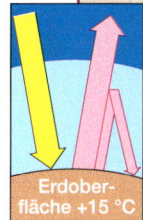

Erdober-
fläche +15 °C

Der natürliche Treibhauseffekt wird durch die vielfältigen Aktivitäten des Menschen verstärkt:

- Als Ergebnis der Industrialisierung und der dafür
  notwendigen Verbrennung fossiler Energieträger
  (Kohle, Erdöl, Erdgas) gelangen riesige Mengen
  $CO_2$ zusätzlich in die Atmosphäre.
- Beim Heizen, Autofahren, Kochen etc. entsteht
  auch Kohlenstoffmonoxid (CO), dessen Wirkung
  als Treibhausgas viel stärker ist als die von $CO_2$.
- Fluor-Chlor-Kohlenwasserstoffe (FCKW) – früher
  als Kühlmittel in Kühlschränken, Klimaanlagen oder
  als Treibgase in Spraydosen verwendet – übertref-
  fen das CO noch hinsichtlich ihrer schädlichen Wirkung auf das Klima.

Dieser vom Menschen erzeugte **künstliche Treibhauseffekt** lässt die Temperatur von Erdoberfläche
und Atmosphäre weiter ansteigen – was sicher nicht
ohne Folgen bleibt! Klimaforscher befürchten dras-
tische klimatische Veränderungen:

- Abschmelzen des Eises der Polkappen und der
  Gletscher in den Hochgebirgen. Folge: Ansteigen
  des Meeresspiegels und dadurch Überfluten von
  bislang bewohnten Küstenregionen.
- Verschieben der heutigen Klimazonen. Folgen: Ganze Landstriche werden zu Trockengebieten oder
  Wüsten; die nutzbare Ackerfläche wird drastisch
  verkleinert; Hungersnöte.

Damit diese alarmierenden Prognosen nicht Wirklichkeit werden, gibt es seit Ende des 20. Jahrhunderts
Klimakonferenzen, auf denen die Staaten der Erde
Maßnahmen diskutieren, um den weiteren Ausstoß
von Treibhausgasen zu reduzieren und damit den
künstlichen Treibhauseffekt abzuschwächen.

## Grundwissen — Energieübertragung in Kreisprozessen

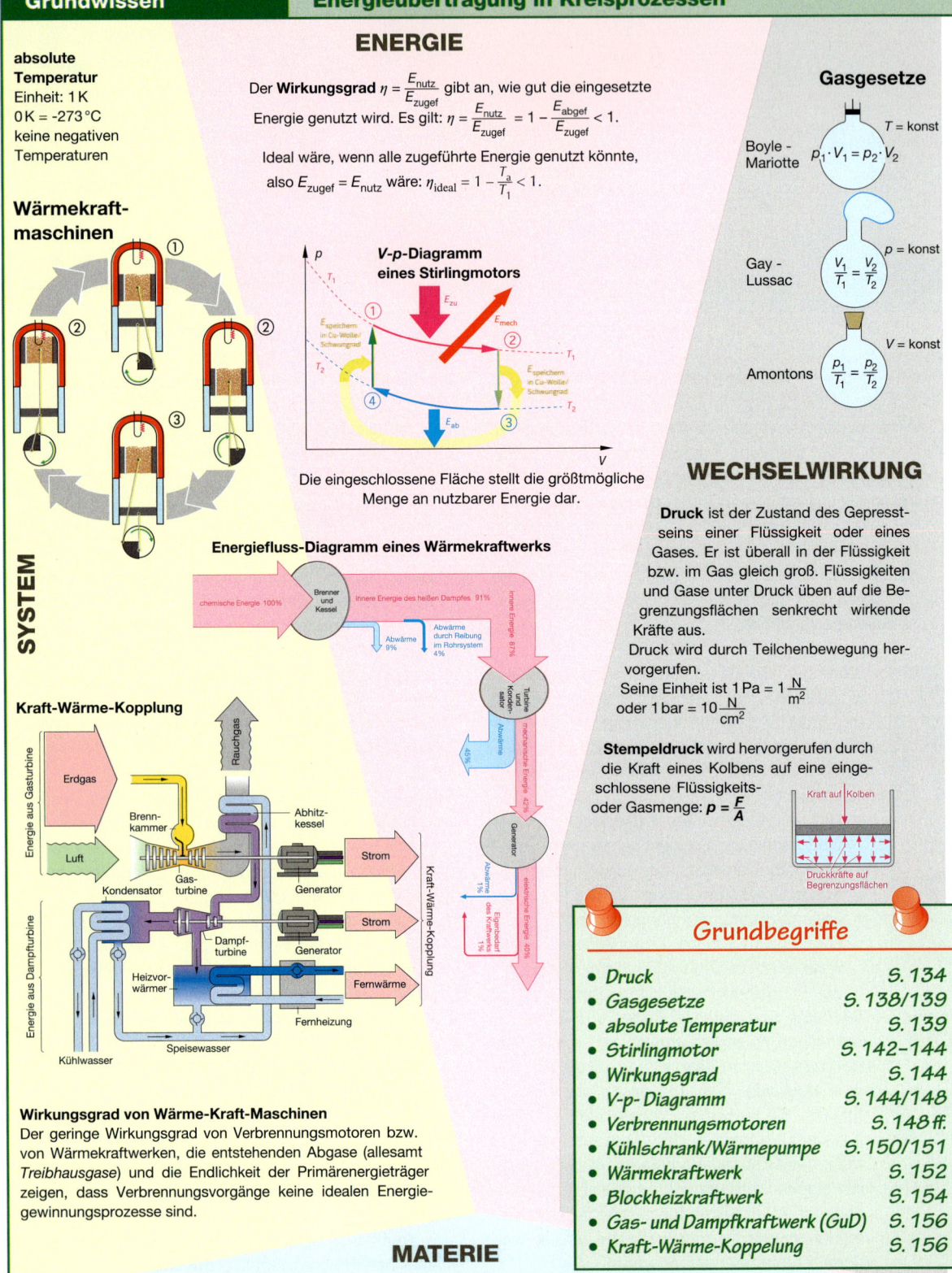

### ENERGIE

Der **Wirkungsgrad** $\eta = \dfrac{E_{nutz}}{E_{zugef}}$ gibt an, wie gut die eingesetzte Energie genutzt wird. Es gilt: $\eta = \dfrac{E_{nutz}}{E_{zugef}} = 1 - \dfrac{E_{abgef}}{E_{zugef}} < 1$.

Ideal wäre, wenn alle zugeführte Energie genutzt könnte, also $E_{zugef} = E_{nutz}$ wäre: $\eta_{ideal} = 1 - \dfrac{T_a}{T_1} < 1$.

**absolute Temperatur**
Einheit: 1 K
0 K = –273 °C
keine negativen Temperaturen

### Wärmekraftmaschinen

*V-p*-Diagramm eines Stirlingmotors

$p$
$T_1$
① $E_{zu}$
② $E_{mech}$
$E_{speichern}$ in Cu-Wolle/ Schwungrad
④ $E_{ab}$ ③
$T_2$
$v$

Die eingeschlossene Fläche stellt die größtmögliche Menge an nutzbarer Energie dar.

### SYSTEM

Energiefluss-Diagramm eines Wärmekraftwerks

chemische Energie 100% → Brenner und Kessel → innere Energie des heißen Dampfes 91%
Abwärme 9%
Abwärme durch Reibung im Rohrsystem 4%
innere Energie 87%
Turbine und Kondensator
mechanische Energie 42%
Abwärme 45%
Generator
elektrische Energie 40%
Abwärme 1%
Eigenbedarf des Kraftwerks 1%

### Kraft-Wärme-Kopplung

Energie aus Gasturbine
Erdgas
Luft
Brennkammer
Gasturbine
Kondensator
Abhitzkessel
Rauchgas
Generator → Strom
Generator → Strom
Dampfturbine
Heizvorwärmer
Energie aus Dampfturbine
Fernwärme
Fernheizung
Kühlwasser
Speisewasser
Kraft-Wärme-Kopplung

### Wirkungsgrad von Wärme-Kraft-Maschinen
Der geringe Wirkungsgrad von Verbrennungsmotoren bzw. von Wärmekraftwerken, die entstehenden Abgase (allesamt *Treibhausgase*) und die Endlichkeit der Primärenergieträger zeigen, dass Verbrennungsvorgänge keine idealen Energiegewinnungsprozesse sind.

### Gasgesetze

Boyle - Mariotte $\quad T = konst$
$p_1 \cdot V_1 = p_2 \cdot V_2$

Gay - Lussac $\quad p = konst$
$\dfrac{V_1}{T_1} = \dfrac{V_2}{T_2}$

Amontons $\quad V = konst$
$\dfrac{p_1}{T_1} = \dfrac{p_2}{T_2}$

### WECHSELWIRKUNG

**Druck** ist der Zustand des Gepresstseins einer Flüssigkeit oder eines Gases. Er ist überall in der Flüssigkeit bzw. im Gas gleich groß. Flüssigkeiten und Gase unter Druck üben auf die Begrenzungsflächen senkrecht wirkende Kräfte aus.

Druck wird durch Teilchenbewegung hervorgerufen.

Seine Einheit ist $1\,Pa = 1\,\dfrac{N}{m^2}$ oder $1\,bar = 10\,\dfrac{N}{cm^2}$

**Stempeldruck** wird hervorgerufen durch die Kraft eines Kolbens auf eine eingeschlossene Flüssigkeitsoder Gasmenge: $p = \dfrac{F}{A}$

Kraft auf Kolben
Druckkräfte auf Begrenzungsflächen

### MATERIE

**A1 a)** Fertige mit den Grundbegriffen auf der linken Seite Karteikarten an. Notiere den Begriff auf der Vorderseite und erläutere ihn auf der Rückseite, eventuelle mit sonstigen Besonderheiten. Anstelle der Karteikarten kannst du auch eine Datenbank anlegen.
**b)** Erstelle eine Mindmap für das ganze Kapitel. die Grundbegriffe links helfen dir dabei.

**A2** Vergleiche durch eine Zeichnung das Verhalten von Flüssigkeiten und Gasen in abgeschlossenen Gefäßen, wenn auf eine Seite des Gefäßes eine Kraft wirkt (Kolbenwirkung). Verwende eine angemessene Teilchenvorstellung und erläutere deine Zeichnung.

**A3** Mit einem tragbaren Gerät zum Auffüllen der Autoreifen mit Luft, wie sie an Tankstellen verwendet werden, wurden schon drei Reifen auf den richtigen Druck von 2,5 bar gebracht. Beim vierten Reifen werden nur noch 2,3 bar erreicht. Erkläre physikalisch, wo das Problem liegt und wie Abhilfe zu schaffen ist.

**A4** Ein Stratosphärenballon hat ein Fassungsvermögen von 12 000 m³. Er wird am Boden bei einem Luftdruck von 100 kPa bei 15 °C gefüllt. Danach hat die Hülle ein Volumen von 2500 m³.
Der Ballon steigt auf. In 5400 m Höhe ist der umgebende Luftdruck auf die Hälfte des Luftdruckes am Boden gesunken; in 10 000 m Höhe beträgt er nur noch ein Viertel des Druckes am Boden.
**a)** Berechne das Volumen des Ballons in 5400 m Höhe und in 10 000 m Höhe unter der Annahme, dass sich die Temperatur des Wasserstoffs nicht ändert.
**b)** Die Lufttemperatur ändert sich mit der Höhe. Sie beträgt in 5400 m Höhe etwa −20 °C und in 10 000 m Höhe etwa −50 °C. Berechne die Auswirkungen auf den Ballon und nimm Stellung dazu.
**c)** Gib an und begründe, welches der Gasgesetze du in Aufgabe b) und welches in c) verwendet hast.

**A5 a)** Erläutere die Zustandsbedingungen eines Körpers am absoluten Nullpunkt, auch unter Verwendung eines angemessenen Teilchenbildes.
**b)** Bewerte die Zweckmäßigkeit der Kelvinskala.

**A6 a)** Skizziere durch Beschreibung und Zeichnung den Funktionsablauf eines Stirlingmotors.
**b)** Ein Stirlingmotor bleibt stehen, wenn die Kühlung ausfällt. Gib an, welche Wirkung diese Panne auf die eingeschlossene Luft im Motor hat. Benutze zur Erläuterung das Energieschema des Verdichtungstaktes.

**A7 a)** Beschreibe in vier Sätzen den idealen Stirling'schen Kreisprozess, wie er im *V-p*-Diagramm dargestellt ist.
**b)** Begründe, was daran „ideal" ist.

**A8** Das *V-p*-Diagramm einer Wärme-Kraft-Maschine hat die folgend dargestellte Form.

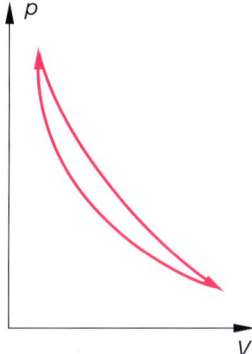

**a)** Welche Takte fehlen als eigenständige Takte in dieser Wärme-Kraft-Maschine gegenüber einem Stirlingmotor?
**b)** Zeichne das Diagramm ab und beschrifte es, indem du den verbleibenden Takten Namen gibst sowie an die Achsen $p_0$, $p_1$, $V_0$ und $V_1$ schreibst und sie in ihrer Größe vergleichst.

**A9** In der Zeichnung ist die Reihenfolge der Takte eines Viertakt-Benzinmotors durcheinander geraten.

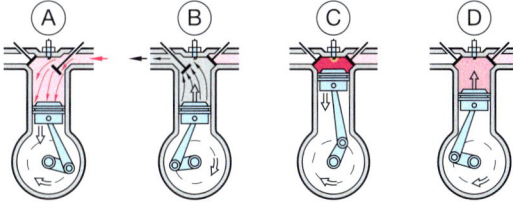

**a)** Welche Takte sind jeweils dargestellt?
**b)** Gib die richtige Reihenfolge an und begründe.

**A10** Vergleiche ein Groß-Wärmekraftwerk mit einem Blockheizkraftwerk.
**a)** Liste die Vor- und Nachteile beider Kraftwerkstypen auf. Denke dabei auch an die Brennstoffe, die zugeführt werden müssen, und an die Transportwege der elektrischen Energie vom Kraftwerk zum Nutzer.
**b)** Entspricht jeder Nachteil des einen Kraftwerkstyps einem Vorteil des anderen? Begründe.

## Schweredruck in Wasser

Beim Tauchen im Schwimmbad ist deutlich zu spüren, dass ein ungewohnter Druck auf die Ohren wirkt.

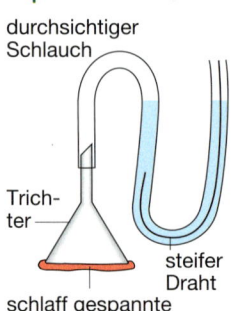

durchsichtiger Schlauch

Trichter

steifer Draht

schlaff gespannte Luftballonhaut

**1** Mit nebenstehendem Gerät kann geprüft werden, in welchen Tiefen ein größerer Druck herrscht als in anderen. Probiert es aus.

**2** Ein zu einem U gebogener und im U-Bogen mit Wasser gefüllter durchsichtiger Schlauch kann als Druckmesser dienen. Begründet.
Erforscht in einem möglichst hohen Wassereimer mit dem Ballon-überspannten Trichter und dem U-Manometer die Druckverhältnisse in verschiedenen Wasserschichten. Findet dabei auch heraus, wie in einer gleichen, waagerechten Ebene der Druck von oben, von unten oder von den verschiedenen Seiten auf die Membran wirkt.

**3** Die Ursache des **Schweredrucks** im Wasser lässt sich erklären, wenn das Wasser in einem Gefäß in waagerechte Schichten unterteilt gedacht wird und die Gewichtskraft der einzelnen Schichten in die Überlegungen einbezogen wird.
Zeichnet die gedachte Situation und findet eine Formel, die den Druck in einer bestimmten Tiefe als Funktion der Eintauchtiefe $h$ angibt.

## Schweredruck in Luft

Bergsteiger haben in großen Höhen mit „dünner" Luft zu kämpfen, in Flugzeugen ist die Passagierkabine als Druckkabine gestaltet, die das Innere nach außen hermetisch abschließt, und beim Wetter wird zwischen hohem und tiefem **Luftdruck** unterschieden.

**1** Fahrt mit einem Barometer im Fahrstuhl eines möglichst hohen Gebäudes vom unteren in das oberste Stockwerk und beobachtet dabei den Zeiger des Barometers.

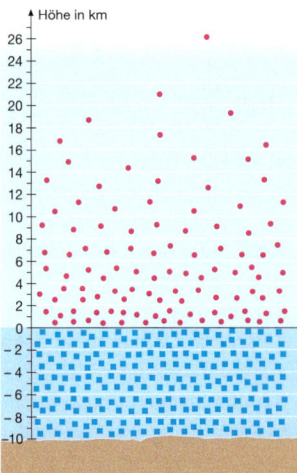

Höhe in km

**2** Der Gedanke „Schichtung" hilft bei der Erklärung des Luftdruckes. Wegen der Kompressibilität der Luft sind die einzelnen Schichten nicht mit gleich vielen Teilchen gefüllt. (Grafik: Jeder Kreis bzw. jedes Quadrat steht für eine gleich große Teilchenzahl.)
Zählt die Teilchen in den Schichten und fertigt ein Diagramm über die Verteilung von Luft- und Wasserteilchen in den unterschiedlichen Höhen an und interpretiert es.

## Funktionsmodelle von Verbrennungsmotoren

**1** Im Internet findet ihr mit den Suchworten „Animation" und „Verbrennungsmotor" Animationen zur Funktion von Verbrennungsmotoren. Sucht euch unter diesen Animationen diejenige heraus, die euch am geeignetsten erscheint, euren Mitschülerinnen und Mitschülern die Funktionsweise eines Verbrennungsmotors zu erklären. Schreibt euch dazu zu jedem Takt genau einen Satz auf, mit dem ihr bei einem Viertaktmotor bei jedem Takt sagen könnt, was während dieses Taktes geschieht.

**2** Es gibt Animationen für einen 4-zylindrigen Benzinmotor. Sucht nach einer solchen Animation und erläutert an ihr das Zusammenspiel der vier Zylinder und Kolben mit der Kurbelwelle.

**3** In Kleingeräten wie Heckscheren oder Kettensägen und in motorisierten Zweirädern werden 2-Taktmotoren verwendet. Ergründet ihre Funktionsweise und begründet, weshalb sie gerade hier Verwendung finden.

## Wirkungsgrade in Natur und Technik

Ohne Energie geht nichts. Energiewandlungen trennen die nutzbare von der entwerteten Energie. Der Wirkungsgrad ist das Maß um zu beurteilen, wie gut eine Energiewandlung die eingesetzte Energie in die gewünschte Form wandelt oder sie transportiert.

**1** Energie wird von Menschen in technischen Einrichtungen genutzt. Auch die Natur nutzt Energie. Findet Beispiele für miteinander vergleichbare Abläufe in der Technik und in der belebten Natur.

**2** Recherchiert für diese Abläufe die Wirkungsgrade der auftretenden Energiewandlungen.

**3** Vergleicht die Wirkungsgrade für die verschiedenen Abläufe in der Technik und in der Natur. Bildet Euch ein Urteil über die Qualität von Energiewandlungen, die der Mensch durch technische Abläufe erzielt.

**4** Stellt die Ergebnisse in einem Referat dar.

**A1** Bei einem Autokran wird der Ausleger über eine hydraulische Anlage bewegt. Der Pumpkolben hat eine Fläche von 0,3 cm², die zwei Arbeitskolben haben jeweils 50 cm² Fläche. Der Arbeitskolben greift am Ausleger so an, dass seine Kraft 3-mal so groß sein muss wie die Gewichtskraft des gehobenen Körpers.
**a)** Bestimme den Druck in der Hydraulikflüssigkeit, wenn auf den Pumpkolben eine Kraft von 750 N wirkt.
**b)** Welche Last kann damit angehoben werden?
**c)** Erläutere, was passiert, wenn sich in einer hydraulischen Anlage Gaseinschlüsse in der Hydraulikflüssigkeit befinden.

**A2** **a)** Beim Aufsteigen eines Heißluftballons wird eines der drei Gasgesetze wirksam. Nenne dieses Gesetz und

erläutere, warum es für den Heißluftballon gilt.
**b)** Wie Aufgabe a), aber statt des Heißluftballons ein einfacher Luftballon, der von der eiskalten Straße in das warme Wohnzimmer gebracht wird.

**A3** Jede Zentralheizung hat ein Druckausgleichsgefäß.
**a)** Recherchiere seine Funktion und gib an, welches der Gasgesetze hier Anwendung findet unter der Voraussetzung, dass die Wassertemperatur an der Stelle, an der das Gerät eingebaut ist, auch dann konstant bleibt, wenn die Heizung in Betrieb geht.
**b)** Bei einem Stickstoffvolumen von 3 dm³ erhöht sich der Druck in der Heizungsanlage während des Heizens von 1,2 bar auf 1,6 bar. Bestimme das Stickstoffvolumen während des Heizens.
**c)** Erläutere, was geschehen würde, wenn es das Ausgleichsgefäß nicht gäbe.

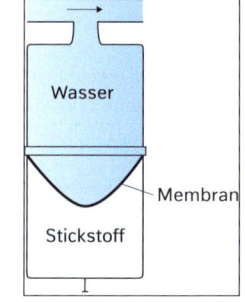

**A4** Kolben, Pleuelstange und Schwungrad sind in Benzin/Diesel-Motoren und im Stirlingmotor gleich. Ebenso müssen beide die Abwärme abführen.
**a)** Nenne den wesentlichen Unterschied dieser beiden Motorarten und begründe damit den Begriff „Verbrennungsmotor" für eine der beiden Motorenarten.
**a)** Schätze ab, ob der Stirlingmotor den Verbrennungsmotoren in ökologischer Hinsicht überlegen ist.

**A5** Bei einem zweizylindrigen Heißluftmotor haben Arbeits- und Verdrängerkolben unterschiedliche Zylinder. Sie sind um 90° versetzt und durch ein offenes Rohr miteinander verbunden.
**a)** Zeichne ein Schema dieses Motors.
**b)** Erläutere seine Funktionsweise.

**A6** Während des Kreisprozesses eines Stirlingmotors werden an zwei Stellen Energien gewandelt, die am Ende weder als mechanische Energie nutzbar noch als Abwärme nachweisbar sind.
**a)** Benenne diese beiden Energien und beschreibe ihre Funktion im Ablauf des Kreisprozesses.
**b)** Entwirf ein Energie-Diagramm des Stirlingsch'schen Kreisprozesses, das diese beiden Energien angemessen mit darstellt.

**A7** Ein Kühlschrank ist aus energetischer Sicht die Umkehrung eines Stirlingmotors – und umgekehrt.
**a)** Zeichne die Energieflussdiagramme beider Geräte, indem du dich auf die von außen zugeführte bzw. nach außen abgeführte Energie beschränkst.
(Bedenke: Die elektrische Energie wird im Elektromotor des Kühlschranks in mechanische Energie gewandelt.)
**b)** Es gibt vergleichbare konstruktive Elemente im Stirlingmotor und im Kühlschrank. Zähle solche Elemente auf.

**A7** In der Darstellung der Funktionsweise eines Stirlingmotors haben die vier Haupttakte 1, 2, 3, 4 keine Namen bekommen.
**a)** Benenne die vier Haupttakte eines Stirlingmotors so, dass damit ihre Stellung im Kreisprozess angemessen dargestellt ist.
**b)** Vergleiche den Stirlingmotor mit einem Viertakt-Benzinmotor, indem du den Takten des Stirlingmotors sinnvoll die Takte des Benzinmotors zuordnest.

# Physikalisch denken, arbeiten und verantworten

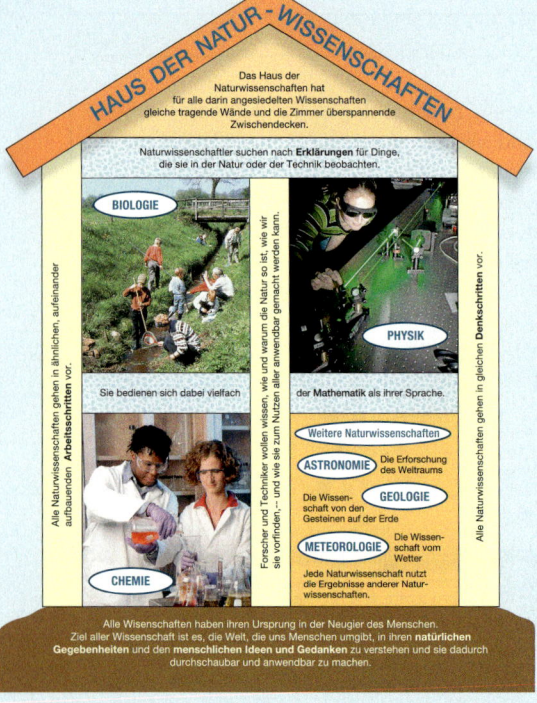

HAUS DER NATUR - WISSENSCHAFTEN

Das Haus der Naturwissenschaften hat für alle darin angesiedelten Wissenschaften gleiche tragende Wände und die Zimmer überspannende Zwischendecken.

Naturwissenschaftler suchen nach **Erklärungen** für Dinge, die sie in der Natur oder der Technik beobachten.

BIOLOGIE

PHYSIK

Sie bedienen sich dabei vielfach

der Mathematik als ihrer Sprache.

Weitere Naturwissenschaften

ASTRONOMIE — Die Erforschung des Weltraums

Die Wissenschaft von den Gesteinen auf der Erde — GEOLOGIE

METEOROLOGIE — Die Wissenschaft vom Wetter

Jede Naturwissenschaft nutzt die Ergebnisse anderer Naturwissenschaften.

CHEMIE

Alle Naturwissenschaften gehen in ähnlicher, aufeinander aufbauenden **Arbeitsschritten** vor.

Forscher und Techniker wollen wissen, wie und warum die Natur so ist, wie wir sie vorfinden, – und wie sie zum Nutzen aller anwendbar gemacht werden kann.

Alle Naturwissenschaften gehen in gleichen **Denkschritten** vor.

Alle Wisenschaften haben ihren Ursprung in der Neugier des Menschen. Ziel aller Wissenschaft ist es, die Welt, die uns Menschen umgibt, in ihren **natürlichen Gegebenheiten** und den **menschlichen Ideen und Gedanken** zu verstehen und sie dadurch durchschaubar und anwendbar zu machen.

In der Kulturgeschichte der Welt haben erkennbar erstmals Philosophen der Antike über die Natur und die damals bereits beachtliche Technik nachgedacht. Sie haben sich Gedanken gemacht, wie die Dinge der Welt in Beziehung zueinander stehen, und sie haben Ideen entwickelt, worauf die reale Welt und die Erscheinungen des Himmels gegründet sind und was sie in Bewegung hält. Aus diesen frühen Anfängen haben sich die heutigen Naturwissenschaften entwickelt. Sie sind ein Teil allen wissenschaftlichen Nachdenkens, das insgesamt strengen Regeln unterworfen ist, wenn es als „Wissenschaft" Wissen schafft. Die Naturwissenschaften haben ihre eigenen Regeln entwickelt – in der Physik sind sie besonders klar ausgeprägt.

Stand in den bisherigen Kapiteln physikalisches Wissen im Mittelpunkt, so geht es im Folgenden

- um die Sicht der Physiker auf die Welt;
- um die Regeln, die bei der Anwendung naturwissenschaftlicher Arbeitsmethoden eingehalten werden müssen;
- um die Denkweisen, die Physiker nutzen, um zu Erkenntnissen zu gelangen und sie darzustellen.

## ■ Physik in der Studierstube – GALILEO GALILEI (1564–1642)

Als GALILEI 1589 Professor für Mathematik in Pisa wurde, war seine Lehre Fortsetzung und Neubeginn eines Lebens für die Wissenschaft von den realen Dingen, die den Menschen auf Erden und am Himmel über ihm umgeben. Am Ende eines langen Lebens für die Wissenschaft hatte er Regeln und Verfahren entwickelt, die bis heute Gültigkeit haben und ohne die die Erfolge der Naturwissenschaften nicht möglich gewesen wären.

Am Anfang seines wissenschaftlichen Wirkens stand das Nachdenken über das Fallen von Körpern, so wie es vor ihm schon ARISTOTELES (384–322 v. Chr.) und LUKREZ (99–55 v. Chr.) in der Antike getan hatten. GALILEI fügte dem antiken Denken jedoch zwei neue Aspekte hinzu:

- Das Nachdenken muss den **Regeln der Logik** folgen und seine Ergebnisse müssen in mathematischer Form darstellbar sein. (*„Das Buch der Natur ist in der Sprache der Mathematik geschrieben …"*)
- Jedes Ergebnis des Nachdenkens über die Natur muss durch **Messungen** auf seine Richtigkeit geprüft werden. („*… erhärten ihre Prinzipien durch Experimente, und diese bilden das Fundament …"*)

Die Frage, wie schnell Körper fallen, beantwortete GALILEI durch ein Gedankenexperiment: Würde ein

schwerer Stein schneller fallen als ein leichter, so würde dies zu einem Widerspruch führen. Denn wären beide fest verbunden und fielen gemeinsam, so müssten sie schneller sein als der schwere Stein allein. Das kann aber nicht sein. Denn wäre der schwere Stein schneller als der leichte, würde dieser den schweren bremsen – die Geschwindigkeit der verbundenen Steine wäre kleiner als die des schweren allein. Das widerspricht der Ausgangsannahme. Der Widerspruch löst sich nur auf, wenn beide Körper die gleiche Fallgeschwindigkeit haben.

Dieses Ergebnis eines Gedankenexperimentes aus der Studierstube, das allein auf logischem Schlussfolgern beruht, muss im Experiment bestätigt werden. Weil GALILEI die kurzen Zeiten beim Fallen nicht messen konnte, hat er das Fallen der Steine durch herabrollende Kugeln in einer Rinne simuliert. So konnte er „Fall"zeiten und „Fall"höhen **messen** und dadurch das Ergebnis seines Denkens bestätigen; gleichzeitig hat er den mathematischen Zusammenhang zwischen Zeit und Weg gefunden: *„… verhalten sich die in gewissen Zeiten zurückgelegten Strecken wie die Quadrate der Zeiten."*

**GALILEI hat ein fundamentales Naturgesetz dadurch gefunden, dass er im Denken den Regeln der Logik gefolgt ist, das Ergebnis des Denkens im Experiment messend überprüfte und es mathematisch darstellte.**

## ■ Physik im Labor – MICHAEL FARADAY (1791–1867)

Als FARADAY 1813 eine Anstellung als Laborassistent an der Royal Institution in London bekam, hatte sich der aus ärmlichsten Verhältnissen stammende junge Mann bereits ein reiches naturwissenschaftliches Wissen angelesen. 1825 wurde er Laboratoriumsdirektor mit einem eigenen Labor. Als FARADAY von den Versuchen OERSTEDs und AMPÈREs hörte, bei denen elektrischer Strom Magnetismus erzeugt hatte, ließ ihn der Gedanke nicht mehr los, dass auch das Umgekehrte möglich sein müsse: Elektrizität aus Magnetismus zu erzeugen.

Schon 1822 schrieb er in sein lebenslang sehr sorgfältig geführtes Labortagebuch: *„convert magnetism into electricity"*. Damit war der Leitgedanke – eine **Hypothese** – für eine jahrzehntelange Beschäftigung mit diesem Thema gefunden.

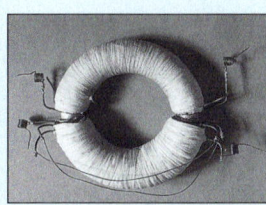

1831 gelang ihm der entscheidende Versuch: Um einen Weicheisenkern hatte er zwei voneinander isolierte Drähte gewickelt. An den einen schloss er eine starke Batterie an, den anderen hielt er über eine Magnetnadel. Jedes Mal, wenn er den Stromkreis der Batterie schloss oder öffnete, bewegte sich die Magnetnadel: Der Strom der Batterie hatte im Weicheisenkern Magnetismus erzeugt, der seinerseits wieder in dem Draht über der Magnetnadel einen

elektrischen Strom ausgelöst hatte, der die Kompassnadel ausschlagen ließ. Das Ein- und Ausschalten hatte im Draht einen Strom erzeugt, „induziert". Die elektromagnetische Induktion war entdeckt.

FARADAYs mathematische Kenntnisse waren begrenzt, sodass er die Ergebnisse seiner Versuche nicht mathematisch formulieren konnte. Dafür entwickelte er ein Gedankengebäude, die **Theorie** der magnetischen und elektrischen Feldlinien. Sie ermöglichte ihm, neue Experimente zu planen und durchzuführen. Er fand heraus, dass nur die Änderung der magnetischen Feldliniendichte einen Strom induziert, nicht ein gleichbleibendes Bündel von Feldlinien. Die **Einfachheit** des Feldliniengedankens führte zu einer überzeugenden Begründung der Induktion. Auf dieser Grundlage konnte JAMES CLERK MAXWELL 1873 das Ergebnis der Faraday'schen Versuche in nur vier Gleichungen zusammenfassen.

Damit war es geglückt, zwei bisher getrennte Gebiete der Physik zu einer Einheit zusammenzuführen. Dieser Gedanke der **Vereinheitlichung** physikalischer Sachgebiete durchzieht seitdem die gesamte Physik.

**FARADAY hat sich für seine Versuche von einer Hypothese leiten lassen und die Ergebnisse mit der Theorie der Feldlinien erklärt, die ihn zu weiteren Versuchen führte. Das Ergebnis seines Forschens war ein bedeutender Schritt auf dem Weg der Vereinheitlichung der Physik.**

## ■ Physik im Forschungszentrum – das Beispiel CERN

Moderne physikalische Forschung ist nicht mehr allein in der Studierstube oder im Labor zu bewältigen und sie kann nicht mehr von einer einzelnen Person betrieben werden. Immer ist ein **Team** von Wissenschaftlern erforderlich, die sich in Theorie und Experimentierpraxis ergänzen. Auch Mathematiker und Informatiker gehören dazu, weil die Versuchsergebnisse nur durch große Rechner aufzuschlüsseln sind. Gute **Kommunikation** innerhalb des Teams ist unabdingbar. Am CERN (Centre Europénne de Recherche Nuclair) in Genf betreiben mehr als 2400 Wissenschaftler Grundlagenforschung auf dem Gebiet der Zusammensetzung der Kernbausteine. Für sie wurde ab etwa 1985 eigens http (hypertext transfer protcoll) zur Übertragung von Websites auf einen Browser entwickelt.

**In modernen Forschungszentren wird in Teams von Wissenschaftlern verschiedenster Fachrichtungen gearbeitet. Innerhalb solcher Teams ist gute Kommunikation unabdingbar.**

## Projekt — Friede durch Kernwaffen??

**P1** Schon am 1. September 1939 richteten die drei aus Deutschland in die USA emigrierten Physiker SZILARD, EINSTEIN und WIGNER einen Brief an den damaligen Präsidenten ROOSEVELT, um ihn vor der Möglichkeit der Entwicklung einer **Atombombe** in Deutschland zu warnen und ihn zur Entwicklung einer eigenen Atombombe anzuregen. Im zweiten Weltkrieg unternahmen amerikanische und britische Physiker große Anstrengungen, um eine Atombombe zu bauen. Sie hatten Angst, dass deutsche Physiker dieses Ziel schneller erreichen.
Recherchiert die historischen Hintergründe, die zum Bau der ersten Atombombe und deren Abwurf am 6. und am 9. August 1945 geführt haben (**MAUD-Kommission**, **Manhattan Projekt**, **Uranprojekt**) und stellt sie auf einer Zeitleiste übersichtlich dar.

**P2** Nach Kriegsende werden die am Uranprojekt beteiligten deutschen Physiker verhaftet und im Landsitz „Farm Hall" interniert, dort werden ihre Gespräche abgehört und aufgeschrieben. Die amerikanischen und britischen Physiker bauen weiter an der Atombombe, am 6. August 1945 fällt die erste auf Hiroshima. OTTO HAHN, WERNER HEISENBERG und die anderen internierten Physiker erfahren durch das Radio davon. HEISENBERG bezweifelt die Nachricht, er glaubt nicht, dass die Atombombe funktioniert. HAHN ist entsetzt über die vielen Opfer.
Recherchiert, aus welchen physikalisch-technischen Gründen HEISENBERG eine Atombombe für nicht realisierbar hielt. Fertigt eine Skizze vom Aufbau einer solchen Bombe an.

**P3** Spielt den Dialog, den HAHN und HEISENBERG in dieser Situation am Esstisch mit den anderen Physikern führen. Darin erklärt HAHN, wie die Atombombe funktioniert, HEISENBERG widerspricht mit physikalischen Argumenten. Die anderen Physiker am Tisch fragen nach, wenn sie etwas nicht verstehen.

**P4** Die Bedeutung und die Notwendigkeit der Atombombeneinsätze sind bis heute umstritten. Befürworter argumentieren vor allem, dass der Einsatz die Kriegsdauer verringert und somit Millionen Menschen das Leben gerettet habe. Gegner meinen, dass ein Atombombeneinsatz ethisch nicht zu verantworten gewesen sei und der Krieg auch ohne Atombombeneinsatz in kurzer Zeit geendet hätte.

## Projekt — Energie

**P1** Nach der verheerenden Katastrophe in Japan am 11. März 2011 wurde die Frage nach dem energetischen Konzept der Bundesrepublik neu aufgerollt und das bereits am 28. September 2010 veröffentlichte **Energiekonzept** erhielt einen deurtlich höheren Stellenwert. Ein einleitender Satz lautet: „Deutschland soll in Zukunft bei wettbewerbsfähigen Preisen und hohem Wohlstandsniveau eine der effizientesten und umweltschonendsten Volkswirtschaften der Welt werden."
**a)** Erkundigt euch nach der Broschüre des **Bundesministeriums für Wirtschaft und Technologie** und erstellt daraus eine Dokumention für eure Mitschüler.
**b)** Führt eine Diskussionsrunde mit Befürwortern und Gegnern des Energiekonzeptes der Bundesrepublik Deutschland. Geht dabei auch auf neueste Entscheidungen und Erkenntnisse ein.

**P2** Große Projekte wie das der Bundesregierung beginnen im Kleinen, in der Schule, bei euch zuhause, in eurem Ort.

**a)** Untersucht diese Orte auf **Energieeffizienz**. Erstellt dazu Schaubilder und diskutiert mit euren Mitschülern über mögliche Verbesserungsvorschläge.
**b)** Erstellt einen Brief an die entsprechenden Behörden.

**P3** Welche Kriterien liegen einem Autokauf zugrunde? Was macht davon Sinn, was ist purer Luxus, was sogar umweltschädlich? Wo liegt die Verantwortung beim Autokauf? Wie sieht das Auto der Zukunft aus? Erstellt eine Präsentation zu den oben gestellten Fragen und führt darüber eine Diskussionsrunde mit Befürwortern und Gegnern.

## Technik – Fluch oder Segen? — Projekt

„Vielleicht werden meine Fabriken dem Krieg eher ein Ende machen als Ihre Kongresse: An jedem Tag, an dem zwei Armeen sich in einer Sekunde gegenseitig vernichten können, werden alle zivilisierten Nationen davor zurückschrecken und ihre Truppen auflösen." Dies schrieb 1891 ALFRED NOBEL, der Erfinder des Dynamits an seine Bekannte BERTHA VON SUTTNER, 1905 die erste Friedensnobelpreisträgerin.

**P1** Recherchiert die Lebensläufe von ALFRED NOBEL und BERTHA VON SUTTNER und präsentiert sie in Form einer Zeitleiste. Informiert euch dabei auch über die vermuteten Beweggründe NOBELS für die Stiftung der „Nobelpreise".

**P2** Dynamit wurde und wird in der Technik vielfach bei der Realisierung nützlicher Projekte eingesetzt. Es hat aber auch in vielen Kriegen bis in die Gegenwart hinein eine zerstörerische und vernichtende Wirkung entfaltet.
Recherchiert die Einsatzmöglichkeiten von Dynamit und stellt seine positiven und negativen Anwendungen gegenüber.

**P3** NOBEL war sich der positiven und der negativen Wirkungen seiner Erfindung durchaus bewusst.
**a)** Findet für andere Erfindungen der Technik solche positiven und negativen Einsatzmöglichkeiten.
**b)** Gibt es überhaupt Technik, die nicht immer beides beinhaltet? Gebt Beispiele und kommentiert sie.

**P4** v. SUTTNER hat sich mit ihrem gesamten Lebenswerk für die Ächtung des Krieges eingesetzt. Entwickelt Stichworte zu einem Briefwechsel (den es tatsächlich gegeben hat) zwischen NOBEL und v. SUTTNER zu obigem Zitat aus einem der Briefe NOBELS.

## „Gemeinsam anders leben, damit alle überleben" — Projekt

1972 veröffentlichte der **Club of Rome** den ersten Bericht **„Limits to Growth"** (Die Grenzen des Wachstums), dem bisher weitere 30 Berichte zu unterschiedlichen Zukunftsfragen der Menschheit folgten.

**P1 a)** Recherchiert, wer diesen Bericht verfasst hat und welche Vorhersagen gemacht wurden. Überprüft, ob sie auch eingetroffen sind.
**b)** Stellt die damalige Prognose und den aktuellen Stand in einer Tabelle gegenüber.

**P2 a)** Stellt in einem Balkendiagramm den aktuellen **Energiebedarf pro Kopf** der Bevölkerung in verschiedenen Ländern der Welt dar und zeichnet in diese Grafik auch den Mittelwert ein.
**b)** Bildet in eurer Klasse Kleingruppen, die sich jeweils ein Land aus der Grafik heraussuchen und der Frage nachgehen, welche Auswirkung es für das Land und welche Folgen es weltweit hätte, wenn diesem Land (nur noch) der Mittelwert des Pro-Kopf-Energiebedarfs zugestanden würde.

**P3** Spielt eine UN-Versammlung, in der die Vertreter der Länder aus P2 über die Zukunft der Energieversorgung in ihrem Land und global sowie die weltweiten Auswirkungen auf das Klima diskutieren. Versucht, am Ende der Diskussion eine Resolution zu verabschieden, in der ein fairer Ausgleich der Interessen angestrebt wird. Schreibt darüber einen Bericht; schickt ihn auch den Bundestagsabgeordneten eures Wahlkreises.

**P4** Stellt Maßnahmen zusammen, wie in eurer Region der Bedarf an Primärenergie deutlich reduziert werden kann. Benennt auch Gründe, warum sie bisher vermutlich nicht ergriffen wurden.

**P5** Beschreibt euren Tagesablauf, wenn ihr mit der Hälfte des normalen Energiebedarfs auskommen sollt.

# Physik als Naturwissenschaft

Physik betreiben heißt, das Wechselspiel von Wahrnehmen, Denken, Reden, Handeln, Erklären und Wissen so zu gestalten, dass daraus ein sicheres Wissen über die der Physik zugängliche Welt entsteht. Dies Physiktreiben vollzieht sich nach Regeln, die sich vielfach bewährt haben und die gewährleisten, dass das Gebäude der Physik sicher gegründet ist und sich verlässlich weiter entwickelt. Es sollte eingebettet sein in einen Rahmen der Verantwortung gegenüber Natur und Mitmenschen.

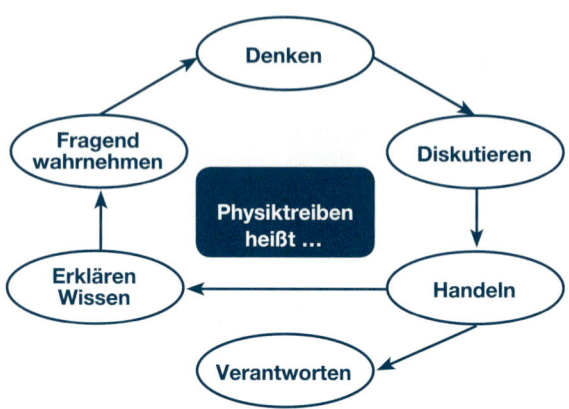

## Physikalische Weltsicht – fragen, erklären, wissen

Ein Stein am Wegesrand kann zum Gegenstand der Physik werden, wenn nach seiner Masse, seiner Bewegung, seiner elektrischen Leitfähigkeit, seiner Fähigkeit, das Licht zu reflektieren usw. gefragt wird. Fragen nach seiner Schönheit, den Emotionen, die sein Anblick auslöst, seiner chemischen Zusammensetzung oder den Möglichkeiten, wie Pflanzen auf ihm wachsen können, sind keine Fragen, die der Physik zugänglich sind.

Physik beschränkt den Blick bewusst.

1. Der Stein ist schön.
2. Als Grabstein macht er mich traurig.
3. Er ist geformt wie ein Tierkopf.
4. Erinnert an letztes Picknick, das wir hier hatten.
5. Auf dem Stein zu sitzen, macht Spaß.
6. Wie hart ist er eigentlich?
7. Was unterscheidet das Rot des Steins vom Weiß der Adern darin? Wie schwer wird er sein?
8. Wie wird er flüssig?
9. Aus welchen Stoffen besteht der Stein?
10. Kann er gemahlen als Medizin dienen?
11. Er ist ein Findling, seit der Eiszeit liegt er hier.

Wenn Physiker in ihrer Wissenschaft arbeiten, blenden sie alle Fragen aus, die nicht den experimentierenden, messenden, mathematisierenden Verfahren der Physik zugänglich sind. Sie haben also nur eine eingegrenzte Sicht auf die Welt, so wie jede Fachwissenschaft nur den Teil der Welt betrachtet, der ihren Verfahren zugänglich ist. Physik kann also keineswegs die Ganzheit der Welt erfassen. Allerdings, was wie eine Schwäche aussieht, ist gleichzeitig der Grund ihres Erfolges!

Fragen zielen darauf ab, Erklärungen dafür zu finden, warum etwas so ist, wie es ist, wie ein Zustand geworden ist oder unter welchen Bedingungen er sich verändert. Wann aber gilt eine Sache als erklärt? Ein Lexikon sagt dazu: *Erklärung ist die argumentative Rückführung auf bekannte bzw. anerkannte Sachverhalte.*

Je nach Umfang und Tiefe der für die Erklärung bekannten und anerkannten Sachverhalte kann dann eine Erklärung sehr schlicht ausfallen oder aber sehr tief und umfassend begründet sein. Deshalb gibt es in verschiedenen Wissensstufen auch unterschiedliche Erklärungsstufen. Weil der Vorrat an Bekanntem immer weiter ausgedehnt wird, sind heute „richtige" Erklärungen morgen möglicherweise nur noch in engen Grenzen gültig.

Ein erklärter Sachverhalt geht in das Wissen ein und steht damit späteren Erklärungen zur Verfügung.

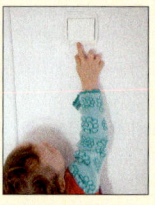

① **Kindergarten:** Wenn man den Schalter knipst, geht das Licht an.

② **Grundschule:** Von der Batterie muss ein Kabel über den Schalter zur Lampe gehen und ein anderes zurück zur Batterie.

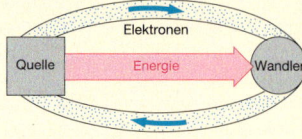

③ **7. Klasse:** In einem Stromkreis strömen Elektronen im Kreis von der Quelle zum Gerät und wieder zurück. Dabei gelangt Energie von der Quelle zum Gerät, das sie je nach Konstruktion in andere Formen wandelt.

④ **Sekundarstufe II:** Ladung – Ladungstrennung – elektrisches/magnetisches Feld

Physik betreiben heißt, sich auf die Fragestellungen zu beschränken, die physikalischen Verfahren zugänglich sind – und alles andere bewusst auszublenden.

Erklären ist die argumentative Rückführung von Neuem auf bereits Bekanntes. Der Vorgang des Erklärens ist ein offener, nie abgeschlossener Prozess.

## Physikalisch handeln – deduktiv oder induktiv vorgehen, verantwortlich sein

**Deduktives (schlussfolgerndes) Vorgehen:** Aus Bekanntem wird ein neuer Sachverhalt in logisch aufeinander folgenden Denkschritten hergeleitet. Anschließend muss experimentell gezeigt werden, dass das Abgeleitete auch mit der Realität übereinstimmt.
GALILEIs Vorgehen beim Auffinden des Gesetzes des freien Falles war solch ein deduktives Schlussfolgern.

**Induktives Vorgehen:** An einem oder mehreren Beispielen wird gezeigt, dass ein behaupteter Sachverhalt richtig ist. Daraus wird geschlossen, dass auch alle vergleichbaren Sachverhalte richtig sind. Die Richtigkeit gilt so lange, bis ein Gegenbeispiel gefunden ist.
FARADAYs Entdeckung des Elektromagnetismus ist ein Beispiel für induktives Vorgehen.

**Ablauf physikalischen Handelns bei induktivem Vorgehen und bei der Überprüfung von deduktiv gefundenen Gesetzen:** GALILEI schrieb: *Alle Naturwissenschaften „… **erhärten ihre Prinzipien durch Experimente, und diese bilden das Fundament des ganzen späteren Aufbaus.“*** – Mit einer vorangestellten Hypothese, der eine Vorstellung, wie es sein könnte, zugrunde liegt – einer Theorie – ist das Experiment damit von GALILEI als Frage an die Natur in das Zentrum naturwissenschaftlicher Erkenntnis gestellt worden. In der Physik gilt deshalb nur das als gesichert, was sich im Experiment als richtig erwiesen hat. Und es ist nur so lange gültig, wie nicht spätere Experimente es wieder in Frage stellen.

Am Anfang steht etwas Unbekanntes, Fragwürdiges durch eine
**Wahrnehmung**
an der Natur oder der Technik.
Um Erklärung bemüht, aktivieren Forscher ihr Wissen in einer
**Theorie,**
wie es sein könnte. Ihre Vermutung formulieren sie in einer Hypothese oder in einem deduktiv gefundenen Gesetz
(möglichst in der Sprache der Mathematik)

Um zu prüfen, ob die Hypothese oder das Gesetz richtig ist oder verworfen werden muss, ist die
**Planung eines Experimentes**
einzuleiten. Dabei werden experimentelle Folgerungen aus der Hypothese abgeleitet und alle nicht zur Sache gehörenden Dinge ausgeblendet. Die anschließende
**Durchführung des Experimentes**
(samt **Beobachtungen und Messungen**)
hat das Ziel, das in der Hypothese oder dem Gesetz Behauptete möglichst genau zu erfassen.
Die Beobachtungen und Messungen erfahren in der
**Auswertung**
eine angemessene Darstellung. Das ist in der Regel ein mathematischer Zusammenhang zwischen den beobachteten Größen in Form einer Grafik oder einer Formel. Die Auswertung schließt mit einer
**Fehlerbetrachtung.**
Sie ermöglicht eine Aussage über den Gültigkeitsbereich des gefundenen Zusammenhangs.

Danach wird das
**Ergebnis**
möglichst in mathematischer Form formuliert. Es gibt an, ob die Hypothese oder das Gesetz richtig sind oder ob sie zu verwerfen sind.
Können sie weiterhin gelten, wird das Ergebnis zu einem
**physikalischen Gesetz oder Modell.**
Müssen Hypothese oder Gesetz verworfen werden, erfolgt
**Neues Forschen.**

**Verantwortung übernehmen:** Eine Bombenexplosion – Ergebnis naturwissenschaftlichen Denkens – hat großen Einfluss auf die körperlichen, emotionalen und sozialen Bedürfnisse der davon betroffenen Menschen.
Dieses Beispiel für mögliche Folgen naturwissenschaftlichen Handelns zeigt, dass Naturwissenschaftler immer in der Verantwortung stehen für die Konsequenzen ihres wissenschaftlichen Tuns. Die erarbeiteten Kenntnisse ermöglichen sachbezogene Urteile und werden damit handlungsleitend überall dort, wo naturwissenschaftliches Wissen relevant wird. Dies gilt für das Einschätzen politischer Aktivitäten ebenso wie für eigenes, persönliches Handeln.
Es gilt auch für den naturwissenschaftlichen Unterricht in der Schule: Durch Kenntnisse urteilsfähig zu werden, um verantwortlich zu handeln in allen Lebenssituationen, die diese Sachkenntnisse erfordern.

Allein die experimentelle Überprüfung von Hypothesen entscheidet über die Richtigkeit von Naturgesetzen – sonst nichts! Naturwissenschaftliches Handeln vollzieht sich in Verantwortung gegenüber Mensch und Natur.

## Physikalisch kommunizieren – Mathematik als Sprache

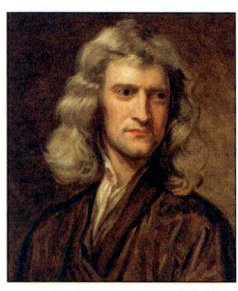

Eines der grundlegenden Werke der modernen Physik ist *„Philosophiae Naturalis Principia Mathematica"* (Mathematische Prinzipien der Naturphilosophie) von ISAAC NEWTON (1643–1727), dem Vater der Mechanik. Er entwickelte die für die Mechanik erforderliche Differentialrechnung, die der Hannoveraner Naturphilosoph GOTTFRIED WILHELM LEIBNITZ (1646–1716) fast gleichzeitig, aber unabhängig von NEWTON geschaffen hatte. Mit der Differentialrechnung ist die Mathematik – wie in anderen Bereichen auch – von der Physik fortentwickelt worden.

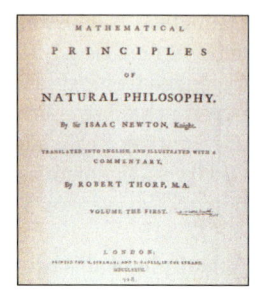

Ein Lexikon sagt: *„Die Physik befasst sich mit der Erforschung aller experimentell und messend erfassbaren sowie mathematisch beschreibbaren Erscheinungen und Vorgängen in der Natur".*

Für ihr Fragen (Hypothesenbildung), ihre Vorgehensweisen (physikalisches Handeln) und ihre Ergebnisse (Gesetze) sind in der Physik seit GALILEI folgende Prinzipien entwickelt worden:

### ① Quantitativ messendes Experimentieren

Die Ergebnisse von Messungen sind Werte physikalischer Größen, also Zahlen, für deren Verarbeitung die Mathematik Regeln und Verfahren zur Verfügung stellt. Im Gegensatz zur reinen Mathematik haben die verwendeten Größen dabei eine physikalische Bedeutung. Die Physik ist somit auch eine Verbindung ansonsten abstrakter Objekte der Mathematik zur Natur. Ausdruck dessen ist, dass einer Zahl in der Physik immer eine Einheit zugeordnet ist – erst dadurch wird sie zu einer physikalischen Größe.

### ② Streng logisches Schlussfolgern

Die gewonnenen Messdaten sollen in einen funktionalen Zusammenhang gebracht werden. Diese Zusammenhänge sind oftmals einfacher Natur, wie etwa die proportionale Beziehung einer Kraft und der daraus resultierenden Ausdehnung der Feder (Hooke'sches Gesetz). Die Mathematik ist für die dazu erforderliche Darstellung als Funktion oder Graph eine angemessene Ausdrucksform. Ihre Verwendung liefert ein Höchstmaß an möglichem logischen Schlussfolgern, wie es die Physik benötigt.

### ③ Einfache, vereinheitlichende Darstellungsformen

Ferner sollen möglichst einfache und allgemeingültige Regeln/Folgerungen/Hypothesen ermöglicht werden. Dafür bietet die Mathematik eine klare, widerspruchsfreie und eindeutige Form. So ist z. B. der Zusammenhang zwischen einer Kraft, der Masse und der Ausdehnung einer Feder in der Formelschreibweise $F = D \cdot s$ klarer und einfacher ausgedrückt als ein Satz in Worten dies könnte.

### ④ Modelldenken, auch in abstrahierenden Formen

In der Physik werden für viele Sachverhalte Modelle als Vorstellungshilfen und zur Theoriebildung erdacht. Z. B. gelingt es in der modernen Physik vom Allerkleinsten nicht mehr, Beschreibungen zu entwickeln, die mit den Begriffen der makroskopischen Welt in Einklang zu bringen sind. Nur die abstrakten Formalismen der Mathematik bieten Möglichkeiten der exakten Darstellung.

Um diesen Prinzipien gerecht zu werden, benötigen die Physiker eine angemessene Sprache. Diese finden sie in der Mathematik, die in ihrer Klarheit und Eindeutigkeit als Kommunikationsmedium auch über Sprachgrenzen hinweg unübertroffen ist.

Ohne Mathematik ist Physik undenkbar – im wahrsten Sinne des Wortes. Entscheidend für die Anwendung der Mathematik auf die Physik ist allerdings, dass die mathematisch gewonnenen Erkenntnisse einer messenden, experimentellen Überprüfung standhalten:

- Sind die mathematisch formulierten physikalischen Gesetze allgemeingültig?
- Unter welchen Bedingungen sind sie veränderbar?
- Können neue, noch allgemeinere Beziehungen formuliert werden?

Das macht das Wesen der Physik aus und unterscheidet sie von der Mathematik, die sich mit Widerspruchsfreiheit begnügt und keine Überprüfung im Experiment fordert.

Die Mathematik ist für die Physik eine Hilfswissenschaft für alle quantifizierenden und schlussfolgernden Aspekte und zugleich wichtigstes Kommunikationsmittel bei der Verständigung der Physiker untereinander.

> Mathematik und Physik sind eng miteinander verwoben. Die Mathematik ist die universelle und einzig mögliche Sprache der Physik. Sie ist das Kommunikationsmittel der Physiker und wird von ihnen als Hilfswissenschaft genutzt.

## Einheiten zur besseren Verständigung – das SI-Einheitensystem

Die Mathematik als Sprache und das Modelldenken als Verständigungsbrücke über Inhalte (S. 328) sind grundlegende Voraussetzungen für eine angemessene Kommunikation über die Gegenstände der Physik. Zusätzlich sind Absprachen über die Bedeutung und Zahlenwerte von Messungen erforderlich, um die Kommunikation zu vereinfachen unter allen, die Physik betreiben und deren Ergebnisse verwenden.

Dieser Bereich ist der einzige in der Physik, der auf dem Ergebnis von Übereinkünften beruht. Eigentlich ist es gleichgültig, ob eine Länge als Elle, als Yard oder als Meter gemessen wird, eine Länge bleibt es allemal. Schwierig wird es nur, wenn verschiedene Menschen unterschiedliche Längenmaße verwenden. Dann muss umgerechnet werden.

| Größe | | Einheit | |
|---|---|---|---|
| Länge | $l$ | Meter | m |
| Masse | $m$ | Kilogramm | kg |
| Zeit | $t$ | Sekunde | s |
| Temperatur | $\vartheta$ | Kelvin | K |
| Stromstärke | $I$ | Ampere | A |
| Lichtstärke | $I$ | Candela | cd |
| Stoffmenge | $n$ | Mol | mol |

Die Nationalversammlung des revolutionären Frankreichs nahm dies zum Anlass, das Meter als Maßeinheit festzulegen. Zunächst wurde 1791 das metrische System eingeführt (Teilungen eines Maßes in 10 gleiche Unterteile); danach wurde nach Vermessung des Meridians, der durch Paris geht, festgelegt, dass **1 Meter der 10-millionste Teil der Entfernung Pol–Äquator auf diesem Meridian** sei. 1799 wurde dieses Urmaß in Paris in Form eines Platinstabes hinterlegt.

Später wurde für die Masse das Kilogramm definiert und als Platinzylinder ebenfalls in Paris hinterlegt. Viele Staaten haben sich dieser Definition angeschlossen.

In der weiteren Entwicklung des Einheitensystems kam es 1960 zu einem wichtigen Schritt. Im „Système Internationale d'Unités" wurden für 7 Basisgrößen genau definierte Einheiten festgelegt. Für jede Einheit gibt es eine klare Definition, die immer auch eine Messvorschrift beinhaltet.

Die Grundideen für die Einführung von Basisgrößen sind folgende:
● So wenige Basisgrößen wie möglich.
● Alle anderen Größen der Physik sollen aus den Basisgrößen ableitbar sein.
● Alle Basisgrößen sollen immer, überall und möglichst genau reproduzierbar sein.

Gerade die letzte Forderung hat mehrfach zu neuen Definitionen geführt. So wird z. B. zur Zeit daran gearbeitet, den Platinklotz „Urkilogramm" dadurch zu ersetzen, dass die Anzahl der Atome in einer extrem genau geschliffenen, 1 kg schweren, einkristallinen Siliciumkugel bestimmt wird. Dann soll das Kilogramm über die Anzahl der Atome einer solchen Kugel mit einer Genauigkeit von $2 \cdot 10^{-8}$ definiert werden.

> Für die SI-Einheiten sind sieben Basisgrößen und deren Einheiten definiert. Aus ihnen sind alle anderen Größen der Physik und Chemie ableitbar.

## Naturwissenschaften — Versuche und Aufträge

**A1** Diskutiert, was ihr unter „Naturwissenschaft" versteht im Vergleich etwa zu den Sprachwissenschaften, der Philosophie oder Rechtswissenschaft. Schreibt das Ergebnis eurer Diskussion in möglichst wenigen Sätzen auf, so dass es zu eurer Definition von „Naturwissenschaft" wird.

**A2** Führt Interviews mit
• einer Schülerin / einem Schüler der SII,
• eurem Biologielehrer
• einem Erwachsenen, der nicht zur Schule gehört.
Schreibt nach jedem Interview auf, was der / die jeweilige Gesprächspartner/in als Naturwissenschaft definiert hat und vergleicht es mit eurer eigenen Definition.

**A3 a)** Recherchiert den Begriff **Naturwissenschaft**. Fasst jede gefundene Definition in höchstens fünf zentralen Stichworten zusammen und vergleicht das Ergebnis wieder mit eurer eigenen Definition.
**b)** Überarbeitet eure eigene Definition mit dem, was ihr in den Interviews erfahren habt – soweit ihr das akzeptieren könnt – und dem Ergebnis eurer Recherchen.

**A4** Recherchiert auch die Definition von **Physik** und beurteilt, ob sie mit eurer Definition von Naturwissenschaft in Einklang zu bringen ist.

**A5** Bereitet ein Referat zum Thema „Was ist eine Naturwissenschaft?" vor und haltet es vor der Klasse.

## Physikalisch kommunizieren – Modelle zur Vorstellung und Verständigung

Die fantastische Leistung der Forscher, die sich mit dem Aufbau der Körper beschäftigten, bestand darin, sich ein Bild vom Inneren der Materie zu machen, ohne dass sie je ein Atom gesehen hätten.

JOHN DALTON (1766–1844) genügte für seine Untersuchungen der Systematik chemischer Verbindungen die Vorstellung, dass Atome feste, unteilbare Kugeln seien, einheitlich vom Material des Elements ausgefüllt und mit einer Masse versehen.

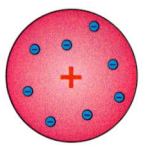

JOSEPH JOHN THOMSON (1856–1940) entdeckte bei Untersuchungen mit Röntgenstrahlen die Elektronen und dass sie sich vom Atom entfernen können. Ihre Existenz als Teil des Atoms widersprach dem Dalton'schen Bild von der Einheitlichkeit und Unteilbarkeit des Atoms.

Die Wirklichkeit war also offenbar anders als das Bild, das die Forscher vom Atom im Kopf hatten. Das neue Bild vom Atom war eine Kugel, in der die negativ geladenen Elektronen wie Rosinen im Kuchenteig eingelagert sind.

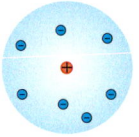

ERNEST RUTHERFORD (1871–1937) hatte herausgefunden, dass das Innere des Atoms fast leer ist und die Masse und positive Ladung allein im Kern konzentriert sind.

Die Wirklichkeit des Atoms war also offenbar noch anders als das Bild, das Thomson sich davon gemacht hatte, denn eine der gedachten Folgen des Thomson'schen Bildes war, dass Leere im Atom nicht sein kann. Die gedachte Folge stimmte nicht mit der naturnotwendigen Folge „Leere" überein: Das Bild vom Atom musste erneut revidiert werden. Spätere Entwicklungen haben zu weitern Verfeinerungen bzw. Veränderungen des Atommodells geführt.

Physiker ordnen ihr Wissen gedanklich in Vorstellungen und Bildern oder auch in abstrakten, mathematischen Formeln, die sie sich von den äußeren Gegenständen der Wirklichkeit machen. Solche **Modelle** bilden immer nur bestimmte Teile der Wirklichkeit ab. Sie sind Grundlage für ein zielgerichtetes Erforschen des wirklichen Gegenstandes und ermöglichen begründete Vorhersagen für das spätere Experimentieren. Stimmen die Ergebnisse nicht mit dem Modell überein, muss es geändert werden – die Wirklichkeit ist das Maß jeder Theorie!

Ein physikalisches Modell erfüllt seine Aufgabe also nur dann, wenn alles, was gedanklich aus ihm folgt, auch mit der Wirklichkeit übereinstimmt – im Experiment wird diese Übereinstimmung überprüft.

HEINRICH HERTZ (1857–1894), der Entdecker der Radiowellen, hat am Ende des 19. Jahrhunderts die Beziehung der Bilder zu den wirklichen Gegenständen so beschrieben: „*Wir machen uns innere … Bilder … der äußeren Gegenstände, und zwar machen wir sie von solcher Art, dass die denknotwendigen Folgen der Bilder stets wieder Bilder seien von den naturnotwendigen Folgen der abgebildeten Gegenstände.*"

Modelle dienen noch einem weiteren Zweck als nur dem, gedanklich die Wirklichkeit zu erfassen – sie ermöglichen es, untereinander über die komplizierten Gegenstände der Wirklichkeit zu kommunizieren. „Ich stelle es mir so und so vor" ist die sprachliche Brücke vom Bild im Kopf zur Wirklichkeit, die auf diese Weise einem Gesprächspartner vermittelbar wird.

> Ein Modell ist ein gedachtes Abbild eines Ausschnittes der Wirklichkeit. Folgerungen, die sich aus dem Modell ergeben, müssen in der Wirklichkeit durch ein Experiment nachgeprüft werden. Stimmen Modell und Wirklichkeit nicht überein, muss das Modell geändert werden. Modelle dienen der Verständigung über die Gegenstände der Wirklichkeit.

Welt der äußeren Gegenstände in Natur und Technik

Beobachtungen

ergeben solche inneren Bilder der äußeren Gegenstände,

**Welt der Gedanken des Menschen**

neue Bilder

dass die denknotwendigen Folgen der Bilder …

stets wieder Bilder sind von den naturnotwendigen Folgen der abgebildeten Gegenstände.

Überprüfung des Gedachten im Experiment

Welt der äußeren Gegenstände in Labor und Experiment

# Wissen im Wandel – das Beispiel Weltbilder

## Das geozentrische Weltbild

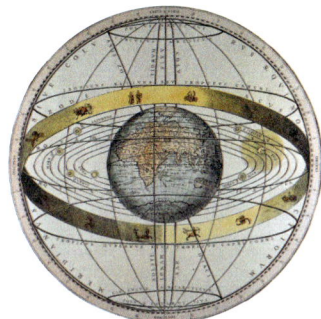

Das geozentrische Weltbild des CLAUDIUS PTOLEMÄUS (um 100–178) galt über 1000 Jahre lang:

- Die Erde ist Mittelpunkt der gesamten Welt.
- Sonne, Mond und Planeten bewegen sich auf verschiedenen, konzentrischen, durchsichtigen Hohlkugeln (Sphären ≙ Himmelsschalen) mit der Erde im Mittelpunkt.
- Die inneren Sphären der Planeten werden von einer letzten Sphäre umschlossen, an der die Sterne unbeweglich fest sitzen.
- Alle Sphären bewegen sich durch göttliche Kräfte.

Diese Vorstellung spiegelt genau das wider, was die Menschen sehen. Weil sie keiner Beobachtung widersprach, musste sie richtig sein. Die Kirche als Hüterin der göttlichen Ordnung übernahm dieses Weltbild und hat es länger als eineinhalb Jahrtausende vertreten.

Erst NIKOLAUS KOPERNIKUS (1473–1543) hatte aus der Beobachtung bestimmter Unregelmäßigkeiten bei der Bewegung der Planeten die Idee, die Sonne ins Zentrum zu setzen. Die genauen Beobachtungen JOHANNES KEPLERS (1571–1630) stützten diesen damals revolutionären Gedanken.

## Das heliozentrische Weltbild

- Die Sonne ist Mittelpunkt des Sonnensystems und die Planeten bewegen sich um sie.
- Der Mond bewegt sich um die Erde.
- Die Fixsterne sind sehr weit entfernt.
- Tag und Nacht entstehen durch die Rotation der Erde um die Achse Nordpol–Südpol.

Die Erfindung des Fernrohres und die Beobachtungen GALILEIs lieferten zu Beginn des 17. Jahrhunderts die Belege für die Richtigkeit des heliozentrischen Weltbildes: GALILEI entdeckte vier Monde des Jupiter, die sich keinesfalls auf der Jupiter-Sphäre, sondern sie durchstoßend bewegten – was im Ptolemäi'schen System unmöglich wäre. Ferner sah GALILEI Krater und Täler auf dem Mond und erkannte die Planeten als ausgedehnte Himmelskörper. Das verwaschene Band der Milchstraße erwies sich als eine Ansammlung unzählbar vieler Sterne. Auch das widersprach dem alten Denken.

Die katholische Kirche hat GALILEIs Ansichten lange nicht akzeptiert, sondern ihn mit lebenslangem Hausarrest bestraft. Erst 1992 hat sie ihn vom Vorwurf der Ketzerei freigesprochen.

## Das kosmologische Weltbild

Die Astronomie nach GALILEI hat eine Fülle weiterer Beobachtungen zur Stützung des heliozentrischen Weltbildes geliefert. Sie hat aber auch den Blick über das Sonnensystem hinaus in den Kosmos gerichtet. Dabei hat sie Galaxien als geordnete Sternenansammlungen, Schwarze Löcher, Weiße Zwerge und vieles mehr entdeckt.

EDWIN HUBBLE (1889–1952) entdeckte, dass sich die Galaxien im Weltraum voneinander entfernen. Seit wann tun sie das und war alles einmal dicht beieinander? Tatsächlich ergaben Berechnungen, dass vor 14 Milliarden Jahren das gesamte Universum extrem dicht und heiß auf engstem Raum konzentriert war. In einem unvorstellbaren Ereignis, dem **Urknall**, „flog" es auseinander und dehnt sich seitdem aus. Zuerst gab es nur energiereiche Strahlung, kurze Zeit später Elementarteilchen (Protonen, Neutronen und Elektronen), die trillionenmal heißer waren als die Sonne. Die Ausdehnung bewirkte Abkühlung, wodurch sich die ersten Atome – Wasserstoff und Helium – bilden konnten, die zum Grundstoff der Sterne und Galaxien wurden. Sie wurden zum Grundstoff der Sterne, in denen sich die schweren Elemente bildeten. Diese wurden von Supernovae ins All geschleudert und wurden so die Bausteine aller Materie im Kosmos.

Die Beobachtung eines sich ständig und immer schneller ausbreitenden Universums ist nicht verstanden und führte zur Einführung von Begriffen wie „Dunkle Materie" und „Dunkle Energie". – Auf uns warten noch Überraschungen!

---

Das Bild der Menschen über die Welt, in der sie leben, hat sich nach den Kenntnissen der Wissenschaft über den Kosmos im Laufe der Jahrhunderte gewandelt. Der Wandel des Weltbildes wird nie abgeschlossen sein.

---

Angenommen, seit dem Urknall wäre ein Jahr vergangen, …

**1. Januar 0 Uhr Urknall**

**1. Januar 17.00 Uhr** Weltall wird durchsichtig; erste Atome haben sich gebildet

**1. April** Bildung der ältesten Galaxien und darin der ersten Sterne

**8. Oktober** Entstehung des Sonnensystems

**23. Oktober** Bildung der ältesten Gesteine auf der Erde

**26. Oktober** Erste Lebewesen auf der Erde

**14. November** Sauerstoff in der Erdatmosphäre

**31. Dezember 22.45 Uhr** Herausbildung des Menschen **23.59** Älteste Kulturvölker

# Stichwörter

# Bildquellen

|action press, Hamburg: 33.1, 105.5, 146.3, 171.1, 171.2, 171.3. |action press - die bildstelle, Hamburg: ISOPIX SPRL 324.1; Rex Features Ltd. 197.1. |ADAC e.V./adac.de, München: ©ADAC 135.1; ©ADAC/ Müller-Seewald, Frieder 14.1. |akg-images GmbH, Berlin: 27.1, 36.1, 36.2, 36.3, 56.3, 143.4, 155.1, 155.2, 240.1, 277.1, 277.2, 279.1, 305.3, 305.4, 323.1, 326.1; Battaglini, Nicolo' Orsi 154.2, 320.4; Erich Lessing 154.1. |Appel, Thomas, Northeim: 48.3, 63.1, 285.2, 308.1. |Astrofoto, Sörth: 142.1; Koch 329.1, 329.2. |Blickwinkel, Witten: A. Held 191.1; Mc Photo 190.1. |BMW AG, München: 285.4. |bpk-Bildagentur, Berlin: 323.2. |Bridgeman Images, Berlin: 321.1, 326.2. |Brill, Bernhardt Dr., Einbeck: 201.1. |CHROMORANGE, Berlin: Bilderbox 163.2. |Colourbox.com, Odense: Oleksii, Mikhieienko 192.2. |Comet Photoshopping, Weisslingen: Enz, Dieter 152.2. |Conatex-Didactic Lehrmittel GmbH, www.conatex.com, Kirkel: 68.1. |Conrad Electronic, Hirschau: 21.8. |Creativ Studio Heinemann, Bad Hönningen: 172.2. |c't Magazin für Computertechnik, Hannover: 212.5. |Daimler AG, Stuttgart: 129.3. |Daimler Chrysler AG, Böblingen: 180.3. |Daniel Heß, Hannover: 158.4. |Das Luftbild-Archiv, Biere: 63.3. |DEHN SE + Co KG, Neumarkt i.d.OPf.: 45.1. |Demag Cranes & Components GmbH, Wetter: 46.2. |DESY, Hamburg: 321.3. |Deutscher Alpenverein e.V., München: 313.5. |Deutsches Museum, München: 56.1, 56.2, 69.1, 97.1, 97.3, 147.1, 154.3, 179.1, 191.2, 191.3, 250.1, 278.2, 278.3, 296.1, 305.1, 305.2, 321.2; Archiv, BN02232 97.2. |diGraph Medien-Service, Merzhausen: 141.4. |Dobbrunz, Dieter, Hannover: 161.4. |Dr. Erwin Kretschmann, Dr. Peter Zacharias, Hamburg: 115.1. |Druwe & Polastri, Cremlingen/Weddel: 10.5, 23.2, 223.5, 223.6, 294.1. |E.ON Energie AG, München: 312.1, 313.1, 313.3. |Eckel, Jochen, Berlin: 204.1. |Einhell Germany AG, Landau a.d.Isar: 210.2. |Eiselt, Frank, Dresden: 88.1, 88.3, 120.1, 120.3, 165.1, 202.2, 202.4, 214.4, 214.5, 214.6, 214.7, 215.1, 215.2, 218.1, 307.1. |F1online, Frankfurt/M.: Fstop 135.2; mm-images/Mollenhauer 45.7. |Fabian, Michael, Hannover: 9.4, 13.1, 13.2, 13.3, 14.2, 16.1, 16.2, 16.3, 16.4, 19.1, 21.3, 21.4, 21.5, 21.7, 32.2, 39.2, 43.1, 45.6, 46.3, 47.2, 48.1, 49.1, 50.1, 59.1, 59.2, 60.4, 63.4, 64.1, 68.4, 76.1, 87.2, 90.1, 90.2, 91.1, 102.1, 105.1, 121.1, 133.3, 135.3, 135.3, 135.4, 135.5, 136.3, 136.4, 136.5, 138.1, 138.2, 138.3, 143.2, 143.3, 143.5, 144.1, 148.2, 148.3, 148.4, 148.5, 149.1, 153.3, 153.4, 158.2, 163.1, 166.1, 166.2, 166.3, 185.1, 185.2, 194.2, 208.3, 208.4, 208.5, 208.6, 209.1, 211.2, 214.1, 214.2, 214.3, 217.1, 227.4, 236.2, 244.2, 254.2, 288.1, 288.2, 295.2, 295.4, 295.5, 296.5, 297.1, 297.2, 297.3, 297.4, 297.5, 297.6, 297.7, 297.8, 301.3, 319.1. |FIRE Foto, München: 119.1. |Fotoagentur SVEN SIMON, Mülheim an der Ruhr: 108.1, 108.3; FrankHoermann 131.1. |fotolia.com, New York: casi 285.3; Hulin, Roland 318.1; Jargstorff, Wolfgang 205.5; lightpoet 320.2; Marco Klaue 9.3; Rob Jamieson 158.3; Scanrail 222.1; Schmidt, Horst 207.3; Smileus 232.1; stockphoto-graf 227.6, 227.8; TASPP 89.3; TwilightArtPictures 175.3. |Franzis Verlag GmbH, Haar b. München: Hanus, Bo: Akkus und Batterien richtig pflegen und laden. S. 36 75.2. |Fraunhofer-Institut für Solare Energiesysteme ISE, Freiburg: 42.1. |GARDENA Manufacturing GmbH, Ulm: 289.3. |Gentner, Mayer-Leibnitz, Bothe: Gentner, Mayer-Leibnitz, Bothe, Atlas typische Nebelkammerbilder. Springer Verlag, Heidelberg/Berlin/New York 243.2. |Getty Images, München: Bettman 176.1; Bloomberg via Getty Images 161.2; ddp/Emmert, Don 133.5; Gregor Schuster 131.2; Historical 116.2; McGinnis, Ryan 204.2; Ressmeyer, Roger 116.1; Stock Trek Titel; Stocktrek Images 126.1. |Glow Images GmbH c/o Regus, München: Deposit Photos 192.1. |Gouasé, Willi, Speyer: 205.2, 227.1. |Haag & Kropp GbR / artpartner-images, Heidelberg: 208.2. |Heliocentris Academia International GmbH, Berlin: 313.4. |i.m.a - information.medien.agrar e.V., Berlin: 9.2. |Imago, Berlin: Annegret Hilse 133.7; Hoch Zwei Stock 148.1, 152.1; McPHOTO 107.1; Sven Lambert 89.1; Tack, Jochen 210.1.

|Informationskreis Kernenergie, Berlin: 274.1, 276.1, 278.1. |Institut für Geophysik, Braunschweig: Matthias Bücker 80.1. |iStockphoto.com, Calgary: JazzIRT 205.1; Lantzendorffer, Olivier 227.2; Matacchione, Mauro 194.1; Mojsilovic, Zlatan 227.7; nicolas_ 193.1; ParkerDeen 133.1. |Jagow, Katja von, Celle: 203.1. |juniors@wildlife Bildagentur GmbH, Hamburg: Salchow 320.1. |Karlsruher Institut für Technologie (KIT), Karlsruhe: 270.1. |Keystone Pressedienst, Hamburg: Zick, Jochen 245.2. |Klostermann, Manfred, Vechta: 109.1, 109.2, 175.1, 175.4. |Konrad, Ulf, Rotenburg (Wümme): 213.1. |Küchenberg, Frank, Solingen: 112.1, 112.2, 116.3, 168.2, 173.2. |Kurt Fuchs - Presse Foto Design, Erlangen: 61.1. |LAMBRECHT meteo GmbH, Göttingen: 107.2. |Langer, Michael, Vellmar: 58.1, 66.2, 66.3, 66.4, 66.5, 66.6, 66.7. |Löser, Dr. Dr. Reinhard, Hennigsdorf: 322.1, 322.2. |Lüdecke, Matthias, Berlin: 301.4. |MAN Energy Solutions SE, Augsburg: 284.1. |Marx, Dipl.-Ing. Hagen, Andernach: 39.4. |Mathias, Erhard, Reutlingen: 80.3. |Matzel, Markus, Essen: 276.3. |mauritius images GmbH, Mittenwald: 133.2, 181.1; Arthur 129.1; Eckart Pott 9.1; Hubatka 104.2; ib/Daniel Schoenen 37.1; imagebroker.net 141.1; imagebroker/Dr. Wilfried Bahnmüller 20.6; imagebroker/Ulrich Niehoff 276.2; JIRI 45.4; Mader, Fritz 324.2; Phototake 41.1, 74.2; Seba, Chris 175.2; Westend61 205.3. |Mettin, Markus, Offenbach: 24.1, 44.1, 62.1, 62.2, 66.1, 70.1, 70.2, 72.1, 72.2, 73.1, 83.1, 83.2, 84.1, 84.2, 90.3, 90.4, 90.5, 90.6, 92.1, 102.4, 141.2, 141.3, 146.2, 172.1, 176.2, 181.2, 202.3, 242.1, 243.4, 245.1. |Minkus Images Fotodesignagentur, Isernhagen: 145.1. |Müller, Enno, Braunschweig: 313.2. |NASA, Washington: 129.4. |Neumann, Kirsten, Gelsenkirchen: 311.1. |Nordex GmbH, Norderstedt: 213.3. |Oak Ridge Associated Universities (ORAU), Oak Ridge / Tennessee: 282.1. |OKAPIA KG - Michael Grzimek & Co., Frankfurt/M.: Gabriel Jecan/SAVE 129.2; Mike Hill/OSF 126.2; Nigel Cattlin/Holt Studios 21.6; Reymond, D. 160.1; Stevan Stefanovic 80.4. |Otte-Spille, Sigrun, Hemmingen: 20.5, 168.1, 195.1, 195.2, 207.2, 211.1, 211.3, 222.2, 223.1, 223.2, 223.3, 224.1, 225.1, 225.2, 225.3, 225.4, 226.1, 227.3, 227.5, 232.2, 232.3, 233.1, 253.1, 283.1. |PantherMedia GmbH (panthermedia.net), München: Kzenon 295.3; reisimon 140.3; tomoliveira 210.3. |Photowerk Gifhorn, Gifhorn: 205.4. |PHYWE Systeme GmbH & Co. KG, Göttingen: 192.3, 258.2, 290.2. |Picture Press Bild- und Textagentur GmbH, Hamburg: Stern/Neeb, Wolfgang 264.2; Westermann, Klaus 303.1. |Picture-Alliance GmbH, Frankfurt/M.: Arco Images GmbH/Diez, O. 46.1; ASA 23.1; chromorange 237.2; dpa 104.1, 108.2, 146.1, 167.1, 184.1, 272.1, 311.2; dpa/epa/Keystone/Keflas 132.1; dpa/F. May 208.1; dpa/Fotoreport ED Energiedienst 312.3; dpa/H‰sler, Axel 63.2; dpa/Kaiser, Henning 243.3; dpa/Volkswagen 167.2; Eibner-Pressefoto 209.3; KPA 213.2; Neufried 259.1; Nicolas Gouhier/dpa 133.4; ZB/euroluftbild.de 312.2. |Radisson Blu Badischer Hof Hotel, Baden-Baden: 188.1. |Rieger, Wolfgang, Taucha: 25.1, 47.1, 95.1. |Rinke, Volkmar, Villingen-Schwenningen: 215.3. |Roos, Achim, Holzgerlingen: 61.2. |RWE AG, Konzernpresse/www.rweimages.com, Essen: 8.1, 164.1, 182.1, 209.4. |RWE Power AG, Essen: 45.2, 45.3. |Sarnow, Karl Dr., Hannover: 38.1, 236.3, 260.1, 260.2. |Schilling, E., Herrenberg: 12.1. |Schlierf, Birgit und Olaf, Lachendorf: 53.1. |Science & Society Picture Library, Berlin: 299.2; SSPL/National Media Museum 237.3. |Science Photo Library, München: Gustoimages 221.1; Modifiziert nach Patrick Blackett / Quelle der Originalaufnahme: Science Photo Library 250.4; Ogden, Sam 320.3. |Senckenberg Forschungsinstitut und Naturmuseum/Abt. Messelforschung & Mammalogie, Frankfurt: Foto Senckenberg, Abt. Messelforschung 264.1. |Serret, Rainer, Kassel: 105.2, 105.3, 105.4, 106.1, 128.1, 136.1, 136.2, 153.1, 153.2. |Shutterstock.com, New York: Andrushko, Galyna 209.5; Awe Inspiring Images 223.4; Gilles Paire 39.1; Kekyalyaynen 190.2; van der Werf, Sander 163.3. |Siemens AG, München: 28.1, 89.2, 243.1, 251.2, 251.2. |Siltronic AG, München: 237.1. |Smart Garden Products

Ltd., Abingdon/Oxfordshire: 37.3. |Steinkamp, Albert, Reken: 217.2. |Stumpf, Reinhard, Neuss: 19.2, 20.2, 28.2, 180.1, 180.2. |Superbild - Your Photo Today, Ottobrunn: 170.1; Bach 32.1. |supraphoto, Berlin: 285.1. |Tamera, Colos: 299.3. |Tegen, Hans, Hambühren: Titel, 10.1, 10.2, 10.3, 10.4, 14.3, 17.1, 17.2, 19.3, 20.1, 20.3, 20.4, 21.2, 30.1, 40.1, 40.2, 40.3, 40.4, 45.5, 48.2, 50.2, 50.3, 50.4, 50.5, 51.1, 51.2, 51.3, 51.4, 51.5, 52.1, 52.2, 55.1, 55.2, 58.2, 58.3, 58.4, 58.5, 60.1, 60.2, 60.3, 64.2, 64.3, 67.1, 67.2, 67.3, 68.2, 68.3, 68.5, 69.2, 72.3, 73.2, 75.1, 76.2, 78.1, 79.1, 80.2, 80.5, 81.1, 81.2, 82.1, 82.2, 87.1, 93.1, 95.2, 102.2, 102.3, 103.1, 110.1, 123.1, 130.1, 130.2, 130.3, 130.4, 133.6, 134.1, 134.2, 134.3, 140.1, 140.2, 140.4, 142.2, 142.3, 142.4, 142.5, 142.6, 143.1, 150.1, 150.2, 150.3, 159.1, 162.1, 162.2, 162.3, 164.2, 164.3, 164.4, 170.2, 178.1, 182.2, 184.2, 186.1, 188.2, 199.1, 202.1, 212.1, 212.2, 212.3, 212.4, 216.1, 217.3, 219.1, 219.2, 220.1, 220.2, 221.2, 221.3, 225.5, 225.6, 225.7, 240.2, 244.1, 246.2, 249.1, 249.2, 250.2, 250.3, 251.1, 252.1, 254.1, 254.3, 255.1, 255.2, 255.3, 255.4, 257.1, 286.1, 286.2, 286.3, 288.3, 289.1, 289.2, 290.1, 292.1, 292.2, 293.1, 293.2, 296.2, 296.3, 296.4, 300.1, 301.1, 301.2, 304.1, 304.2, 304.3, 304.4, 306.1. |Texas Instruments Education Technology GmbH, Freising: Image used with permission by Texas Instruments, Inc. 120.2. |Tierbildarchiv Angermayer, Holzkirchen: 74.1. |Tönnies, Uwe, Laatzen: 236.1, 319.2. |TopicMedia Service, Mehring-Öd: 158.1, 173.1; Peter Scheler 207.1. |Trambauer, Bernd, Hemmingen: 143.6, 143.7, 143.8. |Tschovikov Fotografie, Stuttgart: ACE Auto Club Europa 161.1. |ullstein bild, Berlin: NMSI/Science Museum / Science Museum 299.1; Nowosti 119.2. |ÜSTRA Hannoversche Verkehrsbetriebe Aktiengesellschaft, Hannover: 37.2, 37.4. |vario images, Bonn: T. Grimm 39.3. |Visum Foto GmbH, München: euroluftbild 246.1; Reeg, Andreas 255.5, 280.1. |Vollmer, Manfred, Essen: 216.2. |Walter, Peter O., Freising: 208.7. |Weisflog, Rainer, Cottbus: 209.2, 237.4. |www.structurae.de, Berlin: Mossot, Jacques 161.3. |Zeppelin Baumaschinen GmbH, Garching bei München: 295.1. |© LEYBOLD / LD DIDACTIC GmbH/www.ld-didactic.de, Hürth: 21.1, 88.2, 258.1, 263.1.

# Auszug aus der Nuklidkarte (vereinfacht)

**Zeitangaben**

- a — Jahr
- d — Tag
- h — Stunde
- min — Minute
- s — Sekunde
- ms — Millisekunde
- µs — Mikrosekunde
- ns — Nanosekunde

### Ausschnitt aus dem Bereich der natürlichen Zerfallsreihe

Zahl der Protonen (vertikal) / Zahl der Neutronen (horizontal)

| Z \ N | 120 | 121 | 122 | 123 | 124 | 125 | 126 | 127 | 128 | 129 | 130 | 131 | 132 | 133 | 134 |
|---|---|---|---|---|---|---|---|---|---|---|---|---|---|---|---|
| **94** | | | | | | | | | | | | | | Pu 244,0642 | |
| **93** | | | | | | | | | | | | | | Np 237,0482 | Np 227<br>0,51 s |
| **92** | | | | | | | | | | | | | U 238,02891 | | U 226<br>0,28 s |
| **91** | | | Pa 231,03588 | | | Pa 216<br>105 ms | Pa 217<br>3,8 ms | Pa 218<br>113 µs | Pa 219<br>53 ns | Pa 220<br>0,78 µs | Pa 221<br>5,9 µs | Pa 222<br>4,3 ms | Pa 223<br>6,5 ms | Pa 224<br>0,95 s | Pa 225<br>1,8 s |
| **90** | Th 232,0381 | | | Th 213<br>0,14 s | Th 214<br>0,10 s | Th 215<br>1,2 s | Th 216<br>26 ms | Th 217<br>237 µs | Th 218<br>0,1 µs | Th 219<br>1,05 µs | Th 220<br>9,7 µs | Th 221<br>1,68 ms | Th 222<br>2,24 ms | Th 223<br>0,66 s | Th 224<br>1,04 s |
| **89** | Ac 209<br>90 ms | Ac 210<br>0,35 s | Ac 211<br>0,25 s | Ac 212<br>0,93 s | Ac 213<br>0,80 s | Ac 214<br>8,2 s | Ac 215<br>0,17 s | Ac 216<br>0,44 ms | Ac 217<br>69 ns | Ac 218<br>1,1 µs | Ac 219<br>11,8 µs | Ac 220<br>26 ms | Ac 221<br>52 ms | Ac 222<br>5,0 s | Ac 223<br>2,10 min |
| **88** | Ra 208<br>1,3 s | Ra 209<br>4,6 s | Ra 210<br>3,7 s | Ra 211<br>13 s | Ra 212<br>13 s | Ra 213<br>2,74 min | Ra 214<br>2,46 s | Ra 215<br>1,67 ms | Ra 216<br>0,18 µs | Ra 217<br>1,6 µs | Ra 218<br>25,6 µs | Ra 219<br>10 ms | Ra 220<br>23 ms | Ra 221<br>28 s | Ra 222<br>38 s |
| **87** | Fr 207<br>14,8 s | Fr 208<br>58,6 s | Fr 209<br>50,0 s | Fr 210<br>3,18 min | Fr 211<br>3,10 min | Fr 212<br>20 min | Fr 213<br>34,6 s | Fr 214<br>5,0 ms | Fr 215<br>0,09 µs | Fr 216<br>0,70 µs | Fr 217<br>16 µs | Fr 218<br>1,0 ms | Fr 219<br>21 ms | Fr 220<br>27,4 s | Fr 221<br>4,9 min |
| **86** | Rn 206<br>5,67 min | Rn 207<br>9,3 min | Rn 208<br>24,4 min | Rn 209<br>28,5 min | Rn 210<br>2,4 h | Rn 211<br>14,6 h | Rn 212<br>24 min | Rn 213<br>19,5 ms | Rn 214<br>0,27 µs | Rn 215<br>2,3 µs | Rn 216<br>45 µs | Rn 217<br>0,54 ms | Rn 218<br>35 ms | Rn 219<br>3,96 s | Rn 220<br>55,6 s |
| **85** | At 205<br>26,2 min | At 206<br>29,4 min | At 207<br>1,8 h | At 208<br>1,63 h | At 209<br>5,4 h | At 210<br>8,3 h | At 211<br>7,22 h | At 212<br>314 ms | At 213<br>0,11 µs | At 214<br>0,56 µs | At 215<br>0,1 ms | At 216<br>0,3 ms | At 217<br>32,3 ms | At 218<br>~2 s | At 219<br>0,9 min |
| **84** | Po 204<br>3,53 h | Po 205<br>1,66 h | Po 206<br>8,8 d | Po 207<br>5,84 h | Po 208<br>2,898 a | Po 209<br>102 a | Po 210<br>138,38 d | Po 211<br>0,516 s | Po 212<br>0,3 µs | Po 213<br>4,2 µs | Po 214<br>164 µs | Po 215<br>1,78 ms | Po 216<br>0,15 s | Po 217<br>1,53 s | Po 218<br>3,05 min |
| **83** | Bi 203<br>11,76 h | Bi 204<br>11,22 h | Bi 205<br>15,31 d | Bi 206<br>6,24 d | Bi 207<br>31,55 a | Bi 208<br>$3{,}68\cdot10^5$ a | Bi 209<br>100 | Bi 210<br>5,013 d | Bi 211<br>2,17 min | Bi 212<br>60,60 min | Bi 213<br>45,59 min | Bi 214<br>19,9 min | Bi 215<br>7,6 min | Bi 216<br>2,17 min | Bi 217<br>98,5 s |
| **82** | Pb 202<br>$5{,}25\cdot10^5$ a | Pb 203<br>51,9 h | Pb 204<br>1,4 | Pb 205<br>$1{,}5\cdot10^7$ a | Pb 206<br>24,1 | Pb 207<br>22,1 | Pb 208<br>52,4 | Pb 209<br>3,253 h | Pb 210<br>22,3 a | Pb 211<br>36,1 min | Pb 212<br>10,64 h | Pb 213<br>10,2 min | Pb 214<br>26,8 min | 133 | 134 |
| **81** | Tl 201<br>73,1 h | Tl 202<br>12,23 d | Tl 203<br>29,52 | Tl 204<br>3,78 a | Tl 205<br>70,48 | Tl 206<br>4,20 min | Tl 207<br>4,77 min | Tl 208<br>3,053 min | Tl 209<br>2,16 min | Tl 210<br>1,3 min | 130 | 131 | 132 | | |
| **80** | Hg 200<br>23,10 | Hg 201<br>13,18 | Hg 202<br>29,86 | Hg 203<br>46,59 d | Hg 204<br>6,87 | Hg 205<br>5,2 min | Hg 206<br>8,15 min | Hg 207<br>2,9 min | Hg 208<br>~42 min | Hg 209<br>35 s | | | | | |

Zahl der Protonen ↑ — Zahl der Neutronen →

## Legende

| | | |
|---|---|---|
| **N**<br>14,00674 | Element<br>relative Atommasse | |
| **N 14**<br>99,634 | Stabile Nuklide | |
| **U 234**<br>0,0054<br>$2{,}455\cdot10^5$ a<br>α: 4,775  γ  sf | Nuklide, die bei der Bildung der irdischen Materie entstanden | |

**Instabile (radioaktive) Nuklide**

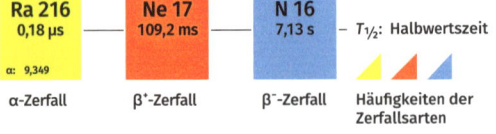

| **Ra 216**<br>0,18 µs<br>α: 9,349 | **Ne 17**<br>109,2 ms | **N 16**<br>7,13 s | $T_{1/2}$: Halbwertszeit |
|---|---|---|---|
| α-Zerfall | β$^+$-Zerfall | β$^-$-Zerfall | Häufigkeiten der Zerfallsarten |